贵金属深加工
及其应用

第二版

周全法　周　品　王玲玲　等编著

化学工业出版社

·北京·

贵金属深加工是指将贵金属及其化合物经过一系列加工过程，使之成为更有使用价值的贵金属制品（包括各类工业产品和贵金属电子化学品）的过程。

本书第一版自出版以来，贵金属深加工产业发生了巨大变化，各种新产品和新工艺层出不穷。为了更好地适应贵金属深加工和再生利用产业发展的需要，本书在第一版的基础上对相关内容进行了全面修订。本书主要介绍了贵金属的深加工技术，贵金属的富集和分离、原料和废料分析、产品质量分析，贵金属深加工和再生利用的工艺设计，贵金属深加工产品在各类新材料、电子材料和医药等方面的最新应用等。此外，为了解决贵金属资源循环利用问题，本书还重点介绍了贵金属废料的回收利用技术。书中许多工艺和技术来自于作者近年来主持最新研究成果，以及作者团队多年从事贵金属深加工的生产实践经验。本书内容丰富，实用全面。

本书可供广大从事贵金属深加工、贵金属再生利用等工作的科研、技术人员或有关企业管理人员参考，也可供有关院校作为教学参考书或教材。

图书在版编目（CIP）数据

贵金属深加工及其应用/周全法，周品，王玲玲等编著．—2版．—北京：化学工业出版社．2015.1
ISBN 978-7-122-22242-8

Ⅰ．①贵…　Ⅱ．①周…②周…③王…　Ⅲ．①贵金属-金属加工　Ⅳ．①TG146.3

中国版本图书馆 CIP 数据核字（2014）第 254398 号

责任编辑：朱　彤　　　　　　　　文字编辑：王　琪
责任校对：蒋　宇　　　　　　　　装帧设计：关　飞

出版发行：化学工业出版社（北京市东城区青年湖南街 13 号　邮政编码 100011）
印　　刷：北京市振南印刷有限责任公司
装　　订：三河市宇新装订厂
787mm×1092mm　1/16　印张 30　字数 790 千字　2015 年 4 月北京第 2 版第 1 次印刷

购书咨询：010-64518888（传真：010-64519686）　　售后服务：010-64518899
网　　址：http://www.cip.com.cn
凡购买本书，如有缺损质量问题，本社销售中心负责调换。

定　　价：128.00 元

第二版前言

金、银、铂、钯、铑、铱、锇和钌共八种金属元素，合称为贵金属元素，在有色金属中占有特殊地位。原因在于以金、银为代表的贵金属长期以来一直具有货币金属的属性和金融职能。我国贵金属的采选冶和交易、使用和深加工等环节长期处于国家管控状态。进入 21 世纪以后，我国放开了贵金属的国家管制，还贵金属以"贵重金属"的本来面目。但是，长期的计划经济和在贵金属上的管制，使得我国贵金属深加工的科技和装备水平处于较低的状态，贵金属的深加工技术较为落后，相关产品无论在品种上还是在质量上都远远不能满足现代工业对贵金属深加工产品的需求。在此背景下，作者在 2002 年编写出版了本书的第一版，权作应急之需。

经过十多年的发展，我国贵金属深加工产业取得了巨大进步，贵金属深加工产品的种类有了较大幅度增加，相关产品质量有了较大提高，中国有色金属工业协会还以本书的书名成立了同名的贵金属深加工及其应用专业委员会，将全国从事贵金属深加工的企业汇聚在专业委员会下，共同交流技术和市场，收到了较好效果。考虑到贵金属深加工的原料主要来自于纯金属，而贵金属深加工的产品则应用于电子信息、石油和化工、航空航天和军事、医学和药学等各个行业，经过使用后报废或淘汰的含贵金属的"废料"已经成为宝贵的"城市矿产"，中国物资再生协会据此也成立了贵金属再生专业委员会，所以本书在修订时将贵金属废料的回收利用单独成章，以期解决贵金属资源的循环利用问题。需要说明的是，贵金属深加工及其应用专业委员会和贵金属再生专业委员会的运作机构均设在作者单位。

全书共分 13 章。第 1 章～第 5 章由王玲玲、周品和周全法共同完成：第 1 章主要介绍贵金属的理化性质和矿物学性质，以期在读者从事贵金属深加工之前对贵金属有一个初步的认识；第 2 章～第 4 章分别为白银、黄金和铂族金属的深加工，从各个定型产品的深加工工艺、生产注意事项和相关质量控制等方面展开叙述；第 5 章为贵金属废料的再生利用，重点介绍常见的含贵金属的二次资源的回收和深加工技术。第 6 章～第 9 章主要由葛明敏、龚林林和王琪共同完成：第 6 章～第 9 章主要介绍贵金属的分析方法、富集和分离、原料和废料分析、产品质量分析等内容。第 10 章～第 12 章由孙杨铖、熊洁羽和周品等共同完成：第 10 章～第 12 章主要介绍贵金属深加工和再生利用的工艺（车间、设备）设计等问题，注重实用性。第 13 章由于聪、王慧慧和周全法等共同完成：第 13 章主要介绍贵金属深加工产品在现代工业上的应用，包括在电阻材料、触点材料和焊料、电子浆料、敏感陶瓷材料、催化剂材料、电镀材料和医药等方面的应用。全书由周品和周全法负责统稿和定稿。本书中许多工艺和技术来自于作者近年来主持的国家科技支撑计划项目（2014BAC03B06、2011BAC10B03）和江苏省科技成果转化项目（BA2012109）、江苏省科技支撑计划项目（BE2012645）等项目的研究成果。在成书过程中，扬州宁达贵金属有限公司、溧阳立方贵金属新材料有限公司、常州中色分析测试有限公司等多家贵金属企业为相关工艺和技术的小试、中试和产业化应用提供了非常有益和具体的帮助，江苏理工学院、上海交通大学等高校为本书的出版提供了必要的支持和帮助，朱南文教授、孙同华教授在本书的编写过程中给予了许多有益指导，化学工业出版社的有关同志为本书的尽快出版付出了很多劳动，在此表示衷心感谢。

　　由于作者学识粗浅，加上时间仓促，书中疏漏之处在所难免，恳望读者不吝指正。

编著者

2014 年 10 月

第一版前言

自古以来，黄金、白银是财富的象征，是国家金融的基础，各国对黄金、白银都严加控制，以稳定金融秩序。其实，黄金和白银等贵金属除了在金融活动中起着重要作用以外，贵金属的独特性质以及在工业上的广泛应用正使其处于"第二青春期"，它所焕发的活力和给整个人类带来的效益将远远超过作为货币材料的"第一青春期"。随着经济的发展和改革开放的推进，贵金属的货币职能正在逐渐减弱，我国的黄金和白银市场已相继开放，新的形势给贵金属生产和加工企业带来了新的机遇，同时也带来了新的挑战。如何使贵金属通过一系列的深加工而达到较大增值，使我国贵金属科学的发展、贵金属深加工产品的质量赶上和超过国际先进水平，已是非常紧迫的任务。因此，开展有关贵金属采矿、选冶、深加工、二次资源的开发和新材料的研制，对贵金属行业显得尤为迫切。

本书写在黄金市场开放的前夕，它总结了我们在贵金属深加工方面的一些粗浅经验。作者深知此书仅是一块十分粗陋的砖石，但如能引来光彩夺目的美玉，即我国的贵金属事业的兴旺发达，我们将感到十分欣慰。这就是我们写此书的初衷。

全书共13章，分成四篇。第一篇包括第1章和第2章为贵金属深加工基础，第二篇包括第3章～第7章为贵金属深加工和综合利用，第三篇包括第8章和第9章为贵金属分析，第四篇包括第10章～第13章为贵金属深加工产品的应用。其中第8章和第9章由王琪同志完成，第11章由周世平、郝晓光和周全法同志完成，第10章和第12章由谈永祥、吴春芳和周全法同志完成，其余各章由周全法同志完成。全书由周全法同志负责统稿和定稿。在成书过程中，常州稀有金属提炼厂、广东四会市鸿明贵金属有限公司、湖南湘晨高科实业有限公司、江苏溧阳市远东金属冶炼厂、江苏泰兴银光贵金属材料厂、湖南永兴县和浙江仙居县的众多集体和私营企业为书中有关工艺的中试或试生产提供了很多帮助。李锋和李雪飞同志承担了部分文字工作，化学工业出版社的有关同志为本书的尽快出版付出了很多劳动，在此表示衷心感谢。我的老师徐正教授在成书过程中给予了许多指导和帮助，没有这些指导和帮助，本书的及时出版是不可想象的。

由于作者学识粗浅，加上时间仓促，书中缺点和错误在所难免，恳望读者不吝指正

编 者

2001 年 12 月于南京

目　录

第二篇 贵金属深加工分析 / 177

第 6 章 贵金属材料分析方法 ……… 178

第 7 章 贵金属材料分析的富集和分离方法 ……… 215

第 8 章 贵金属深加工原料和废料的分析 ……… 228

第 9 章 贵金属深加工产品的质量分析 ……… 268

第三篇　贵金属深加工车间的设计 / 290

第 10 章　车间工艺流程设计 ············ 292

第 11 章　工艺计算 ············ 369

第 12 章　车间布置设计 ············ 388

第四篇　贵金属深加工的应用/417

第 13 章　贵金属在工业中的应用 ·· 418

第一篇

贵金属深加工基础

贵金属一般指金、银、铂、钯、铑、铱、锇和钌共八种金属。除金和银以外的六种元素称为铂族元素或铂族金属（又称为稀有贵金属）。铂族元素中，钌、铑和钯称为轻铂族金属，锇、铱和铂称为重铂族金属。之所以将这八个元素称为"贵金属"，一个重要原因就是相对于其他常见有色金属而言，这八个元素的价格偏高，同时金、银在过去一直被当作货币金属，至今仍然具有金融属性。随着现代科学技术和工业的飞速发展，贵金属的许多独特甚至不可替代的电学性质、化学性质、药学性质、医学性质和力学性质等逐渐被发现并广泛应用于现代工业。贵金属的可贵之处已经不仅局限于价格昂贵或资源稀少，贵金属在现代工业尤其是电子信息、石油和化工、航空航天和军事、医学和药学等领域的应用，使之成为这些领域不可或缺的关键材料或支撑材料。贵金属的基本职能已经从以货币和金融职能为主逐渐转向了以现代工业支撑材料职能为主，同时贵金属深加工也已经从以饰品加工为主逐渐转向了以现代工业所需的先进和高端材料加工为主。

我国现代贵金属工业是在新中国成立以后逐步形成的，现已形成了较为完备的贵金属采、选、冶、深加工及废料再生利用的科学研究和生产体系。现代科学技术的发展使人们对贵金属的抗氧化性、耐腐蚀性和催化活性，对光、电、热和磁的特殊效应等有了更深刻的了解。超导技术、纳米技术等先进技术相继应用于贵金属深加工领域，使贵金属深加工的概念和内涵发生了较大变化。随着贵金属一次资源（矿产资源）日益枯竭，人们逐渐将经过使用、报废或淘汰的含贵金属的废弃物（贵金属二次资源）当作了宝贵资源，并且冠以"城市矿山"或"城市矿产"的美誉。目前在贵金属二次资源开发和深加工方面出现了一些新问题，主要包括从废弃物中再生利用贵金属的回收率问题和二次污染问题。

第一篇主要介绍与贵金属深加工相关的必要的基础知识，包括贵金属单质和化合物的物理和化学性质、矿物学性质以及贵金属主要化合物性质，白银、黄金和铂族金属深加工产品的生产工艺，贵金属废料的再生利用。

第1章

贵金属的性质

1.1 贵金属的一般性质

1.1.1 原子的性质和单质的物理性质

表 1.1 列出了贵金属元素原子的性质和贵金属单质的物理性质。

表 1.1 贵金属元素原子的性质和贵金属单质的物理性质

元素名称 性质	银(Ag)	金(Au)	铂(Pt)	钯(Pd)	铱(Ir)	铑(Rh)	锇(Os)	钌(Ru)
英文名	silver	gold	platinum	palladium	iridium	rhodium	osmium	ruthenium
原子序数	47	79	78	46	77	45	76	44
相对原子质量	107.88	196.97	195.09	106.4	192.2	102.91	109.2	101.07
基态电子层结构	$[Kr]$ $4d^{10}5s^1$	$[Xe]$ $4f^{14}5d^{10}6s^1$	$[Xe]$ $4f^{14}5d^9 6s^1$	$[Kr]$ $4d^{10}$	$[Xe]$ $4f^{14}5d^7 6s^2$	$[Kr]$ $4d^8 5s^1$	$[Xe]$ $4f^{14}5d^6 6s^2$	$[Kr]$ $4d^7 5s^1$
主要氧化态	+1,(+2), (+3)	+1,(+2), +3	(+1),+2, +4	+2, +4	(+2),+3, +4,(+6)	+2,+3, +4	+2,+3, +4,+6, +8	+3,+4, +6,+8
原子半径/pm	144.4	144.2	138.8	137.6	135.7	134.5	134	132.5
离子半径/pm	126(+1), 97(+2)	137(+1), 91(+3)	85(+2), 70(+4)	86(+2), 64(+4)	64(+4)	75(+3)	65(+4), 60(+6)	63(+4)
第一电离能/eV	7.567	9.225	9.0	8.34	9.1	7.46	8.7	7.37
电负性[①]	1.93	2.54	2.28	2.20	2.20	2.28	1.52[②]	1.42[②]
晶体结构	面心立方	面心立方	面心立方	面心立方	面心立方	面心立方	密集六方	密集六方
颜色	银白色	黄色	银白色	银白色	银白色	灰白色	灰蓝色	灰白色或银白
熔点/℃	961.93	1064.43	1772	1552	2410	1966	2700	2310
沸点/℃	2212	2807	3827	3140	4130	3727	>5300	2900
密度/(g/cm³)	10.5	19.3	21.45	12.02	22.42	12.4	22.48	12.30

① 电负性为 L. Pauling 值。

② 电负性为 Allred-Rochow 值。

1.1.1.1 金和银

金和银常见的形态分别为黄色和白色金属。不同纯度或颗粒度的金或银的颜色不同。条痕比色方法是传统的用试金石鉴定金纯度的方法,用试金石在黄金上划痕,条痕呈青色、黄色、紫色和赤色,分别表示金含量约为 70%、80%、90% 和 100%,俗称"七青、八黄、九紫、十赤"。对金和银等贵金属的精确分析,还必须依靠化学分析和仪器分析方法。随着金或银颗粒度的减小,金或银可以呈现出色彩丰富的各种颜色,而颗粒度小到纳米尺度时,无论是银或金所呈现的颜色均为黑色。

金和银均为面心立方晶体结构，晶胞参数 a 分别为 0.4079nm 和 0.4086nm，晶格和晶胞参数上的相似性决定了金和银特别容易形成互熔合金（固溶体），而且金银合金中金和银的比例没有限制。

金和银都具有极为良好的可锻性和延展性。通常 1g 纯金可拉成长达 420m 以上的细丝，可压成厚度达 0.0001mm 的金箔，这样的金箔透明，但在显微镜下仍然致密，所透过的光为绿色。银的延展性仅次于金，在所有金属中居第二位。纯银可压成厚度为 0.025mm 的银箔，可拉成直径为 0.001mm 的银丝。但当金和银中含有少量的砷、锑、铋、铅、碲、镉、锡等杂质元素时会变脆，力学性能明显下降，其中，铅的影响最为明显，纯金中加入 0.01% 的铅，就会使金的良好延展性完全丧失，含铅达 1% 的金合金，受到一定强度压力就会变成碎块。当金中含有 0.05% 的铋时，甚至可以用手揉碎。

金和的韧性很好，很柔软。金的硬度较低，较容易被挤压成粉末，因此在自然界中金属状态的黄金总是以分散状态存在，大块的天然金较少。金和银的导热、导电性能非常好，银是所有金属中导电和导热性能最好的金属。

金的挥发性极小，在 1000～1300℃ 之间熔炼时，金的挥发损失仅为 0.01%～0.025%。金的挥发损失与炉料中挥发性杂质含量和周围气氛有关。如熔炼合金中锑或汞的含量达 5% 时，金的挥发损失可达 0.2%。金在煤气中蒸发损失量为空气中的 6 倍，在一氧化碳中的损失量为空气中的 2 倍。银的挥发性较高，而且在氧化气氛下比还原气氛下更高。银在空气中熔融时，能够吸收相当于自身体积 21 倍的氧气。这些氧气在银冷凝时放出并形成沸腾状，俗称"银雨"，会造成细银粒的喷溅损失，这一特性在火法冶金中必须予以高度重视。

1.1.1.2 铂族元素

铂的存在形式主要有普通铂、结晶铂、非结晶铂、海绵铂和胶体铂五种。普通铂呈银白色。结晶铂是等轴八面体或十二面体结晶。非结晶铂又称为铂黑，为多孔的黑色粉状物。海绵铂细碎且有很大的比表面积。胶体铂是暗棕色溶液。普通铂是具有延展性的白色金属，是贵金属中硬度最低的金属。铂能溶于王水，不过块状的铂溶解得很慢，在空气中加热不生成氧化膜，可以制得多种形态的铂。铂具有优良的热电稳定性、高温抗氧化性和高温耐腐蚀性。

钯是银白色具有延展性的金属，对氢气具有巨大的亲和力，能吸收比其体积大 2800 倍的氢气，而且氢气可以在钯中自由通行。在一定压力条件下，吸收量随着温度的升高而降低，吸收氢气后，钯的体积开始膨胀，晶格常数增加 5%，而电导率及磁化率降低。

铑是一种相当柔软且有延展性的银白色金属。铑具有稳定的电阻和良好的导电性、导热性。

铱是一种高密度的银白色金属，硬度比铂高，性脆，很难承受机械加工。铱具有高熔点、高强度、低渗透率和低蒸气压等特点，可作为超高温抗氧化涂层。在 1650～2000℃ 之间，铱具有良好的延展性和韧性。尽管块体铱存在难加工和性脆等缺点，但纳米厚度的铱涂层可表现出一定的韧性。

金属锇主要有块状、粉状和海绵状三种形态。块状锇为很硬的灰蓝色六方晶系金属，是密度最大的金属。锇具有极强的抵抗弹性变形的能力，因而是非常好的难压缩材料。尽管纯金属本身硬度并不高，但在其中掺入硼、碳、氮或氧等轻（小）原子，就能极大地增强其抵抗塑性变形的能力，从而提高它的硬度。锇在铂族元素中吸收氢气的能力最差，熔点最高，并且具有催化活性和化学惰性。锇的超导转变温度在 0.4～0.71K 之间。

钌是硬度很大的白色金属，性质与锇相似。低温时，钌的延展性较弱，加热至 1500℃

时可加工成细丝或薄板。

1.1.2 单质的化学性质

1.1.2.1 银

银是元素周期表中的 47 号元素，核外电子排布为 $1s^2 2s^2 2p^6 3s^2 3p^6 3d^{10} 4s^2 4p^6 4d^{10} 5s^1$。从银的核外电子排布可见，银和碱金属元素一样，在最外层都只有一个电子，因此它的化学性质与同周期的铷有些相似。但是由于银原子的有效核电荷较多（屏蔽效应较小），因此银原子对外层 s 电子的束缚力比铷原子强。银的原子半径比铷的原子半径小得多，银的第一电离势（7.574eV）比铷（4.176eV）的第一电离势大得多，所以银不如铷活泼。由于银的 5s 电子和 4d 电子的能量相差不大，因此银的氧化数有+1、+2 和+3 三种，但铷只有+1 一种氧化数。

在铜族元素中，化学活泼性按 Cu、Ag、Au 的顺序递减。银在常温下不与氧发生氧化反应，但在熔融状态下，每 1 体积金属可溶解约 20 体积氧。氧在固态银中的溶解度很低，因此当熔融银凝固时，会分离出溶解在其中的氧，有时会伴有金属飞溅。若将银加热至约 225℃，反应最有效，主要的反应产物是氧化数为+2 的氧化银（Ag_2O）。银与碳不直接发生反应。在高温条件下银与磷反应生成磷化物。

银在加热时能与硫直接化合生成硫化银（Ag_2S）。在室温下，银不与纯 H_2S 反应，若把银浸入含有 H_2S 但不含氧的水中，也不会变黑。如果溶液含有溶解氧，则 H_2S 与银反应，从而使银变黑：

$$4Ag+2H_2S+O_2 \longrightarrow 2Ag_2S+2H_2O$$

在较高温度时，SO_2 也能与银作用生成 Ag_2SO_4 和 Ag_2S：

$$4Ag+2SO_2 \longrightarrow Ag_2SO_4+Ag_2S$$

当有足够的氧存在，并且温度低于 1085℃时，则只有 Ag_2SO_4 生成：

$$2Ag+SO_2+O_2 \longrightarrow Ag_2SO_4$$

卤素与银作用生成相应的卤化银，但在室温反应较慢，若升高温度可使反应加快。

银不与氢氟酸作用。但当有空气或其他氧化剂存在时，它能与盐酸、氢溴酸和氢碘酸反应生成相应的不溶性卤化银：

$$4Ag+4HX+O_2 \longrightarrow 4AgX+2H_2O$$

热的浓硫酸易使银溶解，生成 Ag_2SO_4，并且放出 SO_2：

$$2Ag+2H_2SO_4（浓）\longrightarrow Ag_2SO_4+SO_2\uparrow+2H_2O$$

银溶于硝酸，与浓、稀硝酸的反应分别是：

$$Ag+2HNO_3（浓）\longrightarrow AgNO_3+H_2O+NO_2\uparrow$$

$$3Ag+4HNO_3（稀）\longrightarrow 3AgNO_3+2H_2O+NO\uparrow$$

金属银具有较强的还原性，它能够还原 $FeCl_3$、$HgCl_2$ 等物质，如用银片处理氯化铁的水溶液时，发生如下反应：

$$Ag+FeCl_3 \longrightarrow AgCl+FeCl_2$$

低温时银粉与过量 $HgCl_2$ 发生的反应是：

$$HgCl_2+Ag \longrightarrow HgAgCl_2$$

在水浴上加热，反应加快，并且得到汞：

$$HgCl_2+2Ag \longrightarrow Hg+2AgCl$$

银在水溶液中的电极电位 $E_A^{\ominus}$ 为 0.799V，因此，银和金一样，不能从酸性水溶液中析出氢，对碱溶液也是稳定的。但与金不同，银能溶于强氧化性酸，如硝酸和浓硫酸。与金一样，银易与王水、饱和有氯气的盐酸作用，但银形成微溶的氯化银而留于不溶渣中。人们常利用金和银的这种差别将两者分离。有氧气存在时细微银粉能溶于稀硫酸。与金相似，银也溶于饱和有空气的碱金属和碱土金属的氰化物溶液中，溶于有 Fe^{3+} 存在的酸性硫脲溶液中。

在空气存在下，银与碱金属氰化物的反应为：

$$4Ag + O_2 + 8CN^- + 2H_2O \longrightarrow 4[Ag(CN)_2]^- + 4OH^-$$

该反应之所以能够进行，是由于 Ag^+ 与 CN^- 结合生成了比较稳定的 $[Ag(CN)_2]^-$ 离子，致使银电对的电极电势低于氧电对的电极电势：

$$[Ag(CN)_2]^- + e \longrightarrow Ag^+ + 2CN^- \quad E^{\ominus} = -0.33V$$
$$O_2 + 2H_2O + 4e \longrightarrow 4OH^- \quad E^{\ominus} = +0.401V$$

利用这一性质，可以从矿物中提取白银或从银粉直接生产氰化银钾。

1.1.2.2　金

金的化学性质很稳定，是唯一在高温下不与氧起反应的金属。1000℃下将金置于氧气气氛中40h，没有觉察到失重现象，在 1075℃、1125℃和1250℃下于空气中分别熔化金，经1h后损失金的质量分数分别为 0.009%、0.10%和0.26%，这部分为"挥发"损失，而非氧化损失。

金具有宝贵的化学稳定性的原因可以从电离能进行探讨。决定 Au 氧化态稳定性的因素很多，通常要考虑完整的能量循环，需要用到元素的电离能、电子亲和能和水合能等热力学数据。由于许多离子及化合物缺乏这方面的数据，有时只能用电离能作为一般指导性判据。ⅠB族元素的电离能列于表1.2中。

表 1.2　ⅠB 族元素的电离能

元素	第一电离能 /(kJ/mol)	第二电离能 /(kJ/mol)	第三电离能 /(kJ/mol)	第四电离能 /(kJ/mol)
Cu	745	1958	3554	5330
Ag	731	2074	3361	5020
Au	890	1980	2943	4200

从第一电离能数据可见，金具有化学稳定性的原因在于 Au 具有很高的第一电离能。Au 的电子分布为 $[Xe]4f^{14}5d^{10}6s^1$，由于 4f 和 5d 电子对核电荷的屏蔽作用较弱，致使 Au 的 6s 电子受到较高的有效核电荷作用，不容易失去。

比较第二和第三电离能可以看出，Ag 的第二电离能相对较高，决定了它的主要氧化态是 +1，而 Au 的第三电离能相对较低，导致 Au 易形成 +3 氧化态。由于 Au 的后几级电离能也相对较小，因此 Au 存在 Au（V）氧化态。

Cu、Ag 和 Au 的电子亲和能的地态值为 110.3kJ/mol、125.7kJ/mol 和 222.73kJ/mol。可以看出，Au 的电子亲和能最高。

金的相对较高的电子亲和能可与碘的电子亲和能（295.3kJ/mol）相比较，因此有人把 Au 看成拟卤素。已有的证据是化合物 CsAu，可认为是 Cs^+Au^-。基于 Au 有高的电离能和电子亲和能，可以预料 Au 具有高的电负性值。根据 Pauling 的电负性标度，Au 的电负性为 2.4，是所有金属元素中最大的，比非金属元素 P 的电负性（为 2.1）大，而与非金属元素 C、S 和 I 的电负性值（约为 2.5）相近。

因此，Au 化合物的性质与 Cu、Ag 化合物的性质的不同之处远大于其相似之处。在许多情况下，把 Au 与周期表中同周期相邻元素铂和汞进行比较，比与同族的 Cu、Ag 比较更有价值。例如，存在 $[AuCl_2]^-$ 与 $HgCl_2$、$[Au(PPh_3)_3]^+$ 与 $Pt(PPh_3)_3$ 以及 $[AuCl_4]^-$ 与

$[PtCl_4]^{2-}$ 的等电子配合物。金在水溶液中的电极电位很高，因此，无论在碱中还是某些无机酸中，金的不溶性依旧存在。

$$Au \longrightarrow Au^+ + e^- \quad E^\ominus = +1.73V$$

$$Au \longrightarrow Au^{3+} + 3e^- \quad E^\ominus = +1.58V$$

金与下列酸、碱、盐、气体等无相互作用：硝酸（HNO_3）、硒酸（H_2SeO_4）、硫酸（H_2SO_4）、盐酸（HCl）、高氯酸（温度低于 370K）、酒石酸、柠檬酸、乙酸、硫化氢、碱溶液（NaOH 或 KOH 溶液）、氯（温度低于 420K）、空气。

在强氧化剂存在时，金能溶于某些无机酸，如碘酸（H_5IO_6）、硝酸、含二氧化锰的浓硫酸以及加热的无水硒酸（非常强的氧化剂）中。金与下列试剂有相互作用：王水、硫脲、碱金属氰化物、I_2-I^- 溶液、$C_2H_5OH + I_2$（室温）、Br_2-Br^- 溶液、Cl_2-Cl^- 溶液、溴化氢（室温下作用不大）、硫代硫酸盐、亚砜基氯化物、石灰-硫黄合剂、铵盐存在下的混合酸、碱金属氯化物存在下的铬酸、含有 Fe^{3+} 的盐酸、乙炔（温度为 753K 时）以及硒酸、碲酸和硫酸的混合酸。其中王水溶解金的速率最快。

1.1.2.3 铂

铂可与金、银、铜、铅、锡、锑、铋、锌或砷等形成合金，增加机械强度，而钌、铑和铱是其常用的硬化剂。含 Ir 的质量分数为 20% 的铂合金具有很好的延展性，但当 Ir 的质量分数大于 30% 时就变得很硬而难以加工。Ir 的质量分数为 10% 的铂合金和含 Ru 的质量分数为 5% 的铂合金是上等的铂首饰材料，铂铑合金的抗氧化性能相当好，即使在高温下也很稳定，因此铂铑合金常用于制造热电偶、熔化玻璃的坩埚材料等。

熔化的铂可以吸收氧气，冷却时又释放出来。粉状铂对气体特别是氢气有很好的吸附性能，因而成为一种非常重要的催化剂。众所周知，在通常情况下，将氢气和氧气混合使之反应生成水至少需要 1000 万年，但是撒进一点铂粉，该反应即以爆炸的形式进行，而铂粉的性质不变。

高温时碳能溶于铂，降温后有部分析出，残留的碳使铂变脆，即所谓的碳中毒。所以熔融铂时不能与碳接触，通常选用刚玉或氧化锆作为熔铂的坩埚材料。

铂的化学稳定性很好，不溶于任何一种单一酸，但可溶于以下几种物质或与其发生反应。

（1）王水　反应式如下：

$$3Pt + 18HCl + 4HNO_3 \longrightarrow 3H_2[PtCl_6] + 4NO\uparrow + 8H_2O$$

铂在王水中的溶解速率与其状态有关。致密状的铂在王水中溶解缓慢，直径为 1mm 的铂丝要 4~5h 才能完全溶解，但低温灼烧而成的海绵状铂较易溶解在王水中。

（2）浓硫酸　反应式如下：

$$4H_2SO_4（浓）+ Pt \longrightarrow Pt(SO_4)_2 + 2SO_2\uparrow + 4H_2O（加热）$$

（3）碱金属氰化物　反应式如下：

$$Pt + 6KCN + 4H_2O \longrightarrow K_2[Pt(CN)_6] + 4KOH + 2H_2\uparrow$$

（4）F_2、Cl_2、S 和 P 等非金属单质　反应式如下：

$$Pt + 2F_2 \xrightarrow{\text{灼烧}} PtF_4（或 PtF_2）$$

$$Pt（粉）+ Cl_2 \xrightarrow{250℃} PtCl_2$$

$$Pt + 2Cl_2 \xrightarrow{300℃} PtCl_4$$

$$2Pt + 3Cl_2 \xrightarrow{400℃} 2PtCl_3$$

$$2Pt + Cl_2 \xrightarrow{580\sim583℃} 2PtCl$$

$$Pt + 2X_2 \xrightarrow{127℃} PtX_4 (X = Br, I)$$

$$Pt（粉）+S（粉）\xrightarrow{\triangle} PtS$$

硒、碲和磷（尤其是磷）更容易和铂作用。还原气氛中的磷化物以及磷酸盐都很容易与铂化合。

（5）氧气　致密的金属铂在任何温度的空气中都不被氧化，但在高温、高压下能与氧发生反应：

$$Pt + O_2 \xrightarrow{15.20MPa} PtO_2$$

$$2Pt（粉）+O_2 \xrightarrow{810.6kPa} 2PtO$$

（6）氢氧化钠　在有合适的氧化剂（如 $KClO_3$）存在下，铂与强碱（如 NaOH）共熔，可使铂转化为可溶性的化合物。

（7）其他　铂也溶于 $HCl\text{-}H_2O_2$、含空气的盐酸、$HCl\text{-}HClO_4$ 的混合溶液等中。

1.1.2.4　钯

钯对氢气具有巨大的亲和力，比其他任何金属的吸氢能力都强。海绵状或粉末状的钯能吸收其体积 900 倍的氢气。在一定的压力下，吸收量随温度的升高而降低。吸氢后钯的体积显著增大，易碎并易生成裂缝。被氢饱和的钯具有相当强的还原性。

钯是铂系金属中最容易被氧化和最活泼的金属。将钯徐徐溶解在温热的硝酸中，生成棕色的硝酸亚钯 $[Pd(NO_3)_2]$：

$$Pd + 2HNO_3 \longrightarrow Pd(NO_3)_2 + H_2 \uparrow$$

将粉状的钯溶解在温热盐酸中，即生成 $PdCl_2$：

$$Pd + 2HCl \longrightarrow PdCl_2 + H_2 \uparrow$$

钯溶于热而浓的硫酸形成硫酸亚钯（$PdSO_4$）：

$$Pd + H_2SO_4 \longrightarrow PdSO_4 + H_2 \uparrow$$

在赤热温度下，钯与氟及氯都能发生作用：

$$Pd + Cl_2 \longrightarrow PdCl_2$$

$$Pd + F_2 \longrightarrow PdF_2$$

在空气中，加热钯至暗红色，能够生成一层紫色的氧化膜，而铂不具有这种性质。在 $800\sim840℃$ 时，在氧气流中加热金属钯，或者熔融钯粉、KOH 和 KNO_3 的混合物，可生成黑绿色的 PdO。钯有 PdO 和 PdO_2 两种氧化物，PdO 是唯一稳定的钯氧化物。从 $820℃$ 起，PdO 开始分解为钯和氧，至 $870℃$ 时完全分解。通常亚钯化合物或可视为由 PdO 衍生而得，而钯化合物则由 PdO_2 衍生而得。亚钯化合物相当稳定，甚至较钯化合物更为稳定，因为后者常显示有变成亚钯化合物的倾向。

钯易溶解于王水而生成氯化亚钯和氯化钯的混合物，或形成配位酸 H_2PdCl_4 和 H_2PdCl_6。当蒸发至干燥时，后者即失去氯，如果将其残渣用水处理后，则有氯化亚钯或氯亚钯酸（H_2PdCl_4）溶液形成。

在铂系金属中，钯和铂的性质最为接近。钯的最重要的氧化态是Ⅱ。＋2 价钯与＋2 价铂的性质特别类似。它们与"软"给予体（CN^-、P、As、Sb、S、Se 和 Te）生成稳定的配合物。钯（Ⅱ）与含氮配体形成数目众多的配合物，但与配位原子为氧的配体生成的配合物很少。

1.1.2.5 铑

除海绵状铑外，其他形态的铑不溶于王水：

$$2Rh+9HCl+3HNO_3 \longrightarrow 2RhCl_3+3NOCl+6H_2O$$

铑与氯在 250℃反应，即生成 $RhCl_3$：

$$2Rh+3Cl_2 \longrightarrow 2RhCl_3$$

铑与氟在 500～600℃反应，即生成 RhF_3，同时伴有若干四氟化铑和五氟化铑：

$$2Rh+3F_2 \longrightarrow 2RhF_3$$

将铑置于空气或氧气中加热至约 600℃，在其表面有氧化物（Rh_2O_3）形成：

$$4Rh+3O_2 \longrightarrow 2Rh_2O_3$$

熔融的 $NaHSO_4$ 可使铑转变成可溶于水的硫酸根配合物。用碱处理这个配合物，生成 $Rh(OH)_3$ 沉淀（实际是水合 Rh_2O_3）。将 Rh（OH）$_3$ 溶于盐酸，再加入 NH_4Cl，即生成 $(NH_4)_3[RhCl_6]$ 沉淀。

在铑的多种氧化态中，+1 和+3 是最重要的氧化态，+3 氧化态的铑最为常见。Rh^{3+} 的配合物，特别是与含氮配体生成的配合物，与 Co（Ⅲ）的相应配合物相似。Rh（Ⅰ）存在于配体为 π 接受体的配合物中。Rh（Ⅰ）的配合物多数是配位数为 4 的平面正方形，但也有一些配位数为 5 的 Rh（Ⅰ）配合物。在化学反应中，许多平面正方形配合物的上方或下方可以各增加一个配体，使得它们在催化方面具有重要作用。

1.1.2.6 铱

铱对酸的化学稳定性很高，不溶于普通的酸，甚至不溶于王水，只有当强氧化剂（如 $NaClO_3$）存在时加热到 120℃的情况下才与盐酸反应，或者颗粒极小的铱粉能够溶解于王水中。由金属铱转变为可溶性的氯化物的反应可用下式表示：

$$Ir+2Cl_2+2Cl^- \longrightarrow IrCl_6^{2-}$$

在 360～400℃时，将氯气通过铱金属上，则有淡黄绿色六氯化铱形成：

$$Ir+3Cl_2 \longrightarrow IrCl_6$$

在红热状态下，将氯气通至混有 NaCl 或 KCl 的铱金属上，则有四氯化铱形成：

$$Ir+2Cl_2 \longrightarrow IrCl_4$$

将 NaCl 和铱粉置于燃烧管中加热，同时通入氯气，然后将上述生成物溶解，用 NH_4Cl 和氯气处理可得氯高铱酸铵：

$$Ir+2NaCl+2Cl_2 \longrightarrow Na_2IrCl_6$$

$$Na_2IrCl_6+2NH_4Cl \longrightarrow (NH_4)_2IrCl_6+2NaCl$$

粉状的铱在赤热情况下与氧化合生成 IrO_2，块状的铱则只生成氧化膜。+1 和+3 氧化态的铱化合物较为常见，其他氧化态的铱化合物为数甚少。铱不生成水合阳离子，铱（Ⅲ）与各种配体能生成配位阳离子、配位阴离子及电中性配合物，其配位数均为 6，其中的一些配合物和反应在催化作用中很重要。

1.1.2.7 钌

钌是铂族元素中最稀有的金属元素，有 4 种晶型（α、β、γ、δ）。钌几乎不溶于酸（包括王水）。钌与过氧化钠共熔，生成 Na_2RuO_4：

$$Ru + 3Na_2O_2 \longrightarrow Na_2RuO_4 + 2Na_2O$$

如果在 Na_2RuO_4 水溶液中通入氯气，同时加热至近沸，则有 RuO_4 挥发出来，它是钌的最重要氧化物：

$$Na_2RuO_4 + Cl_2 \longrightarrow RuO_4\uparrow + 2NaCl$$

钌粉与 KNO_3 和 KOH 的混合物共熔时，生成 K_2RuO_4：

$$Ru + 6KNO_3 + 2KOH \longrightarrow K_2RuO_4 + 6NO_2\uparrow + 3K_2O + H_2O$$

钌在化学性质上的突出特点是钌有 10 种价态，各个价态的化合物都能存在。

1.1.2.8　锇

锇是除钌外可形成挥发性氧化物的另一个铂族金属。它的外表像锌，性质与同族元素，特别是与钌十分相似。

化学惰性、难熔和具有催化活性，是铂系元素的共性。锇在铂系元素中的熔点最高，并且具有催化活性和化学惰性。锇的化学反应性能和其状态有关：块状锇常温下几乎不和任何物质反应，但绵状锇及海绵状锇可以在一定条件下与氧、其他非金属、酸及碱起反应。

锇是铂系元素中最容易和氧反应的金属。室温下粉状锇就可以被空气中的氧气氧化成为 OsO_4 气体，OsO_4 在分析上是一种重要的氧化物。块状锇则需要在温度高于 400℃ 时才能发生这种反应：

$$Os（粉状） + 2O_2 \longrightarrow OsO_4\uparrow$$

在一定条件下，锇也能和其他非金属，如氟、氯、溴、碘、硫和磷等发生反应，生成相应的二元化合物。锇与氯气反应的产物决定于反应温度和冷却的速度。如果冷却快，产物以 $OsCl_3$ 为主；如冷却很慢，则产物以 $OsCl_4$ 为主。

$$2Os + 3Cl_2 \longrightarrow 2OsCl_3$$

$$Os + 2Cl_2 \longrightarrow OsCl_4$$

锇对酸的反应与锇的状态有关。块状锇甚至不溶于王水，而粉状锇可被氧化性酸（如发烟硝酸、热浓硫酸等）溶解，且并氧化为 OsO_4，海绵状锇则可溶解于浓盐酸，生成黄绿色的 $OsCl_6^{3-}$ 及 $OsCl_6^{2-}$。

在空气存在下，苛性碱与锇的混合物熔融，得到黄红色的锇（Ⅵ）酸盐：

$$4NaOH + 2Os + 3O_2 \longrightarrow 2Na_2OsO_4 + 2H_2O$$

用苛性碱和氧化剂（KNO_3、$KClO_3$ 及 $KMnO_4$ 等）与锇熔融，也得到类似的产物.

$$3KNO_3 + 2KOH + Os \longrightarrow K_2OsO_4 + 3KNO_2 + H_2O$$

锇与过氧化物（如 Na_2O_2）在 600～700℃ 共熔生成锇（Ⅵ）酸盐：

$$3Na_2O_2 + Os \longrightarrow Na_2OsO_4 + 2Na_2O$$

在强碱性的水溶液中，用 Cl_2、ClO^-、过氧化物等强氧化剂可以溶解锇：

$$Os + 3ClO^- + H_2O \longrightarrow OsO_4^{2-} + 3Cl^- + 2H^+$$

在酸性溶液中，用 HNO_3 作为氧化剂，于 100℃ 下蒸馏锇酸盐，可得到挥发性的 OsO_4。在同样条件下钌酸盐不发生类似反应，这是锇与钌相互分离的基础。

$$3OsO_4^{2-} + 2HNO_3 + 6H^+ \longrightarrow 3OsO_4(g) + 2NO + 4H_2O$$

锇与钌一样也有 10 种价态，而且各个价态的化合物都能存在。

锇的主要用途是制备锇铱合金，这种合金有极高的熔点和硬度，宜用于加工精密机械中的轴，如钟表轴等，也用于自来水笔的笔尖。锇的化合物还用于某些有机合成中的催化剂。

1.2　贵金属的矿物学性质

1.2.1　贵金属的发现

1.2.1.1　金和银的发现

人类何时发现了金和银，至今尚无确切的说法。自远古以来，金在所有元素中最受人类珍爱，人们对黄金的占有欲曾经极大地影响过人类的历史，而且对化学、冶金等学科的发展起了很大的推动作用。中国古代的炼金术和炼丹术可以说是人类有目的地从事化学反应或贵金属深加工的开端，虽然其出发点是为了"点石成金"——将贱金属变成贵金属，或是为了得到"长生不老"之药，但这些活动无疑促进了化学、冶金、制药等工业的发展，也为贵金属的发现和进一步深加工积累了最原始的实验依据。我国考古工作者于 1976 年在甘肃省玉门火烧沟遗址，发掘了一批奴隶社会早期的墓葬彩陶、石器、铜器和与铜器共存的金银器。这批金银铜器中有称为鼻饮的齐头合缝的金银铜环，还有男女佩戴的金耳环，这是迄今为止我国发掘出的最早的金、银器物。根据这一事实可以断言，中国发现金、银的时期要早于夏代，很可能在中国新石器时代晚期。上述考古发现说明，至少在 5000 年之前，金、银在我国就已经发现并得到了使用。

在国外，是谁第一个发现了黄金，不同的资料说法不一，但发现的时间至少应在公元前 3500 年以前。《旧约》手稿中第一个提到的金属就是金。

从化学和考古发现可见，不同国家和地区发现的早期金器都是用自然金做成的。其原因有两个。一是金的化学惰性，它在自然界中绝大部分以单质状态存在，如在许多河流的沙床上，它和沙子混合在一起；在一些岩石中，它和岩石掺杂成块。自然金发出的黄色光辉使它不论在哪里，都不受空气和水的作用，吸引着人们的注意。它被认为是人类最早发现的化学元素之一。1872 年，从澳大利亚新南威尔士恩德山金矿采出的重达 260kg 的金块，是历史记载的人类发现的最大金块，被称为"霍姆曼（Holtermana）金块"，其中的金含量为93.3kg。二是在最早的金器时期，化学和冶炼技术尚未发展到可以从低品位矿石或有关化合物中提取黄金的程度。约到公元前 500 年，在欧洲才开始出现精炼黄金的方法，并且将银和铜等金属与金制成合金，通过降低金的成色来满足人们对黄金的大量需求和欲望。阿基米德（公元前 287～前 212 年）在他的浴桶里根据物体浮力大小发明的简单判断合金中各种金属含量的办法，是文字记载的最早的贵金属分析方法。

在现代，银的价值比金低得多。但在银被发现之后的一段很长时间里，其价值比黄金高得多。这是因为银在自然界中虽然也有单质状态存在，但是大部分是以化合物状态存在，因而它的发现比金晚得多（一般认为是在距今 5500～6000 年前发现）。另外，当时的冶炼技术很不发达，而银的大量生产是以发达的冶炼技术为前提的，正如马克思在《政治经济学批判》中提到："金实际上是人所发现的第一种金属。一方面，自然本身赋予金以纯粹结晶的形式，使它孤立存在，不与其他物质化合，或者如炼金术士所说的，处于处女状态；另一方面，自然本身在河流的大淘金场中担任了技术操作。因此，对人说来，不论淘取河里的金或挖掘冲积层中的金，都只需要最简单的劳动；而银的开采却以矿山劳动和一般比较高度的技术发展为前提。因此，虽然银不那么绝对稀少，但是它最初的价值却相对地大于金的价值。"在公元前 1780～前 1580 年间的埃及法典中规定，银的价值是金的两倍。甚至到 17 世纪，在日本银和金的价值还是相等的。天然银多半是和金、汞、锑、铜或铂形成合金状态存在。天然金几乎总是与少量银形成合金，如我国古代已知的琥珀金，在英文中称为 electrum，就是一种天然的金银合金，含银约 20%。人类曾经发现的最大银块重 13.5t。

黄金和白银最初主要用于制作装饰品和充当货币，其原因除了稀少、贵重以外，还在于它们易于分割，可以长期保存，体积和重量小。我国古代采用金、银作为货币的制度可上溯到夏虞以前，即公元前 3000～前 2000 年间。《史记》记载："夏虞之币，金为三品。或黄或白或赤"。这里的"黄"应该指的是金，"白"是银，"赤"是铜。"金"在我国古代文献中常指铜，或泛指一般金属。银在我国古代称为白金。至公元前 1000 年，黄金和白银作为造币的金属在印度河与尼罗河之间的地区得到了广泛应用。不同文字记载的黄金的用途还有制造偶像、神龛、祭坛、碗钵、花瓶、细颈瓶、酒杯、葬礼面部模型、石棺、木乃伊罩和装饰武器等。

金和银的化学元素符号分别为 Au 和 Ag，来源于拉丁文中的 aurum（来自 aurora 一词，"灿烂"的意思）和希腊文中的 argentum（来自 argyros，"明亮"的意思）。西方古代人们分别用太阳和月亮的符号来表示金和银。

1.2.1.2　铂的发现

在铂族元素中，由于铂在铂系矿物中的含量比其他元素的含量高得多，因而最早发现的铂族金属是铂。铂和它的同系金属钌、铑、钯、锇、铱与金一样，几乎完全以单质状态存在于自然界中。它们在地壳里的含量也和金相近，而它们的化学惰性和金相比也不相上下，但是人们发现并使用它们却远在金之后。其原因可能是由于它们在自然界中极度分散和熔点很高造成的。人们曾经找到的最大天然铂块重达 9.6kg。

铂的发现得益于欧洲资本主义生产关系的建立和实验科学的发展。化学科学实验的兴起带来了众多元素的发现，铂是其中之一。一般认为，铂是在 18 世纪中叶开始被认为是一个单纯的金属而记载下来的。1735 年，西班牙青年数学家德·乌罗·阿作为法国和西班牙选派的一个官员，到秘鲁去作科学考察，在 1744 年回到欧洲。1748 年，发表了他所著的航海日记，书中叙述了在秘鲁见到铂金属的经过。当时西班牙人称此种金属为"platina del pinto"，platina 在西班牙文中是银的意思，pinto 是南美洲哥伦比亚一条河流的名称。因此，当时西班牙人在秘鲁称铂为"平托（pinto）的银"。现在铂的拉丁名称 platinum 正是从西班牙文 platina 一词而来，它的元素符号因此称为 Pt。我国的名称既从音译，也有表示白色金属之意，因而有"白金"之称。但"铂"在我国古代文献中是表示薄的金属。约在 1741 年，英国学者布朗利格收到冶金学家武德赠送的少许铂矿粒，进行了提炼研究。1750 年，他写成简短论文，叙述了铂的性质，连同标本送交伦敦皇家学会。标本中有天然铂矿、提纯的铂，此外尚有一把剑，剑柄头是用一部分含铂的金属制成。与此同时，西欧不少学者认为铂不是一种元素，而是金、铁和汞或金和铁的合金。1752 年，瑞典化学家谢裴尔肯定它是一种独立的元素，称为 aurum album，即白金。

在 1823 年以前，世界上商业中的铂大都来自南美洲。1819 年，在乌拉尔发现了铂矿，从 1824 年起，大量铂从俄国出口。在 1822 年，俄国出版的《矿业杂志》中曾叙述到："在淘洗乌拉尔金矿砂时，发现在砂金中掺杂有特殊的金属，和金一样也呈粒状，不过却是灿烂的白色。"

现在由于铂的工业应用量很大，同时由于铂的分布比黄金分散，铂价格已经超过黄金。但是，铂在被发现的最初时期并没有得到应用，只是由于它的密度较大，而被商人们掺进黄金中，提高黄金的质量。据说当时西班牙政府为此曾下令禁止开采，甚至下令抛进海中。但是铂和金、银一样，具有作为货币的特殊条件，在1828～1845年间，俄国曾用铂铸造了3卢布、6卢布和12卢布的钱币。

1.2.1.3　钯、铑、锇、铱、钌的发现

钯、铑、锇、铱和钌与铂的性质相似，同属铂系元素，是在分析化学得到很大发展以后才被发现的。

分析化学在古代就有了萌芽。古代劳动人民在应用金属和其他物质的过程中，逐渐认识到它们的性质，因而知道了某些鉴别它们的方法。例如，在古代埃及的草纸书里记述了金、银及其他制品的检验方法。我国战国时代所著的《周礼·考工记》等书籍中记述了利用与现代吹管试验相同的原理，按温度的高低、色相的变化，来鉴定各种物质。古药学家们也零星地知道一些物质的定性反应，如陶弘景（456～536年）对消石（硝酸钾）指出："以火烧之，紫青烟起，云是真消石也。"这与近代分析化学鉴别钾盐和钠盐的火焰实验法基本相似。到1388年，即我国明朝洪武二十一年，曹昭撰写了《格物要论》，其中《金铁论》总结了我国历代检查金属的方法，提供了检查金、银、铜、铁及其合金的多种宏观分析方法。

但是，分析化学开始成长为化学科学中的一个独立科目，是从17世纪才开始，随着化学科学实验的兴起，逐渐从其中分支出来，逐步形成和发展起来的。在这个期间，元素的概念逐渐形成，化学和医学，特别是化学工业生产开始普遍发展。生产上要求研究溶液的性质和新的化学分析方法。到18世纪末和19世纪初，由于工业的发展，特别是化学工业和冶金工业的发展，采矿的资本家们急迫需要找到更多、更新的矿物，工厂的老板们殷切希望发现更好、更廉价的原料，从事实际生产的劳动者和科学家们不断碰到新奇的物质和现象。这些原因促进了人们对物质的进一步分析和研究，促进了分析化学的发展。

含铂矿石中，铂通常是主要成分，因此铂早在18世纪下半叶通过化学实验就被认为是一种化学元素而确定了下来。其余的铂系元素则因含量较小，必须经过化学分析才能被发现。

由于钯、铑、锇、铱和钌都与铂共同形成矿石，因此它们都是在从铂矿提取铂后的残渣中发现的。铂系元素对化学作用非常稳定。除铂和钯外，铂系元素不但不溶于普通的酸，而且不溶于王水。铂很容易溶于王水，钯还溶于热硝酸中。所有铂系元素都有强烈形成配合物的倾向。

在铂发现后，化学家们在进行关于铂的化学实验时，当粗铂溶于王水中后，发现有金属光泽的粉末留在容器底部。1803年，英国谈兰特和法国伏克林、科勒特等研究了这个残渣，从中发现了铱和锇。1804年，谈兰特给予了它们拉丁名称。锇被命名为osmium，元素符号称为Os。这一名词来自希腊文osme，原意"臭味"。这是由于四氧化锇（OsO_4）的熔点只有41℃，易挥发，有恶臭。它的蒸气对人们的眼睛特别有害。锇和钌是处在化学元素周期表ⅧB族中唯独能生成八价化合物的元素。铱被命名为iridium，元素符号称为Ir。这一名词来自希腊文iris，原意"虹"。这可能是由于二氧化铱的水合物$IrO_2 \cdot 2H_2O$或$Ir(OH)_4$从溶液中析出沉淀时，颜色或青或紫或深蓝或黑，随着沉淀的情况而改变的缘故。锇和铱的发现者们已经认识到它们的一些特性。

1804年，英国化学家武拉斯顿又宣布从铂矿中发现了两种新元素。他将天然铂溶解在王水中，在蒸发除去多余的酸后，滴加氰化汞溶液，获得黄色沉淀。在灼烧这个沉淀物后，留下了一种白色金属。他把它称为palladium（钯），元素符号称为Pd。这一名词来自希腊

神话中主司智慧的女神巴拉斯 Pallas。这里的黄色沉淀应该是氰化钯 $Pd(CN)_2$。尽管氰化汞 $Hg(CN)_2$ 的溶液中几乎不含氰离子 CN^-，但是当钯的离子 Pd^{2+} 与它作用时，却立即析出淡黄色的、不溶于水的氰化钯。

武拉斯顿在发现钯后，同年，将天然铂溶解在王水中，并且加入氢氧化钠溶液，以中和过剩的酸。然后加入氯化铵（NH_4Cl），使铂沉淀为四氯合铂（Ⅱ）酸铵（俗称铂氯化铵）$(NH_4)_2[PtCl_4]$，再加入氰化汞，使钯沉淀为氰化钯。滤去沉淀后，加盐酸于滤液中，使多余的氰化汞分解，然后加热蒸发至干。武拉斯顿用乙醇洗涤蒸发后所得的残余物，发现任何物质都溶解，只有一种暗红色的粉末沉在容器底部。后来他证明这种暗红色的粉末是一种复盐，是由一种新金属和钠所形成的氯化物（$Na_3RhCl_6\cdot18H_2O$）。因为这种新金属的盐带有玫瑰的艳红色，由此武拉斯顿引用希腊文中的玫瑰 rhodon 一词命名它为 rhodium，元素符号称为 Rh(铑)。

钌是铂系元素中在地壳里含量最少的一个，这也是它在铂系元素中最后一个被发现的一个原因。它比铂晚发现 100 多年，比其余的铂系元素晚 40 年。不过，它的名字早在 1828 年就被提出来了。当时俄国人在乌拉尔发现了铂的矿藏。得尔勃特斯克大学教授奥桑首先对它进行了研究，认为其中除铂外，还含有三个新元素，并且分别命名为 pluranium、polinium 和 ruthenium。第三个名称是从乌克兰人称呼俄国 ruthenia 而来。但是，奥桑把他分离出来的新元素样品寄给贝齐里乌斯后，贝齐里乌斯认为 pluranium 是一个新金属元素，而其余两个是硅土和钛、锆以及铱的氧化物的混合物。奥桑重复了自己的分析后，放弃了自己的意见。门捷列夫在 1869 年 2 月发表他的《根据元素的原子量和化学相似性而编制的元素系的尝试》时，列出一个元素 Pl，就是指的这个元素。1844 年，喀山大学化学教授克拉马斯重新研究了奥桑的分析工作，肯定了在铂矿的残渣中确实有一种新金属存在，就用奥桑曾经为纪念他的祖国而命名的 ruthenium 称呼它。元素符号为 Ru，我国译成钌。其实，克拉马斯从 1840 年就开始了这一研究工作。他最初曾从一位炼铂工匠手中购得铂渣 2 俄斤（旧俄国质量单位，1 俄斤＝0.41kg），从中提取出微量的钯、铑、锇、铱等金属，并且获得 10% 的铂。后来他又请求政府赠送他 20 俄斤的铂渣，进行了分析研究，在 1844 年《喀山大学科学报告》中发表了他的论文——《乌拉尔铂矿残渣和金属钌的化学研究》，其中写道：“……所研究的材料的小量——不超过 6g 十分纯净的金属——不允许我继续我的研究，但是我依靠这少量样品即足以认清它的重要的化学性质，并确信它是独立的元素。”克拉马斯扼要地描述了这一新元素：“用氢气还原氧化物 RuO_2 得到的是浅灰白色、带有金属光泽的碎块。它的外观像铱，可是颜色稍微暗一些。从其他化合物还原的钌是浅灰色粉末状，没有金属光泽。”克拉马斯从铂矿渣中取得新金属钌后，曾将样品寄给贝齐里乌斯，请求指教。贝齐里乌斯认为它是不纯的铱。可是克拉马斯和奥桑不同，没有理睬贝齐里乌斯的意见，继续进行自己的研究，并且将每次制得的样品连同详细的说明逐一寄给贝齐里乌斯。最后事实迫使贝齐里乌斯在 1845 年发表文章，承认钌是一个新元素。到了 1871 年，门捷列夫修订和发表他的元素周期系时，就把 Pl 改为 Ru。

作为元素，贵金属在整个自然界中分布很广，在地球上的各种矿物、其他火成岩、沉积岩、变质岩、天然水、各种动物、植物甚至大气中均有数量和丰度不等的贵金属，而且在其他星球的各种陨石里，科学家也发现了贵金属。贵金属与其他元素一样，可以从一种物质形态变化到其他物质形态，在自然界存在互变循环。

尽管贵金属在自然界几乎无所不在，但目前值得开采的资源并不很多。通常所指的贵金属自然资源是指地球上的矿产资源。地球化学家在综合各种岩石的大量分析数据的基础上，经过计算得出厚度为 16km 内地壳的组成，并且用质量分数表示各元素的含量。这项工作最初由美国科学家克拉克于 1889 年完成，因此各种元素在地壳中含量的平均值便被称为克拉克值。贵金属的克拉克值分别为 Ag $1\times10^{-5}\%$、Au $5\times10^{-7}\%$、Pt $5\times10^{-7}\%$、Pd $1\times10^{-6}\%$、Rh $1\times10^{-7}\%$、Ir $1\times10^{-7}\%$、Os $1\times10^{-7}\%$、Ru $1\times10^{-7}\%$，它们不仅含量低，而且非常分散（特别是铂族元素），开采和提取这些金属相当困难。

1.2.2　金的矿物学性质

1.2.2.1　金矿物的分布

世界上几乎每个国家都有黄金广泛分布。在欧、亚、非三洲，发现了古金矿的国家有西班牙、英国、希腊、土耳其、沙特阿拉伯、伊朗、印度、中国、日本、前苏联以及其他许多国家。从砂矿里淘出金子的河流有塔古斯河、爪达尔基维尔河、台伯河、波河、罗纳河、莱茵河、希布鲁斯河（马里查河）、尼罗河、贺比西河、尼日尔河、塞内加尔河、帕克托勒斯河（萨拉巴特河）、奥克苏斯河（流经撒马尔罕产金地的阿穆河）、恒河、勒拿河、阿尔丹河、金沙江以及其他数不尽的江河。古埃及人远在 4000 年前就广泛地在西奈、埃及东部和苏丹（努比亚）开采黄金。波斯人、古希腊人以及古罗马人正是从古埃及人那里学到探金、采金和炼金的各种技术的。古希腊人和古罗马人都在他们帝国的多金属矿区里广泛地开采金矿石。

黄金在许多方面都曾影响过前苏联、美国、澳大利亚、南非、加拿大等国家的人们的探险和定居。关于金矿床成因的一个早期的理论是设想金矿是在太阳的天文影响下发育形成的。由此就很容易得出结论：为数最多的金矿床应当产生在以南、北两条回归线为界的一些区域里，因为在这些区域太阳的影响最大。确实，1492 年，当哥伦布快到古巴时，他在日记里写道："从我所遭受到的这种酷热来看，这个地区必然富产黄金。"在美国，淘金和采金有相当悠久的历史。至少早在 1620 年，西班牙人就在新墨西哥州、亚利桑那州和加利福尼亚州经营矿山，从中取得白银和黄金。

南非的威特沃斯兰德金矿床是世界上最重要的金矿资源，其次是产于前苏联远东和东西伯利亚的砂金矿，美国、澳大利亚、加拿大等主要产金国也都有一批超大型金矿床。

我国的黄金总储量次于南非、俄罗斯、美国，居世界第四位，但仅占世界总储量的 3.3%。我国的重点产金省区有山东、河北、河南、黑龙江、辽宁、内蒙古、吉林、湖南、广西、陕西和甘肃等。山东省是我国最大的黄金原料和产金省，黄金年产量约占全国总产量的 1/4，在全国 10 个重点金矿中，山东占 5 个。该省的主要原料和产金地集中在胶东半岛的招远和莱州一带。东北三省、内蒙古和河北省北部地区是我国的又一黄金原料和产金集中地区。黑龙江的金矿原料聚集成区分布，主要位于漠河、呼玛、爱辉、萝北、桦南和东宁等处，由北到南形成"金子镶边"，聚集区的面积一般为 $500\sim2000 km^2$，最大的约为 $6000 km^2$。内蒙古和辽宁、吉林的金矿原料分布情况与黑龙江相似。河北省的金矿原料分布特点是点多而分散，规模小，适合于小规模采金。山西省的金矿原料主要分布在恒山、五台山、塔儿山、中条山等地区，令人瞩目的是在这些金矿中能找到大块自然金。其他省份的黄金资源也各有特点。有一点需要提醒的是，尽管我国的黄金总储量不少，但分布范围很广，加上我国人口众多，人均拥有的黄金资源并不多。目前许多产金地的个体开采很多，存在的问题主要是效率低下，黄金原料利用率不高，资源浪费严重。因此，如何高效率地开采和利用好现有的黄金矿产资源，已经成为我国可持续发展战略的重要组成部分，应该引起人们的高度重视。

1.2.2.2　金的主要矿物种类

金矿物是指金在矿物的晶格结构中占有一定的位置，在化学成分上金的含量较高（通常大于5％），并且由一定的地质作用形成的单质或化合物。由于金的化学惰性，因此金矿物主要是自然金。自然金大多是等轴晶系的六面体、八面体及菱形十二面体，并且呈细粒状，大块金罕见，金含量大于80％。同样的情况下矿物的化学成分中金的含量少于5％时称为含金矿物，如含金自然银等。

我国的金矿床以脉金和伴生金为主。脉金主要集中在胶东、小秦岭、黑龙江和吉林地区，属于中温热液和含金石英脉矿床。伴生金以铜矿为主，主要是斑铜矿及矽卡岩、细脉浸染、热液及硫化铜铁矿床。砂金虽然在黄金总储量中所占比例不大，但分布广，易开采，在我国黄金生产中占有重要地位。金矿床中出现的矿物种类繁多，约在110种以上，但常见的金属矿物仅有黄铁矿、毒砂、磁黄铁矿、方铅矿、闪锌矿、黄铜矿、黝铜矿、辉铜矿等。脉石矿物主要为石英、玉髓、碳酸盐矿物、重晶石等。已知的金矿物共有30多种，它们主要以自然金、合金、金属互化物、硫化物、硒化物和锑化物等产出。

（1）自然金及金的合金矿物　包括自然金、金银矿（所含主要元素Au、Ag，下同）、铜金矿（Au、Cu）、钯金矿（Au、Pd）、铑金矿（Au、Rh）、金铱矿（Au、Ir）、金铱锇矿（Au、Ir、Os）、金铂矿（Au、Pt）和金铋矿（Au、Bi）等。

自然金中一般含有大量其他金属。这些自然金品种有的已经给予了专用矿物名称，不过更一般地是在名称上加一个表示所含主要杂质元素名称的前缀来命名，例如银质金、铂质金等。

① 银质金。通常所有天然金中都含有一些银，银含量范围一般在5％～15％，这种银大部分是晶格组分，而且存在从金通过银质金到金质银（金银矿）再到天然银的完整的序列。

② 琥珀金。含银20％或20％以上的金。

③ 铜质金。含有微量或少量铜的自然金，铜在大多数情况下是晶格组分。含有40％左右的金的化合物 $AuCu_3$ 称为金铜矿，这种物质具有强烈金属光泽，色调为带有淡红的黄色。

④ 钯质金。又称为钯金，在金的固体溶液中含有5％～10％的钯。

⑤ 铑质金。也称为铑金，含有34％～43％的铑。

⑥ 铱质金。含有高达30％的 Ir。

⑦ 金汞齐。白色至淡黄色带有金属光泽的自然金，含有一定量的汞。

⑧ 黑铋金矿或五价铋化金。含有微量到少量的铋（可达3％），是一种金属间化合物，化学式为 Au_2Bi。

（2）金属互化物矿物　包括金汞齐 Au_2Hg_3、黑铋金矿 Au_2Bi、金铜矿 $AuCu_3$、金铜钯矿 $(CuPd)_3Au_2$ 等。

（3）金的碲化物矿物　包括碲金矿 $AuTe_2$、白碲金银矿 $AuAgTe_2$、亮碲金矿 $(AuSb)_2Te_2$、碲金银矿 Ag_3AuTe_2、杂碲金银矿 $(AgAu)Te$、针碲金银矿 $(AgAu)Te_4$、碲铜金矿 $AuCuTe_4$、叶矿 $Pb_5Au(TeSb)_4S_{5\sim8}$ 等。

（4）金的硫化物、锑化物和硒化物矿物　包括硫金银矿 Ag_3AuS_2、方金锑矿 $AuSb_2$、硒金银矿 $AgAuSe_2$ 等。

1.2.3　银的矿物学性质

1.2.3.1　银矿物的分布

世界主要产银国有墨西哥、秘鲁、美国、加拿大、俄罗斯和中国，年产量都在千吨以上。银大部分分布在铜、铅、铁、镍的硫化矿床中。我国的白银资源约占世界总储量的1/6，居世界第三位，主要分布在江西、广东、青海、云南、甘肃、广西、辽宁、湖南、湖北和四川等地区。我国江西德兴市银山就是从唐代开采至今的大银矿，近年又在江西贵溪市冷水坑发现特大型银矿，这两个矿床的银都赋存在方铅矿中。因此古人把方铅矿称为"银母"。银的矿产资源基本上分为两类：伴生矿，主要为镍、铜、钼、铅、锌、金和其他金属，银仅是副产物；银矿，以银为主要的工业金属。目前银矿产资源以前者为主。据统计，从有色金属矿回收的银占总产量的 80%。

1.2.3.2 银的主要矿物种类

银在地壳中的平均含量是金含量的 20 倍，按地壳中元素的分布情况仍属微量元素。由于银的化学稳定性不如金，在自然界中主要以化合物状态存在，只有少部分以单质和自然银存在。银矿物多达 200 多种，常见的约 10 种，银的赋存状态比金复杂得多。世界矿产的银只有 10% 产自以银为主的矿床，其余 90% 为铜、铅、锌和金提取过程的副产品。银矿石的品位变化大，一般在 300g/t 左右。

银在自然界与金常以姐妹矿形式存在。自然银多呈细粒或大块出现，含有金、汞及微量的锑、铜、铂、砷等元素。自然银在成因上类似自然铜，出现在中、低温热液脉冲矿床中，常与辉银矿、方解石伴生。次生的自然银通常生于硫化矿床氧化带的下部，是原生含银矿化物的分解产物。自然银极少出现在砂床中，这是因为银的化学性质没有金稳定，在砂床形成过程中生成了银的化合物。在化合物中银常表现为 +1 价或 +2 价。在自然界中银主要以硫化物的形式存在，常伴生于铜矿、铜铅锌矿、多金属矿、铜镍矿和金矿床中，以复杂硫化物产出。单独存在的辉银矿（Ag_2S）很少遇见。复杂硫化物包括硫锑银矿和硫砷银矿。银的化合物还包括卤化物，其中氯化物和溴化物形成完全类质同晶系列。当氯含量高于溴时，称为角银矿；当溴含量高于氯时，称为溴银矿。银的氯化物和溴化物只见于炎热气候区中含银硫化物矿床氧化带。

由于金、银的离子半径、电子层结构、键性、晶胞等性质完全近似，在自然界中，两者可以完全以类质同晶替代，形成连续的固溶体（混合晶体）系列，形成了一系列 Au-Ag 矿物。

自然金-自然银系列中随着金含量降低，银含量升高，所形成矿物的反射率、硬度值、单位晶胞棱长都有增大的趋势，特别是对蓝绿光的反射率来说，这种趋势更为明显。金、银的离子半径大，又具有亲铁、亲铜性，在地球化学性质上常与铁、铜等金属元素共生。当金属硫化物结晶后，它们则以银金矿的形式充填在这些金属硫化物的晶隙和裂隙中。已知的 60 多种银矿物，可分为以下 10 组。

（1）金-银系列矿物 含量见表 1.3。在一般金矿的自然金中，银含量约占 2%。

表 1.3　金-银系列矿物的含量

金含量/%	银含量/%	备注
100~80	0~20	自然金
80~50	20~50	金银矿
50~20	50~80	银金矿
20~0	80~100	自然银

（2）硫化物 辉银矿 Ag_2S（Ag 87.1%，S 12.9%）；硫锑银矿 Ag_3SbS_3（Ag 59.76%，Sb 22.48%，S 7.76%）；硫砷银矿 Ag_3AsS_3（Ag 65.4%，As 15.2%，S 19.4%）；硫铜银矿 AgCuS；脆银矿 Ag_5SbS_4（Ag 68.33%）。

（3）锑化物 锑银矿 Ag_3Sb。

（4）铂-钯银金矿 含铂、钯银金矿（Au 58.4%~80.1%，Ag 9%~29.2%，Pt 0~8.7%，Pd 0~4.4%）。

（5）铂-钯金银矿　含铂、钯金银矿（Ag 34.5%～71.0%，Au 31.5%～59.7%，Pd 0.7%～1.2%，Pt 0.7%～2.3%）；含铂金银矿（Pt 3.1%～6.1%）；含钯金银矿（Pd 0.7%～1%）。

（6）钌-铑金银矿　含钌、铑金银矿（Rh 4.0%，Ru 1.0%）。

（7）碲化物　白碲化物（AuAg）Te_2（Au 34.77%～43.86%，Te 55.68%，Ag 0.46% ～5.87%）；碲金银矿 Ag_3AuTe_2（Au 25.12%，Ag 41.71%）；杂碲金银矿（AuAg）Te（Au 23.9%，Ag 26.26%或 21.0%、16.69%，Te 48%～39.14%，Pb 2.58%）；针碲金银矿 $AuAgTe_4$（Au 24.19%～31.40%，Ag 6.6%～13.94%，Te 59.80%～62.2%，含少量 Ni、Se、S）。

（8）硒化物　硒银矿 Ag_3Se_2（Ag 73.15%）；硒金银矿 Ag_3AuSe_2（Ag 47.5%～48.6%，Au 27.4%～27.2%，Se 24.4%～22.8%，Cu 0.3%）。

（9）卤化物　角银矿 AgCl（Ag 75.3%，Cl 24.7%）；氯溴银矿 $AgCl \cdot AgBr$。

（10）硫酸盐　黄银铁矾 $AgFe_3(OH)_6(SO_4)_2$。

1.2.4　金银的选矿和提取

将经过开采和磨碎的含金银的矿石中的金银变成单质的过程比较复杂，一般要经过选矿和提取（冶金）两个过程。从矿石中提取金银的方法主要有混汞、重选、浮选和氰化法。砂金一般用重选和混汞法，脉金主要用浮选和氰化法，其次是混汞和重选法，而且通常是两种或两种以上的方法联合使用。

根据矿物组成和矿石可选性，脉金矿石大致可分为以下类型。

（1）含少量硫化物的石英脉金矿石　硫化物含量少（<5%），而且多为黄铁矿，脉石矿物主要是石英。矿石易选，选矿指标较高。粗粒金用混汞和重选法回收，细粒金以浮选和氰化法回收为主。金与黄铁矿关系密切的矿石，一般先浮选，浮选精矿再氰化处理；金与石英等脉石关系密切的矿石，宜用全泥氰化法处理。

（2）含大量硫化物的石英脉金矿石　硫化物含量高（5%～15%），金与黄铁矿相伴共生，除黄铁矿外，还可能含有黄铜矿、毒砂等。矿石易浮选，金的回收率可达 95%以上。含金硫化物精矿可进行分离浮选。

（3）多金属含金矿石　矿石含铜、铅、锌等多种金属硫化物。其含量可达 10%～20%。金与黄铁矿、铜铅硫化物关系密切，金的粒度范围变化大。选别方法以浮选为主，为了回收粗粒金，辅以混汞或重选法。浮选富集在铜、铅精矿中的金，在冶炼过程中回收。浮选分离出的黄铁矿精矿，经氧化焙烧处理后，用氰化法就地产金。

（4）含金石英脉氧化矿石　不含硫化物，金大部分富存在脉石矿物以及风化的金属氧化物残留颗粒中，含泥质。首先用重选、混汞法回收粗粒金，然后用氰化法处理。对于部分氧化的矿石，主要金属矿物为褐铁矿、少量黄铁矿以及含金的氢氧化铁。脉石为石英、玉髓石英等。选矿方法以重选、混汞和氰化法为主。

（5）难处理含金矿石　矿石中含有相当数量的砷、锑、碲的硫化物以及泥质和碳质，这些硫化物和杂质给选别作业带来很大困难，使工艺流程复杂化。一般先用浮选法处理，获得含金的硫化物精矿，再经过氧化焙烧预处理，除去砷、锑、碳等有害杂质，焙砂用氰化法提取金。近年来发展较快的预处理技术还有加压氧化和生物氧化，这些技术除用于浮选精矿外，还可直接用于难处理含金矿石。

氰化法是目前最主要的提金方法。银的提取方法以浮选法为主，氰化法次之。

1.2.4.1　金银的选矿

选矿是利用矿物中各种成分的物理和化学性质（如密度、亲疏水性、磁性等）的差别，在基本不改变矿物化学组分的情况下，将有用矿物与脉石分离的一项技术。目前对金银矿物而言，工业上采用的主要选矿工艺有浮选法、混汞法、重选法以及它们的联合使用法。

（1）浮选法　浮选法是根据矿物表面具有不同的物理和化学性质进行湿式选别的一种方法。矿物颗粒自身具有一定的表面且具有疏水性，若经过浮选药剂作用可产生或增强疏水性。经过一系列工艺处理后的金矿粒虽然密度大，但却能与气泡和浮选剂亲和而被浮于浮选机的矿液表面，作为泡沫产品从大量的矿石中分离出来。

浮选法被广泛地用来处理各种脉金、银矿石的原因在于：在大多数情况下，用浮选法处理含硫化矿物高的金银矿石时，可以把金银最大限度地富集到硫化矿精矿中，并且丢弃大量尾矿，从而降低冶炼成本；用浮选法处理含多金属的金银矿石时，能够有效地分离出各种含金银的有色重金属精矿，有利于实现对有价值的矿物资源的综合利用；对于不能直接用混汞法或氰化法处理的含金银的难溶矿石，也需要用包括浮选法在内的联合流程进行处理。

自然金、银金矿、碲金矿和与硫化物共生的金都易于用浮选法回收。自然金最易浮游，当硫化物（主要是硫化铁）含有自然金时，其可浮性将有所提高。自然金中含有银、铜，特别是铁，会降低其可浮性。粒度 0.002～0.2mm 的金粒都易浮游，但微细金粒往往受矿浆中疏水泥质脉石的影响而降低其浮游速度及选择性。常用的金捕收剂是黄药、黑药和胺黑药。丁基黄药与丁基胺黑药混合使用的效果优于单独用药。

金矿石中含有碳物质，不能用氰化法处理。如果碳物质不含金，可以用浮选法先除去碳，再浮选硫化物；也可以先抑制碳，再浮选含金硫化物。如果碳中含有金，将使工艺复杂化。

（2）混汞法　混汞法是古老的提金方法，在历史上曾经起过重要作用，简便易行，而且经济效益高。其原理是利用金属汞对金的选择性润湿能力比对其他贱金属强的特点，使汞润湿金粒并很快地向金粒中扩散，形成金汞齐（这种金汞齐通常是金汞融合物）。将金汞融合物经过一系列处理后得到粗金。脉金选金厂工艺流程中使用混汞法提金的两个主要好处是：一是可以就地产出部分合质金；二是能大大降低金在尾矿中的损失。但由于汞的毒性大、混汞作业的劳动条件差和汞毒危害存在的长期性，使这种方法的应用范围越来越小，混汞法已逐渐被重选或浮选法所取代。仅在一些中、小型矿山作为一种初级回收金的辅助手段还在小规模使用。混汞提金包括混汞、压滤、蒸馏、熔炼四道主要工序。

①混汞。矿浆中汞选择性润湿金粒表面，并且逐渐向金粒内部扩散，依次形成 $AuHg_2$、Au_2Hg、Au_3Hg 三种化合物。最后形成金在汞中的固溶体 Au_3Hg。汞齐（汞膏）中金含量达 10% 时呈液态，达 12.5% 时呈糊状。当汞膏中脉石和重砂矿物含量较高时，可以用淘金盘等设备把汞膏分离出来。

混汞作业分为内混汞和外混汞两种方式。内混汞是在磨矿设备内，边磨矿边混汞提金的过程。如使用捣矿机、碾盘机、混汞筒等设备进行混汞。内混汞主要用于处理砂金矿重选的粗精矿和富含金的中间产品，也用于处理脉金矿摇床等设备产出的重选精矿。用混汞筒处理这类重选精矿，金的回收率可达 98% 以上。外混汞是在磨矿设备外进行混汞，常与浮选、重选或氰化法联合使用。通常是在球磨机磨矿循环中设置混汞板，回收粗粒的单体自然金。混汞板适宜于回收 0.03～0.2mm 的金粒，回收金粒的粒度下限为 0.015mm，微细金粒容易随矿浆流失。

混汞作业的矿浆含量以 10%～25% 为宜，并且与后续作业的含量要求有关，有的高达

50%。内混汞的矿浆含量以 30%～50% 为宜，以便汞处在悬浮状态。混汞结束后，将矿浆稀释，使汞聚集在一起。在酸性介质和氰化物溶液（含量约为 0.05%）中混汞效果较好，但矿泥在酸性介质中不能凝聚，易污染金粒。所以，实践中一般用石灰调浆，在 pH＝8～8.5 下进行混汞。此外，自然金的成色、汞的质量、矿浆温度等因素都会影响混汞效果。

② 压滤。用水仔细清洗汞膏，并且用布包好，在压滤机内分离出多余的汞。经过压滤的硬汞齐金含量为 20%～50%，金含量与混汞金粒的大小有关，金粒大者含金较高。

③ 蒸馏。硬汞齐在蒸馏罐中蒸馏，使汞与金分离。汞的气化温度为 357℃，蒸馏操作的温度一般控制在 400～500℃，蒸汞后期升温至 750～800℃，并且保持 30min 以排尽残余汞。

④ 熔炼。蒸汞后的残渣即为海绵金，金含量为 60%～80%，其余杂质为汞、银、铜等。经过熔炼得到合质金。

（3）重选法 重选是利用矿物的密度不同，在单体解离的情况下，使密度大的有用矿物得以分离和富集的一种选矿方法。它是人类最早发明的一种选金方法。它具有投资少、污染小和可处理矿物粒度范围广等特点，已成为在环保要求越来越高的贵金属生产过程中首先应考虑的选矿方法。

重选是选别砂金（尤其是低品位砂金）的主要方法，也常用于脉金矿回收已解离的单体金。由于自然金的密度（15.6～19.3g/cm³）与脉石的密度（2.6～2.75g/cm³）相差悬殊，用重选法回收游离金很有效，一般能回收 0.3～0.6mm 的金粒。典型的重力选矿设备有跳汰机、溜槽、摇床和螺旋选矿机等。用重选法配合其他方法使用，金的回收率可明显提高。

1.2.4.2 氰化法提金

用含氧的氰化物溶液，浸出矿石或精矿中的金银，再从浸出液中提取金银的方法称为氰化法。氰化法自 1890 年诞生至今已有 100 多年的时间，目前仍然是从细粒金矿石中提取金银的主要方法。其突出的优点是工艺成熟，金的提取率高，对矿石的适应性强。

氰化法的主要过程可分为氰化浸出、金银沉淀、金泥处理和氰化贫液处理四个步骤。其中氰化浸出步骤是整个氰化法的核心。

（1）氰化浸出 氰化浸出是固体金颗粒与含氧的氰化物溶液之间的多相反应过程。反应发生在相界面上，属于一个电化学腐蚀过程。根据氰化原电池的电动势的大小，矿物中的金属氰化浸出的顺序（从易到难）是：铜、金、银、钯。铂不能被氰化。

金的氰化浸出过程由五步组成：溶剂质点（氧分子和 CN^-）通过扩散层扩散到固体金表面；溶剂质点在金表面上吸附；被吸附的溶剂与金在相界面上发生电化学反应，金从其表面的阳极区失去电子，同时氧从阴极区得到电子；生成物 $[Au(CN)_2^-$、H_2O_2、$OH^-]$ 解吸；生成物通过扩散层离开界面。上述五个步骤中，第一和第五步是扩散过程，第二和第四步是吸附过程，第三步是电化学反应过程。氰化反应的总速率由最慢的一步决定。由于吸附过程很快达到平衡，因此氰化反应的速率主要由扩散和电化学反应决定。氰化浸出的总反应式为：

$$4Au+8CN^-+O_2+2H_2O \longrightarrow 4Au(CN)_2^-+4OH^-$$

$$4Ag+8CN^-+O_2+2H_2O \longrightarrow 4Ag(CN)_2^-+4OH^-$$

影响浸出速率的因素很多，包括氰化液中氰化物、氧和杂质的浓度，金粒暴露的程度、大小和形状，矿浆的黏度、搅拌速度和温度等。增大溶液中氰化钠的浓度，可以加速金的溶解。在氰化物浓度较高时，增加溶液中的氧浓度可以增加溶金速率。氰化液中杂质的种类和含量也影响溶金速率。$Fe(CN)_6^{3-}$、适量的铅、锌离子和氢氧化钙能加速金的溶解；S^{2-}、黄药、$Fe(CN)_6^{2-}$、Cu^{2+} 以及过量的铅、锌离子和氢氧化钙，都容易在金表面形成硫化金、磺酸金、不溶性氰化物及过氧化钙薄膜，造成金表面钝化，降低金的溶解速率。氰化浸出时，溶液中的氰化物浓度、磨矿细度、矿浆浓度和搅拌速度等条件，通常通过实验和生产经验来确定。含碳矿石需先经化学氧化（如用氯气或次氯酸钠）或加煤油抑制，再氰化。

（2）金银沉淀　经过氰化浸出步骤后的矿浆必须进行固液分离和尾矿洗涤。常用倾析法、过滤或流态化法从矿浆中分出含金溶液。目前常用的分离流程包括矿浆浓密（常用耙式浓密机）、过滤（一般底流用真空过滤机，溢流用压滤机）和洗涤三道作业。采用多级逆流倾析法洗涤，金、银的洗涤率可达 99%。为了提高浸出率，一般工厂多采用二浸二洗或三浸三洗流程。有的生产厂还采用带式过滤机、漏斗澄清器等设备以强化固液分离过程。所产的贵液一般金含量为 $4\sim40g/m^3$。

从氰化浸出液（贵液）中提取金银，可以采取电解沉积法，金属锌、铝沉淀法，活性炭及离子交换吸附法等。目前，各国普遍采用的是锌丝、锌粉置换沉淀法。其特点是反应速率快，金银沉淀完全。但要求严格控制氰化液中溶解氧、游离氰化物、碱和杂质浓度。

锌置换金银沉淀的过程是一个电化学反应过程。在锌与含金氰化液的相界面上，锌是阳极而溶解产生 $Zn(CN)_4^{2-}$，而溶液中的 $Au(CN)_2^-$ 则在固体锌的表面上还原成金，成为阴极。电极反应如下：

正极（阴极）反应　　　　$2Au(CN)_2^- + 2e^- \longrightarrow 2Au + 4CN^-$

负极（阳极）反应　　　　$Zn + 4CN^- - 2e^- \longrightarrow Zn(CN)_4^{2-}$

总反应　　　　　　　　　$2Au(CN)_2^- + Zn \longrightarrow 2Au + Zn(CN)_4^{2-}$

通过原电池电动势和置换反应平衡常数计算可得到，当置换后贫液中 $Zn(CN)_4^{2-}$ 的含量为 $10^{-2}mol/L$ 时，残留在贫液中的 $Au(CN)_2^-$ 的含量仅为 $10^{-14.9}mol/L$。可见用锌粉置换氰化液中的金的反应是很完全的。在实践中贫液的含金量可以降低到 $0.01\sim0.02mg/L$。

氰化液中如有其他金属存在，其他金属被锌置换由易到难的顺序为：铂、钯、银、金、铜。含金氰化液中的游离氰化物、碱有利于金、银的置换沉淀，而游离氧、贱金属、可溶硫化物会妨碍锌的溶解与金的析出。置换过程中，应控制溶液的 pH 值在 $9.4\sim10.5$，温度不低于 $10℃$，用锌粉置换时控制溶液的游离氰化钠含量在 $0.018\%\sim0.037\%$（用锌丝时控制在 $0.05\%\sim0.08\%$），应先脱氧至 $0.6\sim0.8mg/L$ 以下。为了使置换过程顺利进行，应控制好氰化液中铜（$<6\times10^{-3}mol/L$）、硫（$<4.5\times10^{-4}mol/L$）、锑（$<1.65\times10^{-4}mol/L$）、砷（$<2.3\times10^{-4}mol/L$）的离子浓度和添加少量可溶性铅盐（如加 0.004% 乙酸铅）以消除硅酸钙的不良影响。锌丝置换在沉淀箱中进行，每生产 1kg 金需耗锌丝 $4\sim20kg$。锌粉因比表面积大，沉金效率比锌丝高得多，每生产 1kg 金仅消耗锌粉 $1.5\sim5kg$。置换后贫液一般含金低于 $0.05g/m^3$。这些置换后贫液一部分返回氰化系统，一部分经净化后排放。

（3）金泥处理　金泥处理的目的是除去金泥中的绝大部分杂质，得到金含量为 $80\%\sim90\%$ 的金银合金或直接得到成分为 99.9% 的金或银。

锌粉置换后得到的金泥，其成分取决于贵液成分和沉淀的条件，一般含金银总量为 $20\%\sim40\%$、锌 $18\%\sim42\%$、铜 $1\%\sim9\%$、铅 $7\%\sim12\%$、少量的硫化物和二氧化硅等杂质。金泥处理的方法可分为火法和湿法两种。

金泥的火法处理一般包括酸溶（$10\%\sim15\%$硫酸溶液）除锌、铜等可溶物质，焙烧（一般最高温度为 $600℃$）脱水及使硫化物、硫酸盐、氰化物等变成氧化物，转炉熔炼使杂质造渣并获得合质金（金银合金）等作业。品位高的锌粉金泥（锌粉置换）烘干后可直接进转炉熔炼。

湿法处理金泥的方法近年来已在南非、澳大利亚等国家普遍采用，即用盐酸溶锌后，在盐酸或氯化钠溶液中通氯气溶解金，后以 SO_2、Na_2SO_3 还原得到纯度99.9％的金，金的收率为 98％；从氯化银沉淀中提银。中国已有采用控制电位选择氯化浸出金和氨浸提银的工艺。这种工艺能较快地获得金、银成品，并且缩短生产周期和提高实收率。

（4）氰化贫液处理　加锌沉淀后的残液称为贫液或脱金液，尚含少量的金、银和氰化物（包括游离氰化物和配合氰化物）。这种贫液经调整氰化物含量后，可返回浸出作业。由于贫液体积增加，杂质浓度升高，必须排出一部分贫液。这部分贫液被称为含氰污水，一般含氰化钠0.5～1g/L、硫代氰酸盐 0.4～0.9g/L。对其处理的方法一般是先回收，后净化。即先回收利用90％以上的氰化钠后，再将残存氰化物净化脱氰，达到排放标准后排放。我国规定氰化物在地面水中的含量必须在 0.05mg/L 以下，含氰污水必须在 0.5mg/L 以下才能排放。

含氰污水中的氰化物可用硫酸法和硫酸锌-硫酸法便之再生。前者是往贫液中加入硫酸，使 CN^- 转化为 HCN（沸点 26.5℃）逸出，在吸收器中用碱 NaOH 或 $Ca(OH)_2$ 吸收，得到含氰浓度为 15％～20％的氰化物溶液，再生回收率在 96％以上；后者是加入硫酸锌获得氰化锌，与硫酸作用，使氰化氢逸出，用碱液吸收。硫酸锌-硫酸法与硫酸法相比，具有酸化体积小、硫酸锌可返回使用、氰化物总回收率高（约 90％）等优点。含氰污水经氰化物再生处理后残留的氰化物可用氧化、吸附等方法破坏除去。常用的方法是在碱性介质中（pH＝8～9），加入漂白粉、漂白精［$Ca(OCl)_2$］或次氯酸钠（NaOCl）等氧化剂，将 CN^- 逐步氧化为 CO_2 及氮气，漂白粉用量为 CN^-/Cl_2＝1/2.73，为理论量的 3～8 倍。也可采用加碱通氯净化或用 SO_2 再通空气的方法脱除氰化物。

氰化法提金的缺点是氰化物剧毒、污染环境和浸出速率慢。经过改进和强化后，炭浸法、树脂矿浆法和堆浸法等新的无过滤氰化工艺逐步应用于氰化法提金，逐步完善了从氰化尾液中回收氰化钠和净化污水的方法，使氰化法仍具有很强的生命力。

1.2.5 铂族金属的矿物学性质

1.2.5.1 铂族金属矿物分布

和其他稀有贵金属一样，在自然界中铂几乎都以单质状态存在，铂族金属主要富集在与超基性岩和基性岩有关的硫化铜镍矿床、铬铁矿床和砂矿床中。近年来在某些铜矿床、铂矿床、金矿床、锡矿床、黑色页岩等矿物中也发现了铂族金属的存在。

早期的铂族金属资源主要为砂矿，如哥伦比亚 1778～1965 年由砂矿共生产铂104t，乌拉尔至 1930 年为止由砂矿共生产铂245t。从 20 世纪 30 年代起，发现的铂矿资源主要集中在硫化铜镍矿中。世界铂族金属矿产资源主要集中在南非、俄罗斯等少数国家。铂族金属矿物储量排名前三位的是南非德兰士凡地区的布什维尔德杂岩体、俄罗斯西伯利亚西北部的诺里尔斯克、加拿大安大略省的萨德伯里含铂铜镍矿。

我国铂族金属资源稀少，主要集中在甘肃省的金川硫化铜镍矿床，其次是云南金宝山钯铂矿，此外则多为中小型资源，90％与硫化铜镍矿伴生，但品位及综合利用价值较低，短期内难以开发利用。

生产铂的主要矿床类型有以下几种。

（1）硫化铜镍矿床　在这类矿床中，铂与其他铂族金属多与碲、锑、铅、锡、砷、硫等形成互化物或化合物，如含铂的黄铜矿和硫镍矿、锑铂矿 $PtSb_2$、砷铂矿 $PtAs_2$、硫砷铂矿 $Pt(AsS)_2$ 等。

（2）铬铁矿床 在铂铁矿中，铂主要以单质、金属互化物、硫化物和砷化物等形式存在，如粗铂矿 Pt 和铱铂矿 $Pt_2Ir \sim Pt_{12}Ir$ 等。

（3）砂矿床 砂矿中的稀有贵金属以单质状态为主。砂矿中的铂族金属矿物密度较大，利用重选方法可以获得粗铂或其精矿。

近年来在矿物学的研究中应用了电子探针技术，发现了许多新的贵金属矿物。

在 19 世纪以前，铂族金属矿物的开采以富矿为主，随着铂族金属在工业上用量的增加和相应资源的枯竭，目前对铂族金属矿物的开采品位越来越低，从十万分之几到千万分之几都在开采，即开采和处理 1t 铂族金属矿物所得的铂族金属量仅为十几克到零点几克，铂族金属的生产成本越来越高。我国属于铂族金属稀少国家，合理利用好现有铂族金属矿产资源和再生资源已经成为非常紧迫的任务。随着我国工业化进程的加快，铂族金属的战略地位越来越高，甚至要超过黄金和白银，因为铂族金属在工业上的应用价值比黄金和白银要高，而我国使用的铂族金属中很大一部分要依赖进口。因此，合理利用好现有铂族金属矿产资源和再生资源已经成为非常紧迫的任务。

1.2.5.2　铂族金属矿物种类

目前已发现的铂族金属矿物有 200 多种，可分为以下三类。

（1）自然金属及金属化合物 如自然铂、钯铂矿、锇铱矿、钌锇铱矿，以及铂族金属与铁、镍、铜、金、银、铅、锡等以金属键结合的金属化合物。

（2）半金属化合物 铂、钯、铱、锇等与铋、碲、硒、锑等以金属键或具有相当金属键成分的共价键形成的化合物。

（3）硫化物与砷化物 工业矿物主要有砷铂矿、自然铂、碲钯矿、砷铂锇矿、碲钯铱矿及铋碲钯镍矿等。

1.2.6　铂族金属的选矿和提取

铂族金属矿石品位很低，一般难以直接提取，往往需要经过处理，逐步富集，获得其精矿后再进一步分离、提纯而得到纯金属。因此，富集是铂族金属提取的关键，而且铂族金属的提取过程通常是一个以其他金属为主要回收对象的复杂工艺过程。

1.2.6.1　铂族金属的选矿富集

铂族金属的选矿富集过程与金银矿的选矿富集过程相似，目前对铂族金属的选矿富集通常采用的方法是浮选、重选和它们的联合工艺。

铂族金属矿床可分为以下三类。

（1）砂铂矿床 是最早生产铂族金属的重要来源，主要的产地有俄罗斯的乌拉尔、哥伦比亚的乔科和美国的阿拉斯加等。

（2）铂矿床 是现在生产铂族金属的主要资源，以铂族金属为主要回收组分，如南非的梅伦斯基矿层、UG-2 矿层，美国的静水杂岩等。

（3）伴生硫化铜镍矿床 也是铂族金属的重要资源，主要产地有俄罗斯的诺尔里斯克、加拿大的萨德伯里和中国的金川等。

砂铂矿床主要由残积或冲击而形成，其中的铂矿物大多数呈游离状态或合金状态存在，铂族金属品位为 $0.3 \sim 10g/t$，矿床储量不大。用重选法得到精矿之后，用湿法或混汞法精炼。

铂矿床的主要蕴藏地和产地是南非，铂族金属的埋藏量为 56303t，其中铂占 47%，约为 26365t。从铂矿石中提取铂族金属主要过程包括：矿石经过破碎、磨矿，用重选和浮选法富集；用火法冶金将精矿处理成高锍（铜、镍硫化物）；高锍经过缓冷，用磨浮磁选方法分离出镍合金；用湿法冶金处理铜镍合金，除去贱金属得到铂族金属富集物；用溶解、萃取、蒸馏法精炼得到各种铂族金属产品。

硫化铜镍矿床中伴生的铂族金属含量不高，一般小于 1g/t，但由于矿石中镍铜金属储量巨大，从中获得的铂族金属数量可观，目前，仍然是俄罗斯、中国和加拿大等国家的主要铂族金属资源。在铜镍选矿过程中，铂族金属随铜、镍硫化物一道在精矿中富集。

1.2.6.2　铂族金属的火法富集

铂族金属易与其他各种过渡金属形成合金或金属互化物，而且具有亲硫而不亲氧性质（锇、钌易于氧化挥发除外），因而可以经过高温化学反应，使富集着铂族金属的产品与其他物质分离。常用的方法有熔炼和挥发两种。

在熔炼时，常加入一定量的铂族金属捕集剂，如铅捕集剂、铁镍铜捕集剂、锍捕集剂（金属硫化物的互溶体，俗称冰铜）、锡捕集剂等。铂族金属捕集剂的加入，使得含铂族金属的矿物在熔炼时，铂族金属能够有效地富集于捕集剂中，再通过吹炼等方法而得到铂族金属。

挥发（气化）富集是根据混合物料中各组分的挥发性不同而采取的一种分离方法。铂族金属中的锇和钌易于氧化挥发，几乎全部的铂族金属都能生成易挥发的氯化物。这些特性可以用来从含铂族金属的矿石或冶金中间产品中通过挥发的方式富集或回收铂族金属。相反，也可以通过使其他金属化合物挥发，让铂族金属留在不挥发物料中而使铂族金属得到分离和富集。挥发富集铂族金属的常用方法有锇和钌的氧化挥发、氯化挥发和羰基法除镍。有关具体工艺可参阅有关专著。

1.2.6.3　铂族金属的浸出富集

浸出是富集提取铂族金属的常用方法，其要点是将非贵金属组分溶解进入浸出液，与富集了贵金属的浸出渣分离；或使贵金属进入溶液，与难溶物（如硅酸盐、二氧化硅等氧化物）分离。为了提高浸出效率，有时需要增加焙烧或其他预处理工序以及加压浸出等强化手段。

1.2.6.4　含铂族金属硫化铜镍矿的富集提取

1936 年前，铂族金属主要从砂矿中提取，工艺较简单，处理工艺和砂金矿相似，即用重选获得含铂族金属及金约 60%的（高的达 90%）精矿，后送精炼厂处理。现代铂族金属主要从含硫化铜镍矿中提取。除南非吕斯腾堡铂矿公司因处理麦伦斯基矿脉含有部分大颗粒的铂族金属矿物，需先经过重选或混合浮选后再重选得到含 30%～40%铂族金属的富集物并直接送精炼厂处理之外，其余的大部分铂族金属都是在铜、镍冶炼过程中富集回收。从铜、镍冶炼中回收铂族金属由于矿石品位及贵金属与铜、镍的比值不同，而有多种工艺流程。

（1）含铂硫化铜镍矿的熔炼富集　硫化铜镍矿都是在通过浮选获得铜、镍精矿或混合精矿的同时富集贵金属的。精矿经熔炼得铜镍锍，铂族金属和金几乎全部进入铜镍锍中。我国处理含贵金属 2g/t 的精矿，铂族金属的回收率在 90%以上。

铜镍锍含有大量的铁硫化物，目前几乎都采用转炉吹炼获得铜镍高锍的工艺，据考察，在 1300～1400℃的吹炼过程中，铂、钯、金不发生氧化损失，只有少量机械损失（收率超过 95%）；锇、钌部分氧化进入废渣及挥发进入空气，回收率约 60%；约 20%铱入渣。贵金属的损失与熔炼的氧化状况及程度有关，主要损失发生在物料熔化前及吹炼后期。工业生产中，通过烟尘及吹炼渣返回熔炼或电炉还原熔炼贫化，可将这部分损失在烟尘及渣中的贵金属再次回收。用氧气顶吹转炉高温吹炼铜锍或镍锍生产粗铜或粗镍时，贵金属主要富集在金属中。

（2）铜镍高锍的处理　铜镍高锍主要是镍、铜硫化物的共熔体，含铁在 1%以下。早期是采用 1890 年奥尔福特铜公司发明的"顶底法"，即用硫化钠处理高锍，使液态硫化铜大量熔入硫化钠（密度为 $1.9g/cm^3$）顶层，而较重的硫化镍（密度为 $5.7g/cm^3$）留在底层，冷却后，两层可撞击分开，金、银主要进入顶层，而铂族金属富集于底层，分别从电解阳极泥中回收。1940 年高锍缓冷、磨浮分离镍、铜硫化物成功后，很快就取代了顶底法，以后又发展了一些处理铜镍高锍的湿法和气化冶金方法。

① 磨浮。当高锍缓冷时，在 921℃ 下开始形成 Cu_2S 晶体，在 700℃ 析出铜镍合金，到 575℃ 时 Ni_3S_2 也开始析出，直至剩余液相（镍、铜和硫三元共晶的凝固点为 575℃）完全转化成 Cu_2S、铜镍合金和 Ni_3S_2。在镍、铜和硫的共晶点，镍在固体 Cu_2S 中的溶解度低于 0.5%，铜在固体 β 硫化镍中的溶解度约为 6%。当温度降至 520℃，β 硫化镍转变为 β′ 型，进一步析出其中的 Cu_2S 和金属相。此时铜在 β′ 基体中的溶解度约为 2.5%，当进一步降至 371℃，β′ 硫化镍含铜低于 0.5%。因此，要使铜、镍有效分离，关键在于控制好缓冷使铜、镍能充分结晶析出并成长为较大颗粒，以及控制铁含量。金属相的量由硫含量所决定。缓冷高锍破碎后，通过浮选和磁选分别获得铜、镍精矿及铜镍合金。

② 选择性浸出。铜镍高锍中的各种硫化物在酸浸溶液中，平衡 pH 值较高的 FeS、Ni_3S_2 及 CoS 可用酸浸出，而平衡 pH 值较低的 Cu_2S 难于被酸浸出，故可用简单酸浸法使高锍中的镍、钴、铁与铜分离。在选择性酸浸出过程中，铂族金属几乎全部留于不溶铜渣中而得到富集。

③ 加压浸出。南非英帕拉铂矿公司将含铂族金属约 1250g/t 的高锍细磨后，用三段加压浸出分离贱金属，是加压浸出工艺的一个成功典范。所谓三段加压浸出是指分三个步骤将贱金属分别浸出，而将贵金属高倍富集于浸出渣中的富集工艺。

(3) 电解富集　电解是贵金属的传统富集方法。不仅粗金属、合金，甚至连镍高锍也可用电解（或电溶）的办法处理，使贵金属富集在阳极泥中。过去认为贵金属电极电位正值最大，应能定量回收。但实践证明，这种说法对于铂、钯、金是基本正确的，而对于其他稀有铂族金属，则情况比较复杂。贵金属在电解中的损失，主要由下列因素引起。

① 铂族金属在阳极中多与重金属形成固溶体，或进入重金属硫化物晶格，反应活性增强，易于氧化溶解；若用硫化物阳极，因槽电压较高贵金属更易溶解。

② 电解液中含 Cl^- 时，因铂族金属易与之生成稳定的氯配合物而使电极电位下降。试验证实，铂族金属溶解损失随 Cl^- 浓度的增加而增加。为了提高生产率而提高电流密度也使铂族金属的损失增大。因此，当以提取铂族金属为主要目的时，电解并不是一种好方法。

1.3　金的化合物

1.3.1　金化合物的氧化态和几何构型

金在化合物中的常见氧化态为 +1 和 +3。由于单质金非常稳定，因此金的所有化合物的稳定性都很差，很容易被还原成单质状态，甚至加热或灼烧即可成金。

1.3.1.1　+1 氧化态

+1 氧化态的金离子在水溶液中的稳定性极差，容易歧化成为单质金和 +3 氧化态的金化合物，歧化反应如下：

$$3Au^+ \longrightarrow Au^{3+} + 2Au$$

该反应的平衡常数约为 10^{10}（25℃），因此可以认为自由 Au^+ 在水溶液中实际上不能存在。如果自由 Au^+ 能够与有关配体形成稳定常数很大的配合物，如含氰根的配合物 $Na[Au(CN)_2]$ 和 $K[Au(CN)_2]$ 等，则在水溶液中很稳定。其中 $K[Au(CN)_2]$ 等已经成为金的最主要深加工产品之一，在电镀行业得到了广泛应用（见第二篇　氰化亚金钾的生产）。

＋1 氧化态的金配合物的配位数一般为 2，少数也可以为 4。在配位数为 2 的＋1 氧化态的金配合物中，金离子采用 sp 杂化，几何构型为直线形；在配位数为 4 的＋1 氧化态的金配合物中，Au（Ⅰ）采取 dsp^2 杂化，如 $AuCl_4^{3-}$ 为平面四方形。但也有采用 sp^3 四面体构型的金配合物。

1.3.1.2　＋3 氧化态

＋3 氧化态的金化合物比较稳定，并且很容易生成配合物，其配位数一般为 4，具有平面正方形构型，如 $[AuCl_4]^-$、$[AuBr_4]^-$ 以及 $[Au(CN)_4]^-$ 等。此外，还有配位数为 5 和 6 的＋3 价金配合物，如 $[Au(CN)_5]^{2-}$ 和 $[Au(CN)_6]^{3-}$。

金化合物中金的氧化态和几何构型见表 1.4。

表 1.4　金化合物中金的氧化态和几何构型

氧化态	配位数	几何构型	示例
Au（Ⅰ）	2	直线形	$[Au(CN)_2]^-$
	3	三角形	$[Au(PPh_3)_3]^+$
	4	四面体	$[Au(PMe_3)_4]^+$
Au（Ⅲ）	4	四方形	$[AuBr_4]^-$
	5	三角双锥形	$[AuI(diars)_2]^{2+}$
	6	八面体	反式-$[AuI_2(diars)_2]^+$
Au（Ⅴ）	6	八面体	$[AuF_6]^-$

注：diars 表示 1，2-双（二甲胂基）苯；PPh_3 和 PMe_3 表示三苯基膦和三甲基膦。

1.3.1.3　金的元素电势图

金的元素电势图如下：

$$
\begin{array}{l}
E_A^{\ominus}/V \quad Au^{3+} \underline{\quad 1.41 \quad} Au^+ \underline{\quad 1.68 \quad} Au \\
\underline{\qquad\qquad 1.50 \qquad\qquad} \\
E_B^{\ominus}/V \quad AuO_2 \underline{\quad 2.631 \quad} Au(OH)_3 \underline{\quad 0.722 \quad} Au
\end{array}
$$

1.3.2　Au（Ⅰ）化合物

常见的 Au（Ⅰ）化合物主要为配合物，如与 CN^-、SO_3^{2-}、硫脲 $SC(NH_2)_2$、硫代硫酸盐 $S_2O_3^{2-}$ 等形成的配合物。Au（Ⅰ）的简单化合物，如卤化物（包括 AuCl、AuBr 和 AuI），通常只存在于气态或固态，在水溶液中难以稳定状态存在。AuCl 为锯齿形链状聚合物，其中两个 Au 原子间有一个氯桥，每个 Au 原子两侧线形配置着两个 Cl 原子，Au 与 Cl 间的化学键主要为共价键。该结构与 AgCl 截然不同，后者具有 NaCl 离子晶体的某些结构特征。AuCl 不溶于水，室温下缓慢歧化生成 Au 和 $AuCl_3$，加热到 473K 以上则分解成 Au 和 Cl_2。在水溶液中，特别是加热时，AuCl 很容易发生歧化，生成 Au 和包括 $AuCl_3(H_2O)$ 在内的 Au（Ⅲ）化合物。因此 AuCl 要保存在干燥器内，以减少这种分解。气态 AuCl

（Ⅰ）以二聚体 Au_2Cl_2 形式存在。

1.3.2.1 卤化物

（1）氯化金 淡黄色结晶，无潮解性，加热至150℃时分解，不溶于水、乙醇。溶于盐酸、氯化碱水溶液，缓慢转变为+3价金的配合物，宜储存于干燥容器中。

将5～10g金溶于王水，于水浴上在二氧化碳气体保护下真空蒸馏，蒸馏结束后再加入浓盐酸反复真空蒸馏2次，蒸馏后暗红褐色熔融物结块转变为结晶性固体，将该固体在100℃下真空加热蒸发，直至蒸气压消失，水分完全失去后再在沸腾的溴苯浴上加热至156℃分解，即得 AuCl。

遇水易发生歧化反应：

$$3AuCl \longrightarrow 2Au\downarrow + AuCl_3$$

加热至147～247℃时分解：

$$2AuCl \longrightarrow 2Au\downarrow + Cl_2\uparrow$$

在90℃下与一氧化碳反应生成白色的氯化羰酰金：

$$AuCl + CO\ (g) \longrightarrow AuCOCl$$

与氨水、氯化物、硫脲及其他有机配位剂作用生成相应的配合物。

在蒸发下或在盐酸酸化下：

$$AuCl + NH_3 \cdot H_2O \longrightarrow AuCl \cdot NH_3 + H_2O$$
$$AuCl + NaCl\ （浓） \longrightarrow Na[AuCl_2]$$
$$AuCl + PCl_3 \longrightarrow AuCl \cdot PCl_3$$
$$AuCl + SbCl_5 + 2MeCN \longrightarrow [AuCl(MeCN)_2][SbCl_5]\ （Me＝Na，K，\cdots）$$
$$AuCl + 2CS(NH_2)_2 \longrightarrow Au[CS(NH_2)_2]_2Cl$$
$$AuCl + L \longrightarrow AuCl \cdot L\ （L＝有机配位体）$$

（2）溴化金 黄色至灰色粉末，不稳定易分解，不溶于水，但在水的作用下会分解成溴化金（Ⅲ）与金。在高温蒸发条件下，与氨水反应生成易爆的共配配合物二氨溴化金和水。

将四溴金（Ⅲ）酸在稍高于100℃的温度加热数小时即可得到溴化金（Ⅰ）AuBr，反应式如下：

$$HAuBr_4 \longrightarrow AuBr + HBr + Br_2$$

（3）碘化金 绿黄色粉末，在120℃分解，190℃完全分解，极微溶于冷水，溶于热水而分解，能被乙醇、醚等有机溶剂还原。与氢碘酸、氢碘酸加碘或氨水反应，生成相应的配合物或共配配合物。

合成反应如下：

$$2Au + I_2 \longrightarrow 2AuI_2$$

1.3.2.2 氰化合物

在有氧化剂（如空气或氧气）存在时，Au 可溶于碱金属氰化物溶液中：

$$4Au + 8NaCN + O_2 + 2H_2O \longrightarrow 4Na[Au(CN)_2] + 4NaOH$$

其中：

$$[Au(CN)_2]^- + e^- \longrightarrow Au + 2CN^- \quad E^{\ominus} = -0.61V$$
$$O_2 + 2H_2O + 4e^- \longrightarrow 4OH^- \quad E^{\ominus} = 0.401V$$

该反应的 $K^0 = 4.7 \times 10^{67}$。溶液中的 $[Au(CN)_2]^-$ 可被 Zn 还原成单质金：

$$2[Au(CN)_2]^- + Zn \longrightarrow 2Au + [Zn(CN)_4]^{2-}$$

上述反应被广泛应用于从矿石中提取金，也可用于从金粉直接生产氰化亚金钾。

如果没有氰化物存在，Au 就不能溶于通有空气的酸性或碱性溶液中，这可从上面的半反应和下面的几个半反应的电极电势得到解释：

$$O_2(100kPa) + 4H^+(10^{-7} mol/L) + 4e^- \longrightarrow 2H_2O \quad E^\ominus = 0.819V$$

$$O_2 + 4H^+ + 4e^- \longrightarrow 2H_2O \quad E^\ominus = 1.229V$$

$$Au^+ + e^- \longrightarrow Au \quad E^\ominus = 1.68V$$

$[Au(CN)_2]^-$ 是 AuCN 配离子中最稳定的一种，广泛应用于分析测试。用盐酸酸化 $K[Au(CN)_2]$ 溶液时形成不稳定的 $H[Au(CN)_2]$，并且分解为柠檬黄色的 AuCN 和 HCN。AuCN 难溶于水，而 HCN 易挥发且有剧毒，因此操作必须在通风橱中进行。

1.3.2.3 亚硫酸盐配合物

向 $H[AuCl_4]$ 溶液中加入 Na_2SO_3 时，Au（Ⅲ）溶液褪色形成亚硫酸盐配合物：

$$2H[AuCl_4] + 6Na_2SO_3 + 3H_2O \longrightarrow 2Na_3[Au(SO_3)_2] + 2NaCl + 6HCl + 2Na_2SO_4$$

当 pH = 8～10 时，Na_2SO_3 可以定量地将 Au（Ⅲ）转变为 Au（Ⅰ），并且生成稳定的配合物，因此 Na_2SO_3 可作为反相色谱分离金的淋洗液。Au（Ⅰ）的亚硫酸盐配合物比其溴配合物稳定得多：

$$[AuBr_2]^- + 2SO_3^{2-} \longrightarrow [Au(SO_3)_2]^{3-} + 2Br^-$$

该反应的平衡常数 $K^0 \approx 10^{17}$。

过量的 Na_2SO_3 可将 $[Au(SO_3)_2]^{3-}$ 还原为 Au，这被用于金的重量法分析，以及从 $H[AuCl_4]$ 溶液中还原回收金。

1.3.2.4 硫脲化合物

在有氧化剂存在下，Au 可溶解于含有硫脲的酸性溶液中，例如：

$$Au + 2SC(NH_2)_2 + \frac{1}{4}O_2 + H^+ \longrightarrow [Au(SC(NH_2)_2)_2]^+ + \frac{1}{2}H_2O$$

$$Au + 2SC(NH_2)_2 + Fe^{3+} \longrightarrow [Au(SC(NH_2)_2)_2]^+ + Fe^{2+}$$

向 $H[AuCl_4]$ 溶液中逐渐加入硫脲时，有黄色沉淀 AuCl 出现，再继续加入硫脲至过量，则沉淀就发生溶解，可以得到配合物 $[Au(SC(NH_2)_2)_2]Cl$：

$$H[AuCl_4] + SC(NH_2)_2 + H_2O \longrightarrow AuCl + S + 3HCl + OC(NH_2)_2$$

$$AuCl + 2SC(NH_2)_2 \longrightarrow [Au(SC(NH_2)_2)_2]Cl$$

生成的配合物在溶液中长期放置会分解并形成 Au_2S。

金的硫脲配合物在盐酸溶液中可被烷基膦酸酯、烷基二硫代膦酸及其酯萃取，在用磷酸三丁酯时，其萃取率为 90％～98％。

硫脲已被广泛应用于金的分离和测定，并且可望成为替代氰化物从矿石中提取金的最有希望的溶剂。

1.3.2.5 硫代硫酸盐

硫代硫酸盐与 Au（Ⅲ）盐作用时首先发生氧化还原反应：

$$Na[AuCl_4] + 2Na_2S_2O_3 \longrightarrow Na[AuCl_2] + Na_2S_4O_6 + 2NaCl$$

当硫代硫酸盐过量时则生成 $Na_3[Au(S_2O_3)_2]$：

$$Na[AuCl_2] + 2Na_2S_2O_3 \longrightarrow Na_3[Au(S_2O_3)_2] + 2NaCl$$

该配合物可以和 Au（Ⅰ）的硫脲配合物作用生成微溶性白色沉淀：

$$Na_3[Au(S_2O_3)_2] + 3[Au(SC(NH_2)_2)_2]Cl \longrightarrow$$

$$[Au(SC(NH_2)_2)_2]_3[Au(S_2O_3)_2] + 3NaCl$$

上述诸反应被用于滴定法测定金。

早在 1900 年就进行了用硫代硫酸盐从矿石中回收贵金属的研究。在氧气存在下，硫代硫酸盐和金按下式进行反应：

$$2Au+4S_2O_3^{2-}+\frac{1}{2}O_2+H_2O \longrightarrow 2[Au(S_2O_3)_2]^{3-}+2OH^-$$

1.3.3 Au（Ⅲ）化合物

Au（Ⅲ）的化合物在水溶液中均以配合物形式存在。F^-、Cl^-、Br^-、I^-、OH^-、CN^- 等均可形成 Au（Ⅲ）配合物。在气态或难溶沉淀物中 Au（Ⅲ）也可以简单化合物形式存在。

1.3.3.1 Au（Ⅲ）配合物

（1）氰配合物　在王水溶金所得的氯金酸溶液中，加入碱中和，再加入 KCN 溶液，则 Au（Ⅲ）离子与 KCN 作用生成无色的氰配合物：

$$H[AuCl_4]+4KCN \longrightarrow K[Au(CN)_4]+3KCl+HCl$$

此溶液浓缩时析出 $K[Au(CN)_4]$ 无色晶体。$K[Au(CN)_4]$ 与氰化亚金钾一样，可用于镀金用金盐。

$[Au(CN)_4]^-$ 很稳定，与 Cl^-、Br^- 或 I^- 作用时可形成混配型离子：

$$[Au(CN)_4]^-+2Cl^-+2H^+ \longrightarrow [Au(CN)_2Cl_2]^-+2HCN$$

$$[Au(CN)_4]^-+2Br^-+2H^+ \longrightarrow [Au(CN)_2Br_2]^-+2HCN$$

$$[Au(CN)_4]^-+2I^-+2H^+ \longrightarrow [Au(CN)_2I_2]^-+2HCN$$

生成的混配型离子的稳定性依 Cl^-、Br^-、I^- 的顺序增强。褐色针状结晶 $K[Au(CN)_2I_2]$ 溶于水时发生如下反应：

$$[Au(CN)_2I_2]^- \longrightarrow [Au(CN)_2]^-+I_2$$

此反应可用于金的碘量法测定。

（2）卤配合物　王水溶金反应往往是金深加工的第一步。其反应为：

$$Au+HNO_3+4HCl \longrightarrow H[AuCl_4]+NO+2H_2O$$

在反应过程中会生成少量的 $H[Au(NO_3)_4]$，当有过量盐酸存在并加热时，$H[Au(NO_3)_4]$ 转化为 $H[AuCl_4]$。$H[AuCl_4]$（氯金酸）是金的最重要的卤配合物。

王水溶金反应能够进行的原因是因为 Au（Ⅲ）与 Cl^- 形成 $[AuCl_4]^-$ 后降低了 Au（Ⅲ）/Au电对的电极电势：

$$Au^{3+}+3e^- \longrightarrow Au \quad E^{\ominus}=1.50V$$

$$[AuCl_4]^-+3e^- \longrightarrow Au+4Cl^- \quad E^{\ominus}=0.994V$$

因此可以推断，凡是能够降低 Au（Ⅲ）/Au电对的电极电势至一定值，并且能使反应生成的 Au（Ⅰ）或 Au（Ⅲ）稳定的物质都可以使单质金溶解。前面介绍的在有氧化剂（如空气或氧气）存在时，Au 可溶于碱金属氰化物溶液中的反应（生成氰化亚金钾）就是依据这一原理的，这是氰化提金的基础。同样，"水氯化浸金法"依据的也是这一原理，即利用氯气将金从物料中提取出来。其主要反应为：

$$2Au+3Cl_2 \longrightarrow 2AuCl_3$$

$$AuCl_3+Cl^- \longrightarrow [AuCl_4]^-$$

在 $Au-Cl_2-H_2O$ 体系中，Cl_2 是氧化剂，其还原产物 Cl^- 是配合剂，Au 被 Cl_2 氧化并与

Cl^- 配合。由于 Cl_2 的活性很高，不存在金粒表面被钝化的问题，因而水氯化浸金法的浸出速率快。另外，水氯化浸金法尽管也存在一定的氯气污染，但与氰化提金法相比，在环保方面要有利得多。因此，水氯化浸金法已经成为取代氰化物提金的一种可选择的方法之一。

$H[AuCl_4]$ 是中等强度的酸，其水溶液在高于 150℃ 时会部分分解并有 Au 析出。即使在室温下，$H[AuCl_4]$ 也有一定程度的分解，其稳定性依赖于金的浓度和溶液的酸度。总的来说，金溶液浓度越稀、pH 值越高则稳定性越差。有资料报道，Au（Ⅲ）在浓度为 12～258mg/L、pH＝0～2 的条件下，放置 400d 的最大损失率为 0.4%，检查变化后的溶液，发现有金属状态的金存在。当 Au（Ⅲ）溶液 pH＞3 时，还显示出有颜色的变化，pH＝3～7 时呈黄色至桃红色，pH＞7 时呈蓝色或紫色。当 Au（Ⅲ）的浓度很低时，它可被玻璃器皿或石英器皿吸附，pH＝2 时吸附量最大，玻璃器皿的吸附率约 30%，而石英器皿的吸附率高达 60%。实验还发现，Au（Ⅲ）的稀溶液不能用滤纸过滤，在 pH＝2～7 时，用滤纸过滤金的损失率达 40% 左右。上述情况在金的分析中需要特别引起重视。为了防止 $H[AuCl_4]$ 的分解，可以加一定量的碱金属氯化物，使其形成相对稳定的氯金酸盐 $M[AuCl_4]$。

$H[AuCl_4]$ 容易被乙醚、乙酸乙酯、异戊醇和磷酸三丁酯等有机溶剂萃取。用乙醚在 3mol/L HBr 溶液中萃取金的萃取率可达 99%。金的萃取在分析和湿法分离提取中被广泛采用。

由 $E^{\ominus}([AuCl_4]^-/Au)＝0.994V$ 可知，许多还原剂如草酸、氯化亚铁、二氧化硫、亚硫酸钠、氢醌等均可将 $H[AuCl_4]$ 还原为金：

$$2H[AuCl_4]+3H_2C_2O_4 \longrightarrow 2Au+8HCl+6CO_2$$
$$H[AuCl_4]+3FeCl_2 \longrightarrow Au+HCl+3FeCl_3$$
$$2H[AuCl_4]+3SO_2+6H_2O \longrightarrow 2Au+8HCl+3H_2SO_4$$
$$2H[AuCl_4]+3Na_2SO_3+3H_2O \longrightarrow 2Au+8HCl+3Na_2SO_4$$
$$2H[AuCl_4]+3C_6H_6O_2 \longrightarrow 2Au+8HCl+3C_6H_4O_2$$

上述反应在金的回收、提纯和深加工得到超细金粉产品中均得到应用。

Au（Ⅲ）的溴配合物主要是 $[AuBr_4]^-$。Au_2Br_6 溶于氢溴酸可以得到 $H[AuBr_4]$：

$$Au_2Br_6+2HBr \longrightarrow 2H[AuBr_4]$$

$H[AuBr_4]$ 在水中的溶解度比 $H[AuCl_4]$ 小，但比 $H[AuCl_4]$ 更容易被乙醚（特别是异丙醚）等溶剂萃取。从铂族金属中分离金时，常常把金转化成 $[AuBr_4]^-$，再用乙醚等溶剂萃取分离出金。

$[AuBr_4]^-$ 在溶液中能发生自身氧化还原反应：

$$[AuBr_4]^- \longrightarrow [AuBr_2]^-+Br_2$$

Br_2 能与 Br^- 结合生成 Br_3^-，当增大 Br^- 浓度时，上述反应则向右进行。实验证明，在浓度 $c([AuBr_4]^-)＝10^{-6}mol/L$、浓度 $c(Br^-)＝1mol/L$ 时，约有 10% 的 $H[AuBr_4]$ 发生自身氧化还原反应。

与 Cl_2 相似，Br_2 也可以氧化并溶解金。早在 1881 年 Shaff 就申请了有关用溴提取金工艺的专利，但直到最近，由于环保和金矿石性质的变化等原因，这种被忽视了 100 多年的工艺才开始被重新进行认真的研究。虽然溴浸金法和氯浸金法很相似，但众所周知，单质溴在室温下呈液态，而单质氯则是气态，因此溴的储存、运输和配制溶液都比氯容易。另外，溴的一个很大的优点是它能使影响金浸出的重金属很快地氧化成水溶性的卤化物盐类。迄今为止，人们对溴化法提取金工艺的研究表明，该方法具有浸出速率快、低毒、对 pH 值变化适应性强等优点，是一种很有希望的替代氰化物的金、银浸出剂。

$[AuI_4]^-$在水溶液中不稳定，容易发生如下反应：

$$[AuI_4]^- \longrightarrow [AuI_2]^- + I_2$$

反应的 $K^0(298K) = 5 \times 10^{-3}$。

$[Au(CN)_2I_2]^-$ 比 $[AuI_4]^-$ 稳定得多，这可由下列反应的平衡常数得到说明：

$$[Au(CN)_2I_2]^- \longrightarrow [Au(CN)_2]^- + I_2$$

反应的 $K^0(298K) = 7.7 \times 10^{-5}$。

BrF_3 与 Au、KCl 混合物反应生成 $K[AuF_4]$。$M[AuF_4]$盐不稳定，像金的其他氟化物一样，溶于水立即发生水解。

已知的所有 Au（Ⅲ）配合物都是抗磁性的。配位数为 4 的平面四方形配合物最常见，配位数为 5 和 6 的 Au（Ⅲ）配合物也存在，但数量较少。

1.3.3.2 Au（Ⅲ）简单化合物

Au（Ⅲ）简单化合物比较少，主要有气态的卤化物及难溶于水的氧化物和硫化物等。

（1）卤化物 将金粉与 Cl_2 在 316K 反应可得到氯化金（Ⅲ）。氯化金（Ⅲ）具有双聚氯桥结构：

气态时氯化金（Ⅲ）仍以 Au_2Cl_6 二聚物结构存在。Au_2Cl_6 中的氯桥易被许多中性配体 L 破坏而生成$[AuLCl_3]$型配合物。对于易氧化的配体，Au_2Cl_6 可充当氧化剂，这时 Au（Ⅲ）被还原为 Au（Ⅰ），而部分配位剂则被氯化。例如 Au_2Cl_6 与叔膦的反应：

$$Au_2Cl_6 + 4PR_3 \longrightarrow 2[R_3PAuCl] + 2PR_3Cl_2$$

Au_2Cl_6 在空气中加热到 461K 时分解成 AuCl 和 Cl_2，在氯气中加热则要达到 533K 才分解。Au_2Cl_6 难溶于水，在工业上很少将其作为深加工产品。若要用可溶于水的 Au（Ⅲ）氯化物，通常直接使用氯金酸溶液或氯金酸固体，其化学式为 $AuCl_3 \cdot HCl \cdot 4H_2O$。

金与溴在 473K 时直接反应生成暗红棕色晶体溴化金（Ⅲ），其结构与 Au_2Cl_6 类似，即固态和气态时均为 Au_2Br_6。Au_2Br_6 的性质也与 Au_2Cl_6 类似，可被叔膦、叔胂及二烷基硫醚等还原成配合物$[AuLBr_3]$。温度高于 473K 时，Au_2Br_6 分解为 AuBr 和 Br_2。

由于 I^- 的还原性较强，迄今未能制得碘化金（Ⅲ）。AuF_3 是将金溶解于 BrF_3 中得到 $AuF_3 \cdot AuBr_3$，加热至 573K 时可得 AuF_3，产物中因混有溴而不纯。要制备纯 AuF_3，最好是用 Au_2Cl_6 在 573K 下与 F_2 作用。AuF_3 可在 573K 的真空条件下升华，升华物为金黄色针状结晶。当温度达 773K 时则分解为 Au 和 F_2。AuF_3 是一种强氧化剂，能使苯燃烧。AuF_3 是抗磁性的，说明 Au（Ⅲ）具有低自旋 d^8 电子构型。

（2）氧化物和氢氧化物 在$[AuCl_4]^-$溶液中加入适量碱，控制一定的 pH 值，可以得到棕色 $Au(OH)_3$ 沉淀，将沉淀脱水得到棕色粉末 Au_2O_3。$Au(OH)_3$ 可溶于 NaOH 或 KOH 溶液生成 $[Au(OH)_4]^-$。用浓 NaOH 溶液处理 $Au(OH)_3$ 时，有 $H_2AuO_3^-$、$HAuO_3^{2-}$ 和 AuO_3^{3-} 生成。$Au(OH)_3$ 除易溶于硝酸和稍溶于浓硫酸外，一般不溶解于其他酸中。这说明 $Au(OH)_3$ 是一个弱碱，因此有人将其写为 H_3AuO_3，并且称其为金酸。

Au_2O_3 和 Au_2O（灰紫色固体）不能由 Au 和 O_2 直接作用制得，即使用其他方法得到的这两种氧化物，在 523K 均分解为 Au 和 O_2。已有报道在含有 O_3 的氧气中用金电极之间的火花放电制得了 Au_2O_3 暗褐色粉末（其中 Au_2O_3 质量分数仅 40%），此粉末加热至

423K 就放出 O_2，并且生成金粉末。

Au_2O_3 具有较强的氧化性，能使 H_2O_2 等物质氧化：

$$Au_2O_3 + 3H_2O_2 \longrightarrow 2Au + 3O_2 + 3H_2O$$

$$Au_2O_3 + 6HI \longrightarrow 2AuI + 2I_2 + 3H_2O$$

$$Au_2O_3 + 4Na_2S_2O_3 + 2H_2O \longrightarrow Au_2O + 2Na_2S_4O_6 + 4NaOH$$

Au_2O_3 与氨水或铵盐作用生成一种称为易燃金或雷金的化合物：

$$Au_2O_3 + 4NH_3 \cdot H_2O \longrightarrow Au_2O_3 \cdot 4NH_3 + 4H_2O$$

该化合物的结构式不详。事实上，由于制备条件的不同，可以有不同的雷金分子式。雷金干燥并放置后轻微碰撞即可引起爆炸，爆炸后生成金、氮、氨和水等物质。加酸可以破坏雷金化合物。

（3）硫化物 +3 氧化态的金的硫化物 Au_2S_3 为棕色沉淀，可在低温无水乙醚中用 H_2S 和 Au_2Cl_6 反应来制备：

$$Au_2Cl_6 + 3H_2S \longrightarrow Au_2S_3 + 6HCl$$

Au_2S_3 不溶于水和醚，能溶于王水、KOH 溶液、氰化物溶液和碱金属硫化物溶液。加热到 473K 以上时，Au_2S_3 分解生成金和硫。

若在 $[AuCl_4]^-$ 溶液中通入 H_2S 得不到 Au_2S_3：

$$2H[AuCl_4] + 3H_2S \xrightarrow{冷} Au_2S + 8HCl + 2S$$

$$8H[AuCl_4] + 9H_2S + 4H_2O \xrightarrow{室温} 4Au_2S_2 + 32HCl + H_2SO_4$$

$$8H[AuCl_4] + 3H_2S + 12H_2O \xrightarrow{90℃} 8Au + 32HCl + 3H_2SO_4$$

用金和硫单质直接作用也得不到金的硫化物，即使蒸气状态的硫也不能和金发生作用。在通常情况下，Au 和 O_2、S、SO_2、H_2S 都不发生反应，因此金在大气中可以长久保存而不变质。

金和铂族金属硫化物溶解度由大到小的顺序是 Ir_2S_3、Rh_2S_3、PtS_2、Ru_2S_3、OsS_4、PdS、Au_2S_3。在 pH＝3 时，把铱、铑、钌或铂的硫化物加入 Au（Ⅲ）溶液中煮沸 10min，可使溶液中的 Au（Ⅲ）全部沉淀为硫化物。

1.3.4 金有机化合物

贵金属的金属有机化合物通常是指含 M—C 键的化合物，即贵金属原子必须与碳原子之间形成化学键。这类化合物已经引起人们越来越大的兴趣，因为贵金属的金属有机化合物在研究贵金属催化剂的催化作用机理和医药上有重要用途。金属有机化合物中的有机基团可以视为配位到金属原子上的配位体，有机配位体与金属原子间有两种成键形式：一种情况是，配体某 C 原子上的孤对电子与金属原子端基配位形成 σ 配键；另一种情况是，配体的 π 电子与金属原子侧基配位形成 σ 配键，这样的配体通常是不饱和烃及其衍生物。例如烯丙基作为配体可以形成 η^1-烯丙基配合物和 η^3-烯丙基配合物，η^1 和 η^3 分别指 1 个和 3 个 C 原子与金属原子成键。除了上述 σ 键外，金属原子与配体间通常还有反馈 π 键。已知 Au（Ⅰ）和 Au（Ⅲ）均可生成金属有机化合物。

η^1-烯丙基配合物　　　η^3-烯丙基配合物

1.3.4.1 烷基化合物

Au(Ⅰ)的金属有机化合物主要是[AuRL]型。其中 L 是一种稳定化配体，通常为叔膦。其制备方法通常是用烷基锂或格氏试剂与氯化三苯基膦反应而得到：

$$[AuCl(PEt_3)]+MeLi \longrightarrow [AuMe(PEt_3)]+LiCl$$

$$[AuCl(PEt_3)]+BuMgCl \longrightarrow [Au(Bu)(PEt_3)]+MgCl_2$$

在配合物[AuRL]中，配体 L 常能被另一种配体 L′（如 4-MeC$_6$H$_4$NC）取代，而 Au—C 键并不断裂，配体 L′与 Au（Ⅰ）亲和力的减小顺序为：

$$PEt_3>P(OPh)_3>4\text{-}MeC_6H_4NC>AsEt_3>SbEt_3>NH_3，RNH_2$$

$$[Au(C{\equiv}CPh)AsEt_3]+4\text{-}MeC_6H_4NC \longrightarrow [Au(C{\equiv}CPh)(4\text{-}MeC_6H_4NC)]+AsEt_3$$

能使 Au（Ⅰ）有机配合物中的 Au—C 键断裂的试剂有质子酸（即使是很弱的酸，如羧酸、端炔等）、HgCl$_2$ 等。如含甲基、苯基、乙烯基以及二茂铁基金的配合物都会进行下列反应：

$$[AuMe(PPh_3)]+HCl \longrightarrow [AuCl(PPh_3)]+CH_4$$

$$[AuPh(PPh_3)]+MeCO_2H \longrightarrow [Au(O_2CMe)(PPh_3)]+C_6H_6$$

$$[Au(CH_2{=}CH_2)(PPh_3)]+PhCO_2H \longrightarrow [Au(O_2CPh)(PPh_3)]+C_2H_4$$

$$[AuMe(PMe_2Ph)]+CF_3C{\equiv}CH \longrightarrow [Au(C{\equiv}CCF_3)(PMe_2Ph)]+CH_4$$

$$[AuRL]+HgCl_2 \longrightarrow [AuClL]+RHgCl$$

（L 为甲基、乙基、苯基及烯基）

Au（Ⅲ）的烷基化合物中，Au—C 键的数目从 1 至 4 不等。

四烷基金（Ⅲ）配合物中最简单的是 Li[AuMe$_4$]，它在乙醚溶液中通过下述反应制得：

$$[AuMe_3(PPh_3)]+LiMe \longrightarrow Li[AuMe_4]+PPh_3$$

该配合物中有一个平面正方形结构的[AuMe$_4$]$^-$离子。类似的配合物可由 K[AuCl$_4$]直接制备：

$$K[AuCl_4]+4LiC_6F_5+[Bu_4N]^+Br^- \longrightarrow [Bu_4N][Au(C_6F_5)_4]+4LiCl+KBr$$

三烷基金（Ⅲ）配合物中较重要的一类是[AuMe$_3$L]，其中 L 是含 N、P 或 As 的配位体。这类配合物可以通过配体取代反应来制备，也可以用卤甲烷氧化 Au（Ⅰ）的卤化物来方便地合成：

$$[Me_3AuNH_2CH_2CH_2NH_2AuMe_3]+2PMe_3 \longrightarrow 2[AuMe_3(PMe_3)]+NH_2CH_2CH_2NH_2$$

$$[AuMe_3(PMe_3)]+PEt_3 \longrightarrow [AuMe_3(PEt_3)]+PMe_3$$

$$[AuBr(PPh_3)]+2LiMe+MeI \longrightarrow [AuMe_3(PPh_3)]+LiBr+LiI$$

在金（Ⅲ）的二烷基配合物中，最重要的是卤化二烷基金。这类配合物通常是由无水卤化金与格氏试剂在乙醚溶液中制备，例如：

$$[Au_2Br_6]+4MeMgBr \longrightarrow [Au_2Br_2Me_2]+4MgBr_2$$

苯与无水氯化金（Ⅲ）在干燥的 CCl$_4$ 中反应，生成含有一个 Au—C 键的二氯化苯基金（Ⅲ）二聚物：

$$2Au_2Cl_6 + 2C_6H_6 \longrightarrow [AuCl_2C_6H_5]_2 + 2H[AuCl_4]$$

生成的二聚物为棕色悬浮物，反应短时间后应加入乙醚使反应停止，否则产物与苯将进一步反应生成含有多个 Au—C 键的配合物。

1.3.4.2　烯基及炔基化合物

用烯烃处理卤化金（Ⅰ）可得到 Au（Ⅰ）的烯基配合物：

$$AuBr + 2 \text{ 环辛烯} \longrightarrow [AuBr(\text{环辛烯})_2]$$

Au（Ⅰ）的烯基配合物的热稳定性一般比较低，在制备过程中，为了减少产物的分解，反应通常要在低温下进行。配合物 $[AuCl(RCH{=}CH_2)]$ 的热稳定性随 R 碳链的增长而增高。

把苯乙炔与乙酸钠加入含 $[AuBr_2]^-$ 的水溶液中时，可沉淀出较稳定的苯乙炔金（Ⅰ）的黄色粉末。$[Au(C{\equiv}CBu)]$ 的一种异构体以四聚体形式存在，其可能的结构如下：

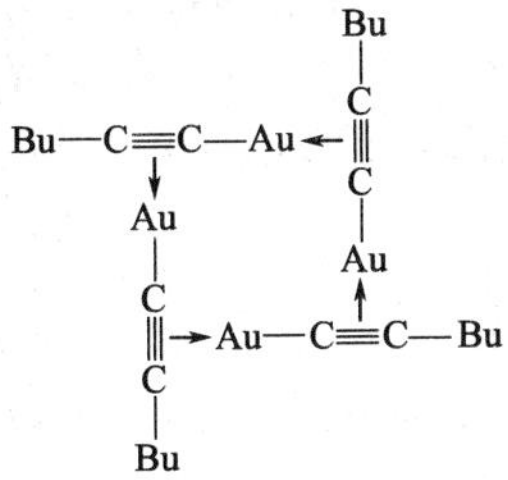

用炔烃处理卤化金（Ⅰ）也能得到炔基配合物：

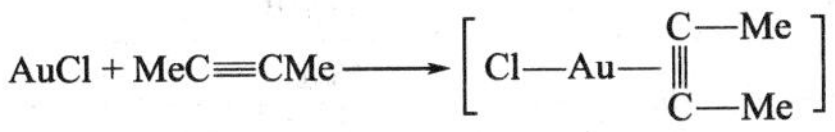

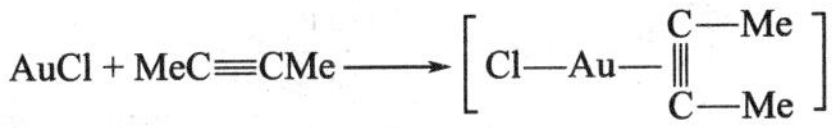

烯烃和炔烃与卤化金（Ⅲ）的反应比较复杂，反应过程往往伴随有 Au（Ⅲ）的还原并同时形成不饱和烃的卤加合物。例如 Au_2Cl_6 与 2-丁炔的总反应式为：

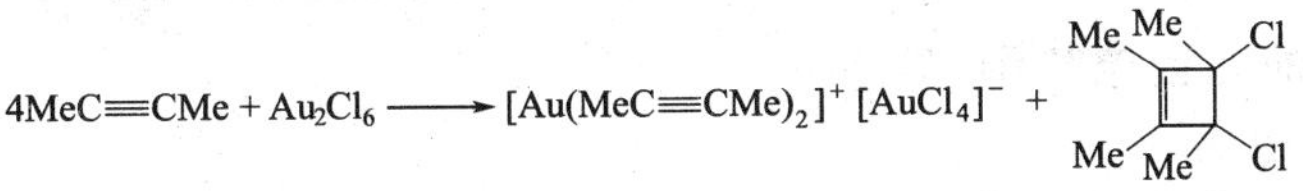

第一步先生成 π 配合物 $[Au_2Cl_6(MeC{\equiv}CMe)]$ 与 $[Au_2Cl_6(MeC{\equiv}CMe)_2]$，这些配合物能够重排生成 σ 键合的氯乙烯基金（Ⅲ）配合物：

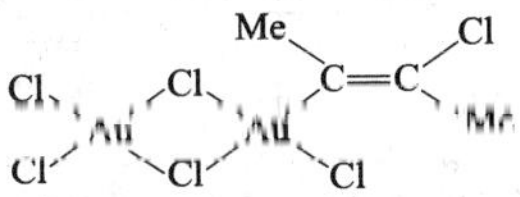

再与 2-丁炔进一步反应，炔基可能插入 Au—C 的 σ 键，随后还原并环化，生成二氯环丁烯衍生物与 Au（Ⅰ）的炔基化合物。

1.3.4.3　羰基化合物

一氧化碳（CO）分子通过 C 原子与金属原子配位所得的化合物称为羰基配合物。金的羰基配合物目前已知的只有一个 $[AuCl(CO)]$。把 CO 通入 AuCl 的苯悬浮液中，可以方便地得到 $[AuCl(CO)]$。393K 时将 CO 通入 Au_2Cl_6 的四氯乙烯溶液中也能得到 $[AuCl(CO)]$，反应过程中同时有碳酰氯（光气）生成：

$$Au_2Cl_6 + 4CO \longrightarrow 2[AuCl(CO)] + 2COCl_2$$

[AuCl(CO)]是白色固体，在 CO 气流中升华，真空下加热分解为 AuCl 和 CO。[AuCl(CO)]在溶液中呈单体存在，为直线形配合物。

1.4 银的化合物

1.4.1 银化合物的氧化态和几何构型

1.4.1.1 银化合物的氧化态

银的价电子构型为 $4d^{10}5s^1$，由于银的第二电离能（2074kJ/mol）比第一电离能（731kJ/mol）高得多，因此其常见氧化态为+1，在水溶液中只有 Ag^+ 是稳定的阳离子。在特定条件下，银还有+2 和+3 氧化态，但 Ag（Ⅱ）和 Ag（Ⅲ）对水不稳定，只能以难溶化合物或配合物形式存在。

1.4.1.2 银化合物的几何构型

+1 氧化态的银化合物，根据银的配位数不同，可以采取直线形、三角形、四面体和八面体构型。+2 和+3 氧化态比较少见。其银的氧化态和几何构型见表 1.5。

表 1.5 银的氧化态和几何构型

氧化态	配位数	几何构型	示例
Ag（Ⅰ）	2	直线形	$[Ag(CN)_2]^-$、$[Ag(NH_3)_2]^+$
	3	三角形	$[Ag(PR_3)_3]^+$、$[Ag(SR_2)_3]^+$
	4	四面体	$[Ag(SCN)_4]^{3-}$、$[Ag(PPh_3)_4]^+ClO_4^-$
	6	八面体	AgF、$AgCl$、$AgBr(NaCl$ 型结构$)$
Ag（Ⅱ）	4	四方形	$[AgPy_4]^{2+}$
	6	畸变八面体	$Ag(2,6-$吡啶二羧酸盐$)\cdot H_2O$
Ag（Ⅲ）	4	四方形	$[AgF_4]^-$
	6	八面体	$[AgF_6]^{3-}$

1.4.1.3 银的元素电势图

银的元素电势图如下：

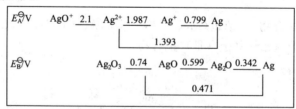

从电势图可以看出，处于中间氧化态的各物种无论在酸性还是在碱性溶液中均不会发生歧化反应；各电对的 $E^\ominus$ 值均大于 0.33V，所以氧化性是银元素各非零氧化态物种的突出性质，不使它们接触或接近还原剂是保证其安全存放的重要条件。

1.4.2 Ag（Ⅰ）化合物

1.4.2.1 Ag（Ⅰ）的简单化合物

+1 氧化态的银的简单化合物比金的简单化合物多得多。Ag^+ 在水溶液中明显地溶剂化，但在盐中不存在水合离子。因此所有的 Ag（Ⅰ）盐实际上都是无水的。在常见的 Ag（Ⅰ）盐中，$AgNO_3$、$AgClO_3$ 和 $AgClO_4$ 是水溶性的，Ag_2SO_4 和 AgAc 微溶于水，而 AgCl、AgBr、AgI、Ag_2CO_3、Ag_2S、AgCN 和 AgSCN 等均难溶于水。AgCN 和 AgSCN 具有链状结构，其中的化学键以共价键为主。这些银的简单化合物在银的深加工中占有十分重要的地位，工业用银的绝大部分是将白银制成上述 Ag（Ⅰ）的简单化合物，进而再应用于电子、感光、医药和化工产品中。

（1）卤化物　$AgNO_3$ 溶液与卤素离子（Cl^-、Br^-、I^-）反应即可得到相应的 AgX 沉淀，沉淀反应的速率很快，几乎是瞬间完成。卤化银的溶解度按 AgF→AgCl→AgBr→AgI 顺序减小。从离子极化观点看，Ag^+ 为 18 电子构型，极化力和极化率都比较大，而卤素离子的半径和极化率从 F^- 到 I^- 依次增大，它们相互极化的结果，从离子键占优势的 AgF，逐渐变为共价键占优势的 AgI，从而使它们在水中的溶解度依次减小。事实上，极化作用不显著的 AgF 易溶于水，而其余 AgX 均难溶于水。

在 AgX 中，AgF 为无色，AgCl 为白色，而 AgBr 和 AgI 的颜色依次加深，分别为浅黄色和黄色。一般认为，上述颜色的变化与卤素负离子和 Ag^+ 之间发生的电荷迁移有关。Ag^+ 具有较强的夺电子能力，而卤素负离子的失电子能力从 F^- 到 I^- 依次增强，当卤化银吸收一部分可见光后，卤素负离子的电荷会向 Ag^+ 迁移，电荷迁移越显著，则 AgX 的颜色越深。由于 F^- 和 Cl^- 失电子能力较弱，AgF 和 AgCl 内部的电荷迁移并不显著，所以不显颜色。AgBr 和 AgI 内部具有较强的电荷迁移作用，伴随电荷迁移，呈现出深浅不一的黄色。

AgX（X＝Cl，Br，I）对光敏感，光照后按下式分解：

$$2AgX \longrightarrow 2Ag + X_2$$

由于 AgBr 的感光速率较好，照相工业上主要用 AgBr 制造照相底片和印相纸。AgCl 不溶于水，易溶于碱金属的氰化物溶液、硫代硫酸盐溶液及氨溶液，还溶于浓盐酸溶液和浓 $AgNO_3$ 溶液。根据同离子效应，AgCl 在 $AgNO_3$ 溶液的溶解度似应比水中小，但是增加 Ag^+ 浓度时，由于 $[Ag_2Cl]^+$ 离子的形成，因而导致 AgCl 的溶解度增大。当增加 Cl^- 浓度时，由于 Ag—Cl 键的配合物的形成，也会导致 AgCl 溶解度的增大。以 KCl 溶液为例，Cl^- 浓度为 0.1～0.5mol/L 时，溶液中主要形成 $[AgCl_2]^-$；Cl^- 浓度大于 1.5mol/L 时，$[AgCl_4]^{3-}$ 占优势；Cl^- 浓度在上述中间范围时，溶液中存在 $[AgCl_2]^-$、$[AgCl_3]^{2-}$ 以及 $[AgCl_4]^{3-}$ 等配离子。它们在 298K 时的稳定常数分别为：

$$\lg K_{稳}^{0}$$

$Ag^+ + Cl^- \longrightarrow AgCl$	3.04
$Ag^+ + 2Cl^- \longrightarrow [AgCl_2]^-$	5.04
$Ag^+ + 3Cl^- \longrightarrow [AgCl_3]^{2-}$	—
$Ag^+ + 4Cl^- \longrightarrow [AgCl_4]^{3-}$	5.30

AgCl 在水中的溶解度随着温度的升高而增大。21℃时其溶解度为 1.54mg/L，100℃时溶解度增至 21.7mg/L。因此用王水法提纯金时（往往要加热溶金），还必须将氯化金溶液充分冷却，以便 AgCl 沉淀更完全。

向含 Ag^+ 废液中加入盐酸或 NaCl 溶液，使之生成 AgCl 沉淀。该沉淀可用多种方法还原而得到金属银，这是从废液中回收银的常规方法。此方法银的回收率高、成本较低，而且能与溶液中的可溶性杂质离子（如 Cu^{2+}、Ni^{2+} 等）分离，取得回收与提纯的双重效果。

AgCl 通常由 $AgNO_3$ 溶液与盐酸或碱金属氯化物溶液作用制得。刚生成的 AgCl 颗粒细小，加热煮沸可使其聚结而变大，这有利于洗涤及固液分离。AgCl 光照易分解，制备时要在暗室中的红光下进行。

AgCl 主要用于感光材料、原电池中的阴极去极化剂以及海水的淡化等。

AgBr 在水中的溶解度较 AgCl 小，易溶解在碱金属的氰化物溶液和硫代硫酸盐溶液中，在氨溶液中也有一定的溶解度，但不溶于硝酸溶液。和 AgCl 一样，AgBr 在浓硝酸银溶液中可形成$[Ag_2Br]^+$，在碱金属溴化物溶液中可形成$[AgBr_2]^-$、$[AgBr_3]^{2-}$ 和$[AgBr_4]^{3-}$ 等配离子，而使其溶解度相应增大。这些配离子在 298K 时的稳定常数为：

$$\begin{array}{ll} & \lg K^0_{稳} \\ Ag^+ + Br^- \longrightarrow AgBr & 4.38 \\ Ag^+ + 2Br^- \longrightarrow [AgBr_2]^- & 7.33 \\ Ag^+ + 3Br^- \longrightarrow [AgBr_3]^{2-} & 8.00 \\ Ag^+ + 4Br^- \longrightarrow [AgBr_4]^{3-} & 8.73 \end{array}$$

AgBr 通常由 $AgNO_3$ 溶液和碱金属溴化物溶液作用制得。制备过程中要特别注意避光。

在卤化银中，AgI 的溶解度最小。它易溶于碱金属的氰化物溶液，在硫代硫酸盐溶液中也有一定的溶解度，微溶于氨水，但不溶于硝酸。在 $AgNO_3$ 溶液中由于生成$[Ag_2I]^+$ 及 $[Ag_3I]^{2+}$ 等离子，可使 AgI 的溶解度增大，在 KI 溶液中，由于生成$[AgI_2]^-$、$[AgI_3]^{2-}$ 和$[AgI_4]^{3-}$ 等配离子，也会导致 AgI 溶解度的增大。AgI 可溶解在过量的 KI 溶液中，加水稀释时又会有 AgI 沉淀析出。AgI 与过量的 KI 作用主要生成$[AgI_2]^-$：

$$AgI + I^- \longrightarrow [AgI_2]^-$$

同时还存在下列平衡：

$$AgI \longrightarrow Ag^+ + I^-$$

将以上两式相减合并得：

$$[AgI_2]^- \longrightarrow Ag^+ + 2I^-$$

其平衡常数表达式为：

$$K^0 = c(Ag^+)c^2(I^-)/c(AgI_2^-)$$

可以看出，分子、分母浓度项的指数和不相等，加水稀释时，反应商 Q 比稀释前减小，即 $Q < K^0$，此时平衡将向生成 Ag^+ 和 I^- 的方向移动。当稀释到一定程度，使得 $c(Ag^+)$ $c(I^-) > K^0_{sp}(AgCl)$ 时，就会有 AgI 沉淀析出。

$E^{\ominus}(Ag^+/Ag) = 0.799V$ 比 $E^{\ominus}(I_2/I^-) = 0.5345V$ 大，Ag^+ 应该能把 I^- 氧化成 I_2，但实际上不能发生这个反应，而是生成 AgI 沉淀：

$$Ag^+ + I^- \longrightarrow AgI\downarrow$$

这是由于 AgI 的生成，降低了 Ag^+ 浓度，致使 $E(Ag^+/Ag) < E(I_2/I^-)$，所以 Ag^+ 不能氧化 I^-。同样，在 Ag^+ 溶液中通入 H_2S，也不会发生氧化还原反应，而是析出 Ag_2S 沉淀。

当 KI 和 KBr 或 KI 和 KCl 混合溶液作用于 AgI 沉淀时，可生成 $[AgI_3Br]^{3-}$、$[AgI_2Br]^{2-}$、$[AgIBr_2]^{2-}$ 和$[AgICl_2]^{2-}$ 等混配型离子而使 AgI 溶解。

AgI 由 $AgNO_3$ 溶液和氢碘酸溶液或碱金属碘化物溶液作用制得，制备时也需避光。AgI 主要用于感光材料和人工降雨剂。

（2）氧化物　向 Ag^+ 溶液中加入碱金属氢氧化物溶液，先生成白色 AgOH 沉淀，由于 AgOH 极不稳定，立即分解生成深褐色的 Ag_2O 沉淀，总反应式为：

$$2Ag^+ + 2OH^- \longrightarrow Ag_2O + H_2O$$

若在 Ag^+ 溶液中加入氨水，先生成难溶于水的 Ag_2O 沉淀：

$$2Ag^+ + 2NH_3 + H_2O \longrightarrow Ag_2O + 2NH_4^+$$

随着溶液中氨浓度的增大，Ag_2O 可溶解生成$[Ag(NH_3)_2]^+$：

$$Ag_2O + H_2O + 4NH_3 \longrightarrow 2[Ag(NH_3)_2]^+ + 2OH^-$$

Ag_2O 能从空气中吸收 CO_2 生成 Ag_2CO_3 沉淀，因此要制备高纯度的 Ag_2O 需要隔绝 CO_2 气体。

Ag_2O 难溶于水，其水悬浮液有碱性：

$$Ag_2O + H_2O \longrightarrow 2Ag^+ + 2OH^-$$

反应的平衡常数 $K^0 = 3.8 \times 10^{-8}$（25℃）。

Ag_2O 在强碱性溶液中比在水中更易溶解，因为在强碱性溶液中可以形成$[Ag(OH)_2]^-$ 等配离子。

Ag_2O 热稳定性较差，高于 160℃ 即发生分解：

$$2Ag_2O \longrightarrow 4Ag + O_2$$

利用这一性质，向 $AgNO_3$ 溶液中加入 NaOH，使 Ag^+ 生成 Ag_2O 沉淀，焙烧 Ag_2O 即可方便地得到金属银。这种回收银的方法比 AgCl 沉淀法的价格便宜。虽然 AgCl 沉淀也可与 Na_2CO_3 混合煅烧回收银，但 AgCl 易挥发，银回收率低，而且污染环境，腐蚀设备。

Ag_2O 主要用于电池的阴极退极化剂、电子浆料、催化剂以及配制银电镀液等。

（3）硫化物　把 H_2S 通入 $AgNO_3$ 溶液中即析出黑色的 Ag_2S 沉淀。Ag_2S 的溶度积常数（298K）为 6.3×10^{-50}，是溶解度最小的银盐。在空气中，H_2S 与金属银缓慢作用生成 Ag_2S：

$$4Ag + 2H_2S + O_2（空气）\longrightarrow 2Ag_2S + 2H_2O$$

这是暴露在空气中的银器表面变黑的主要反应。即使在无空气或氧气存在的情况下，H_2S 也能和 Ag 反应生成 Ag_2S：

$$2Ag + H_2S \longrightarrow Ag_2S + H_2$$

银器表面的 Ag_2S 在碱性溶液中与铝接触后还原成金属银而被清除：

$$3Ag_2S + 2Al + 8OH^- \longrightarrow 6Ag + 2[Al(OH)_4]^- + 3S^{2-}$$

Ag_2S 不溶于氨水、$Na_2S_2O_3$ 溶液或碱金属硫化物溶液，也不溶于非氧化性酸溶液，但可溶于热的稀硝酸溶液中：

$$3Ag_2S + 8HNO_3 \longrightarrow 6AgNO_3 + 3S + 2NO + 4H_2O$$

Ag_2S 也可溶于氰化物如 NaCN 溶液中。

（4）硝酸盐　$AgNO_3$ 是最重要的一种银盐，其他银盐大都以其为原料进行制备。$AgNO_3$ 为无色透明斜方晶系片状结晶体，味苦、有毒。密度 $4.352g/cm^3$，熔点 212℃。在 440℃ 分解，产生二氧化氮棕色气体。易溶于水和氨水，微溶于乙醇，难溶于丙酮、苯，几乎不溶于浓硝酸。其水溶液呈弱酸性，pH 值为 5～6。布条、纸张或人的皮肤都可使 $AgNO_3$ 还原成金属银而呈黑色。潮湿硝酸银见光较易分解。硝酸银是氧化剂，可使蛋白质凝固，对皮肤有腐蚀作用。若不慎把 $AgNO_3$ 沾到皮肤上，可用碘水（I_2｜KI 水溶液）或硫脲溶液将黑色银擦除。$AgNO_3$ 及其水溶液光照易分解，它们均应保存在棕色瓶中。

$AgNO_3$ 通常由 Ag 和 HNO_3 反应制得：

$$3Ag + 4HNO_3（稀）\longrightarrow 3AgNO_3 + NO + 2H_2O$$
$$Ag + 2HNO_3（浓）\longrightarrow AgNO_3 + NO_2 + H_2O$$

前一反应的硝酸利用率高，但后一反应的反应速率较快。

$AgNO_3$ 溶液中的 Ag^+ 可被金属锌或铜等置换还原，也可被亚硫酸钠或水合肼还原。向 $AgNO_3$ 溶液中加入氨水使其转化为$[Ag(NH_3)_2]^+$ 后，用葡萄糖或甲醛等还原剂可将其还原，并且在洁净的玻璃表面形成致密的银镀层，这在化学上称为"银镜反应"。$AgNO_3$ 易溶于水，其溶解度随着温度的升高而增大，因此可通过重结晶的方法提纯。

AgNO$_3$ 在不同温度下的溶解见表 1.6。

表 1.6　AgNO$_3$ 在不同温度下的溶解度

温度/℃	0	10	20	30	50	75	100
溶解度/%	55.6	63.3	69.5	74.0	80.2	85.5	90.0

（5）**硫酸盐**　硫酸银为斜方晶系细小晶体，熔点 660℃，加热至 1085℃ 时则分解。Ag$_2$SO$_4$ 微溶于水（25℃ 时，$K_{sp}^0 = 1.4 \times 10^{-5}$），不溶于乙醇，易溶于氨水和浓硫酸，但用水稀释时则重新析出沉淀。Ag$_2$SO$_4$ 光照易分解。

Ag$_2$SO$_4$ 通常由 AgNO$_3$ 和（NH$_4$）$_2$SO$_4$ 的复分解反应制得，也可由 Ag 与热的浓硫酸反应制得：

$$2Ag + 2H_2SO_4 \longrightarrow Ag_2SO_4 + SO_2 + 2H_2O$$

银溶于浓硫酸还可结晶出酸式硫酸银（AgHSO$_4$），此盐遇水极易分解成 Ag$_2$SO$_4$。在"硫酸分银法"提纯金的作业中，将粗金与 3 倍的银混熔成 Au-Ag 合金，该合金经 40% 以上的 H$_2$SO$_4$ 溶液煮沸，银溶解进入溶液，而金则以渣的形式被提纯。进入溶液中的银用金属置换法或氯化物沉淀法回收。若操作得当，提纯后的金的质量分数可以达到 99.5%。

（6）**硫氰化物**　把可溶性硫氰化物溶液加入 Ag$^+$ 溶液中即可得到白色凝乳状 AgSCN。AgSCN 不溶于水和稀酸，当用浓硝酸处理时发生如下反应：

$$6AgSCN + 16HNO_3 + 4H_2O \longrightarrow 3Ag_2SO_4 + 3(NH_4)_2SO_4 + 6CO_2 + 16NO$$

AgSCN 易溶于氨水，也可溶于过量的 KSCN 或 NaSCN 溶液，并且形成各种组成的配离子，如 [Ag(SCN)$_2$]$^-$、[Ag(SCN)$_3$]$^{2-}$ 和 [Ag(SCN)$_4$]$^{3-}$ 等。

（7）**铬酸盐和重铬酸盐**　Ag$_2$CrO$_4$ 为砖红色，Ag$_2$Cr$_2$O$_7$ 为红棕色。它们都难溶于水 [25℃ 时，K_{sp}^0(Ag$_2$CrO$_4$) $= 1.1 \times 10^{-12}$，K_{sp}^0(Ag$_2$Cr$_2$O$_7$) $= 2.0 \times 10^{-7}$]；易溶于稀硝酸和氨水溶液。向中性、弱碱性或弱酸性 AgNO$_3$ 溶液中加入 K$_2$CrO$_4$ 溶液，得到的是 Ag$_2$CrO$_4$ 沉淀：

$$2AgNO_3 + K_2CrO_4 \longrightarrow Ag_2CrO_4 + 2KNO_3$$

向强酸性 AgNO$_3$ 溶液中加入 K$_2$CrO$_4$ 溶液，得到的是 Ag$_2$Cr$_2$O$_7$ 沉淀：

$$2AgNO_3 + 2K_2CrO_4 + 2HNO_3 \longrightarrow Ag_2Cr_2O_7 \downarrow + 4KNO_3 + H_2O$$

在 pH 值较高的 AgNO$_3$ 溶液中加入 K$_2$CrO$_4$ 溶液时，得到的往往是 Ag$_2$O 而不是 Ag$_2$CrO$_4$。

Ag$_2$CrO$_4$ 的溶解度比 AgCl 大，故很容易转化为 AgCl 沉淀：

$$Ag_2CrO_4 + 2Cl^- \longrightarrow 2AgCl \downarrow + CrO_4^{2-}$$

1.4.2.2　Ag（Ⅰ）的配合物

（1）**Ag（Ⅰ）的氰配合物**　向 AgNO$_3$ 溶液中加入过量 KCN 溶液，即生成氰化银钾溶液，经浓缩结晶得到 KAg(CN)$_2$ 白色晶体。若 KCN 的加入量小于理论值，则在溶液中有 AgCN 沉淀生成。

$$AgNO_3 + 2KCN \longrightarrow KAg(CN)_2 + KNO_3$$
$$AgNO_3 + KCN \longrightarrow AgCN \downarrow + KNO_3$$

KAg(CN)$_2$ 和 AgCN 主要用于镀银，所镀银层光洁度和固牢度很好，但由于氰化物剧毒，对环境的污染很大。

（2）**硫脲化合物**　向 AgNO$_3$ 溶液中加入硫脲溶液，当硫脲与硝酸银的摩尔比为 3∶1 时，主要形成 [Ag(SC(NH$_2$)$_2$)$_2$]$^+$，还有 [AgSC(NH$_2$)$_2$]$^+$ 和 [Ag(SC(NH$_2$)$_2$)$_3$]$^+$ 等配

离子。

在有氧化剂（如 Fe^{3+}、O_2 等）存在下，银可溶于硫脲溶液：

$$Ag+2SC(NH_2)_2+Fe^{3+}\longrightarrow[AgSC(NH_2)_2]^++Fe^{2+}$$

$$Ag+2SC(NH_2)_2+\frac{1}{4}O_2+H^+\longrightarrow[AgSC(NH_2)_2]^++\frac{1}{2}H_2O$$

上述反应对于银矿物的分析和银的硫脲法回收具有重要意义。

硫脲在碱性溶液中不稳定，易分解形成硫化物和氨基氰。另外，在碱性介质中，硫脲可与溶液中的 Ag^+ 生成硫化物沉淀：

$$2Ag^++SC(NH_2)_2+2OH^-\longrightarrow Ag_2S+CNNH_2+2H_2O$$

向银的硫脲化合物溶液中加入硝酸铊时，可形成银和铊的混合配合物，并且产生强烈的黄橙色荧光。该反应用于检出微量银。

溶液中的 $[Ag(CN)_2]^-$ 可被阴离子交换树脂吸附：

$$RCl+[Ag(CN)_2]^-\longrightarrow RAg(CN)_2+Cl^-$$

用硫脲的盐酸溶液可以从树脂上洗脱银：

$$RAg(CN)_2+2SC(NH_2)_2+2HCl\longrightarrow RCl+[AgSC(NH_2)_2]Cl+2HCN$$

上述过程在氰化-树脂法回收金银的工艺中被广泛采用。

（3）双硫腙化合物 双硫腙（H_2D_2）与 Ag^+ 反应生成两种形式的配合物：在酸性或中性溶液中生成酮式配合物，在碱性溶液中或 H_2D_2 不足时生成烯醇式配合物。两种配合物的结构式为：

酮式　　　　　　　烯醇式

双硫腙是测定银的最灵敏的有机试剂之一，广泛应用于萃取光度法测定银。Ag^+ 可被双硫腙的 CCl_4 或 $CHCl_3$ 溶液萃取：

$$Ag^+（水相）+H_2D_2（有机相）\longrightarrow AgHD_2（有机相）+H^+（水相）$$

在 CCl_4 中萃取系数为 1.5×10^7，在 $CHCl_3$ 中萃取系数为 1.0×10^6。

在 pH 值为 $4\sim5$ 的溶液中，银与双硫腙生成的酮式配合物 $AgHD_2$ 呈亮黄色，于 426nm 处有最大吸收。该配合物在 CCl_4 中的摩尔吸光系数为 3.05×10^4。

1.4.3　Ag（Ⅱ）化合物和 Ag（Ⅲ）化合物

Ag^{2+} 的价电子构型为 $4d^95s^0$，有一个未成对电子，是顺磁性的。Ag^{2+}/Ag^+ 电对的电极电势在 4mol/L $HClO_4$ 中是 $+2.00V$，在 4mol/L HNO_3 中是 $+1.93V$，这说明 Ag^{II} 具有很强的氧化能力。事实上，Ag^{2+} 可以被 H_2O 还原，即使在强酸性溶液中也如此，但是 Ag^{2+} 与 H_2O 的反应机理比较复杂。

Ag（Ⅱ）的二元化合物仅有 AgF_2，由 AgF 与 F_2 加热制得，为暗棕色物质。磁矩测定发现 AgF_2 是抗磁性的，其有效磁矩（298K）远低于由 $\mu=[n(n+2)]^{1/2}$ 算得的一个单电子所对应的磁矩值，这似乎表明 AgF_2 中有部分双核配合物。AgF_2 常用于氟化剂，在潮湿空气中立即水解。

AgO 实际上是 Ag（Ⅰ）Ag（Ⅲ）O_2，将在 Ag（Ⅲ）化合物中对其适当讨论。

Ag(Ⅱ) 可形成许多配合物，通常用过硫酸盐氧化含有配位体的 Ag^+ 溶液来制备，例如：

$$2Ag^+ + 4dipy + S_2O_8^{2-} \longrightarrow 2[Ag(dipy)_2]^{2+} + 2SO_4^{2-}$$

若配位体是电荷数为 -1 的螯合剂，则得到一类中性配合物。例如和 2-吡啶羧酸盐反应得到如下物质：

Ag(Ⅱ) 配合物的构型多为平面四方形。

用 $S_2O_8^{2-}$ 在 NaOH 溶液中氧化 Ag_2O，或者在强碱性溶液中电解氧化 Ag(Ⅰ)，均可制得氧化银(Ⅲ)，通常写作 AgO。磁性试验表明，AgO 是抗磁性的，它不可能是氧化银(Ⅱ)。中子衍射试验表明，AgO 晶格中含有 Ag(Ⅰ) 和 Ag(Ⅲ) 两种银，一种是两个氧原子配位于 Ag(Ⅰ) 的两侧，另一种是 Ag(Ⅲ) 位于 4 个氧原子构成的平面四方形的中央。

氧化银(Ⅲ) 是一种半导体，具有强的氧化性，溶于酸则放出氧，同时在溶液中生成 Ag^{2+}。该反应机理比较复杂，但下列反应可能发生：

$$AgO^+ + Ag^+ + 2H^+ \longrightarrow 2Ag^{2+} + H_2O$$

利用下列反应可以分离氧化银中的 Ag(Ⅰ) 和 Ag(Ⅲ)：

$$4AgO + 6KOH + 4KIO_4 \longrightarrow 2K_5H_2[Ag(IO_6)_2] + Ag_2O + H_2O$$

在有高碘酸根或碲酸根离子存在的强碱性溶液中，用 $S_2O_8^{2-}$ 氧化 Ag_2O 很容易得到 Ag(Ⅲ) 配合物。这类配合物中具有代表性的是 $K_6H[Ag(IO_6)_2] \cdot 10H_2O$ 和 $Na_8H[Ag(TeO_6)_2] \cdot 18H_2O$。

Ag(Ⅲ) 与乙烯双胍形成一种非常稳定的配合物，在乙烯双胍硫酸盐存在下用过二硫酸钾溶液与 $AgNO_3$ 作用，得到的是其红色硫酸盐。从硫酸盐出发，用复分解反应可制备其相应的氢氧化物、硝酸盐和高氯酸盐等。这些盐都是抗磁性的，其中的配离子为：

在 300℃ 下，F_2 与化学计量的碱金属氯化物和 $AgNO_3$ 的混合物作用，可以得到诸如 $K[AgF_4]$ 或 $CsK[AgF_6]$ 的黄色配合物。磁性和电子光谱试验表明，$[AgF_6]^{3-}$ 为八面体构型。

随着银氧化态的升高，Ag(Ⅰ)、Ag(Ⅱ) 和 Ag(Ⅲ) 的化合物的自由离子在溶液中越来越不稳定。事实上 Ag^{3+} 即使在浓酸溶液中也难以存在。要制备 Ag(Ⅱ) 和 Ag(Ⅲ) 的化合物，最好是在有配位剂存在下，用强氧化剂或电解的方法将 Ag(Ⅰ) 氧化并生成相应的配合物。因为形成配合物后可以降低 Ag(Ⅲ)/Ag(Ⅰ) 和 Ag(Ⅱ)/Ag(Ⅰ) 电对的电极电势，有利于反应的进行。

1.4.4 银有机化合物

银有机化合物都是 Ag(Ⅰ) 化合物。

1.4.4.1 烷基化合物

常用的烷基化试剂通过 σ 键形成的烷基化合物一般都不稳定，例如黄色固体 CH_3Ag 在 $-30℃$ 以上迅速分解。但按下面反应可以得到比较稳定的氟代烷基化合物：

$$AgF + CF_3—CF \!\!=\!\! CF_2 \xrightarrow{MeCN} (CF_3)_2CFAg(MeCN)$$

该化合物非溶剂化时，大概是簇状化合物。

1.4.4.2 烯基化合物

所有的烯烃与 $AgNO_3$ 或 $AgBF_4$ 的水溶液一起摇动后都能形成金属有机配合物。在这些化合物中，银与烯基的比例取决于反应的条件，可以是 $1:1$、$1:2$ 或 $1:3$。通过形成 Ag(Ⅰ) 的烯基化合物，可以提纯特殊烯烃或分离有关化合物。例如 1，3-环辛二烯、1，4-环辛二烯和 1，5-环辛二烯的化学性质很相近，相互间不易分离。若让它们与 Ag^+ 反应，由于生成的烯基化合物的稳定性不同，就可以将它们逐一分离。

1.4.4.3 炔基化合物

乙炔与银相互作用生成一种黄色沉淀：

$$C_2H_2 + 2Ag^+ \longrightarrow AgC \!\!\equiv\!\! CAg + 2H^+$$

若用取代炔烃和 Ag^+ 反应，得到的是有一定聚合度的白色沉淀 $[RC \!\!\equiv\!\! CAg]_n$，其结构一般认为如下所示：

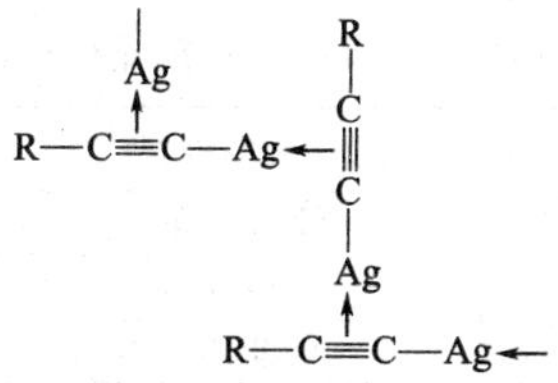

1.5 铂的化合物

1.5.1 铂的氧化态

Pt 的价电子构型为 $4f^{14}5d^96s^1$，由于 5d 和 6s 轨道能量相近，在一定条件下，6s 电子和 5d 上的部分电子均可参加成键，导致 Pt 有 $+2$、$+3$、$+4$、$+5$ 和 $+6$ 等多种氧化态，但以 $+2$ 和 $+4$ 为主。

Pt(Ⅲ) 的化合物很不稳定。Pt(Ⅳ) 和 Pt(Ⅵ) 主要形成配位数为 6 的八面体配合物。Pt(0) 主要形成叔膦类配合物，其性质与 Ni(0) 的配合物相似。

铂所在的第Ⅷ族共有 9 种元素，其中铁、钴、镍性质更为接近，通常称为铁系元素。第二、第三过渡系的另 6 种元素的化学性质都很相似，被称为铂系元素。铂系元素中纵列的三对即 Ru 和 Os、Rh 和 Ir、Pd 和 Pt 更相似，这是我们进行铂族元素分离提取的化学基础。

铂系元素比铁系元素有更高的惰性，对酸很不活泼（比过渡金属的其余各族都不活泼），其原因主要是铂系元素的升华热高且易钝化。铂系元素的活泼性在周期内从左向右增大，这种变化正好与铁系元素相反。铂系元素对酸的活性按下述箭头所指的顺序依次增大：

$$Ru \rightarrow Rh \quad Pd$$
$$\uparrow \qquad \downarrow \qquad \uparrow$$
$$Os \quad Ir \rightarrow Pt$$

前两对在常温下不溶于王水，Pt 则可溶。Pd 是铂系元素中最活泼的，可溶于浓 H_2SO_4 和热浓 HNO_3。

铂系元素和铁系元素氧化态的变化规律相似，即形成高氧化态的倾向在周期内从左向右减小，如 Ru 和 Os 都能生成氧化态为 +8 的 RuO_4 和 OsO_4，而 Pd 和 Pt 的氧化态通常是 +2 和 +4；在同一纵列元素中，形成高氧化态的倾向从上向下增大，如 Fe 的最高氧化态为 +6，而 Ru 和 Os 都能生成氧化态为 +8 的 RuO_4 和 OsO_4，而且后者尤为稳定。另外，Pt 与 Pd 比较，Pd 的氧化态主要是 +2，而 Pt 除 +2 和 +4 外，还有 +6。

第 Ⅷ 族元素的主要氧化态为：Fe(+2，+3)，Co(+2，+3)，Ni(+2)，Rh(+4)，Ru(+3)，Pd(+2)，Os(+8)，Ir(+3，+4)，Pt(+2，+4)。各氧化态的稳定性的变化规律为：同一周期元素，从右向左，高氧化态的稳定性增加；同一纵列元素，从上到下，高氧化态的稳定性增加。

铂的元素电势图如下：

$$E_A^\ominus/V \qquad PtO_3 \underline{\quad 2.00 \quad} PtO_2 \underline{\quad 0.84 \quad} Pt^{2+} \underline{\quad -1.2 \quad} Pt$$
$$E_B^\ominus/V \qquad Pt(OH)_6^{2-} \underline{\quad -0.4 \sim -0.1 \quad} Pt(OH)_2 \underline{\quad -0.15 \quad} Pt$$

铂的氧化态和几何构型见表 1.7。

表 1.7　铂的氧化态和几何构型

氧化态	配位数	几何构型	示例
Pt(0)	3	平面三角形	$[Pt(PPh_3)_3]$
	4	四面体	$[Pt(PPh_3)_4]$
		畸变四面体	$[Pt(CO)(PPh_3)_3]$
Pt(Ⅱ)	4	平面四方形	$[PtCl_4]^{2-}$
	5	三角双锥形	$[Pt(SnCl_3)_5]^{3-}$
	6	八面体	$[Pt((diars)_2)_2]$
Pt(Ⅳ)	6	八面体	$PtCl_6^{2-}$
Pt(Ⅴ)	6	八面体	PtF_6^-
Pt(Ⅵ)	6	八面体	PtF_6

1.5.2　Pt(0) 化合物

Pt(0) 的化合物，其中最重要的是叔膦配合物中的三苯基膦(PPh_3) 类配合物，由膦与 $K_2[PtCl_4]$ 的乙醇溶液相互作用而制得。根据反应条件的不同，可以得到 $[Pt(PPh_3)_3]$ 或 $[Pt(PPh_3)_4]$。

用 CO 和 $Na[PtCl_4]$ 的乙醇溶液作用可以得到多核羰基配合物 $[Pt(CO)_2]_n$。这种配合物对空气敏感。当有三苯基膦为配位体时，可以形成多种稳定的单核羰基配合物，如在一定压力下 CO 与 $[Pt(PPh_3)_4]$ 反应即可得到 $[Pt(CO)(PPh_3)_3]$ 和 $[Pt(CO)_2(PPh_3)_2]$。CO 通过 $[Pt(PPh_3)_4]$ 的己烷溶液，可以制得二聚的羰基配合物 $[Pt_2(CO)(PPh_3)_2]_2$。在乙醇质量分数为 90% 的热溶液中，CO 和 PPh$_3$、Na$_2$[PtCl$_4$]、N$_2$H$_4$ 及 KOH 反应能制备出三核羰基配合物，如[Pt$_3$(CO)$_3$(PPh$_3$)$_4$]、[Pt$_3$(CO)$_4$(PPh$_3$)$_3$]和[Pt$_3$(CO)$_3$(PPh$_3$)$_3$]等。这些多核配合物都是铂的簇合物。

1.5.3 Pt(Ⅱ) 化合物

1.5.3.1 卤化物

纯 Pt 在 500～600℃下与 F$_2$ 作用可以得到 PtF$_2$：

$$Pt + F_2 \xrightarrow{\text{灼烧}} PtF_2$$

超过 600℃，PtF$_2$ 则分解为 Pt 和 F$_2$。

在 500℃时于 Cl$_2$ 气氛中加热 Pt 或直接加热分解 H$_2$[PtCl$_6$]均可制得 PtCl$_2$：

$$Pt + Cl_2 \longrightarrow PtCl_2$$

PtCl$_2$ 是橄榄绿色固体，密度 2.43g/cm^3，不溶于水、硝酸、硫酸、醚、醇和丙酮，溶于盐酸生成 H$_2$[PtCl$_4$]，溶于 KOH 溶液生成 Pt(OH)$_2$ 沉淀：

$$PtCl_2 + 2HCl \longrightarrow H_2[PtCl_4]$$
$$PtCl_2 + 2KOH \longrightarrow Pt(OH)_2 + 2KCl$$

PtCl$_2$ 能与多数金属氯化物作用生成亚氯铂酸盐，例如：

$$PtCl_2 + 2KCl \longrightarrow K_2[PtCl_4]$$
$$PtCl_2 + 2NH_4Cl \longrightarrow (NH_4)_2[PtCl_4]$$

将 PtBr$_4$ 在 180～280℃之间加热可制得 PtBr$_2$：

$$PtBr_4 \longrightarrow PtBr_2 + Br_2$$

PtBr$_2$ 为棕色粉状物，密度 6.659g/cm^3，300℃以上分解，不溶于水，溶于氢溴酸和溴化钾溶液。PtCl$_2$ 与 KI 溶液共热能得到 PtI$_2$，其密度 6.4g/cm^3，在 300℃以上分解。

1.5.3.2 氧化物和氢氧化物

在铂族金属中，铂与氧的亲和力最小，但其细粉也能和氧结合。例如铂黑在加热时吸收氧的质量分数达 2.5%。铂的氧化物、氢氧化物和水合氧化物列于表 1.8 中。

表 1.8 铂的氧化物、氢氧化物和水合氧化物

化合物	颜色	溶解情况	分解或失水温度
PtO	黑色	不溶于水、盐酸、乙醇，溶于王水	560℃，在 H$_2$ 中分解
Pt(OH)$_2$	棕色		
Pt$_3$O$_4$	黑色	不溶于水、酸	
Pt(OH)$_3$	棕色		100～105℃，失去 H$_2$O；450℃，失去 2H$_2$O
PtO$_2$	黑色		(620±10)℃分解
PtO$_2$·4H$_2$O	白色	易溶于酸	
PtO$_2$·3H$_2$O	黄色	溶于酸	浓 H$_2$SO$_4$ 干燥，失去 H$_2$O
PtO$_2$·2H$_2$O	棕色	溶于酸	100℃，失去 H$_2$O
PtO$_2$·H$_2$O	黑色	不溶于酸、王水	
Pt()$_3$	红棕色		室温缓慢分解

Pt 粉和 O$_2$ 可以直接作用得到黑色 PtO：

$$2Pt\text{（粉）} + O_2 \xrightarrow{810.6kPa, \ 430℃} 2PtO$$

用 Pt(OH)$_2$ 脱水制取 PtO 时，要在低温及 CO$_2$ 保护气氛下进行，以防止 PtO 的氧化。

在惰性气流中，用强碱中和 $H_2[PtCl_4]$ 溶液，可得到 PtO 或 $PtO \cdot 2H_2O$，后者加强热时歧化为 Pt 和 PtO_2：

$$2PtO \cdot 2H_2O \longrightarrow PtO_2 \cdot 2H_2O + Pt$$

$PtO \cdot 2H_2O$ 的碱性强于酸性，因此易溶于盐酸、浓硫酸和硝酸中。它与盐酸的反应式如下：

$$PtO \cdot 2H_2O + 4HCl \longrightarrow H_2[PtCl_4] + 3H_2O$$

$PtO \cdot 2H_2O$ 不溶于强碱溶液，但可溶于熔融的 KOH 中。

铂的氧化物基本上都有对应的氢氧化物或水合氧化物，其中 $Pt(OH)_2$ 可由 $K_2[PtCl_4]$ 或 $PtCl_2$ 的水溶液中加碱沉淀而得。氢氧化物的颜色通常比相应的氧化物的颜色浅。

1.5.3.3 硫化物

在密闭管中加热海绵状铂和硫，或将铂粉和硫粉的混合物上覆以硼砂层而加热，均可制得 PtS。制取 PtS 还有其他方法，例如由 $PtCl_2$、Na_2CO_3 和 S 一起加热；将铂与硫铁矿的混合物加热到 $1200 \sim 1400$℃等。

PtS 为绿色或灰色的发亮固体或针状结晶，湿的 PtS 为黑色。PtS 高温时分解，不溶于酸、王水或碱金属氢氧化物溶液，密度 $8.847g/cm^3$。在 PtS 晶体中，S 原子以近似于四方平面的配位方式围绕在 Pt 原子周围。

1.5.3.4 硫脲化合物

铂族金属都能与硫脲或二苯基硫脲形成稳定而有色的配合物。在酸性溶液中，或在加热情况下，硫脲与贵金属形成的配合物被分解生成难溶性硫化物。用该方法可使铂族元素和其他贱金属元素分离，因此硫脲可用于铂族金属沉淀的组试剂。

在加热条件下使过量的硫脲同 Pt(Ⅱ) 或 Pt(Ⅳ) 的氯配合物反应，生成可溶于水的黄色配合物 $[Pt(SC(NH_2)_2)_4]Cl_2$。反应中 Pt(Ⅳ) 被还原为 Pt(Ⅱ)。生成的四硫脲配合物很稳定，能在水溶液中重结晶，当加入硫酸或碱金属硫酸盐时，则转化为难溶的淡黄色结晶化合物 $[Pt(SC(NH_2)_2)_4]SO_4$。

1.5.3.5 配合物

按照皮尔森（Pearson）的软硬酸碱理论，铂金属离子属于软酸，而卤素离子的软碱性随原子量的增加而增加，因此铂的卤配合物的稳定性为 $I^- > Br^- > Cl^- > F^-$。事实上，铂的氟配合物稀少且不稳定，而 Cl^-、Br^- 和 I^- 与铂形成的配合物却普遍存在。$[PtX_4]^{2-}$（X＝Cl，Br，I）配离子均为平面正方形结构，抗磁性物质。很显然，Pt(Ⅱ) 采用 dsp^2 杂化形式与 X^- 离子成键，属内轨型配合物。$[PtF_4]^{2-}$ 在水溶液中是否存在尚未证实。

在 Pt(Ⅱ) 的卤配合物中，$[PtCl_4]^{2-}$ 是最重要的一个，它是制备 Pt(Ⅱ) 和 Pt(0) 其他配体配合物的原料。通入 SO_2 或加亚硫酸水溶液或水合肼于 $H_2[PtCl_6]$ 溶液中，可使 Pt(Ⅳ) 还原为 Pt(Ⅱ) 并生成 $H_2[PtCl_4]$：

$$H_2[PtCl_6] + SO_2 + H_2O \longrightarrow H_2[PtCl_4] + H_2SO_4 + 2HCl$$

$$2H_2[PtCl_6] + N_2H_4 \cdot H_2O \longrightarrow 2H_2[PtCl_4] + N_2 + 4HCl + H_2O$$

将 $Na_2[PtCl_6]$ 或 $K_2[PtCl_6]$ 溶液用上述还原剂或其他温和还原剂如 $H_2C_2O_4$ 处理，可得到相应的 Pt(Ⅱ) 盐：

$$K_2[PtCl_6] + H_2C_2O_4 \longrightarrow K_2[PtCl_4] + 2HCl + 2CO_2$$

$K_2[PtCl_4]$ 为暗红色晶体，稍溶于水，在 100mL 水中 16℃时可溶解 0.93g，100℃时可溶解 5.3g。它是制备许多铂化合物的原料。

$[PtCl_4]^{2-}$ 中的 Pt—Cl 键比 $[PtCl_6]^{2-}$ 中的键弱得多，在前者的水溶液中 Cl^- 易被 H_2O 取代，但反应速率较慢。取代反应的平衡常数为：

$$[PtCl_4]^{2-}+H_2O \longrightarrow [PtCl_3(H_2O)]^- + Cl^- \quad K^0 = 1.34 \times 10^{-2}(25℃)$$

$$[PtCl_3(H_2O)]^- + H_2O \longrightarrow [PtCl_2(H_2O)_2] + Cl^- \quad K^0 = 1.10 \times 10^{-3}(25℃)$$

在酸性溶液中还原 Br^- 和 I^- 的 Pt(Ⅳ) 配盐，可以得到 $[PtBr_4]^{2-}$ 和 $[PtI_4]^{2-}$，它们和 $[PtCl_4]^{2-}$ 一样，都是平面四方形构型，抗磁性物质。

大多数 Pt(Ⅱ) 中性配合物的通式为 $[PtXYL_1L_2]$，其中，X 和 Y 是阴离子(可同可异)，如 Cl^-、Br^-、SCN^-、OH^-、烷基和芳基等；L_1 和 L_2 是中性配体(可同可异)，如 NH_3、NR_3、PR_3、SR_2、CO 和链烯烃等。

分子组成为 $[PtCl_2(NH_3)_2]$ 的配合物有性质不同的两种物质：一种是溶解度很小的橙黄色晶体(称为 α 型)，较不稳定，与乙二胺反应能生成 $[Pt(NH_3)_2(en)_2]Cl_2$，25℃时在 100g 水中仅溶解 0.2523g；另一种是溶解度更小的鲜黄色晶体(称为 β 型)，25℃时在 100g 水中仅溶解 0.0366g，该物质较稳定，不与乙二胺发生化学反应。

经详细研究发现，它们是两种构型不同的异构体。在配合物化学中，把组成相同，配体在空间的位置不同而产生的异构现象称为几何异构现象，其异构体称为几何异构体。$[PtCl_2(NH_3)_2]$ 为平面四方形配合物，由于配体的相对位置不同而有 α 型和 β 型两种几何异构体：

$\alpha\text{-}[PtCl_2(NH_3)_2]$ $\qquad$ $\beta\text{-}[PtCl_2(NH_3)_2]$

顺式-二氯·二氨合铂(Ⅱ) $\qquad$ 反式-二氯·二氨合铂(Ⅱ)

在 $\alpha\text{-}[PtCl_2(NH_3)_2]$ 中，同种配体处于相邻位置，称为顺式(cis)结构，而在 $\beta\text{-}[PtCl_2(NH_3)_2]$ 中，两个相同的配体处于对角位置，称为反式(trans)结构。反式异构体的偶极矩为零，而顺式异构体的偶极矩不为零，这是区分两者的最简单方法。

人们对 Pt(Ⅱ) 的配合物的几何异构现象进行了详细研究，$[PtX_2A_2]$、$[PtX_2AB]$ 和 $[PtXYA_2]$ 的顺反异构体都已搞清(X 和 Y 代表阴离子配体；A 和 B 代表中性配体)。化学组成为 $[PtCl(Br)(Py)(NH_3)]$ 的配合物有三种几何异构体：

几何异构现象主要发生在配位数为 4 的平面四方形配合物和配位数为 6 的八面体配合物中。其几何异构体的数目与配位数、配体的种类、空间构型、多齿配体中配位原子的种类等因素有关。一般来说，配体的种类越多，存在异构体的数目也越多。

反位效应对于四方形配合物中的配体取代反应具有重要意义。所谓反位效应，是指某配体与中心离子之间的键受到处于对位的配体的影响而减弱的现象。或者说，配体被处于对位(又称为反位)上的配体活化而易于发生取代的现象。按照激活反位上配体的能力的大小，可排成如下反位效应增强的顺序：

H_2O，OH^-，NH_3，$Py < Cl^- < Br^- < SCN^-$，I^-，NO_2^-，$C_6H_5^- < SC(NH_2)_2$，$CH_3^- < H^-$，$PR_3 < C_2H_4$，CN^-，CO

反位效应在解释已知的合成程序和设计新的合成程序方面非常有用。作为一个例子，我们可以讨论 $[PtCl_2(NH_3)_2]$ 的顺式和反式异构体的合成。顺式异构体可用氨水与 $[PtCl_4]^{2-}$ 反应得到：

$$\begin{bmatrix} Cl & Cl \\ & Pt & \\ Cl & Cl \end{bmatrix}^{2-} \xrightarrow{NH_3} \begin{bmatrix} Cl & NH_3 \\ & Pt & \\ Cl & Cl \end{bmatrix}^{-} \xrightarrow{NH_3} \begin{bmatrix} Cl & NH_3 \\ & Pt & \\ Cl & NH_3 \end{bmatrix}$$

第一个 NH_3 的取代是任意的，第二个 NH_3 可以取代第一个 NH_3 的对位或邻位上的 Cl^-，但由于 Cl^- 比 NH_3 的反位定向能力强，第二个 NH_3 很难进入第一个 NH_3 的对位（即反位），因此得到的是顺式-$[PtCl_2(NH_3)_2]$。

反式-$[PtCl_2(NH_3)_2]$ 是用 Cl^- 处理 $[Pt(NH_3)_4]^{2+}$ 得到的：

$$\begin{bmatrix} NH_3 & NH_3 \\ & Pt & \\ NH_3 & NH_3 \end{bmatrix}^{2+} \xrightarrow{Cl^-} \begin{bmatrix} NH_3 & Cl \\ & Pt & \\ NH_3 & NH_3 \end{bmatrix}^{+} \xrightarrow{Cl^-} \begin{bmatrix} NH_3 & Cl \\ & Pt & \\ Cl & NH_3 \end{bmatrix}$$

可以看出，Cl^- 的较大反位定向效应造成第二个 Cl^- 进入第一个 Cl^- 的对位（反位），生成反式-$[PtCl_2(NH_3)_2]$。

据上可知，用过量氨水与顺式-$[PtCl_2(NH_3)_2]$ 作用生成 $[Pt(NH_3)_4]^{2+}$，再用浓盐酸与之共热，并不能恢复到原来的顺式-$[PtCl_2(NH_3)_2]$，得到的应是反式-$[PtCl_2(NH_3)_2]$。

反位效应可用来指导配合物的合成。例如从 $[PtCl_4]^{2-}$ 合成 $[PtBrClPyNH_3]$：

$$\begin{bmatrix} Cl & Cl \\ & Pt & \\ Cl & Cl \end{bmatrix}^{2-} \xrightarrow{NH_3} \begin{bmatrix} {}^\bullet Cl & Cl \\ & Pt & \\ NH_3 & Cl^\bullet \end{bmatrix}^{-} \xrightarrow{Br^-}$$

$$\begin{bmatrix} Br & Cl \\ & Pt & \\ NH_3 & Cl^\bullet \end{bmatrix} \xrightarrow{Py} \begin{bmatrix} Br & Cl \\ & Pt & \\ NH_3 & Py \end{bmatrix}$$

反应式中受反位效应影响较不稳定的 Cl^- 用"*"标出。第一个 NH_3 取代任意一个 Cl^-；Br^- 取代两个较不稳定的 Cl^- 中的一个；Py 取代 Br^- 对位的 Cl^-（Br^- 的反位效应能力比 Cl^- 和 NH_3 大）。

Pt(Ⅱ) 与胺（氨）形成的配合物中较重要的有 $[Pt(NH_3)_4]^{2+}$、$[Pt(en)_2]^{2+}$ 等。$[PtCl_4]^{2-}$ 溶液与胺类配体直接作用很容易得到这类配合物。在溶液中，这类配合物呈平面四方形，四方形的上下空位无疑被溶剂分子占据。但在晶体中，存在 Pt(Ⅱ) 与另一个四方形上的 Pt(Ⅱ) 相互作用的情况。在 $[PtCl_2(en)]$ 中，其结构如下：

$$\begin{matrix} N & & Cl \\ & Pt & \\ N & & Cl \\ & \vdots & \\ N & & Cl \\ & Pt & \\ N & & Cl \\ & \vdots & \\ N & & Cl \\ & Pt & \\ N & & Cl \end{matrix}$$

在 Pt(Ⅱ) 的配阴离子和配阳离子形成的化合物中金属与金属间的相互作用是非常重要的，一个著名的例子是 Magnus 绿色盐 $[Pt(NH_3)_4][PtCl_4]$。在这个盐中，阴离子和阳离子按照平形平面上、下交替的方式堆积（配阴离子和配阳离子均为平面四方形结构），并且形成金属原子链，该晶体沿金属链方向有较高的电导率。

1.5.4 Pt(Ⅳ) 化合物

1.5.4.1 卤化物

纯 Pt 与适当过量的 F_2 作用时可以得到 PtF_4，其吸水性很强且溶于水，700～800℃分解为 Pt 和 F_2。

$PtCl_2$ 可由 Pt 与 Cl_2 直接作用制得：

$$Pt + 2Cl_2 \xrightarrow{300℃} PtCl_4$$

$PtCl_4$ 为具有吸湿性的红褐色粉末，可溶于水和丙酮，但难溶于乙醇，在空气中吸湿后变为 $PtCl_4 \cdot 5H_2O$。$PtCl_4$ 的水溶液呈酸性，可能发生了如下反应：

$$PtCl_4 + 2H_2O \longrightarrow [PtCl_4(OH)_2]^{2+} + 2H^+$$

$PtCl_4$ 溶于盐酸生成 $H_2[PtCl_6]$，溶于过量的 NaOH 溶液则生成 Na_2PtO_3：

$$PtCl_4 + 6NaOH(过量) \longrightarrow Na_2PtO_3 + 4NaCl + 3H_2O$$

$PtCl_4$ 可被 Zn 等还原：

$$PtCl_4 + 2Zn \longrightarrow Pt + 2ZnCl_2$$

$PtBr_4$ 是棕黑色粉末。在氢溴酸和硝酸的混合酸中溶解 Pt，蒸发溶液并最终加热到 180℃，就可以制得 $PtBr_4$。$PtBr_4$ 在水中的溶解度很小，但能溶于乙醇和乙醚。

PtI_4 为棕黑色固体。将 KI 加入热而浓的 $H_2[PtCl_6]$ 中即可生成 PtI_4。和 $PtBr_4$ 一样，PtI_4 在水中的溶解度很小，但能溶于乙醇和乙醚中。

KI 加入冷的 $H_2[PtCl_6]$ 溶液中生成一种黑色沉淀物，其组成为 PtI_3。由于这种物质是抗磁性的，所以其中的铂的氧化态实际为 Pt(Ⅱ) 和 Pt(Ⅳ)，但又不是 PtI_2 和 PtI_4 的简单混合物。组成为 PtI_3 的黑色物质在 270℃时分解为 PtI_2。

1.5.4.2 氧化物和氢氧化物

致密的金属铂在任何温度下都不会被空气氧化，在空气中也不会失去表面的金属光泽。但在高温、高压条件下能与纯氧发生作用：

$$Pt + O_2 \xrightarrow{15.20MPa} PtO_2$$

PtO_2 为黑色粉状物，不溶于水，也不溶于酸，被称为亚当斯催化剂。在 500℃时，用 $H_2[PtCl_6]$ 与 $NaNO_3$ 共熔，也能制得 PtO_2：

$$2H_2[PtCl_6] + 12NaNO_3 \longrightarrow 2PtO_2 + 12NaCl + 12NO_2 + 3O_2 + 2H_2O$$

Pt(Ⅳ) 的氯化物溶液同过量的碱作用生成 $PtO_2 \cdot 4H_2O$ 或写为 $H_2[Pt(OH)_6]$。用乙酸或硫酸中和该溶液时析出白色沉淀 $PtO_2 \cdot 4H_2O$。新鲜的 $PtO_2 \cdot 4H_2O$ 易溶于酸，但脱水后在酸中溶解度减小，同时颜色由白色变黄色。此黄色物质是 $PtO_2 \cdot 3H_2O$，可溶于 KOH 溶液生成 $H_2[Pt(OH)_6]$。在浓硫酸作用下，三水合物失去一分子 H_2O 变为棕色的 $PtO_2 \cdot 2H_2O$，在 100℃时进一步失水变为黄色的 $PtO_2 \cdot H_2O$。加热 $PtO_2 \cdot H_2O$ 最终得到黑色的 PtO_2。$PtO_2 \cdot 3H_2O$ 和 $PtO_2 \cdot 2H_2O$ 均易溶于盐酸，但 $PtO_2 \cdot H_2O$ 不溶于盐酸，也不溶于王水。

1.5.4.3 硫化物

形成金属硫化物是铂族金属的共性。铂族金属硫化物的制备方法很多，最常用的是在铂族金属的氯化物溶液中通入 H_2S 或加入碱金属硫化物。

铂族金属硫化物的溶解度不大，因此可以通过生成硫化物沉淀的办法回收铂族金属，并且与其他贱金属分离。这一点也被用于铂族金属元素的测定，但铂族金属硫化物通常无一定的组成，其中往往夹杂有碱金属和单质硫，因而不宜直接用于重量分析。铂族金属常见硫化物在水中溶解度的减小顺序为：

$$Ir_2S_3 > Rh_2S_3 > PtS_2 > Ru_2S > OsS_2 > PdS$$

在 90℃时，向 $H_2[PtCl_6]$ 稀溶液中通入 H_2S 可以得到暗褐色的水合 PtS_2 沉淀。PtS_2 溶于王水，不溶于包括硝酸在内的其他酸。

新生成的 PtS_2 溶于碱金属硫化物溶液。因而要用碱金属硫化物从 $K_2[PtCl_6]$ 溶液中沉淀出 PtS_2，需要在 HAc-Ac^- 缓冲溶液中进行。烘干硫化铂沉淀时，由于温度不同，可得到 $PtS_2 \cdot 5H_2O$ 和 $PtS_2 \cdot 3H_2O$ 两种硫化物。当温度超过 310℃时，该硫化物分解并有金属 Pt 生成。

PtS_2 也可由 Pt 与 S 直接化合得到：

$$Pt + 2S \longrightarrow PtS_2$$

PtS_2 在氧气中燃烧时发生如下反应：

$$PtS_2 + 2O_2 \xrightarrow{\text{灼烧}} Pt + 2SO_2$$

1.5.4.4　配合物

最重要的 $Pt(\text{IV})$ 配合物是氯铂酸 $H_2[PtCl_6]$ 及其盐。用王水溶解铂时生成红色的 $H_2[PtCl_6]$：

$$3Pt + 4HNO_3 + 18HCl \longrightarrow 4H_2[PtCl_6] + 4NO + 8H_2O$$

$H_2[PtCl_6]$ 与碱金属氯化物以及 NH_4Cl 作用，可以生成相应的氯铂酸盐：

$$H_2[PtCl_6] + 2KCl \longrightarrow K_2[PtCl_6] + 2HCl$$

$$H_2[PtCl_6] + 2NaCl \longrightarrow Na_2[PtCl_6] + 2HCl$$

$$H_2[PtCl_6] + 2NH_4Cl \longrightarrow (NH_4)_2[PtCl_6] + 2HCl$$

其中 $Na_2[PtCl_6]$ 是橙红色晶体，易溶于水和乙醇，但 $K_2[PtCl_6]$、$Rb_2[PtCl_6]$、$Cs_2[PtCl_6]$ 以及 $(NH_4)_2[PtCl_6]$ 都难溶于水。20℃时它们在水溶液中的质量分数分别为 1.12%、0.14%、0.08% 和 0.77%。在饱和 NH_4Cl 溶液中，$(NH_4)_2[PtCl_6]$ 的质量分数仅为 0.003%。

在盐酸介质中，$H_2[PtCl_6]$ 及其盐要发生水解，水解时有部分 Cl^- 被 OH^- 取代（表 1.9）。

$Pt(\text{IV})$ 的水解产物不同于其他铂族金属，能溶于水及热的碱性溶液中，该性质被用于铂与其他铂族金属（Pd、Rh、Ru、Ir）的分离。

表 1.9　$[PtCl_6]^{2-}$ 在盐酸介质中的主要水解产物

条件	主要水解产物
浓度 > 3mol/L	几乎不水解
浓度 0.1~3mol/L	有微量水解
浓度 0.05mol/L	$[PtCl_6]^{2-}$、$[PtCl_5(OH)]^{2-}$
浓度 0.01mol/L	$[PtCl_5(OH)]^{2-}$、$[PtCl_4(OH)_2]^{2-}$
pH=7~13	$[PtCl(OH)_5]^{2-}$
pH > 13	$[Pt(OH)_6]^{2-}$

$[PtCl_6]^{2-}$ 很稳定，几乎不与有机试剂显色，也不易被有机试剂萃取。在铂的分析化学中，凡参与显色反应的几乎都是 $[PtCl_6]^{2-}$。氯铂酸盐可被活泼金属及其他还原剂直接还原

为金属 Pt：

$$K_2[PtCl_6]+2Mg \xrightarrow{\text{HCl，加热}} Pt+2MgCl_2+2KCl$$

$$K_2[PtCl_6]+2Hg \xrightarrow{\text{研磨}} Pt+2HgCl_2+2KCl$$

$$Na_2[PtCl_6]+2HCOONa \longrightarrow Pt+2CO_2+4NaCl+2HCl$$

$(NH_4)_2[PtCl_6]$具有在水中溶解度低和加热易分解的特性，该性质被广泛用于铂的分离和提纯，工业上称为氯化铵沉淀法。提纯时用 NH_4Cl 将 $H_2[PtCl_6]$ 或其盐沉淀为$(NH_4)_2$ $[PtCl_6]$：

$$H_2[PtCl_6]+2NH_4Cl \longrightarrow (NH_4)_2[PtCl_6]+2HCl$$

$$Na_2[PtCl_6]+2NH_4Cl \longrightarrow (NH_4)_2[PtCl_6]+2NaCl$$

由于$(NH_4)_2[PtCl_6]$在 NH_4Cl 溶液中的溶解度仅为纯水中溶解度的 1/250，为提高铂的回收率，应以稀的 NH_4Cl 溶液洗涤沉淀。

$(NH_4)_2[PtCl_6]$是正方晶系黄色结晶，煅烧时按下式分解：

$$3(NH_4)_2[PtCl_6] \longrightarrow 3Pt+18HCl+2NH_3+2N_2$$

煅烧产品为浅灰色的海绵铂。海绵铂用王水溶解，再以氯化铵沉淀法提纯，如此反复数次，Pt 的纯度可达 99.99%。

$[PtCl_6]^{2-}$不具有磁性，根据价键理论，其中的 Pt(Ⅳ) 采取 d^2sp^3 杂化，属内轨型配合物，空间构型为八面体。按照晶体场理论，其中 d 电子的排布为 $t_{2g}^6 e_g^0$，属低自旋配合物，晶体场稳定化能 CFSE＝－24Dq。可以预计，$[PtCl_6]^{2-}$ 在水溶液中是很稳定的。

黄色的 $K_2[PtCl_6]$溶液在加热下与 KBr 或 KI 溶液作用时，生成深红色的 $K_2[PtBr_6]$ 或黑色的 $K_2[PtI_6]$。$[PtX_6]^{2-}$ 的稳定性按如下顺序增大：

$$[PtF_6]^{2-}<[PtCl_6]^{2-}<[PtBr_6]^{2-}<[PtI_6]^{2-}$$

Pt(Ⅳ) 的最为广泛的一类配合物是六氨（Am）配合物$[PtAm_6]X_4$，以及部分或全部 Am 被卤素离子 X^- 取代后的配合物，诸如$[PtX_2Am_4]X_2$、$M[PtX_5Am]$ 和 $M_2[PtX_6]$ 等。在这些配合物中，Am 包括氨、肼、羟胺和乙二胺等。除少数例外，Am 被 X^- 的各种形式取代都是可能的。这类配合物中典型的有顺式-$[PtCl_4(NH_3)_2]$、顺式-$[PtCl_4(NH_3)_2]$和顺式-$[PtCl_2(NH_3)_2]$，具有重要的生理特性，是一类疗效显著的抗癌药物。

1.5.5　Pt(Ⅴ) 化合物

将装入铂舟中的氯化铂(Ⅱ)置于石英管中，通氟与氮的混合气体(1∶3，摩尔比)，加热至 350℃，装置的冷却部分有红色物质升华，熔融，移存于隔绝空气的安瓿瓶中。合成反应如下：

$$2PtCl_2+5F_2 \longrightarrow 2PtF_5+2Cl_2$$

作为＋5 价铂的代表性物质，氟化铂是深红色晶体，在约为 80℃下熔融后成为红色黏性液体，在 130℃歧化为 PtF_6 与 PtF_4，在水中分解，可溶于 BrF_3。

1.5.6　Pt(Ⅵ) 化合物

在 Pt(Ⅵ) 化合物中，除氧化物外主要是其氟化物。PtF_6 可由 Pt 与 F_2 直接作用制得：

$$Pt+3F_2 \longrightarrow PtF_6$$

PtF_6 呈暗红色，易挥发，具有极强的氧化能力，而且可以侵蚀玻璃，通常将其保存在镍或蒙乃尔合金容器中。

1962 年，Bartlett 利用 PtF_6 把 O_2 氧化成 O_2^+，并且合成了 $O_2^+[PtF_6]^-$ 化合物。随后他发现稀有气体 Xe 和 O_2 的第一电离能以及它们的范德华半径相近，并且估算出 $Xe[PtF_6]$ 和 $O_2^+[PtF_6]^-$ 的晶格能也相差不多，据此他认为 PtF_6 与 Xe 反应可以制备出 $Xe[PtF_6]$。经过多次实验，他终于在室温下合成了第一个稀有气体化合物 $Xe[PtF_6]$ 红色晶体。这一开创性的工作，推动了稀有气体化学的深入研究和迅速发展。

将 Pt(Ⅳ) 的盐溶液或 Pt(Ⅳ) 与 Pt(Ⅱ) 的氧化物或氢氧化物在苛性碱溶液中电解氧化，在阳极上可以得到 PtO_3。如将 $Pt(OH)_4$ 与 KOH 的溶液在 0℃ 下电解，则可在阳极上得到 $PtO_3 \cdot K_2O$。其中的 K_2O 是呈吸附状态还是结合状态尚不清楚，不过用稀乙酸洗涤可以除去 K_2O，而留下棕红色的 PtO_3。PtO_3 不稳定，在室温下缓慢分解。

1.5.7 铂有机化合物

1.5.7.1 烷基和芳基化合物

这类配合物通常呈白色，对空气稳定，可由烷基锂或格氏试剂作用于卤化物而得到。一个典型的例子是反式-$[PtBr(CH_3)(PEt_3)_2]$，其中 Pt—C 键能约为 250kJ/mol。

Pt(Ⅳ) 的有机化合物中有一类含有 3 个甲基的配合物。在这些化合物中，Pt(Ⅳ) 都是八面体配位，所形成的化合物一般都比较稳定。在水溶液中 H_2O 分子往往参与配位，形成非常稳定的八面体配离子 $[PtMe_3(H_2O)_3]^+$。有 4 个甲基的 Pt(Ⅳ) 配合物在水溶液中不能存在。

三甲基乙酰丙酮 $[Pt(CH_3)_3(O_2C_5H_7)_2]$ 在非配位溶剂中是二聚体：

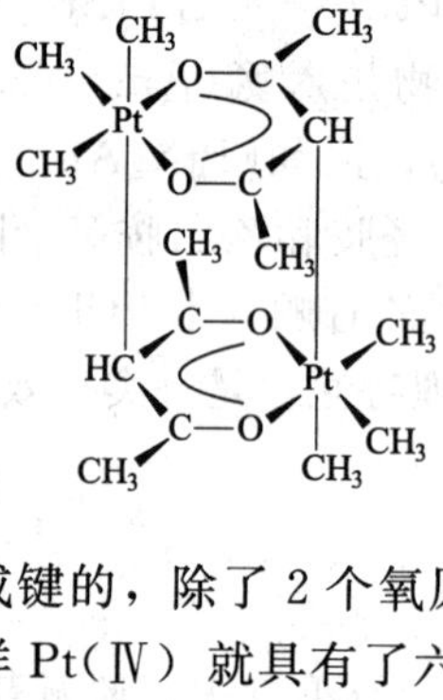

乙酰丙酮是作为三齿配体参与成键的，除了 2 个氧原子是配位原子外，第 3 个配位原子是乙酰丙酮环上的中间碳原子。这样 Pt(Ⅳ) 就具有了六配位的八面体构型。

三甲基乙酰丙酮与联吡啶作用可以制得单体配合物 $[PtMe_3(O_2C_5H_7)(dipy)]$，其分子结构如下：

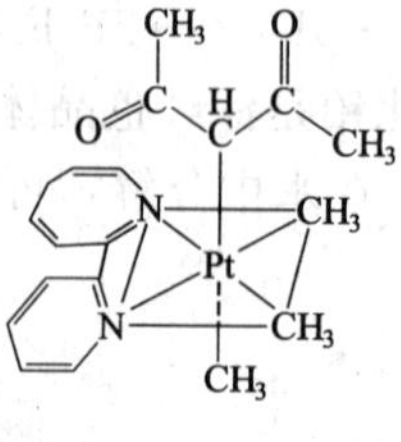

与二聚体三甲基乙酰丙酮的结构式相比可以看出，在反应过程中 Pt—O 键断开而 Pt—C 键未动，这说明 Pt—C 键常常是一种稳定的化学键。

Pt(0) 的配合物相当广泛。当有三苯基膦为配位体时，CO 是个较好的 σ 给予体，可以形成许多相当稳定的羰基配合物，例如$[Pt(CO)_2(PPh_3)_2]$等。尽管还不知道铂的单体羰基配合物，但用 CO 同 $Na_2[PtCl_4]$ 的乙醇溶液作用可以得到多核羰基配合物$[Pt(CO)_4]_n$，这种配合物对空气敏感，同 PPh_3 反应生成$[Pt_3(CO)_3(PPh_3)_4]$。

在 Pt(0) 配合物中，三苯基膦配合物最重要，它由肼与 $K_2[PtCl_4]$ 的乙醇溶液相互作用而制备。根据反应条件的不同，可以得到$[Pt(PPh_3)_4]$或$[Pt(PPh_3)_3]$晶体，两者间存在如下解离平衡：

$$[Pt(PPh_3)_4] \longrightarrow [Pt(PPh_3)_3] + PPh_3$$

$[Pt(PPh_3)_3]$具有较高的活性，其中的一个 PPh_3 可以被 HCl、CO、CH_3I、$RC\equiv CH$ 及 O_2 等取代或加成，例如：

$$[Pt(PPh_3)_3] + CF_3C\equiv CCF_3 \longrightarrow [Pt(CF_3C\equiv CCF_3)(PPh_3)_2] + PPh_3$$
$$[Pt(PPh_3)_3] + CO \longrightarrow [Pt(CO)(PPh_3)_3]$$
$$[Pt(PPh_3)_3] + O_2 \longrightarrow [Pt(O_2)(PPh_3)_2] + PPh_3$$

$[Pt(O_2)(PPh_3)_2]$中的 O_2 的反应活性很强，可以进一步被 C_2H_4 等物质取代：

$$[Pt(O_2)(PPh_3)_2] + C_2H_4 \longrightarrow [Pt(C_2H_4)(PPh_3)_2] + O_2$$

也可以使许多物质氧化，如 PPh_3 被氧化成 Ph_3PO，CO 被氧化成 CO_2，SO_2 被氧化成硫酸根等。

1.5.7.2 烯烃化合物

$[PtCl_3(C_2H_4)]$是人们制备的第一个不饱和烃与金属形成的配合物。该配合物由四氯合铂（Ⅱ）酸盐与乙烯在水溶液中反应制得：

$$[PtCl_4]^{2-} + C_2H_4 \longrightarrow [PtCl_3(C_2H_4)]^- + Cl^-$$
$$2[PtCl_3(C_2H_4)]^- \longrightarrow [PtCl_2(C_2H_4)]_2 + Cl^-$$

其中配离子$[PtCl_3(C_2H_4)]^-$为平面四方形结构：

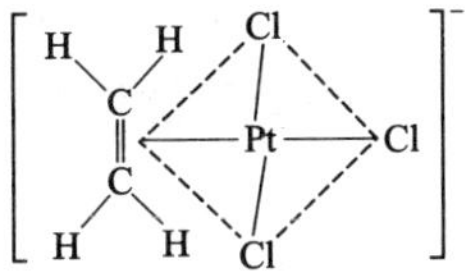

而中性配合物$[PtCl_2(C_2H_4)]_2$是一个具有桥式结构的二聚体：

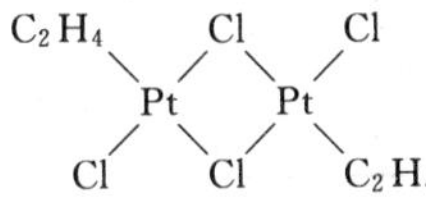

在上述溶液中加入 KCl，得到的是三氯·乙烯合铂（Ⅱ）酸钾 $K[PtCl_3(C_2H_4)]$，此盐称为 Zeise 盐，100 多年前便已合成。

在 $K[PtCl_3(C_2H_4)]$ 中，Pt(Ⅱ) 用 dsp^2 杂化轨道与 4 个配体（3 个 Cl^- 和 1 个 C_2H_4）成键。根据分子轨道理论，乙烯分子中有一个占有电子的成键轨道和一个没有电子的反键轨道：

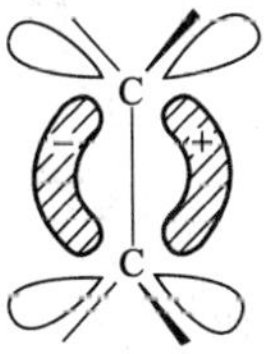

乙烯成键轨道上的电子与 Pt(Ⅱ) 的一条空的 dsp^2 杂化轨道侧基配位形成 σ 键；为了不使 Pt(Ⅱ) 的负电荷集聚过多，Pt(Ⅱ) 的已占有电子的 d 轨道上的电子可部分地反馈到

乙烯的最高反键 π* 轨道，形成反馈 π 键：

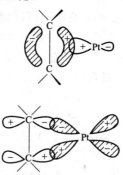

配位与反馈同时进行的作用称为协同效应。σ 键的形成相当于部分地取走了乙烯双键的成键电子，使 C—C 键增长而变弱；反馈键的形成使电子进入乙烯的反键 π* 轨道，也降低了乙烯双键的稳定性。协同效应的结果，使乙烯分子活化，即使在常温、常压下，也能使乙烯转化为乙醛。

$[Pt(C_2H_4)(P(C_6H_{11})_3)]$ 是一种白色晶状固体，微溶于石油醚中。其制备如下：

$$[Pt(C_8H_{12})_2] + 3C_2H_4 \longrightarrow [Pt(C_2H_4)_3] + 2C_8H_{12}$$

$$[Pt(C_2H_4)_3] + P(C_6H_{11})_3 \longrightarrow [Pt(C_2H_4)(P(C_6H_{11})_3)] + C_2H_4$$

从 $[Pt(C_2H_4)(P(C_6H_{11})_3)]$ 出发可以制得多种有机铂化合物。

1.5.7.3　炔烃化合物

炔键上虽然有两个 π 键，但在炔烃配合物中一个炔烃通常只能与一个中心离子配位，此时相当于一个烯烃配体所起的作用，例如：

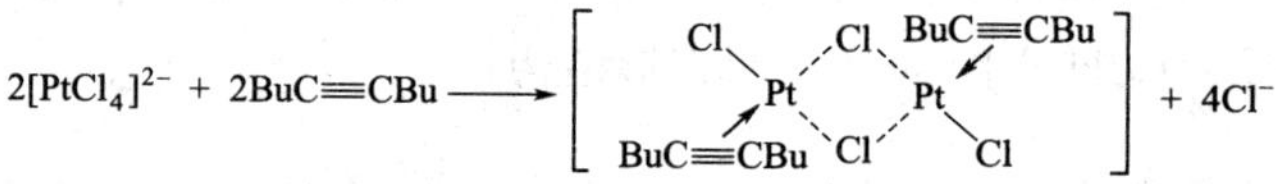

$$2[PtCl_4]^{2-} + 2BuC{\equiv}CBu \longrightarrow \left[\begin{array}{c} Cl \quad Cl \quad BuC{\equiv}CBu \\ Pt \quad\quad Pt \\ BuC{\equiv}CBu \quad Cl \quad\quad Cl \end{array}\right] + 4Cl^-$$

在这种场合，炔键只占据中心离子的一个配位位置。由于空间位阻的影响，常使炔烃的直线形结构变弯曲，例如：

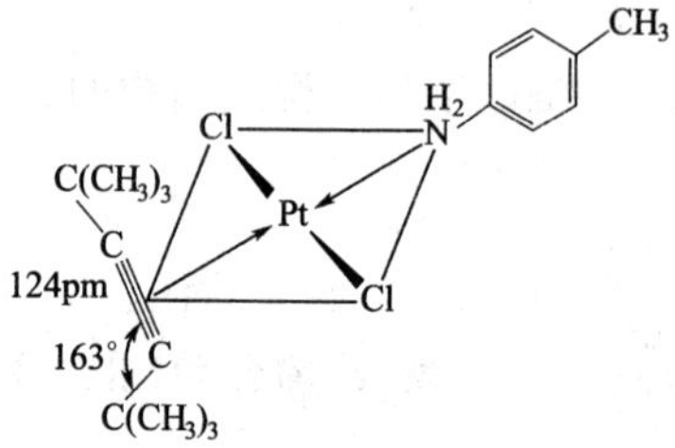

1.6　钯的化合物

1.6.1　钯的简单化合物

1.6.1.1　卤化物

在一定条件下，Pd 可与卤素（F、Cl、Br、I）形成简单卤化物。其中二氯化钯是最有实用价值的钯的化合物，它是制备其他含钯化合物的主要原料，也是工业上常用的含钯催化剂。

$PdCl_2$ 可由炽热状态的钯与氯气反应而得到。

$$Pd + Cl_2 \longrightarrow PdCl_2$$

这样得到的无水 $PdCl_2$ 不溶于水，但能缓慢地溶解于盐酸中。无水二氯化钯是红色晶体，其结构为无限的平面形长链，其中 Pd(Ⅱ) 的配位数为 4，钯与 4 个配位体氯原子生成平面正方形，钯位于正方形的中心，Pd—Cl 的核间距离为 231pm。$PdCl_2$ 在 600℃ 时开始升华，同时分解为钯与氯气。

将钯溶于王水，生成 $H_2[PdCl_4]$ 溶液，浓缩该溶液得水合 $H_2[PdCl_4]$，加热此水合物即得到水合二氯化钯。由水溶液中得到的 $PdCl_2 \cdot 2H_2O$ 是易潮解的黑红色晶体。二氯化钯容易被还原成金属钯，通氢气于 $PdCl_2$ 水溶液中，即可有钯析出。在加热条件下可用乙醇或乙烯作为还原剂还原 $PdCl_2$ 溶液而得到金属钯。而环己烷、环己醇、氢化喹啉和氢化咔唑等氢化芳香族化合物和 2% 的 $PdCl_2$ 溶液共同煮沸，即生成相应的芳香族化合物和金属钯。工业上使用的二氯化钯一般是水合二氯化钯。

$PdBr_2$ 的制备方法是将金属钯溶解在硝酸和氢溴酸的混合溶液中，浓缩该溶液，得到黑色 $H_2[PdBr_4]$ 晶体，加热该晶体，赶走溴化氢，得到红褐色晶体 $PdBr_2$。在 $K_2[PdCl_4]$ 溶液中加入 KI 溶液，可析出黑色 PdI_2 沉淀。PdI_2 不溶于水中，微溶于含过量碘离子 I^- 的溶液中。

将 $PdBr_2$ 与 BrF_3 作用，生成 $Pd_2F_6 \cdot 2BrF_3$，加热此加成化合物到 180℃，赶走 BrF_3，可得到"三氟化钯" $Pd^{Ⅱ}[Pd^{Ⅳ}F_6]$。将 $Pd^{Ⅱ}[Pd^{Ⅳ}F_6]$ 与 SeF_4 共同回流并蒸馏，可得到 PdF_2：

$$Pd^{Ⅱ}[Pd^{Ⅳ}F_6] + SeF_4 \longrightarrow 2PdF_2 + SeF_6$$

1.6.1.2 氧化物

钯的氧化物有 PdO、$PdO \cdot xH_2O$ 和 $PdO_2 \cdot nH_2O$。比较重要的是 PdO，在用氢气还原醛基—CHO 为烷基—CH_3 的反应中，PdO 可以作为催化剂。

在 800~840℃ 时，在 O_2 气流中加热金属钯，或者熔融钯粉、KOH 和 KNO_3 的混合物，都能生成黑绿色的 PdO。PdO 是唯一稳定的钯氧化物。自 820℃ 起，PdO 开始分解为钯与氧。钯与未分解的 PdO，在不同温度时，按不同比例混合成蓝绿色物质。当温度高于 870℃ 时，PdO 完全分解成钯。在 O_2 气流中，在更高温度加热钯，由于生成氧在钯中的固体溶液，钯的质量增加了，随温度升高，氧在钯中溶解度继续增大，当温度高于 1300℃，氧开始自钯中逸出。

水解 Pd(Ⅱ) 的配合物，生成水合氧化钯(Ⅱ)；水解金属钯与过氧化钠的熔融物，也得到水合氧化钯(Ⅱ)。由于制备方法不同，含水量不同，水合氧化钯(Ⅱ) 具有从黄褐色至红褐色的一系列颜色，而且具有不同的性质及在水、酸和碱中不同的溶解度。水解金属钯和过氧化钠熔融物所得的产物，为□□水合氧化钯，可以把它看成是 $Pd(OH)_2$，它既难溶于酸，不会老化，甚至干燥失水后，也不会老化。水解硝酸盐可得到 $PdO \cdot xH_2O(x = 0.48~0.63)$。该水合物不溶于酸中，它具有 PdO 的同样晶格，只是晶胞的体积与 PdO 晶胞的体积不同。它是水与 PdO 组合而成的固溶体。

往 $K_2[PdCl_6]$ 溶液中加入碱溶液，生成暗红色 $PdO_2 \cdot nH_2O$ 沉淀。它是一个强氧化剂，在室温时会慢慢放出氧气，在 200℃ 时转变为 PdO。

1.6.1.3 其他简单化合物

(1) PdS_2 和 PdS 在一个抽空的封闭管子中，把 $PdCl_2$ 和硫共同加热到 450℃，冷却后，

用 CS_2 溶解掉多余的硫，即得灰黑色 PdS_2。在隔绝空气的情况下，$K_2[PdCl_6]$ 与硫于 210℃ 共热，或者酸化 Na_2PdS_3 溶液，都可以得到 PdS_2。向 $[PdCl_4]^{2-}$ 溶液中通入 H_2S，生成褐色 PdS 沉淀。金属钯与 S 共熔，生成灰黑色 PdS 晶体，其熔点为（970±5）℃。PdS 的结构为微变形的平面正方形，每一个钯原子为 4 个硫原子所包围。

（2）$PdSe_2$、$PdTe_2$、PdSe 和 PdTe 在 CO_2 气流中，$PdCl_2$ 与过量的 Se 共热，将所得产物磨成细粉，再与大量 Se 混合，于一个抽空的管子中加热到 600℃，再把产物磨成细粉并与氰化钾溶液共热，过量 Se 与氰化钾作用生成 KSeCN，残留的橄榄灰色固体就是 $PdSe_2$。

在 CO_2 气流中，于 750℃ 加热 $PdCl_2$ 与过量 Te 的混合物，反应产物磨成细粉，再加入大量碲，在抽空的管子中加热到 700℃，冷却后，用浓 KOH 溶液溶解过量碲，留下银灰色的 $PdTe_2$ 固体。

把 $PdCl_2$ 溶液加入 H_2Se 饱和溶液中，生成黑褐色 PdSe 沉淀。将反式-$[Pd(NH_3)_2Cl_2]$、硒与硼砂共同加热，也可以制得 PdSe。在 $[PdCl_4]^{2-}$ 溶液中加入 Na_2Te，得到 PdTe 沉淀。按理论计算配成钯与碲的混合物，隔绝空气加热此混合物，即生成黄色的 PdTe。

（3）$Pd(NO_3)_2$ 和 $Pd(NO_3)_4$　将金属钯溶解于硝酸中，浓缩溶液，得到 $Pd(NO_3)_2 \cdot 2H_2O$ 褐色晶体。在室温时令液态 N_2O_5 与 $Pd(NO_3)_2 \cdot 2H_2O$ 反应，生成褐色 $Pd(NO_3)_2$。在 -78℃ 时用 N_2O_4 处理 $Pd(NO_3)_2 \cdot 2H_2O$，然后把混合物的温度升至室温，得到褐色黏性液体，放置 24h 后，析出褐色晶体 $Pd(NO_3)_4$。它能氧化 I^-，但不能氧化 Fe^{2+}。

（4）$PdSO_4$　金属钯溶解于硝酸和硫酸的混合溶液中，浓缩这个溶液，可以得到 $PdSO_4 \cdot xH_2O$。溶解水合氧化钯（Ⅱ）于硫酸中，然后从这一溶液中析出红褐色易潮解的 $PdSO_4 \cdot 2H_2O$ 晶体。溶解钯于硝酸中，加浓硫酸蒸发至发浓烟，即可得到暗红色无水 $PdSO_4$。根据其红外光谱，$PdSO_4 \cdot 2H_2O$ 是一种螯合物，而 $PdSO_4$ 可能是多核配合物。

（5）$Pd(CN)_2$ 和 $Pd(SCN)_2$　往 $Pd(NO_3)_2$ 溶液中加入 $Hg(CN)_2$，生成黄色 $Pd(CN)_2$。把 KSCN 溶液加入 $K_2[PdCl_4]$ 溶液中，析出红色 $Pd(SCN)_2$ 沉淀，继续加入 KSCN 溶液，沉淀溶解，生成易溶于水的红色配合物 $K_2[Pd(SCN)_4]$。

1.6.2　钯（Ⅱ）的配合物

Pd（Ⅱ）具有 d^8 构型，它的配合物都是反磁性的。大部分 Pd（Ⅱ）配合物具有平面正方形结构。如果在垂直于平面正方形的轴上，有两个弱的 σ 键，则可生成八面体结构。实验证明，这两个位置常为溶剂分子所占据，在配体取代反应或者催化反应中，这两个溶剂分子首先被取代。

1.6.2.1　卤素、硫氰酸根及氰配合物

在有过量氯离子存在时，钯溶解于硝酸和盐酸的混合溶液中，生成 $[PdCl_4]^{2-}$。在有氯化钠存在时对金属钯进行氯化，可制得 $Na_2[PdCl_4]$。采取类似的方法，可制得各种各样 $[PdX_4]^{2-}$ 的盐类（X＝Br，I，SCN，CN）。$[PdCl_4]^{2-}$ 为黄褐色，$[PdBr_4]^{2-}$ 为暗红褐色，$[PdI_4]^{2-}$ 为黑色，$[Pd(SCN)_4]^{2-}$ 为亮红色，$[Pd(CN)_4]^{2-}$ 为无色。$Na_2[PdCl_4]$ 易吸湿，能溶解于乙醇中，极易溶解于水中。已经制得 $[PdCl_4]^{2-}$ 的 NH_4^+、Rb^+、Cs^+、Ca^{2+}、Ba^{2+} 和重金属的盐类。$[PdCl_4]^{2-}$ 在水中会逐步水解成一系列水合离子，加入足量的高氯

酸，可抑制水解。

在通常情况下，SCN^- 以氮原子为配位原子，但配合物中其他配体的性质以及空间效应对 SCN^- 中配位原子的选择也有较大影响。$[Pd(SCN)_4]^{2-}$ 和 $[Pd(NH_3)_2(SCN)_2]$ 中 SCN^- 的配位原子为硫，$[Pd(PR_3)_2(NCS)_2](R=Et，Ph)$ 中，SCN^- 的配位原子为氮。在一些配合物中，SCN^- 既能以氮又能以硫作为配位原子，有的配合物在不同的温度范围内存在不同的键合异构体。

在过渡金属的氰配合物中，氰提供一对 σ 电子给金属，金属又把自己的 π 电子供入 CN^- 的 π 反键轨道。由于 CN^- 带有一个负电荷，所以它接受 π 电子的能力，比中性分子 CO 弱，但是 CN^- 具有很强的配位场，所以，Pd^{2+} 与 CN^- 形成非常稳定的配合物。

Pd^{2+} 盐与 $Hg(CN)_2$ 反应，生成反磁性的淡黄色固体 $Pd(CN)_2$。将 $Pd(CN)_2$ 溶解在 MCN（M＝碱金属）的水溶液中，即得 $[Pd(CN)_4]^{2-}$。$M_2[Pd(CN)_4]$ 是无色晶体，为反磁性物质。在乙醚中 $M_2[Pd(CN)_4]$ 与盐酸反应，生成白色的 $H_2[Pd(CN)_4]$ 粉末。$K_2[Pd(CN)_4]$ 具有 1 个或 3 个结晶水。$M[Pd(CN)_4]\cdot nH_2O$ 中，M＝Ca，Sr 时，$n=5$；M＝Ba 时，$n=4$。晶体结构分析确定，$[Pd(CN)_4]^{2-}$ 的结构为平面正方形。

1.6.2.2 含氧配体的配合物

这里所说的含氧配体是指配位原子是氧原子的配体。用氧作为配位原子的配体与 Pd（Ⅱ）生成的配合物较少。这类配合物的稳定性较低。在许多情况下，以氧作为配位原子的配体很容易被软配体（如 CN^-、AsR_3、PR_3、SR_2 或 I^-）所取代。如果在配体中除氧以外，还含有氮、硫或者砷作为配位原子，那么所生成的配合物就相当稳定（如 $H_2NCH_2CO_2^-$、$MeSC_6H_4CO_2^-$ 或者 $Me_2AsC_6H_4CO_2^-$）。

将 PdO 溶解在稀硝酸及高氯酸的混合溶液或硫酸中，生成 $[Pd(H_2O)_4]^{2+}$。将钯溶解在浓 HNO_3 中，加入高氯酸并蒸发至发烟，然后将溶液冷却，即析出褐色 $[Pd(H_2O)_4](ClO_4)_2$ 晶体。这个配合物极易水解，所以，其水溶液的酸度较高。只有在溶液中不存在其他任何配体时，$[Pd(H_2O)_4]^{2+}$ 才能稳定存在于水溶液中，因为该配离子中的配位水很容易被其他配体取代。

硝酸钯（Ⅱ）与多种有机酸反应，生成 $Pd(OCOR)_2(R=Me，Et，Ph，CF_3，C_2H_5)$。它们的颜色都是褐色的。在 37℃ 时，Pd（Ⅱ）的乙酸盐、丙酸盐及苯甲酸盐在苯中都是三聚体。加热至苯的沸点时，这三个盐都解离成单体。三聚体以羧酸根作为成桥基团，其结构式如下：

NaCNO 与 $Pd(NO_3)_2$ 反应，生成黄色的 $Na_2[Pd(CNO)_4]\cdot 5H_2O$，这个配合物受热或受撞击时会爆炸。

用浓硝酸氧化 $K_2[Pd(NO_2)_4]$，得到橙红色的 $K_2[Pd(NO_3)_4]$。这个配合物在空气中是稳定的，但在水溶液中立即水解。

亚砜是 20 世纪 60 年代发展起来的一类新型萃取剂。亚砜萃取 Pd（Ⅱ）时，在一定条件下，生成 $Pd(R_2SO)_2Cl_2$ 配合物。R 基团的结构对萃取性能有明显影响。

石油亚砜具有高效与经济性两个优点，是很有前途的萃取剂。萃取过程生成 $PdCl_2\cdot 2PSO$ 配合物（PSO 代表石油亚砜）。

1.6.2.3　含硫、硒或碲配体的配合物

Pd（Ⅱ）与这类配体生成许多很稳定的配合物。这类配体包括硫醇、亚硫酸根、硫代硫酸根、硫醚、硒醚、硫脲及二甲基亚砜等。还有一些螯合配体：二硫代羧酸根、黄原酸根（$ROCSS^-$，R＝脂肪基）、二代氨基二硫甲酸根（$NR_2 \cdot CSS^-$，R＝脂肪基）、二代氨基二硒甲酸根等。

Pd（Ⅱ）的含卤桥二聚配合物容易被一些一齿配体所分解，变成单核配合物，而RS^-作为成桥基团的多核配合物相当稳定，不会被相应一齿配体所分解。

在配合物中，亚硫酸根只能作一齿配体，不能作二齿配体。$[Pd(SO_3)(H_2O)_3]$不能脱水变成$[Pd(SO_3)(H_2O)_2]$。在$[Pd(PhSO_2)_2(H_2O)_2]$和$[Pd(PhSO_2)_2L_2]$中硫是配位原子。

$[Pd(S_2O_3)_2]^{2-}$中$S_2O_3^{2-}$是二齿配体，它有两个配位原子，一个是硫，一个是氧。

Pd（Ⅱ）与含氮和含硫杂环体系的配合物具有抗癌活性。因此人们对此类配合物的合成以及它们的光谱和磁学等性质研究较多。

1.6.2.4　含氮配体的配合物

Pd—N键十分牢固，已经合成了许多种Pd（Ⅱ）的以氮作为配位原子的配合物，这些配合物具有通式：$[Pdam_4]^{2+}$、$[Pdam_2X_2]$或$[PdamX_2]_2$（am为胺、NH_3、1/2 二胺）。Pd（Ⅱ）的配合物比相应Pt（Ⅱ）的配合物有较高易变性。$[Pdam_4]Cl_2$很容易与盐酸反应生成$[Pdam_2Cl_2]$，而Pt（Ⅱ）配合物则不易发生相应变化。Pt（Ⅱ）有很多顺反异构体配合物，但很多Pd（Ⅱ）配合物只有单一物种。

1.6.2.5　羰基配合物

Ni（0）生成稳定的$Ni(CO)_4$，Pd（0）生成不稳定的$Pd(CO)_4$，而Pt（0）不生成这类化合物。Pd（Ⅱ）与Pt（Ⅱ）能生成羰基卤化物，而Ni（Ⅱ）则没有这种能力。在0℃时，向$PdCl_2$在乙醇中的悬浮液中通入CO，即得反磁性的黄色配合物$[Pd_2Cl(CO)_2]_n$。CO与$PdCl_2(PhCN)_2$反应时，也生成反磁性的黄色配合物$[Pd_2Cl(CO)_2]_n$。

1.6.2.6　异腈配合物

芳基异腈化合物与Pd（Ⅱ）卤化物反应，生成稳定的橙色配合物$[PdX_2(CNR)_2]$（X＝Cl，Br，I，R＝芳基）。这个配合物易溶于苯和氯仿等溶剂中。

此外，Pd（Ⅱ）还可与一些有机配体形成烷基和芳基配合物、环戊二烯配合物、烯烃配合物、炔烃配合物、烯丙基配合物和氢作为配体的配合物等各类配合物。

1.6.3　钯（Ⅳ）的配合物

铂容易生成＋4价的简单化合物和配合物，钯呈现＋4价的倾向很弱。钯的第一到第四电离势总和为109.5eV，铂的第一到第四电离势总和为97.16eV，因此铂比钯更容易呈现＋4价状态。Pd（Ⅳ）的配合物较少。

在有NaCl存在时氯化金属钯，或者用氧化剂与金属钯共熔，然后用盐酸处理熔体，即可得到$[PdCl_6]^{2-}$。结晶状态的$K_2[PdCl_6]$为砖红色晶体，微溶于水，给$K_2[PdCl_6]$加热时生成$K_2[PdCl_4]$和Cl_2。氯配合物中氯可被氟代替，得到亮黄色至橙色的$M_2[PdF_6]$（M＝K，Rb，Cs）。$M_2[PdF_6]$极易水解。$M_2[PdBr_4]$的浓溶液与Br_2反应，生成黑色的$M_2[PdBr_6]$（M＝K，Rb，Cs）。给$M_2[PdBr_6]$的水溶液加热，$M_2[PdBr_6]$也会分解为

$M_2[PdBr_4]$ 及 Br_2。尚未合成得到 $[PdI_6]^{2-}$。

1.6.4 钯的其他氧化态的配合物

兼有 σ 给予体和 π 接受体特点的配体(如 CO)能与低价金属生成稳定的配合物。CO 与许多低价金属生成各式各样的羰基配合物,如与镍(0)形成 $Ni(CO)_4$。$Ni(0)$ 的电离势是 7.63eV,$Pd(0)$ 和 $Pt(0)$ 的电离势比较高,分别为 8.33eV 和 9.0eV。CO 的 σ 给予体性质较弱,它与 $Ni(0)$ 生成稳定的 $Ni(CO)_4$,与 $Pd(0)$ 仅生成不稳定的 $Pd(CO)_4$,而与 $Pt(0)$ 不生成类似的化合物。

σ 给予体性质较强的 R_3P 和 R_3As,以及 σ 给予体性质很强的 α,α'-联吡啶和二氮杂菲等,能与 $Pd(0)$ 生成许多配合物。

具备给予体和接受体性质的配体,提供一对电子与金属生成一个 σ 配位键,多个配位体提供的多对电子,使金属上积累了过多负电荷,这样的体系是不稳定的,金属可以提供 π 电子与配体空的 π 轨道生成反馈 π 键,这样也就降低了金属上的负电荷,使整个体系稳定化。

价电子层含有 d^{10} 的 $Pd(0)$ 与 $Pt(0)$,倾向于生成配位不饱和的配合物,如 $Pd(PhNC)_2$ 和 $Pt(PPh_3)_2$。d^8 的 $Ru(0)$、$Rh(I)$ 和 $Ir(I)$ 也易于生成配位不饱和的配合物,如 $[Rh(PPh_3)Cl]$。相应离子的配位数较高的配合物在水溶液中往往会解离成配位不饱和的物种。许多 $Pd(0)$ 及 $Pt(0)$ 的配合物能进行配位加成和配位解离反应,正是由于这个原因,它们具有较强的反应性能及催化性能。

1.6.4.1 羰基配合物

低温下,在惰性介质中,钯与 CO 发生反应,生成 $[Pd(CO)_n](n=1\sim4)$。$[Pd(CO)_4]$ 的结构是正四面体,$[Pd(CO)_3]$ 属 D_{3h} 群,$[Pd(CO)_2]$ 属 $D_{\infty h}$ 群。含羰基少的 $Pd(0)$ 的配合物与过量的 CO 反应,能生成 $[Pd(CO)_4]$。在温度低于 80K 时,在氮气介质中,$[Pd(CO)_4]$ 是安定的。

1.6.4.2 氰及异腈配合物

在液态 NH_3 中,用钾还原 $K_2[Pd(CN)_4]$,生成黄色的 $K_4[Pd(CN)_4]$。它极容易被氧化。

在酸性、中性或弱碱性溶液中,$[PdX_2(RNC)_2]$ 不被强还原剂还原;在强碱性溶液中,使用的异腈为理论量的 2 倍以上时,即自发地发生还原反应;若异腈的量略低于理论量的 2 倍,则一点 $[Pd(RNC)_n]$ 也得不到;使用的异腈为理论量的 2.6 倍时,$[Pd(RNC)_2]$ 的产率为 50%。由于 $[PdI_2(RNC)_2]$ 容易制备,通常总是以它为原料来制备 $Pd(0)$ 的异腈配合物。

已合成一系列反磁性褐色配合物 $[Pd(RNC)_2]$(R 为苯基、对甲苯基、对甲氧苯基)。$[Pd(RNC)_2]$ 能发生加成反应,也能发生取代-加成反应;它与 I_2 反应生成 $[PdI_2(RNC)_2]$;PH_3、RPH_2 及 R_3PO_3(R=芳香基)可以部分地或全部地取代 $[Pd(RNC)_2]$ 中的异腈配体。

1.6.4.3 烯烃和炔烃的配合物

$K_2[Pd(CN)_4]$ 与 $KC\equiv CR$ 反应,生成 $K_2[Pd(CN)_2(C\equiv CR)_2]$。在液氨中,用金属钾还原 $K_2[Pd(CN)_2(C\equiv CR)_2]$ 生成钯(0)的配合物 $K_2[Pd(C\equiv CR)_2]$。这些钯(0)的配合物是反磁性的,极易被氧化。$[(C_6H_5)_3P]_2PdL$(L=炔烃)型配合物在金属与炔烃间化学键的

研究上起过重要作用，但是此类配合物极不稳定，给结构与化学性质的研究带来很大的困难。合成稳定的钯(0)炔烃配合物成为一项重要课题。

1.6.4.4 亚硝基配合物

如果认为亚硝基是 NO^+，那么，有几个亚硝基配合物中的钯可认为是钯(0)。在甲醇中，NO 与 $PdCl_2$ 作用生成 $[Pd(NO)_2Cl_2]$。它是反磁性的，结构可能为四面体。它不稳定，在潮湿空气中或者加热时即放出 NO。有水存在时，NO 与 $PdCl_2$ 作用生成 $Pd(NO)Cl$。

1.6.4.5 膦和胂的配合物

制备 Pd(0) 的膦配合物，原料可以是 Pd(0) 的其他配合物，也可以是 Pd(Ⅱ) 的配合物。膦与 $[Pd(RNC)_2]$ 反应，生成 3 种配合物：$[Pd(RNC)L_3]$、$[PdL_3]$ 及 $[PdL_4]$ $[L=PPh_3$ 或者 $P(OR)_3$，R=芳香基]。用还原剂还原 Pd(Ⅱ) 的膦或者胂的配合物，即得钯(0) 的相应的膦或者胂配合物。$NaBH_4$ 水溶液是最常用的还原剂。加热硝酸钯(Ⅱ) 与三苯基膦在苯中的混合物，发生剧烈反应，放出大量 NO 气体，冷却后，自溶液中析出固体 $[Pd(PPh_3)_4]$，在乙醇中再结晶后，即得纯净产品。过量三苯基膦的乙醇水溶液在 1mol $K_2[PdCl_4]$ 与 3mol $NaBH_4$ 的水溶液反应，即从溶液中析出 $[Pd(PPh_3)_4]$ 固体，用温热的乙醇及冷水顺序洗涤产品，便得到纯净的 $[Pd(PPh_3)_4]$。膦具有强的 σ 给予体性质和弱的 π 接受体性质，因而在 $[Pd(PPh_3)_4]$ 的钯(0) 上积累了过量的负电荷。这种情况促使 $[Pd(PPh_3)_4]$ 容易解离成配位不饱和的配合物；配位数低的钯(0) 比配位数高的钯(0) 上积累的负电荷少，因而变得较为稳定。

1.6.4.6 钯(Ⅰ) 的配合物

钯(Ⅰ) 的配合物是比较罕见的。在含有高氯酸的苯及乙酸混合溶液中，还原乙酸钯(Ⅱ)，生成 $[Pd(C_6H_6)(H_2O)(ClO_4)]_n$。这是一个容易爆炸的紫色固体。含卤离子的溶液与这个 Pd(Ⅰ) 配合物反应，得到金属钯及 $[PdCl_4]^{2-}$。氧、溴和高锰酸盐都能把它氧化为 Pd(Ⅱ) 的化合物。用铝、氯化铝和 $PdCl_2$ 在苯中反应，生成 $[PdAl_2Cl_7(C_6H_6)]_2$。这个配合物的两苯环间夹着 Pd_2^{2+}。这种情况极为少见。这个配合物的结构如下式所示：

1.7 铑的化合物

1.7.1 铑的简单化合物

1.7.1.1 卤化物

(1) 氟化物　氟与铑反应，生成黑色 RhF_6 固体，它是铂系金属中稳定性最低的六氟化物，干燥的 RhF_6 能与玻璃发生反应。400℃时，在加压的情况下，氟与 RhF_3 反应，生成

RhF_5。在 $500 \sim 600$℃时，氟与 $RhCl_3$ 或 RhI_3 反应，得到 RhF_3。RhF_3 很稳定，不与水、酸或碱反应。由含氢氟酸的 Rh(Ⅲ) 溶液中，可以析出 $RhF_3 \cdot 6H_2O$ 和 $RhF_3 \cdot 9H_2O$。这两个水合物溶于水得到黄色溶液。

（2）氯化物　300℃时，氯气与铑反应，生成红色 $RhCl_3$ 晶体。它与 $AlCl_3$ 的结构相似。这个 $RhCl_3$ 不溶于水，在干燥 HCl 气流中，加热 $RhCl_3 \cdot 3H_2O$ 到 180℃，得到能溶于水的无水 $RhCl_3$。$RhCl_3 \cdot 3H_2O$ 是制备其他铑化合物最有用的原料。它的制备方法如下：将摩尔比为 1:2 的海绵铑和氯化钾一起研细，然后在 Cl_2 气流中于 550℃加热 60min，用水浸泡红色产物，过滤，滤液中含有 $K_2[Rh(H_2O)Cl_5]$，加入足够量 KOH 溶液，沉淀出 $Rh(OH)_3$，洗涤沉淀后，将沉淀溶于尽量少的盐酸中，蒸发溶液近干，就得到酒红色的 $RhCl_3 \cdot 3H_2O$ 晶体，据报道，在 Cl_2 气流中加热 $RhCl_3$ 至 950℃就转变成 $RhCl_2$。

（3）溴化物和碘化物　溴和铑在 300℃时反应，生成 $RhBr_3$。它是红棕色晶体，不溶于水中。用溴及氢溴酸处理海绵铑，即得 $RhBr_3 \cdot 2H_2O$。此水合物可溶于水。用 KI 与 $RhBr_3 \cdot 2H_2O$ 作用，生成黑色 RhI_3 固体。

1.7.1.2　氧化物和氢氧化物

在 O_2 气流中加热铑或 $RhCl_3$ 至 600℃，生成褐色 Rh_2O_3 固体。800℃时，Rh_2O_3 分解出的氧气压力约为 100kPa。$Rh-O_2$ 体系中，可能存在 RhO 与 Rh_2O。Rh_2O_3 表现出一些两性：它与某些 +2 价金属氧化物共熔，生成盐 $M^{Ⅱ}Rh_2O_4$。

用碱处理 Rh(Ⅲ) 的溶液时，得到黄色沉淀 $Rh_2O_3 \cdot 5H_2O$。它能溶于酸，也能溶于碱中。在氧化剂（溴酸钠或次氯酸盐）存在时，用碱处理 Rh(Ⅲ) 的溶液，生成 $RhO_2 \cdot 2H_2O$。它是氧化剂，溶解于盐酸中有氯气放出。$RhO_2 \cdot 2H_2O$ 是绿色固体，其水分子数目是可变的，因此又可写成 $RhO_2 \cdot xH_2O$。

1.7.1.3　硫化物、硒化物及碲化物

铑与相应的单质混合后共同加热，即可制得灰黑色 RhS_2 固体、灰黑色 $RhSe_2$ 固体或灰黑色 $RhTe_2$ 固体。$RhCl_3$ 与硫共热，可制得灰黑色 Rh_2S_5 固体。此化合物很不活泼，与强酸都不发生反应。

1.7.2　铑（Ⅲ）的配合物

Rh(Ⅲ) 是铑的最常见氧化态。与 Co(Ⅲ) 的相应配合物相似，Rh(Ⅲ) 的配合物几乎都是八面体结构的。除少数例外，它们与 Co(Ⅲ) 的差别，在于它们不能被还原为 Rh(Ⅱ) 配合物。

Rh(Ⅲ) 具有 d^6 电子组态。包括 K_3RhF_6 在内，所有的 Rh(Ⅲ) 配合物都是反磁性的。Rh(Ⅲ) 配合物呈现黄色、红色或红棕色。

1.7.2.1　卤素离子、硫氰酸根离子及氰离子生成的配合物

$K_3[Rh(NO_2)_6]$ 与 KHF_2 共熔，生成 $K_2[RhF_5]$。阴离子 $[RhF_5]^{2-}$ 可能是二聚体或多聚体。

$K_3[RhCl_6]$ 溶液与 KSCN 溶液共同加热，生成红色 $K_3[Rh(SCN)_6]$。经过一系列研究，证明 SCN^- 的配位原子为硫。KCN 与 $(NH_4)_3[RhCl_6]$ 共熔，制得淡黄色 $K_3[Rh(CN)_6]$。

1.7.2.2　含氧配体的配合物

蒸发 $RhCl_3$ 的 $HClO_4$ 溶液，生成黄色的高氯酸盐 $[Rh(H_2O)_6](ClO_4)_3$。石油亚砜价

格便宜，来源丰富，是萃取分离铂系金属较有前途的萃取剂。石油亚砜用亚砜基团的氧原子与铑（Ⅲ）形成配位键，所得配合物可萃取进入有机相。

1.7.2.3　含氮配体的配合物

Rh（Ⅲ）的氨配合物种类很多，配位数都是 6。可以有从 $[Rh(NH_3)_6]^{3+}$ 到 $[Rh(NH_3)X_5]$ 各种类型的配合物。

（1）六氨合物　在密闭管子中，将氨水和 $[Rh(NH_3)_5Cl]Cl_2$ 的混合物加热，生成无色的 $[Rh(NH_3)_6]Cl_3$。由 $[Rh(NH_3)_6]Cl_3$ 与相应的酸反应，即可制得其他阴离子的配合物。

（2）五氨合物　$RhCl_3$、NH_4Cl 和氨水（或碳酸铵溶液）共热，即得 $[Rh(NH_3)_5Cl]Cl_2$。它微溶于水，几乎不溶于盐酸。利用这个性质可以从钯、铱和铂中分离铑。

（3）四氨合物　以 $[Rh(NH_3)_6]^{3+}$ 为原料，用适量的酸与之反应；或者以 $[RhX_6]^{3-}$ 为原料，用适量的胺与之反应，可以制得铑（Ⅲ）的四氨合物。

（4）三氨合物　已合成的三氨型配合物有 $Rh(NH_3)_3X_3$（X＝Cl，Br，I，NO_2），$Rh(RNH_2)_3Cl_3$（R＝Et，Ph）等。除硝基配合物是无色的之外，其他配合物都有由黄色至红色的颜色。

二氨合物和一氨合物较少，稳定性都很差。

1.7.2.4　π配合物

（1）环戊二烯配合物　在四氢呋喃中，C_5H_5Na 与 $RhCl_3$ 反应，生成 $[Rh(C_5H_5)_2]^+$，这个配阳离子可以硝酸盐和高氯酸盐的形式析出。

（2）烯丙基配合物　在 Rh（Ⅲ）的三烯丙基配合物 $Rh(C_3H_5)_3$ 中，烯丙基与 Rh（Ⅲ）是通过 π 键结合在一起的，非定域的烯丙基体系是一个 3 电子给予体，如果把它看成是一个阴离子 $C_3H_5^-$，它就是一个 4 电子给予体系。现已合成了 Rh（Ⅲ）的一系列烯丙基配合物，如 $Rh(RC_3H_4)Cl_2(PPh_3)_2$（R＝H，Me）等。

铑（Ⅳ）、铑（Ⅴ）和铑（Ⅵ）的配合物相当少。

1.7.3　铑（Ⅰ）的配合物

Rh（Ⅰ）的配合物很多。根据配位原子的不同可以分为：含氮配体的配合物，含亚硝基的配合物，含磷、砷和锑的配合物，羰基配合物，氧作为配体的配合物，氢作为配体的配合物，环戊二烯配合物，芳香烃配合物等。大部分 Rh（Ⅰ）配合物都是平面正方形的，少部分 Rh（Ⅰ）配合物的配位数为 5。不论配位数为 4 或者配位数为 5 的 Rh（Ⅰ）配合物都含 π 配体。能与金属生成反馈 π 键的配体可以使低氧化态的金属稳定化。在有相应的配体存在下还原 $RhCl_3 \cdot 3H_2O$，即可制得 Rh（Ⅰ）的配合物。还原剂可以是配体，可以是醇类溶剂，也可以是其他还原剂（如 $SnCl_2$）。$[Rh(CO)_2Cl]_2$ 也常用来制备其他的 Rh（Ⅰ）配合物。

有时，$[Rh(CO)_2Cl]_2$ 可发生羰基置换反应，而不破坏氯桥：

$$[Rh(CO)_2Cl]_2 + 2diene \longrightarrow [Rh(diene)Cl]_2$$

Rh（Ⅰ）平面正方形配合物能与 H_2 等分子发生加成反应，生成 Rh（Ⅲ）的八面体配合物。正因为 Rh（Ⅰ）平面正方形配合物具有这个重要性质，所以它是许多有机反应的良好催化剂。$RhCl(PPh_3)_3$ 是烯烃和炔烃均相加氢反应的最有效催化剂。在溶液中，$RhCl(PPh_3)_3$ 失去一个 PPh_3 分子，变成 $RhCl(PPh_3)_2 \cdot$ 溶剂合分子，它夺取一个氢分子，生成顺式-$H_2RhCl(PPh_3)_3$·溶剂合分子，烯烃或炔烃分子就结合到 Rh（Ⅰ）配合物的空的第 6 个配位位置上去了。因而烯烃或炔烃便被活化，很容易发生加氢反应，加氢后的烯烃或炔烃脱离 Rh（Ⅰ）配合物，留下的 $RhCl(PPh_3)_2$ 又可继续发生催化作用。

1.7.4　铑（Ⅱ）的配合物

Rh（Ⅱ）具有 d^7 电子组态，可以预料，它的配合物将是顺磁性的。Rh（Ⅱ）配合物的数目不多。如 $Rh_2(O_2CH)_4(H_2O)_2$、$Rh_2(O_2CMe)_4(H_2O)_2$、$Rh_2(O_2CMe)_4$ 等。1972 年发现 Rh（Ⅱ）的羧酸盐有抗癌活性，能够抑制一些生物过程，特别是细胞合成 DNA 的过程，它们还可以作为有机合成中的催化剂（如烯烃加氢的均相催化剂等）。由于具有这些特性，这类配合物受到人们的较大重视。这类配合物的一个重要特点是分子中存在金属-金属间键。

1.7.5　铑（0）的配合物

只含羰基的 Rh(0) 配合物有三种：$Rh_2(CO)_8$（橙色，76℃时熔化并分解）、$Rh_4(CO)_{12}$（红色，150℃时分解）和黑色 $Rh_6(CO)_{16}$（220℃时分解）。在铜存在时，无水 $RhCl_3$ 和 CO 在 20200kPa 压力下，加热 15h，温度为 50～80℃时生成 $Rh_4(CO)_{12}$，温度为 80～230℃时生成 $Rh_6(CO)_{16}$。

1.8　铱的化合物

1.8.1　铱的简单化合物

1.8.1.1　卤化物

在高于 450℃时，在 Cl_2 气流中加热金属铱可制得三氯化铱（$IrCl_3$）。它有两种红色的变体，均不溶于水，仅微溶于王水。在氯化氢中加热 $Ir(OH)Cl_2·3H_2O$ 可得到暗绿色的 $IrCl_3·3H_2O$，它溶于水生成酸性暗绿色溶液。此水合物可用于制备各种铱配合物的原料。

1.8.1.2　氧和硫族化合物

铱的氧化物有 IrO_2 和 IrO_3。IrO_3 可由金属铱与 KOH 及 KNO_3 或 Na_2O_2 共热而制得，但从未自碱中分离出单独的产物，氧含量常低于理论值。它是一个很强的氧化剂。该物质很可能是过氧化物。IrO_3 不存在于固态，在约 1200℃时它存在于气态中。

将铱粉在空气或氧气中加热能得到 IrO_2。小心地加碱于[$IrCl_6$]$^{2-}$ 的热溶液中至棕色恰好转变为蓝色，将所得的蓝色沉淀在真空中干燥成蓝色粉末，它相当于 $Ir(OH)_4$ 或 $IrO_2·2H_2O$，在氮气存在下加热至 350℃时脱水生成黑色的 IrO_2。三氧化二铱不如二氧化铱稳定，也不能制得很纯的产物。

在抽空的容器中用过量的硫族单质与 $IrCl_3$ 共热可制得 IrS_3、$IrSe_3$、$IrTe_3$ 等化合物。IrS_3 有特别高的惰性，与王水不反应，$IrSe_3$ 和 $IrTe_3$ 仅与煮沸的王水缓慢作用。

1.8.2　铱（Ⅰ）的配合物

铱（Ⅰ）配合物多数是平面正方形构型，常含有 NO、CO、双烯等配位体。某些平面正方形 d^8 配合物与 Rh（Ⅰ）的配合物类似，会发生氧化加成反应产生八面体的 d^6 配合物。最重要的配合物是 $[Ir(CO)Cl(PPh_3)_2]$，它容易与 H_2、Cl_2、HCl 和 O_2 等反应生成八面体的 Ir（Ⅲ）配合物。它与叠氮化物反应生成 Ir（Ⅰ）配合物 $[Ir(N_2)Cl(PPh_3)_2]$，与 SO_2 反应生成上述的五配位化合物 $[Ir(CO)(SO_2)Cl(PPh_3)_2]$。

1.8.3　铱（Ⅲ）的配合物

Cl^-、Br^-、I^-、CN^-、SO_4^{2-}、SO_3^-、SCN^-、MR_3（M＝P，As，Sb）、R_2S 和 CO 等配体均可与 Ir 形成 Ir（Ⅲ）的配合物。

用草酸盐或乙醇作为还原剂可将 $K_2[IrCl_6]$ 还原而制得橄榄绿色的 $K_3[IrCl_6]$。

在隔绝空气时将 $Ir_2O_3 \cdot nH_2O$ 溶于硫酸中得到黄色微溶的 $Ir_2(SO_4)_3$ 水溶液，它是一种配合物，但其结构还不清楚。

用乙酰丙酮处理 $Ir_2O_3 \cdot 3H_2O$ 得到少量能溶于苯的黄色乙酰丙酮基配合物 $[Ir(acac)_3]$。

含有氨、吡啶以及其他胺如乙胺、乙二胺等的配合物类型很多，其中氨配合物特别稳定，用碱沸煮时不会分解。在封闭的管子中，在 140℃及常压下用氨与 $[Ir(NH_3)_5Cl]Cl_2$ 作用能得到无色的 $[Ir(NH_3)_6]Cl_3$。

1.8.4　铱（Ⅳ）的配合物

将铱粉和氯化钠的混合物放在 Cl_2 气流中于 625℃下加热 15～30min，熔体用热水萃取，然后用王水沸煮以氧化 $[IrCl_6]^{3-}$，加入 NH_4Cl 则沉淀出难溶的 $(NH_4)_2[IrCl_6]$。用类似的方法可制得钾盐。这些盐类生成带绿色反光的红黑色晶体。

1.9　钌的化合物

1.9.1　钌的简单化合物

1.9.1.1　卤化物

盐酸与 RuO_4 反应，生成红色易潮解的晶体 $RuCl_4 \cdot 5H_2O$。溶液的酸度不够时，生成红褐色 $RuOHCl_3$。在氯化氢气氛中蒸发 RuO_4 的盐酸溶液，得到红色 $RuCl_3 \cdot 3H_2O$。蒸发 RuO_4 或 RuO_2 的氢溴酸溶液，得到不纯的 $RuBr_3$，这种易潮解的晶体溶于水，生成褐色溶液，氢还原 $RuBr_3$ 乙醇溶液，溶液变为蓝紫色，从此溶液析出黑色 $RuBr_2$ 晶体。

在 $RuCl_3$ 溶液中，加入 KI，产生黑色 RuI_3 沉淀，它不溶于水，易氧化，氧化时生成 I_2。

1.9.1.2 氧化物

金属钌与过氧化钠共熔，或者金属钌、氢氧化钾与硝酸钾共熔，然后在酸中用 Cl_2 或者高锰酸钾处理熔体，得到 RuO_4。钌化合物的酸性溶液与 $KMnO_4$、HIO_4、Ce（IV）或者 Cl_2 共热，也得到 RuO_4。它是微溶于水的黄色晶体，易溶于 CCl_4，沸点为 $40℃$，易挥发，有毒性。处理 RuO_4 时，要非常小心。RuO_4 是四面体结构，比 OsO_4 不稳定，加热高于 $180℃$ 时会发生爆炸性分解，产物为 RuO_2 和 O_2。通常可利用 RuO_4 和 OsO_4 的挥发性，把钌及锇与其他铂系金属分开。由于 OsO_4 比 RuO_4 稳定，采用适当氧化剂处理含有低价钌及锇的溶液，首先生成 OsO_4 挥发出来，然后才有 RuO_4 挥发出来。含有 RuO_4 与 OsO_4 的混合气体，通入适当浓度的盐酸中，RuO_4 还原为低价氯化物，OsO_4 不发生变化，加热此溶液，OsO_4 重新挥发出来。RuO_4 是一个强氧化剂。

1.9.2 钌（III）的配合物

Ru（III）的配合物很多，其数目超过 Os（III）配合物的数目，而且稳定性比相应 Os（III）配合物高。Ru（III）配合物的配位数通常是 6。

用乙醇还原盐酸中 RuO_4，得到红色晶体 $K_2[RuCl_5H_2O]$。浓盐酸与 $K_2[RuCl_5H_2O]$ 反应，生成 $K_2[RuCl_6]$。在 $200℃$ 加热 $K_2[RuCl_5H_2O]$，生成褐色晶体 $K_2[RuCl_5]$。

$RuCl_3$ 水溶液与 K_2CO_3 的乙酰丙酮溶液反应，然后回流此溶液，即可制得 $Ru(acac)_3$。$RuCl_3$ 的乙醇溶液与苯甲酰丙酮共同搅拌 $20min$，缓慢加入 K_2CO_3 以保持溶液 pH 值低于 2.5，然后回流 $36h$，得到红褐色晶体沉淀 $Ru(bzac)_3$。将水合 $RuCl_3$ 与羧酸-羧酸酐混合物在 O_2 气流中回流数小时，生成 $Ru_2(OCOR)_4Cl$（R 为甲基、乙基、正丙基）。除了热的甲醇外，相应的乙酸根配合物不溶于一般有机溶剂中。随着烷基链的增长，此羧酸根配合物的溶解能力增强。丙酸根配合物能溶于温热的甲醇及乙醇中，正丁酸根配合物能溶于甲醇、乙醇、温热的丙酮及热的正丁酸中。

$K_3[RuCl_6]$ 与氨水反应，生成 $[Ru(NH_3)_6]Cl_3$，$[Ru(NH_3)_6]^{3+}$ 是无色离子。

1.9.3 钌（V）的配合物

在有 KBr 存在时，使 BrF_3 和 Br_2 作用于 $RuBr_4$ 制得 $K[RuF_6]$。这是唯一确定的 Ru（V）配合物。

1.9.4 钌（VI）的配合物

钌与 KOH 和 KNO_3 共熔，生成黑色的 K_2RuO_4，溶解在水中时，生成暗橙色溶液。$[RuO_4]^{2-}$ 在中性或酸性溶液中不稳定，但在碱性溶液中有中等程度的稳定性。K_2RuO_4 与 NH_3 作用，可得到一个组成为 $(NH_3)_2RuO_4$ 的化合物，但它的性质与钌酸钾很不一样。

1.10 锇的化合物

1.10.1 锇的简单化合物

1.10.1.1 卤化物

在一定条件下，锇能形成多种卤化物。

锇能生成 OsF_8、OsF_7、OsF_6、OsF_5 及 OsF_4 等几种二元氟化物。锇能形成高氧化态的氟化物，而钌不能，这是锇与钌的又一不同之处。但锇不能形成低氧化态（<4）的氟化物。在 250℃ 时，粉状锇在铂质器皿中与氟气反应，视反应的温度及通入氟气量的不同，可以得到 OsF_8、OsF_6 或 OsF_4。若温度高时，因为锇的活性大而主要生成 OsF_8、OsF_6 等高氧化态的氟化物；当温度降低，F_2 的供给量有限时，主要生成 OsF_4。利用各种氟化物挥发性的不同，控制一定的温度，就能将上述氟化物互相分离。

锇的二元氯化物有 $OsCl_4$ 及 $OsCl_3$。锇的二元氯化物既不存在如氟化物那样的高氧化态氟化物，也不存在如碘化物那样的低氧化态碘化物，锇的溴化物也有类似的情况。这种情况的出现，和氟原子的半径小、电负性大而碘原子的半径大、电负性小有关。氯和溴的原子半径和电负性介于两者之间，它们的锇化物也只是中间氧化态的金属。一般高氧化态的金属离子易和高电负性的小离子，如 F^-、O^{2-} 等生成稳定化合物；低氧化态的金属离子易和低电负性的大离子，如 I^-、S^{2-} 等生成稳定化合物。将不含有水分和氧气的精制氯气与金属锇粉在特制器皿（由硼硅酸玻璃制成）中加热，能得到 $OsCl_4$ 与 $OsCl_3$ 的混合物。当温度高于 650℃ 且氧气过量时，可制取纯的 $OsCl_4$。$OsCl_4$ 是红色晶体，在 450℃ 升华，不溶于非极性溶剂，溶于水或盐酸时，会缓慢地水解为 $OsO_2 \cdot nH_2O$ 及 HCl。四氯化锇与碱金属氯化物或氯化铵反应，能得到氯锇酸（Ⅳ）盐：

$$OsCl_4 + 2KCl \longrightarrow K_2OsCl_6$$
$$OsCl_4 + 2NH_4Cl \longrightarrow (NH_4)_2OsCl_6$$

1.10.1.2 氧化物

四氧化锇是锇的最重要的一种化合物。将金属锇在空气中加热氧化，或者将锇粉溶于热的浓硝酸中，都能得到 OsO_4。它是浅黄色固体，分子具有四面体的结构。熔点低（40℃），易挥发，沸点为 130℃。挥发出的 OsO_4 气体具有强烈的不愉快气味，并且有毒，能刺激眼、鼻和喉部，所以在使用中必须十分小心。在 25℃ 时，在水中的溶解度为 7.24g/100g；在 20℃ 时在四氯化碳中的溶解度很大（250g/100g）。

OsO_4 的水溶液是很弱的酸，其化学式可表示为 $H_2[OsO_4(OH)_2]$，它的第一级电离常数近似为 8×10^{-13}，因此稍具导电性。OsO_4 可溶于冷的碱中，生成 $[OsO_4(OH)_2]^{2-}$。

OsO_4 是强氧化剂，它的氧化能力稍弱于 RuO_4。OsO_4 所发生的几种氧化还原反应为：

$$OsO_4 + 10HI \longrightarrow OsI_2 \cdot 2HI + 4H_2O + 3I_2$$
$$OsO_4 + 8HCl + 2KCl \longrightarrow K_2OsCl_6 + 4H_2O + 2Cl_2$$
$$OsO_4 + 8HCl \longrightarrow OsCl_2 + 4H_2O + 3Cl_2$$
$$2OsO_4 + 4NaOH \longrightarrow 2Na_2OsO_4 + 2H_2O + O_2$$
$$OsO_4 + 9CO \longrightarrow Os(CO)_5 + 4CO_2$$
$$OsO_4 + 2C \longrightarrow Os + 2CO_2$$
$$OsO_4 + 2CsOH + 5CH_3OH \longrightarrow Os(OCH_3)_4(OCs)_2 + 4H_2O + CH_2O$$

OsO_4 是制备多种锇化合物的原料。除用于有机反应的催化剂外，它的稀溶液还可作为生物染色剂。

1.10.2 锇（Ⅳ）的配合物

在锇的各种氧化态中，Os（Ⅳ）是比较稳定的，所以，它的配合物也很多。

Os（Ⅳ）的配合物一般具有八面体的结构。$[OsCl_6]^{2-}$ 是最重要的 Os（Ⅳ）配合物，它不仅是制备其他 Os（Ⅳ）配合物的主要原料，也是制备其他氧化态配合物，特别是制备 Os（Ⅲ）配合物的重要原料。

$K_2[OsCl_6]$可由在氯气中加热金属锇和氯化钾的混合溶液来制备，也可以在OsO_4的盐酸溶液中加入氯化钾和乙醇来制备，在后一种方法中，乙醇起还原剂的作用。制得的$K_2[OsCl_6]$是红色晶体，与$K_2[PtCl_6]$有相同的晶体结构。在空气中，$K_2[OsCl_6]$加热到600℃仍然稳定，但在超过此温度时，它就发生分解，产生单质锇、氯气和氯化钾。$[OsCl_6]^{2-}$的NH_4^+、Na^+、Rb^+、Cs^+、Ag^+、Tl^+及Ba^{2+}盐都已经制得。其中，$(NH_4)_2[OsCl_6]$是用氯化亚铁还原四氧化锇的盐酸溶液，并且加入氯化铵来制得的。$[OsCl_6]^{2-}$的上述阳离子盐类虽然在固态时各具不同的颜色，例如，Cs盐是橘红色，K盐和铵盐为红色，Tl盐是橄榄绿色，Ag盐是棕色。但是，这些盐的水溶液都是黄色的。

1.10.3　锇（Ⅵ）的配合物

Os(Ⅵ)是锇的一种很主要的氧化态，它的普通化合物和配合物的种类都很多。

Os(Ⅵ)主要生成四种类型的配合物，即锇酸盐型的$[OsO_4]^{2-}$、锇酰基型的$[OsO_2(NH_3)_4]^{2+}$、$[Os(CN)_4]^{2-}$、$[OsO_2X_4]^{2-}$（X＝Cl，Br，NO，$1/2C_2O_4$，SO_3Na）、氧-锇酰基型的$[OsO_3X_2]^{2-}$（X＝Cl，Br，NO_2，$1/2C_2O_4$）以及氮卤配合物型的$[OsNX_4]^-$、$[OsNX_5]^{2+}$（X＝Cl，Br）。所有的上述配合物都是反磁性的，其中氮卤配合物中存在Os≡N间的三键。

将四氧化锇溶于10％的氢氧化钠水溶液中，再加入等体积的乙醇，冷却1h后，滤出生成的沉淀，该沉淀先用50％的乙醇洗涤，再用99％的乙醇洗涤，就得到锇酸钾产品。乙醇在制备中是作为还原剂来还原OsO_4为OsO_4^{2-}；也可改用KNO_2作为还原剂进行类似的制备。两种方法制成的锇酸钾均为二水合物$K_2[OsO_4]\cdot 2H_2O$，浅紫红色的晶体，易溶于水，不溶于乙醇或乙醚。干燥的$K_2[OsO_4]\cdot 2H_2O$在空气中冷时是稳定的，但加热后，会氧化分解成挥发性的OsO_4。在潮湿或溶液中，也会慢慢发生这种分解。

第2章

银的深加工

银的传统用途是作为货币以及制造银质器皿和首饰。银的现代用途主要是作为工业原料和工业材料,其中银的精细化工产品,包括硝酸银、氧化银、超细银粉和片状银粉、氰化银钾、各类银浆和各种银盐感光材料等,是银实现其工业用途的主要载体。它们在感光工业、电子和信息产业、电镀和化工等行业中有着广泛的用途。本章主要论述以电解银粉或银板作为原料,生产各类在工业上获得广泛应用的含银精细化工产品的工艺,并且对深加工过程中应该注意的事项进行简单的讨论。

2.1 硝酸银

硝酸银(silver nitrate),分子式 $AgNO_3$,相对分子质量 169.87。

2.1.1 概述

2.1.1.1 主要性质

硝酸银是无色透明斜方片状晶体,味苦,有毒。易溶于水和氨,微溶于乙醇,难溶于丙酮与苯,几乎不溶于浓硝酸中。硝酸银水溶液呈弱酸性,pH=5~6。

纯硝酸银晶体对光稳定,在有机物存在下,易被还原为黑色金属银。潮湿硝酸银及硝酸银溶液见光较易分解。硝酸银于 207~209℃熔化,变为明亮的淡黄色液体;在 440℃分解,产生氮氧化物棕色气体。

硝酸银为氧化剂,可使蛋白质凝固,对人体有腐蚀作用,成人致死量在 10g 左右。

2.1.1.2 主要用途

硝酸银是白银深加工的第一个产品,是许多其他含银深加工产品的原料。其主要用途如下。

(1)制作照相底片 全世界 50%以上的白银用于制造照相底片等感光材料,其基础原料为硝酸银,通过沉淀法制成卤化银后用于各类银盐感光材料。

(2)制镜 白银涂布在玻璃上有极好的反光性,因此目前最好的反光镜是用白银制作的。其基本原料为硝酸银,通过还原过程将硝酸银中的银沉积到玻璃表面,用于制造反光镜和保温瓶胆。

(3)电镀 镀银制品(包括民用物品和工业用品)具有许多优异的性能,因此每年用于电镀上的白银约为白银消耗总量的 20%。其基本原料为硝酸银,通过硝酸银直接配制或制成氰化银钾后用于镀银工艺。

（4）印刷　用于印刷需要银色的物品或工业上用于印刷电子元器件(经烧结后还原为白银，用于导电)，其基本原料也为硝酸银，通过将硝酸银制成各类银浆料而得到应用。

（5）医药　作为消炎、腐蚀药品，如烫伤药膏、医用消毒纱布等。其中硝酸银是直接配成溶液加入这些药品或浸渍到有关材料上。

（6）电子工业　用于微电子工业的各种元器件(包括滤波片、蜂鸣片、热敏电阻、光敏电阻等)和电接触材料(如各类纯银或银合金触头和触点)。

（7）常用分析试剂和制备其他含银物质的基础原料　用于制造氧化银、氰化银钾、硫酸银、碳酸银、氯化银、超细银粉、片状银粉、各种银浆等。

2.1.1.3　质量标准

硝酸银产品是最早形成国家标准的含银产品。其主要技术指标见表2.1。

表 2.1　硝酸银产品质量标准(GB 670—1977)

指标名称		优级纯	分析纯	化学纯
硝酸银/%	≥	99.8	99.8	99.5
水溶性反应		合格	合格	合格
外观		合格	合格	合格
澄清度试验		合格	合格	合格
水不溶物/%	≤	0.003	0.005	0.005
盐酸不沉淀物/%	≤	0.01	0.02	0.03
铅(Pb)/%	≤	0.0005	0.001	0.002
硫酸盐(SO_4^{2-})/%	≤	0.002	0.004	0.006
铁(Fe)/%	≤	0.0002	0.0004	0.0007
铜(Cu)/%	≤	0.0005	0.001	0.002
铋(Bi)/%	≤	0.0005	0.001	0.002

2.1.2　生产工艺

硝酸银的生产主要采用酸解法，即由金属银与硝酸直接反应而得。其主要反应如下：

$$Ag + 2HNO_3 \longrightarrow AgNO_3 + NO_2 \uparrow + H_2O$$

$$3Ag + 4HNO_3(稀) \longrightarrow 3AgNO_3 + NO \uparrow + 2H_2O$$

根据所用银原料的纯度不同，酸解法生产硝酸银通常有纯银法和杂银法两种生产工艺。

2.1.2.1　纯银法生产工艺

（1）工艺流程　纯银法生产工艺流程如下：

银＋硝酸→反应→冷却静置→过滤→蒸发→结晶→离心→干燥→硝酸银成品

① 反应。将银块用去离子水冲洗，除去表面污物，置于反应器中。先加去离子水，再加浓硝酸，使硝酸浓度为60%～65%。此时要控制加酸速度，使反应不会过于剧烈。为了降低硝酸消耗，在反应过程中应保持金属银过量。当硝酸加完后，在夹套中通水蒸气加热以促使反应完全，同时促使氮的氧化物气体逸出。逸出的氮氧化物气体在吸收塔内用纯碱溶液吸收。当反应液的pH值达到3～4时，将反应液抽入储槽，用去离子水稀释至密度为1.6～1.7g/cm³，冷却静置10～16h。过滤，滤液用硝酸酸化至pH值在1～1.5之间进入下一工序。其生产工艺流程如图2.1所示。

合成反应放出的氮氧化物气体经冷凝器冷却后，用稀碱液通过水喷射真空泵吸收机组和

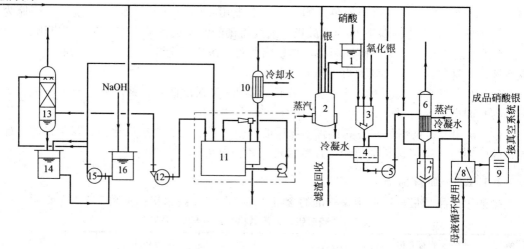

图 2.1　纯银法生产硝酸银工艺流程

1—硝酸高位槽；2—反应器；3—处理反应器；4—过滤器；5—硝酸银泵；6—蒸发器；
7—结晶器；8—离心机；9—真空干燥器；10—冷凝器；11—水喷射真空泵吸收机组；
12—风机；13—吸收塔；14—吸收液储槽；15—碱液循环泵；16—碱液储槽

吸收塔二级吸收，达标尾气放空。碱液吸收后的中和液可通过蒸发结晶的方法生产 $NaNO_3$ 和 $NaNO_2$。

② 蒸发、结晶。将上一工序过滤后的清液送入蒸发器，蒸发溶液至液面出现晶膜后，放入结晶器，静置、冷却结晶 16～20h。结晶析出的晶体经离心分离后，用少量冷水洗涤，然后在 90℃干燥 4～5h，即得硝酸银成品。

（2）注意事项

① 一次投料白银的量。根据反应容器的容积而定。对 100L 的不锈钢反应容器而言，一次投料的白银量以 100～120kg 较为合适。

② 实际生产中，通常使最后反应体系中保留少量的未溶解白银，这样可使后续加工步骤更为简单一些(过滤后赶硝可以容易得多)。

③ 反应的温度。一般控制在溶液保持微沸状态为宜。通过控制夹套反应釜的加热水蒸气压力或通过调压器控制加热炉的电压较为精确地控制反应体系的温度。

④ 过滤是得到合格硝酸银的必要步骤。白银造液后，所得溶液必须过滤一次，以使白银中的不溶性杂质以及硫酸银、硝酸铋等得以从溶液中分离。这些不溶性杂质一般含有含量较高的贵金属(如 Au、Pt、Pd 等)，因此这些杂质以及过滤所用的滤纸、滤布等不应作为无用之物随手弃去，应该集中起来统一回收这些比白银更贵重的金属。滤液在蒸发之前应该用硝酸调节溶液 pH 值至 1.0～1.5，否则，如果酸度过低，会造成结晶发暗、发黏，出现水不溶物等现象。

⑤ 洗涤晶体。用去离子水洗涤晶体数次，使洗涤后的水 pH 值保持在 5～6。分离后的母液与洗涤水送回蒸发器，循环使用。母液中含有金属杂质(铁、铋、铜、铅等)，当循环使用数次后，母液会变浑浊，颜色呈墨绿色，此时表示母液中杂质过多，可用熔融法处理。即将母液蒸干后，在 300～400℃下加热熔融，以除去全部游离的 HNO_3 并使其他杂质的硝酸盐分解为氧化物以便除去。冷却后加去离子水溶解熔体，调节溶液 pH 值至 4～5，使上述金属杂质以碱式盐形式沉淀，经澄清、过滤，得硝酸银溶液，倒入反应液中一起蒸发。含银废液也可用工业盐酸处理，沉淀出氯化银，再用铁粉还原，然后熔炼成银块，作原料使用。

⑥ 硝酸银与乙炔反应生成乙炔银，在干燥条件下，受轻微摩擦就发生爆炸，故设备维修时严禁电石糊或乙炔气带入车间。此外，硝酸银有氧化作用，用过的滤纸，遇火极易燃烧，需妥善保管。皮肤接触硝酸银见光后变黑，故操作时要戴好防护用具。

（3）原料规格及消耗　纯银法生产硝酸银的原料规格及消耗见表2.2。

表 2.2　纯银法生产硝酸银的原料规格及消耗

原料名称	规格	消耗（酸解法）/(t/t 产品)
银	折算成100%	0.636
硝酸	98%	0.66

2.1.2.2　杂银法生产工艺

杂银法生产硝酸银的核心是生产过程兼有提纯原料银的作用，常用的方法是使杂银中的银通过氯化银中间状态而与其他杂质分离，再将氯化银还原成纯银后生产硝酸银。有关反应式为：

$$AgNO_3 + HCl \longrightarrow AgCl\downarrow + HNO_3$$
$$2AgCl + Zn \longrightarrow 2Ag\downarrow + ZnCl_2$$

（1）工艺流程　杂银法生产工艺流程如下：

粗银→加硝酸溶解→过滤→滤液加盐酸沉淀→氯化银沉淀加锌粉还原→纯银粉加硝酸制备硝酸银

① 酸溶杂银。将杂银置于反应釜中，用浓度约为20%的稀硝酸使其溶解，加去离子水稀释至密度为 $1.6\sim1.7g/cm^3$ 后，静置沉降。

② 氯化银沉。过滤，所得滤液在不断搅拌下加入密度约为 $1.12g/cm^3$ 的盐酸，并且稍微过量，使氯化银沉淀完全。抽出母液，在氯化银沉淀中加入浓度约 10% 的稀盐酸共沸，最后用热水以倾析法洗涤沉淀至接近中性，并且用亚铁氰化钾检验至无 Cu^{2+} 为止。将洗涤好的氯化银过滤备用。

③ 还原。将上述过滤好的氯化银用去离子水搅拌浆化，并且用硫酸酸化混合物，按AgCl∶锌粉＝1000∶235的比例加入锌粉，搅拌反应混合物，此时，氯化银被置换成银粉析出，大部分锌粉则溶解为氯化锌进入溶液。取少量固体粉末作为试样，用水洗涤后用硝酸检验还原反应是否完全。如试样能够完全溶解于硝酸中，表明还原反应已经完全，否则应补加锌粉并加热继续反应至还原过程彻底。反应结束后，用倾析法洗涤沉淀，最后用 10% 的稀硫酸处理沉淀以溶解未反应的锌粉。静置沉降后，用倾析法倒掉上层清液，加水充分洗涤沉淀至洗液中不含硫酸根为止（用 $BaCl_2$ 溶液检验）。过滤，所得固体粉末即为纯度较高的银粉。

④ 制备硝酸银。将所得银粉按纯银法制备硝酸银。

杂银法提纯原料银生产工艺流程如图 2.2 所示。

（2）注意事项

① 将杂银用硝酸溶解，过滤后的滤渣中含有比纯银中更多的小溶于硝酸的其他贵金属，有关滤纸和滤渣应集中放置，以后统一处理。

② 得到氯化银沉淀后，也可以如下方式将氯化银分解为纯度较高的银：在坩埚中预先放置一层 K_2CO_3 固体，将烘干的氯化银固体置于坩埚中，再在上面覆盖一层固体 K_2CO_3。将坩埚置于中频炉或地炉中，加热至坩埚内的固体混合物全部熔融后保温10min。将坩埚内的熔融液体趁热倒入钢模中，冷却后敲掉银板表面的熔渣，用自来水刷洗银板表面，再用去离子水洗涤银板。所得银板的银含量可达 99.9% 左右，可以用于纯银法生产硝酸银。

（3）原料规格及消耗　杂银法生产硝酸银的原料规格及消耗见表2.3。

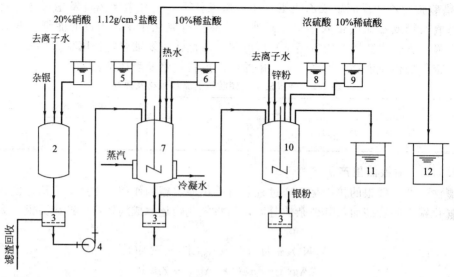

图 2.2 杂银法提纯原料银生产工艺流程

1—稀硝酸高位槽；2—溶银反应器；3—过滤器；4—氯化银溶液泵；5—浓盐酸高位槽；
6—稀盐酸高位槽；7—反应器；8—浓硫酸高位槽；9—稀硫酸高位槽；10—还原器；11，12—回收液储槽

表 2.3 杂银法生产硝酸银的原料规格及消耗

原料名称	规格	消耗（酸解法）/（t/t 产品）
银	折算成 100%	0.641
硝酸	98%	0.87

2.2 氧化银、超细氧化银和纳米级氧化银

2.2.1 概述

2.2.1.1 主要性质

氧化银（silver oxide）、超细氧化银（superfinesilver oxide）、纳米级氧化银（nano-scalesilver oxide），分子式 Ag_2O，相对分子质量 231.74。氧化银是棕褐色立方结晶或棕黑色重质粉末。密度为 $7.143g/cm^3$。在空气中能吸收二氧化碳，潮湿状态时更严重。氧化银在干燥或潮湿状态保存在暗处均稳定，但见光则逐渐分解为银和氧气。易溶于稀酸、氨水和氰化钾（或氰化钠）溶液，难溶于水和乙醇。在空气中加热到 200℃ 开始分解，加热到 300℃ 全部分解为银和氧气。在碱性条件下甲醛水溶液能使其直接还原为金属银。与可燃性有机物或易氧化物摩擦能引起燃烧，因此勿与氨气和易氧化物接触。熔点为 300℃（分解）。属于危险品。

2.2.1.2 主要用途

氧化银在工业上有广泛的应用。

（1）电子元器件中的表面银涂层的主要原料　将氧化银与有机成膜物质（如聚乙烯醇等）和适当的添加剂（如玻璃料等）混合，置于球磨机中球磨，得到具有特定涂布性能和电

性能的浆料(氧化银浆)。将氧化银浆料通过丝网印刷或手工刷涂的方法涂布于蜂鸣器、滤波器等器件的陶瓷基底材料表面，再通过烧结的方法使氧化银还原成金属银而均匀分布于陶瓷基底材料表面。

（2）扣式氧化银电池的主要原料　将氧化银粉末与锌或锰等金属的化合物混合均匀，置于电池外壳内，通过有关工艺而得到符合要求的扣式氧化银电池。该种电池体积小、电容量大、放电时间长，广泛应用于手表、笔记本电脑和其他需要小体积电池的场合。因此，工业用银中用于氧化银电池生产的白银用量逐年上升。

（3）有机合成中的常用氧化剂和催化剂　在许多有机合成反应中，常用氧化银作为氧化剂或催化剂。

除此之外，氧化银还经常作为其他含银化合物的原料、分析试剂、防腐剂、玻璃着色剂、玻璃研磨剂和饮用水净化剂等。

2.2.1.3　质量标准

普通氧化银产品质量执行国家标准 HG 3-943—1976，标准要求见表 2.4。

表 2.4　氧化银产品质量标准（HG 3-943—1976）

指标名称		分析纯	化学纯
氧化银(Ag_2O)/%	≥	99.7	99.0
澄清度试验		合格	合格
硝酸不溶物/%	≤	0.02	0.03
游离碱（以 NaOH 计）/%	≤	0.012	0.02
硝酸盐(NO_3^-)/%	≤	0.005	0.01
盐酸不沉淀物/%	≤	0.05	0.10
干燥失重/%	≤	0.25	0.25

2.2.2　生产工艺

氧化银的生产是由硝酸银溶液与氢氧化钠溶液反应而得的。其主要反应式如下：

$$2AgNO_3 + 2NaOH \longrightarrow Ag_2O\downarrow + H_2O + 2NaNO_3$$

普通氧化银的生产与超细氧化银及纳米级氧化银的生产工艺过程基本相同，区别在颗粒度的控制方法上，下面分别介绍普通氧化银与超细氧化银及纳米级氧化银的生产工艺。

2.2.2.1　普通氧化银生产工艺

（1）工艺流程　普通氧化银生产工艺流程如下：

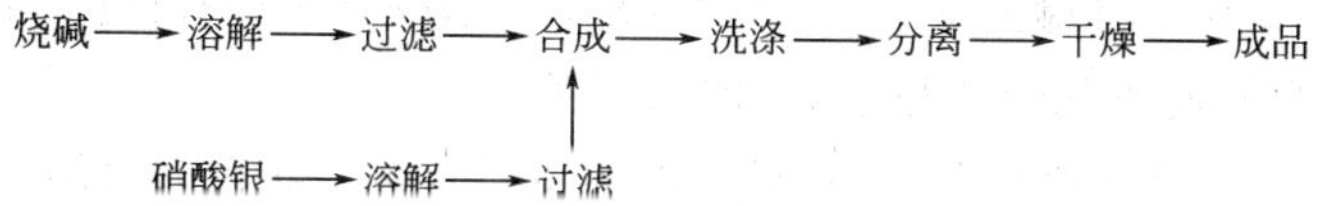

烧碱 —→ 溶解 —→ 过滤 —→ 合成 —→ 洗涤 —→ 分离 —→ 干燥 —→ 成品

硝酸银 —→ 溶解 —→ 过滤 —↑

① 将硝酸银用去离子水配成约为 1.0mol/L 的溶液，用真空吸入的方法将溶液抽入高位槽（真空吸入管口用 500 目滤布覆盖住，兼有过滤作用，下同）。按硝酸银：纯碱＝3：1 的比例称取纯碱，溶于去离子水中，配成饱和溶液。冷却后用真空吸入（兼过滤）的方法抽入不锈钢反应釜中。

② 搅拌，在反应釜夹套中通入室温下的自来水进行循环。将硝酸银溶液按 1L/min 的速度滴加到纯碱溶液中。滴加完毕后，继续搅拌 4h 以使反应完全。

③ 将反应混合物在搅拌下通过放料阀放入不锈钢离心机中，用去离子水冲洗反应釜，洗液也放入离心机。离心分离，并且用去离子水淋洗晶体表面，直至淋洗液的 pH 值接近

中性。

④ 所得氧化银棕黑色固体置于真空干燥箱中于 80℃ 干燥 6h。产品氧化银经化验合格后包装入库。其生产工艺流程如图 2.3 所示。

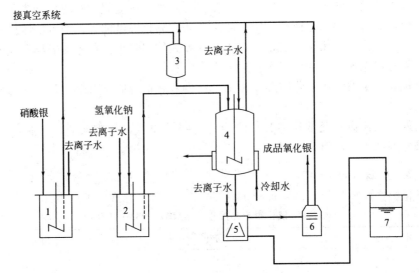

图 2.3　普通氧化银生产工艺流程

1—硝酸银溶液储槽；2—氢氧化钠溶液储槽；3—硝酸银高位槽；4—反应器；
5—离心机；6—真空干燥箱；7—回收液储槽

（2）注意事项

① 滴定的顺序。由于氧化银产品的颗粒度一般为越小越好（电子元器件），因此在反应釜中预先加入 NaOH，用 AgNO₃ 溶液滴加到 NaOH 溶液中去，可以得到较细的氧化银颗粒；如果要求得到颗粒度较大的氧化银，可以反过来滴定，并且降低反应物的浓度、延长反应时间使之达到要求。

② 是否加热。AgNO₃ 与 NaOH 的反应过程中会放出热量，在生产试剂级氧化银（普通氧化银，化学纯、分析纯等）时一般不需要加热，而且为了保证反应过程中反应条件的均一性，必须在夹套中通入室温下的自来水带走反应放出的热量；在生产电池专用级氧化银时，必须加热，通过在夹套中通入加热水蒸气的方法加以解决，以生产出符合电池专用的特种氧化银。

③ 整个过程所用的水及溶液应除去二氧化碳。

④ 反应结束后应及时将料液从反应釜中放出，因为氧化银为沉淀，时间过长，容易使放料阀堵塞，同时容易使氧化银颗粒过大（团聚现象）。

⑤ 干燥过程。注意温度不要超过 80℃，用减压或真空干燥较为合适。

（3）原料规格及消耗　氧化银生产规格及消耗见表 2.5。

表 2.5　氧化银生产原料规格及消耗

原料名称	规格	消耗(酸解法)/(t/t 产品)
银	折算成 100%	0.95
硝酸银	99.8%	1.55
氢氧化钠	96%	0.50

2.2.2.2　超细和纳米级氧化银生产工艺

由于氧化银的颗粒很硬，一旦颗粒形成后，很难再将其细碎。若要得到颗粒度更小的氧化银产品，如超细氧化银（颗粒度在几微米）或纳米级氧化银（颗粒度在几十纳米），则必须采用新的生产方法。作者提出的超细和纳米级氧化银生产方案和工艺如下。

（1）原理　普通氧化银生产中，硝酸银溶液直接与氢氧化钠溶液反应时，溶液中的 Ag^+ 浓度过大，生成的氧化银微粒在反应体系中的生长速率过快，同时颗粒之间很容易团聚，导致得到的氧化银产品颗粒过大。若能降低反应时 Ag^+ 的浓度，使氧化银的生成速率加快而生长速率减慢，同时在氧化银颗粒生成后即被立即保护起来，阻止团聚现象的发生，则可得到颗粒度极小的氧化银颗粒产品。

（2）生产方法　将硝酸银配成溶液，加入浓氨水得到银氨溶液，逐渐加入预先加有保护剂（如 PVP 等）的氢氧化钠溶液中，超细氧化银沉淀即生成。经过洗涤、分离和干燥得到超细氧化银成品。

① 将硝酸银 50kg 溶于 300L 水中，在搅拌下逐渐加入浓氨水 100L，配成银氨溶液。另将固体氢氧化钠 40kg 和 0.2kg 保护剂（聚乙烯吡咯烷酮，简称 PVP，相对分子质量为30000）加水 500L，搅拌溶解，配成碱溶液。

② 将银氨溶液在搅拌下滴加到碱溶液中，同时在反应釜夹套中通入自来水循环。银氨溶液滴加完毕后，再充分搅拌 4h，离心过滤出氧化银，用水洗涤 3 次，再用乙醇洗涤 3 次，在温度为 80℃时真空干燥，即得纳米级氧化银。

③ 按该方法所生产的纳米级氧化银平均粒径约为 88nm，最大粒径与最小粒径之差≤5nm。改变反应物的浓度和反应条件，可以得到指定粒径的微米级或纳米级氧化银。

2.3 硫酸银

2.3.1 概述

硫酸银，英文名称 silver sulfate，分子式 Ag_2SO_4，相对分子质量 311.79。

2.3.1.1 主要性质

硫酸银是斜方晶系白色晶体或结晶性粉末，熔点为 660℃，分解温度为 1085℃。微溶于水，溶于氨水和硝酸，在硝酸或热硫酸中的溶解度比在水中大，遇光稍分解。

与氢气、碳加温还原时，温度不同产物各异（银或硫化银），与氢氰酸反应生成氰化银沉淀。与热而浓的硫酸、盐酸反应生成它们的加合物。

2.3.1.2 主要用途

硫酸银主要用于压电陶瓷浆料、部分电镀产品和热敏电阻等产品的生产。

2.3.1.3 质量标准

硫酸银产品质量标准见表 2.6。

表 2.6 硫酸银产品质量标准（HG 3-945—1976）

指标名称		分析纯	化学纯
硫酸银（Ag_2SO_4）/%	≥	99.7	99.0
澄清度试验		合格	合格
硝酸不溶物/%	≤	0.02	0.04

指标名称		分析纯	化学纯
铁(Fe)	≤	0.001	0.002
硝酸盐(NO_3^-)/%	≤	0.001	0.002
盐酸不沉淀物/%	≤	0.03	0.06
铜、铋、铅		合格	合格

2.3.2 生产工艺

硫酸银的生产方法可分为直接法和间接法。

2.3.2.1 直接法硫酸银生产工艺

（1）原理　直接法是将电解银粉或银板与浓硫酸直接在加热条件下反应而得到硫酸银，其主要反应式为：

$$2Ag+2H_2SO_4(浓)\longrightarrow Ag_2SO_4\downarrow+SO_2\uparrow+2H_2O$$

（2）工艺流程　将比理论量过量约10%的电解银板用去离子水冲洗干净，除去表面污物，置于反应器中。先加少量去离子水润湿，再逐渐加入浓硫酸。加热，使溶液保持微沸状态。停止加酸后，继续反应2h，冷却至室温，静置沉降过夜。将未反应的银板取出，用去离子水清洗干净，洗液并入反应混合物中，此时在反应混合物中有硫酸银沉淀生成。静置沉降，将上层清液在搅拌下浓缩至表面出现一层晶膜时，冷却。合并这两步得到的硫酸银沉淀，置于离心机中离心分离湿晶体，并且用少量去离子水洗涤晶体。在90℃以下真空干燥得硫酸银成品。化验合格后包装入库。其生产工艺流程如图2.4所示。

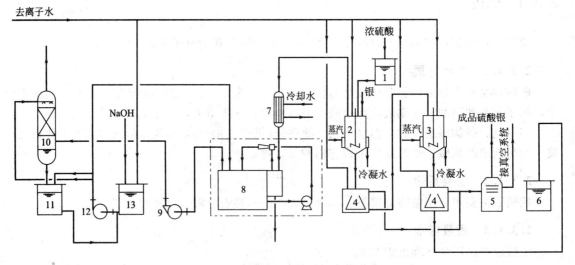

图 2.4　直接法生产硫酸银工艺流程

1—浓硫酸高位槽；2—反应器；3—浓缩釜；4—离心机；5—真空干燥器；

6—回收液储槽；7—冷凝器；8—水喷射真空泵吸收机组；9—风机；10—吸收塔；

11—吸收液储槽；12—碱液循环泵；13—碱液储槽

（3）注意事项

① 以氧化银或碳酸银作为起始原料，所得产品纯度高，操作较为简单，但生产成本较高。投料时氧化银或碳酸银的量略少于理论量。

② 以硝酸银作为起始原料，生产成本低于氧化银法，但产品中易混入硝酸根离子。因此，反应结束后所得沉淀应该反复用水清洗和沉降，洗涤至无氨味为止。

2.3.2.2 间接法硫酸银生产工艺

（1）原理 间接法是将银先制成适当的中间产物，如硝酸银、氧化银或碳酸银，使之再与硫酸或硫酸盐作用而得到硫酸银。

将白银制成硝酸银、氧化银或碳酸银后，利用下列反应进行生产：

$$Ag_2O（或\ Ag_2CO_3）+H_2SO_4 \longrightarrow Ag_2SO_4 \downarrow +H_2O$$

$$2AgNO_3+H_2SO_4（过量）\longrightarrow Ag_2SO_4 \downarrow +2HNO_3$$

$$2AgNO_3+(NH_4)_2SO_4 \longrightarrow Ag_2SO_4 \downarrow +2NH_4NO_3$$

其中，利用 $AgNO_3$ 与 $(NH_4)_2SO_4$ 的复分解反应制备硫酸银是最常用的方法。

（2）工艺流程 将硝酸银配成浓度约为 $1.0mol/L$ 的水溶液，在搅拌下滴加到浓度约为 $1.0mol/L$ 的预热至 $60℃$ 硫酸铵溶液中，充分反应后静置沉降，用倾析法去除上层清液，所得沉淀用去离子水反复清洗和沉降。最终所得沉淀置于离心机中离心分离，并且用少量去离子水洗涤晶体。在 $90℃$ 以下真空干燥得硫酸银成品。化验合格后包装入库。硝酸铵母液可通过蒸发结晶的方法生产 NH_4NO_3。硝酸银间接法生产硫酸银的工艺流程如图 2.5 所示。

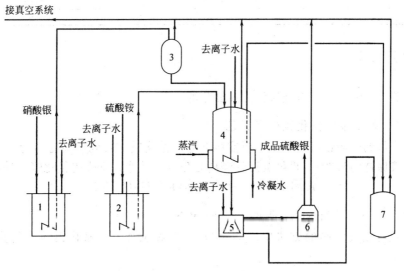

图 2.5　间接法生产硫酸银工艺流程

1—硝酸银溶液储槽；2—硫酸铵溶液储槽；3—硝酸银高位槽；
4—反应器；5—离心机；6—真空干燥箱；7—回收液储槽

（3）工艺流程

① 以硝酸银作为起始原料，生产成本低于氧化银法，但产品中易混入硝酸根离子。因

此，反应结束后所得沉淀应该反复用水清洗和沉降，洗涤至无氨味为止。

② 以氧化银或碳酸银作为起始原料，所得产品纯度高，操作较为简单，但生产成本较高。投料时氧化银或碳酸银的量略少于理论量。

2.4 氰化银

氰化银（silver cyanide），分子式 AgCN，相对分子质量 133.87。

2.4.1 概述

2.4.1.1 主要性质

氰化银是白色或淡灰色粉末，无嗅，无味，相对密度 3.95，熔点 320℃。溶于氨水、乙醇、硫代硫酸钠溶液、热浓硝酸，不溶于水，在干空气中稳定，加热到 320℃以上分解，曝光后变暗色，剧毒。主要用于银的电镀。氰化银目前尚未形成国家标准，生产中执行主含量（AgCN）$\geqslant 98\%$ 的参考标准。

2.4.1.2 主要用途

医药，镀银，防护涂料用于压热器的衬里，电接触元件、飞机发动机轴承的电镀。

2.4.1.3 质量标准

氰化银目前执行的是参考标准，标准要求见表 2.7。

表 2.7 氰化银产品参考标准

指标名称	指标
氰化银（AgCN）/% ≥	98

2.4.2 生产工艺

氰化银的生产方法主要有金属银法和复分解法。

2.4.2.1 金属银法氰化银生产工艺

用纯银法得到硝酸银溶液，在不断搅拌下加入氰化钠，直到沉淀完全为止（在整个反应过程中使溶液保持弱酸性），再将沉淀物经离心分离、洗涤、干燥得氰化银。其反应式为：

$$Ag + 2HNO_3 \longrightarrow AgNO_3 + H_2O + NO_2$$

$$AgNO_3 + NaCN \longrightarrow AgCN \downarrow + NaNO_3$$

母液可通过蒸发结晶的方法生产 $NaNO_3$。金属银法生产氰化银的工艺流程如图 2.6所示。

2.4.2.2 复分解法氰化银生产工艺

在冷的硝酸银饱和溶液中，加浓的氰化钾溶液和氢氰酸经复分解反应得氰化银沉淀物，再经分离、洗涤、干燥得氰化银成品。其反应式为：

$$AgNO_3 + KCN \longrightarrow AgCN \downarrow + KNO_3$$

复分解法生产氰化银的工艺流程如图 2.7所示。

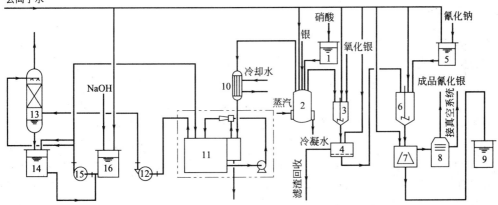

图 2.6 金属银法生产氰化银工艺流程

1—硝酸高位槽；2—硝酸银反应器；3—处理反应器；4—过滤器；5—氰化钠高位槽；6—氰化银反应器；
7—离心机；8—真空干燥器；9—回收液储槽；10—冷凝器；11—水喷射真空泵吸收机组；
12—风机；13—吸收塔；14—吸收液储槽；15—碱液循环泵；16—碱液储槽

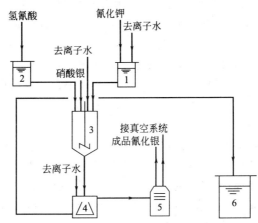

图 2.7 复分解法生产氰化银工艺流程

1—氰化钾高位槽；2—氢氰酸高位槽；3—反应器；4—离心机；
5—真空干燥器；6—回收液储槽

2.5 氰化银钾

氰化银钾（potassium silver cyanide），分子式 $KAg(CN)_2$，相对分子质量 198.97。

2.5.1 概述

2.5.1.1 主要性质

氰化银钾是白色晶状粉末。相对密度 2.36，溶于水、醇。遇酸会生成氢氰酸和相应的银化合物，对光敏感，剧毒。

2.5.1.2 主要用途

氰化银钾是镀银及其合金工艺中一种十分重要的银盐，目前产品虽未形成国家标准，但在镀银行业已逐步取代了原先使用的硝酸银、氯化银和碳酸银等其他银盐。氰化银钾的纯度对镀层的质量和镀液的寿命影响很大，尤其在电子元器件的表面镀银中，对 $KAg(CN)_2$ 的纯度要求十分严格。

2.5.1.3 生产方法

目前，氰化银钾的生产方法主要有电解法、中间产物法和直接法。

（1）**电解法** 是以纯银作为阳极，氰化物溶液作为电解液，通入直流电后银从阳极溶出，进入溶液与 CN^- 结合，再将电解液取出进行浓缩结晶而得到氰化银钾。近年来电解法发展很快，除传统电解法外，隔膜电解等新工艺纷纷应用于电解法生产氰化银钾。

（2）**中间产物法** 是将纯银或粗银制成适当的中间产物，如硝酸银、氯化银、氰化银或氧化银，再与氰化钾反应而得到氰化银钾。相应的以这些中间产物命名的生产方法有硝酸银法、氰化银法、氯化银法和氧化银法。这些方法各有优缺点，但均存在生产周期长、银耗大和产品纯度易受人为操作影响的不足。

① 硝酸银法。将硝酸银和氰化钾按物质的量之比为 1∶2 投料，经过浓缩结晶而直接得到氰化银钾成品。此法操作简单，但因浓缩结晶过程中不易控制氰化银钾的结晶度，易使产品中混有硝酸钾。

② 氰化银法。将略少于化学计量的氰化钾和硝酸银反应，得到氰化银沉淀，经洗涤后溶于等物质的量的氰化钾中，经浓缩结晶而得到氰化银钾。此法可克服硝酸银法的缺点，产品纯度较高，但收率低。原因在于在得到氰化银沉淀的过程中，氰化钾的加入量少于理论量，有部分硝酸银没有变成氰化银沉淀而留在了滤液中。若氰化钾的加入量等于或大于理论量，则有部分氰化银将溶解于过量或局部过量的氰化钾中，影响所得氰化银沉淀的量。通过氰化银法可以得到镀银工艺中所需要的另一银盐——氰化银，此产品在许多电镀企业仍在使用。

③ 氯化银法。为了克服氰化银法的缺点，提高产率，先将硝酸银制成氯化银后再将氯化银溶解于稍过量的氰化钾中，经浓缩结晶而得到氰化银钾。此法收率较高，但存在与硝酸银法相似的缺陷，即浓缩结晶过程中易在产品中引入氯化钾而影响纯度。

④ 氧化银法。在饱和氰化钾溶液中加入略少于化学计量的氧化银固体，加热至 60℃，搅拌至全部溶解。趁热过滤，滤液浓缩至浓缩水量达到一定体积时，在不断搅拌下冷却结晶而得到氰化银钾。用此法生产的氰化银钾纯度高，但生产成本也较高。

（3）**直接法** 是以电解银粉为原料，采用氰化提银和氰化提金相同的原理，在氧气存在下用氰化钾溶液直接与银粉反应而得到氰化银钾。这是作者提出的生产氰化银钾的一种新方法（又名鼓氧氰化法），其特点是原料简单、产品纯度高、生产操作容易、生产成本低和环保要求低。下面重点介绍鼓氧氰化法生产氰化银钾的原理和生产工艺。

2.5.2 鼓氧氰化法生产氰化银钾工艺

（1）**原理** 在空气存在下，银在加热时能溶于碱金属氰化物溶液中：

$$4Ag+O_2+8CN^-+2H_2O \longrightarrow 4[Ag(CN)_2]^-+4OH^-$$

反应可以进行的原因是 Ag^+ 与 CN^- 结合生成的 $[Ag(CN)_2]^-$ 很稳定，使银电对的电极电势低于氧电对的电极电势：

$$Ag^+ +e^- \longrightarrow Ag \quad E^{\ominus}=0.799V$$

$$[Ag(CN)_2]^- +e^- \longrightarrow Ag+2CN^- \quad E^{\ominus}=-0.31V$$

$$O_2+2H_2O+4e^- \longrightarrow 4OH^- \quad E^{\ominus}=0.401V$$

从反应液底部鼓入空气以增加溶液中氧气的浓度，同时空气的鼓入搅动了反应混合物，使银粉与氰化钾的接触更为容易。

（2）工艺流程　鼓氧氰化法生产氰化银钾的工艺流程如图2.8所示。

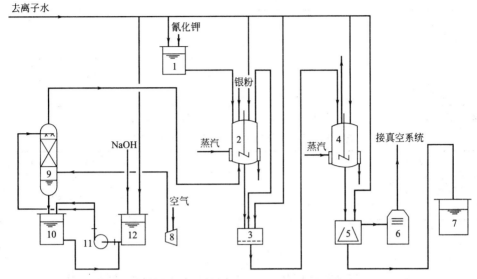

图2.8　鼓氧氰化法生产氰化银钾工艺流程

1—氰化钾高位槽；2—反应器；3—过滤器；4—浓缩结晶釜；5—离心机；6—真空干燥箱；
7—回收液储槽；8—空气压缩机；9—吸收塔；10—吸收液储槽；11—吸收液泵；12—碱液储槽

将电解银粉表面冲洗干净，放入反应器中，加入略少于化学计量的饱和氰化钾溶液，搅拌并在反应器底部鼓入空气，加热使反应体系温度保持在80℃左右。反应8h后放出反应混合物，过滤，未反应的银粉转入下一循环继续使用。滤液转入带有冷凝装置的蒸馏器中浓缩。当浓缩收集到的冷凝水量达到一定体积时，停止加热，在不断搅拌下冷却结晶。所得固体经过离心分离并加少量水洗涤后，在95℃真空干燥4h。经过检验合格后包装入库。离心所得母液通过蒸发浓缩、冷却结晶的方法可回收KOH。

（3）注意事项

① 金属银过量。为了减少氰化钾的消耗定额和减少最终废液的氰含量，投料白银（最好是电解银粉）必须过量。在保证氰化钾完全反应的前提下，银粉过量的数量与反应时间、温度有关，结果表明，在反应温度为80℃、反应时间为8h的条件下，银粉过量10%较为适宜，此时反应混合物中的游离氰量小于2%。

② 空气的鼓入。氧气是鼓氧氰化法生产氰化银钾的反应原料，其廉价来源为空气。为了保证氰化银钾产品的纯度，所用空气必须先经过氢氧化钠溶液吸收，使CO_2等对反应有害的气体被除掉。空气的鼓入量以整个反应体系均匀冒泡为原则，不宜过大而使大量水分丧失。

③ 氰化银钾溶液的浓缩结晶。虽然反应过程中所得副产物KOH的溶解度（103g/100mL水，10℃，下同）比硝酸银法的副产物KNO_3（20.9g/100mL水）和氯化银法的副产物KCl（31.0g/100mL水）大得多，但过量的KOH的存在必然影响产品的纯度。因此控制浓缩结晶过程中的浓缩量，对于提高氰化银钾的纯度极为重要。若以100kg电解银粉（干重）投料，KCN（98%）108kg溶解于400L水中反应，浓缩后冷却温度为10℃，浓缩所得水量与氰化银钾含量的关系见表2.8。从表中可见，在此投料条件下，浓缩水量（包括空气鼓入反应时所带出的水量）在320~350L时所得产品的纯度和已反应银粉的一次回收

率均令人满意。

表 2.8　浓缩所得水量与氰化银钾含量的关系

浓缩水量/L	产品银含量/%	$KAg(CN)_2$含量/%	已反应银粉的一次回收率/%
250	0.5420	99.9	91.6
280	0.5420	99.9	93.8
300	0.5419	99.9	95.3
320	0.5418	99.9	96.7
350	0.5419	99.9	99.2
370	0.4942	91.1	99.3
380	0.4676	86.2	99.4

（4）消耗定额　鼓氧氰化法生产氰化银钾的消耗定额见表2.9。

表 2.9　鼓氧氰化法生产氰化银钾的消耗定额

原料名称	理论定额/(t/t)	实际定额/(t/t)
电解银粉(折算成纯银)	0.543	0.560
氢氧化钠(96%)	无	0.050
氰化钾(≥98%)	0.67	0.70

2.6　超细银粉、片状银粉和纳米银粉

超细银粉(superfine silver powders)、片状银粉(flake silver powders)、纳米银粉(nano-scale silverpowders)。

2.6.1　概述

2.6.1.1　主要性质

（1）超细银粉　超细银粉是指颗粒度为$100nm\sim1\mu m$的球形或近似球形的金属银粉末，依据颗粒度的不同，超细银粉的颜色从灰色至灰黑色不等，颗粒越小，颜色越黑。

（2）片状银粉　片状银粉是指银粉颗粒的形状为片状，化学成分、平均尺寸和密度符合有关规定的银粉，其颜色为灰白色，带有金属光泽，有时又称为光亮银粉。

（3）纳米银粉　颗粒度在$100nm$以下的银粉称为纳米银粉，它是随着纳米技术的发展而于近年开发出来的银粉新品。

2.6.1.2　主要用途

白银在电子元器件行业的最终应用在于将白银制成适当的化合物或混合物，涂布到相应电子元器件的基础材料上，从而具有一定的电学性质。银粉是白银在电子元器件上应用效率最高、使用最为方便的含银材料。另外，超细银粉和纳米银粉也是某些催化剂的主要成分。因此，将白银通过适当的方法加工成特定颗粒度和特定形状的银粉，是白银深加工的主要内容之一。

2.6.2　超细银粉生产工艺

目前超细银粉的生产，主要采用化学还原法，即将白银制成硝酸银后，加入适当的还原

剂，将 Ag^+ 还原成单质银粉。为了控制还原速率以及所得产品的颗粒度大小和粒度分布，生产中常将硝酸银制成适当的配合物（如 $[Ag(NH_3)_2]^+$ 或 $[Ag(CN)_2]^-$）后，再加入还原剂进行反应。由于超细粉末具有极大的表面能，超细粉末之间的团聚现象很明显，在反应过程中应加入必要的保护剂，以防止银粉颗粒之间的团聚。过程如下：

$$AgNO_3 \longrightarrow [Ag(NH_3)_2]^+ 或 [Ag(CN)_2]^- \xrightarrow{还原剂+保护剂} 超细银粉$$

（1）工艺流程 超细银粉的生产工艺流程如图 2.9 所示。

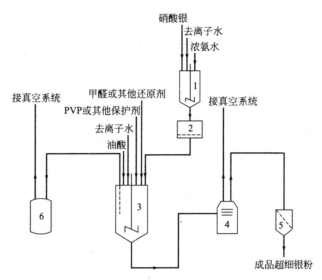

图 2.9 超细银粉生产工艺流程

1—银氨溶液配制槽；2—过滤器；3—还原釜；4—真空干燥箱；5—筛分器；6—回收液储罐

① 取一定量的 $AgNO_3$，将其配成浓度约为 1.0mol/L 的水溶液，加入浓氨水使其形成银氨溶液，过滤。

② 取理论量 2～3 倍的甲醛（或水合肼、草酸、维生素 C），按每千克硝酸银加入 6g 的比例加入聚乙烯吡咯烷酮（简称 PVP）或聚乙烯醇（简称 PVA）。在搅拌下将银氨溶液滴加到上述溶液中。滴加完毕后继续搅拌 2h，静置沉降。

③ 用倾析法去除上层清液，用去离子水反复清洗后，再用少量油酸浸泡，倾析去除油酸后，将湿银粉置于真空烘箱（80℃）中干燥 4h。

④ 冷却后根据不同要求过筛分级，得到不同粒径范围的超细银粉产品。

（2）注意事项

① 反应物的浓度。$AgNO_3$ 加入氨水或 KCN 制成相应的配合物，各有关反应物的浓度应该尽量控制得低一些，并且保证所用试剂有足够的纯度。为了保证所得还原银粉的纯度，生成的银氨溶液或银氰配合物溶液必须过滤一次。

② 还原剂的选择。为了保证所得银粉的纯度，所用还原剂一般用有机还原剂。如果用无机活泼金属作为还原剂，在反应结束后应及时用 H_2SO_4 将多余的还原剂清除。

③ 保护剂的选择。由于反应所得银粉的颗粒度很小，微粒之间的团聚现象明显。加入保护剂兼作分散剂，可以使所得银粉分布比较均匀。

④ 产品的过筛分级。过筛分级是产品包装之前必需的步骤。过筛时一般选用一系列 500 目以上的不锈钢筛，以振动方式过筛。

⑤ 产品的包装和储存。产品装入带有密封盖的塑料瓶中，每瓶净重分别为 50g、100g、500g、1000g 或 5000g，外加安全包装。瓶上应贴标签，注明供方名称、牌号、批号、净重

和生产日期。每批产品应附产品质量证明书，注明供方名称、产品名称、产品牌号、批号、毛重、净重、件数、分析检验结果和生产日期等内容。产品应存放在清洁、干燥和避免日晒的场所。

（3）质量标准 根据超细银粉比表面积的不同，国家标准（GB/T 1773—1995）中将超细银粉产品分为四类，其牌号分别表示为：FAgH-1、FAgH-2、FAgH-3 和 FAgH-4。其化学成分标准见表 2.10。

表 2.10 超细银粉的化学成分标准

产品牌号	化学成分/%												
	Ag 含量≥	杂质含量≤											
		Pt	Pd	Au	Rh	Ir	Cu	Ni	Fe	Pb	Al	Sb	Bi
FAgH-1 FAgH-2 FAgH-3 FAgH-4	99.95	0.002	0.002	0.002	0.001	0.001	0.01	0.005	0.01	0.001	0.005	0.001	0.002

注：杂质总量不大于 0.05%，银的含量是指百分之百减去表中杂质实测总量的余量。

超细银粉产品的比表面积及密度等标准见表 2.11。

表 2.11 超细银粉产品的性能指标

产品牌号	比表面积/(m²/g)	平均尺寸/μm	松装密度/(g/cm³)	振实密度/(g/cm³)
FAgH-1	＞2.5	＜0.24	0.1~0.6	0.8~1.2
FAgH-2	＞1.6~2.5	0.24~0.35	0.6~1.2	1.2~2.4
FAgH-3	≧1.2~1.6	0.35~0.5	1.2~2.4	2.4~4.8
FAgH-4	＜1.2	0.5~1	2.5~3.8	4.8~6.4

2.6.3 片状银粉生产工艺

片状银粉一般采用化学法形成超细颗粒、物理法研磨成片的方法生产，即将超细银粉加入分散剂和研磨剂，在球磨机中研磨一定时间，经过干燥、筛分、检测合格后包装入库。

（1）工艺流程 片状银粉的生产工艺流程如图 2.10 所示。

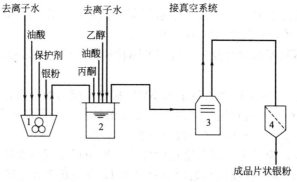

图 2.10 片状银粉生产工艺流程
1—球磨机；2—清洗桶；3—真空干燥箱；4—筛分器

① 将行星式球磨机的不锈钢罐用去离子水清洗干净，晾干。用少量油酸润湿内壁。在罐体内装入体积约为罐体积一半的超细银粉，加入银粉质量 0.6% 的聚乙烯吡咯烷酮（PVP）保护剂（预先溶于水配成溶液），按一定比例加入大小不一的玛瑙球或不锈钢球，加水至罐体积的 3/4，将罐内混合物调成糊状，盖紧并固定好球磨罐盖子。

② 按球磨机的说明，控制球磨罐的转速，使罐内球与罐壁以最佳撞击力撞击。当球磨进行到预定时间后，停止球磨并冷却罐体。将球磨罐内的混合物取出，挑出玛瑙球或不锈钢球，用水将沾在球上的银粉清洗下来。所得银粉先用水和乙醇分别洗涤 3 次，再用丙酮和油酸充分洗涤后，在 80℃ 以下进行真空干燥。

③ 所得片状银粉根据不同要求过筛分级，得到不同粒径范围的片状银粉产品。经检验合格后包装入库。

（2）注意事项

① 研磨剂/保护剂的选择。棕榈酸、油酸以及其他有机酸都曾经作为保护剂。经过反复实验，PVP 等非酸类保护剂的效果很好。加入比例为 6g（PVP）/1000g（Ag）。水或乙醇均可作为研磨剂。

② 球磨机的选择。普通球磨机仅能较好地混合物料，无法将颗粒状银粉打成片状。应选择行星式球磨机，利用强大的离心力将颗粒状银粉压成片状。所用球磨罐体和球磨球的材料应该用高强度不锈钢，保证在球磨过程中没有罐体材料混入银粉。

③ 球磨发热的解决。球磨过程中产生大量的热量，如何将这些热量及时移走，在球磨中应该重点考虑。球磨罐内温度过高，易使银粉相互团聚、结块、氧化。通常采用间歇操作、周期性正转/反转、真空球磨或风冷却等方法加以解决。

④ 产品的包装和储存。所得片状银粉产品装入带有密封盖的塑料瓶中，每瓶净重分别为 50g、100g、500g、1000g 或 5000g，外加安全包装。瓶上应贴标签，注明供方名称、牌号、批号、净重和生产日期。每批产品应附产品质量证明书，注明供方名称、产品名称、产品牌号、批号、毛重、净重、件数、分析检验结果和生产日期等内容。产品应存放在清洁、干燥和避免日晒的场所。

（3）质量标准 根据片状银粉平均尺寸不同，国家标准（GB/T 1773—1995）将片状银粉产品分为三类，其牌号分别表示为：FagL-1、FagL-2 和 FagL-3。其化学成分标准见表 2.12。

表 2.12　片状银粉的化学成分标准

产品牌号	化学成分/%											
	Ag 含量≥	杂质含量≤										
		Pt	Pd	Au	Rh	Ir	Cu	Ni	Fe	Pb	Al	Sb	Bi
FagL-1 FagL-2 FagL-3	99.95	0.002	0.002	0.002	0.001	0.001	0.01	0.005	0.01	0.001	0.005	0.001	0.002

注：杂质总量不大于 0.05%，银的含量是指在 540℃ 灼烧至恒重后分析所得的银含量。

片状银粉产品的平均尺寸和密度见表 2.13。

表 2.13　片状银粉产品的平均尺寸和密度

产品牌号	平均尺寸/μm	松装密度/(g/cm³)	振实密度/(g/cm³)
FagL-1	≤6.0	1.2～1.7	2.5～3.5
FagL-2	≤5.0	1.4～1.9	2.7～3.8
FagL-3	≤4.0	1.6～2.2	3.0～4.0

2.6.4　纳米银粉生产工艺

由于纳米银粉的颗粒度很小，在 10^{-9} m 的范围内，它的电学、光学和催化等方面的性质与大颗粒银粉有很大不同。因此，世界各国对纳米银粉及由纳米银粉组成材料的研究非常重视。生产过程中的关键问题在于控制颗粒之间的团聚。作者发明的还原保护法生产纳米银粉的生产工艺如下。

（1）工艺流程　纳米银粉生产工艺流程如下：

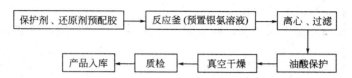

（2）注意事项

① 将还原剂、保护剂在反应体系以外先进行预混合，可使 Ag^+ 在形成 Ag 核后立即被保护，解决还原剂作用于含 Ag 化合物时出现的微颗粒过早团聚的问题。

② 将 $AgNO_3$ 在反应体系以外先变成银氨溶液，以解决 Ag^+ 局部浓度过大的问题。

③ 以油酸为钝化剂，在得到银粉后对其进行钝化处理，以解决银粉在烘干、保存、使用等过程中易被氧化的问题。

④ 还原剂种类包括抗坏血酸（维生素 C）、水合肼、四氢硼钠（$NaBH_4$）、柠檬酸及其钠（钾）盐；保护剂种类包括聚乙烯吡咯烷酮、烷基硫醇（RSH）、油酸、棕榈酸。

按该方法现已生产出颗粒度为 $50\sim100nm$ 的颗粒状超细银粉，技术效果良好。

（3）质量标准　目前尚无纳米银粉的质量标准。通常根据纳米材料的检测方法对纳米银粉进行透射电镜（TEM）、扫描电镜（SEM）和 X 射线衍射分析。产品的包装和储存要求与超细银粉和片状银粉相同。

2.7　银浆系列产品

2.7.1　概述

2.7.1.1　主要性质和用途

银浆为均匀的超细银颗粒或银化合物的悬浮物，或带有助熔剂、黏合剂、溶剂等的有机胶体混合物。按其用途可以分为导体浆料、电阻浆料、电极浆料、玻璃包封浆料、PTC 浆料和太阳能电池用浆料等；按银浆的烧结或固化温度，可将银浆分为低温银浆、中温银浆和高温银浆，不过，各低温、中温和高温的分界线并不十分明确；按银浆中贵金属的种类可分为单组分纯银浆和含有其他贵金属的多组分银浆；按含银物质的种类可分为氧化银浆、分子银浆和银粉银浆等。它们广泛用于制造电容器、电位器、电阻器以及压电陶瓷材料的电极。随着银浆在工业上用途的不断扩大，银浆产品的品种和功能不断扩大，据不完全统计，目前市场上银浆的品种多达上千种，其中还不包括许多银浆用户根据自身产品的需要自产自用的银浆。因此，银浆系列产品的深加工必须紧密结合市场的需求，有的放矢地开展研究和生产。银浆产品的保质期一般较短（几个月或一年）。

2.7.1.2　银浆的组成

银浆中各种组分根据其功能可以分为导电物质、成膜物质、改性物质和溶剂等几大类型。

（1）导电物质 银浆中的导电物质无疑是以银或含银化合物为主，必要时可以添加其他贵金属或贱金属辅助导电。加入银浆中的含银物质有银粉（包括超细银粉、片状银粉和纳米银粉）、氧化银粉、硝酸银、碳酸银和硫酸银等。这些不同的含银物质在银浆固化或烧结后的形态基本是相同的，都是单质状态的银。之所以要采用不同的含银物质加入浆料中，主要是考虑到浆料的其他性质和将银浆涂布到基体材料的工艺不同。

（2）成膜物质 成膜物质是银浆中将含银物质与基体材料在涂布和烧结过程中结合在一起的物质，其性质与涂料中的成膜物质相似，但银浆中的成膜物质在银浆的固化或烧结过程中一般都分解或气化为简单物质而脱离基体材料。选择银浆的成膜物质时应充分考虑银浆的固化或烧结温度，使之符合特定的要求。如在低温银浆中，成膜物质必须在较低的温度下能够气化或分解，同时成膜物质的黏度必须符合涂布施工的要求，挥发性物质对人体和环境必须友好。正确选择和使用成膜物质是银浆深加工过程中的关键问题，一个银浆产品的技术含量往往取决于所谓的配方，而配方中的成膜物质则是关键。

（3）改性物质 为了改善银浆的涂布施工条件，改变银浆烧结后电阻的大小，改变烧成银层的可焊性，或增加银层与基体材料的结合力等性质，在银浆生产中添加一定量的改性物质是必不可少的。如添加邻苯二甲酸二丁酯等具有增塑性的物质可以改善银浆的流变性，添加松香等物质可以改善烧结后银层的可焊性，添加硼酸铅、氧化铋等玻璃料可以改善银层与陶瓷或玻璃基体之间的结合力，添加石墨等物质可以改变银浆的电阻等。改性物质的种类和添加量取决于银浆的用途和使用方法，各种银浆配方中改性物质的添加情况都不一样。

（4）溶剂 溶剂是溶解或分散含银物质、成膜物质和改性物质的液体，不同溶剂的挥发性能、溶解性能、分解条件以及对人体的毒性和对环境的污染程度都不一样。在保证银浆有关性能的前提下，选择低毒和低污染的溶剂是银浆生产过程中必须重点考虑的问题之一。

2.7.2 生产工艺

2.7.2.1 制备含银物质

根据银浆性能和用途的不同，将白银制成适当的形态或物质是银浆生产的第一道工序。银粉（超细银粉、片状银粉和纳米银粉）、硝酸银、氧化银和硫酸银的制备方法在本章前几节已有叙述。下面介绍分子银浆所用银泥的生产方法。

（1）原料 $AgNO_3$、Na_2CO_3、正丁醇、三乙醇胺，试剂级别均为分析纯。

（2）生产工艺 在硝酸银溶液中于搅拌下逐步加入饱和碳酸钠溶液，使之充分反应后，过滤，用少量水和乙醇洗涤沉淀。所得沉淀于80℃真空干燥得到碳酸银泥。取少量松香溶于正丁醇中，按5L正丁醇加入5kg碳酸银的量加入碳酸银泥，于94℃下充分搅拌，在2h内滴加过量20%的三乙醇胺，降温至84℃后继续搅拌2h，自然冷却，用少量无水乙醇洗涤沉淀，得到制备分子银浆所用银泥，工艺流程如下：

$$AgNO_3 \xrightarrow[①]{Na_2CO_3} Ag_2CO_3 \longrightarrow Ag_2CO_3(5kg) + 正丁醇(5L) \xrightarrow[②]{94℃，搅拌，滴加三乙醇胺(2h加完)}$$

$$\xrightarrow{84℃，搅拌2h，自然冷却} 银泥$$

2.7.2.2 配料调浆

根据银浆性能要求，选择适当的成膜物质和改性物质，按有关比例加入含银物质和溶剂，充分搅拌使之均匀分散。为了保证分散效果，通常选择球磨方式进行分散。表2.14～表2.16列出了电阻用银浆、电容器用银浆和分子银浆的配方。

表 2.14　烧结温度为 400～500℃ 的电阻用银浆

组成	含量/%	用途和作用
氧化银	61.4	导电材料
助熔剂	3.85	
松香松节油溶液	32.05	黏合剂

表 2.15　烧结温度为 840～860℃ 的电容器用银浆

组成	含量/%	用途和作用
氧化银	70.07	导电材料
氧化铋	1.42	助熔剂
硼酸铅	0.71	助熔剂
蓖麻油	4.47	黏合剂
松节油	6.7	溶剂
松香松节油	15.63	黏合剂

表 2.16　常用分子银浆配方

组成	陶瓷电容器 [低功率(高功率)]	云母电容器	陶瓷件	用途和作用
银泥(银含量85%)	70.15(75.40)	70.21		导电材料
银泥(银含量99%)			70.49	导电材料
氧化铋	4.45(4.73)		4.25	助熔剂
硼酸熔块		1.70		助熔剂
环己酮	12.94(9.62)	18.05	15.13	溶剂
混合油	9.09(7.05)	8.02	8.57	黏合剂
硝化纤维	3.37(3.20)	2.00	1.58	黏合剂
F37—1树脂				
甲苯				

注：混合油成分为松节油 24%、大茴香油 41%、邻苯二甲酸二丁酯 35%。

2.7.2.3　性能测试

根据预定银浆性能，对所配银浆进行有关电性能、烧结性能、涂布性能以及化学成分分析，达到预定要求后包装入库。由于银浆中各组分的密度相差很大，同时有关溶剂的挥发性较大，因此银浆在长期放置过程中容易出现分层和黏度增加现象。在保存和使用过程中应注意密封和随用随取。在使用时应充分搅拌，如果黏度过大，可用少量专用溶剂进行稀释。

2.8　银盐感光材料和卤化银

2.8.1　银盐感光材料简介

银盐感光材料可分为胶片、相纸、平板，它们都是通过将卤化银明胶乳剂涂布在支持体上而制成的。卤化银体系感光材料具有以下优点：传感器和存储介质为一体，都是卤化银晶体，记录影像的信息容量很大，并且感应的电磁波范围宽广，包括红外线、可见光、紫外线、X射线、γ射线、α射线、β射线、电子线、中子线，甚至对压力、摩擦、药品等都很敏感；感光速度快；影像耐久性好，可保存 150 年，甚至 500 年；不受制式约束，世界各国通用；可获得高质量的直观影像，照片可不借助任何仪器设备而直接观察；品种繁多，使用范围广，可满足不同需要。

2.8.1.1　基本结构

胶片、相纸、平板虽然用途、照相性能、感光乳剂层等不同，但其基本结构相似，都是由乳剂层、支持体和一系列辅助层组成的。

（1）乳剂层　通常由卤化银微晶体分散于保护介质明胶中，引入相关的功能补加剂均匀混合而成。乳剂层很薄（$5\sim20\mu m$），可曝光。显影乃至成像等重要过程发生的一系列物理、化学变化均在这里进行，是决定感光材料性能和质量的关键组成部分。其中，卤化银是由硝酸银溶液和卤化物溶液在明胶介质保护下反应所得的微细晶体。明胶则是由近 20 种 α-氨基酸以及微量杂质组成的非均相高分子化合物，它不但有保护作用，还具有其他特殊的物化性质，有利于显影和成像。功能补加剂主要用来提高照相性能或光学性能、物理性能、乳剂物性等，包括增感剂、稳定剂、呈色剂、调色剂、显影促进剂以及紫外线吸收剂、荧光增白剂、明胶可塑剂、涂布助剂等。

（2）支持体　一般采用片基、纸基或玻璃，有时根据特殊的用途，也可用铝、陶瓷、布等。

（3）辅助层　涂布若干辅助层，来完善感光材料的物理、化学性能。

2.8.1.2　卤化银乳剂的制备

卤化银乳剂的制备过程是卤化银微晶在明胶溶液中的形成过程，可分为四步。

（1）乳化过程——卤化银晶核的生成和初步生长　在卤化银晶体形成之前，组成点阵的成晶离子在溶液中自由移动，要从溶液中析出晶核，必须有足够的过饱和度，使单位体积的成晶离子强度增大，成晶离子间相互吸引趋近的概率大大超过聚集体分解的概率，生成晶核。

（2）卤化银晶体的生长　当体系中生成了足够多的尺寸不一或相近的晶核，小晶体都可能聚结成大晶体。卤化银晶体的形成是一个复杂而又精细的过程，卤离子的种类、配比、浓度、银离子的浓度、两种成晶离子引入顺序和速度等都将影响成晶离子的形状。此外，分散剂的类型和浓度、水化作用、pH 值等介质状况、温度、时间、搅拌等工艺及设备条件都决定卤化银晶体的特性。

（3）脱盐或过渡——反应过剩物和副产物的脱出　为了使卤化银晶体的物理成熟过程终止，为化学成熟过程创造条件，必须把卤化银晶体形成过程中的反应过剩物（如 X^-、NH_3）和副产物（如 K^+、Na^+、NO_3^- 等）设法除去，一般通过水洗法、渗析法、沉降法、酶解法来脱除。

（4）化学增感或化学成熟过程——卤化银微晶获得对光的敏感性　在特定的环境中对卤化银晶体表面进行化学处理，形成若干"感光中心"，如加入硫、硒增感、金及贵重金属增感、还原增感与氢增感等，从而提高感光度。

这四个过程在整个卤化银制备过程中互相连贯，互相影响，每一过程都必须严格控制。在制备过程中，必须在特定的安全灯照明下进行，对原材料纯度有严格要求，需为分析纯或照相级，所用器皿必须是银质、不锈钢、玻璃或搪瓷，严禁与铜、铅、铁等金属接触，乳剂制备中还要保持高度清洁，以免影响照相性能。

2.8.2　溴化银

溴化银（silver bromide），分子式 AgBr，相对分子质量 187.78。

2.8.2.1 主要性质和用途

溴化银为浅黄色粉末，见光色变暗，密度 $6.473g/cm^3$，熔点 432℃，1300℃以上分解。不溶于水、醇和多数酸中；溶于氰化钾、硫代硫酸钠及氯化钠等溶液，略溶于氨水。主要用于照相制版和电镀工业等，还可用于铷的微量分析。

2.8.2.2 生产工艺

溴化银主要利用硝酸银与溴化钾或溴化钠作用制得。其化学反应式为：

$$AgNO_3 + NaBr \longrightarrow AgBr\downarrow + NaNO_3$$

（1）工艺流程 其生产工艺流程如图 2.11 所示。

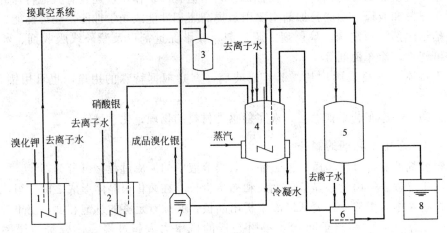

图 2.11 溴化银生产工艺流程

1—溴化钾溶液储槽；2—硝酸银溶液储槽；3—溴化钾高位槽；4—反应器；

5—上清液储罐；6—过滤器；7—真空干燥箱；8—回收液储槽

① 将溴化钾溶于水并过滤，抽入高位槽。

② 将硝酸银晶体用水溶解，滤液注入反应器中。加热至 50～60℃。整个操作在暗室中进行。反应器带有搅拌装置，内衬玻璃衬里。

③反应。在连续搅拌下，将溴化钾溶液缓缓加入反应器中，使之与硝酸银溶液反应。滴加完毕后继续搅拌 2h，使反应完全。静置 8～10h 后将溶液上层清液滤出。

④ 洗涤。向所得沉淀中加入适量的水，充分搅拌后静置沉降，重复洗涤操作直到滤液中不含硝酸根为止。

⑤ 干燥。将所得溴化银沉淀于 75～80℃下真空干燥，化验合格后包装入库。

（2）注意事项 全部操作应在暗室或红光下进行。溴化钾投料应过量 5%～10%，以保证硝酸银完全反应。所得产品应该用棕色瓶包装，外套黑纸，储存于阴凉、干燥和避光处。运输中应小心轻放，严禁撞击和震动，以防包装瓶破碎。

2.8.3 碘化银

碘化银（silver iodide），分子式 AgI，相对分子质量 344.77。

2.8.3.1 主要性质和用途

碘化银为亮黄色无嗅微晶粉末，有 α、β、γ 三种变体：温度自室温至 137℃，形成黄色的立方晶系硫化锌型晶格的 γ-碘化银；温度在 137～146℃ 之间，形成黄绿色的具有六方晶

系结构的 β-碘化银；温度高于 146℃ 至熔点(555.5℃)，形成稳定的具有立方晶系的不规则结构的 α-碘化银；它具有良好的导电性。

　　碘化银无论是固体还是液体都有感光性，可感受从紫外线至约 480nm 波长的光线。在光的作用下，分解成极小颗粒的"银核"，而逐渐变为带绿色的灰黑色。不溶于水和稀酸，微溶于氨水，和浓氨水一起加热时，由于形成碘化银-氨配合物结晶体，而转变为白色，易溶于碘化钾、氰化钾、硫代硫酸钠溶液和热硝酸中。在感光工业中，碘化银和溴化银混合可制造照相感光乳剂。在人工降雨中，用于冰核成形剂能防雹、防霜冻、防雪、防风暴，甚至还可以防台风。在电池工业中，可用于热电电池的原料。在分析化学中，用于微量氯、铯的分析试剂。另外，还可用于医药工业，并且在某些反应中用于催化剂。

2.8.3.2 质量标准

碘化银产品质量标准见表 2.17。

表 2.17　碘化银产品的质量标准(企业标准)

指标名称		分析纯	化学纯
碘化银/%	≥	99.5	99.5
水溶液反应		合格	合格
水溶物/%	≤	0.025	0.025
氯化物/%	≤	0.05	0.1
铜(Cu)		合格	合格

2.8.3.3 生产工艺

碘化银主要利用硝酸银与碘化钾或碘化钠作用制得。其化学反应式为：

$$AgNO_3 + NaI \longrightarrow AgI\downarrow + NaNO_3$$

(1) 工艺流程　其生产工艺流程如图 2.12 所示。

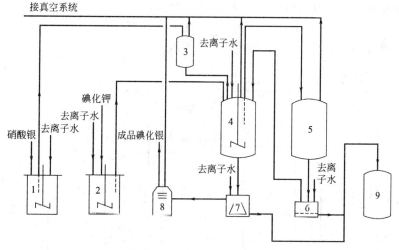

图 2.12　碘化银生产工艺流程

1—硝酸银溶液储槽；2—碘化钾溶液储槽；3—硝酸银高位槽；4—反应器；5—上清液储罐；
6—过滤器；7—离心机；8—真空干燥箱；9—回收液储槽

　　① 碘化钾溶于水并过滤，滤液注入反应器中。反应器带有搅拌装置，内衬玻璃衬里。

　　② 将硝酸银晶体用水溶解，滤液抽入高位槽。

　　③ 反应。在连续搅拌下，将硝酸银溶液缓缓加入反应器中，使之与碘化钾溶液反应。滴加完毕后继续搅拌 2h，使反应完全。静置 8~10h 后将溶液上层清液滤出。

④ 洗涤。向所得沉淀中加入适量的水，充分搅拌后静置沉降，重复洗涤操作直到滤液中不含硝酸根为止。然后放入离心机内离心脱水。

⑤ 干燥。将所得碘化银沉淀于75～80℃下真空干燥，化验合格后包装入库。

(2) 注意事项 全部操作应在暗室或红光下进行。碘化钾投料应过量3%～5%，以保证硝酸银完全反应。母液可用于制备硝酸钾。所得产品应该用棕色瓶包装，外套黑纸，储存于阴凉、干燥和避光处。运输中应小心轻放，严禁撞击和震动，以防包装瓶破碎。

(3) 原料规格及消耗 碘化银产品的规格及消耗定额见表2.18。

表 2.18 碘化银产品的规格及消耗定额

原料名称	规格	消耗(沉淀法)/(t/t 产品)
硝酸银	99.5%	0.8
碘化钾	含 Cl⁻<0.1%	0.85

2.8.4 氯化银

氯化银(silver chloride)，分子式 AgCl，相对分子质量 143.4。

2.8.4.1 主要性质和用途

氯化银为白色微细结晶，密度 5.56g/cm³，熔点455℃，沸点1550℃。难溶于水，10℃时的溶解度为 0.8mg/L，100℃时为21.7mg/L。不溶于乙醇。能溶于氨水、浓盐酸、氰化钾及硫代硫酸钠溶液，分别生成$[Ag(NH_3)_2]^+$、$[AgCl_2]^-$、$[Ag(NH_3)_2]^+$ 及$[Ag(S_2O_3)_2]^{2-}$ 等配离子。氯化银具有光、电导性。在有机物或水存在下，氯化银与水接触会分解变黑。主要用于照相、镀银和医药等行业。

2.8.4.2 生产工艺

由硝酸银和氯化钠反应而得到。其化学反应式为：

$$AgNO_3 + NaCl \longrightarrow AgCl\downarrow + NaNO_3$$

(1) 工艺流程 其生产工艺流程如图 2.13 所示。

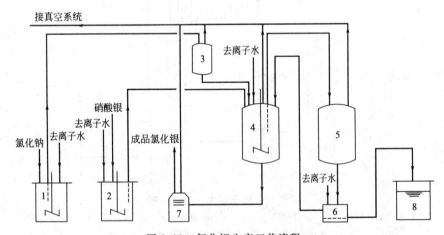

图 2.13 氯化银生产工艺流程

1—氯化钠溶液储槽；2—硝酸银溶液储槽；3—氯化钠高位槽；4—反应器；5—上清液储罐；
6—过滤器；7—真空干燥箱；8—回收液储槽

① 将氯化钠溶于水并过滤，抽入高位槽。

② 将硝酸银晶体用水溶解，滤液注入反应器中。整个操作在暗室中进行。反应器带有

搅拌装置，内衬玻璃衬里。

③ 反应。在连续搅拌下，将氯化钠溶液缓缓加入反应器中，使之与硝酸银溶液反应。滴加完毕后继续搅拌 2h，使反应完全。静置 8～10h 后将溶液上层清液滤出。

④ 洗涤。向所得沉淀中加入适量的水，充分搅拌后静置沉降，重复洗涤操作直到滤液中不含硝酸根为止。

⑤ 干燥。将所得氯化银沉淀于 75～80℃下真空干燥，化验合格后包装入库。

（2）注意事项　全部操作应在暗室或红光下进行。所得产品应该用棕色瓶包装，外套黑纸，储存于阴凉、干燥和避光处。运输中应小心轻放，严禁撞击和震动，以防包装瓶破碎。

第3章

金的深加工

与银的精细化工产品的深加工相比,金和铂族金属的精细化工产品深加工有以下特点:一是一次反应投料的贵金属量比银少得多,银产品生产时一次银的投料量一般以百千克为单位投料,而对于金和铂族金属而言,一般都是以千克或克为单位投料;二是反应条件比银深加工苛刻得多,从反应容器的耐腐蚀性、反应过程的复杂性,到反应后的有关单元操作的精细性和严格性,都比银深加工苛刻。这就要求在制定深加工方案和具体操作时应该比银深加工更为精心和细致。

金的精细化工产品主要包括氯金酸(氯化金)、氰化金钾、氰化亚金钾、亚硫酸金钾(亚硫酸金钠、亚硫酸金铵)、超细金粉、金水和金浆料等品种。随着金在工业上用途的不断增加和国家黄金专控政策的放开,含金的精细化工新品不断出现,有关金的精细化工产品的深加工方法和工艺也在不断发展之中。

3.1 氯金酸

氯金酸(gold perechloride,gold hydrochloric acid),分子式 $AuCl_3 \cdot HCl \cdot 4H_2O$。

3.1.1 概述

3.1.1.1 主要性质

氯金酸是金黄色或红黄色晶体,容易潮解,溶于水、醇和醚,微溶于三氯甲烷,见光出现黑色斑点,有腐蚀性。加热到120℃以上分解为氯化金。

3.1.1.2 主要用途

市场上出售的氯金酸商品主要是一定金含量的氯金酸溶液。氯金酸主要用于半导体及集成电路引线框架局部镀金、印刷线路板、电子接插件和其他电接触元件的镀金。它是生产其他金精细化工产品的重要原料之一。

3.1.1.3 质量标准

氯金酸执行化工行业标准 HGB 3182—1960,标准要求见表3.1。

表 3.1 氯金酸产品化工行业质量标准(HGB 3182—1960)

指标名称		指标
金(Au)/%	≥	49.0
氯(Cl)/%	≥	32.7

指标名称		指标
碱金属及其他金属/%	≤	0.20
醇、醚中溶解试验/%		合格
硝酸盐（NO₃⁻）/%		合格

3.1.2 生产工艺

氯金酸的生产主要通过将纯金与王水反应而制得。化学反应式为：

$$Au + 4HCl + HNO_3 \longrightarrow H[AuCl_4] + NO\uparrow + 2H_2O$$

（1）工艺流程　氯金酸生产工艺流程如图 3.1 所示。

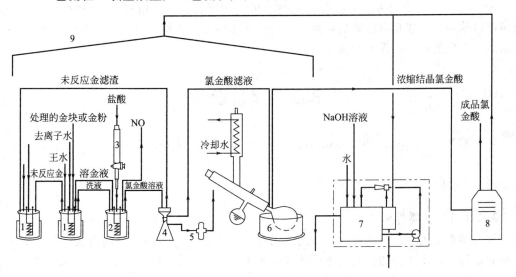

图 3.1　氯金酸生产工艺流程
1—溶金容器；2—赶硝容器；3—滴液漏斗；4—过滤器；5—真空泵；
6—旋转蒸发器；7—真空吸收系统；8—干燥器；9—吸气罩

① 原料和反应器。生产氯金酸所用原料金一般要求为 1 号金或经电解除杂的金粉。粗金中因含有大量的其他金属，不能直接用于投料。所用盐酸和硝酸也必须是分析纯，其中的微量金属元素含量必须低于规定标准。由于一般的金属反应器无法承受王水的强腐蚀性，在氯金酸生产中凡是与王水接触的容器不能用金属制造。常用的反应器有：玻璃烧杯，用于小批量氯金酸的生产；高温烧结瓷质容器，可用于大批量产品的生产；聚四氟乙烯容器，用于溶金过程，须内置加热装置。

② 反应。将金块或电解金粉先用去离子水冲洗，再置于稀硝酸中煮洗 5～10min 后，倾干硝酸并再用去离子水冲洗干净。分批加入王水。刚加入王水后可以适当加热以启动反应，当反应较为剧烈时则停止加热，使王水溶液保持微沸状态。当反应较为平缓后，可再加入少量王水，直至大部分金块或金粉溶解。反应结束时应保证体系中有少量未反应的黄金存在，即投料时必须保证黄金的过量。

③ 赶硝、浓缩。将溶金液倾入另一烧杯中，用水洗净未反应的金块或金粉，转入下一循环使用。洗液并入溶金液。加热并在此过程中滴加浓盐酸以赶尽氮氧化物。过滤，滤液转

入旋转蒸发器进行浓缩结晶。

④ 干燥。所得晶体在 80℃下真空干燥，磨碎，化验合格后包装入库。

（2）注意事项

① 由于原料的贵重和操作条件严格，因此在操作中应格外小心，反应过程中（尤其是用烧杯溶金时）严禁操作人员离开反应器和操作现场。

② 溶金反应器如果是玻璃烧杯或瓷质容器，则在加料和操作时应十分小心，因为黄金的密度很大，在投料时容易将容器撞破。为了保证反应和其他操作的顺利进行，做到万无一失，将烧杯置于大一点的塑料容器中是非常必要的。同时加热方式可以采取内加热方式，即在王水溶液中放入电热玻璃管或内置玻璃加热水蒸气管进行加热。如果有条件，可以采用聚四氟乙烯质的烧杯或容器作为反应器，用内置加热方式解决加热问题。

③ 为了保证反应后续步骤的顺利进行，在投料时应保证原料金的适当过量。未反应的原料金在洗净后转入下一循环使用。

④ 由于所得产品特别容易吸湿和潮解，因此在干燥时可采用真空干燥方式，同时在包装时可以采用塑料袋真空包装后再装入玻璃瓶或塑料瓶。根据客户需要，也可以将所得晶体配成适当浓度的水溶液作为产品出售。

3.2　氯金酸钾

氯金酸钾（potassium chloroaurate），分子式 $KAuCl_4 \cdot H_2O$，相对分子质量 413.9。

3.2.1　概述

3.2.1.1　主要性质

氯金酸钾的无水化合物是有光泽的黄色晶体，半水化合物是淡黄色板状结晶。溶于水、乙醇和乙醚，二水化合物在空气中风化变成半水化合物，在 100℃则变为无水化合物。

3.2.1.2　主要用途

氯金酸钾用于制药、玻璃和陶瓷的着色剂以及铷和铯的测定。

3.2.2　生产工艺

氯金酸钾的制备是将氯金酸溶液与氯化钾进行反应。主要化学反应式为：

$$Au + 3HCl + HNO_3 \longrightarrow AuCl_3 + NO\uparrow + 2H_2O$$
$$AuCl_3 + HCl \longrightarrow HAuCl_4$$
$$HAuCl_4 + KCl \longrightarrow KAuCl_4 + HCl$$

（1）工艺流程　生产工艺流程与氯金酸类似，如图 3.1 所示。

① 王水溶金和赶硝浓缩，要求和操作同氯金酸的生产。

② 将赶硝后的氯金酸溶液置于烧杯中，加入氯化钾溶液，反应一定时间后，蒸发（控制温度）、冷却结晶、过滤、在 80℃下真空干燥，产品破碎、包装。得到的产品为二水氯金酸钾。

③ 如将赶硝后的氯金酸溶液直接加入氯化钾溶液，反应一定时间后置于浓硫酸干燥器中干燥，可以得到半水化合物，产物经破碎后包装。

（2）注意事项

① 往氯金酸溶液中加入氯化钾溶液时，氯化钾溶液不宜配制太稀，否则会延长蒸发、结晶过程。

② 浓缩、结晶时要严格控制温度，温度不可高于150℃，否则会有少量金粉产生。

③ 整个过程中需要控制溶液的量，溶液不黏稠即可，不能太稀，否则会导致少量金粉的析出和蒸发、结晶的时间延长。

④ 由于产品较易潮解，包装时须采用密封塑料袋包装。

3.3 氰化亚金钾

氰化亚金钾（potassium aurocyanide），分子式 $KAu(CN)_2$，相对分子质量288.1。

3.3.1 概述

3.3.1.1 主要性质

氰化亚金钾是白色结晶粉末，相对密度3.45。易溶于水，微溶于醇，不溶于醚。易受潮，是剧毒品。

3.3.1.2 主要用途

氰化亚金钾是镀金及其合金工艺中一种十分重要的化学试剂，目前产品尚未形成国家标准，但在镀金行业已得到了广泛的应用。氰化亚金钾的纯度直接影响镀层的质量和镀液的使用寿命，尤其在电子元器件的表面镀金、中空电铸黄金饰品的生产中，对 $KAu(CN)_2$ 的纯度要求十分严格。

3.3.1.3 质量标准

目前尚无国家标准，各生产厂家所生产的氰化亚金钾产品的质量差异较大。英国生产的氰化亚金钾产品质量标准见表3.2。

表3.2 氰化亚金钾产品质量标准（英国 BS 5658—1997）

项目	含量/%	分析方法
Au	≥68.1	化学分析
Ag	≤0.005	二硫腙萃取滴定法
Fe	≤0.001	邻二氮菲分光光度法
Pb	≤0.001	二硫腙萃取滴定法
Cu	≤0.002	新亚铜灵分光光度法
Zn	≤0.001	
Cr	≤0.001	
干燥失重	≤0.025	
水不溶物	≤0.1	

3.3.2 生产工艺

目前，氰化亚金钾的生产方法主要有电解法、雷酸金法和直接氰化法等。电解法生产氰化亚金钾的基本原理与电解法生产氰化银钾的原理基本相同，通过电流作用将阳极金溶入电解液中，并且与电解液中的氰根结合而得到 KAu(CN)$_2$，近年来发展起来的隔膜电解法和控制电位电解法在氰化亚金钾的生产中得到了一定应用。电解法操作简单，所得产品纯度较高，但一次性设备投入比较大。雷酸金法是生产氰化亚金钾的传统方法，其特点是工艺成熟，所需设备简单，但操作步骤较多，中间产物雷酸金在干燥状态下会发生爆炸。该法是目前生产氰化亚金钾的主要方法。直接氰化法的原理与氰化物提金相同，是作者近年摸索出的生产氰化亚金钾的新方法，有一定的实用价值。这些方法各有优缺点。下面主要介绍雷酸金法和直接氰化法。

3.3.2.1 雷酸金法生产工艺

雷酸金法以纯金、王水、氨水和氰化钾为原料制备氰化亚金钾。主要化学反应式为：

$$Au + 3HCl + HNO_3 \longrightarrow AuCl_3 + NO\uparrow + 2H_2O$$
$$AuCl_3 + 3NH_4OH \longrightarrow Au(OH)_3 + 3NH_4Cl$$
$$2Au(OH)_3 \longrightarrow Au_2O_3 + 3H_2O$$
$$Au_2O_3 + 4NH_4OH \longrightarrow Au_2O_3 \cdot 4NH_3\downarrow + 4H_2O$$

（1）工艺流程　雷酸金法生产氰化亚金钾工艺流程如图 3.2 所示。

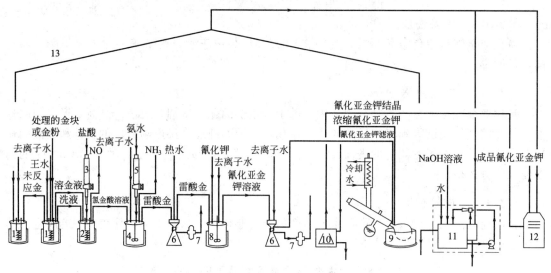

图 3.2　雷酸金法生产氰化亚金钾工艺流程

1—溶金容器；2—赶硝容器；3—盐酸滴液漏斗；4—雷酸金反应容器；5—氨水滴液漏斗；
6—过滤器；7—真空泵；8—氰化溶解容器；9—旋转蒸发器；
10—离心机；11—真空吸收系统；12—干燥器；13—吸气罩

① 酸洗黄金。将 1 号金压成薄片剪碎，或直接用电解金粉投料。用稀硝酸洗净烘干。

② 王水溶金和赶硝浓缩。要求和操作同氯金酸的生产。浓缩到形成棕褐色浓稠浆状物（氯化金）为止，冷却备用。

③ 稀释、氨水沉淀。用 5 倍体积的去离子水溶解血红色的浓稠物，在不断搅拌下缓缓加入氨水（1g Au 需 10mL 浓氨水），使氯化金生成雷酸金沉淀。加热除去过量的氨，并且不断补充水以防沉淀干燥。抽滤，用热水洗涤 3～4 次直至无 Cl$^-$ 为止（取几滴滤液，用硝酸银检验，如无白色浑浊即为洗涤干净），所得沉淀为雷酸金（Au$_2$O$_3$·4NH$_3$）。

④ 氰化溶解。将雷酸金沉淀物连同滤纸一起放入 15%～20% 的 KCN 溶液中缓缓加热溶解，得到无色透明的氰化亚金钾溶液。

⑤ 过滤除杂、蒸发浓缩。将所得氰化溶解液过滤，滤液置于旋转蒸发器进行蒸发，当

液面出现一层晶膜时，冷却结晶。所得湿固体经过离心分离后，置于80℃下真空干燥，化验合格后包装入库。

（2）注意事项

① 王水溶金的注意事项同氯金酸生产。

② 雷酸金制备过程中需要保持一定的湿度，以防发生爆炸。

③ 氰化溶解时，理论上1000g金需要1117g KCN，实际操作时将金质量1.2~1.3倍的KCN配成溶液后分批加入雷酸金沉淀中去，在少量雷酸金尚未溶解时，先将滤液滤出，这部分滤液中的过量KCN很少，经过后续步骤结晶所得的氰化亚金钾含量高；再将其余部分KCN溶液加入尚未溶解的雷酸金沉淀中，使雷酸金全部溶解。

④ 如果所得产品的纯度达不到要求，可以将氰化亚金钾产品溶解于热水中进行重结晶而得到高纯度的产品。

3.3.2.2 直接氰化法生产工艺

直接氰化法又名鼓氧氰化法，其制备原理与氰化浸金相同，为克服常温下金在氰化物溶液中溶解速率小的缺点，制备在升温的条件下进行。主要化学反应式为：

$$4Au+O_2+8KCN+2H_2O \longrightarrow 4KAu(CN)_2+4KOH$$

（1）工艺流程 鼓氧氰化法生产氰化亚金钾的工艺流程如图3.3所示。

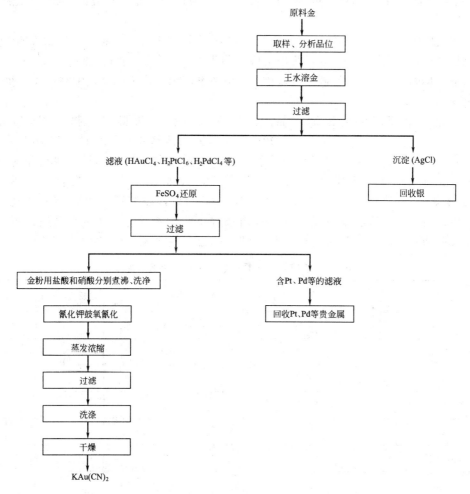

图 3.3 鼓氧氰化法生产氰化亚金钾工艺流程

将还原金粉表面冲洗干净，放入反应器中，加入略少于化学计量的饱和氰化钾溶液，搅拌并在反应器底部鼓入空气，加热使反应体系温度保持在80℃左右。反应48h后放出反应混合物，过滤，未反应的金粉转入下一循环继续使用。滤液浓缩至浓缩水量达到一定体积时，在不断搅拌下冷却结晶。所得固体经过离心分离并加少量水洗涤后，在80℃下真空干燥。经过检验合格后包装入库。

（2）注意事项

① 还原金粉及过量投料。根据原料金来源和纯度的不同，原料金常含有数量不等的Ag、Pt、Pd等其他贵金属以及Cu、Fe、Zn等贱金属。将原料金用王水溶解后，经过滤可以除去绝大部分Ag。滤液用$FeSO_4$还原而得到还原金粉。为了得到颗粒度小的还原金粉，所用$FeSO_4$的浓度应尽量大，使金粒子的生成速率远远大于生长速率，并且加入聚乙烯醇（PVA）或聚乙烯吡咯烷酮（PVP）阻止金粒子的团聚。可重复上述步骤以提高所得金粉的纯度。将所得金粉加入饱和Na_2CO_3溶液煮沸，使粗金中的难溶和微溶盐如$CaSO_4$等转化为碳酸盐沉淀。水洗至无SO_4^{2-}后，再分别用盐酸和硝酸煮洗。

为了减少氰化钾的消耗定额和减少最终废液的氰含量，投料金粉必须过量。在保证氰化钾完全反应的前提下，金粉过量的数量与反应时间、温度有关，结果表明，在反应温度为80℃、反应时间为48h的条件下，金粉过量10%较为适宜，此时反应混合物中的游离氰量小于2%。

② 空气的鼓入。氧气是鼓氧氰化法生产氰化亚金钾的反应原料，其廉价来源为空气。为了保证氰化亚金钾产品的纯度，所用空气必须先经过氢氧化钠溶液吸收，使CO_2等对反应有害的气体被除掉。空气的鼓入量以整个反应体系均匀冒泡为原则，不宜过大而使大量水分丧失。

③ 氰化亚金钾溶液的浓缩结晶。虽然反应过程中所得副产物KOH的溶解度（103g/100mL水，10℃，下同）比产物氰化亚金钾的溶解度（约为12g/100mL水）大得多，但过量KOH的存在必然影响产品的纯度。因此控制浓缩结晶过程中的浓缩量，对于提高氰化亚金钾的纯度极为重要。若以1.7kg还原金粉（干重）投料，KCN（98%）1.02kg溶解于4L水中反应，浓缩后冷却温度为10℃，浓缩所得水量与氰化亚金钾含量的关系见表3.3。从表中可见，在此投料条件下，浓缩水量（包括空气鼓入反应时所带出的水量）在3.2~3.5L时所得产品的纯度和已反应金粉的一次回收率均令人满意。

表3.3　浓缩所得水量与氰化亚金钾含量的关系

浓缩水量/L	产品金含量/%	KAu(CN)$_2$含量/%	已反应金粉的一次回收率/%
2.00	0.6832	99.9	91.4
2.50	0.6831	99.9	94.1
3.00	0.6832	99.9	95.4
3.20	0.6831	99.9	97.9
3.50	0.6828	99.8	99.3
3.65	0.6570	96.1	99.5
3.80	0.6167	90.2	99.6

（3）消耗定额　鼓氧氰化法生产氰化银钾的消耗定额见表3.4。

表 3.4　鼓氧氰化法生产氰化银钾的消耗定额

原料名称	理论定额/(kg/kg)	实际定额/(kg/kg)
还原金粉(折算成纯金)	0.684	0.686
氢氧化钠(96%)	无	0.050
氰化钾(≥98%)	0.46	0.50

3.4　亚硫酸金钾(亚硫酸金钠、亚硫酸金铵)

3.4.1　主要用途

亚硫酸金钾 $[K_3Au(SO_3)_2]$、亚硫酸金钠 $[Na_3Au(SO_3)_2]$ 和亚硫酸金铵 $[(NH_4)_3Au(SO_3)_2]$ 是适用于无氰电镀工艺的金盐。可用于铜、镍和银基材的电子元器件、景泰蓝饰品、眼镜架等直接镀金,也可与其他元素的电镀配合使用,镀出不同 K 金值的合金镀层。

在适当的酸度条件下(pH=8~10), SO_3^{2-} 可以定量地将 Au(Ⅲ)转变为 Au(Ⅰ),并且生成稳定的 $[Au(SO_3)_2]^{3-}$ 配合物。

$$2H[AuCl_4]+6SO_3^{2-}+3H_2O \longrightarrow 2[Au(SO_3)_2]^{3-}+8Cl^-+6H^++2SO_4^{2-}$$

该配合物的稳定常数约为 10^{30},比 $[Au(CN)_2]^-$ 的稳定常数(约为 10^{38})低,但比 $[Ag(CN)_2]^-$(约为 10^{21})高得多。因此,亚硫酸金盐是替代氰化物镀金的较为合适的试剂之一,目前已经在工业上得到了一定应用,相应地,亚硫酸金盐(包括钠盐、钾盐和铵盐)都已作为金的深加工产品进行生产,但尚未形成相应的国家标准或行业标准。

3.4.2　生产工艺

以纯金、王水、亚硫酸盐和 KOH(或 NaOH、氨水)为原料制备亚硫酸金盐,因为在 pH=8~10 的条件下, SO_3^{2-} 可以定量地将 Au(Ⅲ)转变为 Au(Ⅰ),生成稳定的 $[Au(SO_3)_2]^{3-}$ 配合物。主要化学反应式为:

$$Au+3HCl+HNO_3 \longrightarrow AuCl_3+NO\uparrow+2H_2O$$
$$AuCl_3+HCl \longrightarrow HAuCl_4$$
$$2H[AuCl_4]+6SO_3^{2-}+2H_2O \longrightarrow 2[Au(SO_3)_2]^{3-}+8Cl^-+6H^++2SO_4^{2-}$$

(1) 工艺流程　亚硫酸金盐生产工艺流程如图 3.4 所示。

① 王水溶金。原料金的酸洗、王水溶金和赶硝浓缩的方法和要求同氯金酸的制备。将计算量的氯金酸用去离子水配成金含量为 20%~25% 的水溶液。

② 中和。将分析纯的 KOH(用于制备亚硫酸金钾)或 NaOH(用于制备亚硫酸金钠)或氨水(用于制备亚硫酸金铵)配成适当浓度的水溶液,慢慢滴加到上述氯金酸溶液中,使最终溶液的 pH 值处于 8~10 之间。在中和过程中,溶液的颜色从透明浅黄色变到不透明橙红色,当溶液的 pH 值为 7 时则变成透明橙红色,当中和至 pH 值为 8~10 时则变成浅酱色。

③ 亚硫酸盐还原。将计算量的亚硫酸盐(制备亚硫酸金钾、亚硫酸金钠和亚硫酸金铵分

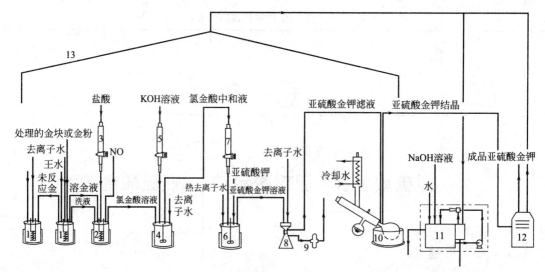

图 3.4　亚硫酸金盐生产工艺流程

1—溶金容器；2—赶硝容器；3—盐酸滴液漏斗；4—氯金酸中和容器；5—KOH滴液漏斗；
6—亚硫酸盐还原容器；7—氯金酸滴液漏斗；8—过滤器；9—真空泵；
10—旋转蒸发器；11—真空吸收系统；12—干燥器；13—吸气罩

别用亚硫酸钾、亚硫酸钠和亚硫酸铵）溶解于 50～60℃的热去离子水中，在不断搅拌下将中和后的氯金酸溶液滴加到亚硫酸溶液中。溶液的颜色变成透明浅黄色，继续加热到 55～60℃并保温 1h，溶液颜色变为无色透明。过滤，所得无色透明溶液即为亚硫酸金盐溶液，根据客户要求浓缩到一定浓度后即可用塑料瓶包装出售。由于亚硫酸金铵溶液有强烈氨味，在结晶过程中亚硫酸金铵会分解放出氨气，因此，亚硫酸金铵一般只制成溶液出售。亚硫酸金钾和亚硫酸金钠可以制成晶体产品。

④ 亚硫酸金钾和亚硫酸金钠的浓缩、结晶和干燥。将过滤后的亚硫酸金钾或亚硫酸金钠溶液置于旋转蒸发器中加热浓缩结晶，所得产品于 80℃下真空干燥，得到固体产品。

（2）注意事项

① 王水溶金后所得氯金酸溶液不要结晶出来，只要按计算量配成溶液即可。

② 在中和过程中，由于反应放出大量的热量，容易引起反应混合物暴沸。因此，加碱中和时碱的滴加速度要慢，必要时可以采取降温措施。

③ 在亚硫酸盐还原过程中，应该将氯金酸溶液滴加到亚硫酸盐溶液中去，因为氯金酸溶液的密度比亚硫酸盐溶液的密度大得多。亚硫酸盐还原剂的量不能过量太多，一般以过量 3％～5％为宜。否则，过量太多的亚硫酸盐会将部分亚硫酸金盐直接还原为单质金，在此情况下，过滤亚硫酸金盐溶液所得的金粉应该回收利用。

3.5　超细金粉和纳米金粉

3.5.1　概述

3.5.1.1　主要性质

超细金粉（superfinegold powders），分子式 Au，相对分子质量 196.97。产品一般是微米级球形粉末，颜色根据颗粒度大小的不同，从金黄色到红褐色或黑色不等，颗粒越小，颜色越深。

3.5.1.2 主要用途

超细金粉在电子元器件、首饰、电镀、化工催化等行业有广泛的应用。例如，将超细金粉与有关成膜物质、溶剂和改性物质混合均匀得到具有特定电性能的含金浆料，广泛应用于电子元器件的制造；将超细金粉负载在多孔性载体上，可以得到具有特定催化性能的含金催化剂。

3.5.1.3 超细金粉产品规格

超细金粉产品规格见表3.5。

表 3.5 超细金粉产品规格

指标名称	指标
比表面积/(m²/g)	>0.3
平均粒径/μm	<1
松散密度/(g/cm³)	6.0
振实密度/(g/cm³)	6.5~8.0
纯度/%	>99.95

3.5.2 生产工艺

超细金粉的制备原理是将金化合物的适当溶液通过化学还原而得到单质金粉。常用的还原剂有锌粉、铁粉、亚硫酸钠等无机还原剂和水合肼、抗坏血酸（维生素 C）等有机还原剂。所得超细金粉产品的颗粒一般是微米级球形粉末。颜色根据颗粒度大小的不同，从金黄色到红褐色或黑色不等，颗粒越小，颜色越深。现以抗坏血酸作为还原剂为例来说明超细金粉的生产工艺。

3.5.2.1 超细金粉生产工艺

（1）工艺流程 抗坏血酸作为还原剂生产超细金粉工艺流程如图3.5所示。

① 王水溶金。将黄金经过酸洗、王水溶解和赶硝浓缩后配成适当浓度的水溶液。有关要求和方法同氯金酸的制备。

② 还原。将抗坏血酸配成饱和溶液，在不断搅拌下将氯金酸溶液滴加到抗坏血酸溶液中，滴加完毕后继续搅拌 1h。静置沉降。

③ 清洗、干燥和筛分。将上层清液倾出，用水和乙醇以倾析法清洗金粉。所得金粉置于真空干燥。冷却后，将金粉过筛分级，得到不同粒度的球形金粉末。

（2）注意事项

① 由于氯金酸很容易被还原，因此可选的还原剂种类比较多。在选择时主要应考虑还原速率和还原后的处理是否方便。

② 用有机还原剂的好处是有机还原剂被氧化后的产物一般处于溶液中，与产品金粉的分离较为容易。为了得到颗粒度较小的金粉，所用还原剂的浓度一般较大，这样可以使金晶粒的生成速率大于生长速率。控制适当的还原剂和氯金酸的浓度，是得到预定颗粒度的金粉的关键。

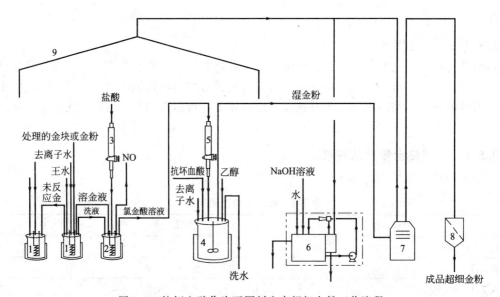

图 3.5 抗坏血酸作为还原剂生产超细金粉工艺流程

1—溶金容器；2—赶硝容器；3—盐酸滴液漏斗；

4—还原容器；5—氯金酸滴液漏斗；6—真空吸收系统；7—干燥器；8—筛分器；9—吸气罩

③ 由于超细粉末具有很大的比表面积和表面作用能，颗粒之间的团聚现象明显。可以在反应体系中加入适当的分散剂以控制颗粒之间的团聚。有关方法见纳米金粉的生产。

④ 干燥后所得金粉的过筛是必要步骤。这样可控制产品的粒度分布，同时给金粉产品以适当的分级。所用筛的目数从 500 目到 800 目不等。

3.5.2.2 纳米金粉生产工艺

对于粒径≤100nm 的颗粒状超细金粉，用上述方法很难解决金粉微粒之间的团聚问题和粒度分布不均匀等问题。作者在实践中发现，如果能将金制成稳定常数比氯金酸更高的配合物，同时在还原过程中加入适当的保护剂或分散剂，所得金粉的颗粒度将明显小于从氯金酸作为起始原料所得的金粉，同时，金粉颗粒之间的团聚不再明显，粒度分布的范围更窄。

（1）工艺流程

① 起始原料的制备。将原料金按氰化亚金钾的生产方法制成氰化亚金钾固体。以它作为起始原料。按 1kg 氰化亚金钾溶于 2～20L 水配成溶液。

② 还原剂和保护剂的预混合。在还原剂（抗坏血酸）溶液中加入一定量的保护剂溶液，保护剂可以是聚乙烯吡咯烷酮（PVP）、烷基硫醇（RSH）、油酸或棕榈酸。保护剂的加入量根据被还原金粉的量而定，以 PVP 为例，还原 1kg 金粉需要加入 PVP 约 300g。

③ 还原。将氰化亚金钾溶液在搅拌下滴加到还原剂和保护剂的预混合溶液中，加热到 60℃。滴加完毕后继续搅拌 1～2h。冷却，静置沉降。

④ 清洗、干燥。将所得金粉用水、乙醇和丙酮分别清洗干净，置于 80℃真空干燥。化验合格后包装入库。

（2）注意事项

① 保护剂应该加在还原剂溶液中，而不应加在氰化亚金钾溶液中。

② 为了得到颗粒度更小的金粉，还原剂可以采用饱和溶液以增加金粉颗粒的生成速率。

③ 纳米级金粉的颗粒度检测方法和比表面积测定方法同纳米级银粉。

3.6 金水

3.6.1 主要用途

金水又称为亮金水，是一种含有纯金 10%～12%，添加有少量铑、铬、铋等金属的化合物，在油性介质中分散的棕黑色黏稠液体。它可以用涂刷、印花等方式施于陶瓷釉面上，然后以弱火加热(约 300℃)，油质被蒸发和燃烧，含金化合物分解而遗留下光彩夺目的极薄金层，再加热到 750℃时可牢固地黏结在釉面上。用金水作陶瓷釉上装饰是价廉物美的黄金装饰方法之一。我国是陶瓷的发源地，陶瓷表面的金或银装饰是我国陶瓷行业的传统工艺，国外许多国家对此很感兴趣并进行了许多研究。如何结合现代科技将这一传统文化发扬光大，是我国科技工作者的一项艰巨任务。

3.6.2 传统金水生产工艺

传统制造金水的工艺过程包括四个方面：制备硫化香脂和高氯酸铵金，制备树脂酸金，制备树脂酸铬、树脂酸铋、树脂酸铑和酯(溶剂)，配制必要稠度(浓度)的金水。

(1) 工艺流程

① 硫化香脂的制备。在 15L 的圆底玻璃烧瓶内注入 10～12L 在 165～170℃新蒸馏的松节油，往里面再倒入 1～1.2kg 的细碎硫，将烧瓶加热到 160℃，在 4h 内硫由固态变为液态，同时液体开始沸腾。此时除了放出大量的 H_2S 外，还形成其他不好闻的挥发性的硫有机化合物，这些物质用喷水泵排出。蒸馏，当馏出物体积约为加入的松节油体积的 23%时，结束蒸馏。残留在烧瓶中的混合物即为硫化香脂，硫含量为 10%～11%。

② 制备高氯酸铵金。薄片或屑状的金用王水溶解后，赶硝浓缩，溶液冷却后以 1kg 金配入 300g 的量引入 NH_4Cl。在不断搅拌下，将混合物在水浴上蒸干。反应式为：

$$HAuCl_4 + NH_4Cl \longrightarrow NH_4AuCl_4 + HCl$$

③ 制备树脂酸金。将所得到的高氯酸铵金置于瓷坩埚中，在搅拌下以 1g 金配入 5g 乙醇的比例加入乙醇，并且滴加硫化香脂(1g 金配 3.5g 硫化香脂)。然后将瓷坩埚放到沸水浴上，水浴加热 70～90min 使树脂酸金的生成反应完全。将反应生成物由水浴上取下后，再倒入 3～4L 乙醇，仔细混合，混合物澄清后，溶液倒在玻璃瓶内，将剩下的金有机化合物移到瓷皿上，采用倾析法用乙醇洗到金有机化合物成为粉状。过滤，所得固体在 35～40℃真空干燥，得到树脂酸金。

④ 溶解树脂酸金。硝基苯、苯和甲苯等有机溶剂均可溶解树脂酸金，另外，薰衣草油、迷迭香油、丁香油和茴香油等芳香油也可以溶解树脂酸金，而且所得产品的味道较好。

生产上常用 1.5 份松香溶解在 1.6 份松节油、2.4 份氯仿和 0.15 份硝基苯的溶液中来得到"酯"。"酯"用来稀释金水，它里面引入的松香给溶液在涂在上釉瓷器上时以必要的工作性能。叙利亚沥青和香豆酮树脂可用来代替松香，其中叙利亚沥青效果最好。溶解 1 份树脂酸金，需用 0.4 份硝基苯、0.25 份氯仿和 1.9 份"酯"（溶剂）。所得溶液中，金的含量取决于树脂酸金的金含量，一般在 16%～19% 之间。在溶剂中不应引入超过上述数量的硝基苯和氯仿，因为硝基苯过多，不利于金水的流动性并减慢干燥速度；氯仿过多会使干燥过快。

⑤ 制取树脂酸铋。将 1kg 松香熔融并加热到 210～220℃，在搅拌下向熔融的松香中逐步加入 220g $Bi_3(OH)_6(NO_3)_3$（每次加 10～15g）。停止加热，在溶解的松香溶液中逐渐加入 750g 硝基苯和 750g 松香油的混合物，同时不断搅拌。溶液澄清一昼夜后，用丝网过滤。滤液静置 10～15d 后，倾析到另一容器中。溶液中铋含量（以 Bi_2O_3 计）为 5%～6%。

⑥ 制取树脂酸铬。将 1kg 松香在 170～180℃ 熔融，然后逐步加入 300g 氯化铬，升温到 210～220℃，保温至熔体颜色变暗后停止加热，不断地搅拌热料，并且一点一点地加入 1200g 松节油与硝基苯（1:1）的混合物。由于反应很剧烈，产生泡沫，所以每次加入混合物时，都要等起泡停止后再进行，而且使温度不超过 280℃。冷却后将溶液过滤，滤液静置沉降 10～15d 后，倒入另一容器中。溶液铬含量为 2%～3.3%。

⑦ 制取树脂酸铑。树脂酸铑的制备方法与树脂酸金类似。将 200g 三氯化铑（$RhCl_3\cdot4H_2O$）溶解于 2～3L 乙醇中，过滤，在滤液中加入 1100g 硫化香脂。将铑有机化合物的沉淀置于 55～60℃ 真空干燥后，再用乙醇将固体沉淀物洗涤到完全去掉 Cl^-，然后再在 35～40℃ 干燥。将铑有机化合物溶解在 2 倍（质量）的硝基苯中。由 200g $RhCl_3\cdot4H_2O$ 可得到约 1200g 5% 的树脂酸铑溶液。产率为 90%～95%。

⑧ 制备必要浓度的金水。根据实践表明，符合陶瓷和玻璃工艺要求的金水的最终组成为：在每 120g 金属金（以树脂酸金溶液形式）中需引入 90g 6% 的树脂酸铋溶液、5.25g 5% 的树脂酸铑溶液、26.25g 3.3% 的树脂酸铬溶液和使金含量稀释到 10%～12% 时需引入的必要数量的"酯"。

(2) 注意事项

① 硫化香脂制备中，除松节油外，也常用威尼斯松节油（稠化松节油）、α-蒎烯、松香和薰衣草油。硫化香脂的化学性质至今还不十分清楚。一般认为香脂硫化部分的分子式为 $C_{10}H_{16}S$，它在形成金有机化合物中起了主要作用。

② 制备树脂酸金时，由于反应放出大量热，混合物处于沸腾状态，所以硫化香脂应在 80～100min 内一点一点地加入。树脂酸金中金含量在 50%～55% 之间。用多次在氯仿中溶解和在甲醇中沉淀净化的方法，可使树脂酸金中的金含量由 50% 提高到 70%。树脂酸金的颜色有时是黑色焦油干状，有时是焦油状，有时是黑色或棕色的颗粒。这几个变种的金含量以及在硝基苯和氯仿中的溶解度各不相同。

③ 产品金水中金含量降低到 9% 以下时对金膜光泽、色调及固着程度影响很大。

④ 金水中铑含量不应超过 0.3%，否则金膜呈现铜色调。铬含量超过 0.3% 时使金膜呈青铜色。

⑤ 使用金水时应注意，在金水涂布于瓷器上以后，应该于 790～830℃ 烤烧并保温 20min，如在更低温度烤烧时，保温时间要更长，否则金膜固牢度差。但烤烧温度不能超过 830℃，否则金膜容易"熏掉"，即金膜细微颗粒聚集。另外，金水与其他颜料必须分别烤烧，因为其他颜料在烤烧时形成的有机物热气对金膜有害。

⑥ 各种配方的传统金水中，最高烧结温度一般不能超过 850℃。如果需要超过此温度的金水，须按以下耐高温金水的生产方法生产。

3.6.3　耐高温烧结金水生产工艺

（1）技术思想　作者根据实践提出耐高温金水的制备方法如下：在金的适当有机化合物中，加入能够与金形成耐高温合金的其他金属的有机化合物，在不影响金的表面装饰的颜色效果的前提下，提高金水的耐高温烧结性能，同时根据陶瓷基底材料的不同加入能够提高表面装饰金附着力的不同的玻璃料，从而达到提高金水的耐高温烧结和附着力的目的。

（2）工艺流程

① 在蒸馏烧瓶中加入松节油，收集 165～170℃馏分。将得到的松节油馏分加入另一蒸馏烧瓶中，加入硫粉，使硫粉的质量百分含量为 8%～10%，加热至 160℃并保温 4h，继续加热，蒸馏，当馏出液的体积达到加入的松节油体积的约 25%时，停止蒸馏，用新蒸馏的松节油调节留在烧瓶中的硫化香脂的硫含量为 10%～12%。

② 将电解金粉溶于王水，除去多余硝酸后冷却。在不断搅拌下按金：氯化铵=1：0.3 的比例加入氯化铵，水浴加热至干，得到高氯酸铵金固体。按金：无水乙醇=1：5 的比例加入无水乙醇，使高氯酸铵金固体完全溶解。按金：硫化香脂=1：3.5 的比例，逐滴加入硫化香脂（1～1.5h 内加完）。在沸水浴上加热此混合物 1.5h 后，停止加热。加入少量无水乙醇并彻底搅拌，静置，用倾析法将树脂酸金固体倾出，并且用无水乙醇洗涤至树脂酸金成为粉状固体。过滤，将所得固体粉末于 40℃下真空干燥。

③ 按 $RhCl_3$：无水乙醇=1：10 的比例，将三氯化铑溶解在无水乙醇中，过滤；按 $RhCl_3$：硫化香脂=1：5 的比例，在滤液中加入硫化香脂，充分反应后，用无水乙醇将树脂酸铑沉淀洗涤至无 Cl^- 为止。过滤，将所得固体粉末于 40℃下真空干燥。

④ 按制备树脂酸铑同样的方法将硝酸铅、硝酸铋、硝酸钍和三氯化锑制成相应的树脂酸盐。

⑤ 混合溶剂。将新蒸馏的松节油（24%）、大茴香油（41%）、邻苯二甲酸二丁酯（25%）、氯仿（2%～9%）、硝基苯（1%～8%）配成混合溶剂。

⑥ 准确称取一定量的树脂酸金、树脂酸铑、树脂酸锑、树脂酸钍、树脂酸铅和树脂酸铋，在水浴加热和搅拌下分别溶于混合溶剂中。将树脂酸钍、树脂酸铑和树脂酸锑三种树脂酸盐溶液混合，使混合物中钍、铑和锑的含量分别为 5%～10%、0.5%～1.0%和 0.6%～1.8%，得到耐高温金水添加剂。将树脂酸铅和树脂酸铋溶液混合，混合物中铅和铋的含量分别为 4.0%和 14.0%，得到金水附着力增强剂。

⑦ 将上述树脂酸金溶液、耐高温金水添加剂和金水附着力增强剂混合，使所得金水中金、钍、铑、锑、铅、铋的含量分别为 10%～15%、2.2%～3.0%、0.1%～0.3%、0.1%～0.8%、0.3%～0.4%、1.0%～1.4%。得到耐高温烧结金水。调整金水中钍、铑、锑的含量可得耐高温烧结在 860～980℃范围内的金水。

第4章

铂族金属的深加工

铂族金属广泛用于航空、航天、石油及化学工业、信息传感工业、首饰收藏、高级光学玻璃、玻璃纤维行业、医疗器械和医药等领域，可以说还没有任何一类其他金属或材料能像铂族金属一样，在经济金融和科技工业两方面具有优越的双重功能。铂族金属对工业的作用，像我们人体离不开维生素一样，又被誉为"工业维他命"，数量虽少，但必不可缺。由于铂族金属性能的独特性和资源的稀缺性，在世界上被作为"战略储备金属"，在高技术产业发展中，被誉为"第一高技术金属"。随着铂族金属在化工、医药、电子和其他高技术领域用途的不断拓展，铂族金属的精细化工产品层出不穷，除少数几个产品已经形成国家标准或行业标准外，绝大部分产品目前仍处于无标准状态。分析其原因可能有以下几个方面：一是铂族金属深加工产品的种类非常多，但用户很分散，单个用户的用量都不是很大；二是铂族金属深加工企业的规模不是很大，许多产品是按照用户的需求而生产，通用性比较差；三是铂族金属毕竟是大家闺秀，尚未像金银一样为众多工业行业所普遍接受。铂族金属精细化工深加工产品中，含铂、钯、铑这三个元素的化合物较多，含锇、铱和钌的化合物相对较少。主要产品有：氯铂酸及其盐、P盐、二氯化铂和二氧化铂等含铂化合物，二氯化钯、二氯化四氨合钯(Ⅱ)、二氯化二氨合钯(Ⅱ)、硝酸钯(Ⅱ)、二硝基四氨合钯(Ⅱ)、四氯合钯(Ⅱ)酸钾和氧化钯(Ⅱ)等含钯化合物，三氯化铑、磷酸铑和硫酸铑、一氯三苯基膦合铑(Ⅰ)和三氧化铑等含铑化合物，四氧化钌、水合二氧化钌、三氯化钌和氯钌酸铵等含钌化合物，四氧化锇、氯铱酸、氯铱酸铵和水合二氧化铱等含锇、铱的化合物。依据这些化合物再进一步深加工成医药中间体(如顺铂等)则不在本章讨论之列，有关药品的生产必须依据国家的有关政策进行。

4.1 铂的精细化工产品

铂是铂族金属中在首饰行业用量最大的贵金属，从近年的发展趋势看，大有超过黄金和白银，进而成为首饰第一金属的趋势。但铂在工业上的用途(主要是化工催化剂制造和医药抗癌制剂的生产)更是黄金和白银无法替代的，有关铂的精细化工产品更是层出不穷，据不完全统计，近十年中人们研究的含铂医药中间体就达到1000多种，用于临床使用的含铂抗癌药物已达十几种。这些医药中间体和药物的起始原料都是铂的精细化工产品。因此，含铂精细化工产品的研制和生产对于化工和医药行业是非常重要的。

4.1.1 氯铂酸

4.1.1.1 主要用途和制备原理

氯铂酸是最重要的铂配合物之一，也是制备其他含铂化合物的重要起始原料。其制备原理是用王水溶解纯铂块或铂粉（海绵铂），经过浓缩赶硝而得到氯铂酸溶液或进一步结晶得到相应的晶体。

$$3Pt+4HNO_3+18HCl \longrightarrow 3H_2[PtCl_6]+4NO\uparrow+8H_2O$$

4.1.1.2 生产工艺

（1）工艺流程　氯铂酸生产工艺流程如图 4.1 所示。

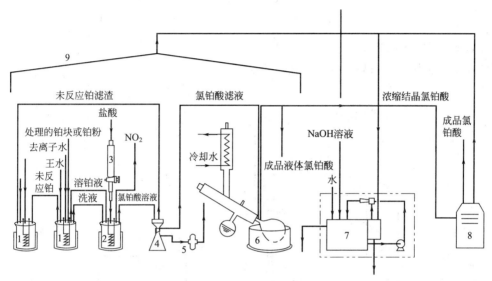

图 4.1　氯铂酸生产工艺流程

1—溶铂容器；2—赶硝容器；3—滴液漏斗；4—过滤器；5—真空泵；
6—旋转蒸发器；7—真空吸收系统；8—干燥器；9—吸气罩

① 酸洗铂块或铂粉。准确称取一定量的铂块或铂粉，加入稀盐酸煮洗 20min，倾干酸液后用去离子水反复清洗干净。

② 将清洗后的原料铂放入烧杯或其他耐王水反应器，加入略少于理论量的王水。反应开始时速率较慢，可适当加热以启动反应。反应正常进行时停止加热，整个反应过程以溶液均匀冒泡为原则。

③ 当反应停止后，在加热煮沸（微沸）下滴加浓盐酸，赶硝到反应体系不再冒出棕色氮氧化物为止。

④ 过滤，将未反应的铂块或铂粉用去离子水清洗干净，洗液并入滤液中。将滤液转入旋转蒸发器进行浓缩。当浓缩至所需浓度（指定铂含量）时，冷却，装入塑料瓶入库。

（2）注意事项

① 由于反应产物为液体，为了便于提高产品的纯度，反应过程中所用原料的纯度一定要控制好。酸洗铂块或铂粉是十分必要的。如果铂块或铂粉表面有油污，应先用烧碱煮洗，再用盐酸煮洗。所用盐酸和硝酸都必须进行分析，其中的微量杂质元素（特别是 Fe、Pb、Cu、Bi 等金属元素）的含量必须低于规定值。

② 为了减少反应后续步骤的麻烦，投料铂量必须过量。未反应的金属铂转入下一循环使用。

③ 如果需要产品为晶体，可在旋转蒸发器中直接浓缩结晶。由于红褐色的氯铂酸晶体很容易潮解，因此所得产品应于 80℃下真空干燥并进行真空包装后装入塑料瓶。

4.1.2 氯铂酸钾和氯铂酸铵

4.1.2.1 主要用途和制备原理

氯铂酸容易潮解，得到相应晶体的困难较大。由于氯铂酸在工业上主要是利用氯铂酸根的性质，因此常将氯铂酸制成适当的盐类。氯铂酸钾和氯铂酸铵是最常用的氯铂酸盐。

$$H_2[PtCl_6]+2KCl \longrightarrow K_2[PtCl_6]+2HCl$$
$$H_2[PtCl_6]+2NH_4Cl \longrightarrow (NH_4)_2[PtCl_6]+2HCl$$

4.1.2.2 生产工艺

（1）工艺流程 氯铂酸盐生产工艺流程如图4.2所示。

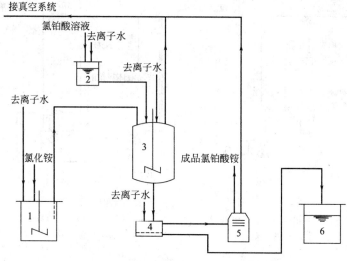

图4.2 氯铂酸盐生产工艺流程
1—氯化铵溶液储槽；2—氯铂酸溶液高位槽；3—反应器；
4—过滤器；5—真空干燥箱；6—回收液储槽

① 准确称取一定量的氯化钾或氯化铵，溶于去离子水配成适当浓度的溶液，过滤，滤液备用。

② 取略少于化学计量的氯铂酸溶液，加适量去离子水稀释后置于高位槽中，在搅拌下滴加到氯化钾或氯化铵溶液中。此时，溶液中出现黄色的氯铂酸钾或氯铂酸铵固体颗粒。滴加完毕后继续搅拌2h，以使反应完全。静置沉降。

③ 过滤，所得固体用去离子水反复清洗直至洗液的pH值接近7为止。在80℃下真空干燥，所得产品经化验合格后包装入库。

（2）注意事项

① 为了得到晶形均匀的晶体产品，所用氯化钾或氯化铵溶液的浓度和氯铂酸溶液的浓度应尽量低，以保证晶体的生长速率大于晶核的生成速率。

② 滴定的顺序应该是将氯铂酸溶液滴加到氯化钾或氯化铵溶液中去，因为氯铂酸溶液的密度远远大于后者。

③ 洗涤氯铂酸铵晶体时应洗到晶体无明显氨味且洗液的酸度接近中性为止。

④ 氯铂酸与氯化钠作用也可以得到氯铂酸钠，但氯铂酸钠易溶于水，结晶过程没有氯铂酸钾和氯铂酸铵方便（两者都难溶于水）。因此，生产上很少将氯铂酸制成氯铂酸钠出售。

4.1.3 P盐——二亚硝基二氨合铂（Ⅱ）

4.1.3.1 主要用途和制备原理

P盐[二亚硝基二氨合铂(Ⅱ)，$(NH_3)_2Pt(NO_2)_2 \cdot 2H_2O$]，是无氰电镀中镀铂最常用的试剂之一，所得镀层硬度高、电阻小，可以钎焊。常用于电子元器件的表面镀铂。将氯铂酸钾用亚硝酸钠还原，即可得到$(NH_3)_2Pt(NO_2)_2 \cdot 2H_2O$，产品经结晶可得到相应的P盐晶体。

4.1.3.2 生产工艺

（1）工艺流程 二亚硝基二氨合铂生产工艺流程如图4.3所示。

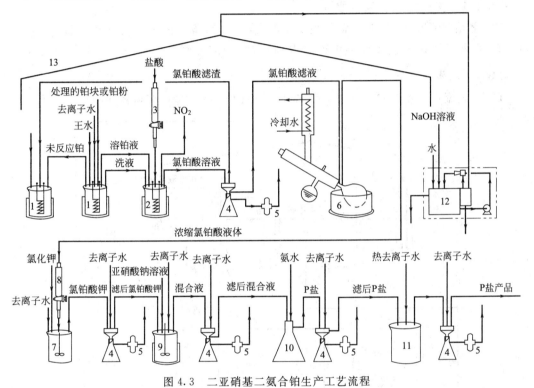

图 4.3 二亚硝基二氨合铂生产工艺流程

1—溶铂容器；2—赶硝容器；3—盐酸滴液漏斗；4—过滤器；
5—真空泵；6—旋转蒸发器；7—氯铂酸钾反应容器；8—氯化钾滴液漏斗；
9—亚硝酸钠混合容器；10—P盐反应磨口玻璃瓶；
11—重结晶容器；12—真空吸收系统；13—吸气罩

① 铂原料酸洗，王水溶铂，有关方法和要求同氯铂酸的制备。

② 加氯化钾沉淀，有关方法和要求同氯铂酸钾的制备。

③ 将所得的氯铂酸钾沉淀加入少量去离子水调成糊状，置于砂浴上加热。

④ 将亚硝酸钠溶于去离子水中，配成约40%（质量）的溶液，过滤。将滤液加入氯铂酸糊状物中，继续加热到105℃并保温3h，得到黄绿色溶液。冷却，过滤。滤液装入带磨口塞的玻璃瓶中。

⑤ 按100g铂加入5g氨水（25%）的比例将氨水加入上述滤液中，将瓶口塞紧，摇匀后放置过夜。抽滤并用少量冷水洗涤晶体。将所得晶体在热水中重结晶一次，得到合格的

P 盐。

（2）注意事项

① 氯铂酸钾与亚硝酸钠的反应，温度应超过100℃，因此，加热方式除用砂浴外，还可以用导热油浴加热。

② 一次结晶所得 P 盐中含有的游离亚硝酸盐和氨水较多，用多次冷水洗涤的方法难以完全去除，而且多次洗涤对铂的回收率有影响。因此，用热水重结晶的方法是得到合格 P盐的有效方法，铂的回收率较高。

4.1.4　二氯化铂和亚氯铂酸（盐）

4.1.4.1　主要用途和制备原理

二氯化铂（$PtCl_2$）是工业上常用的 Pt（Ⅱ）盐，其制备方法可分为气相直接合成法（在500℃时于氯气气氛中直接加热铂粉而得到）和氯铂酸分解法。下面介绍氯铂酸分解法。

4.1.4.2　生产工艺

（1）工艺流程　氯铂酸分解法生产二氯化铂及亚氯铂酸盐工艺流程如图4.4所示。

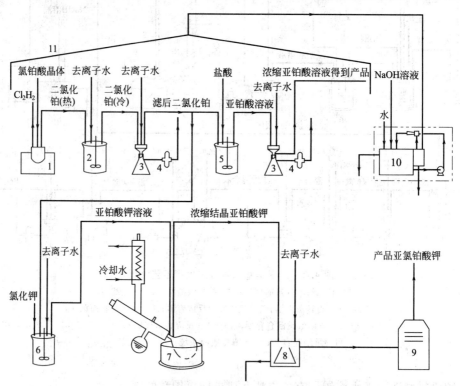

图 4.4　氯铂酸分解法生产二氯化铂及亚氯铂酸盐工艺流程

1—砂浴坩埚；2—二氯化铂冷却容器；3—过滤器；4—真空泵；
5—亚氯铂酸反应容器；6—亚铂酸钾反应容器；7—旋转蒸发器；8—离心机；
9—干燥器；10—真空吸收系统；11—吸气罩

① 铂原料酸洗，王水溶铂，有关方法和要求同氯铂酸的制备。将所得氯铂酸晶体置于石英坩埚中。

② 将石英坩埚置于砂浴或油浴中加热，并且不时搅动坩埚内的固体。当温度达到360℃

时，保温 3h 以上。

③ 冷却，将坩埚内的反应混合物倒入冷水中，充分搅拌后静置沉降。

④ 过滤，所得橄榄绿色固体即为二氯化铂。滤液中含有未分解的氯铂酸，浓缩后转入下一循环使用。

⑤ 在得到的二氯铂酸固体中加入盐酸并充分搅拌，过滤，所得滤液经过浓缩得到指定浓度的亚氯铂酸溶液，分析化验合格后，用塑料瓶包装入库。

⑥ 将二氯化铂固体溶于氯化钾或氯化铵溶液，则得到亚氯铂酸钾或亚氯铂酸铵，经过浓缩结晶后可分别得到亚氯铂酸钾和亚氯铂酸铵晶体产品。

（2）注意事项

① 氯铂酸分解法制备二氯化铂的关键是分解温度的精确控制，因为氯铂酸在加热过程中的分解产物有四氯化铂、二氯化铂和单质铂。当温度低于 360℃ 时得到四氯化铂，高于 500℃ 时主要得到单质铂，因此，用砂浴或油浴进行加热时应设定好温度，并且在加热过程中不断搅拌反应混合物，以防局部过热。

② 二氯化铂溶于盐酸后，过滤所得的少量黑色粉末中含有铂黑，应回收利用。

4.1.5 二氧化铂

4.1.5.1 主要用途和制备原理

二氧化铂(PtO_2)又称为亚当斯催化剂，在制药和化工行业有广泛的应用。其制备方法可分为固相法和液相法。

固相法制备二氧化铂的原理是，在 500℃ 时，用氯铂酸固体与硝酸钠固体共熔，得到 PtO_2。其反应式为：

$$2H_2[PtCl_6]+12NaNO_3 \longrightarrow 2PtO_2+12NaCl+12NO_2\uparrow+3O_2\uparrow+2H_2O$$

液相法制备二氧化铂的原理是，氯铂酸溶液与过量的碳酸钠溶液共同加热，再用乙酸或硫酸中和，则得到含结晶水的二氧化铂。其反应式为：

$$H_2[PtCl_6]+3Na_2CO_3 \longrightarrow Na_2PtO_3+4NaCl+2HCl+3CO_2\uparrow$$

$$Na_2PtO_3+2CH_3COOH+H_2O \longrightarrow PtO_2\cdot2H_2O+2CH_3COONa$$

4.1.5.2 生产工艺

（1）固相法制备二氧化铂 固相法生产二氧化铂工艺流程如图 4.5 所示。

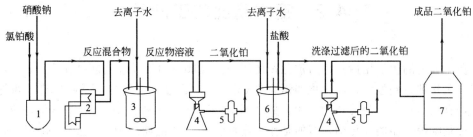

图 4.5　固相法生产二氧化铂工艺流程

1—坩埚；2—高温炉；3—反应混合物容器；
4—过滤器；5—真空泵；6—洗涤容器；7—干燥器

① 称取一定量的固体氯铂酸，加入 5 倍量的硝酸钠固体，充分搅拌（必要时研磨）后装

入石英坩埚。

② 将坩埚置于高温炉中，控制升温速度，使温度在 1h 内达到 500℃，保温 3h。

③ 冷却，将反应混合物倒入冷水中，充分搅拌后过滤。先用稀盐酸洗涤沉淀，再用水洗涤至洗液不含 Cl⁻ 为止。

④ 将过滤后的固体置于 120℃下干燥 3h，冷却后包装入库。

（2）液相法制备二氧化铂 液相法生产二氧化铂工艺流程如图 4.6 所示。

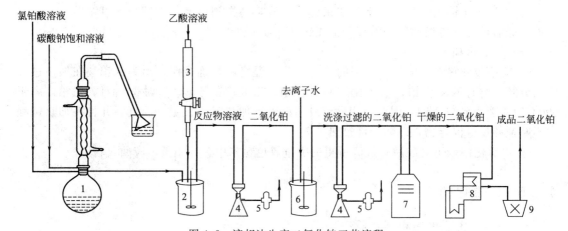

图 4.6　液相法生产二氧化铂工艺流程

1—蒸馏烧瓶；2—二氧化铂反应容器；3—乙酸滴液漏斗；4—过滤器；
5—真空泵；6—洗涤容器；7—干燥器；8—高温炉；9—研磨器

① 取一定量的氯铂酸溶液，加入化学计量 5 倍量的碳酸钠饱和溶液，置于蒸馏烧瓶中加热蒸馏 4h 以上。

② 将反应混合物倒入大烧杯中，在搅拌下滴加乙酸溶液，滴加完毕后继续搅拌 2h。在此过程中会出现白色、黄色或棕色沉淀，它们分别是含有不等量结晶水的 $PtO_2 \cdot nH_2O$（n 为 4、3 和 2）。

③ 过滤，所得固体用去离子水充分洗涤。置于 120℃下干燥 3h 以上。

④ 将干燥后的含有结晶水的二氧化铂置于瓷钵中焙烧，焙烧温度控制在 300℃左右，直至所有固体的颜色变为深黑色。冷却后加以研磨，包装入库。

4.2　钯的精细化工产品

钯在工业上的主要用途是作为催化剂使用，而且都与加氢或脱氢过程有关。其精细化工产品如二氯化钯、硝酸钯、二氯化四氨合钯（Ⅱ）、二氯化二氨合钯（Ⅱ）和二硝基四氨合钯（Ⅱ）等，有的是直接作为催化剂使用，如二氯化钯溶液与二氯化铜的混合溶液就是液相法合成甲基乙基酮等产品的催化剂，有的是作为进一步生产含钯催化剂（如钯炭催化剂）的原料，如硝酸钯和二氯化钯等。此外，含钯精细化工产品在电子元器件的生产中起到重要作用，通过电镀或调成浆料的方法，将含钯化合物涂布到有关器件的表面，使有关器件具有特定的电性能。因此，近年来工业上对钯的需求量直线上升，带动钯的价格直线上升。目前钯的价格已经远远超过黄金和铂。

4.2.1 二氯化钯

4.2.1.1 主要用途和制备原理

二氯化钯是最常用的钯盐，是制备其他钯化合物的重要起始原料之一。其生产方法可分为气固相直接合成法和氯亚钯酸（H_2PdCl_4）分解法。气固相直接合成法是将金属钯粉与氯气在一定条件下直接反应而得到不溶于水的无水二氯化钯。氯亚钯酸（H_2PdCl_4）分解法是将金属钯制成氯亚钯酸后，在加热浓缩过程中分解为水合二氯化钯。水合二氯化钯能溶于水。由于二氯化钯在后续使用中以水溶液为主，因此作为产品生产时通常采用氯亚钯酸分解法来制备二氯化钯。有关具体生产方法如下。

4.2.1.2 生产工艺

（1）工艺流程　氯亚钯酸分解法生产二氯化钯工艺流程如图4.7所示。

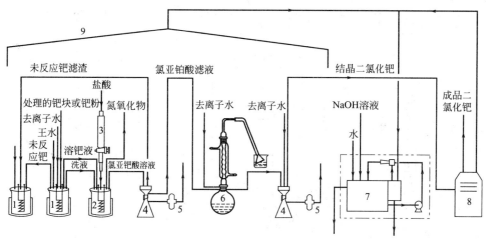

图 4.7　氯亚钯酸分解法生产二氯化钯工艺流程
1—溶钯容器；2—赶硝容器；3—盐酸滴液漏斗；4—过滤器；
5—真空泵；6—蒸馏烧瓶；7—真空吸收系统；
8—干燥器；9—吸气罩

① 王水溶钯。取一定量的金属钯块或钯粉，用水洗净表面后放入烧杯中，分批加入一定量的王水。在反应启动阶段可以适当加热，反应启动后则应停止加热，以防反应过分剧烈。

② 赶硝。待金属钯全部溶解后，加热反应混合物，并且不时滴加浓盐酸以利于氮氧化物的逸出。煮沸反应混合物并保温1h，在此过程中不时添加一定量的去离子水以保持溶液体积相对不变。此时由王水溶钯所生成的氯钯酸（H_2PdCl_6）将完全转变为氯亚钯酸（H_2PdCl_4）。

③ 分解。过滤反应混合物，所得滤液置于蒸馏烧瓶中加热。当液面出现一层晶膜时，停止加热，让溶液自然冷却结晶。此时从溶液中可析出棕色的 $PdCl_2\cdot2H_2O$ 晶体。

④ 过滤。所得晶体用少量冷水洗涤后置于真空烘箱（50℃）干燥。产品经过化验合格后包装入库。

（2）注意事项

① 氯亚钯酸（H_2PdCl_4）加热分解时，如果温度过高且将溶液蒸干，则会得到不溶于水的无水

$PdCl_2$，因此，在赶硝和加热分解氯亚钯酸时应注意控制温度不宜过高且溶液不能蒸干。

② 反应得到的 $PdCl_2 \cdot 2H_2O$ 晶体产品易潮解，在包装时宜采用塑料袋真空包装后装入玻璃瓶或塑料瓶。

4.2.2 二氯化四氨合钯（Ⅱ）和二氯化二氨合钯（Ⅱ）

4.2.2.1 主要用途和制备原理

二氯化四氨合钯（Ⅱ）$[Pd(NH_3)_4Cl_2]$ 和二氯化二氨合钯（Ⅱ）$[Pd(NH_3)_2Cl_2]$ 是镀钯的主要原料。其制备原理是将钯制成氯亚钯酸溶液后，滴加浓氨水至碱性，形成二氯化四氨合钯溶液。如需得到二氯化二氨合钯，则再在上述溶液中滴加盐酸，使溶液显酸性，此时形成的配合物为二氯化二氨合钯。

4.2.2.2 生产工艺

（1）工艺流程　二氯化四氨合钯（Ⅱ）和二氯化二氨合钯（Ⅱ）生产工艺流程如图 4.8 所示。

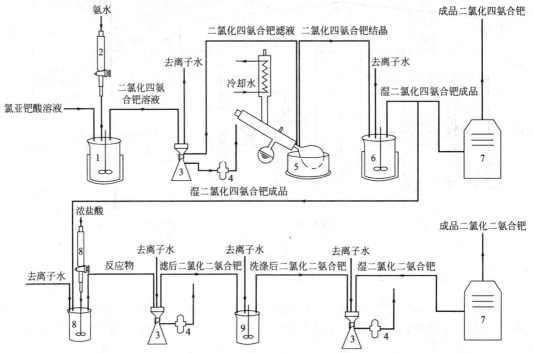

图 4.8　二氯化四氨合钯（Ⅱ）和二氯化二氨合钯（Ⅱ）工艺流程

1—二氯化四氨合钯反应容器；2—浓氨水滴液漏斗；3—过滤器；
4—真空泵；5—旋转蒸发器；6—二氯化四氨合钯重结晶容器；7—干燥器；
8—二氯化二氨合钯反应容器；9—二氯化二氨合钯洗涤容器

① 将经过王水溶钯、赶硝和过滤后所得的氯亚钯酸溶液加热到 $80\sim90℃$，在不断搅拌下滴加氨水，当溶液的 pH 值达到 $8\sim9$ 时，停止滴加氨水。在不断搅拌下继续保温 1h。

② 过滤，将所得的浅黄色滤液 $[Pd(NH_3)_4Cl_2]$ 浓缩，当液面出现一层晶膜时停止加热，让其自然冷却结晶。

③ 所得浅黄色晶体用去离子水重结晶一次，以去除晶体中存在的游离氨水。重结晶所得晶体置于真空烘箱（50℃）干燥。产品 $Pd(NH_3)_4Cl_2$ 经过化验合格后包装入库。

④ 若要得到二氯化二氨合钯（Ⅱ）$[Pd(NH_3)_2Cl_2]$，则可将二氯化四氨合钯（Ⅱ）$[Pd$

（NH₃)₄Cl₂]溶于水，控制溶液中钯含量低于 80g/L，在搅拌下滴加浓盐酸至溶液 pH＝1～1.5，此时溶液中出现大量黄色絮状沉淀，继续搅拌 1h 后，静置沉降。过滤，用去离子水反复清洗沉淀，所得固体置于真空烘箱（50℃）干燥。产品 Pd(NH₃)₂Cl₂ 经过化验合格后包装入库。

（2）注意事项

① 氯亚钯酸溶液在滴加氨水过程中先生成肉红色的 Pd(NH₃)₄·PdCl₄ 沉淀：

$$2H_2PdCl_4+4NH_4OH \longrightarrow Pd(NH_3)_4 \cdot PdCl_4 \downarrow +4HCl+4H_2O$$

当继续加入氨水至 pH＝8～9 时，肉红色沉淀消失，按下列反应生成浅黄色的二氯化四氨合钯（Ⅱ)溶液：

$$Pd(NH_3)_4 \cdot PdCl_4+4NH_4OH \longrightarrow 2Pd(NH_3)_4Cl_2+4H_2O$$

② 二氯化四氨合钯（Ⅱ)一次结晶所得产品中含有大量游离氨水，如果用水反复洗涤晶体则会出现 Pd(NH₃)₄Cl₂ 大量溶解，钯的回收率不高。因此，将一次结晶产品用水再重结晶一次，是得到高质量二氯化四氨合钯（Ⅱ)产品和提高钯的回收率的关键。

③ 在制备二氯化二氨合钯（Ⅱ)时，由于二氯化二氨合钯（Ⅱ)在水中的溶解度很小，因此可以用水反复清洗沉淀而得到高质量的二氯化二氨合钯（Ⅱ)产品。

4.2.3 硝酸钯（Ⅱ）

4.2.3.1 主要用途和制备原理

硝酸钯（Ⅱ)[Pd(NO₃)₂·2H₂O] 的用途是作为能溶于水的钯盐，主要用于制备其他含钯化合物。硝酸钯的制备与硝酸银相似。钯是铂族金属中唯一能够直接溶于硝酸的金属。

4.2.3.2 生产工艺

（1）工艺流程　硝酸钯生产工艺流程如图 4.9 所示。

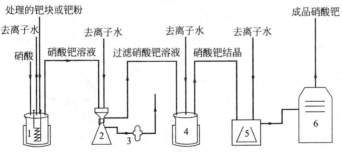

图 4.9　硝酸钯生产工艺流程
1—硝酸钯反应容器；2—过滤器；3—真空泵；
4—浓缩结晶容器；5—离心机；6—干燥器

① 将金属钯原料用水清洗干净后置于烧杯中，先用少量去离子水润湿后加入浓硝酸。加热，使溶液保持微沸状态，待钯完全溶解后自然冷却。

② 过滤，所得滤液加热煮沸赶硝，同时浓缩至液面出现一层晶膜。冷却结晶。

③ 所得褐色晶体用少量冷水洗涤后，置于真空烘箱（50℃）干燥。产品 Pd(NO₃)₂·2H₂O 经过化验合格后包装入库。

（2）注意事项

① 按此法得到的硝酸钯（Ⅱ)含有结晶水。如要得到无水硝酸钯，可将 Pd(NO₃)₂·2H₂O

溶解于液态 N_2O_5 中，经过浓缩结晶而得到。不过，生产无水硝酸钯的意义不大，因为硝酸钯在使用时一般都需配成适当浓度的水溶液。

② 硝酸钯晶体受热易分解，因此在烘干时应注意温度不能过高，同时产品应置于阴凉、干燥处。

4.2.4 二硝基四氨合钯（Ⅱ）

4.2.4.1 主要用途和制备原理

二硝基四氨合钯（Ⅱ）$[Pd(NH_3)_4(NO_3)_2]$ 也是镀钯的原料之一。其生产采用硝酸钯氨解的方法，按下列反应而制得：

$$Pd(NO_3)_2 + 4NH_3 \longrightarrow Pd(NH_3)_4(NO_3)_2$$

4.2.4.2 生产工艺

二硝基四氨合钯生产工艺流程如图 4.10 所示。

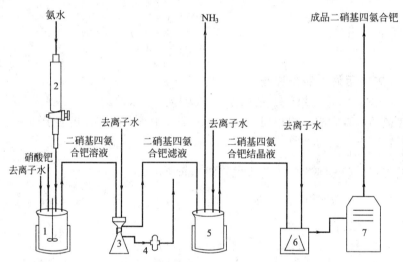

图 4.10 二硝基四氨合钯生产工艺流程

1—二硝基四氨合钯反应容器；2—浓氨水滴液漏斗；

3—过滤器；4—真空泵；5—浓缩结晶容器；

6—离心机；7—干燥器

将 $Pd(NO_3)_2 \cdot 2H_2O$ 溶于去离子水中，在搅拌下滴加过量浓氨水，充分反应后，将反应混合物过滤，滤液浓缩赶氨，至液面出现一层晶膜时冷却结晶，所得晶体用少量冷水洗涤后，置于真空烘箱（50℃）干燥。产品 $Pd(NH_3)_4(NO_3)_2$ 经过化验合格后包装入库。

4.2.5 四氯合钯（Ⅱ）酸钾

4.2.5.1 主要用途和制备原理

四氯合钯（Ⅱ）酸钾（K_2PdCl_4）是制备其他钯化合物的重要起始原料，在许多场合可以替代二氯化钯。其制备原理是在氯亚钯酸溶液中加入过量的氯化钾固体，使其生成相应的钾盐，经结晶而得到产品。

4.2.5.2 生产工艺

四氯合钯(Ⅱ)酸钾生产工艺流程如图 4.11 所示。

① 将经过王水溶钯、赶硝和过滤后所得的氯亚钯酸溶液加热煮沸，在搅拌下加入理论量 3 倍的氯化钾固体，待固体氯化钾全部溶解后继续搅拌 1h。

② 所得溶液趁热过滤，将滤液置于冰水中冷却。自溶液中即可析出黄褐色的 K_2PdCl_4 晶体。过滤，将所得固体在含有几滴盐酸的去离子水中重结晶，得到纯度较高的 K_2PdCl_4 湿固体。

③ 所得固体用少量冷水洗涤后，置于真空烘箱(50℃)干燥。产品 K_2PdCl_4 经过化验合格后包装入库。

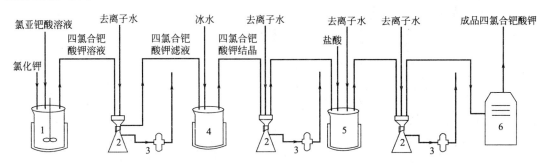

图 4.11　四氯合钯(Ⅱ)酸钾生产工艺流程
1—四氯合钯酸钾反应容器；2—过滤器；3—真空泵；
4—冰水结晶容器；5—重结晶容器；6—干燥器

4.2.6　氧化钯(Ⅱ)

4.2.6.1　主要用途和制备原理

氧化钯(Ⅱ)(PdO)在某些场合(如用氢还原—CHO 为—CH₃ 的反应)可用于催化剂。其制备方法有多种，可以通过硝酸钯[Pd(NO₃)₂]固体在 120～130℃慢慢灼烧而制得，或通过海绵钯粉在空气中直接灼烧而制得。较为方便的制备方法是二氯化钯溶液与强碱溶液在加热条件下直接反应而得到 PdO。

4.2.6.2　生产工艺

取一定量的水合二氯化钯固体，将其配成饱和溶液。加热到 80℃后，在搅拌下滴加过量 KOH 饱和溶液。此时在溶液中开始生成黑色的氧化钯(Ⅱ)粉末。反应结束后，将所得固体粉末滤出，用去离子水充分洗涤后置于烘箱(130℃)干燥。产品经化验合格后包装入库。所得氧化钯产品含有一定量的结晶水(PdO·xH₂O，$x=0.48～0.63$)。氧化钯生产工艺流程如图 4.12 所示。

4.2.7　钯炭催化剂

4.2.7.1　主要用途和制备原理

钯炭催化剂是化工和医药行业用得最多的含钯催化剂，广泛应用于不饱和烃和其他不饱和化合物的加氢过程。其制备方法是将含钯溶液与活性炭混合，使活性炭中饱和吸附含钯水溶液。用适当的还原剂将吸附在活性炭上的钯离子还原成金属钯粉，并且同时被活性炭吸附住。经脱水和干燥后，得到不同规格的钯炭催化剂。由于所用含钯化合物不同和使用的还原

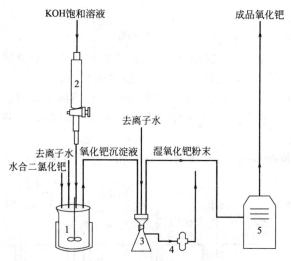

图 4.12　氧化钯生产工艺流程

1—氧化钯反应容器；2—KOH滴液漏斗；3—过滤器；

4—真空泵；5—干燥器

剂不同，钯炭催化剂的制备方法很多。下面列举一例来说明钯炭催化剂的生产过程。

4.2.7.2　生产工艺

称取一定量的活性炭，置于塑料容器中。活性炭的型号和种类根据所制备的钯炭催化剂的要求选定。取活性炭质量的 15% 的水合二氯化钯（$PdCl_2 \cdot 2H_2O$），配成饱和水溶液。将活性炭加入其中，搅拌，调成浆状。将混合物加入搪玻璃反应釜中，加热至 $60℃$，在搅拌下滴加饱和草酸溶液（理论量的 3 倍）。滴加完毕后，继续在加热下搅拌 4h。将反应混合物放出，用去离子水反复清洗，静置沉降。所得湿固体用离心机甩干。置于真空干燥箱中于 $60℃$ 真空干燥。所得产品钯含量一般在 5% 左右。钯炭催化剂生产工艺流程如图 4.13 所示。

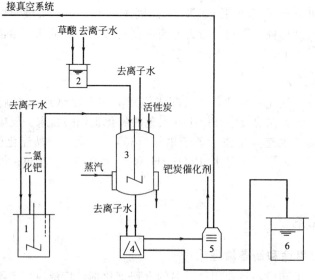

图 4.13　钯炭催化剂生产工艺流程

1—二氯化钯配制槽；2—草酸高位槽；3—反应釜；

4—离心机；5—干燥器；6—回收液储槽

4.3 铑的精细化工产品

铑的精细化工产品包括三氯化铑、磷酸铑和硫酸铑、一氯三苯基膦合铑（Ⅰ）和三氧化铑等品种，主要用于化工催化剂的制备、电子元器件表面镀铑或铑合金、电子浆料的调制以及金水和亮钯水的制备等。

4.3.1 三氯化铑

4.3.1.1 主要用途和制备原理

三氯化铑（$RhCl_3 \cdot 3H_2O$）是最常见的铑化合物，也是制备其他含铑化合物的最重要的原料。其制备方法很多，包括直接合成法和氢氧化铑酸化法等。直接合成法是在300℃时，用氯气与铑粉作用，直接得到不溶于水的 $RhCl_3$。氢氧化铑酸化法是将金属铑粉先制成 $Rh(OH)_3$ 沉淀，用盐酸酸化得到可溶于水的水合三氯化铑（$RhCl_3 \cdot 3H_2O$）。

$$2Rh + 6KCl + 3Cl_2 \longrightarrow 2K_3RhCl_6$$

$$K_3RhCl_6 + 3KOH + H_2O \longrightarrow Rh(OH)_3 \cdot H_2O + 6KCl$$

$$Rh(OH)_3 + 3HCl \longrightarrow RhCl_3 + 3H_2O$$

4.3.1.2 生产工艺

（1）工艺流程 三氯化铑生产工艺流程如图 4.14 所示。

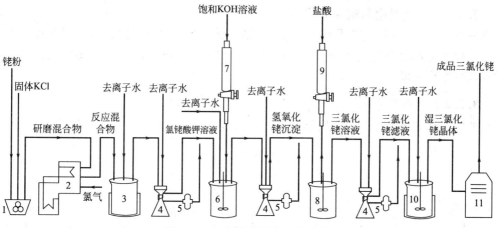

图 4.14 三氯化铑生产工艺流程

1—球磨机；2—管式炉；3—氯铑酸钾浸泡容器；4—过滤器；5—真空泵；
6—氢氧化铑反应容器；7—KOH滴液漏斗；8—三氯化铑反应容器；
9—盐酸滴液漏斗；10—蒸发浓缩容器；11—干燥器

① 称取一定量的海绵铑粉，按 100g Rh 加 155g KCl 的比例加入固体氯化钾，置于球磨机中研磨。

② 将上述固体混合物置于管式炉内的石英管中，通入氯气，逐渐加热升温至550℃，保温 1h 后，自然冷却。此时固体混合物变为红色。

③ 将固体混合物从石英管中取出，置于玻璃容器中，加去离子水浸泡并搅拌过夜。

④ 过滤，用去离子水反复清洗滤渣，Rh 以 $K_2[Rh(H_2O)Cl_5]$ 的形式存在于所得滤液

中。在搅拌下向滤液中滴加饱和 KOH 溶液，使 Rh(OH)₃ 沉淀析出。静置沉降后去除上层清液，再加去离子水充分搅拌均匀，过滤。所得固体为 Rh(OH)₃ 沉淀。

⑤ 将 Rh(OH)₃ 沉淀置于容器中，在搅拌下滴加 6mol/L 盐酸至沉淀刚好完全溶解。过滤，将滤液蒸发至液面出现一厚层晶膜时停止加热，自然冷却，溶液中析出酒红色晶体（RhCl₃·3H₂O）。

⑥ 将所得晶体用少量冷水洗涤后，置于真空烘箱（50℃）干燥。产品 RhCl₃·3H₂O 经过化验合格后包装入库。

（2）注意事项

① 该法生产过程中，海绵铑粉与固体氯化钾必须研磨以充分混合和研细，否则，有部分铑粉在通氯气反应时会反应不完全。

② 石英管内的固体混合物应尽量疏松放置，应先通氯气后逐渐升温，而且控制气流大小，不能让固体混合物随气流而流动。

③ 浸泡反应混合物时可以适当加热，浸泡后过滤所得的滤渣应回收利用，其中含有部分未反应的铑粉。

④ 盐酸溶解 Rh(OH)₃ 沉淀时，盐酸的用量要注意控制，既要使 Rh(OH)₃ 沉淀完全溶解，盐酸又不能过量太多。采用向固体 Rh(OH)₃ 中滴加盐酸的办法可以解决此问题。

⑤ 最终产品 RhCl₃·3H₂O 含有结晶水，受热会失去结晶水而变成不溶于水的无水 RhCl₃，受强热则会分解为氧化铑。因此，在烘干和储存过程中应注意控温。

4.3.2 磷酸铑和硫酸铑

4.3.2.1 主要用途和制备原理

磷酸铑（RhPO₄）和硫酸铑［Rh₂(SO₄)₃］是镀铑工艺中最常用的铑盐。其制备方法与氢氧化铑酸化法制备水合三氯化铑（RhCl₃·3H₂O）相似，即将金属铑粉制成氢氧化铑后，用磷酸或硫酸酸化而得。

4.3.2.2 生产工艺

磷酸铑和硫酸铑生产工艺流程如图 4.15 所示。

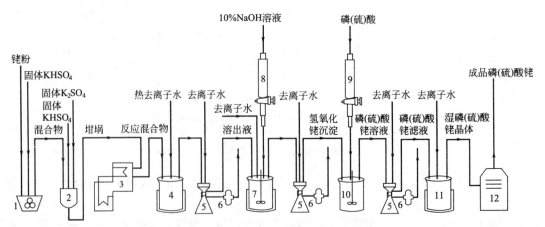

图 4.15　磷酸铑和硫酸铑生产工艺流程

1—球磨机；2—坩埚；3—高温炉；4—浸泡容器；5—过滤器；6—真空泵；7—氢氧化铑反应容器；
8—NaOH 滴液漏斗；9—磷酸滴液漏斗；10—磷酸铑反应容器；11—蒸发浓缩容器；12—干燥器

① 称取一定量的海绵铑粉，按 100g Rh 加 3000g KHSO₄ 的比例加入固体硫酸氢钾，置于球磨机中研磨。

② 取瓷坩埚一只，在坩埚底部放一层硫酸氢钾固体粉末，将上述海绵铑粉与硫酸氢钾的固体混合物置于坩埚中，再在混合物上面覆盖一层固体硫酸钾粉末，压实。

③ 将坩埚放入高温炉中，慢慢升温至 250℃，保温 10min，再升温至 450℃，保温 1h。继续升温至 580℃，保温 30min。停止加热，随高温炉冷却至室温。

④ 将坩埚内的烧结物用 60～70℃ 的去离子水溶出。过滤，用去离子水洗涤不溶物 3 次。将所得滤液加热至 60℃，在搅拌下滴加 10% 的 NaOH 溶液至溶液的 pH=6.5～7.2，得到谷黄色的氢氧化铑沉淀。静置沉降后去除上层清液，再加去离子水充分搅拌均匀，过滤。

⑤ 将 Rh(OH)₃ 沉淀置于容器中，在搅拌下滴加磷酸溶液至沉淀刚好完全溶解。过滤，将滤液蒸发至液面出现一厚层晶膜时停止加热，自然冷却，溶液中析出土黄色晶体（RhPO₄·xH₂O）。

⑥ 将所得晶体用少量冷水洗涤后，置于真空烘箱（50℃）干燥。产品 RhPO₄·xH₂O 经过化验合格后包装入库。

⑦ 若要得到硫酸铑，则在第⑤步溶解 Rh(OH)₃ 沉淀时，用硫酸代替磷酸即可。所得硫酸铑为黄色，含有结晶水[Rh₂(SO₄)₃·18H₂O]。

4.3.3 一氯三苯基膦合铑（Ⅰ）

4.3.3.1 主要用途和制备原理

含磷的铑化合物很多，其中一氯三苯基膦合铑（Ⅰ）[Rh(PPh₃)₃Cl] 备受重视，因为它在催化方面有重要用途。

4.3.3.2 生产工艺

（1）工艺流程 一氯三苯基膦合铑生产工艺流程如图 4.16 所示。

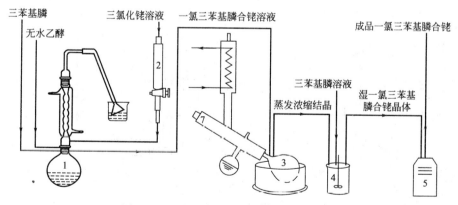

图 4.16 一氯三苯基膦合铑生产工艺流程
1—反应回流装置；2—三氯化铑滴液漏斗；
3—旋转蒸发器；4—洗涤容器；5—干燥器

① 称取一定量的三氯化铑（RhCl₃·3H₂O），溶于无水乙醇中，置于高位槽中。

② 按 $RhCl_3 \cdot 3H_2O$ 物质的量的 6～7 倍的比例，取三苯基膦，加入等体积的无水乙醇，置于带回流装置的烧瓶中。

③ 加热三苯基膦溶液使之处于回流状态，从高位槽滴加三氯化铑溶液。滴加完毕后继续回流 2h。将回流管换成冷凝管，蒸发溶液至液面出现一层晶膜，自然冷却。从溶液中析出淡黄色晶体 $[Rh(PPh_3)_3Cl]$。用三苯基膦溶液洗涤晶体数次，置于真空烘箱(50℃)干燥。产品 $Rh(PPh_3)_3Cl$ 经过化验合格后包装入库。

（2）注意事项　产品 $Rh(PPh_3)_3Cl$ 在溶液中会发生解离反应：

$$Rh(PPh_3)_3Cl \longrightarrow Rh(PPh_3)_2Cl + PPh_3$$

因此，在反应时三苯基膦的加入量应大大过量，滴加的顺序应该是将三氯化铑溶液滴加到三苯基膦溶液中去，以保证反应时三苯基膦的局部浓度远远过大。在得到产品晶体时，所用洗涤液也应该用三苯基膦。

4.3.4　三氧化铑

4.3.4.1　主要用途和制备原理

三氧化铑(Rh_2O_3)在某些场合用于催化剂。工业上以碱处理 $RhCl_3$ 溶液而得到水合三氧化铑，再经过灼烧而得到无水三氧化铑。

4.3.4.2　生产工艺

三氧化铑生产工艺流程如图 4.17 所示。

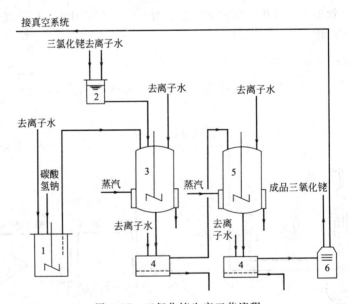

图 4.17　三氧化铑生产工艺流程

1—碳酸氢钠储槽；2—三氯化铑高位槽；3—反应釜；4—过滤器；5—重结晶器；6—干燥器

① 称取一定量的三氯化铑($RhCl_3 \cdot 3H_2O$)，溶于去离子水中，置于高位槽中。

② 按 100g $RhCl_3 \cdot 3H_2O$ 需要 200g $NaHCO_3$ 的比例称取 $NaHCO_3$，并且配成饱和溶液。升温至 80℃，在搅拌下将三氯化铑溶液滴加到 $NaHCO_3$ 溶液中。此时溶液中生成黄色的水

合三氧化铑($Rh_2O_3 \cdot 3H_2O$)沉淀。静置沉降，过滤。所得固体用去离子水重结晶一次，置于真空烘箱(50℃)干燥。产品 $Rh_2O_3 \cdot 3H_2O$ 经过化验合格后包装入库。

③ 如果要得到无水三氧化铑，可将 $Rh_2O_3 \cdot 3H_2O$ 置于烘箱中加热到 300℃ 左右，干燥 4h 以上，经自然冷却后得到。

4.4 钌的精细化工产品

钌的精细化工产品主要包括四氧化钌、水合二氧化钌、三氯化钌和氯钌酸铵等，主要应用于电子浆料、电子元器件镀钌和部分催化剂的制备。

4.4.1 四氧化钌和水合二氧化钌

4.4.1.1 主要用途和制备原理

四氧化钌(RuO_4)是最重要的钌化合物，是制备其他含钌化合物的重要原料。水合二氧化钌($RuO_2 \cdot nH_2O$)是厚膜电阻浆料中的重要导电材料。

4.4.1.2 生产工艺

（1）工艺流程 四氧化钌生产工艺流程如图 4.18 所示。

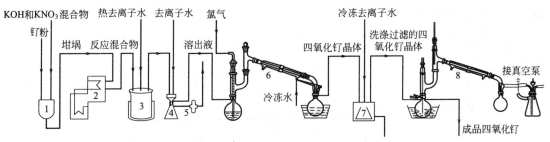

图 4.18 四氧化钌生产工艺流程

1—镍坩埚；2—高温炉；3—烧结物溶出容器；4—过滤器；5—真空泵；
6—蒸馏装置；7—离心机；8—晶体冷冻真空干燥装置

① 在镍坩埚中先加入一定量的 KOH 和 KNO_3 固体混合物(按质量比 1:1 配成)使坩埚底覆盖住，称取一定量的金属钌粉置于其中，再在上面覆盖一层 KOH 和 KNO_3 固体混合物，压实。

② 将坩埚置于高温炉中，逐步升温至 250℃，保温 10min，再升温至 550℃，保温 1h。继续升温至 780℃，保温 30min。停止加热，随高温炉冷却至室温。

③ 将坩埚内的烧结物用 60~70℃ 的去离子水溶出。过滤，用去离子水洗涤不溶物 3 次。将所得滤液转入蒸馏烧瓶中，加热至 60℃，通入氯气，升温使溶液沸腾，RuO_4 蒸气经过冰水冷凝管后收集于锥形瓶中(锥形瓶置于冰水中)。蒸馏结束后，用经过冷冻的去离子水将冷凝管中的晶体冲洗到锥形瓶中，此时在锥形瓶中已经形成黄色的 RuO_4 晶体。

④ 将所得 RuO_4 晶体用经过冷冻的去离子水洗涤，过滤后将晶体转入减压蒸馏瓶中，将蒸馏瓶置于冰水中减压干燥晶体。所得 RuO_4 晶体密封包装于玻璃瓶中，冷冻储存。

⑤ 若要得到二氧化钌(RuO_2)，则在第③步蒸馏时将 RuO_4 蒸气通入 6mol/L 的盐酸中，此时 RuO_4 与盐酸作用生成氯钌酸(H_2RuCl_6)。在此溶液中滴加 6mol/L 的 NaOH 溶液至溶

液 pH＝10～12，溶液中即析出深蓝色水合二氧化钌（$RuO_2 \cdot nH_2O$）沉淀。过滤，用去离子水反复清洗沉淀，置于真空烘箱（80℃）干燥。产品 $RuO_2 \cdot nH_2O$ 经过化验合格后包装入库。

（2）注意事项

① RuO_4 晶体的沸点仅为 40℃，易挥发，有毒性。在操作时应注意防护。

② 通入氯气蒸馏 RuO_4 时，RuO_4 气体随水蒸气一起挥发，经过冰水冷凝管后收集于锥形瓶中。在此过程中有部分 RuO_4 在冷凝管中就结晶出来，在蒸馏结束后应该用经过冷冻的去离子水将冷凝管中的晶体冲洗到锥形瓶中。RuO_4 晶体的干燥采用减压冷冻干燥效果更好。另外，RuO_4 有很强的氧化性，在生产操作和包装过程中应注意不与还原性物质接触。

③ 水合二氧化钌很稳定，不容易挥发。

4.4.2 三氯化钌

4.4.2.1 主要用途和制备原理

三氯化钌（$RuCl_3 \cdot nH_2O$）是多相催化或均相催化、电镀、电子工业等重要的化工原料。

4.4.2.2 生产工艺

① 将金属钌粉碱熔、水浸、通氯气进行蒸馏（方法同 RuO_4 的制备），将 RuO_4 蒸气通入 6mol/L 的盐酸中，此时 RuO_4 与盐酸作用生成氯钌酸（H_2RuCl_6）。

② 将所得的氯钌酸加热浓缩，则在溶液中析出黑褐色的 $RuCl_3 \cdot nH_2O$ 沉淀，用少量去离子水洗涤，置于真空烘箱（50℃）干燥。产品 $RuCl_3 \cdot nH_2O$ 经过化验合格后包装入库。三氯化钌生产工艺流程如图 4.19 所示。

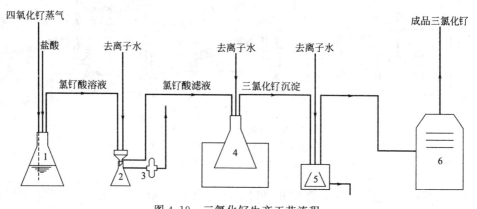

图 4.19　三氯化钌生产工艺流程

1—氯钌酸反应容器；2—过滤器；3—真空泵；
4—氯钌酸加热浓缩装置；5—离心机；6—干燥器

4.4.3 氯钌酸铵

4.4.3.1 主要用途和制备原理

氯钌酸铵［$(NH_4)_2RuCl_6$］是镀钌工艺中常用的钌盐之一。

4.4.3.2 生产工艺

① 将金属钌粉碱熔、水浸、通氯气进行蒸馏（方法同 RuO_4 的制备），将 RuO_4 蒸气通入 6mol/L 的盐酸中，此时 RuO_4 与盐酸作用生成氯钌酸（H_2RuCl_6）。将所得溶液过滤，滤

液置于高位槽。

② 将固体氯化铵配成饱和溶液，置于反应器中，在搅拌下从高位槽中滴加氯钌酸溶液，溶液中逐渐析出暗红色的氯钌酸铵$[(NH_4)_2RuCl_6]$沉淀。用少量乙醇洗涤晶体至无色后，置于真空烘箱（80℃）干燥。产品$(NH_4)_2RuCl_6$经过化验合格后包装入库。氯钌酸铵生产工艺流程如图4.20所示。

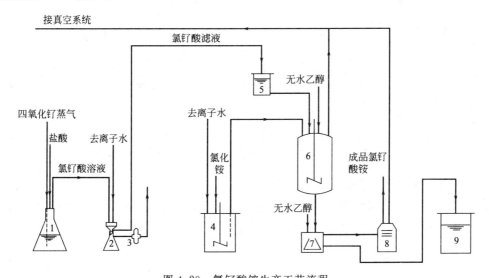

图4.20　氯钌酸铵生产工艺流程
1—氯钌酸反应容器；2—过滤器；3—真空泵；4—氯化铵储槽；5—氯化铵溶液高位槽；
6—氯钌酸铵反应器；7—离心机；8—干燥器；9—回收液储槽

4.5　锇和铱的精细化工产品

锇和铱的精细化工产品和钌一样，相对于其他铂族金属的精细化工产品而言要少得多。锇的精细化工产品目前仅有四氧化锇（OsO_4）一个，铱的精细化工产品有氯铱酸和氯铱酸铵、水合二氧化铱等，主要应用于电子浆料的制备和化工催化剂的生产。

4.5.1　四氧化锇

4.5.1.1　主要用途和制备原理

四氧化锇（OsO_4）是最重要的锇化合物，是制备其他锇化合物的主要原料。其制备方法根据所用锇原料的不同而不同。

4.5.1.2　海绵锇粉生产四氧化锇工艺

将锇粉或海绵锇置于蒸馏烧瓶中，用少量去离子水润湿。加入发烟硝酸使锇粉全部浸入液体中。将蒸馏烧瓶与冰水冷却的冷凝管连接好。加热，使溶液保持沸腾状态，此时反应生成的OsO_4气体随水蒸气一起逸出，经冰水冷凝后收集于锥形瓶中（锥形瓶置于冰水浴中）。反应和蒸馏结束后，用经过冷冻的去离子水将冷凝管中的固体洗入锥形瓶中，此时锥形瓶内的液体中出现浅黄色的结晶（OsO_4）。过滤，将所得晶体冷冻真空干燥（方法同RuO_4的生产），密封包装后储存于冰库中。其生产工艺流程如图4.21所示。

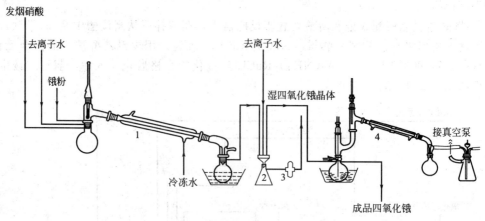

图 4.21 海绵锇粉生产四氧化锇工艺流程

1—反应蒸馏装置；2—过滤器；3—真空泵；4—晶体冷冻真空干燥装置

4.5.1.3 块状锇生产四氧化锇工艺

（1）工艺流程 块状锇或大颗粒锇不溶于硝酸甚至王水。从块状锇或大颗粒锇制备四氧化锇通常采用碱熔法。块状锇生产四氧化锇工艺流程如图 4.22 所示。

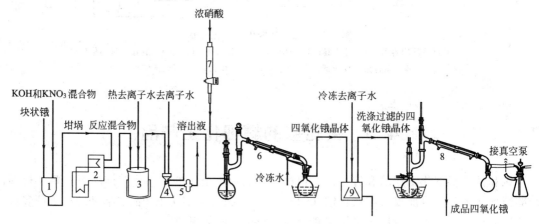

图 4.22 块状锇生产四氧化锇工艺流程

1—镍坩埚；2—高温炉；3—烧结物溶出容器；4—过滤器；

5—真空泵；6—反应蒸馏装置；7—浓硝酸滴液漏斗；

8—晶体冷冻真空干燥装置；9—离心机

① 在镍坩埚中先加入一定量的 KOH 和 KNO$_3$ 固体混合物（按质量比 1∶1 配成）使坩埚底覆盖住，称取一定量的金属锇置于其中，再在上面覆盖一层 KOH 和 KNO$_3$ 固体混合物，压实。

② 将坩埚置于高温炉中，逐步升温至 250℃，保温 10min，再升温至 550℃，保温 1h。继续升温至 700℃，保温 30min。停止加热，随高温炉冷却至室温。

③ 将坩埚内的烧结物用 60～70℃ 的去离子水溶出。过滤，用去离子水洗涤不溶物 3 次。将所得滤液转入蒸馏烧瓶中，加热至 60℃，滴加浓硝酸至溶液的 pH 值小于 1，升温使溶液沸腾，OsO$_4$ 蒸气经过冰水冷凝管后收集于锥形瓶中（锥形瓶置于冰水中）。蒸馏结束后，用经过冷冻的去离子水将冷凝管中的晶体冲洗到锥形瓶中，此时在锥形瓶中已经形成土黄色的 OsO$_4$ 晶体。

④ 将所得 OsO$_4$ 晶体用经过冷冻的去离子水洗涤，过滤，将所得晶体冷冻真空干燥（方

法同 RuO_4 的生产），密封包装后储存于冰库中。

（2）注意事项

① OsO_4 的熔点为 40℃，比 RuO_4 的熔点（25℃）略高，OsO_4 的沸点为 134℃，比 RuO_4 的沸点（40℃）高得多，但 OsO_4 的挥发损失比 RuO_4 的挥发损失大得多，这主要是两者的生成条件不同以及动力学因素造成的。挥发出来的 OsO_4 具有强烈的不愉快气味，有毒，能刺激眼、鼻和喉部，在生产操作和使用时应注意防护。

② OsO_4 有很强的氧化性（但比 RuO_4 弱），在生产操作和包装过程中应注意不与还原性物质接触。

4.5.2　氯铱酸和氯铱酸铵

4.5.2.1　主要用途和制备原理

铱是铂族金属中最难溶解的金属。氯铱酸和氯铱酸铵的制备方法根据溶解金属铱的造液方法不同，分为高温氯化法和碱熔法。

4.5.2.2　高温氯化法生产工艺

高温氯化法生产氯铱酸和氯铱酸铵工艺流程如图 4.23 所示。

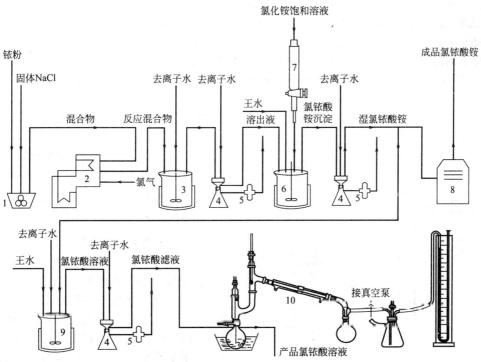

图 4.23　高温氯化法生产氯铱酸和氯铱酸铵工艺流程

1—研磨器；2—高温炉；3—烧结物溶出容器；4—过滤器；5—真空泵；
6—氯铱酸铵反应容器；7—氯化铵滴液漏斗；8—干燥器；
9—氯铱酸反应容器；10—减压蒸发装置

① 称取一定量的金属铱粉与 6 倍量的固体氯化钠充分混合研磨。

② 将上述固体混合物置于管式炉内的石英管中，通入氯气，逐渐加热升温至 625℃，保

温 30min 后，自然冷却。

③ 将固体混合物从石英管中取出，置于玻璃容器中，加去离子水浸泡并升温至 80℃，搅拌过夜。

④ 过滤，用去离子水反复清洗滤渣，Ir 以 $[IrCl_6]^{2-}$ 和 $[IrCl_6]^{3-}$ 的形式存在于所得滤液中。在搅拌下向滤液中加入王水并将溶液煮沸，使 $[IrCl_6]^{3-}$ 转变为 $[IrCl_6]^{2-}$。在搅拌下向溶液中滴加饱和氯化铵溶液，此时溶液中出现黑红色的沉淀 $(NH_4)_2[IrCl_6]$。

⑤ 将 $(NH_4)_2[IrCl_6]$ 沉淀用去离子水反复洗涤，静置沉降后过滤。置于真空烘箱(80℃)干燥。产品 $(NH_4)_2[IrCl_6]$ 经过化验合格后包装入库。

⑥ 若要生产氯铱酸，则将 $(NH_4)_2[IrCl_6]$ 固体沉淀用少量去离子水调成糊状，在搅拌下滴加王水溶液直至沉淀完全溶解。过滤，所得滤液加入蒸馏烧瓶减压蒸发，当溶液中的铱含量达到规定值时，停止蒸馏。所得溶液即为氯铱酸溶液。工业上所用氯铱酸溶液的铱含量一般在 35% 左右，用塑料瓶包装。

4.5.2.3 碱熔法生产工艺

① 在坩埚中先加入一定量的 NaOH 和 Na_2O_2 的固体混合物(按质量比 1:3 配成)使坩埚底覆盖住，称取一定量的金属铱粉与等量的 NaOH 和 3 倍量的 Na_2O_2 混合均匀，再在上面覆盖一层 NaOH 和 Na_2O_2 的固体混合物，压实。

② 将坩埚置于高温炉中，逐步升温至 600～750℃，在不断搅拌下保温 90min。停止加热，将熔融产物倒在铁板上碎化冷却。

③ 将碎化后的熔融物加入浓盐酸中，加热至 60～70℃ 并保温 2h。充分搅拌后过滤，用去离子水洗涤不溶物 3 次。不溶物中含有未反应的铱，转入下一循环使用。将所得滤液转入蒸馏烧瓶中，在搅拌下向滤液中加入王水并将溶液煮沸，使 $[IrCl_6]^{3-}$ 转变为 $[IrCl_6]^{2-}$。在搅拌下向溶液中滴加饱和氯化铵溶液，此时溶液中出现黑红色的沉淀 $(NH_4)_2[IrCl_6]$。

④ 后续生产氯铱酸铵和氯铱酸的步骤和要求同高温氯化法。

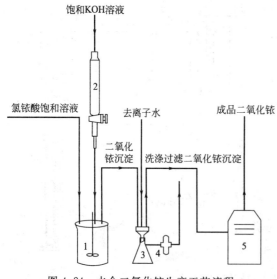

图 4.24 水合二氧化铱生产工艺流程
1—二氧化铱反应容器；2—KOH 滴液漏斗；3—过滤器；
4—真空泵；5—干燥器

4.5.3 水合二氧化铱

4.5.3.1 主要用途和制备原理

水合二氧化铱($IrO_2 \cdot nH_2O$)是铱系电阻浆料中的导电相材料。其制备通过氯铱酸盐分解而得到。

4.5.3.2 生产工艺

将氯铱酸饱和溶液加热至 80℃，向其中小心地滴加氢氧化钾饱和溶液，至溶液的颜色从褐色刚好转变为蓝色时，停止加入氢氧化钾，此时溶液中出现蓝色沉淀。过滤，将沉淀用去离子水充分洗涤，所得晶体置于真空烘箱(50℃)干燥。产品 $IrO_2 \cdot nH_2O$ 经过化验合格后包装入库。其生产工艺流程如图 4.24 所示。

第5章

贵金属废料的再生利用

大量生产—大量消费—大量废弃，是当今社会经济活动的一大特征。其结果是造成资源的浪费和废弃物的极度膨胀，同时带来了严重的环境污染。为了保障社会生产和生活所需资源的永续和保护环境，再生资源的回收利用显得尤为重要。贵金属稀少昂贵，废料回收价值高于一般金属，因此被称为贵金属的"二次资源"。贵金属二次资源主要是指贵金属的生产过程、深加工过程、使用过程和淘汰过程中产生的废料。随着贵金属矿产资源的日益减少，绝大多数国家已经把贵金属废料的回收放在与矿产资源的开发同等重要（甚至比后者更重要）的位置。我国在大力开发贵金属矿产资源的同时，也很重视贵金属二次资源的回收及其综合利用，贵金属废料的回收率和可回收贵金属废料的种类逐年增加，提出并实施了许多由贵金属废料直接生产贵金属试剂及贵金属制品的新工艺，贵金属二次资源的回收与贵金属的深加工的结合正变得日益密切。随着我国对于包括贵金属废料在内的废弃物资源综合利用的法律法规的基本建立和逐渐完善，国家相关部委对我国贵金属再生行业愈加重视。充分有效地回收和利用好贵金属废料，解决好无害化处置和资源化利用之间的矛盾，加强技术开发力度和国际交流与合作，已经成为我们这一代人非常紧迫和非常艰巨的任务。本章将对贵金属二次资源的特点和来源、金银和铂族金属废料的回收利用方法进行较为详细的介绍。

5.1 金的综合回收

5.1.1 概述

金在二次资源中的形态主要有：以液体状态处于含金废液中（如含金氰化废液和含金废王水等）；以固体状态处于表面镀金废料和合金等其他固体废料中；以固体或液体状态存在于金矿的采、选和冶炼各个环节中。由于存在于黄金生产的采、选和冶炼过程中的废料，各个黄金生产企业基本上自己消化，已经成为黄金生产过程的一部分，因此本节所讨论的金的回收主要以前两类废料为主。

纯金或只有少量添加元素的金基合金，如黄金铸锭时的细碎金屑和切割边角料，镀金阳极板的余头，金基合金加工中的边角料等，较容易回收，有些只需在重新熔炼时增加少量的除杂工序即可。早期金的回收主要从此类物料开始。现在这类物料往往由加工厂自行处理或返回使用，不进入二次资源的市场。

5.1.2 含金废液中回收金

5.1.2.1 从含金氰化废液中回收金

含金氰化废液主要是镀金废液（一般酸性镀金废液含金 4～12g/L，中等酸性镀金废液含金 4g/L，碱性镀金废液含金达 20g/L）。尽管世界各国都在开展无氰电镀的研究和试产，但氰化物镀金以其无可替代的镀层光洁度和固牢度，仍然是镀金的最常用方法。镀液在工作了一段时间以后，杂质离子在镀液中的量积累到一定程度，镀液就必须处理或回收。回收的目的主要是为了将贵金属提取出来，同时将氰化物处理成对环境没有危害的物质。除氰处理后的尾液达到含氰物排放标准时才能排放，在回收操作中更应特别注意防止中毒。常用的含氰镀金液的金回收方法有电解法、置换法和吸附法等。根据含氰镀金废液的种类和金含量可以选择单种方法处理，也可以采取几种方法联合处理。

(1) 电解法 将含金废镀液置于敞开式电解槽中，以不锈钢作为阳极，纯金薄片作为阴极，溶液温度控制在 70～90℃，通入直流电进行电解，槽电压为 5～6V。在直流电的作用下，金离子迁移到阴极并在阴极上沉积析出。当槽中镀液经过定时取样分析，金含量降至规定浓度以下时，结束电解，再换上新的废镀液继续电解提金。当阴极析出金积累到一定数量后，取出阴极，洗涤后铸成金锭。

电解法处理含金废液除了上述开槽电解外，还可以用闭槽电解进行处理。即采用封闭的电解槽进行电解作业，溶液在系统中循环，槽电压控制在 2.5V 进行电解。当废镀液金含量低于规定浓度时，停止电解。然后出槽，洗净、铸锭。电解尾液经吸收槽处理达标后，废弃排放。闭槽电解的自动化程度较高，对环境比较友好，但一次性设备投入较大。

(2) 置换法 含金废镀液中金通常以 $Au(CN)_2^-$ 的形式存在。在废镀液中加入适当的还原剂，即可将 $Au(CN)_2^-$ 中的金还原出来。根据镀液的种类和金含量，还原剂可以选用无机还原剂（如锌粉、铁粉、硫酸亚铁等）或有机还原剂（如草酸、水合肼、抗坏血酸、甲醛等）。无机还原剂价格比有机还原剂低，但处理废镀液以后，过量的无机还原剂必须设法除去。有机还原剂价格较高，但还原金氰配合物后的产物与金很容易分离。由于金在回收过程中首先得到的是粗金，后续提纯在所难免，因此，实际操作中一般采用无机还原剂（特别是锌粉和铁粉）进行还原。将金置换成黑金粉沉入槽底。锌粉还原的反应式为：

$$2KAu(CN)_2 + Zn \longrightarrow K_2Zn(CN)_4 + 2Au \downarrow$$

置换法金回收具体操作步骤如下。

将含金废镀液取样分析，确定其中的金含量。将废镀液置于塑料容器中，加入约 1.5 倍理论量的锌粉，搅拌。为加速置换过程，含金废镀液应适当稀释和酸化，控制溶液 pH=1～2。在酸化废镀液时易放出 HCN 气体，所以有关作业应在通风橱中进行。置换产物过滤后，浸入硫酸以去除多余的锌粉，再经洗涤、烘干、浇铸即得粗金。滤液经过化验金含量和游离氰含量，金含量和游离氰含量低于规定值时可以排放，否则应进一步进行处理。

(3) 活性炭吸附法 活性炭对金氰配合物具有较高的吸附能力，活性炭吸附的作业过程包括吸附、解吸、活性炭的返洗再生和从返洗液中提金等步骤。

含金废镀液经化验金含量后，置于塑料容器中。加入适当粒度的活性炭，充分搅拌。将吸附混合物离心脱水，所得液体收集后集中处理。将所得湿固体加入由 10% NaCN 和 1% NaOH 组成的混合溶液中，加热至 80℃，充分搅拌下进行解吸金。过滤或离心脱水，所得滤液即为含金返洗液，将活性炭加入去离子水中，充分搅拌，脱水，反复三次。所得滤液并入含金返洗液中，活性炭经干燥后可以重新使用。返洗液中金含量已经大大提高。用电解或还原的方法将返洗液中的金提取出来。

用活性炭处理含金废镀液时，废液中 $Au(CN)_2^-$ 被活性炭的吸附一般认为是物理吸附过程。活性炭孔隙度的大小直接影响其活性的大小，炭的活性越强，对金的吸附能力越大。常用活性炭的粒度为 $10 \sim 20$ 目和 $20 \sim 40$ 两种。活性炭对金吸附容量可达 $29.74 \mathrm{g/kg}$，金的被吸附率达 97%。南非专利认为，先用臭氧、空气或氧气处理废氰化液，再用活性炭吸附，可取得更好的效果。此外，解吸剂可选用能溶于水的醇类及其水溶液，也可选用能溶于强碱液的酮类及其水溶液。这类解吸剂的组成为：H_2O $0 \sim 60\%$（体积分数），CH_3OH 或 CH_3CH_2OH $40\% \sim 100\%$，$NaOH \geqslant 0.11 \mathrm{g/L}$。或者为：$CH_3OH$ $75\% \sim 100\%$，水 $0 \sim 25\%$，$NaOH$ $20.1 \mathrm{g/L}$。

（4）离子变换法 由于含金废镀液中金以 $Au(CN)_2^-$ 阴离子的形式存在，因此可以选用适当的阴离子交换树脂从含金废镀液中离子交换金，再用适当的溶液将 $Au(CN)_2^-$ 阴离子从树脂上洗提下来。将阴离子交换树脂（如国产 717）装柱，先用去离子水试验柱的流速，调节合适后将经过过滤的含金废镀液通过离子交换柱，流出液定时检测金含量。当流出液的金含量超出规定标准时停止通入含金废镀液。用硫脲盐酸溶液或盐酸丙酮溶液反复洗提金，使树脂再生。洗提液金含量大大提高，用电解或还原的方法将洗提液中的金提取出来。

（5）溶剂萃取法 其基本原理是利用含金废镀液中的金氰配合物在某些有机溶剂中的溶解度大于在水相中的溶解度而将含金配合物萃取到有机相中进行富集，处理有机相得到粗金。试验表明，可用于萃取金的有机溶剂有许多，如乙酸乙酯、醚、二丁基卡必醇、甲基异丁基酮（MIBK）、磷酸三丁酯（TBP）、三辛基磷氧化物（TOPO）和三辛基甲基胺盐等都可以从含金溶液中萃取金。萃取作业时，含金废镀液的萃取次数一般控制在 $3 \sim 8$ 次，如萃取剂选择适当，萃取回收率一般都能达到 95% 以上。

5.1.2.2 从含金废王水中回收金

将含金固体废料溶于王水是最常用的将金转入溶液的方法。所得溶液酸度较大，常称为含金废王水，可选择以下还原法回收金。

（1）硫酸亚铁还原法 反应式为：

$$3FeSO_4 + HAuCl_4 \longrightarrow HCl + FeCl_3 + Fe_2(SO_4)_3 + Au \downarrow$$

① 操作步骤。将含金废王水过滤除去不溶性杂质，所得滤液置于瓷质或玻璃内衬的容器中加热煮沸，在此过程中可以适当滴加盐酸以利于氮氧化物的逸出。趁热抽入高位槽，在搅拌下滴加到过量的饱和硫酸亚铁溶液中，硫酸亚铁溶液可以适当加热。继续搅拌和加热 2h，静置沉降。用倾析法分离沉淀下来的黑色金粉，用水洗净后铸锭得到粗金。所得滤液集中起来，用锌粉进一步处理。

② 注意事项。料液在还原前应过滤和加热煮沸赶硝，以提高金的直收率。因硫酸亚铁的还原能力较小，用硫酸亚铁处理含金废王水时，除贵金属以外的其他金属很难被它还原，因而即使处理含贱金属很多的含金废液，其还原产出的金的品位也可达 98% 以上。但此法作用缓慢，终点不易判断，而且金不易还原彻底，因此尚需锌粉进一步处理尾液。

（2）亚硫酸钠还原法 反应式为：

$$Na_2SO_3 + 2HCl \longrightarrow SO_2 + 2NaCl + H_2O$$
$$3SO_2 + 2HAuCl_4 + 6H_2O \longrightarrow 2Au \downarrow + 8HCl + 3H_2SO_4$$

① 操作步骤。将含金废王水过滤后，所得滤液加热煮沸，在此过程中可以适当滴加盐酸以利于氮氧化物的逸出。趁热抽入高位槽，在搅拌和加热条件下滴加到过量的饱和亚硫酸钠溶液中，加入少量聚乙烯醇（加入量为 $0.3 \sim 30 \mathrm{g/L}$）作为凝聚剂，以利于漂浮金粉沉降。

充分反应后静置。用倾析法分离沉淀下来的黑色金粉，用水洗净后铸锭得到粗金。

② 注意事项。在有条件和方便的情况下，直接将二氧化硫气体通入经过过滤和煮沸的含金废王水也可以将金氯配离子还原成单质金。为防止还原产物被王水重新溶解，含金废王水溶液在还原前应加热煮沸，赶尽其中游离硝酸和硝酸根。还原时适当加热溶液，有利于产出大颗粒黄色海绵金。此法也可以用于生产电子元件时用碘液腐蚀金所产出的含金碘腐蚀废液的回收。当饱和的亚硫酸钠溶液加入料液时，碘液由紫红色转变为浅黄色，自然澄清过滤，即得粗金粉。

（3）锌粉置换法　与置换废镀金液相似，锌也可将金氯配离子还原。

① 操作步骤。将含金废王水过滤后，所得滤液加热煮沸，在此过程中可以适当滴加盐酸，以利于氮氧化物的逸出。调节溶液 pH＝1～2，加入过量锌粉。充分反应后离心分离，所得金锌混合物用去离子水反复清洗到没有 Cl⁻ 为止。在搅拌下用硝酸溶煮，所得金粉的颜色为正常的金黄色，用水洗净后铸锭得到粗金。

② 注意事项。置换过程中控制溶液 pH＝1～2，能防止锌盐水解，有利于产物澄清和过滤。置换产出的金属沉淀物含有的过量锌粉，可用酸将其溶解。选用盐酸溶解时，沉淀中应不含有硝酸根。除银、铅、汞外，其余贱金属都易被盐酸溶解。选用硝酸溶解时，几乎能溶解所有普通金属杂质。为防止金重溶，要求沉淀中不含有氯离子，清洗用硝酸溶解的沉淀后，海绵金颜色鲜黄，团聚良好。另外，可选用硫酸来溶解锌及其他杂质，沉淀金不易重溶，但钙、铅离子不能与沉淀分离，产品易呈黑色。

（4）亚硫酸氢钠（$NaHSO_3$）法

① 操作步骤。将含金废王水过滤后，先用碱金属或碱土金属的氢氧化物（例如含质量25％～60％的 NaOH 或 KOH）或碳酸盐的溶液调整含金废王水的 pH 值为 2～4，将其加热至 50℃并维持一段时间，加入少量硬脂酸丁酯作为凝聚剂。在搅拌下滴加 $NaHSO_3$ 饱和溶液沉淀金。所得金粉经洗涤后可以熔铸成粗金，金含量约为 98％。

② 注意事项。此法特别适于处理金含量少的废王水，因为它不需要进行赶硝处理。

从含金废王水中回收金，还可用草酸、甲酸以及水合肼等有机还原剂，此类还原剂的最大优点是不会引入新的杂质。各种回收金后的尾液是否回收完全，可用以下方法进行判断：按尾液颜色判断，若尾液无色，则金已基本沉淀提取完全；用氯化亚锡酸性溶液检查，有金时，由于生成胶体细粒金悬浮在溶液中，使溶液呈紫红色，否则，说明尾液中金已提取完全。

5.1.3　含金固体废料中回收金

含金固体废料种类繁多，组分各异，回收方法差异较大。但通常遵循一定的回收思路：回收前挑选分类—溶金造液—金属分离富集—富集液净化—金属提取—粗金—精炼（或直接深加工）。

5.1.3.1　造液

造液前，含金固体必须经过挑选分类，然后根据废料的性状除去油污和夹杂，或将大块物料碎化。这一过程花费的人工较多，但可以去除大量的贱金属和夹杂，为后续步骤的顺利进行创造良好的条件，同时可以降低生产成本。造液用酸包括王水或盐酸、硝酸和硫酸等单一酸。

（1）王水造液　含金固体废料中几乎所有金属都进入溶液，特别适用于含金属量比较少的固体废料，如塑料表面的金属镀层、首饰加工中的抛灰(主要成分为金刚砂)以及电子浆料经过烧结以后的固体灰等。如果含贱金属很多，则不能直接用王水造液，必须先将贱金属溶于硝酸等单一酸以后，分离出不溶物，再用王水造液。

（2）单一酸造液　盐酸、硝酸和硫酸等单一酸可分别用于不同废料的造液，其目的是为了将金和铂、铑、铱等铂族金属以外的贱金属(包括银)先行除去，得到富含金和铂族金属的固体物料。这样操作的好处是，用单一酸造液所需设备的耐腐蚀性能要求比用王水低，设备容易选型，同时后续提金过程可以得到简化。如用硝酸溶解金银合金时，造液结果使银和金分别进入溶液和沉淀，过滤即可实现金、银分离，然后分别处理溶液或不溶性沉淀，即可分别产出单质银和金。

5.1.3.2　金属分离富集

造液后的溶液中一般含有多种金属。根据所含金属的性质不同，应设计一定的分离和富集工艺，将贱金属和贵金属、贵金属相互之间进行分离。对于含贵金属量很低的贵金属混合溶液，在进行后续操作之前通常应对贵金属进行富集操作，即将含贵金属的溶液中贵金属的含量提高到可以进行高效回收的程度。富集的方法很多，如活性炭富集、有机溶剂萃取富集和离子交换富集等。这些方法在前一部分(从含金废液回收金)中已做了介绍。

5.1.3.3　贵金属的提取

经过分离、富集和净化后的富集液，通常可以采用化学还原或电解还原的方法将贵金属从溶液中提取出来(变成贵金属单质)，从而达到与绝大多数杂质分离的目的。所用还原剂的种类和浓度因富集液的种类、贵金属的含量以及贵金属在溶液中的存在形态的不同而不同。具体方法可参见前一部分(从含金废液回收金)。

5.1.3.4　粗金的精炼

经过还原的粗金一般呈小颗粒。精炼的方法通常是将还原金粉熔铸成大块，然后再进行电解精炼。比较经济的做法是在得到粗金小颗粒后不再进行上述熔铸和电解精炼，而是直接进入贵金属制品的深加工工艺。因为在贵金属制品的绝大多数深加工过程中，贵金属可以得到进一步的纯化而不影响贵金属深加工制品的质量。从粗金粉进行深加工是一个很有前途的方法。现举两例来说明从含金固体废料中回收金和从粗金粉直接进行氰化亚金钾深加工的过程。

例1　从金锑合金废料中回收金

金锑合金中含金＞99％，可用直接电解精炼的方法回收金，也可用王水溶金法回收。王水溶金法从金锑合金废料中回收金的工艺流程如图5.1所示。

操作要点如下。

① 王水溶金。王水(3份HCl＋1份HNO_3)的加入量为金属质量的3倍，使金完全溶解。

② 蒸发浓缩。加盐酸驱赶游离硝酸，反复蒸发浓缩至不逸出NO_2或NO为止。一般浓缩至原体积的1/5左右，将浓缩的原液稀释至含金50～100g/L，静置使悬浮物沉淀。

③ 过滤。如果在滤渣中有$AgCl$沉淀时，可回收其中的银。滤液则通入SO_2或用Na_2SO_3或$FeSO_4$还原沉淀金。如果用SO_2还原，SO_2的余气应该用稀$NaOH$溶液吸收。所得金粉经去离子水洗涤、烘干，熔铸成金锭。

例2　从含金废料直接制取氰化亚金钾工艺

从含金废料直接生产氰化亚金钾从经济和技术上讲是高效方法，其综合利用工艺流程如

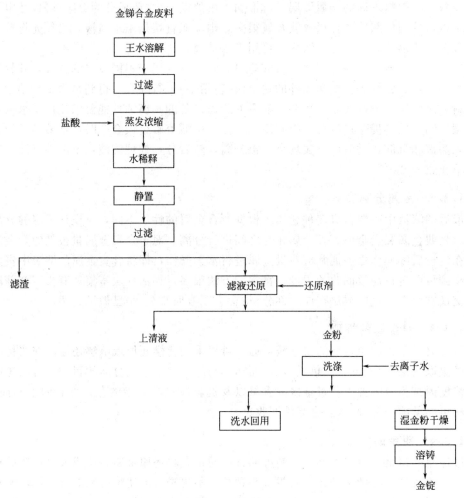

图 5.1　金锑合金废料回收金的工艺流程

图 5.2 所示。

操作要点如下。

① 废料经过预处理并用王水溶金后过滤，所得滤渣中含有 AgCl，可用氨水溶出后进一步回收银。滤液用 $FeSO_4$ 还原。为了得到颗粒度小的还原金粉，所用 $FeSO_4$ 的浓度应尽量大，使金粒子的生成速率远远大于生长速率，并且加入聚乙烯醇(PVA)或聚乙烯吡咯烷酮(PVP)阻止金粒子的团聚。可重复上述步骤以提高所得金粉的纯度。将所得金粉加入饱和 Na_2CO_3 溶液煮沸，使粗金中的难溶和微溶盐如 $CaSO_4$ 等转化为碳酸盐沉淀。水洗至无 SO_4^{2-} 后，再分别用盐酸和硝酸煮洗。

② 氰化钾鼓氧氰化。将纯化后的还原金粉(过量 10%)加入氰化钾饱和溶液中，在反应器底部鼓入经碱液纯化的空气，加热至 80℃。空气的鼓入量以整个反应体系均匀冒泡为原则，不宜过大而使大量水分丧失。反应 24h 后，将未反应的金粉转入下一循环使用。将反应混合物过滤后在旋转蒸发器中蒸发，保留原体积的 1/10，母液冷却，结晶，120℃烘干。取样分析，产品金含量>68.2%。

③ 铂的回收。分金的溶液中加入适量过氧化氢溶液，然后加固体 NH_4Cl 盐或饱和 NH_4Cl 溶液，直至继续加 NH_4Cl 时无新的黄色沉淀形成。浓度为 50g/L 的 H_2PtCl_6 溶液，

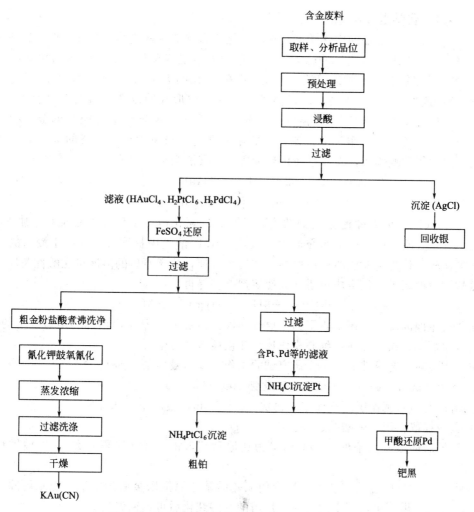

图 5.2　从含金废料直接生产氰化亚金钾工艺流程

每升消耗固体 NH_4Cl 约 100g。过滤，将所得的黄色氯铂酸铵沉淀，用 10% 的 NH_4Cl 溶液洗涤数次，抽滤后放于坩埚中，在马弗炉内缓慢升温，先除去水分，然后在 350～400℃ 恒温一段时间，使铵盐分解。待炉内不冒白烟，升高温度，并且控温在 900℃ 煅烧 1h，冷却后得到粗铂。也可用水合肼直接还原氯铂酸铵得到铂粉，将氯铂酸铵缓慢地投入水合肼(1∶1)溶液中，并且注意通风，排除生成的 NH_3。过滤、灼烧后得铂粉，母液补充水合肼可再用于氯铂酸铵的还原。

5.1.4　镀金废料中回收金

镀金废料与前述含金固体废料的最大差别是镀金废料的金一般处于镀件的表面，许多镀金废件在回收完表面金层后，其基体材料可以重复使用。因此从这类固体废料回收金的工艺与前述固体废料的金回收工艺有较大的差异。常用方法有利用熔融铅熔解贵金属的铅熔退镀法、利用镀层与基体受热膨胀系数不同的热膨胀退镀法、利用试剂溶解的化学退镀法和电解退镀法等。

5.1.4.1　化学退镀法

化学退镀法的实质是利用化学试剂在尽可能不影响基体材料的情况下,将废镀件表面的金层溶解下来,再用电解或还原的方法将溶液中的金变成单质状态。常用的化学退镀法有碘-碘化钾溶液退镀法、硝酸退镀法、氰化物间硝基苯磺酸钠退镀法和王水退镀法等。

(1) 碘-碘化钾溶液退镀法　卤素离子与卤素单质形成的混合溶液对金具有溶解作用,这是该法的理论基础。$HCl+Cl_2$ 溶液、I_2-KI 溶液和 Br_2-KBr 溶液都能溶解金。不过 Br_2-KBr 溶液的危害较大,操作不易控制,因此用卤素离子与卤素单质形成的混合溶液对贵金属造液一般用氯和碘体系,碘体系使用最为方便。其溶金反应如下:

$$2Au+I_2 \longrightarrow 2AuI$$
$$AuI+KI \longrightarrow KAuI_2$$

产物 $KAuI_2$ 能被多种还原剂如铁屑、锌粉、二氧化硫、草酸、甲酸及水合肼等还原,也可用活性炭吸附、阳离子树脂交换等方法从 $KAuI_2$ 溶液中提取金。为便于浸出的溶剂再生,通过比较,认为用亚硫酸钠还原的工艺较为合理,此还原后的溶液可在酸性条件下用氧化剂氯酸钠使碘离子氧化生成单质碘,使溶剂碘获得再生:

$$2I^-+ClO_3^-+6H^+ \longrightarrow I_2+Cl^-+3H_2O$$

氧化再生碘的反应,还防止了因排放废碘液而造成的还原费用增加和生态环境的污染。该工艺方法简单、操作方便,细心操作还可使被镀基体再生。

研究人员对工艺条件做了不少研究试验工作,找出最佳条件如下。

① 浸出液成分。碘 $50\sim80g/L$,碘化钾 $200\sim250g/L$。

② 溶退时间。视镀层厚度而定,每次为 $3\sim7min$,须进行 $3\sim8$ 次。

③ 贵液提取。用亚硫酸钠还原。

④ 还原后溶液再生条件。硫酸用量为还原后溶液的 15%(体积分数)。氯酸钠用量约 $20g/L$。

用碘-碘化钾回收金的工艺中,贵液用亚硫酸钠还原提取金后的溶液,应水解除去部分杂质,才能氧化再生碘,产出的结晶碘用硫酸共溶纯化后可返回使用。

(2) 硝酸退镀法　在电子元件生产中,产生很多管壳、管座、引线等镀金废件,镀件基体常为可阀(Ni 28%,Co 18%,Fe 54%)或紫铜件,可用硝酸退镀法使金镀层从基体上脱落,基体还可送去回收铜、镍、钴。

(3) 氰化物间硝基苯磺酸钠退镀法

① 退镀液的配制。取 NaCN 75g,间硝基苯磺酸钠 75g,溶于 1L 水中使之完全溶解。

② 操作方法。将退镀液装入耐酸盆内(或烧杯内),升温至 90℃。将镀金废件放入耐酸盆内的退镀液中,$1\sim2min$ 后立即取出,金很快就被退镀而进入溶液中。如果因退镀量过多或退镀液中金饱和而使镀金退不掉时,则应重新配制退镀液。

退镀金的废件,用去离子水冲洗 3 次。留下冲洗水,以备以后冲洗用。往每升退镀液中另加入 5L 去离子水稀释退镀液,再充分搅拌均匀,调节 pH 值为 $1\sim2$。用盐酸调节时,一定要在通风橱内进行,以防 HCN 气体中毒。

用锌板或锌丝置换退镀液中的金,直至溶液中无黄色为止,再用虹吸法将上层清水吸出。金粉用水洗涤 $2\sim3$ 次后用硫酸煮沸,以除去锌和其他杂质,再用水清洗金粉。将金粉烘干后熔炼铸锭得粗金。

用化学法退镀的金溶液也可采用电解法从中回收金。电解提金后的尾液,经补加一定量的 NaCN 和间硝基苯磺酸钠之后,可再作退镀液使用。电解法的最大优点是氰化物的排出量少或不排出，氰化液还可继续在生产中循环使用，也有利于对环境的保护。

5.1.4.2 铅熔退镀法

该法是将电解铅熔化并略升温（铅的熔点为327℃），然后将被处理的废料置于铅内，使金渗入铅中。取出退金的废料，将铅铸成贵铅板，再用灰吹法或电解法从贵铅中回收金。

用灰吹法时，将所获得的贵铅，根据金含量补加一定量的银，然后吹灰得金银合金，将这种金银合金用水淬法得金银粒，再用硝酸法分金。获得的金粉，熔炼铸锭后得粗金。

5.1.4.3 热膨胀退镀法

该法是利用金和基体合金的膨胀系数不同，应用热膨胀法使镀金层和基体之间产生空隙，然后在稀硫酸中煮沸，使金层完全脱落。最后进行溶解和提纯。生产流程如下：取1kg晶体管，在800℃下加热1h，冷却，放入带电阻丝加热器的酸洗槽中，加入6L的25%硫酸液，煮沸1h，使镀金层脱落。同时，有硫酸盐沉淀产生。稍冷后取出退掉金的晶体管。澄清槽中的溶液，抽出上部酸液以备再用。沉淀中含有金粉和硫酸盐类，加水稀释直至硫酸盐全部溶解，澄清后，用倾析法使液固分离。在固体沉淀中，除金粉外还含有硅片和其他杂质，再用王水溶解，经过蒸浓、稀释、过滤等工序后，含金溶液用锌粉置换（或用亚硫酸钠还原），酸洗而得纯度98%的粗金。

5.1.4.4 电解退镀法

采用硫脲和亚硫酸钠作为电解液，石墨作为阴极，镀金废料作为阳极，进行电解退金。通过电解，镀层上的金被阳极氧化呈Au(Ⅰ)，Au(Ⅰ)随即和吸附于金表面的硫脲形成配阳离子$Au[SC(NH_2)_2]_2^+$进入溶液。进入溶液的Au(Ⅰ)即被溶液中的亚硫酸钠还原为金，沉淀于槽底，将含金沉淀物经分离提纯就可得到纯金。

（1）电解液组成 $SC(NH_2)_2$ 2.5%，Na_2SO_3 2.5%。

（2）阳极和阴极 阳极用石墨棒（ϕ30mm，长500mm）置于塑料滚筒的中心轴。阴极用石墨棒（ϕ50mm，长400mm）放在电解槽两旁并列。

（3）电解槽与退金滚筒 电解槽用聚氯乙烯硬塑料焊接而成，容积为164L。退金滚筒是用聚氯乙烯硬塑料焊接成六面体，每面均有钻孔3mm，以使滚筒提出漏水和电解时电解液流通。

（4）电解条件 电流密度为2A/dm²，槽电压为4.1V，电解时间根据镀层厚度和阴阳极面积是否相当而定。如果相当，在合适的电流密度下，溶金速率是很大的，时间可以短一点。一般的电解时间为20~25min是适当的。

5.1.5 金的精炼

精炼金的经典方法是电解精炼法。随着科学技术的发展及金回收原料的多样化，以草酸、水合肼等作为还原剂的还原法和以各种高性能萃取剂为基础的溶剂萃取法也先后用于生产。电解精炼法的优点是精炼产品纯度高、设备简单，缺点是生产周期长、直收率低。还原法的特点是生产周期短、直收率高，适用于小规模零星生产，不受原料多少的限制，但单位成本较高。溶剂萃取法的特点是可处理低品位物料，操作条件好，直收率高，规模可大可小，比较灵活。

5.1.5.1 溶剂萃取法

溶剂萃取法是为了适应电子工业对金纯度越来越高的要求而逐步发展起来的。为保证有较高的经济效益，工业上溶剂萃取法所用的含金原液的金浓度一般为 $1\sim10g/L$。

金的萃取剂种类很多，包括中性、酸性或碱性有机溶剂，如醇类、醚类、酯类、胺类、酮类、含磷和含硫有机试剂均可作为金的萃取剂。金与这些有机萃取剂能形成稳定的配合物并溶于有机相，这就为 Au^{3+} 的萃取分离提供了有利条件。但由于与金伴生的一些元素往往会与金一起萃取进入有机相，从而降低了萃取的选择性。另外，金的配合物较稳定，要将它从有机相中反萃出来比较困难。因而，在金的萃取分离和反萃取方面开展了大量研究与开发工作。除了上述二丁基卡必醇、二异辛基硫醚和仲辛醇已在工业上获得应用外，还开发了甲基异丁基酮、二仲辛基乙酰胺（N503）、乙醚、异癸醇、混合醇、乙醚与长碳链的脂肪醚、磷酸三丁酯与十二烷的混合液、磷酸三丁酯与氯仿的混合液等从氯化物溶液中萃取分离金与铂族金属的工作。对于从碱性氰化物溶液、硫代硫酸盐溶液以及酸性硫脲溶液中萃取分离金，则主要关注于有机磷类、胺类以及石油亚砜类萃取剂。

5.1.5.2 电解精炼法

用于金电解的原料一般金含量在90％以上。如铜阳极泥经银电解处理所得的二次黑金粉、金矿经金银分离所得的粗金粉以及其他废料经处理后所得的粗金等。将粗金配以硝石、硼砂熔铸成阳极，经电解可得到纯金。

（1）金电解精炼的原理与技术条件 金电解以粗金板作为阳极，纯金片作为阴极，以金的氯配合物水溶液及游离盐酸作为电解液。其过程可表示为：

$$\text{阴极} \qquad \text{电解液} \qquad \text{阳极}$$
$$\text{Au(纯)} \mid HAuCl_4 + HCl + H_2O \mid \text{Au(粗)}$$

阳极主要反应 $\qquad\qquad Au - 3e^- \longrightarrow Au^{3+}$

阴极主要反应 $\qquad\qquad Au^{3+} + 3e^- \longrightarrow Au$

金电解技术条件主要有以下几个方面。

① 电解液组成。HCl $200\sim300g/L$，Au $250\sim300g/L$。

② 电解液温度。一般不加热，靠自热维持50℃。温度过高会使电解液挥发，污染环境。

③ 阴极电流密度。一般为 $700\ A/m^2$。若提高阳极品位、电解液金含量与盐酸浓度，电流密度可适当提高。

④ 电流效率。直流电阴极电流效率一般可达95％。

⑤ 槽电压。一般为 $0.3\sim0.4V$。

⑥ 交流电的输入。金电解在输入直流电的同时，还输入交流电。因阳极中的银在电解时会电化溶解，与盐酸作用易生成AgCl，附着于阳极表面，使阳极钝化。当阳极含银超过6％时更为严重。交流电的输入使电极的极化发生瞬时变化，抑制AgCl的形成，更主要的是形成非对称性的脉动电流，使AgCl疏松而脱落。其次还能提高电解液温度，降低阳极泥中金含量。一般交流电与直流电比值为 $1.1\sim1.5$。

（2）金电解时杂质行为 阳极中杂质一般是银、铜、铅、锌及少量铂族金属。这些杂质都比金的电位负，而溶解进入溶液。

银在阳极表面形成的AgCl薄膜可使阳极钝化，影响电解的正常进行。

铅、锌因含量低，不会在阴极上析出。

铜的浓度一般较高，有可能在阴极析出，影响电解金质量。故阳极中铜含量应小于2％。

铂族金属在溶液中积累到一定程度后，应及时处理加以回收，否则会在阴极析出。

（3）金电解精炼的操作

① 阴极片的制作。阴极片制作可用轧制法，即将纯金轧制成片，再剪切成阴极片。也

可用电积法，即以银片作为阴极，其表面涂薄层蜡，边沿涂厚层蜡。采用低电流密度电积。当金电积层厚达 0.3～0.5mm 时，取出阴极，剥下金片，再剪切制成阴极。

② 电解液的配制。将纯金片以王水溶解，赶硝后，用盐酸水溶液按要求配制成电解液。

③ 电解操作。电解槽一般采用硬塑料制成。槽内电极并联，槽与槽串联。先向槽内加入电解液，把套有布袋的阳极挂入槽中，再依次相间挂入阴极。调节槽内液面接近阳极挂钩。通电并检查电路是否正常。

当阴极上的金达到一定厚度时，取出换上新阴极片。电解金用水冲洗后铸锭。残极再铸成阳极复用，阳极泥收集以回收其中的金、银及铂族金属。

5.1.5.3 还原精炼法

将粗金粉溶解使金转入溶液，调节一定酸度后，再用还原剂将金还原成纯海绵金，经酸洗处理后即可铸成金锭，品位可达 99.9% 以上。可用于氯金酸溶液还原的还原剂有草酸、抗坏血酸、甲醛、氢醌、二氧化硫、亚硫酸钠、硫酸亚铁、氯化亚铁等，其中草酸选择性好、速率快，而且草酸被氧化的产物为非金属，因此在实际生产中用得较多。草酸还原金的反应为：

$$2HAuCl_4 + 3H_2C_2O_4 \longrightarrow 2Au + 8HCl + 6CO_2 \uparrow$$

影响还原反应的因素如下。

① 酸度。从反应可知，反应过程将产生酸，为使金反应完全需加碱中和，以保持 pH=1～1.5 为宜。

② 温度。常温下草酸还原即可进行，加热时反应速率加快。但因反应过程放出大量 CO_2 气体，易使金液外溢，一般以 70～80℃ 为宜。

草酸还原操作过程是：将金的王水溶解液或水溶液氯化液加热到 70℃ 左右，用 20% 的 NaOH 调节溶液的 pH 值至 1～1.5，在搅拌下，一次加入理论量 1.5 倍的固体草酸，反应开始剧烈进行。当反应平稳时，再加入适量的 NaOH 溶液，反应复又加快，直至加入 NaOH 溶液无明显反应时，补加适量草酸，使金反应完全。过程中始终控制溶液的 pH 值在 1～1.5，反应终了后静置一定时间。经过滤得到的海绵金以 1:1 硝酸及去离子水煮洗，以除去金粉表面的草酸与贱金属杂质，烘干后即可铸锭，品位可达 99.9%。还原母液用锌粉置换，回收残存的金。置换渣以盐酸水溶液浸煮，除去过量锌粉，返回水溶液氯化或王水溶解。

除电解法和还原法精炼金以外，近年兴起的萃取精炼因其效率高、返料少、操作简单、适应性强和回收率高而备受关注。二丁基卡必醇、二异辛基硫醚、仲辛醇、乙醚、甲基异丁基酮、磷酸三丁酯、石油亚砜以及石油硫醚等均是金的良好萃取剂，已经被分别用于金的萃取精炼生产或研究。

5.2 银的综合回收

5.2.1 概述

白银在历史上曾经与黄金一样，作为重要的货币物资，具有储备职能，也曾作为国际间支付的重要手段。因其具有良好的电学、光学和磁学性质，在工业上的应用量越来越大。我国电子电气、感光材料、化学试剂和化工材料每年所耗白银约占总消耗量的 75%，白银工艺品及首饰消耗量约占 10%，其他用途约占 15%。由此可见，白银作为货币或饰品的职能已大大减小，而工业用银已成为最大的白银消耗去向。

白银在工业上主要应用于感光材料、焊料、电气及电子工业、催化剂制造、电镀及电池等行业。

感光材料是消耗白银最多的行业，世界每年工业银消费（约为 15000t）中约有 45％是以硝酸银形式消耗在感光材料的。

焊料是白银在工业上的一个新的应用领域。随着家用电器的日益普及，冰箱、洗衣机、空调等生产中所用含银焊料越来越多，而且逐步从低银焊条向高银焊条发展。使用含银焊条的好处在于焊接点的电阻小，发热少，相应家电的使用寿命长。

电气及电子工业所用白银制品为银及银合金、银复合材料、超细银粉、光亮银粉以及各类银浆。由于微电子工业的高速发展，在此方面的白银消耗与日俱增。我国电子浆料起步较晚，在数量和质量上还远远不能满足电气及电子工业的需要，高档电子元器件所用电子浆料绝大部分依赖进口。

在有机化工生产中，白银以及含银合金（如 Ag-Cd、Ag-Pd 等）常用于催化剂。通常这些材料被加工成多孔性物质，具有极大的比表面积。值得一提的是，近年来纳米级银粉及银合金以其超常的催化性能备受重视。

电镀行业所用含银物质为高纯白银（99.99％以上，用于极板）、硝酸银、氰化银钾、氰化银等，所镀材料已从民用制品逐步转向工业制品（以电子电气元器件为主）。在电池行业，白银主要用于扣式氧化银电池，每年用于这方面的白银约占总消耗量的 10％，而且呈现逐年上升趋势。

由于银的使用范围极广，因而银废料的分布很分散，任何生产或使用含银产品的单位或个人都是银再生资源分布所在。银再生资源主要来源于以下几个方面：电子工业（钎料、触点材料、涂镀层、电极、导体、银复合材料等）、石油工业（含银催化剂）、照相工业（胶片、相纸）、饰品及装饰（首饰、表壳、艺术品等）、钱币等。可见银再生资源的种类、形状、性质和品位差别很大，因而银再生工艺具有多样性和复杂性。

与其他几种贵金属相比，银的化学性质活泼，所以其回收处理技术相对简单一些。但对低品位含银废料，考虑到其回收成本，一般的回收技术尚不能使用。随着贵金属应用范围的扩大，银再生资源的种类将更加复杂，低品位含银废料的比重将进一步增加，因而银再生技术还有待进一步提高。银的回收方法通常可分为火法、湿法、浮选法和机械法等。常用金、银废料回收工艺流程如图 5.3 所示。表 5.1 列出了银废料回收方法及可处理的相应废料。

表 5.1　银废料回收方法及可处理的相应废料

回收方法		可处理的相应废料
火法	熔炼法	合金、电子废料、催化剂、炉灰、废渣
	焚烧法	废胶卷
	精炼法	优质废料（如坩埚、漏板等）
湿法	酸法	催化剂、合金、氧化银电池
	剥离法	镀银废料、电极
	置换法	废定影液、镀液、剥离液、照相洗液
	沉淀法	
	电解法	
	吸附及交换法	
浮选法		粉类、细粒贵金属废料
机械法		银镀层废料

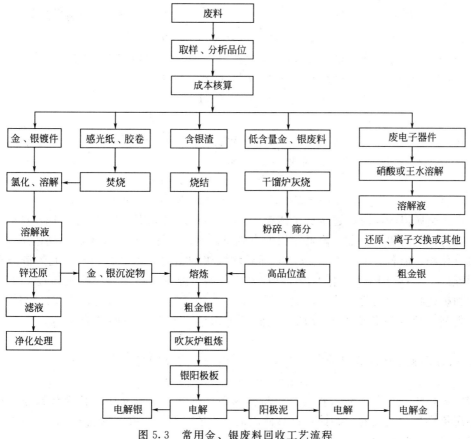

图 5.3 常用金、银废料回收工艺流程

5.2.2 含银废液中回收银

含银废液品种很多，主要包括废定影液、含银电镀废液以及含银废乳剂等。各类含银废液的回收方法较多，现将一些常见方法介绍如下。

5.2.2.1 从废定影液中回收银

废定影液中，银常以 $Ag(S_2O_3)_2^{3-}$、$Ag_2(S_2O_3)_3^{4-}$、$Ag_3(S_2O_3)_4^{5-}$ 形式存在，含银浓度达 $0.5\sim9g/L$。常用方法有硫化沉淀法、置换法、次氯酸盐法、硼氢化钠法、连二亚硫酸钠法和电解法等。

(1) 硫化沉淀法 该法采用向废定影液中加入硫化钠，使银离子生成硫化银沉淀与溶液分离：

$$Ag_2(S_2O_3)_3^{4-} + S^{2-} \longrightarrow Ag_2S\downarrow + 3S_2O_3^{2-}$$

再采用一定的方法将 Ag_2S 黑色沉淀还原成金属银。硫化沉淀法简单易行，银回收完全，适于小单位使用，但提银残液含有过量硫化钠，定影液不能再生。所以该法主要用于金属离子种类比较单一的含银废液，除废定影液之外还有部分实验室废液。

下面主要介绍将 Ag_2S 沉淀还原成金属银的几种常用方法。

① 硝酸溶解法。用硝酸将 Ag_2S 溶解，产出 $AgNO_3$ 与单质硫，过滤，所得滤液（含 $AgNO_3$）中加入还原剂而得到金属银：

$$Ag_2S + 4HNO_3 \longrightarrow 2AgNO_3 + \frac{1}{2}S_2 + 2H_2O + 2NO_2\uparrow$$

$$2AgNO_3 + Cu \longrightarrow 2Ag + Cu(NO_3)_2$$

② 焙烧熔炼法。在反射炉中，将 Ag_2S 于 $700\sim800℃$ 时进行氧化焙烧，使 Ag_2S 转变成 Ag_2O。再将炉温升至 $1000℃$ 以上，使 Ag_2O 分解成液体金属银：

$$2Ag_2S + 3O_2 \longrightarrow 2Ag_2O + 2SO_2\uparrow$$

$$2Ag_2O \longrightarrow 4Ag + O_2\uparrow$$

③ 铁屑纯碱熔炼法。Ag_2S 与铁屑、碳酸钠预先进行配料拌和，其中铁屑为 30%，纯碱为 20%，然后于 $1100℃$ 时进行熔炼：

$$Ag_2S + Fe \longrightarrow 2Ag + FeS$$

$$2Ag_2S + 2Na_2CO_3 \longrightarrow 4Ag + 2Na_2S + 2CO_2 + O_2$$

在产出金属银的同时，还生成了冰铜（$Na_2S \cdot FeS$）。钠冰铜或纯 Na_2S、FeS 对银有较大的溶解能力，造成银的分散，降低了银的直收率。所以熔炼中应注意配料，创造条件，使铁氧化成氧化物。但若有 Fe_3O_4 生成，同样要增大银的损失。若渣含银高，此炉渣应单独处理，用硼砂、硝石与 Fe_3O_4 造渣，以回收其中的银。此外，熔炼温度不宜超过 $1100℃$，高温将增加硫化物对银的溶解能力。渣含银的高低，还可通过浇铸时，渣（或冰铜）与银分离状况进行判断，冷却后若渣容易分离，银面又不留渣黏结物，说明渣含银低，反之则渣含银高。

④ 铁置换法。在盐酸溶液中，常温下用铁屑按下式反应将银置换出来：

$$Ag_2S + Fe \longrightarrow 2Ag + FeS$$

（2）置换法　利用铁粉、锌粉、铝粉作为还原剂，使定影液中硫代硫酸银还原成金属银。常用价格相对便宜的锌和铁，也有使用铝作为还原剂的，在回收含有 Ag_2S 沉淀形式的含银废液时，回收率达到了 $55\%\sim60\%$。

置换法具有以废治废、使用方便、操作简单、效率高等优点，但定影液不易再生。

（3）次氯酸盐法　次氯酸盐有分解银配合物的作用。当处理含 $6g/L$ 银的定影液，用含 $10\%\sim15\%$ 的 $NaOCl$ 和 $1\sim1.5mol/L$ 的 $NaOH$ 处理，可破坏定影液中的配合物，并且析出 $AgCl$ 沉淀。

（4）连二亚硫酸钠（$Na_2S_2O_4$）法　该法对废定影液提银是一种简便、有效的提银方法。首先将溶液的 pH 值用冰醋酸和 $NaOH$ 或氨水调整到接近中性，然后将固态或液态的 $Na_2S_2O_4$ 添加到废定影液中，在强烈搅拌下加热到 $60℃$，即可达到提银的目的。需要注意的是，溶液的 pH 值不能太低，否则 $Na_2S_2O_4$ 容易分解产生单质硫而污染所得金属银。当温度超过 $60℃$ 时，也发生同样现象。此法不仅工艺简单、效率高，而且定影液可再生使用。

（5）硼氢化钠（$NaBH_4$）法　$NaBH_4$ 是一种很强的还原剂，在 pH＝$6\sim7$ 的条件下，将 $NaBH_4$ 加入废定影液中，发生如下反应：

$$8Ag(S_2O_3)_2^{3-} + NaBH_4 + 2H_2O \longrightarrow NaBO_2 + 8H^+ + 6S_2O_3^{2-} + 8Ag\downarrow$$

该方法可取代传统的锌粉、铁粉置换法和硫化沉淀法，在处理小批量、低浓度的废液时更显示出其优点。

（6）电解法　在电解回收银过程中，直流电通过含银溶液，电子从阴极转移到带正电荷的银离子上，使银离子转变为金属银，然后附着在阴极上，同时在阳极某些元素的电子进入溶液。电解法回收银有两种基本形式：间歇式和连续式。连续提银是最有效的方法，但占地面积较大，要求严格控制电解槽的电流密度。有些回收槽设有监测银含量的装置，能自动调整电解槽的电流密度。连续法回收银是将汇集的洗片机溢出的定影液通过电解槽电解，将定影液的银含量降低至约 $0.5g/L$ 后，再把定影液送回洗片机中。为使定影液保持一定的亚硫酸盐和硫代硫酸盐含量以及合适的 pH 值，要配制恰当的补充液加到系统中，调整和维持定影液成分。

我国结合国内实际，制成的提银机采用石墨作为阳极，不锈钢作为阴极，溶液在机内密闭循环的工作方式。电解的技术条件为：槽电压 $2\sim2.2V$；电流密度 $175\sim193A/m^2$；液温 $20\sim35℃$；循环速度 $4.82m/s$；含银 $3\sim4g/L$ 时，电解时间需 $3\sim4h$；含银 $5\sim6g/L$ 时，电解时间需 $5\sim6h$；原液含银 $2.5\sim9.3g/L$，尾液含银 $0.5\sim0.7g/L$（当尾液不再生时，含银可降至 $0.15g/L$）；电银品位 $90\%\sim93\%$。

5.2.2.2 从含银电镀废液中回收银

电镀废液含银达 $10\sim12g/L$，总氰为 $80\sim100g/L$。处理这类废液时，不能在酸性条件下作业，以防止逸出氰化氢。回收后的尾液，氰浓度降至规定标准以下时才准许排放。

从含银电镀废液中提银与含金电镀废液提金一样，也有多种方法，如氯化沉淀法、锌粉置换法、活性炭吸附法等，但尾液需另行处理，有关方法可参考含金电镀废液的处理方法。

（1）电解法 电解法可使提银尾液中氰根破坏转化，因此是可以正常排放的一种有效方法。

电解法可在敞口槽内作业，阴极用不锈钢板，阳极为石墨，通入直流电后，阴极析出银而阳极放出氧气。随着溶液中银离子的减少，槽电压升至 $3\sim5V$，这时阳极除氢氧根放电外，还进行脱氰过程：

$$4OH^- - 4e^- \longrightarrow 2H_2O + O_2 \uparrow$$
$$CN^- + 2OH^- - e^- \longrightarrow CNO^- + H_2O$$
$$CNO^- + 2H_2O \longrightarrow NH_4^+ + CO_3^{2-}$$
$$2CNO^- + 4OH^- - 6e^- \longrightarrow 2CO_2 \uparrow + N_2 \uparrow + 2H_2O$$

阴极反应为：

$$Ag^+ + e^- \longrightarrow Ag$$
$$2H^+ + 2e^- \longrightarrow H_2 \uparrow$$

脱银尾液如果仍含有少量 CN^- 时，可加入少量硫酸亚铁，使之生成稳定的亚铁氰化物沉淀，这时尾液即可正常排放。

（2）离子交换法 离子交换法能回收废液中微量银。用该法处理银的质量浓度为 $1.5mg/L$ 的电镀漂洗水时，银可被完全回收。对于含痕量银的二级处理水，用阳离子交换树脂可达 80% 左右的去除率，若用阴阳离子混合交换树脂则去除率可高达 91.7%。

利用离子交换树脂回收含银废水中的银，具有处理容量大、出水水质好、树脂可再生、操作简单等特点。但树脂易受污染或氧化失效、再生频繁、操作费用高、对解吸附剂的要求也很高。因此，虽然离子交换法可应用于含银废水的银的回收，但由于其自身的一些无法克服的缺点而在推广中受到了一定的限制。

（3）活性炭吸附法 活性炭不仅能吸附溶液中的金属有机配合物，在一定条件下还能直接吸附某些金属离子。因此，活性炭的结构特点决定了它主要应用于含银废液中的痕量或超痕量银的回收。目前，研究主要集中在对活性炭进行改性以获得更好的银吸附性能并降低回收难度。

5.2.2.3 从含银废乳剂中回收银

含银废乳剂包括感光胶片厂涂布车间的废料、电气元件涂层的银浆、制镜厂使用的喷涂银浆等。感光胶片用的乳剂含有大量的有机物质，首先必须将其分离后才能进行银的回收，因此，其工艺流程较为复杂。而从电气元件和制镜的含银废乳剂中回收银则相对简单一些。

（1）从感光废乳剂中回收银 从感光废乳剂中再生回收银的工艺，大体上可分为两大类，即干法和湿法。这两种工艺各有优缺点。其湿法工艺流程如图5.4所示。

湿法工艺流程的银回收率较低，投资大，劳动生产率低，经济效果差。

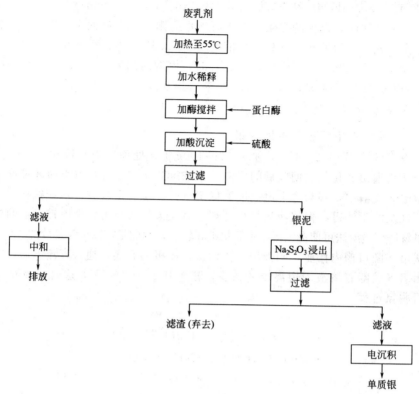

图 5.4 从感光废乳剂中回收银的湿法工艺流程

干法工艺流程主要包括脱水、干燥、焙烧、熔炼四个工序。在未加热前用浓硫酸将乳剂进行处理，以脱除大量的有机物质再进行干燥，这样可以避免在焙烧时有机物的冒溢和大量的臭气产生。它具有工艺流程短、技术简单、容易操作、不易造成银的损失以及银回收率高的特点。

（2）从废银浆中回收银　电气元件涂料及制镜喷涂的废银浆中，银主要以硝酸银形式存在，其回收的工艺流程可采用简单的烘干、熔炼、电解获得纯银，或用硝酸将其中的银溶解，制取硝酸银。其工艺流程如图 5.5 所示。也可采用电解法获得纯银。

5.2.2.4　从 COD_{Cr} 废液中回收银

在废水处理厂评价水体中有机物相对含量时所使用的重铬酸钾法化学需氧量（COD_{Cr}）测试中，为了促使水中直链烃氧化，回流液中需加入一定量的硫酸银作为催化剂，一般每个水样需使用 $0.3\sim1.0g$ 硫酸银，由此所产生的 COD_{Cr} 废液中存在银离子，Ag^+ 的质量浓度达 $1.6g/L$ 左右。

5.2.2.5　从试验废液中回收银

在化学试验中会产生大量的各种含银废液，银在废液中存在形式有 $AgCl$、$AgBr$、AgI、$[Ag(NH_3)_2]^+$、$AgCN$、$AgNO_3$、Ag_2O 等。具体化学试验产生的产物各不相同，因此其废液中的银含量以及银的存在形式不能笼统而论。

5.2.3　感光胶片和相纸中回收银

含银废胶片包括：感光胶片的废品，打孔切边，试片之后的废片，在电影发行公司的报废的电影片，电影制片厂在电影拍制过程中的各种废片，医院 X 射线胶片，工业、航空照

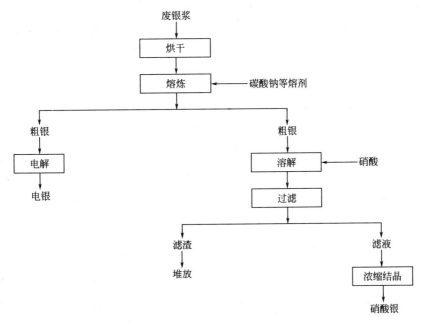

图 5.5　从废银浆中回收银的工艺流程

相的各种报废底片及用过的民用照相复制等的废底片等。

从这些含银废胶片上再生回收银的工艺很多，主要的有焚烧法、各种化学处理法、微生物法等。目前国内外都以焚烧法为主，化学法和微生物法则次之。

5.2.3.1　焚烧法

把废片及废相纸等直接放在一个特别设计的焚烧炉内焚烧，然后收集残留在炉中的含银灰，再把灰中银分离提取出来。它具有方法简单、处理量大、回收率较高的优点。其缺点是大量有价值的片基材料被损坏，烟气会造成大气污染。

5.2.3.2　化学法

化学法是许多方法的总称，它的要点是用酸、碱从胶片上把明胶层剥落下来，然后再采用不同的方法进行提银。如澳大利亚的酸腐蚀法，采用硝酸溶解，以食盐沉淀出 AgCl，再使 AgCl 溶解在定影液中，用连二亚硫酸钠还原。目前应用最广泛的是强碱腐蚀法。如美国提出的用 10% 的苛性钠水溶液，在 70~90℃ 下腐蚀胶片，可使片基上的卤化银及胶层洗脱，然后将所得脱膜溶液用传统的方法回收银。

我国研制的蛋白酶洗脱法的工艺流程主要包括洗脱、沉降、浸出、电解四道工序。

（1）洗脱　将废胶片上的乳剂层用蛋白酶洗脱下来，然后过滤分离。

（2）沉降　洗脱液用浓硫酸调整酸度沉淀出银泥，废片基先用碱水浸洗，再用洗水洗涤，然后送回片基车间作片基原料用。将洗涤片基的碱水和沉淀银泥分离出的酸性水进行中和处理后，再用氧化铝沉淀，使之达到合乎排放标准。

（3）浸出　过滤分离出的银泥采用硫代硫酸钠溶液将其中的卤化银浸出，再将浸出的泥浆加热至 90℃，然后冷却至室温进行过滤分离。

（4）电解　将含银的硫代硫酸钠溶液注入强化循环电解液的密闭式电解提银机中进行电解，在阴极上析出的白银则剥落下来，熔炼成锭。尾液可以返回浸出工段。

其工艺流程的主要操作技术条件如下。

① 蛋白酶洗脱。固液比 1:10；蛋白酶浓度 1g/L；洗脱温度 45℃；洗涤次数为 1 次。

② 硫酸沉降。调整酸度为 pH=3～4；沉降方式为自然沉降。

③ 银泥浸出。浸出液中含 $Na_2S_2O_3$ 200～300g/L；Na_2SO_3 25～35g/L；$H_2C_2O_4$ 20～25mg/L；浸出时间 30～60min；浸出固液比 2：5；搅拌速度 800～1200r/min；浸出率 99.43%；浸出液含银 35.34g/L。

④ 过滤分离。浸出泥浆加热至 75～95℃，然后冷却至室温过滤，渣用 1：1 的水洗一次。

⑤ 电解提银。滤液为电解液。电解条件是：槽电压 2.0～2.2V；电流密度 175～195A/m^2；电解液循环线速度 4.5～5.0m/s；电解时间 6～8h；尾液含银 0.5～1.0g/L。电解银的回收率 92.92%；电流效率 75.4%。其工艺流程如图 5.6 所示。

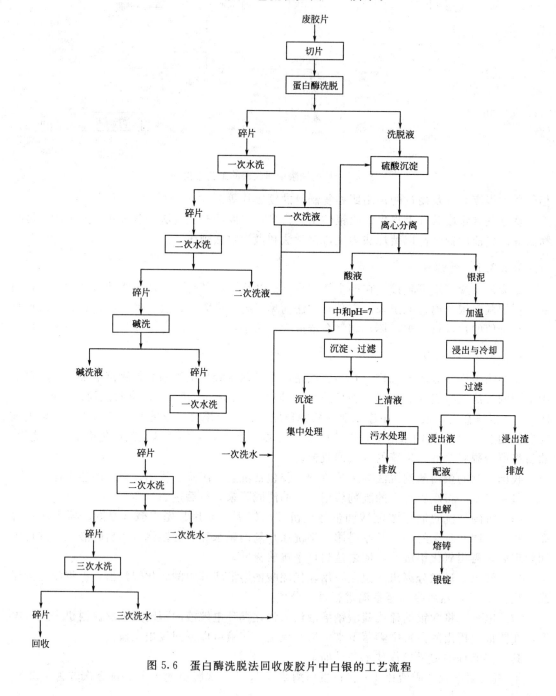

图 5.6　蛋白酶洗脱法回收废胶片中白银的工艺流程

如不用蛋白酶洗脱液，可以用碱液洗脱乳剂层，再将沉淀收集起来，熔炼得银。过滤所得滤液经中和达标后排放。其工艺流程如图 5.7 所示。

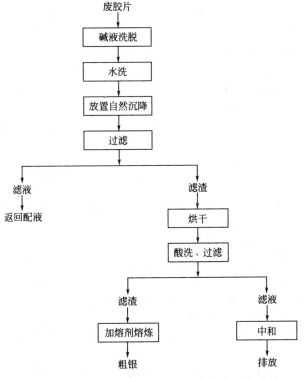

图 5.7　碱液洗脱法回收废胶片中白银的工艺流程

另外，近年来微生物法技术也可用来回收银件和胶片中的银。其核心是利用生物技术使乳剂、明胶脱落，分离银泥而回收白银。

5.2.4　镀银件及银镜片中回收银

现代化工业技术中，为了节约银常用镀银件代替纯银部件，如铜线镀银、表盘镀银、电器镀银、饰物镀银等，这类废品没有收藏价值，但未经回收而丢掉既造成资源浪费，对环境也是一种威胁。各种保温瓶胆和玻璃镜也镀有一薄层银，这类废品数量惊人，和玻璃一起综合回收有可观的经济效益。从镀银中回收银一般都是设法使镀银层从基体脱落分离后回收。如果基体是塑料、玻璃等非金属材料，就用稀硝酸溶解镀银层，再沉淀成 AgCl 回收。一些玻璃镜的镀银层上涂有红丹或灰漆保护层，可先用 8%～10% 的烧碱浸泡，使其脱落后再用硝酸溶解银。如果基体是铜，就用浓硫酸与浓硝酸 19∶1 的混合酸溶解银。基体铜不溶，分别回收银、铜。

5.2.4.1　从镀银件中回收银

（1）浓硫酸-硝酸溶解法　适用于基体为铜或铜合金的镀银件，作业条件为：溶剂是浓硫酸 95%，硝酸或硝酸钠 5%；温度严格控制在 30～40℃ 以下；时间 5～10min。

装于带孔料筐中的镀银件退镀后，快速取出漂洗，可保证基体甚少溶解，从而能综合利用基体铜。溶剂多次使用失效后，取出溶液用置换法、氯化沉淀法回收其中的银。

（2）双氧水-乙二胺四乙酸（EDTA）法　基底为磷青铜的镀银件，溶剂可用 EDTA 和双氧水按一定比例配制（如每升溶剂中加入 35% 的双氧水 1～10g 和 EDTA 5～10g），可使镀银层在 5～10min 内与基体分离。

（3）四水合酒石酸钾钠溶液电解法　用四水合酒石酸钾钠溶液为电解液（如每升电解液中加入四水合酒石酸钾钠 37.4g，NaCN、NaOH、Na_2CO_3 分别为 44.9g、14.9g 和 14.9g 所得的溶液），用不锈钢为阴极，镀件为阳极，进行电解，几分钟后，即可使厚度达 $5\mu m$ 的镀层完全退去。

5.2.4.2 从银镜碎片中回收银

一般保温瓶、银镜都镀有很薄一层银，基体均为玻璃。由于这类物料数量多，综合回收玻璃经济意义大，所以得到广泛重视。处理银镜可直接用稀硝酸溶解，硝酸浓度为 8%，清洗玻璃的洗液与使用数次的浸出液合并，用食盐沉淀银。氯化银沉淀与碳酸钾一道熔炼得粗银，粗银又用硝酸溶解，浓缩结晶即可产出工业级的结晶硝酸银，返回作制银镜的原料。

5.2.5 含银废合金中回收银

含银废合金类废料种类繁多，分布广泛。从中回收银的工艺因合金成分性质的不同而有所不同。

5.2.5.1 从银金合金废料中回收银

如果合金中的银含量大大高于金含量，可直接用来电解银，金则富集于阳极泥中。但是当合金中 Ag：Au<3：1 时，造液时银易钝化，不能被硝酸溶解，则应配入一定量的银熔融，形成 Ag：Au 约为 3：1 的银金合金，再从中回收银和金。

在用硝酸造液时，银按以下反应溶解：

在浓硝酸作用下　　　$Ag + 2HNO_3 \longrightarrow AgNO_3 + NO_2 \uparrow + H_2O$

在稀硝酸作用下　　　$6Ag + 8HNO_3 \longrightarrow 6AgNO_3 + 2NO \uparrow + 4H_2O$

因此选用稀硝酸（一般为 1：1）造液，既能防止产生棕红色 NO_2，又可减少溶剂硝酸的消耗。溶解后期适当加热，可促进银的溶解。其工艺流程如图 5.8 所示。

银金合金废料用稀硝酸溶解后所得金渣经过洗涤、干燥后，熔铸而得粗金。

氯化银加碳酸钠熔炼生产金属银的主要反应为：

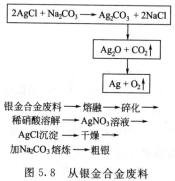

图 5.8　从银金合金废料
中回收银的工艺流程

熔炼作业中，可加入适量硼砂和碎玻璃，以改善炉渣性质，降低渣含银。熔炼作业中，熔化温度不宜过高，时间不宜过长。为减少氯化银的挥发损失，产出的银可铸成阳极板作电解提银用，电银品位可达 98%。

5.2.5.2 从银铜、银铜锌、银镉等合金中回收银

银铜、银铜锌是焊料，前者含银最高达 95%，一般也有 72%，银铜锌含银仅 50%，银镉是接点材料，含银约 85%。属于接点材料的还有银钨、银石墨、银镍等。这类合金废料中品位高达 80% 的，都可铸成阳极直接电解，产品电银品位可达 99.98% 以上。含银 72% 的银铜也可直接进行电解，可产出达 99.95% 的电银，但电解液含铜迅速增加，增加了电解

液净化量。采用交换树脂电极隔膜技术，处理银铜除可产出电银外，还可综合回收铜。对其他低银合金，可用稀硝酸浸出，盐酸(或 NaCl)沉银，用水合肼等还原剂还原回收其中的银。

5.2.6 银的精炼

5.2.6.1 电解法

用于银电解的原料，有处理铜、铅阳极泥所得到的金银合金(含银 90%以上)，氰化金泥经火法熔炼得到的合质金，配入适量银粉铸成的金银合金(含银 70%~75%)，其他含银废料经处理后得到的粗银等。

(1) 银电解精炼原理与技术条件 银电解常以金银合金作为阳极，外套隔膜袋，以银片或不锈钢片作为阴极，以硝酸银溶液作为电解液，在电解槽中通以直流电进行电解。其过程原理可表示为：

$$阴极 \quad\quad 电解液 \quad\quad 阳极$$
$$Ag(纯) \mid AgNO_3 + HNO_3 + H_2O \mid Ag(粗)$$

阳极主要反应 $\quad\quad Ag - e^- \longrightarrow Ag^+$

阴极主要反应 $\quad\quad Ag^+ + e^- \longrightarrow Ag$

银电解的技术条件如下。

电解液由 $AgNO_3$、HNO_3 的水溶液组成。为提高电解液的导电性，电解液中需有少量游离硝酸。一般含银在 100g/L 左右，含硝酸在 5g/L 左右，含铜<60g/L(一般为 30~50g/L)。电解液中还可加入适量 KNO_3 或 $NaNO_3$，既提高导电性，又可防止由于 HNO_3 浓度过高而引起阴极析出银的化学溶解。

银电解多靠自热，维持在 30~50℃。温度低，电解液的电阻大，电能消耗增加；温度高，会使酸雾增加，劳动条件差，并且会加速电银的化学溶解。

为了缩短生产周期，电流密度一般控制在 250~300A/m²。过高会导致析出的银粉紧贴阴极表面不易剥离。

电解液常须循环以保持浓度、温度的均匀，每 4~6h 电解液更换一次，依电解槽大小不同，其循环速度为 0.5~2L/min。

为防止阴极短路，同极中心距一般控制在 100~150mm，并且用玻璃棒或塑料棒在阴阳极之间不断搅动电解液。

(2) 银电解中杂质的行为

① 金、铂、钯。金与铂、钯的电极电位都比银高，电解时不发生电化溶解，以固态形式进入阳极泥。

② 铅、铋、砷、镉、锑、铜。这些金属电极电位比银负，电解时与银一道溶解转入溶液，既降低电解液的导电性，又增加硝酸消耗。其中，铅与铋进入电解液后发生水解，呈过氧化铅和碱式硝酸铋形式进入阳极泥。砷、镉因阳极中含量很少，影响不大。铜与锑电极电位与银较接近，在电解液中积累到一定程度后会在阴极析出，从而降低电银纯度与电流效率。

③ 硒与碲。常以 Ag_2Se、Ag_2Te、Cu_2Se、Cu_2Te 化合物形式存在于阳极中，因其电化学活性很小，电解时全部落入阳极泥。

(3) 银电解操作

① 造液。造液可用纯银粉，也可用银阳极，将其溶于硝酸水溶液中。如用银粉，其配比为 Ag：HNO_3：H_2O＝1：1：0.7。为加速反应，可适当通以水蒸气。造液反应式为：

$$Ag + 2HNO_3 \longrightarrow AgNO_3 + H_2O + NO_2\uparrow$$

造液后的溶液含 Ag 600~700g/L，含 HNO_3<50g/L，再加入适量水稀释至生产要求

的电解液。为提高电解液的导电性，不但要保持 5g/L 左右的游离硝酸，而且要保持 30～50g/L 的铜离子，如果铜离子低至 10g/L，电解液电阻增大，槽电压升高，同时析出银的化学成分，极不利于银的成形。

② 装槽前的准备。阳极入槽前要打平，去掉飞边毛刺，钻孔挂钩，套上涤纶布袋，挂在阳极导电棒上。阴极可用银片、钛片或不锈钢片，要平整光滑。用过的阴极板入槽前要刮掉表面银粉。装好电极后，注入电解液，检查极板与挂钩、挂钩与导电棒、导电棒与导电板之间的接触是否良好，然后接通电路进行电解。

③ 银电解槽。目前国内多用立式电极电解槽。它用硬质聚氯乙烯焊成，槽内用未接槽底的隔板横向隔成若干小槽，小槽底部连通，电解液可循环流动。槽底连通处设有涤纶布制成的带式运输机，专供运出槽内银粉，槽面设有带玻璃棒的机械搅动装置，可定期开动，防止阴阳极短路，又可搅动电解液。

（4）银电解的正常维护　保持电解液缓缓循环流动，使槽内电解液成分均匀，温度稳定；定期开动搅拌装置，防止阴极析出的枝状银结晶因过长而使阴阳极短路；保持导电棒与阳极挂钩及导电板之间接触良好，维持槽电压在 1.5～2.5V 之间。

（5）电银的取出　电银析出一定数量后，取出阴极，刮掉表面银粉。目前国内较大型的银电解多采用带式运输机将银粉运出槽外。

（6）电银的质量　电银含银＞99.9％，经洗涤、烘干后熔铸成锭，含 Ag 99.995％。阳极溶解到残缺不堪后，更换新极，布袋内阳极泥收集好后，经洗涤、烘干，另行处理。

银电解电流效率一般为 95％～96％，银的直流电耗约为 500kW·h/t。

5.2.6.2　化学还原法

与金的还原精炼一样，银的还原精炼也可采用不同的还原剂或从不同的含银起始物开始。其中水合肼是最常用的一种还原剂，它被氧化后的产物为非金属，便于与还原银粉分离。现以 AgCl 的氨浸-水合肼还原为例说明银的还原精炼过程。

根据氯化银极易溶于氨水而生成银氨配合阳离子的原理，将氯化银沉淀物用氨水浸出，其条件是：工业氨水（含 NH_3 一般在 12.5％左右），常温，液固比视氯化银渣含银品位，控制浸出液含 Ag＜40g/L，机械搅拌，浸出 2h，浸出率可达 99％以上。因氨易挥发，浸出需在密闭设备中进行。

氨浸液用水合肼（$N_2H_4 \cdot H_2O$）还原即可得到海绵银，水合肼是一种强还原剂，其 $E^{\ominus}$（$N_2H_4 \cdot H_2O/N_2$）＝－1.16V，而 $E^{\ominus}[Ag(NH_3)_2^+/Ag]$＝＋0.377V，因此，还原反应很容易进行。其反应式为：

$$4Ag(NH_3)_2Cl + N_2H_4 \cdot H_2O + 3H_2O \longrightarrow 4Ag\downarrow + N_2\uparrow + 4NH_4Cl + 4NH_4OH$$

水合肼还原条件是：温度 50℃，水合肼用量为理论量的 2～3 倍，在人工或机械搅拌下缓缓加入水合肼，30min 左右即可，还原率可达 99％以上。

如果氯化银渣中含 Cu、Ni、Cd 等金属杂质，则氨浸时也会形成相应的氨配合物而进入溶液，直接用水合肼还原时，得不到较纯的银产品。此时可在氨浸液中加入适量盐酸，使银复沉淀为 AgCl，与其他贱金属杂质分离，得到纯 AgCl 后再用氨浸还原，就可得到 99.9％以上的海绵银。

5.2.6.3　溶剂萃取法

溶剂萃取法是对硝酸溶解粗银得到的硝酸银溶液，用 40％硫醚-煤油组成的有机相进行溶剂萃取，用氨水进行反萃取，反萃液再用联氨（$N_2H_4 \cdot H_2O$）还原出银粉，银的回收率为99％，银的纯度可达 99.9％。

5.2.7　金、银及其合金的熔铸

由于银在高温下能大量吸收氧气并大量挥发，因此在熔炼银和银合金时，一般必须在保护气氛下进行。在熔炼银及不含易氧化的合金组元的合金时，可采用煤气炉或电阻炉，或采用自制的煤油地炉，将煤油和空气一起喷入地炉，被熔炼物料放在石墨坩埚中，用硼砂、木炭或草灰覆盖，在大气下进行熔炼。熔炼完毕，熔体浇入石墨模、铸铁模或钢模中，可获得高质量的铸锭。在熔炼易氧化或易挥发组元的银合金时，可采用先抽真空、后充氩气[一般为$(20\sim30)\times10^3$Pa]或氮气的中频感应电炉熔炼。所用的坩埚、铸模材料与前述相同。石墨模的优点是使用方便，但对于熔化温度高于1200℃的银合金，因为会导致铸锭含有大量气孔或疏松而不宜采用。在熔炼含有易与碳发生作用组元的合金时，则要采用氧化铝或其他耐火氧化物坩埚。

银锭按银含量分为Ag-1、Ag-2和Ag-3三种规格。外形为长方体，表面应平整、洁净，不得有夹层、冷隔、裂纹、飞边、毛刺和夹杂物。除切口及铜刷处理的表面以外，银锭表面不得有机械或手工加工的痕迹。每块银锭质量一般规定在15～16kg之间，并且浇铸后应该打上生产厂家的钢印标记、年号、批号和编号。银锭的化学成分应符合表5.2的规定。

表5.2　银锭化学成分标准(GB 4135—1994)

牌号	化学成分/%						
	Ag ≥	杂质含量 ≤					
		Bi	Cu	Fe	Pb	Sb	总和
Ag-1	99.99	0.002	0.003	0.001	0.001	0.001	0.01
Ag-2	99.95	0.004	0.025	0.003	0.005	0.002	0.05
Ag-3	99.9	—	—	—	—	—	0.1

注：Ag-1和Ag-2牌号的银含量是指百分之百减去表中杂质实测总量的余量。Ag-3牌号的银含量是直接测定值。另外，Au、C和S的含量不规定上限值。但必须参与Ag-1和Ag-2牌号银的减量。

金比较稳定，不易挥发。在熔炼金和含有不易氧化、不与碳发生作用组元的合金时，可在大气气氛下，采用煤气炉、煤油炉或电阻炉，在石墨坩埚中熔炼，浇铸在石墨模、水冷铜模或钢模中。含有易氧化组元的合金，则应在真空、充氩气的中频感应电炉中熔炼；含有易与碳发生作用组元的合金，应在氧化铝坩埚或氧化锆坩埚中熔炼。金锭按金含量分为Au-1、Au-2和Au-3三种规格。外形为长方体或长方梯形，边角完整，不得有飞边、毛刺和夹杂物，表面不得有油污。每块金锭质量一般规定在11～13kg之间，并且浇铸后应该打上生产厂家的钢印标记、年号、批号和编号。金锭的化学成分应符合表5.3的规定。银和银合金、金和金合金的浇铸温度通常比熔化温度高150～250℃。

表5.3　金锭化学成分标准(GB 4134—1994)

牌号	化学成分/%							
	Au ≥	杂质含量 ≤						
		Ag	Bi	Cu	Fe	Pb	Sb	总和
Au-1	99.99	0.005	0.002	0.002	0.002	0.001	0.001	0.01
Au-2	99.95	0.020	0.002	0.015	0.003	0.003	0.002	0.05
Au-3	99.99	—	—	—	—	—	—	0.1

注：Au-1和Au-2牌号的金含量是指百分之百减去表中杂质实测总量的余量。Au-3牌号的金含量是直接测定值。

5.3 铂族金属的综合回收

5.3.1 铂族金属废料的来源

铂族金属稀少、昂贵、应用范围广。常用于仪器仪表的关键部件、催化剂、高档化工设备及器皿等。因此对铂族金属废料进行高效率回收,不仅具有经济价值,而且对于构建资源节约型和环境友好型社会非常重要。

5.3.2 铂的回收

5.3.2.1 含铂废液中回收铂

从含铂废液中回收铂的工艺很多,可以视溶液的性质及含铂的多少加以选择。一般常用的方法有还原法、萃取法、离子交换法、锌粉置换法以及活性炭吸附法等。其中锌粉置换法最常用。

将含铂废镀液(含少量 Au、Pt),调整溶液 pH=3,加入锌粉(或锌块),进行置换 Au、Pt 等,过滤后将残渣用王水溶解,用 $FeSO_4$ 还原金。分离金的溶液中加入适量过氧化氢溶液,然后加固体 NH_4Cl 盐或饱和 NH_4Cl 溶液,直至继续加 NH_4Cl 时无新的黄色沉淀形成。浓度为 $50g/L$ 的 H_2PtCl_6 溶液,每升消耗固体 NH_4Cl 约 100g。过滤,将所得的黄色氯铂酸铵沉淀,用 10% 的 NH_4Cl 溶液洗涤数次,抽滤后放于坩埚中,在马弗炉内缓慢升温,先除去水分,然后在 $350\sim400℃$ 恒温一段时间,使铵盐分解。待炉内不冒白烟,升高温度,并且控温在 $900℃$ 煅烧 1h,冷却后得到粗铂。也可用水合肼直接还原氯铂酸铵得到铂粉,将氯铂酸铵缓慢地投入水合肼(1:1)溶液中,并且注意通风,排除生成的 NH_3。过滤、灼烧后得铂粉,母液补充水合肼可再用于氯铂酸铵的还原。

5.3.2.2 银金电解废液中回收铂、钯

(1)从银电解废液中回收钯 在银的电解精炼过程中,分散在银电解液中的少量钯以 $Pd(NO_3)_2$ 的形态存在可用黄药沉淀法回收。

在 $75\sim80℃$ 的条件下向含钯电解液中加入黄药(浓度为 $1\%\sim5\%$),剧烈搅拌,得到黄原酸亚钯,其反应式为:

$$Pd(NO_3)_2+2C_2H_5OCSSNa \longrightarrow 2NaNO_3+(C_2H_5OCSS)_2Pd$$

沉钯后的溶液用铜置换回收银,余液用 Na_2CO_3 中和回收铜,其中和液弃之。

黄原酸亚钯$[(C_2H_5OCSS)_2Pd]$用王水溶解后除去氯化银。滤液加入 HNO_3 氧化,再加氯化铵沉淀钯,得到氯钯酸铵$[Pd(NH_4)_2Cl_4]$,用水溶解后,采用氨配合法提纯 $2\sim3$ 次,水合肼还原,可制得 99.8% 海绵钯。此法设备简单,操作方便。钯的回收率 $>90\%$。

(2)从金电解废液中回收铂和钯 在金的电解精炼过程中,由于铂、钯电位比金负,所以铂、钯从阳极溶解后进入电解液中,生成氯铂酸和氯亚钯酸。当电解液使用到一定周期后,铂、钯的浓度逐渐上升,当铂含量超过 $50\sim60g/L$,钯含量超过 15g/L 时,便有可能出现在阴极上和金一起析出的危险。因此电解液必须进行处理,回收其中的铂、钯,由于电解液中含金高达 $250\sim300g/L$,所以在提取铂、钯前,必须先还原脱金。

① 还原脱金。电解液中，金以 HAuCl₄ 的形态存在，铂与钯则分别以 H₂PtCl₆ 和 H₂PdCl₄ 的形态存在，金的还原方法很多，如 SO₂、FeSO₄ 等。

$$AuCl_3 + 3FeSO_4 \longrightarrow Au\downarrow + Fe_2(SO_4)_3 + FeCl_3$$

金粉经洗涤数次后烘干，与金电解残极、二次银电解阳极泥（又称为二次黑金粉）共熔重新铸阳极，供金电解使用。滤液和洗液合并处理，用于提取铂、钯。

② 铂、钯分离。将还原金后的溶液，在搅拌下加入固体工业氯化铵，使铂生成 (NH₄)₂PtCl₆ 沉淀与钯分离：

$$H_2PtCl_6 + 2NH_4Cl \longrightarrow (NH_4)_2PtCl_6 + 2HCl$$

(NH₄)₂PtCl₆ 用含 5% HCl 和 15% NH₄Cl 洗涤后，放入马弗炉中煅烧成粗铂（含 Pt 95%），进一步精炼得纯铂。将氯化铵沉淀铂后的溶液，用金属锌块置换钯，至溶液呈浅绿色时为置换终点（或用 SnCl₂ 还原），过滤后得钯精矿。钯精矿用热水洗涤至无结晶，拣出残留锌屑，将滤液和洗液弃之。置换反应为：

$$H_2PdCl_4 + 2Zn \longrightarrow Pd + 2ZnCl_2 + H_2\uparrow$$

5.3.2.3 含铂废催化剂中回收铂

在石油工业中常常使用以氧化铝（Al₂O₃）、氧化硅、石墨等作为载体的铂催化剂，由于催化剂被可燃性气体等有机物所污染而失去作用，这时催化剂失效。从这种失效的催化剂中再生回收铂的工艺很多，常用的方法有以下几种。

（1）王水溶解法 王水将铂从氧化铝载体上溶解下来，经浓缩、赶硝、稀释、过滤，从滤液中用锌粉或水合肼还原得粗铂，再用王水溶解，最后加氯化铵沉铂，而加以回收。其工艺流程如图 5.9 所示。

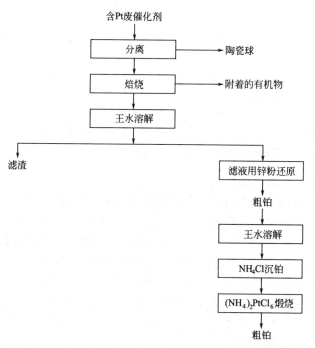

图 5.9 王水溶解法从含铂废催化剂中回收铂的工艺流程

（2）硫酸溶解法 含铂废催化剂，首先除去陶瓷球，再经焙烧除去有机物，用硫酸将氧化铝载体转入溶液，或获得明矾。不溶渣用王水溶解，经浓缩、赶硝、氯化铵沉铂等过程回收铂。

（3）熔炼合金法　将含铂废催化剂与碳酸钠和铅等配料，熔炼成合金，将熔炼的合金用王水溶解，使铂溶于王水，用氯化铵沉铂，使其与其他元素分离而得到铂。

5.3.2.4　含铂废合金中回收铂

（1）Pt-Rh合金废料回收铂　Pt-Rh合金做成的催化网广泛应用于无机化学工业，如硝酸和合成氨工业都用 Pt-Rh 合金制成的催化网。这种催化网报废之后，用于回收铂和铑。回收方法是先用王水溶解，再用 NaOH 溶液中和，过滤使铂与铑分离，从滤液中回收铂，从残渣中回收铑。其工艺流程如图 5.10 所示。

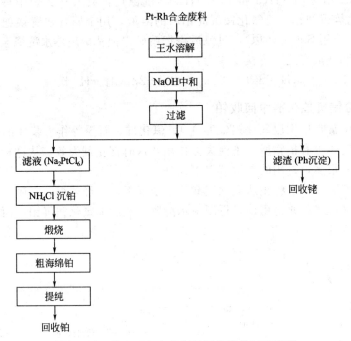

图 5.10　从 Pt-Rh 合金废料回收铂的工艺流程

（2）从 Pt-Rh 合金废料中回收铂、铱　从 Pt-Rh 合金回收铂、铱工艺，采用 $(NH_4)_2S$ 粗分铂和铱，溴酸盐水解精制铂的工艺流程来实现铂、铱分离。其工艺流程如图 5.11 所示。

5.3.2.5　镀铂、涂铂的废料中回收铂

从镀铂、涂铂的废料中回收铂，可以采用热膨胀法。利用基体金属与铂的热膨胀系数不同，在加热条件下，使铂层发生胀裂。将镀铂废件放在 $750 \sim 950 ℃$ 中，在氧化气氛中恒温 30min，在上述的温度范围内铂不被氧化，而与铂层接触的基体金属（如 Mo、W）的表面则被氧化，用 5% 的 $NaOH(NaHCO_3$ 或 $NH_4OH)$ 碱液溶解结合层的基体金属氧化物。通过振荡后铂层即脱落，沉于碱液槽底，在 $780 \sim 950 ℃$ 下，将含铂的沉淀加热氧化，以升华基体金属（如 Mo、W），再经碱煮（或酸处理）含铂残渣，以进一步除去贱金属，经洗涤后，残渣再用王水溶解，过滤、赶硝、用水稀释调节 pH=5～6，水解除杂，用 NH_4Cl 沉铂，获得 $(NH_4)_2PtCl_6$ 煅烧得纯海绵铂。

5.3.2.6　含铂铑的耐火砖中回收铂、铑

玻璃纤维厂使用的熔融炉在熔炼玻璃原料时，由铂铑合金做成的铂金坩埚及其漏板在熔炼高温下，一部分铂铑合金被熔化，渗入炉壁的耐火砖缝隙中，当熔炼炉报废或检修时，这

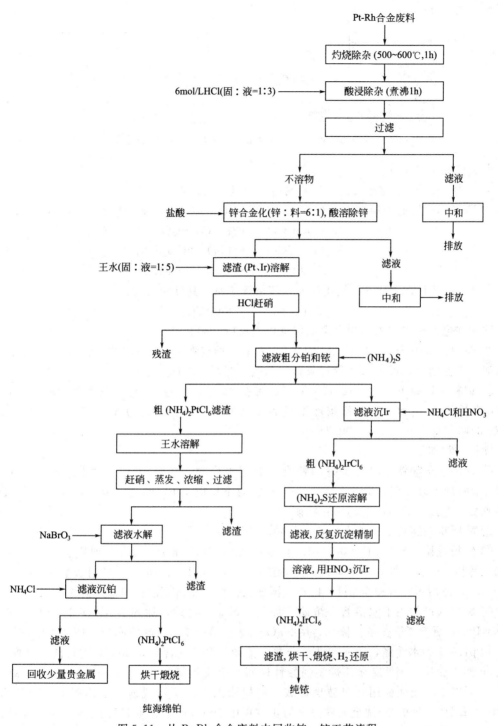

图 5.11　从 Pt-Rh 合金废料中回收铂、铱工艺流程

种含有铂铑的耐火砖应很好地收集起来，将所含铂铑加以回收。

我国各玻璃厂耐火砖铂含量变化很大，在 $300 \sim 4500 \text{g/t}$ 之间，而耐火砖成分比较稳定，其组成如下：SiO_2 46.89%～54.05%，Al_2O_3 39.03%～49.65%，Fe_2O_3 2.64%～3.58%，CaO 0.05%～1.46%，MgO 0.92%～1.11%，Pt 353.5～3800g/t，Rh 30～350g/t。

（1）火法熔炼-湿法分离流程　从含铂铑的耐火砖中回收铂铑的火法熔炼-湿法分离工艺

流程如图 5.12 所示。

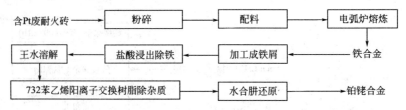

图 5.12 从含铂铑的耐火砖中回收铂、铑的火法熔炼-湿法分离工艺流程

火法熔炼要点如下。

① 选择 Fe_2O_3 作为捕收剂，原料易得，而且价格低廉。

② Fe_2O_3 在较低的温度下，被 CO 还原成 FeO，最后还原成金属铁，其反应式为：

$$3Fe_2O_3+CO \longrightarrow 2Fe_3O_4+CO_2+37.11J$$
$$2Fe_2O_3+2CO \longrightarrow 4FeO+2CO_2-37.99J$$
$$FeO+CO \longrightarrow Fe+CO_2+81.59J$$

在 950℃ 以上的高温下，氧化铁能直接被碳还原，其反应式为：

$$2FeO+C \longrightarrow 2Fe+CO_2$$

这样在电弧炉内加入焦粉完全能保证以上反应的顺利进行。

③ 在耐火砖中 SiO_2 和 Al_2O_3 均在 5% 左右，熔点在 1550～1750℃ 之间，为了降低熔点和增加炉渣流动性，可加入适量石灰石、纯碱、萤石等熔剂。

④ 炉料配比如下：耐火砖 100 份，石灰石 60 份，纯碱 15 份，萤石 20 份，Fe_2O_3 按 Pt-Rh 含量的 10 倍加入，焦粉按理论量的 4 倍加入。熔炼时间为 60～105min。铁合金中 Pt-Rh 的回收率为 99.31%～99.71%。

操作过程如下。

① 盐酸浸出除铁。将准备好的铁合金屑用水湿润，在室温下，分批缓慢加入 10% 的 HCl，盐酸加入量按理论量的 90% 加入。在常温下反应 10h，倾出溶液，再加 10% 的 HCl，加热煮沸，过滤。获得不溶的铂铑精矿。

② 将所得铂铑精矿用王水溶解，赶硝、过滤。

③ 锌粉置换。调至 pH=0.5～1.0，稀释至 Pt-Rh 含量为 15g/L。加热至 70℃，在搅拌下加入锌粉，进行置换，为了置换完全，当锌粉加至 pH=4～5 后，再用盐酸将 pH 值调至 0.5～1.0，然后再加锌粉至 pH=4～5，再加入盐酸，将过剩的锌粉溶解除去。

④ 将置换产物用王水溶解、浓缩、加盐酸赶硝、过滤，加入 NaCl 使 H_2PtCl_6 等转变成 Na_2PtCl_6 便于离子交换。稀释，用 NaOH 调至 pH=2.0，静置滤液，使之水解沉淀，抽滤，用 pH=1 的水洗涤，滤液和洗液合并，稀释至 Pt-Rh 含量为 30g/L 进行离子交换。

⑤ 离子交换。用 732 苯乙烯型强酸性树脂，全交换量为 4～5mmol/g 干树脂，16～30 目占 90% 以上。交换柱用有机玻璃做成。将树脂用去离子水浸泡，至体积不再增加为止，用 2mol/L HCl(分析纯)洗至无铁离子为止，再用 6mol/L 分析纯 HCl 酸洗，用 KSCN 溶液逐滴加入流出液中，至 10min 内无鲜明黄色为止，然后用去离子水洗到 pH=4～5，再用 15% 的 NaOH 溶液使树脂转为 Na 型，再用去离子水洗涤，使 pH=2。将上述调整好的 Pt-Rh 溶液在上述处理好的树脂上进行交换，使 Ca^{2+}、Ni^{2+}、Fe^{2+} 等阳离子杂质交换在树脂上，而铂铑配阳离子不被交换以达到提纯的目的，交换流速为 35mL/min。

⑥ 水合肼还原。交换后的 Pt-Rh 溶液，加温到 60℃，按每克贵金属加入 1mL 50% 的水合肼还原，然后用 NaOH 调整 pH=6～7，加热 0.5h，静置，待沉淀物下沉之后，抽滤，

用去离子水洗去铂铑沉淀物上的铵离子，将沉淀烘干，再经熔炼即得到铂铑合金。

（2）石灰石烧结法　将约 60 目的含铂耐火砖与约 60 目的石灰石粉混合装入钵内，在烧结窑中煅烧到(1300±20)℃，保温 16h，使耐火砖中的 SiO_2 和 Al_2O_3 转化成可溶于酸的硅酸二钙和三铝酸五钙。然后用 HCl 将它溶解，使其与铂、铑分离，从而达到铂、铑的回收。其工艺流程如图 5.13 所示。

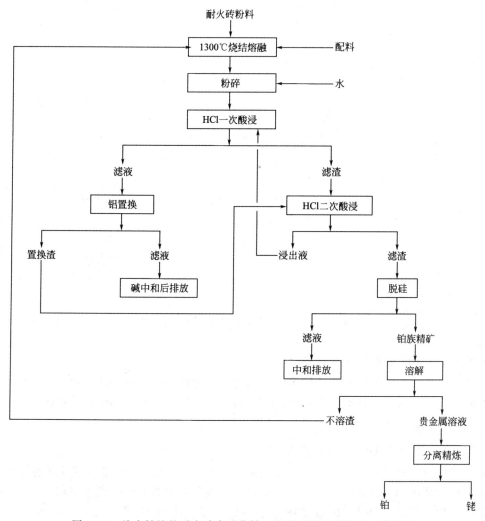

图 5.13　从含铂铑的耐火砖中回收铂、铑的石灰石烧结法工艺流程

5.3.3　钯的回收

钯和铂一样，是电镀、催化剂、牙科合金、钎焊合金和多种触头材料的重要成分，而且随着化工催化剂和信息产业的高速发展，工业用钯的消耗量与日俱增，相应带来了钯及钯制品价格的急剧上升，因此从各种各样的含钯废料中回收钯并积极开展回收工艺研究，显得非常紧迫和必要。含钯废料种类繁多，其回收工艺主要应根据废料的性质及其钯含量来选择。

5.3.3.1　含钯废液中回收钯

从铂含量很少的溶液中回收钯，可采用硫代尿素的衍生物使钯从溶液中沉淀出来，再进一步加以分离提纯而获得钯。其工艺流程如图 5.14 所示。

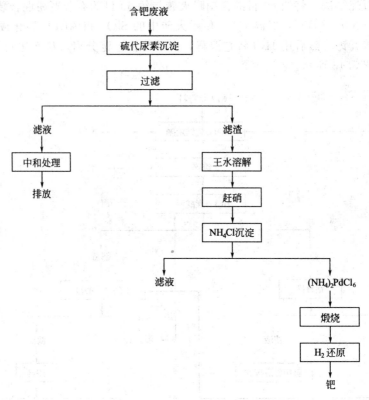

图 5.14　从含钯的废液中回收钯工艺流程

5.3.3.2　含钯废催化剂中回收钯

将含钯废催化剂中的陶瓷碎块挑出，再灼烧废催化剂，除去有机物，用王水溶解，使铂等金属转入溶液，再用 NH_4Cl 沉淀或用水合肼还原，获得粗钯，再精炼得纯钯。其工艺流程如图 5.15 所示。

5.3.3.3　钯合金废料中回收钯

钯合金废料的种类很多，钯铱合金废料是常见的一种。从中回收钯的工艺有浓硝酸分离法、氯化铵分离法和直接氨配合法等。下面以氯化铵分离法为例说明回收流程。

氯化铵分离法是先将 Pd-Ir 合金用王水溶解，混合液用 HNO_3 氧化。用 NH_4Cl 析出 $(NH_4)_2PdCl_6$ 和 $(NH_4)_2IrCl_6$ 混合物，再利用在 1‰～5‰ 的 NH_4Cl 溶液中两者溶解度相差很大的原理，使 $(NH_4)_2PdCl_6$ 进入溶液而得到分离。其工艺流程如图 5.16 所示。

5.3.4　铱的回收

铱被广泛用于航空、电气、金笔制造等工业部门。

5.3.4.1　含铱废液中回收铱

铱是一种重铂族元素，它的有机化合物，如乙酰丙酮铱、二(苯基膦)羰基氯化铱、乙酸铱等，是一类重要的均相催化剂或金属有机化学气相沉积(MOCVD)的前驱体化合物，在精细化工和表面工程中得到了广泛的应用。在生产铱的有机化合物过程中，有相当部分的铱副

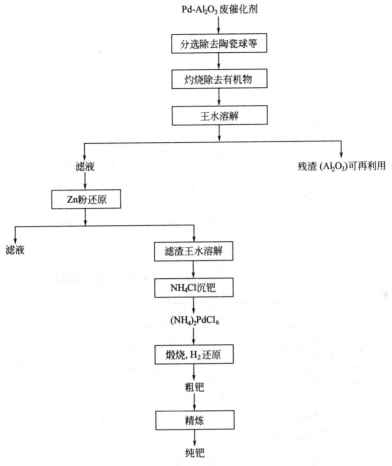

图 5.15　从含钯废催化剂中回收钯工艺流程

产物进入含大量有机物的废水中。为了使金属铱得到有效的循环利用，节约铱资源和降低生产成本，需要回收废液中的铱。

用三辛基氧化磷(TOPO)从含铱、铑溶液萃取分离铱和铑，可以有效地回收铱和铑。其工艺流程如图 5.17 所示。

操作过程如下。

（1）待萃液的制备　含铱和铑溶液用盐酸调节酸度，使溶液含 4～6mol/L HCl。

（2）萃取操作条件　萃取剂为 TOPO(0.4mol/L 的苯溶液)；有机相：水相＝1：1；萃取时间为 10min；待萃液为 Rh、Ir 的氯配钠盐溶液，盐酸介质(4～6mol/L HCl)。

（3）Ir 的反萃　用水反萃，使 Ir 进入水相。

（4）Ir 的精制　将 Ir 的反萃液加热浓缩，然后加入 NH₄Cl 沉淀铱，沉淀经煅烧后用氢气还原得到纯铱粉。

（5）萃取残液的处理　萃取残液送去回收铑。

5.3.4.2　铂铱合金中回收铱

铂铱合金用王水溶解时，溶解速率很慢，甚至很难用王水将其完全溶解。国外曾采用电化学溶解法，国内主要采用加锌熔炼碎化法。其工艺流程如图 5.18 所示。

（1）锌碎化　按锌：废料＝(4～5)：1 配入锌，炉温在 800℃ 左右使金属迅速熔融，为

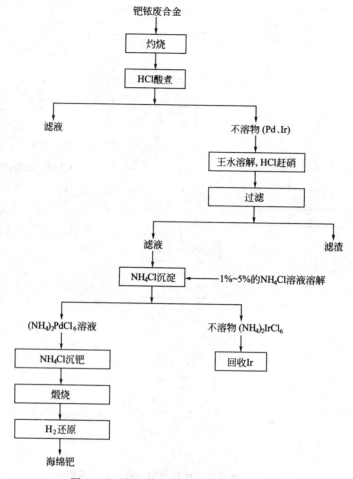

图 5.16　从钯合金废料中回收钯工艺流程

防止锌被氧化挥发，必须用适量 NaCl 覆盖，使熔化锌与空气隔绝而减少氧化挥发，合金熔融后，出炉入铁盘中，呈片状，再捣碎，便于酸浸出。

（2）盐酸浸出　为了除去合金中的锌，采用 HCl 除锌，而其中的铂铱合金则不被盐酸溶解而残留在渣中。

$$Zn + 2HCl \longrightarrow ZnCl_2 + H_2 \uparrow$$

由反应可知，盐酸用量按理论量约为 1kg 需 2.5～3L 浓盐酸。为加快反应速率，一般加温至 80℃ 左右，并且经常搅拌。为防止 $ZnCl_2$ 水解，必须控制 pH＝1～2。当最后一批盐酸加入并煮沸约 2h，pH 值未显著上升时即为浸出终点。所有浸出过滤液，经 $SnCl_2$ 检查无贵金属后弃之。

（3）王水溶解，赶硝　盐酸浸出所得的残渣（铂铱合金粉）经王水溶解，生成相应的 H_2PtCl_6、H_2PdCl_4、H_2IrCl_6、H_2RhCl_6、H_2RuCl_6，同时也有部分贵金属生成亚硝基化合物，剩余的硝酸部分残留在溶液中。

王水用量一般按王水∶废料＝5∶1（主要视溶解完全程度而增减），加入方式可分批（2～3 批）加入，每批必须在室温下全部加完 HCl 后，再逐步加入 HNO_3（缓慢加入，加入速度视反应剧烈程度而定），加完全部 HNO_3 后，加热至 70～80℃，待反应减慢后，抽出溶解液，另换一批王水，仿上法继续溶解，直至溶解完毕为止。为了除去溶液中残留的 HNO_3

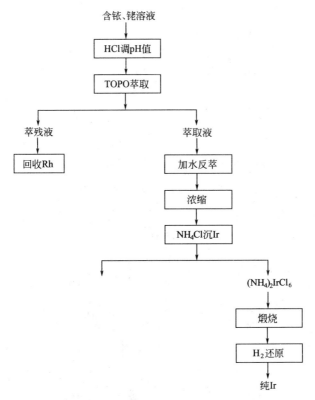

图 5.17　从含铱废液中回收铱工艺流程

和破坏亚硝基化合物，需将全部王水溶液蒸发至玻璃棒提出液面时溶液不滴，此时加入浓盐酸赶硝。

为了除去合金中的锌，采用 HCl 除锌，其中铂铱合金则不被盐酸溶解而残留在渣中。

$$HNO_3 + 3HCl \longrightarrow Cl_2 + NOCl + 2H_2O$$
$$(NO)_2PtCl_6 + 2HCl \longrightarrow H_2PtCl_6 + Cl_2 + 2NO$$

浓盐酸加入量约与王水中 HNO_3 相等（体积比），分 3 次逐步加入。为了降低溶液酸度，赶硝后，必须加水赶游离盐酸 3 次，赶酸完毕，稀释过滤，以除去不溶残渣（暂存）。

（4）铂铱粗分　氯铂（铱）酸溶液量体积，取样分析贵金属含量，溶液再稀释至 80～100g/L，pH＝1。按每克铱加入 $(NH_4)_2S$(16％)0.15mL，$(NH_4)_2S$ 需先搅拌稀释至原体积的 10～20 倍再用。在搅拌下徐徐加入氯铂（铱）酸溶液中，加热至 70～80℃，此时溶液中的四价铱还原成三价。在还原过程中，随时取小杯溶液，往其中加入 NH_4Cl，视所得的 $(NH_4)_2PtCl_6$ 颜色由棕红色变至淡黄色为止。注意 $(NH_4)_2S$ 用量不宜过多，加热时间不宜过长，否则部分 H_2PtCl_6 会被还原成 H_2PtCl_4 而不被 NH_4Cl 沉淀。在还原终了时，即往热溶液中在搅拌下加入固体 NH_4Cl，此时 Pt^{4+} 发生反应而沉淀出 $(NH_4)_2PtCl_6$：

$$H_2PtCl_6 + NH_4Cl \longrightarrow (NH_4)_2PtCl_6 + 2HCl$$

Ir^{3+} 则生成 $(NH_4)_3IrCl_6$ 仍留存于溶液中：

$$H_3IrCl_6 + 3NH_4Cl \longrightarrow (NH_4)_3IrCl_6 + 3HCl$$

氯化铵用量为 Pt 含量的 0.6 倍，并且保持溶液中含 50％的 NH_4Cl。过滤，沉淀用 5％的 NH_4Cl 溶液洗至洗液色浅，洗液与滤液合并，待精制铱。

（5）铱的精制　首先将铂铱粗分时所得的粗氯亚铱酸溶液浓缩（有 NH_4Cl 沉淀析出），

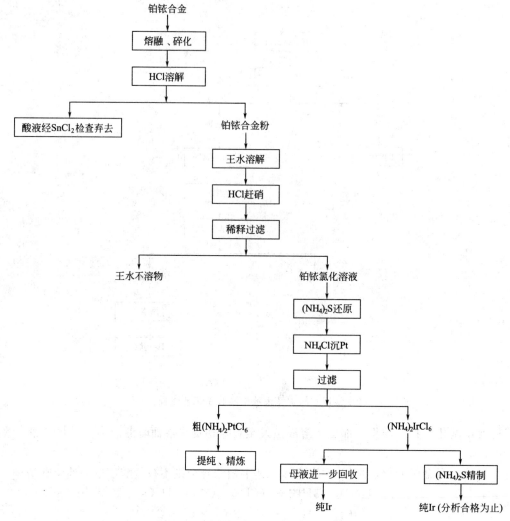

图 5.18　从铂铱合金中回收铱工艺流程

随后加入浓 HNO_3 并加热氧化，即有粗氯铱酸铵沉淀析出（HNO_3 耗量为每 1g Ir 约 1mL），冷却后过滤。$(NH_4)_2IrCl_6$ 沉淀用 15% 的 NH_4Cl 溶液洗涤数次，洗液与滤液合并，待回收铱。

析出的粗 $(NH_4)_2IrCl_6$ 沉淀放在白瓷缸中，加纯水悬浮（使 Ir 的浓度为 80～100g/L），然后用酸或氯水调整溶液 pH 值约为 1.5，缓慢加入水合肼（按 1g 铱加 0.2mL），直至气泡减少，反应平息，再调 pH 值至 2 左右，用石英内加热器逐渐升温至沸，保温 1h 再冷却过滤，滤渣保存回收贵金属。滤液在室温下，当 pH 值约为 3 时缓缓加入 $(NH_4)_2S$ 进行硫化精制。$(NH_4)_2S$ 应尽量稀释，而且在搅拌下徐徐加入，pH 值保持在约为 2。加完搅匀后，密封静置 24h 以上。过滤，其中滤渣（硫化物）保存回收贵金属。滤液再加入 $(NH_4)_2S$ 进行第二次硫化精制，其杂质含量一般约为 3%，加完 $(NH_4)_2S$ 后，加热至沸约 2h，冷却过滤。经两次硫化精制后，一般铱的纯度可达 99.95% 左右，如果经分析含贵金属较多时，可再加入适量的 $(NH_4)_2S$，使溶液 pH 值升至约为 3，加热硫化。若贱金属较多，可按一次精制法，加入适量的硫化铵在冷态下精制，直至小样分析合格为止。

经分析合格的纯氯亚铱酸铵溶液，加入适量 H_2O_2（每 1kg Ir 加 H_2O_2 200mL），再浓缩

至表面有 NH_4Cl 析出，HNO_3 按每 $1g$ 铱需 $1mL$ HNO_3 计量加入氧化（加 HNO_3 时必须缓慢，以观察反应剧烈程度而定），随即有黑色 $(NH_4)_2IrCl_6$ 沉淀析出，加热至表面结晶为止，稍冷过滤 $(NH_4)_2IrCl_6$ 结晶，用 15% 的 NH_4Cl 洗至色淡，沉淀取出在瓷皿中于 $400\sim850℃$ 下煅烧至无白烟逸出为止，冷却取出。氧化铱在 $800℃$ 下氢还原炉中通 H_2 还原，即得纯产品铱。

(6) 氯铱酸铵母液回收 所有的氯铱酸铵母液加热浓缩至有氯化铵结晶析出，在冷态下徐徐加入浓硫酸，其用量相当于原液数量，缓慢加入硫脲（用量约为贵金属含量的 $5\sim6$ 倍），升温至 $180℃$，保持 $20\sim30min$，取小样稀释过滤，滤液经 $SnCl_2$ 检查或乙酸乙酯检查无色。大体可用 10 倍于原体积的自来水稀释过滤，滤液经 $SnCl_2$ 检查无色弃之，硫化物用水洗涤至洗水无色，于 $100℃$ 以下烘干，称重，取样分析 Pt 和 Ir 含量，保存回收。

5.3.4.3 钯铱合金废料中回收铱、钯

从钯铱合金中回收铱的工艺很多，如浓硝酸分离法、氨配合法、直接氨配合法等均可达到回收铱的目的，并且能获得较纯的产品。

氨配合-盐酸化法分离钯、铱是回收钯铱合金废料的新工艺。其工艺操作条件如下。

(1) 钯铱合金废料的预处理 将废料碾片，剪碎，高温灼烧以除去油污、包漆等有机物。

(2) 王水溶解 将预处理后的废料放入耐酸白瓷缸中，分批计量加入王水溶解。王水加入量按金属量的 $3\sim4$ 倍计，分 3 批加入。第一批加入王水总量的 60%，第二批加入 20%，第三批加入 20%。实际上可视金属溶液情况稍作增减。在冷态下王水溶解减弱后，用石英加热器缓慢加热溶解至反应减弱后将溶液抽出，再加新配王水再溶。溶解过程需经常搅拌，以便溶解完全。

(3) 赶硝 全部王水溶解浓缩蒸干，以玻璃棒蘸取不滴流为宜。此时加入盐酸赶硝，其盐酸耗量约为王水中所配入的硝酸量。分 3 次加入，赶至无 NO_2 时即可。在 pH 值为 1 左右过滤，王水不溶物用自来水洗至无色。滤液量体积，取样，送分析，标定滤液中的 Pt、Pd、Rh、Ir 含量。

(4) 氨水配合精制钯 滤液直接加入氨水至 $pH=8\sim9$，如产生粉红色沉淀，需加热至粉红色沉淀完全溶解为止。加热过程中要补加氨水，以保持 $pH=8\sim9$，过滤。氢氧化物用无离子水洗至无色保存回收。滤液、洗液合并，加入盐酸至 $pH=1\sim5$，静置约 $30min$，过滤。所得二氯二氨合钯，再继续精制 $2\sim3$ 次，即将粗分所得的二氯二氨合钯与水拌和，使钯含量达 $80g/L$ 左右的浓度，然后加入氨水配合，其条件与前配合过程相同。滤去不溶杂质，滤液再酸化，则可得到更纯的二氯二氨合钯，如此反复配合精制，直至小样分析合格为止。配合渣保存回收其中的贵金属。酸化沉淀母液用锌粉置换回收其中的贵金属。

小样合格之后，二氯二氨合钯在 $300\sim400℃$ 下煅烧至无大量白烟后，再升温至 $600℃$ 无白烟为止。所得的氧化钯再在氢气的还原条件下煅烧成纯钯。

(5) 硫化铵法精制 第一次氨配合、酸化分离提纯后的母液，浓缩至有大量 NH_4Cl 结晶析出，然后加入浓硝酸，煮沸氧化，使铱呈粗氯铱酸铵沉淀析出，每克铱约耗浓硝酸 $1mL$。母液用硫脲回收铱。粗氯铱酸铵加水拌和，使铱的浓度约为 $80g/L$。在室温下，pH 值在 1 左右，逐渐加入水合肼，每克铱约耗 $0.2mL$ 水合肼，加热至沸，还原 $0.5h$ 使氯铱酸铵转变为氯亚铱酸铵而溶解，冷却过滤，滤渣留作回收贵金属用，滤液在室温条件下，加入硫化铵精制。

所需硫化铵（16%）用无离子水稀释至 $1\%\sim5\%$，在人工搅拌下徐徐加入溶液中，最终

pH值保持在2~2.5，封存静置24h，冷却过滤。硫化物保存，滤液进行第二次硫化精制。

精制合格的铱液，必须首先加入双氧水（每千克铱约耗双氧水20mL），加热氧化浓缩至表面有NH_4Cl析出。按每克铱需1mL浓硝酸计，缓缓加入氧化，此时随即有黑色氯化铱酸铵析出，至溶液颜色变淡后，继续加热约0.5h无明显变化，即断电冷却抽滤，氯铱酸铵用15%的氯化铵溶液洗至无色，滤液和洗液合并，用硫脲回收其中的贵金属。所得纯氯铱酸铵沉淀，在450℃左右煅烧至无大量白烟，再升温至800℃煅烧至无白烟为止。所得氧化铱待氢气还原处理。

（6）氢气还原　将氧化钯或氧化铱小心装入适当的容器（瓷管、瓷舟、石英舟）中，放入管式炉瓷管内，用连通洗气瓶橡皮塞塞紧，洗气瓶第一瓶为10%的硫酸铜液，第二瓶为20%的重铬酸钾液，第三瓶为浓硫酸。瓷管另一端上连通水封瓶的橡皮塞。检查整个管道是否畅通，切勿漏气，以CO_2赶尽空气，再通入H_2，此时开始通电调节升温。

氧化钯的还原条件为：升温至400℃通入CO_2 5~10min后通氢气，继续升温至600℃，保温2h，断电冷却至400℃改通CO_2，冷却至100℃以下，纯钯即可出炉，取出称重，取样分析产品纯度，置于已洗净烘干的容器中保存待用。

氧化铱的还原条件为：升温至400℃通入CO_2 5~10min，改通氢气。继续升温至800℃，保温2h，断电冷却至400℃改通CO_2，冷却至150℃以下，纯铱即可出炉，取出纯铱称重，取样分析产品纯度，主体铱置于已洗净烘干的容器中待用。其工艺流程如图5.19所示。

采用这一新工艺可使流程大大简化，劳动条件得到改善，Pd的回收率达95%，产品纯度可达99.995%；Ir的回收率达70%~80%，纯铱的纯度可达99.99%。

5.3.5　铑的回收

铑的价格昂贵，在电镀、制造玻璃熔炼坩埚、制造纤维喷头、高温热电偶、测温仪表等方面有广泛的应用。含铑的残渣是铑废料的重要来源，下面重点介绍从含铑的残渣中回收铑的方法。

将含铑残渣加入PbO及熔剂进行熔炼，获得贵铅，再用硝酸溶解，Ag、Pt、Pd、Pb等进入溶液，而铑、铱、锇、钌等仍留在渣中，再用$KHSO_4$水溶液溶解铑，使铑进入溶液，而铱、锇、钌不溶而达到分离。再将溶液用亚硝酸铵（NH_4NO_2）处理得到$(NH_4)_3Rh(NO_2)_6$，将$(NH_4)_3Rh(NO_2)_6$燃烧得到粗铑。其工艺流程如图5.20所示。

5.3.6　铂族金属的精炼

铂族金属的精炼包括铂族金属与贱金属的分离、铂族金属的相互分离、单个粗铂族金属的精炼和铂族金属及其合金的熔铸，整个精炼过程很复杂。

5.3.6.1　铂族金属与贱金属的分离

符合精炼要求的铂族金属原料有：富砂铂矿或经选矿获得的砂铂精矿；锇铱矿；伴生铂族金属的有色金属矿物（主要是铜镍硫化矿）在冶炼过程中产出的富集铂族金属的中间产品，经进一步处理后得到的铂族金属精矿。另外，需要再生的含铂族金属量多的金属废件、废料，经过处理后可得到铂族金属富集物的其他废料等均可成为铂族金属精炼的原料。不过，在精炼之前，这些原料一般都必须进行适当的预处理。

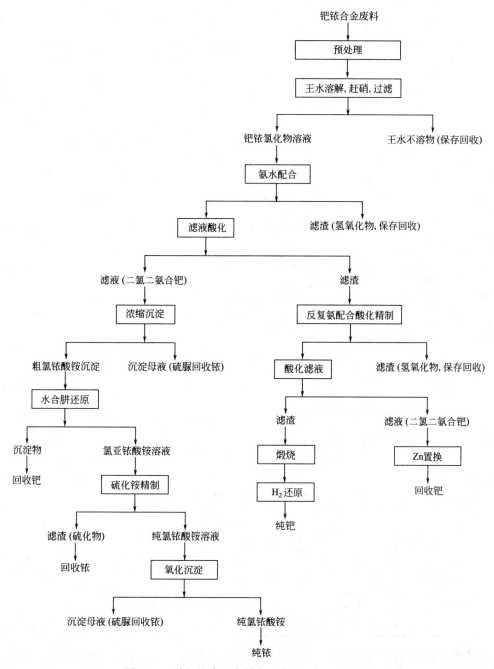

图 5.19 从钯铱合金废料中回收铱、钯工艺流程

实践证明，进行铂族金属相互分离之前，尽量除去贱金属，无论从经济上还是从技术上都是非常必要的。生产上常用的贵贱金属的分离方法主要有水合肼还原法、锌镁粉置换法、硫脲沉淀法、硫化钠沉淀法和萃取法等。下面分别介绍。

（1）水合肼还原法　水合肼是一种很强的液体还原剂，在不同的酸度下，对贵贱金属的还原效果不同（表 5.4）。从中可见，此法仅适用于含铑、铱、锇、钌极低的溶液。在 pH 值较低时，这些元素还原不彻底，而提高 pH 值，这些元素的还原效率虽然可以提高到令人满意的程度，但贱金属也几乎全被还原而达不到分离的目的。

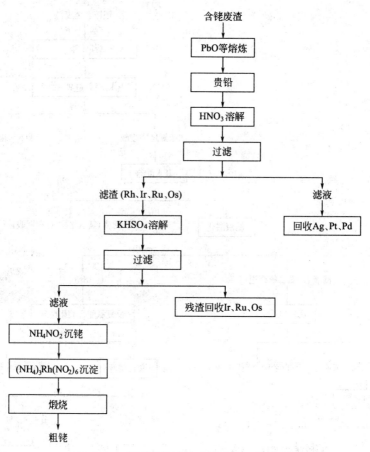

图 5.20　从含铑的残渣中回收铑工艺流程

表 5.4　不同酸度下水合肼对金属的还原效率

pH 值	还原效率/%									
	Pt	Pd	Au	Rh	Ir	Os	Ru	Cu	Fe	Ni
2	99.30	99.96	99.98	78.90	48.90	42.00	32.70	34.00	15.80	2.90
3	99.87	99.97	99.98	98.54	84.70	78.80	58.80	61.00	26.00	16.00
6	99.98	99.99	99.98	99.87	99.38	95.00	88.60	99.99	99.85	85.30
6~7	99.99	99.97	99.97	98.9	95.4	98.90	93.70	99.89	99.87	98.21

（2）锌镁粉置换法　此法常用于从溶液中富集贵金属，并且分离镍和铁等贱金属。其优点是过程迅速，设备简单。单独用锌粉或锌镁粉结合置换贵金属的效果见表 5.5。可见，此法的贵金属回收率很高。

表 5.5　锌镁粉置换贵金属的效率

置换方式	置换效率/%						
	Pt	Pd	Au	Rh	Ir	Os	Ru
单独用锌粉	>99.0	>99.0	>99.0	98.79	77.30	66.70	96.59
锌镁粉结合	>99.9	>99.9	>99.9	99.31	97.63	98.98	99.68

（3）硫脲沉淀法 硫脲沉淀法是根据贵金属的氯配合物均能与硫脲生成分子比为1：（1～6）的多种配合物，这些配合物在浓硫酸介质中加热时被破坏，形成相应的硫化物沉淀。贱金属则不发生类似的反应被保留在溶液中，从而实现贵贱金属的分离。操作时将硫脲（用量为溶液中贵金属总量的 3～4 倍）加入待处理的溶液中，然后加入与溶液同体积的硫酸，加热至 190～200℃保持 0.5～1h。冷却后稀释于 10 倍体积的冷水中，过滤、洗涤后得到贵金属精矿。此法对贵贱金属分离效果好，特别适用于复杂溶液。贵金属与硫脲生成的配合物有 $[Pt\cdot4SC(NH_2)_2]Cl_2$、$[Pt\cdot2SC(NH_2)_2]Cl_2$、$[Pd\cdot4SC(NH_2)_2]Cl_2$、$[Pd\cdot2SC(NH_2)_2]Cl_2$、$[Rh\cdot3SC(NH_2)_2Cl_3]$、$[Rh\cdot5SC(NH_2)_2Cl]Cl_2$、$[Ir\cdot3SC(NH_2)_2Cl_3]$、$[Ir\cdot6SC(NH_2)_2]Cl_3$、$[Os\cdot6SC(NH_2)_2]Cl_3$ 等。

（4）硫化钠沉淀法 用硫化钠使溶液中的铂族金属及某些贱金属生成硫化物沉淀，而后用盐酸或其他方法把沉淀中的贱金属硫化物溶解，从而实现贵贱金属的分离。它可以处理复杂溶液，贵金属回收率高，贵贱金属分离效果好，所得贵金属硫化物精矿可用 $HCl + H_2O_2$ 完全溶解。一种贵贱金属比为 1：3 的复杂溶液，经该法处理后获得了贵贱金属比为 15：1 的氯配合物溶液。金、铂、钯、铑、铱的回收率几乎达到 100%。

（5）萃取法 将溶液中的贵金属转变为氯合或氯、水合阴离子后，用一定的萃取剂将这些含贵金属的离子萃取到有机相中，而将贱金属留在水相中，从而使贵贱金属得到分离。

从含铂族金属的固体物料中分离贱金属可采用贱金属优先浸出法，使铂族金属得到富集以满足精炼要求。

5.3.6.2 铂族金属的相互分离

（1）锇、钌与其他铂族金属的分离 由于锇、钌在火法或湿法的富集提取过程中容易造成分散和损失，因此应尽早与其他铂族金属分离并回收。

分离锇、钌最经济有效的方法是氧化蒸馏，即用一种强氧化剂使锇、钌氧化成四氧化物并使之挥发，分别用碱液和盐酸吸收。

经过富集提取后的富铂族金属物料，如果不含硫或含少量硫，物料的性质又适合于氧化蒸馏（未受 300℃以上火法处理）时，应考虑优先分离回收锇、钌。当然，是否进行氧化蒸馏分离锇、钌，还应考虑经济因素。

常用的氧化蒸馏分离锇、钌的方法有以下几种。

① 通氯加碱蒸馏法。氯气通入碱液（NaOH）后生成的强氧化剂次氯酸钠，使锇、钌氧化成四氧化物挥发。蒸馏可在搪玻璃的机械搅拌反应器中进行。物料用水浆化后加入反应器并加热至近沸，然后定期加入浓度 20% 的 NaOH 并不断通入氯气，保持溶液 pH=6～8，锇、钌的四氧化物一起挥发，分别用盐酸吸收钌，氢氧化钠溶液吸收锇。蒸馏过程一般延续 6～8h。此法的优点是比较经济，操作也较简单。缺点是由于贱金属及某些铂族金属及某些铂族金属离子在碱液中生成的沉淀包裹被蒸馏物料的表面，从而使锇、钌的蒸馏效率有所降低。另外，其他贵金属在蒸馏过程中基本不溶解，需经另一过程溶解后才能分离提取。

② 硫酸-溴酸钠法。该法根据实际操作过程特征又可分为水解蒸馏和浓缩蒸馏。水解蒸馏是将溶液先中和，水解，使锇、钌生成氢氧化物；蒸馏时将水解沉淀浆化，然后放入反应器内，同时加入溴酸钠溶液，升高温度到 40～50℃时，加入 6mol/L 硫酸，再升温至 95～100℃，此时锇、钌即生成四氧化物挥发，挥发物分别用氢氧化钠和盐酸吸收。浓缩蒸馏则首先将溶液浓缩，然后将浓缩液转入蒸馏器加入等体积的 6mol/L 硫酸，升温到 95～100℃，缓慢加入溴酸钠溶液，直至锇、钌蒸馏完毕。

两者相比，水解蒸馏可以保证锇、钌有较高的回收率，但操作过程长，水解产物过滤分离较难。浓缩蒸馏则操作简单，但蒸馏效果不够稳定。

③ 调整 pH 值加溴酸钠法。此法的优点是不加硫酸，蒸馏后的氯配合物可接着进行其他贵金属元素的分离。但对锇的蒸馏效果很差，仅适用于含钌的溶液。蒸馏前将溶液浓缩赶酸加水稀释，使 pH=0.5～1.0，然后装入蒸馏器中加热至近沸，再加入溴酸钠溶液和氢氧化钠溶液，使 pH 值升高。当大量的四氧化钌馏出时，停止加入氢氧化钠，继续加入溴酸钠直至钌蒸馏完毕。钌的馏出率几乎达到 100%。

④ 硫酸加氯酸钠法。氯酸钠在硫酸的作用下产生初生态氧和初生态氯，不仅使铂族金属氧化溶解，而且能把锇、钌氧化成四氧化物挥发出来。蒸馏时，将铂族金属精矿用 1.5mol/L 硫酸浆化并加入反应器中，加热至近沸后，缓慢加入氯酸钠溶液，几小时后，锇、钌氧化物便先后挥发出来，继续加入氯酸钠溶液，直至锇、钌完全挥发。蒸馏过程一般延续 8～12h。蒸馏完毕，断开吸收系统与蒸馏器的连接导管，将蒸馏器的排气管与排风系统相连，然后向蒸馏器内通入氯气，使其他铂族金属和金完全溶解，以便进一步处理，分离提取这些元素。此法的优点是锇、钌的蒸馏效率高，均可达 99%，而且可同时使其他贵金属（除银外）转入溶液。

⑤ 过氧化钠熔融后用硫酸加溴酸钠法。当固体物料中的锇、钌不能直接用上述方法蒸馏时，可采用此法。例如，分离其他铂族金属以后的含锇、钌的不溶残渣，含锇、钌的金属废料、废件等。操作时，将物料与 3 倍的 Na_2O_2 混合，装入底部垫有 Na_2O_2 的铁坩埚，表面再覆盖一层 Na_2O_2，装料坩埚在 700℃加热，待完全熔化后，取出坩埚并冷却。冷凝后的熔块用水浸取，得到的浆料即可加入蒸馏器进行蒸馏分离回收锇和钌。

（2）金与铂族金属的分离 在含铂族金属的物料中，通常总含有金，而金由于极易还原，即使是很弱的还原剂，都能使之从溶液中还原析出。甚至当溶液的酸度降低，容器的内壁不干净或将溶液陈放，都有金自溶液中还原析出。因此，在铂族金属相互分离之前，总是先分离金。下面介绍可供选择应用于生产的一些方法。

① 还原沉淀法。可供选择应用于生产的还原剂有 $FeSO_4$、SO_2、$H_2C_2O_4$、$NaNO_2$、H_2O_2、Na_2SO_3 等。

用 $FeSO_4$ 还原时，虽然可以达到令人满意的分金效果，但是使贵金属溶液中带进了 Fe^{3+}（Fe^{2+}），影响铂族金属相互间的分离，当溶液中仅含金、铂、钯时，可以考虑采用。因为 $FeSO_4$ 易获得，比较经济，而且 Fe^{3+}（Fe^{2+}）的存在，不影响铂与钯的分离。

用 $H_2C_2O_4$ 作为还原剂分离金，也是一个效果很好的方法。但溶液要求控制一定的酸度，而且有过量 $H_2C_2O_4$ 留于沉淀母液，影响铂族金属分离，而多用于粗金的提纯。

$NaNO_2$ 还原法，其实质是金被还原析出时，铂族金属生成稳定的亚硝基配合物留在溶液中而实现金与铂族金属的分离。当溶液中有铜、铁、镍等贱金属离子存在时，可水解生成氢氧化物沉淀和还原析出的金混在一起，固液分离后，滤饼需进一步用酸处理将贱金属氢氧化物溶解。当溶液中含有钯、锇、钌时不宜采用此法，因为钯有可能生成氢氧化物沉淀造成分散，而锇和钌的亚硝基配合物在转变为氯配合物时，会造成氧化挥发损失。

SO_2 还原分离金，是一个经济、简便、效果好的方法，而且不影响分离金后铂族金属的相互分离。其反应式为：

$$2HAuCl_4+3SO_2+6H_2O \longrightarrow 2Au^+ +3H_2SO_4+8HCl$$

还原过程主要控制溶液中金的浓度、酸度、温度和 SO_2 通入的速度。金的浓度为 10～90g/L 时，还原效率均大于 99%。用 SO_2（H_2SO_3）还原分离金时，溶液中的 Pt(Ⅳ)、Pd(Ⅳ)、Ir(Ⅳ)都被还原到 Pt(Ⅱ)、Pd(Ⅱ)、Ir(Ⅱ)。用过氧化氢还原分离金时，其反应式为：

$$4AuCl_3 + 6H_2O \longrightarrow 4Au\downarrow + 12HCl + 3O_2$$

还原时需加入碱中和反应生成的酸。此法需要过量很多的 H_2O_2。

② 黄药或硫化钠沉淀法。由于黄药或硫化钠沉淀分离金时，钯也沉淀下来，故在"钯与其他铂族金属分离"中叙述。

③ 溶剂萃取法。有多种萃取剂可用来萃取金，实现与铂族金属的分离。例如乙酸乙酯、乙醚、异丙醚、异戊醇、乙酸异戊酯、甲基异丁基酮、磷酸三丁酯、二丁基卡必醇、酰胺N503 等。但仅二丁基卡必醇（DBC）和甲基异丁基酮（MIBK）得到工业应用。乙酸异戊酯萃取金时，有机相∶水相＝1∶1，三级逆流萃取，用水四级逆流反萃，相比 1∶1，金的萃取率及反萃率均可达 99.9%，而铂族金属几乎完全不被萃取。用甲基异丁基酮萃取金时，相比 1∶1，十二级逆流萃取，萃取原液的酸度为 4.5~5mol/L HCl 时，金的萃取率可达 99%~99.9%，铂、钯、铑、铱不被萃取。用磷酸三丁酯（TBP）萃取金的效率可达 99.99%，铂、钯不被萃取。用酰胺 N503 萃取分离金时，相比 1∶2，反萃剂为乙酸钠，相比 3∶1，经三级萃取和反萃，金的萃取率和反萃率均在 99%以上。反萃液经草酸还原可得到纯度 99.99%的海绵金。目前应用于生产的萃取剂是二丁基卡必醇，它具有挥发率低（沸点 254.6℃）、闪点高（约 118℃）以及在水中溶解度低（0.3%）的优点。

（3）铂与钯、铑、铱的分离　生产中主要采用沉淀法、水解法和萃取法使铂与其他铂族金属分离。但萃取法分离铂一般在分离钯以后进行。

① 氯化铵沉淀法。此法是铂生产中的传统方法。钯和铱在溶液煮沸或加入弱还原剂（如氢醌、抗坏血酸、食糖等）时，保持低价，不被氯化铵沉淀而留在溶液中。操作时，将溶液煮沸，然后直接加入固体氯化铵并不断搅拌，这时生成淡黄色的氯铂酸铵$[(NH_4)_2PtCl_6]$沉淀，直至加氯化铵不产生沉淀为止。经冷却并过滤，得到的氯铂酸铵沉淀用 5% 的 NH_4Cl溶液洗涤。实践表明，溶液中铂的浓度在 50g/L 以上时，直收率可达 99%以上。氯铂酸铵沉淀中夹带的少量钯、铑、铱，可以在铂精炼的废液中回收。

② 水解法。这是分离铂的有效方法之一。铂族金属的氯配合物溶液，用碱中和至 pH＝4~8 时，除铂以外的铂族金属均形成含水氧化物沉淀，过滤后即与留在溶液中的铂分离。分离时要向含铂的氯配合物溶液加入 NaCl 并蒸至近干，使铂族金属转变为钠盐，中和时不能用 NH_4OH，它会使铂部分呈铵盐沉淀，同时应加入氧化剂（如溴酸钠），使钯、铑、铱保持高价状态而水解，生成过滤性能较好的水解沉淀。水解法也是铂精炼的重要方法。但当溶液中含有较多量的其他铂族金属、金或贱金属时不宜采用，因为水解将生成大量的氢氧化物沉淀，使固液分离困难，铂的分离效率降低。

③ 溶剂萃取法。用于萃取铂的含磷萃取剂有磷酸三丁酯（TBP）、三正辛基氧化膦（TOPO）、三烷基氧化膦（TAPO）、烷基磷酸二烷基酯（P218）等。胺类萃取剂主要有叔胺（N235）、三正辛胺（TOA）、胺衍生物（N503、A101）。伯胺、仲胺及季铵盐虽然对铂有很强的萃取能力，但反萃较困难，实践意义不大。含硫萃取剂有二辛基亚砜（DEHSO）、石油亚砜（PSO）等。

（4）钯与其他铂族金属的分离　实现钯与铂族金属的分离，除萃取法外，还有如下几种方法。

① 黄药沉淀法。黄药（黄原酸盐）是选矿过程中广泛应用的捕收剂，价格低廉。乙基黄药（乙基黄原酸钠）与钯离子作用生成乙基黄原酸钯 $Pd(C_2H_5OCSS)_2$ 沉淀，其溶度积为 3×10^{-43}。金也生成 AuC_2H_5OCSS 沉淀，其溶度积为 6×10^{-30}。铂、铑、铱因乙基黄原酸盐的溶度积很大而不被沉淀。所以，在用黄药沉淀铂前，应先用其他方法分离金，或者用黄药使金、钯与其他铂族金属分离后再进行金、钯分离。黄药沉淀分离钯（金）的条件如下。

溶液 pH＝0.5～1.5，室温；黄药用量为理论量的 1.1～1.3 倍；反应时间 30～60min。操作时首先用 NaOH 溶液调整溶液的 pH＝0.5～1.5，然后按要求的用量加入乙基黄药并充分搅拌，到预定的反应时间后，即可过滤得到钯（金）的沉淀，钯的沉淀率可达 99.9％，金的沉淀率＞99％，铑、铱、铜、镍、铁的沉淀率＜1％，铂的沉淀率波动在 2％～12％之间。此法的优点是操作简便、过程迅速、成本低廉，钯（金）的分离彻底。缺点是有令人不快的气味，而且铂的沉淀率较高。

② 无水二氯化钯法。氯亚钯酸溶液蒸干时，按下式分解。

$$H_2PdCl_4 \longrightarrow PdCl_2 + 2HCl$$

生成的不溶于浓硝酸的二氯化钯可与其他溶于浓硝酸的铂族金属分离。分离时将含钯的氯配酸溶液小心地浓缩并蒸至近干，然后按蒸干后的体积加 10 倍量的浓硝酸煮沸，使钯以外的其他铂族金属氯化物充分溶解，待硝酸分解的黄烟减退后即可将其冷却并过滤。滤出的 $PdCl_2$ 用冷浓硝酸洗涤，洗至滤液为硝酸本色，洗液与滤液合并回收其他铂族金属。此法钯的分离效率可达 99.5％以上。缺点是生产周期较长，劳动条件较差，分离钯后的溶液需要处理转变为氯配合物后，才能进行下一步的作业。

③ 氨水配合法。它是粗钯精制获得纯钯的方法，也可应用来分离钯（在钯的精炼中介绍）。但是，此法要求溶液中的铂含量不能太高。否则，将使铂的分离回收过程复杂化。另外，此法对铑的回收也很不理想。

④ 硫化钠沉淀法。沉淀在室温下进行，所用 Na_2S 与 Pd 的摩尔比接近 1∶1。硫化钠的加入量、加入速度及加入方式，对沉淀过程有很大影响。若缓慢地往铂族金属氯配合物溶液中加入规定量的 0.2mol/L 的 Na_2S 溶液，能迅速地将溶液中的钯定量地沉淀，并且可明显地观察到反应终点。溶液中的金也被迅速地定量沉淀。钯和金的硫化物用 $HCl + H_2O_2$ 溶解，金则还原析出，经过滤即与铂分离。硫化钠沉淀法能使钯与铑、铱分离得很好。但有较大量的铂共沉淀，不但影响铂的回收，而且影响钯精制，使钯的纯度很难达到 99.9％以上。

⑤ 溶剂萃取法。用于从铂族金属溶液中选择萃取钯的萃取剂主要有含硫萃取剂，如二正辛基硫醚（DOS）、二正己基硫醚（日本商品牌号 SFI-6）、二异戊基硫醚（我国代号 S-201）、二异辛基硫醚、亚砜、石油亚砜等。

（5）铑、铱的相互分离　铑、铱的相互分离是铂族金属分离中最困难的课题，虽然有多种方法曾用来分离铑、铱，但分离效果都不能令人满意。生产中曾经用来分离铑、铱的方法有以下几种。

① 硫酸氢钠（钾）熔融法。这是早期使用的方法之一。它是将含铑、铱的金属与硫酸氢钠混合，在 500℃左右熔融，冷却后熔块用水浸出，这时铑以硫酸盐的形态进入溶液，而铱大部分留在浸出的残渣中。此法时间冗长，需要反复多次熔融，浸出，才能使铑、铱较好地分离。

② 还原及沉淀法。某些金属的低价盐（亚钛盐、亚铬盐）、锑粉、铜粉等，能把铑还原成金属，铱还原到三价而实现铑、铱分离。但是，这些还原剂使产品铑不纯并使铱的分离复杂化。过氧硫脲 $(NH_2)_2CSO_2$ 也是一种可用于铑、铱分离的还原剂。但是当体系中有一定量的铜存在时，铑沉淀不完全，而且产生大量胶体，妨碍铑、铱的分离。亚硫酸铵沉淀法分离铑、铱的实质是氯铑酸同亚硫酸铵发生反应，其反应式为：

$$H_3[RhCl_6] + 3(NH_4)_2SO_3 \longrightarrow (NH_4)_3Rh(SO_3)_3 + 3HCl + 3NH_4Cl$$

反应产物不溶于水，铱虽然发生类似反应，但它的相应配合物可溶，从而可使之与铑分离。亚硫酸铵沉淀法对于含铱较高的溶液，铑、铱分离效果较差，故此法多用于铑的提纯。

除此以外，萃取法也可用于铑、铱的分离。

（6）铜粉置换分步分离金、铂、钯、铑、铱　铜粉置换法曾是定量分离铑、铱的分析方法之一。该法是用新还原出来的铜粉在 91～93℃ 将溶液中的铑几乎定量地还原成金属铑，而铱仅还原到三价。根据铜置换贵金属的顺序（Au＞Pd＞Pt＞Rh＞Ir），设计了先用铜粉置换 Au、Pd、Pt，然后置换铑，使铱留在溶液中的分步置换分离方法。试验和生产的结果表明，一级铜置换 Au、Pd、Pt 的置换率＞99.5％，85％以上的铑和 95％以上的铱留在溶液中；二级铜置换铑的置换率＞94％，一级置换时残留的微量钯、铂、金全被置换进入粗铑，而 96％以上的铱留在溶液中，再用沉淀法或萃取法回收。一级置换得到的铂、钯、金溶解后用沉淀法分别分离金、铂、钯。二级置换得到的铑精矿和从置换液中得到的铱精矿可分别送去精炼制取纯金属。

5.3.6.3　单个铂族金属的精炼

（1）粗铂的精制　有多种方法可用来生产＞99.9％的纯铂。这些方法归结起来有氯化羰基铂法、熔盐电解法、区域熔炼法、氯化铵反复沉淀法、溴酸钠水解法、氧化水解法等。氯化羰基铂法是基于氯化铂吸收一氧化碳以后，保持在适当的温度下能生成氯化羰基铂 $[PtCl_2(CO)_2]$，在常压或减压下蒸发加热分解得到纯铂。此法可将 99％ 的粗铂精制成 99.9％ 的纯铂。熔盐电解法是将粗铂作为阳极，纯铂作为阴极，以碱金属氯化物作为电解质，在电解质中加入 K_2PtCl_6，在 500℃ 进行电解，纯度 95％ 的铂阳极电解后得到的阴极铂纯度为 99.9％。氯化羰基铂法、熔盐电解法在工业上都没有得到应用，其原因主要是工艺过程复杂、操作麻烦、大规模生产受到限制。区域熔炼法主要用于生产超高纯铂，在大规模的工业生产中也很少应用。目前广泛采用的是氯化铵反复沉淀法及氧化水解法。

① 氯化铵反复沉淀法。它是最古老的经典方法。自从 1800 年英国的沃拉斯顿用此法生产铂以来，一直沿用至今，虽然做过许多研究和改进，但实质都是用氯化铵将铂以氯铂酸铵 $[(NH_4)_2PtCl_6]$ 的形式沉淀下来并进行洗涤而与其他元素分离。

操作时，将粗铂或粗氯铂酸铵用王水溶解在搪玻璃蒸发锅中，用水蒸气间接加热。溶解后，溶液须浓缩、赶硝 2～3 次，最后用 1％ 的稀盐酸溶液溶解并煮沸 10min。冷却至室温后，过滤除去不溶物。滤出的铂溶液，控制含铂 50～80g/L，加热至沸，加入氯化铵，使铂呈氯铂酸铵沉淀：

$$H_2PtCl_6 + 2NH_4Cl \longrightarrow (NH_4)_2PtCl_6 \downarrow + 2HCl$$

NH_4Cl 的用量除理论计算所需量外，还要保证溶液中有 5％ 以上的 NH_4Cl。沉淀完毕后，冷却并过滤出氯铂酸铵，铂盐用盐酸酸化（pH＝1）的 5％ 的 NH_4Cl 溶液洗涤。上述过程反复进行 2～3 次，可得到很纯的铂盐。将它移入表面非常光洁的瓷坩埚中，加盖后小心送入电热（或煤气加热）马弗炉中，逐步升温，在 100～200℃ 之间停留相当长时间，至铂盐中水分蒸发后，再升温至 360～400℃，这时铂盐显著分解：

$$3(NH_4)_2PtCl_6 \longrightarrow 3Pt + 16HCl + 2NH_4Cl + 2N_2 \uparrow$$

分解完毕后再将炉温提高至 750℃，恒温 2～3h，降温出炉。海绵铂从坩埚内取出并经研磨、取样分析，称量包装后即可出售。

氯化铵反复沉淀法可将含铂 90％ 以上的粗铂经 3 次沉淀提纯至含量高于 99.99％ 的精铂。氯化铵反复沉淀法提纯铂，操作简单，技术条件易控制，产品质量稳定。但此法生产过程长，王水溶解、蒸干赶硝都需要消耗很多时间。

② 氧化水解法。在碱性介质中，氧化剂（溴酸钠）使得某些杂质如 Ir(Ⅲ)、Fe(Ⅱ) 等氧化成更易水解的高价状态，经一次水解及一次氯化铵沉淀而得到 99.9％～99.99％ 的铂。如果经多次水解或结合载体水解、离子交换等方法，则可得到纯度 99.9999％ 的铂。

（2）粗钯的精制　　粗钯或粗钯盐的传统精炼方法是氯钯酸铵沉淀法和二氯二氨合钯法。

① 氯钯酸铵沉淀法。将 Pd(Ⅳ)盐与氯化铵作用生成难溶的$(NH_4)_2PdCl_6$，可实现与贱金属及某些贵金属的分离。由于钯在氯化物溶液中一般以 Pd(Ⅱ)存在，因此在沉淀前必须向溶液中加氧化剂，如 HNO_3、Cl_2 或 H_2O_2 等，使 Pd(Ⅱ)氧化为 Pd(Ⅳ)。氧化剂用氯气最方便。

$$H_2PdCl_4 + 2NH_4Cl + Cl_2 \longrightarrow (NH_4)_2PdCl_6 \downarrow + 2HCl$$

操作时，控制溶液含钯 40～50g/L，室温下通入氯气约 5min，然后按理论量和保证溶液中有 10%的 NH_4Cl 计算加入固体 NH_4Cl，继续通入氯气，直至 Pd 完全沉淀为止。沉淀完毕即过滤，用 10%的 NH_4Cl 溶液（经通入氯气饱和）洗涤，即可得到纯钯盐。如需进一步提纯则可将钯盐加纯水煮沸溶解：

$$(NH_4)_2PdCl_6 + H_2O \longrightarrow (NH_4)_2PdCl_4 + HCl + HClO$$

（红色固体）　　　　　　　　（黑红色液体）

冷却后重复进行上述过程，得到的较纯的氯钯酸铵经煅烧和氢气还原得纯海绵钯。氯钯酸铵沉淀法能有效地除去贱金属和金等杂质，但对其他贵金属则难以除去，故当贵金属杂质含量过高时，钯的纯度很难达到 99.9%。

② 二氯二氨合钯法。Pd(Ⅱ)的氯配合物能与氨水（$NH_3 \cdot H_2O$）生成可溶性盐：

$$H_2PdCl_4 + 4NH_4OH \longrightarrow Pd(NH_3)_4Cl_2 + 2HCl + 4H_2O$$

而钯溶液中的其他铂族元素、金和某些贱金属杂质，在碱性氨溶液中都形成氢氧化物沉淀。滤去沉淀得到的钯氨配合物溶液用盐酸中和生成二氯二氨合钯沉淀：

$$Pd(NH_3)_4Cl_2 + 2HCl \longrightarrow Pd(NH_3)_2Cl_2 \downarrow + 2NH_4Cl$$

沉淀经过滤和洗涤即获得纯钯盐，再经煅烧和氢气还原得纯海绵钯。要获得更高纯度的钯，可用氨水将二氯二氨合钯溶解：

$$Pd(NH_3)_2Cl_2 + 2NH_4OH \longrightarrow Pd(NH_3)_4Cl_2 + 2H_2O$$

再用盐酸中和。反复溶解、沉淀即可获得纯度在 99.99%以上的纯钯产品。纯的钯氨配合溶液还可以直接用甲酸等还原剂得到海绵状金属钯：

$$Pd(NH_3)_4Cl_2 + HCOOH \longrightarrow Pd \downarrow + 2NH_3 + CO_2 + 2NH_4Cl$$

还原时在室温下往溶液中徐徐加入甲酸并不断搅拌，直至溶液中的钯全部被还原，过滤和洗涤（用纯水洗涤）后经干燥即可得到海绵钯。还原 1g 钯需 2～3mL 甲酸。此过程较简单，金属回收率较高。但所得海绵钯颗粒细，松装密度小，包装及使用转移时易飞扬损失，一些用户不太欢迎。另外，溶液中的铜、镍等杂质也将被还原，影响钯的纯度。

（3）粗钌的精制　　粗钌精制的主要任务是将粗钌用碱熔水浸蒸馏法转变钌的盐酸溶液后除去性质相似的杂质锇。

将钌溶液装入玻璃或搪玻璃的蒸馏釜中，排气管接入锇的吸收瓶（内装 20%的 NaOH＋3%的乙醇溶液），加热煮沸 40～50min，使 OsO_4 挥发并被吸收，直至用硫脲棉球检查不呈红色后，再加一定量的双氧水，将残存的锇继续氧化挥发。除锇后的钌溶液，加热浓缩至含钌约 30g/L，热态下加入固体氯化铵，生成黑红色的氯钌酸铵$[(NH_4)_2RuCl_6]$沉淀，冷却并过滤，沉淀用无水乙醇洗至滤液无色，烘干，煅烧，氢气还原得 98%～99%的海绵钌。

赶锇后的钌溶液浓缩至近干后，加水溶解，使溶液的 pH=0.5～1，在加热及抽气下，加入一定数量的 20%的 $NaBrO_3$ 溶液和 20%的 NaOH 溶液，当 RuO_4 大量逸出时，停止加 NaOH 而继续加 $NaBrO_3$ 溶液，直至用硫脲棉球检查无色为止。这时得到的钌吸收液，再按前述方法处理，即可得到 99.9%的海绵钌。另一方法是将精制钌吸收液用 NaOH 中和，使钌以 $Ru(OH)_3$ 沉淀，过滤后将沉淀转入蒸馏瓶中并用纯水浆化（固：液=1:1），加入

NaBrO$_3$溶液，逐步升温后加入 6mol/L 硫酸，最后将温度升至 100℃ 左右，蒸馏完毕后，钌吸收液仍用赶锇、浓缩、氯化铵沉淀方法处理，可得 99.9% 的海绵钌。

（4）粗锇的精制　锇的精制，主要是对锇吸收液的处理。常用方法有还原沉淀法、吹氧灼烧精制法等。

① 还原沉淀法。在四氧化锇的碱性吸收液中加入还原剂（乙醇或硫代硫酸钠溶液）使锇全部转变成 Na$_2$OsO$_4$。冷态下加入固体氯化铵，析出浅黄色的弗氏盐 [OsO$_2$(NH$_3$)$_4$]Cl$_2$。由于氯化铵与氢氧化钠反应生成的氨能使弗氏盐转变成可溶性氨化物，因此氯化铵不能过量。沉淀完毕立即将弗氏盐滤出并用稀盐酸洗涤，在 70~80℃ 下烘干后于 700~800℃ 下煅烧，氢气还原得海绵锇。但是，氯化铵沉淀效率不高，有 10% 以上的锇留在母液中，需加入 Na$_2$S 处理得硫化锇，再返回蒸馏过程。另外，所得产品纯度不高。

② 硫化钠沉淀、吹氧灼烧、盐酸吸收、氯化铵沉淀法。此法的工艺流程如图 5.21 所示。沉淀得到的硫化锇，必须用水仔细洗涤脱钠。煅烧、还原以及吹氧灼烧均须在密封良好的管式炉中进行。锇吸收液需陈放 24h 并浓缩至含锇 20~30g/L 后加入固体氯化铵沉淀。煅烧还原结束，冷却时继续通氢气或氮气保护。此法精炼过程回收率较高，产品质量稳定。

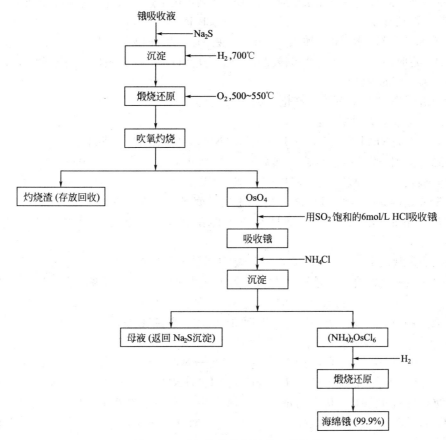

图 5.21　吹氧灼烧精制锇的工艺流程

（5）粗铑的精制　粗铑的精制过程一般包括粗铑的溶解和提纯两个步骤。由于铑（铱也一样）的溶解比其他铂族金属困难得多，因此在精炼过程中得到的含铑（铱）的溶液或金属盐，在没有确认其纯度达到要求之前，不要轻易地将它们还原成金属。

粗铑的溶解一般采取中温氯化法或硫酸氢钠熔融法，将其转变成铑的氯配合物后再进行提纯。中温氯化法是将金属铑粉(如果粗铑为致密的块状金属,则需先与金属锌粒共熔后,经过水淬、酸溶转变成粉状)与相当于铑含量 30％的 NaCl 混合后装入石英舟内,在管式炉内于 750～800℃下通氯气进行氯化,得到的氯铑酸钠,用稀盐酸浸取。硫酸氢钠熔融法是将铑粉与 8 倍量的硫酸氢钠混合,装入刚玉坩埚,在 500℃共熔,熔块用水浸取。浸出液再用盐酸转变成氯配合物后进行提纯。由于硫酸氢钠熔融法过程长、试剂消耗量大且得到的水溶液仍需转变成氯配合物后才能进行进一步处理,因此生产中一般采用中温氯化法而不用硫酸氢钠熔融法。

提纯铑的传统方法是亚硝酸钠配合法和氨化法。

① 亚硝酸钠配合法。控制铑的氯配合物的铑含量为 40～50g/L,用 20％的 NaOH 溶液调整 pH=1.5,加热溶液至 70℃以上,在搅拌下加入固体亚硝酸钠或 50％的亚硝酸钠溶液,使溶液的 pH 值为 6,生成 $Na_3Rh(NO_2)_6$。溶液的颜色由玫瑰红色转变为稻草黄色。煮沸 30min,继续用 20％的 NaOH 溶液调 pH=9～10,使除铑以外的其他杂质水解成氢氧化物沉淀。溶液继续煮沸 1h 后冷却过滤,滤液按 1g 铑加入 1g 氯化铵,使铑以 $Na(NH_4)_2Rh(NO_2)_6$ 形式沉淀。沉淀完毕即滤出沉淀并用盐酸溶解。溶解液浓缩赶硝后再用 1％的 HCl 溶解,使铑转变成氯配合物溶液。经过分析,如果杂质元素不合格则可用上述方法重复进行除杂或采用其他方法除杂,直至溶液纯度合格。用甲酸还原铑。还原时煮沸溶液并用 20％的 NaOH 中和至 pH=7,使铑完全水解。然后按 1g 铑加入 1.4mL 甲酸还原。甲酸加完后再加适量氨水,并且继续将溶液煮沸一定时间。冷却后,滤出铑黑并用纯水煮洗以彻底除去钠盐。经过烘干、氢气还原得到 99％～99.9％的纯铑粉。

② 氨化法。氨化法又分为五氨化法和三氨化法。

五氨化法是基于下列反应:

$$(NH_4)_3RhCl_6 + 5NH_4OH \longrightarrow [Rh(NH_3)_5Cl]Cl_2 \downarrow + 3NH_4Cl + 5H_2O$$

沉淀滤出后用 NaCl 溶液洗涤,然后溶于 NaOH 溶液中,使 $Ir(OH)_3$ 留在残液中。铑溶液用盐酸酸化并用硝酸处理,使铑转变成 $[Rh(NH_3)_5Cl](NO_3)_2$ 溶液。将此溶液浓缩赶硝转变成铑的氯配合物后,再重复上述过程直至制得纯 $[Rh(NH_3)_5Cl]Cl_2$。煅烧后用稀王水蒸煮溶去其中的一些可溶性杂质,再在氢气流中还原。得到的铑的纯度可达 99％～99.9％。

三氨化法是利用 $Rh(NH_3)_3(NO_2)_3$ 沉淀在用盐酸处理时,能转化为 $Rh(NH_3)_3Cl_3$ 沉淀而设计的。铑的氯配合物溶液用碱中和并加入 50％的 $NaNO_2$ 溶液配合,滤去水解沉淀,在滤液中加入氯化铵使铑变成 $Na(NH_4)_2[Rh(NO_2)_6]$ 沉淀。用 10 倍于沉淀量的 4％的 NaOH 溶液溶解沉淀并加热至 70～75℃后加入氨水和氯化铵,生成 $Rh(NH_3)_3(NO_2)_3$ 沉淀。

$$Na(NH_4)_2[Rh(NO_2)_6] + 2NaOH \longrightarrow Na_3Rh(NO_2)_6 + 2NH_4OH$$
$$Na_3Rh(NO_2)_6 + 3NH_4OH \longrightarrow Rh(NH_3)_3(NO_2)_3 \downarrow + 3H_2O + 3NaNO_3$$

沉淀滤出后用 5％的 NH_4Cl 溶液洗涤,转入带夹套的搪玻璃蒸发锅内,加入 3 倍量的 4mol/L 的 HCl,在 90～95℃处理 4～6h。此时 $Rh(NH_3)_3(NO_2)_3$ 转变为鲜黄色的 $Rh(NH_3)_3Cl_3$:

$$2[Rh(NH_3)_3(NO_2)_3] + 6HCl \longrightarrow 2[Rh(NH_3)_3Cl_3] + 3H_2O + 3NO_2 + 3NO$$

冷却后过滤、洗涤、干燥、煅烧。煅烧后的铑用王水处理,以除去可溶性杂质,然后再进行氢气还原得到铑粉。

(6) 粗铱的精炼 将金属粗铱粉(致密状的金属铱块也需预处理得到粉状铱)与 3 倍铱量的熔剂($Na_2O_2 + NaOH$)混合后装入刚玉坩埚,在 800℃熔融 1～2h。冷却后,熔块用水溶解，此时铱以 Ir_2O_3 形式留在渣中。滤渣用盐酸溶解，得到铱的氯配合物溶液。然后用硫化法或亚硝酸钠配合法提纯得到纯铱。

硫化法是将铱的氯配合物溶液(铱的浓度控制在 $60\sim80g/L$)加热并通入氯气(或加入浓硝酸)氧化成 $Ir(IV)$，加入氯化铵生成 $(NH_4)_2IrCl_6$ 沉淀，冷却后过滤，用 15% 的 NH_4Cl 溶液洗涤，得到的黑色氯铱酸铵转入搪玻璃蒸发锅中，加入纯水浆化(加入的纯水量使铱的浓度在 $80g/L$ 左右)，并且加适量水合肼加热至沸使氯铱酸铵溶解。煮沸 $1h$ 后，冷却滤去不溶物存放，以回收其中的贵金属。铱溶液在室温下，按 $1g$ 金属杂质加 $1g$ 硫化铵的量加入 15% 的 $(NH_4)_2S$ 溶液。静置过夜，滤去硫化物沉淀。铱溶液再次加热，通氯气，加氯化铵使铱变成氯铱酸铵沉淀。如果所得氯铱酸铵的纯度达不到要求，可重复上述作业，经过 $2\sim3$ 次硫化精制后得到的氯铱酸铵煅烧还原后，纯度达 99.9% 以上。

亚硝酸钠配合提纯铱的工艺流程如图 5.22 所示。$NaNO_2$ 与 H_3IrCl_6 配合生成 $Na_3Ir(NO_2)_6$，溶液变成浅黄色。冷却后滤去配合过程中析出的沉淀，滤液加入浓盐酸煮沸破坏亚硝酸盐，得到的 Na_3IrCl_6 溶液浓缩至含铱 $60\sim80g/L$，通氯气氧化并加入氯化铵，冷却过滤后得到氯铱酸铵沉淀。如果一次提纯达不到要求，可反复操作。纯氯铱酸铵经过煅烧还原即可获得 99.9% 的纯铱粉。

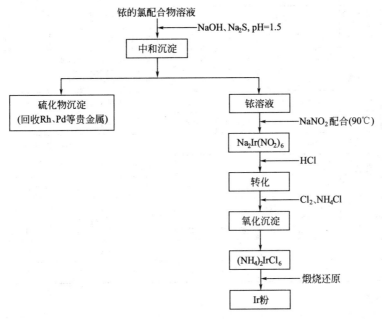

图 5.22 亚硝酸钠配合提纯铱的工艺流程

5.3.7 铂族金属及其合金的熔铸

铂及含不易氧化或不大量吸收气体的铂合金，可在大气气氛下，用高频或中频感应电炉，在氧化铝或氧化锆坩埚中熔炼，浇铸在水冷铜模中，可以获得高质量的铸锭。熔炼含易氧化或易吸收气体的铂合金，则应在真空、充氩气的气氛下，用高频或中频感应电炉加热。熔炼熔化温度较高的铂合金则在真空、充氩气的电弧炉中进行。应该指出的是，在熔炼符合中华人民共和国国家标准 GB 3772—1983 和 GB 2902—1982 的 PtRh10-Pt 和 PtRh30-PtRh6 热电偶丝的铂及铂合金时，原料的纯度铂应为 99.99% 以上，铑应为 99.95% 以上，配料时

PtRh10 配平，PtRh30 应配为 PtRh29.7，PtRh6 应配为 PtRh6.12。钯在高温下大量吸气，钯及大多数钯合金，采用真空、充氩气的中频感应电炉加热，在氧化铝坩埚中熔炼，浇铸在水冷铜模中。在熔铸铂及铂合金、钯及钯合金时，通常的浇铸温度比熔化温度高 150～200℃。

铑、铱及其合金，可用高频或中频感应电炉，在真空、充氩气的气氛下，在氧化锆坩埚中熔炼，浇铸在水冷铜模中，可获得品质好的铸锭。钌和锇可采用真空、充氩气的电弧炉熔炼。

铂族金属除了铸锭以外，铂、钯、铑和铱经常以海绵态存在。根据后续加工的需要，有时铂族金属在精炼成海绵态以后就不再铸锭，因为海绵态的铂族金属在许多方面比铸锭状态使用更方便，如在进行化学反应时，海绵态的铂族金属更容易反应；海绵态的铂族金属有时可以直接用于催化剂的制造等。中国海绵态铂族金属产品的化学成分标准见表 5.6。

表 5.6　中国海绵态铂族金属产品的化学成分标准

品名	海绵铂			海绵钯			海绵铑			海绵铱		
牌号	HPt-1	HPt-2	HPt-3	HPd-1	HPd-2	HPd-3	FRh-1	FRh-2	FRh-3	FIr-1	FIr-2	FIr-3
主金属含量	99.99	99.95	99.9	99.99	99.95	99.9	100	99.95	99.9	99.99	99.95	99.9
Pt	—	—	—	0.003	0.02	0.03	0.003	0.02	0.03	0.003	0.02	0.03
Pd	0.003	0.02	0.03	—	—	—	0.001	0.01	0.03	0.001	0.002	0.03
Rh	0.003	0.02	0.03	0.002	0.02	0.03	—	—	—	0.003	0.02	0.03
Ir	0.003	0.02	0.03	0.002	0.02	0.03	0.003	0.02	0.03	—	—	—
Au	0.003	0.02	0.03	0.002	0.02	0.05	0.001	0.02	0.03	0.001	0.02	0.03
Ag	0.001	0.005	—	0.002	0.005	—	0.001	0.005	—	0.001	0.005	—
Cu	0.001	0.005	—	0.001	0.005	—	0.001	0.005	—	0.002	0.005	—
Fe	0.001	0.005	0.01	0.001	0.005	0.01	0.002	0.01	0.02	0.002	0.01	0.02
Ni	0.001	0.005	0.01	0.001	0.005	0.01	0.001	0.005	0.01	0.001	0.005	0.01
Al	0.003	0.005	0	0.003	0.005	—	0.001	0.005	0.01	0.001	0.005	0.01
Pb	0.002	0.005	0.01	—	0.005	0.01	0.001	0.005	0.01	0.001	0.005	0.01
Si	0.003	0.005	0.01	—	0.005	0.01	0.003	0.005	0.01	0.003	0.005	0.01
Sn	—	—	—	—	—	—	0.001	0.005	0.01	0.001	0.005	0.01
杂质总量	0.01	0.05	0.1	0.01	0.05	0.1	0.01	0.05	0.1	0.01	0.05	0.1

注：化学成分/% （Pt 至杂质总量各行）

第 二 篇

贵金属深加工分析

贵金属材料分析包括组分与结构、微观形貌表征与性能等内容，采用的分析法有化学分析法和仪器分析法。材料的化学成分是决定材料及其制品性能的主要因素之一，最常用和最方便的分析方法是化学分析法，包括重量分析法和滴定分析法。仪器分析法是通过检测分析（表征）对象的物理、化学性质参数及其变化，使之成为测量信号或特征信息并转化为检测结果的方法，往往需要借助于一些特殊的仪器。

贵金属材料往往含有一种或多种贵金属元素，单个贵金属的质量分数变化范围很广，分析对象的理化性质差异很大，分析结果的使用目的多种多样，使得单一的分析技术很难满足贵金属材料分析的要求，也使得贵金属材料分析具有较大的挑战性。国内外许多分析化学工作者对贵金属材料分析方法非常关注，许多新的分析方法和技术正在逐渐应用于贵金属材料分析，无论是分析方法的灵敏度、分离富集手段的多样性和实用性，还是元素分析的准确性和精密度，都取得了许多突破性的进展，为金银和有色金属矿物勘探、贵金属矿物的采选冶、贵金属二次资源的综合利用和贵金属材料科学的发展提供了有力支撑。

第二篇主要介绍贵金属的分析方法、富集和分离、原料和废料分析、产品质量分析等内容。

第6章

贵金属材料分析方法

6.1 贵金属材料分析的特殊性

贵金属材料分析的发展趋势可以归纳为：贵金属材料分析向准确、快速、方便的方向发展；重视杂质元素的含量、形态以及与贵金属的相互作用等分析内容。贵金属材料分析除了具有一般工业分析(原料分析、生产过程分析、产品分析和废料分析)的共性之外，更有其特殊性。

① 分析对象和分析目的具有复杂性，高含量贵金属成分的准确和精密分析的方法很少。与其他常见金属元素不同，对高含量的贵金属物料的分析在某些情况下不得不采用操作冗长的重量法测定。

② 贵金属元素在材料中的分布一般不均匀，获得准确的分析结果往往不完全依赖于测定方法本身，分析样品的代表性在分析结果的准确性中起到重要作用。贵金属以外的其他痕量元素的分析成为高纯或超纯贵金属材料分析的主要内容，误差发生在自取样到测定的每个环节中。经验表明，贵金属测定的误差大小往往是：取样引入的误差＞样品制备＞试样测定。

③ 贵金属深加工产品的分析往往与整个产品的质量分析合二为一，贵金属分析的许多方面往往与实际生产过程紧密结合在一起。

6.2 贵金属元素化学分析方法

化学组成对贵金属材料的制备及性能影响很大，也是决定贵金属材料应用特性的最基本因素。因此，对贵金属材料化学组成的种类、含量，特别是微量杂质的含量、分布等进行表征，在贵金属材料的研究中非常重要。化学组成包括主要组分、次要成分、添加剂及杂质等。化学组成的表征方法有化学分析法和仪器分析法(原子光谱法、特征 X 射线法、光电子能源法、质谱法等)。化学分析法是根据物质间相互的化学作用(如中和、沉淀、配合、氧化还原等)测定物质含量及鉴定元素是否存在的一种方法。定量分析前，通常需要进行定性分析。

6.2.1 贵金属元素的定性分析

6.2.1.1 贵金属元素定性分析概述

贵金属材料的定性分析，可采用化学分析法和仪器分析法。利用化学反应进行定性分析，方法灵活，设备简单，目前仍被广泛采用；最有效的仪器分析法是发射光谱法。

化学分析法进行贵金属定性分析的依据是物质之间的化学反应。反应在溶液中进行的鉴定方法称为湿法；在固体之间进行则称为干法（如焰色反应法、熔珠试验法等）。影响贵金属定性分析的一般因素有以下几个方面。

（1）反应进行的条件　定性分析中的化学反应包括两大类：一类用于分离或掩蔽；另一类用于鉴定。鉴定反应大都是在水溶液中进行的离子反应，要求反应灵敏、迅速，而且具有明显的外观特征，如沉淀的溶解或生成，溶液颜色的改变，气体或特殊气味的产生等。欲使分离、鉴定反应按照预定的方向进行，必须注意以下几点。

① 反应物的浓度。溶液中的离子，只有当其浓度足够大时鉴定反应才能显著进行并产生明显的现象。以沉淀反应为例，不仅要求参加反应的离子浓度的乘积大于该温度下沉淀的溶度积，使沉淀反应发生，而且还要使沉淀析出的量足够多，以便于观察。

② 溶液的酸度。许多分离和鉴定反应都要求在一定酸度下进行。例如，用丁二酮肟试剂鉴定 Ni^{2+} 时，强酸和强碱都会使试剂受到破坏，故反应只能在碱性、中性或弱酸性溶液中进行，适宜的反应酸度可以通过加入酸碱来调节或使用缓冲溶液来控制。

③ 溶液的温度。溶液的温度对某些沉淀的溶解度及反应进行的速率都有较大影响。例如，在 100℃ 时，$PbCl_2$ 沉淀的溶解度是室温时（20℃）的 3 倍多，当以沉淀的形式分离它时，应注意降低试液的温度。

④ 溶剂的影响。一般的化学反应都在水溶液中进行，如果生成物在水中的溶解度较大或不够稳定，可加入某种有机溶剂予以改善。

⑤ 干扰物质的影响。某一反应能否准确地鉴定某离子，除上述诸因素外，还应考虑干扰物质的影响。例如，以 NH_4SCN 法鉴定 Fe^{3+} 时，F^- 不应存在，因为它与 Fe^{3+} 生成稳定的 FeF_6^{3-} 配离子，从而可使鉴定反应失效。

（2）鉴定方法的灵敏度和选择性

① 鉴定方法的灵敏度。不同的鉴定方法检出同一离子的灵敏度是不一样的。在定性分析中，灵敏度通常以最低浓度和检出限量来表示。最低浓度是在一定条件，某鉴定方法能得出肯定结果的该离子的最低浓度。用 ρ_B 或 $1:G$ 表示，ρ_B 以 $\mu g/mL$ 为单位，G 是含有 1g被鉴定离子的溶剂的质量，两者的关系是 $\rho_B G = 10^6$。鉴定方法的灵敏度是用逐步降低被测离子浓度的方法得到的实验值。检出限量是在一定条件下，某方法所能检出某种离子的最小质量。通常以 μg 为单位，记为 m。某方法能否检出某一离子，除与该离子的浓度有关外，还与该离子的绝对质量有关。检出限量越低，最低浓度越小，则此鉴定方法越灵敏。表示某鉴定方法的灵敏度时，通常要同时指出其最低浓度（相对量）和检出限量（绝对量），而不用指明试液的体积。在定性分析中，最低浓度高于 $1mg/mL$（$1:1000$），即检出限量大于 $50\mu g$的方法已难以满足鉴定的要求。

② 鉴定反应的选择性。定性分析要求鉴定方法不仅要灵敏，而且希望鉴定某种离子时不受其他共存离子的干扰。具备这一条件的反应称为特效反应，该试剂则称为特效试剂。例如，试样中含有 NH_4^+ 时，加入 $NaOH$ 溶液并加热，便会有 NH_3 放出，此气体有特殊气味，可通过使湿润的红色石蕊试纸变蓝等方法加以鉴定。一般认为这是鉴定 NH_4^+ 的特效反应，$NaOH$ 则为鉴定 NH_4^+ 的特效试剂。定性分析中用限界比率（即鉴定反应仍然有效时，待鉴定离子与最高量的某共存离子的质量比）来表示鉴定反应的特效性。该比值越小，鉴定反应的选择性越高。鉴定反应的特效性是相对的，事实上一种试剂往往能同若干种离子起作用。能与为数不多的离子发生反应的试剂称为选择性试剂，相应的反应称为选择性反应。发生某一选择性反应的离子数目越少，则反应的选择性越高。对于选择性高的反应，易于创造

条件使其成为特效反应，主要有以下几种方法：控制溶液的酸度，这是最常用的方法之一。如在酸性条件下以丁二酮肟鉴定 Pd^{2+}，Ni^{2+} 不干扰；掩蔽干扰离子，例如，以 NH_4SCN 法鉴定 Co^{2+} 时，最严重的干扰来自 Fe^{3+}，因为它同 SCN^- 生成血红色的配离子，掩盖了 $Co(SCN)^{4-}$ 的天蓝色。此时如在溶液中加入 NaF，使与 Fe^{3+} 生成更稳定的无色配离子 FeF_6^{3-}，则 Fe^{3+} 的干扰便可以消除；分离干扰离子，最常用的分离方法是使干扰离子或待检离子生成沉淀，然后进行分离，或使干扰物质分解挥发。

（3）空白试验和对照试验　鉴定反应的"灵敏"与"特效"，是使某种待检离子可被准确检出的必要条件。影响鉴定反应可靠性的因素有以下两方面：溶剂、辅助试剂或器皿可能引入某些离子，它们被当成待检离子被鉴定出来，此种情况称为过检；试剂失效或反应控制不当，使鉴定反应的现象不明显甚至得出否定结论，这种情况称为漏检。空白试验和对照试验可避免定性分析中过检和漏检现象，对于正确判断分析结果，及时纠正错误有重要意义。因此在定性分析中，往往要同时做空白试验和对照试验。

6.2.1.2　贵金属元素的分别检出

（1）金的检出

① 对二甲氨基亚苄基若丹宁法。取 1 滴中性或弱酸性试液放在若丹宁试纸上。在金存在下，形成紫色斑点或环。银和钯的存在会干扰金的检出，银可沉淀为 AgCl 除去，可以防止银对金的干扰，钯的干扰可借助于在酸性溶液中用丁二酮肟进行沉淀，生成黄色晶形丁二酮肟钯而除去钯的干扰。

② 联苯胺法。取 1 滴试液和 1 滴 0.05％联苯胺、10％乙酸溶液放于滤纸上，蓝色表示有金。基于金离子与联苯胺之间的特征反应，联苯胺氧化所生成的深蓝色产物，可以在容积为 0.001mL 的 1 滴废液中检出 0.00001mg 金。铂类盐以及与联苯胺作用的氧化剂必须不存在。

③ 罗丹明 B 法。在一支微试管中放 1 滴试液并与 1 滴盐酸和 1 滴罗丹明 B 水溶液混合。混合物与 6～8 滴苯混合摇匀。如果金存在，依据存在的量，苯层变红紫色到粉红色，在紫外灯下约 1min 后产生橙色荧光。

④ 纸上金溶胶试验法。从物理外观上看，含金液多呈黄色；取 1 滴弱酸性金溶液滴在一张洁白的滤纸上，慢慢层析、展开、晾干后，如果呈现紫色，则可能含有 Au。金溶胶的紫色斑点在 60～90min 内形成。纸的纤维起到还原剂和形成的金溶胶的吸收剂的作用。由于紫外线加速了氧化反应，带色斑点在几分钟之内形成。在这种纸的紫外线试验中，$Au(CN)_2^-$ 离子不反应。

⑤ 热解为金属金法。1 滴酸性或碱性金盐溶液被带橡皮帽的玻璃管吸入其毛细管端，在液滴和毛细管末端留有小孔隙。在灯上小心地蒸发液滴，然后除去橡皮帽将玻璃加热直到金粒子包裹在熔融的玻璃球中，形成一个透镜。

三价金还原后检查试液中是否还含有金的方法是：取静置后的澄清试液 2 滴，放于白色瓷质点滴板上，再滴入 1 滴铁氰化钾 $[K_3Fe(CN)_6]$ 试液和 1 滴 2mol/L 盐酸，如有蓝色沉淀出现，则表明 Au^{3+} 已完全被还原析出。

（2）银的检出

① 硝酸锰和碱法。在滤纸上加 1 滴 0.1mol/L 盐酸，随之在湿斑点的中央加 1 滴试液和 1 滴盐酸。再加 1 滴 0.1mol/L 硝酸锰和 1 滴 0.1mol/L 氢氧化钠时，斑点变黑，显示银的存在。贵金属盐、亚锡盐和汞盐与碱和锰盐也有类似反应。所以，当这类干扰金属离子存在时，银应当事先分离为氯化银。

② 在金、铂、钯存在下试验银。在一块点滴板上，加1滴无铜试液(尽可能微酸性)与1滴10％氰化钾溶液同时搅拌，加入1滴试剂溶液(0.03％对二甲氨基亚苄基若丹宁乙醇溶液)，边搅拌边加入1＋4硝酸直到混合物为酸性。粉红色表示有银。

③ Ag_2BiI_5法。取数滴试液，滴加2mol/L HCl，若有白色沉淀生成，滴加浓氨水沉淀溶解后，再滴加3mol/L HNO_3，重又析出白色沉淀，表示 Ag^+ 的存在。为进一步证实，取上述银氨溶液2滴，加 Bi^{3+} 1滴和4％ KI 2～3滴，再滴加3mol/L HNO_3，若生成橙色或褐色的 Ag_2BiI_5 沉淀，表示 Ag^+ 的存在。

（3）铂的检出

① 在其他贵金属存在下的氯化亚锡法。1滴饱和硝酸铊溶液加在滤纸上，随后加1滴试液和另1滴硝酸铊溶液。滤纸用氨水洗涤。有铂存在时形成 $Tl_2[PtCl_6]$ 留在滤纸上。在强盐酸溶液中用1滴氯化亚锡处理滤纸，依据铂存在的量的多少，形成黄色到橙红色斑点。

② 1,4-二苯-3-氨基硫脲法。铂与无色1,4-二苯-3-氨基硫脲(Ⅰ)产生绿色配合物，它仅微溶于水，易溶于氯仿。反应 pH 值在2～7范围内。

③ 与碱金属碘化物反应试法。在中性或酸性溶液中，铂(Ⅳ)盐与过量碱金属碘化物反应产生 $[PtI_6]^{2-}$ 而显示棕色。当加入碱金属硫化物或亚硫酸时，棕色消失，因为 $[PtI_6]^{2-}$ 转变为无色 $[Pt(SO_3)_3]^{2-}$ 离子。如果在酸性溶液中将碘离子氧化为碘的化合物不存在，则这个反应能用于铂的鉴定。

（4）钯的检出

① 诱导还原法。在两个试管(用乙醇和乙醚冲洗以除去痕量油脂)中各放入10mL 1％乙酸镍溶液和1mL饱和次磷酸钠溶液。在一个试管中加入1mL中性或弱酸性试液，另一试管中加1mL水(做空白试验)，然后将各试管放入盛有沸水的烧杯中。几分钟后，装有含钯试液的试管中有大量气体出现，并且在2～30min内，根据钯含量的多少，一部分镍以黑色粉末出现，另一部分镍以金属镜沉积。空白试验的试管仍为绿色。

② 碘化汞试法。当碱金属碘化物加入钯盐溶液时，碘化钯首先生成棕色沉淀，并且溶于过量碘化物中，产生红棕色配合四碘钯离子。

③ 对亚硝基二苯胺法。当对亚硝基二苯胺(Ⅰ)加入中性或微酸性钯盐溶液时，暗紫棕色沉淀出现，反应比率是2∶1。

（5）铑的检出

① 氯化亚锡法。三价铑盐与氯化亚锡在氯化铵和碘化钾存在下产生樱桃红色。如果金、铂或钯存在，必须先将它们除去。在微离心管中，1滴试液用1滴乙醇、1滴丁二酮肟、1滴莫尔盐饱和溶液和几滴氯化铵处理。然后将混合物离心分离，清液用于试验。

② 对二硝基二苯胺法。在试管中加3～5滴微酸性试液，加4滴0.05％试剂(1∶1)乙醇溶液，在沸水中加热5min，橙红色溶液显示有铑。Ce(Ⅳ)、Fe(Ⅲ)、Pt(Ⅳ)、SCN^-、Zr(Ⅳ)等干扰。

（6）锇的检出

① 氯酸盐的活化试法。1滴 $KClO_3$-KI 溶液(1g $KClO_3$ 和1g KI 在100mL水中)，用1滴稀硫酸(1∶100)酸化，放在点滴板上。加入1滴1％淀粉溶液和1滴中性试液。依据锇和钌的存在量，蓝色淀粉-碘立即或在短时间内形成。当四氧化锇的量小时，应当进行空白试验。

② 乙酸联苯胺试法。由锇和乙酸联苯胺或 $K_4Fe(CN)_6$ 的饱和溶液间的反应，一种蓝色或绿色斑点在纸上形成。

（7）铱的检出

① 无色孔雀绿法。$IrCl_6^{2-}$ 与无色孔雀绿乙酸溶液反应产生绿色。

② 联苯胺法。四价铱化合物，六价铱和它的盐与乙酸联苯胺生成蓝色。

（8）钌的检出 红氨酸试法是一个经典的方法。红氨酸（Ⅰ）在氨性溶液中以它的酸式（Ⅱ）与铜、钴、镍盐反应生成不溶性的带色化合物。

6.2.1.3 贱金属元素的分别检出

（1）铜的检出 于点滴板的两个凹槽内各加 1 滴 Fe^{3+} 和 3 滴 $0.1mol/L$ $Na_2S_2O_3$，此时溶液显紫色。于其中一个凹槽内滴加 1 滴已用 2 滴 $2mol/L$ HCl 酸化的试液，紫色立即褪去，显示 Cu^{2+} 存在。另一凹槽紫色褪去较慢，作为对照。此反应为 Cu^{2+} 催化 $Na_2S_2O_3$ 与 Fe^{3+} 的反应。

（2）锌的检出 取 1 滴 0.02% $CuSO_4$ 溶液于离心管中，加 1 滴 $(NH_4)_2Hg(SCN)_4$ 溶液，搅拌，无沉淀生成，加入 1 滴试液，如生成紫色沉淀，表示 Zn^{2+} 存在。

（3）镍的检出 取 $1\sim2$ 滴试液滴于点滴板上，加 2 滴 1% 丁二酮肟乙醇溶液，滴加数滴氨水，生成鲜红色沉淀，显示 Ni^{2+} 存在。

（4）铬的检出 取 2 滴试液于离心管中，加 $5\sim6$ 滴戊醇及 1 滴 3% H_2O_2，滴加 $1mol/L$ H_2SO_4，每加 1 滴，充分振荡离心管，以免 H_2SO_4 过量。戊醇层中显蓝色，表示 Cr^{3+} 存在。

（5）铅的检出 取 2 滴试液于离心管中，加 2 滴 5% K_2CrO_4，如有黄色沉淀生成，在沉淀上加入 $2mol/L$ NaOH 数滴，沉淀溶解，显示有 Pb^{2+} 存在。

（6）锡的检出 取 2 滴 $SnCl_4^{2-}$ 溶液于离心管中，趁热加 $HgCl_2$ 溶液 1 滴，如有白色沉淀生成，加热不溶，并且继续变成灰色，表示有 $Sn(Ⅱ)$ 存在。$Sn(Ⅳ)$ 试液中应事先加 Pb 粒使之还原为 $Sn(Ⅱ)$。

（7）铝的检出 试液用 $3mol/L$ H_2SO_4 酸化，取 1 滴于滤纸上，加 1 滴茜素 S 用浓氨水熏至出现桃红色斑，立即离开氨瓶。注意，不可长时间用氨熏，否则显茜素 S 的紫色，若显紫色，可将滤纸放在石棉网上烘烤一下，若紫色褪去出现红色，则表示 Al^{3+} 存在。

6.2.2 贵金属元素的定量分析

化学分析法的准确度和可靠性都比较好，但对于化学稳定性好、含量较低且难溶的贵金属材料和二次资源来说，还是有较大的局限性，基于溶液化学反应的化学分析法分析耗时长、困难，而且化学分析法仅能得到分析试样的平均成分等有限的信息。在分析史上，贵金属的重量分析法和滴定分析法曾是十分重要的，现在在标定溶液时仍保留原先的重要地位，但重量法和滴定法正逐步被仪器分析法取代，在贵金属的分析中，用得较多的是重量法。

6.2.2.1 重量法

重量法是根据反应生成物的质量计算样品中待测组分含量的一种经典的分析方法。尽管重量法操作程序很繁杂，但对某些贵金属元素，尤其是铂族金属而言，仍然是一种极为有用的分析技术。

贵金属元素的重量法具有下述特征。

① 在大多数情况下，金和铂族金属主要以金属的形式进行称量。金属或者是用各种还原剂从溶液中直接还原析出，或者是形成不溶的化合物沉淀(如水合氧化物、硫化物或其他含有 N、O、S 的有机试剂化合物)在氢气气氛中灼烧还原而得。以称量这些元素与试剂形成的化合物进行测定的方法较少，因为铂族金属的许多沉淀组成尚未弄清楚或者是不稳定

的，但 Pd 是一个例外，不少试剂与 Pd 形成的化合物沉淀的组成是固定的，如单肟（水杨醛肟、β-糠醛肟）、α-二肟、α-亚硝基-β-萘酚、丁二肟等。

② 测定上述元素的重量法大多数是基于氯配合物溶液中的沉淀反应。例如，在氯配合物溶液中的水解沉淀用于测定 Ir、Rh 和 Pd，但在硝酸盐配合物溶液中，这些元素并不发生水解沉淀。在铑的氯配合物的 HCl 溶液中，用 H_2S 沉淀 Rh 的硫化物是测定 Rh 的经典方法之一，但是当把铑的氯配合物转变成硫酸配合物之后，特别是形成三硫酸盐配合物，用 H_2S 就不能进行定量沉淀。在氨溶液中，Pt 不能被 H_2S 沉淀，也不能被有机还原剂完全还原成金属等。

（1）金和银

① 金的重量法。金的重量分析法是通过物理和化学的方法，将样品中的金经过富集分离，使之转变为单体进行称量，从而确定试样中的金含量。金的重量法主要利用许多无机和有机还原剂，其中 SO_2、Na_2SO_3、$NaNO_2$、草酸和氢醌是最常用的。一般来说，这些试剂大都能用于金基或银基合金中 Au 的测定。当合金试样用 HCl-HNO_3 混合酸分解时，形成的 AgCl 沉淀用较致密的玻砂滤斗过滤，溶液以 SO_2 还原沉淀 Au，该法可测定 AuAg 合金和牙科合金材料中 Au 对于 AuPd10～50 合金中 Au 的测定，可利用 Na_2O_2 在 Pd 存在下还原 Au，此时 Pd 以亚硝酸钯的钠盐形式保留于溶液中。

在有机试剂中，氢醌重量法测定 Au 是比较有选择性的，即使存在一定量的 Pt、Pd 和毫克级的 Se、Te，对 Au 的测定也无影响，该法用于试金珠中 Au 的分析。国内有研究者以此法测定合金中的大量 Au。草酸用于 Au 的分离和重量法测定，其选择性和氢醌试剂相似。草酸试剂具有稳定、易于纯化及使用过量无问题的特点，但试样在溶解处理过程中，要除尽 HNO_3 或氮的氧化物，加热沉淀 Au 时（放置在水浴上）应有较长的消化时间。利用草酸试剂还能够在氨水存在下（pH＝4～5）还原 Au 进行测定。

用苏木紫为还原剂，用重量法测定 AuCu 和 AuPd 合金中 Au，大量 Cu、Ni、Zn、Co、Al、Pd、Fe、Pt 和 Te 均不干扰。文献采用变胺蓝作为沉淀剂，在弱酸介质中（pH＝5～6）测定合金中 Au 和 Ag，大量存在的有色金属离子用 EDTA 掩蔽，但 Pt、W 和 Mo 仍有干扰。

用重量法测合金中 Au 时，试样溶解后，常需要在 NaCl 存在下仔细用 HCl 赶除 HNO_3；为了避免细小而又重的金质点损失，沉淀时必须注意酸度、加入沉淀剂的速度、消化时间和金质点附着于烧杯壁所带来的影响；沉淀干燥后应在 700～800℃灼烧。

② 银的重量法。合金中 Ag 的测定常采用重量法。在微酸性介质中，以乳酸作为配合剂，乙醇作为去极剂，控制电位电解能够分别测定 Ag 与 Ni、Zn、Cd、Mg 等形成的二元合金中的 Ag。测定 AgCu 合金中 Ag 时，利用 EDTA 掩蔽 Cu，在氨水-NH_4NO_3 电解质溶液中（pH＝10）电极电位控制在 1.0～1.1V，然后进行电解。

AgCl 重量法用于银黄铜（AgCuZnCd 合金）中主成分银的测定。1,2,3-苯并三唑重量法用于 AuAgCuMn 合金中 Ag 的测定，试样分解后需滤出 AgCl，然后将 AgCl 溶于氨水，再以该试剂进行沉淀。4-氨基-3-甲基-5-巯基-1,2,4-三唑是在酒石酸铵介质中进行 Ag 的沉淀，以 $AgC_3H_5N_4S$ 的形式称量。此外，邻苯二酚可在乙酸-乙酸铵溶液中（pH＝5～6.5）沉淀 Ag，共存离子的干扰用 EDTA 掩蔽，沉淀干燥后灼烧成金属并称量。

（2）铂族金属 丁二肟沉淀 Pd 的重量法是一个经典的方法。Pd 可以在许多介质中进行沉淀，如 HCl、HNO_3、H_2SO_4 和 $HClO_4$ 等，沉淀完全的酸度范围比较宽，但是一般认为 c(HCl)＝0.2mol/L 是最适宜的酸度。丁二肟试剂能有效地使钯与 Rh、Ir 和 Pt 分离，但在沉淀 Pd 的条件下，大量 Au 被试剂还原而干扰测定，Pt 含量高时与丁二肟钯共沉淀。因此，有金存在时需预先用甲酸等将其还原成金属后过滤除去，Pt 可在 7％～8％ HCl 中共沉淀。该法的适应性强，国内外已确定为测定合金中 Pd 的标准方法。此外，α-糠偶酰二肟、1,2-环己烷二酮二肟以及水杨醛肟、β-糠醛肟、α-亚硝基-β-萘酚等均能很好地用于 Pd 的测定。

Pt、Ir、Rh 和 Ru、Os 的重量法在文献中报道较少，而且选择性差。用硫化氢沉淀法测定 Pt 和 Rh 以及利用水解沉淀分离 Rh 和 Ir 的方法，操作程序很繁杂；硫化铂重量法测定 AuPdPt 合金中 Pt，由于 Ru、Os 能被氧化成挥发性的四氧化物，利用不同的试剂溶液进行选择性的吸收，可达到与其他贵、贱金属元素分离以及两者间彼此分离的目的。利用水解沉淀法，或者以硫化物、硫乙酰萘胺等作为沉淀剂，均能获得纯净的沉淀，然后灼烧还原成金属进行称量。文献中用库仑法对 Ru 的硫化物进行了研究，发现以 NaS 或者硫代乙酰胺沉淀 Ru(Ⅳ) 或 Ru(Ⅲ) 获得了组成固定的 $Ru_2S_3 \cdot 10H_2O$ 沉淀，而不是其他文献中报道的 $Ru_2S_3 \cdot 2H_2O$，前一种沉淀形式在分析上有可能用于钌的重量法测定。

在铑合金分析中，利用 Rh(Ⅲ) 与 $[CO(NH_3)_6](NO_3)_3$ 形成复盐沉淀来测定 Rh 的重量法已成功用于日常分析，该法最早由德梅等提出。在弱酸性溶液中，Rh(Ⅲ) 与 $[CO(NH_3)_6](NO_3)_3$ 生成黄色晶形沉淀，经洗涤和真空干燥后可直接称量。在选定的实验条件下，测定 PtRh、PtRhAu、PtPdRh 等合金中 5～35mg Rh 时，90mg Pt，10mg Ru、Pd、Os、Ni、Cu、Pb 和 20mg Co 以及少量 Fe(Ⅲ) 不干扰，仅 Ir(Ⅳ) 干扰严重。该法可测定毫克级 Rh，相对误差不大于 ±1％。

对于各个贵金属，已经提出了一大批沉淀剂，某些试剂产生一种可以直接作为称量形式的沉淀，从而不需要将沉淀还原成金属，在已知的一批有用的试剂中仅有少数几个被人们普遍接受，如沉淀钯的丁二酮肟、沉淀金的氢醌及沉淀锇和钌的硫乙酰萘胺，但新方法并没有明显优于传统方法，因为贵金属与沉淀剂形成的难溶化合物的组分不固定，难以用称量法测定；用于测定这些元素的重量法大多无选择性，所利用的反应对金和大多数铂族金属都有同样特征。

提出能与所有贵金属生成直接称量形式的试剂，需要进一步研究，这些试剂应当具有选择性并可以在中等酸度条件下应用。

6.2.2.2 滴定法

在贵金属的滴定法中，主要利用在溶液中进行的氧化还原反应，形成稳定配合物的反应，生成难溶化合物沉淀或者能被有机试剂萃取的化合物反应等。由于滴定溶液中存在复杂的化学平衡和贵金属离子多半是有色的，导致滴定法的应用有一定的局限性。铂、铑、钌等铂族金属的滴定反应应用得较少。

（1）金银的滴定分析法

① 金滴定分析法。由于 $AuCl_4^-$ 具有强氧化性，金的滴定法都是利用无机或有机试剂将 Au(Ⅲ) 还原成 Au(Ⅰ) 或者金属。最早使用 KI 作为还原剂，反应析出的 I_2 以 $Na_2S_2O_3$ 溶液或亚砷酸盐溶液滴定。文献曾总结了早期有关碘量法的大量文献。国内对碘量法也做了不少实验研究，并且用 EDTA 掩蔽外来离子的干扰，该法已用于 PdAgAuNi 合金中含 3％～5％Au 的测定。然而，碘量法测定贵金属合金中含量范围较宽的 Au 并非是一个十分准确的、精密的方法。

氢醌滴定法适用于少量或痕量 Au 的测定，已在矿物原料分析中得到广泛应用。当以邻联-2-茴香胺作为指示剂时，该法可以直接应用于小于 10mg 的 Cu、Ag、Fe、Ni、Zn、Cd、Al 和 Sn 的合金溶液中 Au 的测定。

合金中高含量 Au 的测定，常以亚铁还原 Au，然后用 $K_2Cr_2O_7$ 或 $Ce(SO_4)_2$ 溶液滴定过量亚铁。由于直接用亚铁离子在稀 HCl 或 H_2SO_4 溶液中还原 Au，其终点反应迟缓，这一间接方法主要用于饰品材料中 Au 的测定。如果用铈盐法间接测定 PtRhAu 合金中的少量 Au，则 Au 预先以乙酸乙酯萃取分离。

a. 硫代硫酸钠碘量法。矿样的金经王水溶解后，与过剩的盐酸形成氯金酸：

$$Au + 3HCl + HNO_3 \longrightarrow AuCl_3 + 2H_2O + NO \uparrow$$

$$AuCl_3 + HCl \longrightarrow HAuCl_4^-$$

氯金酸在溶液中解离：

$$HAuCl_4 \longrightarrow H^+ + AuCl_4^-$$

在 10%～40% 的王水介质中，氯金酸易于被活性炭吸附，与大量共存离子富集分离。经灰化、灼烧、王水溶解，使金转变成三价状态。在氯化钠的保护下，水浴蒸干。加盐酸驱除硝酸，在 pH＝3.5～4.0 乙酸溶液中，金被碘化钾还原成碘化亚金，析出相同物质的量的碘：

$$AuCl_3 + 3KI \longrightarrow AuI + I_2 + 3KCl$$

以淀粉为指示剂，用硫代硫酸钠标准溶液滴定：

$$I_2 + 2Na_2S_2O_3 \longrightarrow 2NaCl + NaS_4O_6$$

根据消耗的硫代硫酸钠的量计算金含量。

b. 亚砷酸盐碘量法。在碱性介质中，氯金酸与碘化钾作用而析出碘：

$$AuCl_4^- + 4KI \longrightarrow AuI_2^- + I_2 + 4KCl$$

析出的碘，以淀粉为指示剂，用亚砷酸钠进行滴定：

$$2I_2 + As_2O_3^- + 2H_2O \longrightarrow As_2O_5^- + 4HI$$

银、铁、钼、镍不干扰测定，铂族元素的碘化物颜色深，影响滴定。故应采用活性炭吸附分离除去。

c. 注意事项。碘量法测定金含量时加入的碘化钾是过量的。这是因为过量的碘化钾有利于平衡向右移动，使反应完全。而且过量的碘化钾能与碘生成更稳定的三碘配离子，有利于测定并可防止碘的挥发，因而可减少测定误差。指示剂淀粉加入的时间不能太早，以防止它吸附较多的碘，产生误差。滴定到淀粉的蓝色消失后，能保持半分钟，即可认为已到达终点。

② 银滴定分析法。银的滴定法主要利用形成难溶化合物沉淀和稳定配合物的反应。AgSCN 滴定法用于 PdAg 合金中 Ag 的分析，但采用引入外来指示剂方法，试液有损失并产生误差。二乙基二硫代氨基甲酸钠沉淀 Ag 的返滴定法适用于银币和银铜焊料中 8%～60% Ag 的测定，该法也适用于其他银合金材料中 Ag 的测定。

形成银配合物的滴定方法是用镍氰化钾与 Ag^+ 或 $Ag(NH_3)_2^+$ 作用析出 Ni，以紫脲酸铵为指示剂，于 pH＝8～9 的溶液中用 EDTA 滴定 Ni，然后测定金基合金中的 Ag。该法的指示剂变色点难以掌握且容易引入误差。

(2) 测定铂族金属含量的滴定法　在铂族金属的分析中，随着科技现代化的发展，各种新分析技术日益增多。但是常量铂族元素的滴定分析由于其简单、快速和准确，至今仍是最普遍和最重要的分析手段之一。其中以钯的滴定方法居多，而其他铂族元素的方法较少，利用铂族金属离子在溶液中形态和价态等的不同，建立具有选择性准确测定它们含量的方法是值得研究的。同时，选择性掩蔽剂的开发也应继续深入。一些痕量铂族金属元素的选择性富集技术可与光度滴定等微量滴定技术相结合。新氨羧配合剂与铂族金属离子形成配合物的特性也值得研究，有望建立配合滴定铂族金属元素的新体系。

① 铂的滴定分析。滴定法测定铂是基于氧化还原反应：

$$Pt(Ⅳ) + 2e^- \longrightarrow Pt(Ⅱ)$$

四价铂的氯配合物有直接滴定法和返滴定法，在这些反应中，Pt(Ⅳ)通常是起始化合物。

可用氯化亚铜、莫尔盐、抗坏血酸作为还原剂。为了返滴定过剩的还原剂而应用Ce(Ⅳ)盐、Fe(Ⅱ)盐、V(Ⅴ)盐和Mn(Ⅶ)盐。以氧化还原反应滴定法测定铂时，金、铱、钌有干扰。铑不干扰滴定。测定铂(Ⅱ)的常用方法是用各种氧化剂如高锰酸钾、硫酸铈进行滴定。

于pH值为3~4的酸性介质中，长时间煮沸的条件下，铂(Ⅳ)能与EDTA定量配合，在乙酸-乙酸钠缓冲介质中，用二甲酚橙为指示剂，乙酸锌滴定过量的EDTA，可测定5~30mg的铂。

利用这一特性，采用丁二肟沉淀分离钯，用酸分解滤液中的丁二肟，可测定含铂、钯的物料中的铂。

② 钯。钯的滴定法主要利用沉淀反应、配合物的形成进行滴定。生成难溶PdI_2沉淀的碘化钾滴定法，早期的研究工作很多，该法用于Pd与Pt、Rh、Au、Ag、Cu等所形成的二元合金的分析，以目视法确定终点，Pt、Rh、Cu、Co、Fe和其他元素不干扰测定，Ir(Ⅳ)、Ru(Ⅳ)和Au(Ⅲ)可预先用FeSO_4还原。使用这一方法测定毫克级的Pd有较好的精度，但确定终点要有经验。为便于确定终点，建议滴定接近终点时要借助于离心分离PdI_2沉淀，再于清液中加入KI溶液，根据产生的"云雾状"PdI_2的强度来找出终点。这种方法既准确，又能免除PdI_2沉淀吸附所产生的干扰影响。

在室温和pH=3.5~10.0条件下，钯与EDTA能够迅速生成组成为1：1的配合物，采取以Zn、Pb、Bi等的盐类返滴定，用于测定AuPd、AgPd和PtPd合金中的Pd。文献提出了一个快速直接配合滴定Pd的方法，以丙酰10-(3-二甲氨基丙基)吩噻嗪磷酸盐为指示剂，在pH=4.2~6.0的乙酸-乙酸钠缓冲溶液中进行滴定，Pd(Ⅱ)与指示剂形成红色配合物，而与EDTA生成黄色配合物，该法仅对含Pd(Ⅱ)和Ru(Ⅲ)、Rh(Ⅲ)的合成试样进行了实验。

为了提高EDTA滴定Pd的选择性，采用"释放"滴定法，即在返滴定过量的EDTA之后，加入"释放剂"以破坏Pd(Ⅱ)-EDTA配合物，然后再以锌盐或铅盐等标准溶液滴定释放出的EDTA并求出钯含量。目前，使用的释放剂主要有硫脲、硫氰酸盐、硫代硫酸盐、氨基硫脲和4-氨基-5-巯基-3-丙基-1,2,4-三唑等。

③ 铑的滴定分析法。主要用于在硫酸和盐酸介质中，对半微量或微量铑的测定。测定铑的滴定分析方法，用铋酸钠氧化铑后用亚铁滴定铑，以及用碘量法测定铑，还有配合滴定铑的方法。但这些方法都缺乏特效性且不够稳定又不易掌握。本节重点介绍三种滴定方法，莫尔盐滴定、碘量法滴定和巯萘剂微量测定。

a. 莫尔盐滴定铑(Ⅴ)。铋酸钠在冷的情况下能氧化溶液中以硫酸盐形式存在的铑(Ⅲ)为五价化合物。

$$Rh(Ⅲ) + Bi(Ⅴ) \longrightarrow Rh(Ⅴ) + Bi(Ⅲ)$$

这时溶液呈现浓厚的蓝紫色。反应进行无须加热，因为升高温度时反应向左移动。于含游离H_2SO_4不大于10%（按体积计）的硫酸铑溶液中，反应进行1~1.5h，用莫尔盐滴定生成的铑(Ⅴ)。

将氯铑酸溶液置于250~300mL的烧杯中，加入50mL水及15mL浓H_2SO_4。加水是为了避免难溶的硫酸铑沉淀出。将溶液在电热板上蒸发至硫酸酐蒸气的浓白烟出现并在这个温度下保持 20～30min。$[RhCl_6]^{3-}$ 特有的玫瑰红色逐渐消失，溶液变为黄色，这就标志着铑已转变为硫酸盐。

冷却得到的硫酸铑（Ⅲ）溶液，小心用水稀释至 100～120mL，冷却至室温。加入 1g $NaBiO_3$ 并静置 2～3h。用致密滤纸（蓝带）滤出未作用的铋酸盐，用 H_2SO_4（1∶10）洗涤滤渣 4～5 次。直至 1 滴洗液与 1 滴指示剂溶液（邻苯氨基苯甲酸）在瓷板上作用不显颜色为止。沉淀应为褐色，白色沉淀表明试剂不足。

将浓厚的蓝紫色滤液，用 0.01mol/L 莫尔盐溶液滴定到颜色大大减弱，然后加入 2～3 滴指示剂（0.04% 邻苯氨基苯甲酸的 0.1% 碳酸钠溶液）。经过 1～2min 后，溶液显浓厚的樱桃紫色。滴定一直进行到溶液由樱桃紫色明显地转变为浅黄绿色。滴定接近终点时，要慢慢地加入试剂，每滴一滴要间隔 15～20s，因溶液高度稀释而反应减缓。测定 1～12mg 的铑量时，其误差不超过 ±5%。

b. 用碘量法滴定被次氯酸盐氧化的铑。该法是将三价铑以氢氧化物形式沉淀，用次氯酸盐氧化铑为五价，再以碘化钾还原 Rh(Ⅴ) 为 Rh(Ⅲ)，最后用硫代硫酸钠滴定析出的碘。

c. 用巯萘剂微量测定铑。方法用于硫酸溶液中测定铑。它基于铑同巯萘剂形成 $Rh(C_{10}H_{11}OHS)_3$ 的难溶化合物。与铑未作用的过量巯萘剂用碘氧化，过量的碘用硫代硫酸钠返滴定。

用氮己环二硫代氨基甲酸钠萃取滴定微量铑和氯化亚锡在 HCl 中生成的有色化合物。铂族金属会干扰滴定。

④ 钌。钌的所有滴定法测定，是基于钌（Ⅳ）的氯配合物被各种还原剂（$SnCl_2$、KI、$TiCl_3$、氢醌等）还原。用三氯化钛电位法滴定钌（$Na_2[RuOHCl_5]$），方法基于在盐酸溶液（0.8～1.0mol/L HCl）中还原 $[RuOHCl_5]^{2-}$：

$$Ru(Ⅳ)+Ti(Ⅲ)\longrightarrow Ru(Ⅲ)+Ti(Ⅳ)$$

反应通过在 Ru(Ⅲ) 和 Ru(Ⅳ) 中形成中间化合物。伴随着这种化合物的形成，在滴定曲线上，相当于还原 Ru(Ⅳ) 为 Ru(Ⅲ) 所需 $TiCl_3$ 相当量的一半的地方有电位突跃产生。在室温下将 $[RuOHCl_5]^{2-}$ 还原为中间化合物反应进行得很快。要完全还原成 Ru(Ⅲ)，只有在加热的溶液中才能完成，这个还原也伴随有电位突跃。用饱和甘汞电极作为参比电极，用铂电极作为指示电极。

为在溶液中得到 $Na_2[RuOHCl_5]$ 的原始化合物，将含 5～20mg 钌的氯化物试验溶液（预先蒸发到最小体积）同 5～7mL 浓 HCl 和 0.2～0.3g NaCl 蒸发至湿盐状，这时再加入 1～2mL 氯水。把湿盐溶于 15mL HCl（1∶4），再加 2～3mL 氯水，煮沸溶液 5～7min。重新加入 3mL 氯水，煮沸 5～10min 至氯味消失。

然后将溶液移入滴定的器皿中，用水稀释至 45～50mL，在室温下于 CO_2 气氛或 N_2 气氛下用三氯化钛标准溶液滴定至第一个电位突跃。也可以继续滴定到第二个电位突跃 [Ru(Ⅱ) 完全转变为 Ru(Ⅲ)]，但在这个情况下应预先加热溶液。假若在滴定前制备溶液时，氯未完全除去，可由开始滴定时的电极电位值（600～700mV 以上）来发现。在钌还原之前，氯已被还原，并且有明显的电位突跃。在计算钌含量时，将滴定氯所用还原剂的毫升数应考虑进去。

有机物质、大量的 SO_4^{2-} 离子和其余的铂族金属及金干扰测定。钌的测定误差为 ±2.0%。

$TiCl_3$ 标准溶液的配制方法是：稀释 $TiCl_3$（分析纯）的试剂溶液来配制所需浓度的三氯化钛溶液。为此，所用的蒸馏水应预先经过煮沸以除去溶解的氧气，在 CO_2 气氛下冷却。用 HCl 酸化水到 1mol/L 浓度的 HCl。三氯化钛溶液在 CO_2 气氛下保存于暗色瓶中。溶液

的滴定度用 $K_2Cr_2O_7$ 标准溶液以电位法或用二苯胺作为指示剂以目测法滴定。还原剂溶液的滴定度也可以用已知浓度的氧化钌（V）配合物溶液以电位滴定法来确定。

在滴定时，用惰性气体（如 CO_2）使整个系统与空气中的氧气隔离。

⑤ 锇。锇的滴定法是将蒸馏出的 $Os(Ⅷ)$ 以 NaOH 溶液吸收，用 H_2SO_4 酸化，以金属铋将 $Os(Ⅷ)$ 还原成 $Os(Ⅳ)$，于 $c(H_2SO_4)=0.5mol/L$ 介质中加过量的 NH_4VO_3 定量地氧化 $Os(Ⅳ)$。以邻苯氨基苯甲酸为指示剂，亚铁盐标准溶液返滴定过量的钒盐。

⑥ 铱。$Ir(Ⅳ)$-$Ir(Ⅲ)$ 体系具有较高的氧化还原电位，常用氢醌、亚铁还原剂等作为 Ir 的滴定剂。氢醌试剂的滴定操作程序已在文献中叙述。以 $FeSO_4$ 为滴定剂，用二苯胺磺酸钠为指示剂的方法用于 PtIr 合金中 Ir 的测定，基体铂和少量的 Pd、Rh、$Fe(Ⅲ)$ 不干扰。由于指示剂本身参与滴定反应，其用量需要严格控制，应对其影响加以校正。

6.3　贵金属元素的仪器分析

贵金属一般在物料中的含量较低，除需要必要的分离和富集手段外，测定方法多采用灵敏度较高的吸光光度法（photometry）、原子吸收光谱法（AAS）、电感耦合等离子体发射光谱法（ICP-AES）等光谱分析法。

光谱分析法是基于电磁辐射与材料的相互作用产生的特征光谱波长与强度进行材料分析的方法。光谱分析法包括各种吸收光谱分析法和发射光谱分析法以及散射光谱（拉曼光谱）分析法。

6.3.1　吸光光度法

在一定的条件下，待测离子与显色剂（有机显色剂和无机显色剂）形成不同深浅的有色配合物，而颜色的深浅与待测离子的含量成正比。通过欲测溶液对不同光辐射的选择性的吸收测定有色物质的方法，称为吸光光度法（photometry）。

吸光光度法分为紫外吸光光度法、可见光吸光光度法和红外光谱法。实际应用最广的是可见光吸光光度法。

吸光光度法是以朗伯-比尔定律为基础的，即一定强度的单色光通过一定浓度的有色溶液时，则入射光的强度与透射光的强度之比的对数——吸光度，与其溶液中离子的浓度成正比，与溶液的厚度成正比。

朗伯-比尔定律公式如下：

$$A = \lg \frac{I_0}{I} = \varepsilon L C$$

式中，A 为吸光度；I_0 为入射光强度；I 为透射光强度；L 为液层厚度，cm；C 为待测离子的浓度，mol/L；ε 为摩尔吸光系数，L/(mol·cm)。

摩尔吸光系数 ε 表示一个显色反应的灵敏度，它与入射光的波长、显色剂的性质及显色条件有关。

吸光光度法与其他方法相比具有以下特点。

① 灵敏度高。随着高灵敏度显色剂的出现，有许多显色反应的摩尔吸光系数达 10^5 数量级，某些多元配合物显色反应的灵敏度高达 10^6 数量级。对物料的分析，经与富集分离方法相结合，测定下限可达 10^{-6} 数量级。

② 选择性好。选择性好是指显色剂仅与一个组分或少数几个组分发生显色反应。仅与某一种离子发生反应者称为特效显色剂。实验中采用高效的富集分离法进行分离，可使共存离子不干扰测定。

③ 吸光化合物和显色剂之间颜色差别大。两者颜色差别明显，显色剂在测定波长处无明显吸收。这样，试剂空白值小，可以提高测定的准确度。

④ 反应生成的有色化合物组成恒定，化学性质稳定。这样，可以保证在测定过程中吸光度基本上不变，否则将影响吸光度测定的准确度和再现性。

⑤ 适用范围广，不仅适用于微量（10^{-6} 数量级以下），也适用于高含量元素的分析。

⑥ 仪器简单，价格低廉，便于掌握，特别适用于中小实验室采用。

吸光光度法在合金的铂族金属成分分析中目前仍占有重要地位。原因在于，一是对合金中少量的贵金属成分恰恰是光度法的最佳测定范围；二是随着光度法的发展，如双波长吸光光度法、导数吸光光度法等的应用大大扩展了光度法的含量测量范围，使之有可能应用于较高含量成分的测定。与此同时，一些新的显色剂和显色体系的研究和应用，使光度法的简便性、稳定性和分析的准确度大大提高；三是由于缺乏某些铂族元素高含量的分析方法，在某些情况下不得不采用吸光光度法。

$SnCl_2$ 与 Pt 生成橙黄色配合物的吸光光度法是测定铂的经典方法之一，在铂合金分析中至今仍有一定价值。虽然该法的灵敏度不高，但形成配合物的颜色稳定，能得到比较准确的和重现性好的结果，加之操作又很简便，故常用于 AgPt、AuAgPt、PtRu 等合金中 Pt 的测定。对于前两种合金，Ag 在稀 HCl 中以 AgCl 析出，Au 可用 $SnCl_2$ 还原成金属，故使两元素分离。对于 PtRu 合金，需在镍坩埚中以 Na_2O_2-NaOH 熔融试样，熔盐用 HCl 浸取，用蒸馏法分离出 Ru，对 Pt 进行测定。由于熔融时引入了 Ni 而产生干扰，需要在 403nm 和 407nm 处测定吸光度，以差减法消除。当 Rh 存在时，用双波长的 $SnCl_2$ 吸光光度法测定 PtRh 合金中的 Pt。

近年来，在铂合金中常使用吩噻嗪一类衍生物作为显色剂。利用这类试剂与 Pt(Ⅳ) 形成有色配合物的反应，在含有 $CuSO_4$ 的介质中进行，其中 Cu^{2+} 作为一种催化剂可大大加速有色配合物的生成，同时形成有色化合物的 ε 一般为 $10^4 \sim 10^5$ L/(mol·cm)，该法具有较高的准确度和选择性，可用于较高含量 Pt 的测定。此类试剂既能用于萃取光度法，又能直接于水相中显色测定。例如，在 $CuSO_4$(0.025mol/L)-HCl(5mol/L) 介质中，氯普吗嗪与 Pt(Ⅳ) 反应生成的配合物，能够用三氯甲烷萃取，于 654nm 处测定（ε＝26700L/(mol·cm)），Pt 在 0.7～7.0μg/mL 范围内呈线性关系，用于 PtIr、PtRh 合金以及催化剂中 Pt 的测定。

虽然测定钯的吸光光度法有多种多样，但只有少数方法曾推荐用于合金分析。

吸光光度法用于贵金属合金中 Rh、Ru 的分析不太多，Ir 则很少报道。就 Rh 而言，经典的氯化亚锡吸光光度法，依然用于合金中 Rh 的测定，方法灵敏度不高，但重现性尚好，分析准确度能满足要求，由于选择性差，在合金分析中常常需要分离操作程序。例如，PtPdRh 合金中 Rh 的测定，用王水溶解试样后，水解沉淀 Rh 和 Pd，与 Pt 分离，然后再将沉淀溶于 HCl，用丁二肟沉淀 Pd，滤液中 Rh 用 $SnCl_2$ 吸光光度法测定。利用水解沉淀法分离 PtRh 合金中的 Pt，沉淀溶于 HCl 后，也可以在乙酸缓冲溶液中用铬天青 S 显色，于 650nm 处测定 Rh。

6.3.1.1 金的光度法测定

（1）方法 1 试料用王水溶解。于 3mol/L 盐酸介质中，CTMAB 微乳液存在下 Au(Ⅲ) 与 MPDM 形成配合物，于分光光度计波长 435nm 处测量其吸光度以测定金量。

此法适用于金矿石中××～××××g/t金的测定。

① 主要试剂与仪器

a. 盐酸溶液(3mol/L)。

b. CTMAB微乳液。将CTMAB：n-$C_5H_{14}OH$(正戊醇)：n-C_7H_{16}(正庚烷)：H_2O按6.6：1.8：0.4：91.2的质量比配制。

c. 3-(对硝基苯甲酰基)-1,5-双(4-氧安替比林)-3-氮苯戊烷乙醇溶液($5×10^{-4}$mol/L)。

d. 氯化钠溶液(100g/L)。

e. 金标准储备溶液。称取0.10g金片(≥99.99%)于250mL烧杯中，加5mL王水，低温加热溶解。加1mL氯化钠溶液，水浴蒸至湿盐状，加3mL盐酸，水浴蒸至湿盐状，重复3次。加10mL盐酸，转入100mL容量瓶中，用水稀释至刻度，混匀。此溶液1mL含1mg金。

f. 金标准溶液(10pg/mL)。

g. 分光光度计。

② 分析步骤

a. 试液的制备。称取约1g试料于250mL烧杯中，加40mL王水，低温加热溶解。加1mL氯化钠溶液，水浴蒸至湿盐状。加3mL盐酸，水浴蒸至湿盐状，重复2～3次。加10mL盐酸，转入100mL容量瓶中，用水稀释至刻度，混匀。

b. 测定。移取含金量约50μg试液于25mL比色管中，加3mL盐酸溶液、2mL MPDM乙醇溶液、5mL CTMAB微乳液，用水稀释至刻度，混匀，于室温放置5min。用1cm液皿，以试剂空白为参比，于分光光度计波长435nm处测量吸光度，从工作曲线上查得金量。

c. 工作曲线的绘制。分别移取0mL、1.00mL、2.00mL、3.00mL、4.00mL、5.00mL金标准溶液于一组25mL比色管中，加3mL盐酸溶液，以下按"分析步骤"测量吸光度。以金量为横坐标，吸光度为纵坐标，绘制工作曲线。

③ 计算结果。按下式计算金含量，以质量浓度表示：

$$w_{Au} = \frac{m_1 V_1}{m_0 V_0}$$

式中，w_{Au}为金的质量浓度，g/t；m_1为自工作曲线上查得的金量，μg；V_1为试液总体积，mL；V_0为分取试液的体积，mL；m_0为试料的质量，g。

(2) 方法2 试液用王水、硫酸处理，于pH=3.2的甲酸-甲酸钠缓冲介质中，Au(Ⅲ)催化甲酸还原磷钼酸显色，于分光光度计波长720nm处测量其吸光度以测定金量。

此法适用于天然水中××10^{-8}～××10^{-6}g/L金的测定。

① 主要试剂与仪器

a. 钼酸铵溶液(93g/L)。

b. 磷酸溶液(0.3+99.7)。

c. 甲酸-甲酸钠缓冲溶液(pH=3.2)。

d. 酒石酸钠(5g/L)-柠檬酸三钠($4×10^{-2}$mol/L)混合溶液(1+1)。

e. 硫酸溶液(1+1)。

f. 氢氧化钠溶液(0.01mol/L)。

g. 金标准储备溶液(1.00mg/mL)。按6.3.1.1方法1配制。

h. 金标准溶液($1×10^{-2}$μg/mL，$1×10^{-3}$ng/mL)。

i. 分光光度计。

② 分析步骤

a. 试液的制备。移取一定体积试液于瓷坩埚中，加 1mL 王水，低温蒸至坩埚内试液剩约 1/3 体积。加几滴硫酸溶液，低温蒸至刚冒白烟。加少量水溶解盐类，转入 100mL 容量瓶中，用水稀释至刻度，混匀。

b. 测定。移取含金量约 $1 \times 10^{-2} \mu g$ 试液于 10mL 比色管中，加 1mL 酒石酸钠-柠檬酸钠混合溶液、1 滴 2,4-二硝基酚溶液，用氢氧化钠溶液调节溶液至黄色。加 1.00mL 钼酸铵溶液、1.00mL 磷酸溶液、1.50mL 甲酸-甲酸钠缓冲溶液，用水稀释至刻度，混匀。于沸水浴中加热 15～25min，取出，冷却。用 1cm 液皿，以试剂空白为参比，于分光光度计波长 720nm 处测量吸光度，从工作曲线上查得金量。

c. 工作曲线的绘制。分别移取 $(5～1000) \times 10^{-5} \mu g$ 的金标准溶液于一组 10mL 比色管中，加 1.00mL 钼酸铵溶液，以下按"分析步骤"测量吸光度。以金量为横坐标，吸光度为纵坐标，绘制工作曲线。

③ 结果计算。按方法 1 计算式计算金含量，以体积质量浓度表示。

6.3.1.2 银的光度法测定

(1) 方法 1 于 pH＝5.0 的柠檬酸-氢氧化钠缓冲介质中，SDS 存在下，Ag(Ⅰ) 与 QADHB 形成 1∶2 疏水配合物，并且经固相萃取乙醇溶液后，于分光光度计波长 550nm 处测量其吸光度以测定银含量。

此法适用于自来水、湖水、河水中 $\times \times 10^{-8}～\times \times 10^{-6}$ g/L 银的测定。

① 主要试剂与仪器

a. 氢氧化钠溶液(200g/L)。

b. 柠檬酸钠-氢氧化钠缓冲溶液[pH＝5.0，EDTA(0.01mol/L)]。称取 86.2g 柠檬酸和 32.7g EDTA 溶于 600mL 水中，用氢氧化钠溶液调节至 pH＝5.0，用水稀释至 1000mL 体积。

c. 十二烷基磺酸钠(SDS)溶液(10g/L)。

d. 2-(2-喹啉偶氮)-1,5-苯二酚(QADHB)溶液(0.5g/L)。

e. 乙醇-乙酸溶液(99+1)。

f. WartersSep-PakrCis 固相萃取水柱(1mL/50mg，300pm)。柱材料为十八烷基键合硅胶。

g. 银标准储备溶液。称取 0.10g 金属银(≥99.99%)于 100mL 烧杯中，加 10mL 硝酸溶液(1+1)，低温加热溶解，蒸至约 3mL 体积，转入 100mL 容量瓶中，用水稀释至刻度，混匀。此溶液 1mL 含 1mg 银。

h. 银标准溶液(1.00μg/mL)。

i. 分光光度计。

② 分析步骤

a. 试液的制备。移取含银量≤3.6μg 试液于 250mL 容量瓶中，加 4.0mL SDS 溶液、10mL 柠檬酸-氢氧化钠缓冲溶液、4.0mL QADHB 乙醇溶液，用水稀释至刻度，混匀，室温放置 10min。将显色液以 10mL/min 的流速通过活化好的固相萃取水柱。将水柱离心脱水。

b. 测定。以 10mL/min 流速用 2.5mL 乙醇溶液洗脱有色配合物沉淀，用乙醇稀释至 3mL，用 1cm 液皿，以试剂空白为参比，于分光光度计波长 550nm 处测量吸光度，从工作曲线上查得银量。

c. 工作曲线的绘制。分别取 0mL、0.20mL、0.40mL、0.60mL、0.80mL、1.00mL、

1.20mL 银标准溶液于一组 250mL 容量瓶中，以下按"分析步骤"测量吸光度。以银量为横坐标，吸光度为纵坐标，绘制工作曲线。

③ 结果计算。参照 6.3.1.1 方法 1 计算式计算银含量，以体积质量浓度表示。

④ 注意事项。水柱活化用 15mL 甲醇浸泡 5min 后，用 30mL 水洗涤柱上残留的甲醇。

(2) 方法 2 试液于 pH＝2.1 的盐酸-氢氧化钠缓冲介质中，水溶液加热条件下，Ag(Ⅰ)催化亚铁氰化钾与邻菲咯啉发生显色反应，于分光光度计波长 510nm 处测量其吸光度以测定银量。

此法适用于饮水中××10^{-8}～××10^{-6}g/L 银的测定。

① 主要试剂与仪器

a. 亚铁氰化钾[$K_4Fe(CN)_6$]溶液(0.0035mol/L)。

b. 邻菲咯啉溶液(0.32mol/L)。

c. 邻苯二甲酸氢钾-盐酸-氢氧化钠缓冲溶液(pH＝2.1)。

d. 银标准储备溶液(1.00mg/mL)。按方法 1 配制。

e. 银标准溶液(0.50μg/mL)。

f. 分光光度计。

② 分析步骤

a. 试液的制备。移取含金量约 2μg 试液于 10mL 比色管中，加 2mL 邻菲咯啉溶液、1mL 亚铁氰化钾溶液、3mL 邻苯二甲酸氢钾-盐酸-氢氧化钠缓冲溶液，用水稀释至刻度，混匀。置于水浴中 60℃加热 15min，取出，冷却。

b. 测定。用 1cm 比色皿，以试剂空白为参比，于分光光度计波长 510nm 处测量吸光度，从工作曲线上查得银量。

c. 工作曲线的绘制。分别移取 0mL、1.00mL、2.00mL、3.00mL、4.00mL 银标准溶液于一组 10mL 比色管中，加 2mL 邻菲咯啉溶液，以下按"分析步骤"测量吸光度。以银量为横坐标，吸光度为纵坐标，绘制工作曲线。

③ 结果计算。参照 6.3.1.1 方法 1 计算式计算银含量，以体积质量浓度表示。

6.3.2 原子吸收光谱法

原子吸收光谱法(AAS)测定合金中 Au、Ag、Pd 和 Rh 等贵金属元素的方法研究得比较多，灵敏度也较高，但是对 Pt、Ir、Os 等元素的灵敏度却很低。若产生相同信号的 Ag 的相对质量浓度以 1 表示，则其他贵金属元素的相对质量浓度是：Pd 4、Rh 5、Au 5、Ru 9、Pt 38、Os 150、Ir 150。由于合金中铂族金属含量比较高，就 Pt 而言，用 AAS 测定是适宜的。对于 Pt、Pd 和 Rh 的分析，一般利用氧化性贫燃空气-乙炔火焰，而对于 Ir 则要求富燃火焰。尽管 N_2O-乙炔火焰具有较高温度且能够克服来自化学方面的干扰，但由于该火焰的噪声水平较大，对合金成分测定所要求的高准确度和精密度而言是不太适宜的。

利用低温空气-乙炔火焰 AAS 测定贵金属元素所受的干扰，显然要比其他元素的测定复杂得多，尤其是贵金属元素之间的相互干扰影响是不容忽视的。为了克服这些化学干扰，除使用与合金成分相匹配的标准系列溶液之外，也可用释放剂或缓冲剂，或者是两者结合使用。

为了克服基体及共存元素的干扰影响，应预先富集与分离待测贵金属元素，例如溶剂萃取、试金富集、吸附分离等是广泛用于 AAS 中的预处理手段，但是在贵金属合金分析中，考虑到成分彼此分离的复杂性和测定精度，很少采用预先分离和 AAS 的方法。

对于金基、钯基合金中 Pt 的 AAS，人们研究了无机酸、基体和合金化元素对测定的影响，发现在稀 HCl(5+95)中以 $LaCl_3$ 作为缓冲剂，测定 5%～15% 的 Pt 可获得令人满意的结果，但基体金、钯使铂的吸光度稍有增高，可在绘制工作曲线时，于标准溶液中加入与合金中相似含量的 Au、Pd 加以校正。对于铂基合金中 Rh、Pd 和 Au 的分析，文献对用硝酸钒和几种稀土元素的盐类作为缓冲剂进行了比较，这些缓冲剂均能克服一定量贵金属离子所产生的影响，同时对 Rh 的测定具有增敏效果，其中在稀 HCl(5+95)中 $La(NO_3)_3$ 的作用是最好的。测定 PtRhAu 合金中的 Au 时，可按通常的方法用乙酸乙酯萃取分离，然后再以硫脲反萃、用空气-乙炔火焰测定；若用 $CuSO_4$ 抑制 Pt 和 Au 的干扰，则不经分离可直接测定 Rh。此外，文献用硫脲配合物 AAS 测定非晶态合金 PdAgSiFe 中的 Ag 时，发现在空气-乙炔化学计量火焰中，Pd 使 Ag 测定产生负误差。Pd 的干扰可用改变乙炔流量和加入 Fe 来消除。

6.3.2.1 泡沫塑料吸附富集-GFAAS 法测定地球化学样品中超痕量 Au

在 Fe^{3+} 存在下，于王水[(1+19)～(1+9)]中用泡沫塑料吸附 Au，硫脲溶液解脱，以抗坏血酸作为基体改进剂，采用最大功率升温和长寿命石墨管进行测定。

（1）仪器　SOLAARM-6 型原子吸收分光光度计；长寿命石墨管(ELC，仪器配置，特殊涂层处理，此方法中可使用 4000 次以上)；金空心阴极灯。

（2）试剂

① 金标准储备溶液。100mg/L Au，王水(1+9)。

② 金标准工作溶液。100pg/L Au，王水介质(1+9)，由 Au 的标准储备溶液采用逐级稀释法配制而成。

③ 硫脲溶液。12g/L 水溶液，现用现配。

④ 抗坏血酸溶液。20g/L 水溶液，现用现配。

⑤ Fe^{3+} 溶液。100g/L，称取 485g 的 $FeCl_3·6H_2O$，溶解(加热)于 1000mL 水中。

（3）实验步骤

① 泡沫塑料的准备。将市售聚醚型聚氨酯泡沫塑料剪去边皮后，剪成约 0.3g 的小块，用 1.0mol/L 的 HCl 溶液浸泡 30min 后以水漂洗，挤干后放入塑料瓶中保存备用。

② 石墨炉加热及检测程序。干燥 100℃/15s；灰化 750℃/10s；原子化 1600℃/1.5s；净化 2200℃/2s。波长 242.8nm，灯电流 7.5mA，狭缝 0.7nm，交流塞曼背景校正，最大功率升温，峰高测量方式，样品溶液体积 15μL，基体改进剂体积 5μL。

③ 样品处理。称取 10g 样品于 25mL 瓷坩埚中，低温置于马弗炉中，于 650℃ 下灼烧 1.5h，取出冷却后，倒入 200mL 三角烧瓶中，用少量水润湿样品，加入新配制的 50mL 王水(1+1)，1mL Fe^{3+} 溶液，加盖置于电热板上加热 2～3h，溶液体积蒸至约 10mL 时取下，用水稀释至约 100mL，放入一块泡沫塑料。

④ 泡沫塑料富集及测定。于 200mL 三角烧瓶中依次加入 10mL 王水(1+1)、适量样品溶液和 1mL Fe^{3+} 溶液，并且用水稀释至约 100mL，摇匀后加入一块泡沫塑料排去气泡，将三角烧瓶置于振荡器上振荡 1h，取出泡沫塑料，用水洗净、挤干，放入预先加入 5mL 硫脲溶液的 25mL 比色管中，排去气泡后，于沸水浴中解脱，保持 20min，趁热取出泡沫塑料，溶液冷却后测定。

⑤ 工作曲线的绘制。移取 100μg/L Au 的标准工作溶液 0mL、0.25mL、0.50mL、1.00mL、2.00mL、4.00mL 于一组 10mL 比色管中，用硫脲溶液稀释至 10mL，摇匀后于沸水浴中保持 30min，取下冷却。此为 0μg/L、2.5μg/L、5.0μg/L、10.0μg/L、20.0μg/

L、40.0μg/L 的 Au 标准系列。按照②中的仪器工作条件测定。

（4）结果计算 按下式计算待测杂质元素的含量，以质量分数表示：

$$W = \frac{C \times V \times 10^{-6}}{M}$$

式中，W 为待测杂质元素的质量分数，%；C 为自工作曲线上查得的待测杂质元素的量，μg/mL；V 为试液总体积，mL；M 为试料的质量，g。

6.3.2.2 蓝藻预富集-悬浮液进样-GFAAS 法测定水中痕量 Ag

用纯种 1017 蓝藻分离、富集水中痕量 Ag，富集物以悬浮液进样，石墨炉原子吸收法测定 Ag。

（1）仪器及试剂 P-E 2380 型原子吸收分光光度计，测定波长 328.1nm，灯电流 6mA，单色仪通带 0.7nm，P-ER100A 型记录仪，所有数值以峰高记录，HGA-400 型石墨炉。

（2）实验步骤

① 藻的培养与处理。纯种 1017 蓝藻在装有营养液的锥形瓶中培养，收获后以去离子水清洗两次，真空干燥，用研钵研成粉末，装入小瓶冷藏保存备用。

② 分离富集。称取 8mg 蓝藻于离心管中，加入 10mL 的 HCl(1+19) 溶液清洗后，离心分离，弃去上层清液，再用 5mL 去离子水清洗，分离后弃去液层，然后加入 Ag 标准溶液，超声波振荡富集 4min，离心分离，在富集物中加入含 50μg 的 Pd 和 1mL 的 HNO₃ 溶液（0.5+99.5），摇匀，以悬浮体进样测定并绘制工作曲线。

③ 样品处理。取自来水样 50mL，先用 HNO₃ 调节 pH=5.0±0.2，按②中分离富集程序处理。

④ 测定。用以下的石墨炉加热程序进行测定：干燥 100℃/斜坡 15s/固定 30s；干燥 120℃/斜坡 10s/固定 10s；灰化 950℃/斜坡 10s/固定 20s；原子化 2000℃/斜坡 0s/固定 3s；净化 2600℃/斜坡 1s/固定 3s。原子化阶段停气，其他阶段氮气流量为 3L/min。

⑤ 结果计算。用 50mL 去离子水做空白试验，空白峰高从样品吸光度中扣除，由标准曲线查得 Ag 的量，再除以富集效率，即得到每毫升自来水中含 Ag 量。

6.3.3 电感耦合等离子体发射光谱法

在贵金属矿物和环境试样分析中，电感耦合等离子体发射光谱法(ICP-AES)的应用近年来呈上升趋势，此类对象中贵金属元素的含量很低且组分复杂，要求分析方法要有较好的灵敏度和选择性。另外，样品数量多，要求测定快速和低成本。

电感耦合等离子体发射光谱法具有多功能性、广泛的应用范围以及操作简便、灵敏度高、分析快速、准确可靠和多元素同时测定等特点，在所有的元素分析法中几乎是前所未有的，它解决了一定的分析困难，节省了分析时间，使许多工作变得快捷。而且除极其严格的应用要求以外，ICP-AES 的准确度、精密度和灵敏度对一般应用都是合适的。能实现元素定性分析、半定量分析与定量分析，可对样品做全元素分析，对于综合回收有很大的指导意义。光谱半定量分析是依据谱线的强度和谱线的出现情况与元素含量密切相关而做出的一种判断。它的主要目的是可以以最快的速度测出有用成分及其含量，避免盲目性。

ICP-AES 的原理是：被测定的溶液首先进入雾化系统并在其中转化为气溶胶，一部分细颗粒的被氩气载入等离子体的环形中心，另一部分颗粒较大的则被排出。进入等离子体的气溶胶在高温作用下，经历蒸发、干燥、分解、原子化和电离的过程，所产生的原子和离子被激发并发射出各种特定波长的光，这些光经光学系统通过入射狭缝进入光谱仪照射在光栅上，光栅对光产生色散使之按波长的大小分解成光谱线。所需波长的光通过出射狭缝照射在光电倍增管上产生电信号,此电信号输入计算机后与标准的电信号相比较,从而计算试液的浓度。ICP-AES的装置主要由进样系统、ICP炬管、高频发生器、光谱仪和电子计算机等组成。

目前,ICP-AES仪器主要是以光电倍增管(PMT)作检测器和以电荷转移器件(CTDs)作检测器两大类。前者又分为单通道扫描型、多通道型以及单多通道组合型。单通道扫描型仪器具有谱线选择灵活和易于扣除光谱干扰的特点;多通道型仪器是由多个出射狭缝与相应多个光电倍增管组合而成,可在很短的时间内,同时分析多种元素。CTDs是继光电倍增管、光电二极管阵列之后出现的性能优良新型的多通道光学检测器。根据其转移测量光致电荷的方式不同,又分为电荷耦合(CCD)检测器和电荷注入(CID)检测器。两者在制冷环境中工作可使暗电流或热生电荷降低到很低水平,而且具有光谱响应范围宽、量子效率高、线性范围宽、图像质量高、实时监测能力强等特点。虽然CCD比CID具有更宽的光谱响应范围和更高的量子效率,但是由于CID的读出噪声及对低光子流的灵敏度比CCD的要高1个数量级,以及CID具有非破坏性检测和任意存取能力,CID更适合于用于原子发射光谱的检测器。因而在近年来得到了广泛的采用。

含贵金属元素的矿物和环境样品很少能够在试样溶解后直接测定,因此预先富集-ICP-AES测定的报道较多。活性炭和泡沫塑料吸附、溶剂萃取、离子交换树脂分离、溶剂萃取等是有效的分离富集手段。与AAS不同的是,在ICP-AES测定中更注重于贵金属的族分离而不是单个元素的分离。如活性炭吸附常用于地质样品中Au、Pt和Pd三元素的同时分离富集。活性炭在稀王水或盐酸介质中吸附Pt和Pd与吸附Au的机理有很大差别。金是由Au(Ⅲ)还原为Au(0)而被吸附,Pt、Pd以配阴离子形式吸附。因此,活性炭吸附Au的能力远比Pt、Pd强,尤其在高酸度介质中。将试样预先灼烧,酸溶分解后以活性炭动、静态吸附相结合分离富集Au、Pt、Pd,然后用ICP-AES同时进行测定,方法的检出限分别达0.2ng/g(Au、Pd)和0.5ng/g(Pt)。在稀王水或盐酸介质中,泡沫塑料对Pt、Pd的吸附容量和吸附能力远不如离子交换树脂和活性炭,因此对Pt、Pd的富集应用不多。用聚醚型泡沫塑料对Au进行分离富集,在沸水中用硫脲液解脱后用ICP-AES测定,但Sb吸附的影响较大。可采用在700℃焙烧样品除去,此时泡沫塑料吸附的Tl也被焙烧除去。该法检出限为$0.01×10^{-6}$。利用聚氨酯泡沫塑料吸附分离高硫高砷金精矿中Au和黄铁矿、方铅矿中Au,能够有效地除去S、As、Fe、Mg、Mn、Pb等元素,泡沫塑料在600℃灰化后王水溶解残渣,ICP-AES测定或再以硫脲溶解ICP-AES测定均能获得令人满意结果。

在常规分析中,采用两点校准即可,即用新鲜的去离子水为"低标",浓度10μg/mL(或其他浓度)的标准溶液为"高标",进行校准,接着测定试样。在需要仔细校准的工作中,配制标准系列多点校准。表6.1列出了ICP-AES测定贵金属的常用谱线。

表6.1 ICP-AES测定贵金属的常用谱线

贵金属元素	谱线波长/nm	检出限/(μg/mL)	主要光谱干扰
Au	242.80	0.008	Mn
	267.60	0.02	Ta
	208.21	0.03	—
Ag	328.07	0.003	
Pt	214.42	0.02	Cd
	203.65	0.03	Rh、Co
	204.94	0.04	—
	265.95	0.04	—

贵金属元素	谱线波长/nm	检出限/(μg/mL)	主要光谱干扰
Pd	340.46	0.02	V、Fe、Mo、Zr
	363.47	0.03	Co
Rh	233.48	0.02	Sn
	249.08	0.03	Fe
	343.49	0.03	—
Ru	240.27	0.02	Fe
Os	225.59	0.0004	Fe
Ir	224.27	0.02	Cu

6.3.3.1 阴离子树脂-活性炭分离富集 ICP-AES 法测定富钴锰结壳中的痕量 Au、Ag、Pt、Pd

采用 717 阴离子树脂-活性炭联合交换分离富集技术，ICP-AES 法同时测定富钴锰结壳中的痕量 Au、Ag、Pt 和 Pd。

(1) 仪器及主要工作参数

① 仪器。OPTIMA 2000 DVICP 直读光谱仪(美国 PE 公司)。

② 仪器工作参数。功率 1300W，冷却气 15L/min(Ar)，辅助气 0.2L/min，雾化气 0.8L/min，溶液提升量 1.5mL/min，延迟读数 30s，最大读数 5s，重复 3 次，测量方式为峰面积。

(2) 试剂及标准溶液 所用试剂均为优级纯，两次蒸馏水，标准溶液用高纯试剂配制成 1.000mg/mL 的储备溶液[王水介质(1+1)]，分级稀释至各元素分别含 $10.00\mu g/mL$ 与 $1.00pg/mL$ 的工作溶液。

① 国产 717 阴离子交换树脂(20～70 目)。先用 80g/L 的 NaOH 溶液浸泡 2h，用水洗净，再用 3mol/L 的 HCl 浸泡 24h，过滤，用水洗净，用水浸泡备用。

② 活性炭纸浆。称取 15g 活性炭，加入 100mL 王水(1+3)搅拌，再加入 3～5g NH_4HF_2 搅拌至完全溶解，放置 48h，其间搅拌 2～5 次，过滤，用水洗净。称取 10g 碎定量滤纸，用 0.6mol/L 的 HCl 加热煮至呈纤维状。将活性炭与滤纸浆混合，充分搅拌均匀，过滤，用水洗至 pH=2～3，置于广口瓶中，备用。

③ 阴离子树脂-活性炭交换装置。玻璃管交换柱内径 8mm，长 100mm，下部垫少许脱脂棉，用下沉法先放少许脱脂纸浆，然后放入活性炭纸浆约 10～15mm，再放入 717 阴离子树脂约 60mm，表层铺少许脱脂棉。交换吸附前用 20mL 1.8mol/L 的 HCl 平衡。

(3) 实验步骤

① 标准曲线绘制。取 3 支 10mL 比色管，各加入 1mL 王水(1+1)及适量的 Au、Ag、Pt、Pd 标准溶液，使 Au、Ag、Pt 标准系列浓度为 $0\mu g/mL$、$0.5\mu g/mL$、$1.0\mu g/mL$，Pd 标准系列浓度为 $0\mu g/mL$、$0.1\mu g/mL$、$1.0\mu g/mL$。

② 样品处理。称取试样 10～20g(准确至 0.1g)，置于 100mL 瓷蒸发皿内铺平，置于 550～600℃ 高温炉灼烧 1～1.5h，取出冷却，将样品转入 250mL 烧杯中，加少许水润湿，加 30mL HCl，微沸 10～15min，加 5mL 的 30% 的 H_2O_2，煮沸 15min，取下稍冷，加入 10mL HNO_3，微沸 1.5h，蒸至湿盐状态，使硅酸脱水完全(勿干)，取下，加 7mL 6mol/L HCl，温热溶解后，加沸水约 50mL，搅拌使盐类溶解完全，用快速滤纸过滤，用热 0.12mol/L 的 HCl 洗烧杯 2～3 次，洗沉淀 6 次左右。

③ 交换吸附。滤液冷却后，加入 10 滴饱和溴水，放置 5～10min，移入交换吸附装置，

控制流速 1～2mL/min，用 30～50mL 0.6mol/L 的 HCl 洗涤交换柱，将树脂及活性炭全部移至滤纸上，待溶液流干，将树脂置于 30mL 瓷坩埚中，烘干，在 600℃灰化完全。取出冷却，加 2mL 8mol/L 的 HNO_3，微沸 5min，取下，加 3mL HCl，微沸 5～10min，取下坩埚，低温蒸发至约 1mL，冷却，移入 10mL 比色管，定容，摇匀。

④ 测定。选择分析波长为 Au 267.595nm，Ag 328.068nm，Pt 265.945nm，Pd 340.458nm，按"仪器及主要工作参数"中仪器工作参数上机测定。

（4）结果与计算 按下式计算待测杂质元素的含量，以质量分数表示：

$$W = \frac{C \times V \times 10^{-6}}{M}$$

式中，W 为待测杂质元素的质量分数，%；C 为自工作曲线上查得的待测杂质元素的量，μg/mL；V 为试液总体积，mL；M 为试料的质量，g。

6.3.3.2　活性炭吸附-ICP-AES 法测定化探样中痕量 Au、Ag、Pd

采用酸溶分解样品，在 HCl 介质(1+9)中，加入 200g/L $SnCl_2$ 0.6mL，活性炭吸附分离富集 Au、Pt、Pd 后 ICP-AES 测定。

（1）仪器及主要工作参数　JY38 直读光谱仪，焦距 1m，平面全息光栅，刻线 2400 条/mm，一线色散率倒数 0.4nm/mm；入射功率 1kW，反射功率<5W；观测高度：铜管线圈上方 16mm；氩气流量：冷却气 12L/min，载气 0.5L/min，护套气 0.3L/min。

玻璃同心气动雾化器，双层玻璃雾室，可卸式石英玻璃炬管，溶液提升量 2mL/min，积分时间 2s。

（2）试剂及标准溶液　优级纯 HCl 经亚沸蒸馏器蒸馏提纯；优级纯 HNO_3 经亚沸蒸馏器蒸馏提纯；$SnCl_2$(分析纯)；蒸馏水经 Milli-Q 超纯水制造装置纯化。

① 活性炭。称取 250g(分析纯，粒度 200 目)用新配制的王水浸泡，过滤，水洗，20g/L 氟化氢铵水溶液浸泡 7d 后，抽气过滤以盐酸(1+49)及水洗净氟离子，烘干备用。

② 纸浆。用定量滤纸在水中浸泡，捣碎后备用。

③ 标准溶液。Au、Pt、Pd 为金属，质量分数为 99.99%。Pd 用硝酸溶解，Au、Pt 用王水溶解，最后配成 100μg/L 的溶液。

（3）实验步骤

① 装柱。将带有活动滤板的吸附柱装于抽滤筒上，倒入滤纸浆，抽干后 2～3mm 厚，再倒入含有活性炭的纸浆(约 0.5g 活性炭和 1.5g 纸浆)，抽干，上面再铺一层薄薄的滤纸浆，压干，将布氏漏斗装于吸附柱上，铺上大小合适的定量滤纸一张，倒入少许细滤纸浆于滤纸边缘处，使滤纸边缘与漏斗壁没有缝隙。

② 样品处理。称取 10g 分析试样，置于方瓷舟中，放入马弗炉，升至 600℃，灼烧 2h。冷却后将样品转入 250mL 烧杯中，用少量水润湿，加 30mL 的 HCl、10mL 的 HNO_3、40mL 的 H_2O，盖上表面皿，置于电热板上煮沸 1h，蒸至体积 40～50mL。

③ 动态及静态吸附。样品溶液经抽气过滤，滤去酸不溶物，用 HCl(1+19)洗涤数次。滤液加热，蒸至体积约 80mL，趁热加入 200g/L 的 $SnCl_2$，至滤液内 Fe^{3+} 褪色，再过量 0.5mL。分 2 次加入吸附剂 10mL(含 0.1g 活性炭和 0.3g 纸浆)，其间搅动 2～3 次，放置 2h，将上述溶液倒入吸附柱中，先用 HCl 溶液(1+19)洗涤 3 次、100g/L 的 NH_4HF_2 溶液洗涤 3 次，再用 HCl 溶液(1+19)和蒸馏水各洗 3 次。捅出吸附活性炭纸饼，放入小坩埚中，于 600℃灰化(低温灰化，升温至 600℃灼烧至无黑色炭粒)。取下冷却，加入 3mL 王水、5 滴 100g/L 的 KCl，放置水浴上蒸发至干，加王水 3mL 蒸至近干，取下，以水溶解，

转入 10mL 容量瓶中，定容。

④ 测定。选择分析波长为 Au 267.595nm，Pt 217.467nm，Pd 340.458nm，按仪器主要工作参数上机测定。

（4）结果与计算　按 6.3.3.1 的公式进行计算。

6.3.4　X 射线荧光光谱法

荧光光度分析法是被测离子与某些荧光试剂所形成的配合物，在紫外线照射下，产生一种不同强度的荧光，在一定的条件下，荧光强度与被测离子浓度成正比，因此，测定荧光的强度就可以测定出金属离子的浓度。

X 射线荧光光谱法（XRF）是一种荧光分析方法，基本原理是：当物质中的原子受到适当的高能辐射的激发后，放射出该原子所具有的特征 X 射线。根据探测到该元素特征 X 射线的存在与否的特点，可以定性分析，而其强度的大小可定量分析。在 XRF 定量分析中，鉴于高灵敏度和多用途的要求，多数采用高功率的封闭式 X 射线管为激发源，配以晶体波长色散法及高效率的正比计数器和闪烁计数器，并且用电子计算机进行程序控制、基体校正和数据处理。由于入射光是 X 射线，发射出的荧光也在 X 射线波长范围内。因此，常称为二次 X 射线光谱分析或 X 射线荧光光谱分析。

X 射线荧光光谱分析能进行元素定性分析、半定量分析、定量分析，实现无损分析，但灵敏度不高，只能分析含量在 0.02% 以上的元素。

自 20 世纪 80 年代中期开始，波长色散 X 射线荧光光谱已相当成熟，长期综合稳定性小于等于 0.05%，到了 20 世纪 90 年代，理论 α 系数、基本参数法已广泛用于在线分析。近年来又开发了 4kW 的 X 射线管，管流可高达 125～130mA 的电源。因此对许多常量元素而言，测试时间仅需 2s，轻元素测定可扩展到铍。然而样品的矿物效应、颗粒度及化学态等对分析结果的影响，仍需通过制样予以解决。

与其他分析方法相比，X 射线荧光光谱测定的试样前处理简单，其物理形态可以是固体（粉末、压片、块样）、薄样、液体等，可以直接放置而无须溶样，但样品一般需要通过制样的步骤，以便得到一种能表征样品的整体组分并可为仪器测试的试样。试样应具备一定尺寸和厚度，表面平整，可放入仪器专用的样品盒中，同时要求制样过程具有良好的重现性。荧光 X 射线的谱线简单，光谱干扰少。不仅可分析块状样品，也可对多层镀膜的各层镀膜分别进行成分和膜厚分析。X 射线荧光光谱分析的应用范围很广，钢铁、有色冶金、地质、材料、机械、石油化工、电子、农业、食品、环境保护等部门都广泛使用。但仪器构造复杂，设备价格较贵，受到一定的限制。

XRF 的定性分析和半定量分析可检测元素周期表上绝大部分的元素，而且还具有可测浓度范围大（0.0001%～100%）和对样品非破坏性的特点，因此，对了解未知物的组成及大致含量是一种很好的测试手段。

在 XRF 的定性分析方面，只有能够从扫描获得的谱图中辨认谱峰，才能知道待测试样中存在哪些元素，进而逐步熟悉待测元素的一些主要谱线，以及常见的干扰谱线，以便选择合适的测量谱线，用于定量分析程序的编制以及谱线的重叠校正等。

几乎每个 XRF 谱仪的生产厂家均配置了半定量分析的软件，而且软件的更新也相当快。未知样能在很短的时间内获得一个近似定量的结果。这些半定量分析软件的共同特点有以下几点。

① 所带设定标样只需在软件设定时使用一次。

② 待测试样原则上可以是不同大小、形状和状态。

③ 分析元素的范围为 $^4Be\sim^{92}U$。

④ 分析一个试样所需要时间为 15~20min。

X 射线荧光光谱法由于分析速度快而被人们所喜爱。可是这种方法的灵敏度较差，只能局限于分析毫克级样品或高品位的样品。

已经建立了一些分离或预富集后测定贵金属的 X 射线荧光光谱法。火试金法是主要的预富集法，将贵金属富集到铅扣中，然后灰吹，得到一颗金粒或金珠。将金珠压扁，退火，然后放在样品座上测定。

为了便于 X 射线荧光光谱法分析，也采用浸渍树脂的滤纸来富集贵金属，圆形滤纸可直接放在样品座中。分析试金珠溶解后的溶液，是另一种测定样品的方式。在退火后，珠中成分还是不均匀分布时，这种测定方式具有特别重要的意义。

能量色散 X 射线荧光光谱扩大了 X 射线荧光光谱法在贵金属分析中的应用。预计这类仪器在贵金属分析领域中有广阔的用途。

6.3.5 电化学分析法

电化学分析法(ECA)在贵金属的分析上常用的有极谱法、电位法和库仑法等，都是以电化学反应为基础的分析方法。

在建立原子吸收光谱法之前，极谱法在贵金属分析中已应用。然而由于原子吸收法更为简单，导致电化学法在贵金属定量分析中的应用急剧下降。

近年来，电子学的革命带来了新一代的电化学分析仪器。微分脉冲极谱仪和阳极溶出伏安仪相继出现，与原子吸收计相比，价格相对便宜。目前，正在对这些仪器以及双电解池和交流极谱仪进行研究。尽管电化学法具有某些优点，例如，比原子吸收法灵敏，然而在定量分析中，它不会影响原子吸收法的广泛应用。

贵金属元素的电化学分析研究较原来有所减少，主要集中在极谱、化学修饰电极和电化学滴定，用配合物吸附波或催化波结合分离富集方法以提高分析灵敏度和选择性是极谱分析的主要特点。以阳离子交换树脂分离，用 Pd-7-碘-8-羟基喹啉-5-磺酸配合物可测定矿石中纳克级的钯。基于 Pd、Rh、Ir 对 KIO_4 氧化孔雀绿反应的催化作用，用 Pd、Au 对 PO_2^{3-}（次亚磷酸根）还原孔雀绿的催化作用，采用单扫描示波极谱做孔雀绿的检测，建立上述贵金属测定的新方法。用乙酰壳多糖化学修饰电极在 KCl-HCl 底液中不同电位下富集，阴极溶出伏安法分别测定 Pd、Pt。库仑滴定还用于抗风湿药金诺芬中 Au 的测定。以 Pd-1-(2-吡啶偶氮)-2-萘酚配合物，用于矿石中 Pd 的测定。

常用电化学滴定法测定贵金属。贵金属的各种滴定法均借助于溶液中电化学参数的变化来指示滴定终点，其中最常用的有电位滴定法和电流滴定法。作为指示电极有铂电极、金电极、石墨电极和离子选择性电极等。由于滴定终点检测是依靠电化学参数如电位、电流等的变化，不受溶液的颜色、生成沉淀后的浑浊度的影响，加上指示电极对待测金属离子的敏锐响应，因此比一般滴定法有更强的适应性并能获得更高的准确度和精密度。近年来，电化学滴定法广泛采用有机滴定剂，极大地提高了方法的选择性。

电化学滴定法测定 Au、Ag 和 Pd 的研究和分析应用比较广泛，而测定其他铂族元素的工作报道较少。

氢醌是金的电位滴定的优良滴定剂。在 H_3PO_4-Na_2HPO_4 缓冲溶液中电位滴定合质金（即粗精金锭）中 Au，大量共存元素不干扰测定。用氢醌试剂电位滴定阳极泥中 Au 时，方法优于火试金法。

铂的电化学滴定法一般是利用 $Pt(IV)/Pt(II)$ 电对在 HCl 或 H_2SO_4 介质中的氧化还原反应。以 $TlNO_3$ 作为滴定剂，采用恒电流极化铂指示电极（$i=15\mu A$，vs. SCE）电位法，于 $c(HCl)=0.1\sim0.2mol/L$ 介质中测定毫克级 Pt。电流滴定法是用 KI、硫脲和肼还原滴定 Pt。某些氧化剂，如 $KBrO_3$、NH_4VO_3 和 $KMnO_4$ 等对铂进行氧化滴定，可提高测定的选择性和准确度。由于以王水分解后铂以 $Pt(IV)$ 存在，因此需预先用 CuCl 将 $Pt(IV)$ 还原成 $Pt(II)$。在加热或通入空气的情况下，过量的 $Cu(I)$ 被氧化成 $Cu(II)$ 而不影响测定。上述滴定多在 H_2SO_4 介质中进行，使用旋转铂微指示电极（vs. SCE）指示终点，大量共存的贱金属和一定量的 $Rh(III)$、$Ru(IV)$、$Pd(II)$ 和少量 $Ir(IV)$ 不干扰。其中采用 $KMnO_4$ 滴定剂的测定具有较高的灵敏度，可测定 $2.5\mu mol/L$ Pt。氧化滴定的方法适用于铂合金的分析。

电位滴定合金中 Ag 时，经常使用卤化物和硫氰酸盐作为沉淀滴定剂，以银电极、石墨电极、Ag_2S、AgI 等选择性电极指示滴定终点。用 KSCN 作为滴定剂的佛尔哈德法是常用的测银方法，但以银离子选择性电极或 AgSCN 涂膜电极指示终点的电位滴定法则有更多的优点，适用于 AgCu、PbSnAg 或铝合金中 Ag 的测定。

电化学法过去是，现在仍然是研究贵金属溶液化学的重要手段。然而，由于干扰因素的复杂性，不可能用此法来研究许多复杂的、真实的分析溶液。

6.3.6 其他分析方法

6.3.6.1 等离子体质谱法

电感耦合等离子体质谱法（ICP-MS）与不同的样品前处理及富集技术相结合，已成为当今痕量、超痕量贵金属元素分析领域中最为强有力的工具。而且同位素稀释 ICP-MS 法大大提高了测定痕量贵金属元素的准确度。铂族元素是具有重要地球化学意义的元素，它可以作为岩石成因学和寻找铂族金属矿产资源的指示元素。

ICP-MS 在痕量、超痕量铂族金属分析中所具有的高灵敏度无疑给地球化学的研究和地质勘察带来便利。然而，痕量贵金属与大量基体（水、氩基体除外）共存，质谱干扰和非质谱干扰仍是 ICP-MS 分析中突出的一个问题。

为了解决这些干扰问题，除了在仪器性能方面对部分质谱干扰所做的改进，例如动态反应碰撞池技术和高分辨质谱技术之外，包括离线和在线在内的各种化学预富集技术成为解决实际问题的有效途径。

ICP-MS 直接分析地质样品中贵金属元素时，为了使取样具有代表性，一般要求最小取样量在 10g 以上。地球化学试样用王水溶解后，用 ICP-MS 直接测定 Au、Pd、Pt，方法测定下限为 Au 4.0ng/g、Pd 3.6ng/g、Pt 2.4ng/g，其线性范围均为 $0.02\sim300pg/L$。而用 Re 作为内标，ICP-MS 直接测定沉积物样品中超痕量 Ru、Rh、Pd、Ir、Pt 时，方法的检出限为 $0.001\sim0.06\mu g/L$。在 Au、Pd、Pt 的直接测定中，存在质谱和非质谱两类干扰。非质谱干扰的程度与测定溶液的总稀释倍数和样品溶液的澄清程度有关。只要将样品溶液放置澄清 48h 以上，吸取上层清液测定，这种干扰即能消除。质谱干扰主要是 $^{181}Ta^{16}O$ 对 ^{197}Au、$^{179}Hf^{16}O$ 对 ^{195}Pt 和 ^{108}Cd 及 $^{92}Zr^{16}O$ 对 ^{108}Pd 产生的质谱峰干扰。对于 Ta 和 Hf 来说，在一般地球化学样品中的含量不高（Ta 为 $0.\times\sim\times pg/g$，Hf 为 $\times\sim\times\times pg/g$），用王水分解样品时，Ta 和 Hf 能进入溶液的量有限（实验表明溶入溶液的 Ta 和 Hf 约 1%），因此测定时可以不予校正。Cd 和 Zr 对 ^{108}Pd 产生的质谱干扰非常明显，这是由于 ^{108}Cd 及 $^{92}Zr^{16}O$ 所致。由于 Cd 和 Zr 都有无干扰或干扰较小的同位素，通过准确测定样品溶液中 Cd 和 Zr

的浓度，以数学校正的方式来扣除 ^{108}Cd 及 ^{92}Zr^{16}O 对 ^{108}Pd 产生的质谱干扰。配制一系列 Cd 和 Zr 的标准溶液，在仪器的最佳化条件下先测定 ^{108}Cd 及 ^{92}Zr^{16}O 在 ^{108}Pd 处的贡献值，以计算出 Cd 和 Zr 对 ^{108}Pd 的干扰系数，在测定 Pd 的同时，测定样品溶液中 Cd 和 Zr 的浓度，依据下列校正公式计算样品中 Pd 的含量：

$$\rho_{Pd(t)} = \rho_{Pd(m)} - K\rho_{dis(m)}$$

式中，K 为干扰元素的干扰校正因子，$K = \rho_{Pd(eq)}/\rho_{dis(m)}$；$\rho_{Pd(t)}$ 为校正后的真实浓度；$\rho_{Pd(m)}$ 为测量的 Pd 的表观浓度；$\rho_{dis(m)}$ 为测量的样品溶液中干扰元素的浓度；$\rho_{Pd(eq)}$ 为纯干扰元素溶液在 ^{108}Pd 处所贡献的相当浓度值。

在直接用王水分解试样后的测定中，有通过建立校正方程和引入内标元素 Cs 克服质谱干扰和基体效应而测定 Au、Pt、Pd、Ir、Ru、Rh 的方法，测定下限为 $0.7 \sim 2.0ng/g$。

ICP-MS 是以电感耦合等离子体（ICP）作为离子化源的一种无机质谱技术，主要由三大部分组成：ICP 离子源、接口和质谱计。通过进样系统将试样送入 ICP 炬中，试样中的元素在高温下解离成离子；这些离子以超声速通过接口进入质谱计，被重新聚焦并传递到质量分析器；根据质量/电荷比（m/z）进行分离。被分离的待测元素离子按顺序打在电子倍增管上，信号经放大后由检定系统检出。

获得待测元素结果常用的方法有外标法、内标法、标准加入法和同位素稀释法。外标法适合于溶液成分简单的条件实验。内标法能在一定程度上克服基体效应，是常用的方法。标准加入法的优点是基体匹配，结果准确，但费时、费钱。同位素稀释法不受回收率影响，能克服基体效应，是较精确的方法，采用同位素稀释法的关键是同位素平衡。通常条件实验用外标法，分析实际样品用内标法测定 Au 和 Rh，其余贵金属元素用同位素稀释法，回收率测试通常采用标准加入法。

ICP-MS 的优点如下。

① 可检测的元素覆盖面广，可测定 70 多种元素。

② 图谱简单（只有 201 条谱线）易识，谱线少，光谱干扰相对较低。

③ 灵敏度高，检测限低（从 $\mu g/L$ 级到 ng/L 级）。

④ 分析速度快，多元素可同时测定。

⑤ 仪器线性动态范围大。

⑥ 可同时测定各种元素的同位素及有机物中金属元素的形态分析。

⑦ 易与其他分析技术联用，大大扩展了方法应用的范围。

由于该法具备的良好分析性能，很快受到分析工作者的关注和接受，使方法日益普及。但 ICP-MS 还存在一些不容忽视的缺点。首先，测试过程中存在基体和质谱干扰现象；其次，由于方法灵敏度较高，待测元素的含量较低，试样前处理阶段易引入污染，对所用的试剂和溶剂的纯度要求较高；另外，由于仪器的记忆效应较严重，会导致分析结果偏高；仪器价格昂贵、维护成本高也成为制约其发展的重要因素。

6.3.6.2 高效液相色谱法

在 20 世纪 70 年代崛起的 HPLC 技术，在无机分析中的研究和应用日益广泛。进入 80 年代后，HPLC 技术在贵金属分析领域应用活跃。作为一种高效快速分离和分析的技术在痕量和超痕量贵金属多元素测定中取得了重要进展。特别是贵金属的 HPLC-光度法，是色谱分离的高效性与光度检测的高灵敏性相结合的典范。

贵金属元素性质相似，在样品中容易共生且含量很低，常规方法测定时样品前处理复杂且误差大。近几年来高效液相色谱法在无机分析中的应用取得了迅速发展，痕量金属离子与有机试剂形成稳定的有机配合物，用高效液相色谱分离，紫外-可见光检测器测定金属离子，克服了光度分析选择性差的缺点，可实现多元素同时测定，方法简便快速。

吸光光度法中显色体系的高灵敏度和高选择性很难兼而有之。不少灵敏度很高的方法，由于选择性差，需要冗长的分离，难以在实际中得到应用，所以吸光光度法一般仅能测定单个元素，与多元素同时测定的分析方法难以匹配。在 HPLC-光度法中，通过柱前（或柱后）衍生作用可利用紫外或可见光光度仪检测贵金属离子，使待测元素进入检测器前得到分离。将流出液与光度计或荧光光度计连接，用于痕量金属的分析，可以充分发挥显色剂的高灵敏度的特点，分析的选择性、速度可以得到很大的提高。在 HPLC-光度法中，其检出限均可达到 ng/mL 级，在 20min 内可同时测定 3～5 种甚至 10 余种痕量元素。许多显色体系经直接或稍加调整，即可用 HPLC-光度法测定多种痕量金属离子。其中主要是柱前衍生法，即贵金属离子与许多有机配位体可以在柱前形成稳定的有色配合物（在紫外区或可见区具有特征吸收峰），然后注入柱中，经色谱柱分离后在线用光度法进行连续测定。因此经典吸光光度法中灵敏度高但选择性差的显色剂，有可能成为较好的柱前衍生试剂。

目前，在贵金属 HPLC-光度分析中应用的主要是杂环偶氮类试剂、卟啉类试剂、硫代氨基甲酸盐类试剂等，还有一些可与贵金属形成无机配合物的试剂，如二乙基二硫代氨基甲酸盐、二硫腙、4,4′-双（二乙基氨基）二苯甲硫酮（即试剂）、羟基吡啶硫酮、邻菲咯啉等。

杂环偶氮类试剂与贵金属离子形成的配合物，有的能被有机溶剂萃取分离，适合于正相 HPLC 分析；水溶试剂及其配合物分子中含有亲水取代基（—OH、—SO$_3$H 等），适宜于反相 HPLC 分析。这类试剂与贵金属离子形成的配合物既可在可见区吸收，也可在紫外区吸收，摩尔吸光系数 ε 一般大于 10^4L/(mol·cm)，光度检测颇为灵敏。

卟啉类试剂在贵金属的 HPLC-光度法中是较理想的柱前衍生试剂，有着广阔的应用前景。如用四（N-甲基-4-吡啶）卟啉、四（N-甲基苯）卟啉、四（间溴磺酸苯基）卟啉、四（间溴磺酸苯基）卟啉测定钯和银。

6.3.6.3　中子活化法

中子活化分析是一种以核反应为基础的分析方法，这种方法利用一定能量和流量的中子轰击待测试样，然后测量由核反应生成的放射性核素衰变时放出的缓发射辐射。射线的能量和半衰期是放射性核素的特征，通过测定放射性核素的能量或半衰期，即可做出定性分析，通过测定射线的强度完成定量分析。

中子去活化分析法（NNA）的灵敏度高，准确度好，污染少，适用于地质样品、宇宙物质中痕量贵金属的测定。为克服基体效应，进行预富集与放化分离是必要的。海洋沉积物和结核经铳试金分析后，试金扣中贵金属元素用 NNA 测定，结果令人满意。对贵金属而言，用中子去活化分析灵敏度最高的是 Ir、Au 和 Rh。该方法的检出限低，可以与 ICP-MS 相媲美。但核辐射对人体有害，而且设备受地域限制，使用难以普及。

中子活化能谱法在贵金属分析中占有独特的地位。在理想的条件下，它的灵敏度比其他方法低好几个数量级。可是由于复杂的干扰作用，很难达到这样的灵敏度。

由于干扰问题，需要采用分离手段。为了补偿分离中的损失，往往采用化学产额法。特别是在早期工作中，研究人员有使用不可靠的分离法或其他操作的倾向，以为化学产额法能够校正出现的误差。例如，以 Zn 或 Mg 作为还原剂，使贵金属最后以沉淀的形式离析出来。然而即使用化学产额法控制误差，这种方法仍是不能接受的。

在应用化学产额法时，加入样品中的载体，它的形态要和样品中元素的形态相一致，这是很重要的。样品中的元素与载体之间必须产生完全的同位素交换，如对此缺乏认识，就会导致严重的误差。

中子活化分析使用的样品量一般为 30~200mg，因此对铂族元素在地质样品的取样要保证均匀、具有代表性。标准样品通常是用已知浓度的铂族金属元素的标准溶液滴在多层滤纸上，干燥后可以与样品同时进入反应堆进行照射。虽然铂族元素的化学性质相近，但由于中子诱发的核反应特征却有显著的差别。对于金的中子活化分析，经常使用 $^{197}Au(n, \gamma)$ 生成的 ^{198}Au。对于银常用的核素为 ^{110m}Ag。中子活化分析所采用的照射和测量条件是根据待测核素的性质而确定的。例如，用中子活化分析方法测定地质样品中铂族元素的含量时，Rh 分析所使用的中子注量率为 2.56×10^{12} 中子/($cm^2 \cdot s$)，照射时间为 5min，衰变时间为 40~50s。其他铂族元素的照射时间为 7h，中子注量率为 1×10^{12} 中子/($cm^2 \cdot s$)，冷却 16h 之后测量 Pd 的含量；其他元素则在衰变 7d 之后才开始测量。采用两批照射方法分析地质样品中 Pt、Pd、Os、Ir、Au 等元素时，分析 Pd 的样品照射时间为 1h，冷却 18h 后进行放化分离及放射性测量，计数时间为 7200s；分析其他元素的样品则照射 48h，经过 5d 衰变之后进行放化分离及 γ 射线测量。14~28d 之后再进行第 2 轮测量。

当前中子活化分析法特别适合于测定亚微克级的贵金属。为了达到这个目的，必须做许多工作来完善分析流程。通过大力地进行这方面的研究，预计电热原子化器的原子吸收光谱法和原子荧光光谱法可能成为中子活化分析法的竞争者。

中子活化分析法已经应用于很多种类的贵金属样品，应该特别提到的是，这种方法盛行于测定高纯贵金属样品中的微量贵金属杂质。测定贵金属含量与背景值相近的土壤、岩石和其他地质样品的方法也是值得注意的。

中子活化分析法灵敏度高，专属性好，可实现多元素分析。在一般情况下，无试剂空白校正，可实现非破坏分析，易于实现自动化，在地球和宇宙科学、环境科学、高纯材料学等领域中发挥重要作用。

6.3.6.4　化学计量法

化学计量法是 20 世纪 70 年代才发展起来的新兴化学分支学科，在贵金属分析中已逐渐发挥其重要作用。校正技术是化学计量学用于分析化学的核心领域，多元分辨校正是重要的内容，它包含多波长信息和多个谱密度，可提高信噪比、增大测量精密度、改善选择性。用偏最小二乘法(PLS)建立模型并进行预测，可使多元素相互干扰的测定得以进行。用 PLS-催化极谱法同时测定了 Pt、Pd、Rh。偏最小二乘回归光度法实现了 Au、Pt、Pd、Rh 多元素同时测定。应用稳健偏最小二乘光度法同时测定 Os 和 Ru，解决了实际校准模型由于试验误差偏离正态分布使计算结果的精度遭到破坏的问题。而迭代目标转换因子分析法对体系重叠光谱进行解析，实现了 Au、Pd 同时测定。以上研究多集中在多元分辨校正的多元素同时测定上，而试验设计及优化、模式识别、数据库、人工智能和专家系统的报道尚少。

6.4　粉体材料颗粒的表征

在现实生活中，有很多领域诸如能源、材料、医药、化工、冶金、电子、机械、轻工、建筑及环保等都与材料的粒度分子息息相关。在现代陶瓷材料方面，纳米颗粒构成的功能陶瓷是目前陶瓷材料研究的重要方向。通过使用纳米材料形成功能陶瓷可以显著改变功能陶瓷的物理化学性能，如韧性。陶瓷粉体材料的许多重要特性均由颗粒的平均粒度及粒度分布等参数所决定。在涂料领域，颜料粒度决定其着色能力，添加剂的颗粒大小决定成膜强度和耐磨性能。在电子材料领域，荧光粉粒度决定电视机、监视器等屏幕的显示亮度和清晰度，电子浆料中功能材料的粒度直接影响电子产品的性能。在催化剂领域，催化剂的粒度、分布以及形貌也部分地决定其催化活性。这些性能的体现直接和添加的纳米材料的形状、颗粒大小以及分布等因素有着密切关系。因此，必须对这些纳米材料进行粒度的表征和分析。因此，随着科学技术的发展，有关颗粒粒度分析技术受到人们的普遍重视，已经逐渐发展成为测量学中的一支重要分支。

6.4.1 基本概念

材料颗粒粒度分析的方法已有很多，现已研制并生产了200多种基于各种工作原理的分析测量装置，并且不断有新的颗粒粒度测量方法和测量仪器研制成功。虽然粒度分析的方法多种多样，基本上可归纳为以下几种方法。传统的颗粒测量方法有筛分法、显微镜法、沉降法、电感应法等，近年来发展的方法有激光衍射法、激光散射法、光子相干光谱法、电子显微镜图像分析法、基于颗粒布朗运动的粒度测量法及质谱法等。其中激光散射法和光子相干光谱法由于具有速度快、测量范围广、数据可靠、重复性好、自动化程度高、便于在线测量等优点而被广泛采用。

材料的宏观力学、物理和化学性质是由其微观形态、晶体结构和微区化学成分决定的，也即与材料的微结构有关。人们可以通过一定的方法控制材料的微结构，形成预期的结构，从而具有所希望的特性。

6.4.2 X射线粉末衍射技术

X射线粉末衍射技术(XRD)是利用晶体形成的X射线衍射，对物质进行内部原子在空间分布状况的结构分析方法。

X射线粉末衍射技术是鉴定物质晶相的有效手段，包括广角X射线衍射和小角X射线衍射。X射线粉末衍射通过对X射线衍射分布和强度的分析和解析，可获得有关晶体的物质组成、结构(原子的三维立体坐标、化学键、分子立体构型和构象、价电子云密度等)及分子间的相互作用的信息。X射线衍射也是测量纳米微粒的常用手段。它不仅可确定试样物相及其相含量，还可判断颗粒尺寸大小。当晶粒度小于100nm时，由于晶粒的细化可引起衍射线变宽，其衍射线的半高峰处的宽化度(B)与晶粒大小(d)有如下关系：$d = k\lambda / B\cos\theta$，这就是著名的德拜-谢乐公式(Debye-Scherrer公式)。式中，k为Scherrer常数；λ为X射线波长，对于CuK_α为0.1542nm；θ为衍射角；B为单纯因晶粒度细化引起的宽化度，是实测宽度B_M与仪器宽度B_S之差，$B = B_M - B_S$或$B^2 = B_M^2 - B_S^2$，B_S可通过测量标准物(粒径大于10^{-4}cm)的半峰值强度处的宽度得到，B_S的测量峰位与B_M的测量峰位尽可能靠近。最好是选取与被测量纳米粉相同材料的粗晶样品来测得B_S值。据此可以按照最强衍射峰计算纳米材料对应晶面方向上的平均粒径。

同样，入射小角X射线衍射技术(GISXRS)也能测试出很小颗粒度的平均值，但是它不能提供粒度分布和最小及最大粒子的尺寸。当颗粒大小为纳米尺寸时，在入射X射线方向周围2°~5°范围内出现散射X射线，这种现象称为X射线小角散射(small angle X-rayscattering，SAXS)。纳米粒子引起的散射仅与粒子的外部形状和大小有关。衍射光的强度在入射光方向最大，随衍射角增大而减小，在角度ε_0处变为0，ε_0与波长λ和粒子的平均直径d之间近似满足关系式：$\varepsilon_0 = \lambda / d$。由于X射线波长一般在0.1nm左右，而可测量的$\varepsilon_0$在$10^{-2}$~$10^{-1}$rad之间，所以$d$的测量范围应在几纳米至几十纳米之间，如果仪器条件好，上限可提高到 100nm。小角散射样品的厚度要满足要求，以避免太厚时会导致吸收严重，太薄时散射强度太弱，合适的厚度应满足 $\mu t = 1$，μ 为样品的线吸收系数，t 为其厚度。

X 射线衍射分析方法在材料分析与研究工作中具有广泛的用途，可实现材料的物相定性和定量分析、点阵常数精确测定、宏观应力分析及单晶定向等方面的应用。

从理论上来说，只要未知物各组成相的 PDF 卡片存在（即已汇编出版），物相定性分析工作就能完成。但在实践中，却存在各种困难。除因多相物质中各相衍射线条叠加导致分析工作的困难外，未知物衍射花样数据误差与 PDF 卡片本身的差错等都是原因。

由于工作困难的原因，为此，物相分析工作中一般应注意下述几个问题。

① 实验条件影响衍射花样。采用衍射仪法，吸收因子与 2θ 无关；而采用照相法则吸收因子因 θ 角减小而减小，故衍射仪法低角度线条相对于中或高角度线条的衍射强度，比在照相法中高。由此可知，在核查强度数据时，要注意样品实验条件与 PDF 卡片实验条件的异同。

② 在分析工作中充分利用有关待分析物的化学、物理、力学性质及其加工等各方面的资料信息。

有时在检索和查对 PDF 卡片后不能给出唯一准确的卡片，应在数个或更多的候选卡片中依据上述有关资料判定唯一准确的 PDF 卡片。

6.4.3 扫描隧道显微镜

扫描隧道显微镜（STM）是所有扫描探针显微镜的祖先，它是在 1981 年由 Gerd Bining 和 Heinrich Rohrer 在苏伊士 IBM 实验室发明的。5 年后，他们因此项发明被授予诺贝尔物理学奖。STM 是第一种能够在实空间获得表面原子结构图像的仪器。

扫描隧道显微镜的诞生，标志着纳米技术研究的一个最重大的转折，甚至可以说标志着纳米技术研究的正式起步。STM 使人类能够实时地观测到原子在物质表面的排列状态和与表面电子行为有关的物理化学性质，对表面科学、材料科学、生命科学以及微电子技术的研究有着重大意义和重要应用价值。

扫描隧道显微镜使用一种非常锐化的导电针尖，而且在针尖和样品之间施加偏置电压，当针尖和样品接近至约 1nm 的间隙时，取决于偏置的电压的极性，样品或针尖中的电子可以"隧穿"过间隙到达对方。由此产生的隧道电流随着针尖和样品间隙的变化而变化，被用于得到 STM 图像的信号。

6.4.4 透射电子显微镜

透射电子显微镜（TEM）是以电子束为照明光源，由电磁透镜聚焦成像的电子光学分析技术。该技术是目前纳米粒子研究中最常用的方法。透射电子显微镜主要由三部分组成：电子光学部分、真空部分和电子部分。电子光学部分是透射电子显微镜的最主要部分，包括照明系统、成像系统和像的观察记录系统。

透射电子显微镜不仅可以用于研究纳米材料的结晶情况，还可以最直观地给出纳米材料颗粒大小、形貌、粒度大小等参数，也可观察纳米粒子的分散情况，具有可靠性和直观性。所以现在大多数纳米材料研究单位和生产厂家，都采用 TEM 作为表征手段之一。通过对纳米粉体的观察，TEM 得到的结果往往是粉体直观的聚集态结构，也有初级结构。实验时通常是将纳米粒子在超声波的作用下分散于乙醇中，然后滴在专用的铜网上，待悬浮液中的载体(如乙醇)挥发后,放入电镜样品台,便可开始观察和测量。但这样不易得到一次分散的纳米粒子。同时,电镜观察用的纳米粉数量极少,测量结果缺乏统计性。可尽量多拍摄有代表性的电镜像,然后用这些样品的影响照片来估测粒径。

6.4.5 扫描电子显微镜与电子探针

扫描电子显微镜(SEM)简称扫描电镜。自 1965 年第一台商用扫描电子显微镜问世以来,得到了迅速发展。它主要由电子光学系统、信号检测放大系统、显示系统和电源系统组成。扫描电镜的成像原理和一般光学显微镜有很大的不同,它不用透镜来放大成像,而是在阴极射线管荧光屏上扫描成像。

电子探针 X 射线显微分析仪(简称电子探针仪,EPA 或 EPMA)利用一束聚焦到很细且被加速到 $5\sim30keV$ 的电子束,轰击用显微镜选定的待分析样品上的某个"点",利用高能电子与固体物质相互作用时所激发出的特征 X 射线波长和强度的不同,来确定分析区域中的化学成分。利用电子探针可以方便地分析从 ^4Be 到 ^{92}U 之间的所有元素。与其他化学分析方法相比,分析手段大为简化,分析时间也大为缩短;利用电子探针进行化学成分分析,所需样品量很少,而且是一种无损分析方法;还有更重要的一点,由于分析时所用的是特征 X 射线,而每种元素常见的特征 X 射线谱线一般不会超过一二十根(光学谱线往往多达几千根,有的甚至高达两万根),所以释谱简单且不受元素化合状态的影响。因此,电子探针是目前较为理想的一种微区化学成分分析手段。

电子探针的构造与扫描电子显微镜大体相似,只是增加了接收记录 X 射线的谱仪。样品上被激发出的 X 射线透过样品室上预留的窗口进入谱仪,经弯晶展谱后再由接收记录系统加以接收并记录下谱线的强度。谱仪可以垂直安装,也可倾斜安装。垂直安装适合于平面样品的分析,倾斜安装适合于分析断口等参差不齐的样品。电子探针仪使用的 X 射线谱仪有波谱仪和能谱仪两类。

利用电子探针对样品进行定性分析和定量分析。定性分析是利用 X 射线谱仪,先将样品发射的 X 射线展成 X 射线谱,记录下样品所发射的特征谱线的波长,然后根据 X 射线波长表,判断这些特征谱线是属于哪种元素的哪根谱线,最后确定样品中含有什么元素。

定量分析时,不仅要记录下样品发射的特征谱线的波长,还要记录下它们的强度,然后将样品发射的特征谱线强度(只需每种元素选一根谱线,一般选最强的谱线)与成分已知的标样(一般为纯元素标样)的同名谱线相比较,确定出该元素的含量。但为获得元素含量的精确值,不仅要根据探测系统的特性对仪器进行修正,扣除连续 X 射线等引起的背景强度,还必须做一些消除影响 X 射线强度与成分之间比例关系的修正工作(称为"基体修正")。常用的修正方法有经验修正法和 ZAF 修正法。

电子探针分析有三种基本工作方式:一是定点分析,即对样品表面选定微区做定点的全谱扫描,进行定性或半定量分析,并且对其所含元素的质量分数进行定量分析;二是线扫描分析,即电子束沿样品表面选定的直线轨迹进行所含元素质量分数的定性或半定量分析;三是面扫描分析,用电子束在样品表面做光栅式面扫描,以特定元素的 X 射线的信号强度调制阴极射线管荧光屏的亮度,获得该元素质量分数分布的扫描图像。

6.4.6 原子力显微镜

1986 年,诺贝尔奖获得者宾尼等发明了原子力显微镜(AFM)。这种新型的表面分析仪器是靠探针与样品的表面微弱的原子间作用力的变化来观察表面结构的。它不仅可以观察导体和半导体的表面形貌，而且可以观察非导体的表面形貌，弥补了扫描隧道电子显微镜只能直接观察导体和半导体的不足，可以极高分辨率研究绝缘体表面。其横向、纵向分辨率都超过了普通扫描电镜的分辨率，已经达到了原子级，而且原子力显微镜对工作环境和样品制备的要求比电镜少得多。

对于纳米材料体系的粒度分析，首先要分清是对颗粒的一次粒度还是二次粒度进行分析。由于纳米材料颗粒间的强自吸特性，纳米颗粒的团聚体是不可避免的，单分散体系非常少见，两者差异很大。

一次粒度的分析主要采用电镜的直观观测，根据需要和样品的粒度范围，可依次采用扫描电镜（SEM）、透射电镜（TEM）、扫描隧道电镜（STM）、原子力显微镜（AFM）观测，直观得到单个颗粒的原始粒径及形貌。由于电镜法是对局部区域的观测，所以，在进行粒度分布分析时，需要多幅照片的观测，通过软件分析得到统计的粒度分布。电镜法得到的一次粒度分析结果一般很难代表实际样品颗粒的分布状态，对一些在强电子束轰击下不稳定甚至分解的微纳米颗粒、制样困难的生物颗粒、微乳等样品则很难得到准确的结果。因此，一次粒度检测结果通常作为其他分析方法结果的比照。

纳米材料颗粒体系二次粒度统计分析方法，按原理分，较先进的三种典型方法是：高速离心沉降法、激光粒度分析法和电超声粒度分析法。激光粒度分析法按其分析粒度范围不同，又分为光衍射法和光散射法。光衍射法主要针对微米、亚微米级颗粒的粒度分析；光散射法则主要针对纳米、亚微米级颗粒的粒度分析。电超声粒度分析法是最新出现的粒度分析方法，主要针对高浓度体系的粒度分析。纳米材料粒度分析的特点是分析方法多，主要针对高浓度体系的粒度分析，获得的是等效粒径，相互之间不能横向比较。每种分析方法均具有一定的适用范围以及样品条件，应该根据实际情况选用合适的分析方法。

6.4.7　激光粒度分析法

激光粒度分析法是基于 Fraunhofer 衍射和 Mie 氏散射理论，根据激光照射到颗粒后，颗粒能使激光产生衍射或散射的现象来测试粒度分布的。因此相应的激光粒度分析仪分为激光衍射式和动态激光散射式两类。一般激光衍射式粒度仪适于对粒度在 $5\mu m$ 以上的样品分析，而动态激光散射仪则对粒度在 $5\mu m$ 以下的纳米、亚微米颗粒样品分析较为准确。所以纳米粒子的测量一般采用动态激光散射仪。由于散射时大颗粒引发的散射光的角度小，而颗粒越小，散射光与轴之间的角度越大，因此要求仪器的光学装置能测量大角散射光。为了扩展仪器的测量下限，世界各著名仪器制造商开发出各种各样的光学结构。英国马尔文仪器公司（Marlvern）的 Mastersizer 激光粒度仪的光学结构采用了逆向傅里叶变换和后向散射接收技术；美国库尔特公司（Coulter）的激光粒度仪采用了双镜头技术（其公司专利）；德国 Sympatec 公司的 HE-LoS & RoDos 采用了 Fraunhofer 理论，并且应用了军用 $180°$ 多元探测器，我国欧美克公司的 LS-POP（Ⅲ）型激光粒度仪则采用了独特的球面接收专利技术等。

激光散射法是通过测量颗粒的散射光强度或者偏振情况、散射光通量或者通过光的强度来确定粒度。一般测定时，要先将固体粉体分散在液体里，然后，对之进行光散射测量，得到两种分布图：一种是按照固体粉体颗粒体积分布的曲线；另一种是按照固体粉体颗粒数目分布的曲线。测试时，纳米粉体需要先进行超声波分散，正确选择分散剂也是十分必要的，因为好的分散剂能够使颗粒产生的布朗运动更为持久，颗粒表面的水化层达到均匀的厚度，颗粒表面的双电层具有一定的厚度，最终分散开来。

激光散射法的特点是测量精度高、速度快、重复性好、可测的范围广（如最新的英国 Malvern 激光粒度仪可以测量范围为 $0.002\sim2000\mu m$）、能进行非接触测量，因此已经得到广泛应用。激光散射法可用于测试纳米粒子的粒径分布等。还可以结合 BET 法测定粒子的比表面积，研究团聚体颗粒的尺寸及团聚度并进行对比、分析。激光散射法的优点是：样品用量少，自动化程度高，重复性好，并且可在线分析等。缺点是：不能分析高浓度的粒度及粒度分布，分析过程中需要稀释，从而带来一定误差。

6.4.8　光谱分析法

常用于纳米材料的光谱分析法主要有红外和拉曼光谱、紫外-可见光谱等。红外和拉曼光谱的强度分别依赖于振动分子的偶极矩变化和极化率的变化，因而，可用于揭示材料中的空位、间隙原子、位错、晶界和相界等方面的关系。红外和拉曼光谱可用于纳米材料的表征，如硅纳米材料的表征。

对纳米材料红外光谱的研究主要集中在纳米氧化物、氮化物和半导体纳米材料上。对于大多数纳米材料而言，其红外吸收将随着材料粒径的减小主要表现出吸收峰的蓝移和宽化现象，但也有的材料由于晶格膨胀和氢键的存在出现蓝移和红移同时存在的现象。导致纳米材料红外吸收中发生蓝移和宽化现象的因素是小尺寸效应和量子效应，另外还有界面效应。

纳米材料中的颗粒组元由于有序程度有差别，两种组元中对应同一种键的振动模也会有差别，对于纳米氧化物的材料，欠氧也会导致键的振动与相应的粗晶氧化物不同，这样就可以通过分析纳米材料和粗晶材料拉曼光谱的差别来研究纳米材料的结构和键态特征。另外，根据纳米固体材料的拉曼光谱进行计算，可望能够得到纳米表面原子的具体位置。

紫外-可见光谱是电子光谱，是材料在吸收紫外-可见光子所引起分子中电子能级跃迁时产生的吸收光谱。由于金属粒子内部电子气（等离子体）共振激发或由于带间吸收，它们在紫外-可见区具有吸收谱带，不同的元素离子具有其特征吸收谱，加上此技术简单方便，因此是目前表征液相金属纳米粒子最常用的技术。另外，紫外-可见光谱可观察能级结构的变化，通过吸收峰位置变化可以考察能级的变化。

6.4.9　正电子湮没谱法

正电子湮没是指正电子射入凝聚态物质中，在周围达到热平衡后，与电子湮没，同时发射出 γ 射线。正电子湮没技术对原子尺度的缺陷十分敏感，纳米材料中如果含有空位、位错或空洞等缺陷时，由于这些缺陷会强烈吸收正电子，使得正电子湮没产生一定的时间延迟（即正电子寿命），通过对正电子湮没图谱的分析可以知道正电子寿命，从而提供纳米材料的电子结构或者缺陷结构的一些有用信息。因此，正电子湮没是研究纳米微晶材料结构和缺陷的一种十分有效的手段，主要用于研究纳米金属和纳米陶瓷界面结构。

6.4.10　热分析法

热分析是在规定的气氛中测量样品的性质随时间或温度的变化，并且样品的温度是程序控制的一种技术。材料的热分析主要是指差热分析法（differential thermal analysis，DTA）、示差扫描量热法（differential scanning calorimetry，DSC）以及热失重分析法（thermal gravimetry，TG）。三种方法常常互相结合使用，并且与红外光谱法、X 射线粉末衍射法等结合用于研究纳米材料或纳米粒子的以下几个方面的表征。

① 表面成键或非成键有机基团或其他物质的存在与否、含量、热失重温度等。

② 表面吸附能力的强弱与粒径的关系。

③ 升温过程中粒径的变化。

④ 升温过程中相转变情况及晶化过程。

6.5 贵金属制品及首饰的无损检验法

贵金属材料的分析测试在贵金属首饰行业中起到十分重要的作用，在贵金属材料的强化处理、合金化和加工工艺的制定、彩色金属首饰的制备、新材料的研制开发等领域，测试手段的选样和测试结果的正确运用直接关系到贵金属材料首饰的生产和利用。全面准确的测试结果能有效地指导贵金属及其合金材料在首饰制品中的应用。测试技术在首饰鉴定、评估、市场营销等领域中所起的作用十分重要。在传统的贵金属首饰检测过程中，真正起作用的是一双具有丰富经验的眼睛和简单的检测仪器（如用手掂试重量、试金石和金对牌等）。随着科学技术水平的发展，各种有色合金制品、仿金制品、镀金和包金制品层出不穷，制造水平不断提高，几乎达到了真假难辨的地步，即使是富有经验的名金匠，单凭肉眼也无法分辨，甚至使用常规的仪器也难以检测。尤其是不法商贩借机以次充好、以假乱真，从中牟取暴利。测试技术的发展及其在贵金属首饰领域中的应用，有效地促进了贵金属市场和金银首饰业的健康发展，为我国金银珠宝市场的繁荣和发展做出了巨大的贡献。

贵金属的检测目的一般有两个：一是检测样品是否为贵金属，属于哪一种贵金属，即定性问题；二是检测贵金属的成色含量，确定其中贵金属的百分比，即定量问题。贵金属材料的检测方法很多，主要包括传统的简单方法和现代大型仪器测试方法两大类。

对贵金属材料的成色进行检测，通常是要求准确、定量地给出贵金属的种类及元素的含量。这方面的应用既有商业上的，也有科研上的，在此仅对贵金属首饰行业的商业应用做简单介绍。

6.5.1 贵金属材料及金银饰品的常规检测方法

贵金属材料的常规检测方法和手段较多，包括肉眼观测法、密度测试法、硬度测试法、化学试剂测试法以及综合测试法等。

（1）色泽观测法 尤其是对金银的成色鉴别，历史上的银行相关部门和收购金银的工作人员，现在的金银珠宝商店的营业员，典当行业的工作人员，都必须掌握识别金银饰品真假和成色的技术，这是最基本的。否则，就不能很好地胜任本职工作。

贵金属饰品的色泽与饰品的成色有很好的对应关系，色泽观测法即是根据贵金属饰品的颜色用肉眼来鉴定其真假与成色。如黄金中清色金的颜色，随其银含量的多少而变化。黄金以赤黄色者为佳，成色在95%以上，正黄色成色在80%左右，青黄色成色在70%左右，黄白略带灰色的在50%左右，所以有口诀，"七青、八黄、九五赤"，也有人说七青色、八黄色、九五以上橙黄色，"黄白带赤对半金"。这样即可识别清色金的大概成色。

白银材料或饰品纯度越高，色质越细腻洁白，均匀光亮。含铅银料或饰品，色质白中呈青灰色；含铜银料或饰品，质感粗糙，有干燥感，不像纯银那样细白光润。一般而言，85银呈微红色调，75银呈红黄色调，60银呈红色，50银则呈黑色。具体而言，有如下所述。

当饰品为银与白铜的合金时，80银呈灰白色，70银呈灰色，50银呈黑灰色；当饰品为银与黄铜的合金时，银含量越低，饰品颜色越黄；当饰品成色在九成以上时，一般饰品制作精细，颜色洁白；当饰品成色在八成左右时，一般饰品做工粗糙，颜色白中带灰红色；当饰品成色在六成以下时，饰品颜色为灰黑色或浅黄红色。

不管是紫铜、白铜还是黄铜，存放日久皆生绿锈。白银存放日久生黑锈，而黄金饰品则金光灿灿，不怕腐蚀，经千百万年不变其光。1922年，在尼罗河发现的古埃及坟墓中的黄金饰品，距今已达3300余年，仍然像新的一样闪闪发光。所以有"铜变绿，银变黑，金子永远不变色"之说。对久藏初出的金、银饰品来说，这是一个简便的测验方法。

根据铂金的成色高低，可将铂金饰品的颜色分为三种：青白微灰色为本色，成色较高；青白微黄色是铂金内含有黄金或铜的成分，成色较次；银白色是铂金内含有较多的白银成分。

（2）试金石检测法 试金石检测法在过去是一种比较准确可靠的方法，它是利用金对牌（已经确定成色的金牌，简称对牌）和被测饰品在试金石（即磨金道的黑色石片）上磨道，通过对比磨道的颜色，确定成色高低或真假。具体做法是：先将被鉴定的饰品在试金石上磨一金道，然后选一根与金道颜色相似的对牌在金道的一边磨上对牌道，如两道颜色一样，金对牌上的成色，即被认为就是鉴定物的成色。为慎重起见，还可用原对牌在金道的另一边再磨上对牌道，形成中间待测物金道，借助于两边对牌道，这样看色更准确一些。如金道的颜色与对牌道的颜色不一致，另选对牌再用上述方法顺序磨道看色，对至两边颜色相一致时，才能确定成色。

清色金只含白银，磨在试金石上的金道颜色与金含量有关，可能是赤黄、正黄、青黄或白黄色并无浮色。所以，用对牌鉴定清色金，以"平看色泽"为主，"斜看浮色"为辅。平看色泽相符时，再斜看浮色，肯定无浮色后，确定成色。

使用试金石法检测黄金的成色，需要有一定的专业知识和工作经验，在成色差异不大时，在试金石上的金道颜色差异也是相当微小的。为了增加金道的颜色差异，突出辨别特征，可采用硝酸烟灰法或硝酸盐水法加以区别。

试金石也可检验银饰品的成色，称为银药（又名吃银虎）抹试法。将银饰品在试金石上磨出银道，用银药（银药是用95%以上成色的白银和水银调和而成）在银道上涂抹，挂银药多的，成色就高，少的成色低，假的不挂银药。还可将对牌与银道并列磨在试金石上，与银道同时用银药涂抹，根据饰品与对牌道所挂银药程度相同而定成色。涂抹银药时轻轻擦过就行，不要往返涂抹，以免银道被涂模糊，影响看色。

① 硝酸烟灰法。把金饰品和相近成色的对牌磨在试金石上，在金饰品和对牌的磨道上分别滴上浓硝酸溶液，然后再撒上纸烟灰，即发生反应且有浅绿色泡沫出现。数分钟后反应几乎停止时，用清水冲洗金道，清除硝酸溶液和烟灰。因黄金不溶解于硝酸，而银、铜则都被硝酸腐蚀，这时试金石上只剩下黄金。根据遗留的黄金颜色与对牌的颜色比较，相同或相近时即可确定饰品的成色。

② 硝酸盐水法。较高成色的混色金饰品，如用硝酸烟灰法不好识别时，可用硝酸和盐水混合液试点。混合液是由浓硝酸10mL、饱和盐水5mL混合而成。首先将金饰品和对牌在试金石上磨出金道，然后将混合液用玻璃棒分别点在金道和对牌道上，观察其变化情况，最后用清水冲洗干净，比较遗留在试金石上的饰品和对牌的金道颜色，相同或相近时可确定饰品的成色。

用硝酸盐水法检验银饰品时，用玻璃棒将硝酸滴到银首饰的锉口处，高成色银将呈糙米白色或微绿色的泡沫，低成色银则呈深绿色，甚至黑色，无沫或仅在锉口处有沫。人们通常以"七绿、八黑、九五白"这一口诀来鉴别白银的大体成色。具体鉴定成色的标准有以下几点。

如点试后呈白色或微带黄色，成色为 90%～95%；如点试后呈黑色或青色，成色为 80%～85%；如点试后呈浅绿色或微绿色，成色为 70%～75%；如点试后呈深绿色或微绿色，成色为 50%～60%；如点试后有绿色泡沫，但仍有白色痕迹，表明成色很低；如点试后没有任何痕迹，则可能是白铜。

将被鉴定的饰品在试金石上磨一银道，在银道上先点浓硝酸，然后再点盐水(10%盐水)，如含白银成分，即起变化，显示乳白浆，乳白浆随着白银成分的增加而增加。如成色在 50% 以下，稍显乳白浆并带有绿色；成色在 70% 以上，乳白浆较多，绿色较少；成色在 90% 以上，乳白浆特别多并有极淡的绿色。概括来说，即"反白多，成色高，反白少，成色低"(乳白浆是盐中的氯离子和银的化合物，即氯化银)。

对于铂金饰品，可将铂金磨在试金石上，在铂金道上加少量食盐(盖住金道一半即可)。然后在食盐上加硝酸，加到食盐被硝酸浸透的程度，等 15min，用清水冲去食盐和硝酸。如果是 Pt 950 以上成色的铂金，铂金道不变；Pt 900 左右成色，铂金道稍微有些变化，稍显模糊状；Pt 700 左右成色，铂金道变成黑灰色，而且铂金道被腐蚀掉一层。

(3)密度检测法 在日常生活中，人们都会注意到，某些金属比另一些金属"重"。经验告诉我们，1g 黄金比 1g 白银在体积上要小一些，或者说相同体积的黄金比白银要重一些。这是因为黄金的相对原子质量(196.97)比银的相对原子质量(107.87)大得多的缘故。不同种类的金属其密度是不同的，金的密度比银大，银的密度比铜高，因而测定密度有助于鉴别贵金属的种类。为确定相对密度必须测定物体的重量和体积。对于已制成首饰的贵金属，一般都是形状复杂且体积细小，要想精确测定它的体积有一定的困难。然而，利用阿基米德定律可以精确地测定贵金属饰品的密度值，从而区别出不同种类的贵金属。根据阿基米德定律，当物品完全浸入液体中时所受到的浮力等于它所排开液体的重量，可以将物体的体积通过分析天平精确地"称"出来。这就是检测物体精确密度值的静水称重法。

被测物体的密度与贵金属及其合金的种类有关，不同种金属，它的密度值差异较大，完全可以通过检测到的密度值鉴别出来不同的金属种类。但是，对于贵金属合金的饰品，成色不同时，如何通过检测到的密度值换算成饰品的金含量，是密度测试方法中必须解决的关键问题。

化学分析一般在实验室内进行。对于分析精度要求较高，在商业行为中起到鉴定或在商业纠纷中起到仲裁作用时，是常采用的方法。其优点是精度高，分析结果为饰品整体化学成分的平均值，具有代表性。缺点是化学分析是破坏性测试方法，不适于贵重饰品的检测，一般在贵金属生产企业和熔炼厂的实验室中应用较多。由于化学分析法常有一定的环境污染，在贵金属首饰行业中不是常用的分析检验方法。化学分析法中常用的有硝酸法和硫酸法两种。

6.5.2 贵金属材料及饰品现代仪器检测分析法

随着科学技术的不断进步，贵金属饰品或制品的检测技术也得到了蓬勃发展。一些现代的大型精密分析仪器在贵金属首饰材料的研究开发中起到了关键作用。现代大型仪器主要包括微束技术和谱学技术两大部分：微束技术的仪器有电子探针、透射电子显微镜、扫描电子显微镜、电子能谱仪等；谱学技术包括 X 射线荧光光谱、红外光谱、拉曼光谱、X 射线衍射等。

（1）反射率测定法　贵金属的成色与反射率值存在一定的对应关系。如黄金饰品或金基合金材料的成色越高，反射率值越低。因此，应用单色光源照射金饰品，测定金饰品的表面反射率就可以测定其成色。

（2）测金仪　随着黄金饰品市场的繁荣，各种小型和简易的测金仪应运而生。一种根据电化学原理研制的最新科技产品，已被首饰行业、银行等部门广泛应用于黄金饰品及制品的快速检测。

测金仪的原理是通过测定电解质溶液中被测样品的电极电位来确定饰品的金含量。测定结果可以用 K 值或百分含量来表示。

该仪器的检测操作十分简单。手持笔式管中装有电解质，笔的一端连接仪器控制电路，另一端即为探测头。当探测头与金饰品的表面接触时，仪器即反映出饰品的金含量。

6.5.3　铂族金属及其饰品的鉴别

目前，铂首饰主要用纯铂和铂合金制作，也有含铂的白色 K 金，如含 10% Pt、10% Pd、3% Cu 和 2% Zn 的 18K 金。所谓白色 K 金是为了取代昂贵的铂在金基体中加入能使金漂白的元素，如 Ag、Al、Co、Cr、In、Fe、Mg、Mn、Ni、Pd、Pt、Si、Sn、Ti、V 和 Zn 等，大多数是 Au-Pd-Ag 系合金，其中还含有 Cu、Ni、Fe、Mn 等。含 Ni 的白色 K 金价格便宜，但 Ni 对人体皮肤具有潜在的毒性，为此欧洲某些国家近年来制定了有关制造和销售与皮肤接触的含镍首饰的法令，并且制定了相关标准。白色 K 金依旧按金的成色区分，而对铂首饰的成色还没有硬性规定的标准。由于铂的供给受到资源的限制，而且近年来价格的急剧攀升，铂首饰的鉴别与分析更令人关注。

到目前为止，还缺乏一种简单的、像鉴别黄金首饰那样来鉴别铂首饰的方法。采用 X 射线荧光光谱分析的准确度和适用性仍有待研讨。

铂金饰品的鉴别目的包括真伪鉴别与成色鉴定两个方面。铂金的仿制品主要是由 Ni、Sn、Pd、Ag、Cu 等金属及其合金材料制成并表面电镀铂、铑、钯等材料的饰品或制品，以及白色黄金（又称为 K 白金）与白银等其他贵金属材料制品。

铂金饰品的真伪鉴别和成色测试有多种方法，可分为传统的常规测试方法和现代测试方法，与金、银的测试方法基本相同。由于铂金有其自身的灰白色、高熔点、催化作用等特殊性，铂金材料及制品的常规测试方法如下。

（1）观色泽，试条痕　铂为灰白色，白银颜色较铂金亮白，铂金的条痕颜色与其外表颜色一样，呈特征的灰白色。根据成色高低，一般分为三种颜色：青白微灰色为本色，成色较高；青白微黄色是铂金内含有黄金或铜的成分，成色次之；亮白不灰是铂金内含有较多的白银成分。

（2）掂重量　铂金密度达 21.4g/cm³，给人一种沉甸甸的感觉，密度为首饰贵金属之冠，比黄金约重 10%。通过同体积材料的掂重试验，铂金重量几乎是白银重量的 2 倍。结合颜色确定，轻者不是假的就是成色不足。进一步还可用密度检测法测试，具体方法与鉴别黄金的密度测试相同。

（3）延展性和硬度试验　铂金和黄金一样，具有很好的延展性，可以捶打至 0.0025mm 厚的铂箔。铂金的莫氏硬度为 4～4.5，既硬又韧，富有弹性，指甲或萤石都无法刻划，但它又易于弯曲和复原，若指甲不能刻划又不易弯曲或容易弯曲但指甲又能刻划者，都不是铂金。若经反复弯曲后表皮起皱的，可能是镀铂（或镀铑）饰品或包铂材料。

（4）火烧试熔法　铂金熔点远远高于黄金和白银，达 1763℃。铂金在一般炉火中，只能烧红，不能熔化。真金不怕火烧，铂金更不怕火烧，据此可鉴别真伪。此外，铂金火烧冷却后颜色不变，而白银火烧后冷却，颜色变成润红色或黑红色。

（5）听声韵　铂金密度高，莫氏硬度为4～4.5，敲击铂金的声音沉闷，有声无韵，成色不足或非铂金饰品则发音清脆，有声有韵。这个特征与黄金十分相似，据此可区分其他非贵金属、仿铂或镀铂、包铂饰品。

（6）看标记法　正规厂家生产的铂金首饰一般都有厂家和铂及铂含量的戳记，国际上用铂元素符号Pt或Plat或Platinum加千分数字样表示铂金的成色，如Pt 950表示含铂为95％的铂金饰品。美国则仅以Pt或Plat标记，因为在美国铂金首饰的铂含量不足95％是不允许销售的，因此，即使不注明铂含量，只要有"Pt"标志即可保证其铂含量在95％以上。中国也规定以百分数加"白金"或"铂"字样作为铂金的成色与质地戳记，如"99白金"就表示成色为99％的铂金。由于市场上常将不含铂金的K白金与铂金混淆，因此，最好还是不要标"白金"，而是标"铂"为好。

（7）煤气自燃法　铂金具有点燃煤气灯的作用。根据这个原理，也可用来测试铂金的真伪。煤气等都是用火柴点着的，然而在煤气灯的喷气口放置一块高纯度的铂金时，虽然铂金和煤气都是冷的，可是当打开煤气灯的开关，经过1～2min后，铂金的温度居然会慢慢地升高直至红热，甚至点着煤气灯。如果饰品不是铂金制品，则饰品便不会发红，煤气灯也点不着。这是因为铂金有加速许多化学反应速率的可贵特性，常被用于催化剂。煤气和空气中的氧气在常温下很难直接化合，但有了铂金作为催化剂以后，它们便能直接化合，放出大量的热，使铂金块发红发热，最后将煤气灯点着。

这种方法不宜在家中试验，需在通风条件良好的实验室里，在技术人员的指导下进行。以免煤气中毒或引发煤气爆炸。另外，如果铂金是粉末状的，放一些铂金粉末在双氧水中，若是真铂金，双氧水便立即白浪翻滚，分解出大量的氧气，铂金料却一点不少，若不是铂金粉末，则不起反应。

（8）看茬口　用钳子或其他工具将饰品横向折断，观察断口特征，若茬口呈绵（黏）状，则铂金饰品成色高，茬口越绵软，成色越高，若茬口呈砂粒状，折断时感到酥脆者，铂金成色不足。

（9）点试剂法　这一方法根据所点试剂的不同可分为以下四种。

① 点抹水银。利用白银吸收水银、铂金不吸收水银的特点，将水银抹在饰品上，观察是否有吸收水银现象，若吸收水银，则为白银或K白金饰品。

② 点双氧水。在铂金饰品的背面或不影响表面质量的部位，用锉刀轻锉少许粉末，放入盛有双氧水的塑料瓶中，由于铂金的催化作用，使双氧水强烈分解、放出氧气而上下翻腾。

③ 点王水。常温下，铂金不与王水发生化学反应，因此，将饰品在试金石上磨一道金道然后点试王水，若金道基本不发生改变，则可能为铂金饰品；若金道与王水发生反应，产生微黄绿色的泡沫，则可能为K白金。至于其他金属，则与王水反应溶解而使金道消失。但铂金与加热的王水也会发生化学反应而溶解。

④ 点硝酸。铂金化学性能非常稳定，不与硝酸发生反应，但白银以及其他白色普通金属则与硝酸反应。当铂金饰品含有其他金属杂质时，也可与硝酸反应。根据反应的强烈程度，便可对铂金饰品进行成色鉴别。具体方法如下：将铂金在试金石上磨出一条宽度较均匀的金道，首先在金道上洒少许1:10浓度的盐水，或直接把食盐撒在金道上。然后用玻璃棒在食盐上加硝酸，加至食盐被硝酸浸透为止，静置15～25min后，用清水洗去表面的反应物。根据金道的色泽及形状，可以判断铂金的大致成色如下。

金道颜色基本不变，仅光泽稍褪，成色在 95% 以上；金道颜色变成黄绿色或微白色，金道形态模糊不清，成色为 80%～90%；金道颜色转为黑灰色，形态变化十分严重，表面严重氧化，成色为 70%～80%。

6.5.4 常用检测方法的适用性

常用贵金属饰品的检测方法主要有传统检测方法中的密度检测法（静水称重法）和试金石法，现代测试方法中的电子探针法、X 射线荧光分析法等。这些常用的商业检测方法的适用性对不同的饰品适用性不同。几种常用的贵金属饰品检测方法的适应性如下。

① 密度检测法是鉴别足金、铂金、镀金、包金等饰品最有效的方法之一。

② 对款式和结构简单的足金饰品，四种方法都能胜任检测任务。

③ 对于结构复杂的足金饰品，测量其整体平均成色的最有效的方法是 X 射线荧光分析法。

④ 电子探针法是检测微区成分的不均匀性、杂质类型及分布特性的常用方法之一。

⑤ 批量检测时，应尽可能多地采用各种方法的联合使用，取长补短，相互验证，X 射线荧光分析法与密度检测法联合使用是贵金属饰品最理想的检测方法。

第7章

贵金属材料分析的富集和分离方法

贵金属原料除了纯金属和含量较高的冶金中间产物外，原料中贵金属的含量或品位一般较低。为了改善贵金属原料分析的灵敏度和选择性，在用常规化学分析或现代仪器分析测试各种原料中的贵金属含量之前，一般须对这些原料进行适当的富集与分离。有些原料的富集与分离工作在制样时就已经完成，有些则放在测试以前进行。富集与分离的目的主要是为了排除大量共存元素的影响和提高测定的灵敏度。

贵金属的富集与分离方法分为火法和湿法。火法又称为火试金法，是经典的富集与分离方法。该法具有富集效果好、准确度高、适应性广等优点，但操作麻烦，劳动强度高，成本高，容易铅中毒，而且需要专门的设备。湿法富集分离贵金属，操作简单快速，采用的仪器设备简单，富集效果较好，其分析结果能够满足地质找矿和地质科研的需要。近年来，随着新的富集分离方法的不断出现，湿法富集分离有逐渐代替火法的趋势。常用的湿法富集与分离方法有沉淀富集分离法、离子交换法、溶剂萃取法、蒸馏法、活性炭吸附法、萃取色层法、聚氨酯泡沫塑料吸附法等。其中活性炭富集分离法是目前国内外应用最广泛的富集分离金的方法。该法操作简单快速，分离效果好，回收率高(99%)，操作条件较宽(5%～40%王水介质均可吸附完全)，易于掌握，而且成本较低。尤其利用活性炭制备的活性炭吸附柱布氏漏斗抽滤装置，使过滤残渣与富集分离合为一体，一次抽滤完成，形成了具有独特风格的富集分离方法，其操作速度是其他富集分离方法无法比拟的，特别适用于大批量生产样品的分析。该法已广泛应用于容量法、分光光度法、催化比色法、原子吸收法、化学光谱法测定金等贵金属元素。

7.1 火试金法

火试金法是比较古老的预富集金的手段，该方法是把贵金属从其他的金属和脉石中分离出来，其作为一种经典的富集贵金属元素方法早在20世纪已经出现。它借助固体试剂与岩石、矿石等样品混合，在坩埚中加热熔化，生成的试金扣在高温时捕集到金、银元素，其密度大，下沉到坩埚底，样品中贱金属的氧化物和脉石与二氧化硅、硼砂、碳酸钠等熔剂反应生成密度较小的熔渣浮在上面。

常用的火试金法有铅试金法、硫化镍试金法、锑试金法等。不同的方法，应用范围也不同。由于在灰化过程中，Ru、Ir、Os 容易遗失，所以铅试金法更适用于 Pt、Pd、Rh 的分离。硫化镍试金法对所有铂族金属元素的分离效果都差不多，但是，由于使用了大量的熔剂和镍捕集剂，造成试金流程的空白值相对较大，抗干扰性差。火试金分析实际上是以坩埚或者灰皿为容器的一种试金方法，种类繁多，操作程序不一，有铅试金、铋试金、锡试金、锑试金、硫化镍试金、硫化铜试金、铜铁镍试金、铜试金、铁试金等。但各种新试金方法的熔炼原理和试金过程中的反应仍与铅试金法有许多相同之处。在所有的火试金法中，应用得最为普遍最为重要的是铅试金法，其优点是所得的铅扣可以进行灰吹。铅试金法与灰吹技术相结合，可以使几十克样品中的贵金属富集在数毫克重的合粒中。铅试金法，Au 的捕集率＞99％，对低至 0.2～0.3g/t 的 Au 仍有很高的回收率，铅试金对常量及微量贵金属的分析准确度都很高。以下以铅试金法为例简述火试金的原理。

7.1.1　铅试金法

在贵金属物料的富集分离中，传统的铅试金法由于其对贵金属具有特殊的富集效果，目前仍然发挥着重要作用。其原理是一种小型火法熔炼方法。在这一方法中，将固体熔剂与试样混合进行高温熔融反应，生成的铅试金固熔体富集贵金属，因密度大而沉于坩埚底部，贱金属等其他成分生成硅酸盐、硼酸盐熔渣而浮于坩埚上层，冷却后合金铅扣与熔渣分离。得到的铅扣可以采用灰吹氧化除铅的方式得到贵金属合粒，达到富集、分离、分解的目的。

铅试金法富集分离操作主要包括试金和灰吹两个操作阶段。以氧化铅（PbO）作为捕集剂，试金配料作为熔剂，在试金过程中可以将 Au、Ag、Pt、Pd、Rh、Ir、Os、Ru 八种贵金属元素全部定量捕集于铅扣中，大量的共存元素通过硅酸盐造渣被分离。然而，由于获得的铅扣质量很大，痕量的贵金属元素没有得到有效的富集，直接进行分析测定依然比较困难。因此，需要通过灰吹将铅扣中的大量铅氧化除去后，才能使贵金属富集于毫克级的金属合粒中而达到富集的目的。但在灰吹的过程中，Os 几乎全部损失，Ru、Ir 存在明显的损失，Rh、Pd、Pt 有少量的损失，微克级的 Ag 也存在损失，只有 Au 几乎不损失。因此，铅试金法对于金和银的富集分离是十分适宜的。加之金和银彼此之间易于酸溶解分离而以重量法测定，即使金或银含量很高时（如合质金）也能够适应，故铅试金能作为标准方法用于金、银的仲裁分析中。

为了减少在灰吹阶段形成贵金属合粒时元素的损失，通常采取在熔融阶段加入一定量的其他贵金属作为灰吹保护剂，这样可使分析结果得到明显改善。例如，以毫克级的银作为灰吹保护剂，能够减少 Pt、Pd 在灰吹时的损失；毫克级的金也可作为 Pt、Pd、Rh 的灰吹保护剂。当以 5mg 的铂作为灰吹保护剂时，铅试金法可以定量富集 Pd、Rh 和 Ir。

当采用某种贵金属作为灰吹保护剂时，作为保护剂的金属元素就失去了测定机会。为此，可采用不完全灰吹的方式，即在灰吹时保留 50～100mg 的铅。这样合金扣中既能有效地富集全部贵金属元素，也不影响随后用分析仪器（如 AAS、AES 等）对贵金属元素进行测定。但在这一操作中留铅量比较难于控制，试金操作者的经验常常是很重要的。如果不对试金扣进行灰吹，直接用高氯酸分解铅扣，然后再采用化学或仪器方法测定铅扣中的贵金属含量，这一操作程序虽然可行，但分解铅扣操作比较费时，铅基体对分析测定的影响仍然需要考虑。从某种意义上来说，失去了铅试金法富集的优点。

由于铅试金法具有其他富集方法不能比拟的优点，因此，铅试金法至今仍然是贵金属矿物、岩石分析中有效、准确和可靠的富集分离方法之一。

试金后获得的铅扣用瓷坩埚作为分金容器，分金得到的银溶液使用硫酸铁铵指示剂，以硫氰酸钾标准溶液测定银量。当银含量大于 1500g/t 时，取三份相当于试样银含量的纯金属银，用薄铅包裹后进行熔融、灰吹，测定得到补正系数后，用这一结果对测定值进行修正。在混合铅锌精矿的测定中，以四氧化三铅代替氧化铅，以 1：2 的硼砂-Na_2CO_3 作为覆盖剂，以称量法测定合粒、金粒的质量，以纯金、纯银进行试金熔融和灰吹、补正。

7.1.2 镍锍试金法

经典的铅试金法对于金、银、铂、钯和铑的富集能够获得比较满意的结果，但是对于铱、钌和锇的富集却不能令人满意。尽管采用添加贵金属的方法能改善铑和铱的富集效率，然而这无疑增加了分析的成本，也不能一次达到对贵金属元素同时定量富集的目的。除此之外，铅试金程序在灰吹时产生的大量氧化铅蒸气会污染环境，多年来这一严重问题一直困扰着贵金属分析工作者。为了克服铅试金法的不足，人们不断探索着利用冶金学的原理和技术建立新的火法富集贵金属的方法。

镍锍试金法是在含有贵金属元素的试样中加入硫和镍化合物（或镍）于高温条件下（约 1000℃）熔融，生成的硫化镍作为捕集剂将贵金属元素定量富集到硫化镍扣中，而贱金属氧化物与加入的助熔剂，如二氧化硅、硼砂和碳酸钠一起生成硅酸盐和硼酸盐渣。当混熔物料冷却之后，捕集有贵金属元素的硫化镍因密度大而聚集成扣并沉于坩埚底部，从而与熔渣相互分离。试金扣经粉碎后用盐酸分解可以除去基体硫化镍、铜和铁等，剩下的残渣即为贵金属元素和少量未溶解的贱金属硫化物。该法对贵金属元素的富集倍数可达 10^4 以上。自从 Williason 和 Savage 首次报道用硫化镍扣捕集南非 Witwaterand 的锇铱矿，并且通过分解试金扣、蒸馏四氧化锇进行锇的测定以来，经过广大分析工作者多年来的努力，建立了较为完善的镍锍试金富集痕量或超痕量铂族金属元素和金的方法。长期的分析实践也证明，镍锍试金法是继铅试金法之后另一个优秀的火法富集铂族金属元素的方法。

镍锍试金法的优点有以下几点。

① 能够一次富集所用的铂族金属元素和金，解决了铅试金法不能定量富集铱、钌和锇等难题，也不会产生环境污染。

② 熔炼温度低。Ni_3S_2 的熔点为 790℃，它与 FeS、Cu_2S 三者混融时的熔点在 800℃以下，而且不受捕集剂量的限制。

③ 定量富集铂族金属元素的线性浓度范围宽，高到毫克级，低至纳克级，甚至皮克级。

④ 硫化镍有足够大的密度（5.3g/cm³），生成的试金扣容易与熔渣分离，而且也容易机械粉碎。

⑤ 该法对样品类型的适应性强。分析物料中可含有大量铜或镍，含有的硫化物也无须预处理，也适应于难熔样品。

⑥ 试金扣后续处理比较简单，容易与其他分析程序和测定技术衔接。

经过数十年的发展，镍锍试金法的试金扣质量越来越小；样品类型越来越丰富，从一般的易熔矿石、地质样品到难熔的铬铁矿等；试金扣的后处理从单一到同碲共沉淀相结合；贵金属的测定由化学法过渡到同时多元素仪器分析。这一系列变化扩大了该法的适用范围，降低了试剂空白值和分析下限，有效适应了各类试样中痕量或超痕量贵金属元素的快速分析。

7.1.3 其他试金方法

经过实践不断的检验，人们发现铋试金法能够定量捕集痕量贵金属元素，但对组成复杂的试样，杂质金属容易进入铋扣影响其灰吹，而且成扣能力不如铅试金法；锑试金法仅适用于某些组成比较简单的样品；锡试金法的捕集过程比较复杂，而且不适用于铜镍矿中贵金属元素的捕集；铜铁镍试金法的操作程序更是烦琐，而且试金熔融所需温度高达 1450℃，应用受到很大限制；铜试金法具有较好捕集某些贵金属的能力，但铜扣像锡扣、铜铁镍扣一样不能灰吹，其操作远不如铅试金法方便。

火试金法不仅是古老的富集金银的手段，而且是金银分析的重要手段。国内外的地质、矿山、金银冶炼厂都将它作为最可靠的分析方法广泛应用于生产。一些国家已将该方法定为标准方法，我国在金精矿、铜精矿及首饰金、合质金中金的测定上，也定为国家标准方法。随着科学技术的发展，分析金银的新技术越来越多，分析仪器也越来越先进，火试金法与其他方法相比较，其操作程序较长并需要一定技巧，有许多分析工作者试图使用其他分析方法来代替火试金法。然而，火试金法是不可替代的，对于高含量金原料或纯金中金成分的测定，其精确度和准确度为其他直接测定法所不及，在有关金、银含量的仲裁分析中，火试金分析可以给出令争议各方信服的结果。这是由于火试金法有许多其他分析手段所不具备的独特的优点。

① 取样代表性好。金、银常以小于 g/t 级不均匀地存在于样品中，火试金法取样量大，一般取 20～40g，甚至可取多至 100g 或 100g 以上的样品，因此，样品代表性好，可把取样误差减小到最低限度。

② 适应性广。几乎能适应所有的样品，从矿石、金精矿到合质金，火试金法都能准确地进行金、银的测定，包括那些目前用湿法分析还解决不了的辉锑矿在内。对于纯金主成分的分析，火试金的分析同样可以获得令人满意的结果，除了极个别的样品外，此法几乎能适应所有的矿种。

③ 富集效率高，达万倍以上，能将少量金、银从含有大量基体元素的几十克样品中定量地富集到试金扣中，即使富集微克级的金、银，损失也很小，一般仅百分之几。由于合粒（或富集渣）的成分简单，有利于以后用各种测试手段进行测定。

火试金法的缺点可以归纳如下。

试金炉设备价格昂贵且体积大，必须有一名技术熟练的试金师，而且这种工作较脏并要消耗大量的化学试剂，常常造成炉料被银有时是金污染。这个问题可以通过采用试剂空白加以排除，必须做大量的工作确定火试金法中贵金属的损失。当今利用放射性示踪，有助于这项工作的展开。目前火试金法的成功在于很大的程度上仍依赖于试金师的经验。如有一个较少受主观因素影响的试金法，将有很大的好处。灰吹后 Os 几乎全部损失，Ru、Ir 有明显的损失，Rh、Pd、Pt 有少量的损失，Au 损失最少，Ag 的损失视试样中的含量而异，微克级损失多，毫克级损失少。

7.2　蒸馏分离法

蒸馏分离法是贵金属分析中分离 Ru、Os 的一种特殊手段，一般在分离和富集其他贵金属之前使用。

锇、钌的四氧化物沸点较低，由于在贵金属的溶样过程中经常需要使用强氧化剂，使锇、钌容易氧化为挥发性的氧化物，导致湿法处理过程中不能定量富集。因此，锇、钌一般在其他贵金属分离富集前采用特殊的蒸馏法进行分离。通过氧化和蒸馏，可把锇、钌从复杂的基体成分中离析出来，再通过适当的吸收剂把四氧化锇（或四氧化钌）捕集在吸收液中。蒸馏分离程序简单、快速，蒸馏产物纯净、单一，适合于用各种方法测定。

在 Os 的化学分离纯化方面，目前的分离富集手段除了常规蒸馏方法外，还有溴提取、

CCl_4 提取和微蒸馏等几种方法。常规蒸馏是早期的常用方法，现在也仍有许多实验室在采用。其最突出优点是回收率高，可以达到 $85\% \sim 90\%$。尽管如此，两种新的 Os 提取方法（溴提取法和 CCl_4 提取法）正在一些实验室中取代传统的蒸馏法。

7.2.1 常规蒸馏法

Os、Ru 的常规蒸馏有同时蒸馏、选择性蒸馏和多次蒸馏三种方式。同时蒸馏是指 Os、Ru 同时蒸馏出来，OsO_4 和 RuO_4 分别捕集在各自的吸收液中。使用这种方法的关键是寻找一个定量吸收 RuO_4 而完全不吸收 OsO_4 的吸收液。此法分离速度快，一个样品在 10min 左右就蒸馏完毕，Os：Ru 比例在 10：1 或 1：10 的范围内，均能得到定量的分离。因此这种方法被广泛应用。选择性蒸馏采用先加入一个只氧化 Os 而不氧化 Ru 的选择性试剂把 Os 蒸馏出来，捕集在 Os 的吸收液中，待吸收完毕后，换上 Ru 的吸收液，再加入一个强氧化剂，进行 Ru 的蒸馏。这种方式的优点是吸收剂容易选择，即使在 Os、Ru 相互的比例大于 10 时，也能获得定量的分离。多次蒸馏是先把 Os、Ru 同时蒸馏出来，吸收在同一个吸收液中使之与大量杂质分离，然后把吸收液转移到另一个蒸馏瓶中，再用上述两种方法之一进行蒸馏。

蒸馏 Ru（或 Ru＋Os）常用的氧化剂有 $HClO_4$、$HClO_4＋NaBiO_3$、$NaBrO_3$、$Cl_2＋NaOH$、$KMnO_4＋NaCl$、$PbO_2＋NaBrO_3＋NaCl$、$NaBiO_3＋KMnO_4＋NaBrO_3＋NaCl$、$K_2Cr_2O_7＋H_2SO_4$、$KIO_4＋NaBrO_3＋NaCl$ 等。蒸馏 Os 常用的氧化剂有 $H_2O_2＋Ag_2O_3$、$Ce^{4+}＋$缩水磷酸、$H_2O_2＋HCl$ 等。

蒸馏方法根据采用的氧化剂组合来分有很多种，其中 $KMnO_4＋NaCl$ 法是最常用的方法，能够很快地将溶液中 Os、Ru 定量地蒸馏出来，而且锰的引入不会影响蒸馏残渣中 Pt、Pd、Rh、Ir 的富集和测定。Os、Ru 的蒸馏温度不宜太高，在 $105 \sim 110℃$ 时微克级 RuO_4 与 OsO_4 可被蒸馏出来。在更高温度蒸馏，某些元素会挥发沾污 Os、Ru 的蒸馏液。如铁在 $150℃$ 会蒸出，$200℃$ 时 Ir、Re、Cr、Se、Te 会蒸出。

Os、Ru 的吸收液通常是还原剂，能将它们的四氧化物还原成没有挥发性的低价状态，因此能将 Os、Ru 捕集在吸收液内。如果还原剂的氧化还原电位在 RuO_4 与 OsO_4 的电位之间，就有可能作为 RuO_4 的选择性吸收液。选择吸收液主要考虑能定量捕集 Os、Ru，但也要兼顾到使用的吸收液要有利于以后的测定。捕集 RuO_4 与 OsO_4 常用的吸收液有 NaOH、H_2O_2、HBr、HCl＋乙醇（硫脲）、As_2O_3 等。选择性捕集 RuO_4 常用的吸收液有 HCl(1＋1)、HCl-乙醇-H_2SO_4、H_2SO_4-Hg_2SO_4-乙醇、H_2O_2-H_2SO_4。

Os、Ru 的测定可利用其催化铈（Ⅳ）-砷（Ⅲ）体系的氧化还原反应，进行催化光度法测定，也可以采用仪器分析法（ICP-光谱法或质谱法）测定。

7.2.2 溴提取法

溴提取法是利用 OsO_4 在液溴中可以与强还原剂 HBr 反应，形成稳定的 $OsBr_6^{2-}$ 来提取，其具体操作方法为：在溶样后把溶液转入 Teflon PFA 管形瓶中加热蒸干，加入 1mL 液溴、1mL 浓 HNO_3，再加入 CrO_3 的浓 HNO_3 溶液，盖上管形瓶，放在电热板上，加热到 $59℃$（液溴的沸腾温度），液溴在水相下沸腾，向上运动的溴蒸气在管形瓶的顶部凝结，再流回液溴层。当冷凝的液溴经过水相时，把其中的 OsO_4 带进下层液溴层中。与此同时，还原态的 Br^- 又被 CrO_3 氧化成 Br_2。经过溴提取以后，Os 转移到液溴层，而 Re 不被提取，保留在水相中。

7.2.3 CCl₄ 提取法

CCl₄ 提取法是由 Cohen 和 Waters 提出的一种封闭的提取法，具体操作方法为：用卡洛斯管溶样以后，烧融管口，加入有机提取剂 CCl₄，再将卡洛斯管重新封口，充分振荡，以使酸溶液与提取剂充分接触，然后静置过夜，以便水相与有机相完全分离。再打开卡洛斯管，取出上层水相，进行 Re 的分析。把含 Os 的下层有机溶液转移到盛有浓 HBr 的聚四氟乙烯管形瓶中。盖上盖后，振荡，使 OsO₄ 与 HBr 反应，使之被还原成 $OsBr_6^{2-}$，反提取回到水相。取上层水相，转移到另一个聚四氟乙烯管形瓶中，加热，使 OsO₄ 还原完全。最后蒸干溶液。对 Os 进一步纯化后，送质谱分析。Os 通过 CCl₄ 提取和微蒸馏以后，纯化效果很好，可以在质谱测定时，获得很强的信号。

7.3 活性炭吸附法

活性炭比表面积大（为 $10^2 \sim 10^3 \, m^2/g$），孔隙多，具有优良的吸附特性。50mg 活性炭可吸附约 1mg 的贵金属配合物。活性炭的吸附机理很复杂，在水溶液中，它能选择性地吸附贵金属配阴离子，而显示其阴离子交换剂的特性。若经过 HNO₃ 处理，即将活性炭氧化，则其对 Ag⁺ 和碱土金属阳离子有良好的吸附性能，而显示出阳离子交换剂的作用。若将具有选择性功能团的配位剂负载于活性炭上，则活性炭将成为具有选择性的负载螯合吸附剂，可用于吸附难以吸附的金属离子。因此，活性炭在富集贵金属离子方面有很好的应用前景。

活性炭吸附富集贵金属的机理比较复杂，目前普遍认为主要有物理吸附和化学吸附两种机制。其中物理吸附主要由范德华力产生，化学吸附是因为活性炭在酸性溶液中吸附氢离子而带正电荷，从而吸附溶液中的贵金属配阴离子。活性炭在水溶液中能够选择性地吸附贵金属配阴离子，而显示其阴离子交换剂的特性。经硝酸氧化处理过的活性炭则显示其阳离子交换剂的作用，对 Ag⁺、碱土金属阳离子具有良好的吸附性能。活性炭的表面具有很强的疏水性，对于有机试剂的亲和力大于对水的亲和力。对于难以吸附的金属离子，可先使其生成易于吸附的有机配合物，或将具有选择性官能团的配合剂负载在活性炭粉上，使之成为具有选择性的负载螯合吸附剂。

活性炭富集贵金属一般包括三个步骤。一是活性炭的预处理，常用的方法是将活性炭用 48% 的氢氟酸浸洗，再用浓盐酸浸洗，最后用去离子水冲洗至中性，晾干。或用 25% 的盐酸煮沸除去杂质，用去离子水冲洗至中性，晾干备用。也可以用 20g/L 的 NH₄HF₂ 溶液浸泡 7d 以上，再用 2% 的盐酸和去离子水洗涤至无 F⁻ 为止。二是吸附过程，可以采用静态吸附和动态吸附两种方法。所谓静态吸附即是将分析试液与活性炭-滤纸浆悬浊液混合搅拌，经过一定时间后过滤，贵金属被吸附于活性炭上，滤液中的贵金属含量明显低于吸附前的状态。动态吸附是将活性炭固定住，可以装入吸附柱，也可以装入滤袋置于被吸附的溶液中，使溶液通过外力在活性炭层循环，经过一定时间后，活性炭上吸附达到饱和，进入第三步，即解吸过程。活性炭上贵金属的解吸主要有两种方式。一是将活性炭取出，烘干后置于坩埚中进行炭化和灼烧，活性炭灼烧完毕后留下富含贵金属的烧结物。这种解吸方式中活性炭无法再次利用。二是将有关的解吸液在活性炭层循环，使活性炭上吸附的贵金属重新进入溶液而与活性炭层分离。这种解吸方式中活性炭可以重复利用，从生产角度看是有利的，但在贵金属分析中，很可能因为解吸不完全而使测出的含量偏低。因此，在贵金属分析中所用的解吸方式一般为炭化灼烧方式。

7.4　沉淀和共沉淀富集分离法

利用共沉淀剂以及还原剂，使贵金属被还原后和沉淀剂一起沉淀，从而与基体元素分离的方法被称为共沉淀法，是常用的贵金属分离富集方法。为了使痕量贵金属共沉淀，所用的共沉淀物质一般是活性表面积大的无定形沉淀，如氢氧化物和硫化物等。使用的沉淀剂有碲、硫脲、汞等。近年来，由于新型沉淀剂的使用，有效地缩短了分析时间。

沉淀法是一种传统的分离富集方法，但共沉淀法能自 20 世纪 60 年代起迅速发展，一方面在溶液中加入沉淀剂和一点金属离子（称为载体 Carrier），共沉淀溶液中的痕量金属元素，另一方面得益于其与具有高选择性的固体进样仪器的结合，使富集倍数极大提高，而被用于超痕量分析，近年来，又与流动注射分析结合克服了耗时多的缺点。新的共沉淀捕集剂不断涌现，其应用日益广泛。

使用的共沉淀剂有无机共沉淀剂和有机共沉淀剂。无机共沉淀剂有碲、锡、砷、汞、氢氧化铁和硫化物等。有机共沉淀剂有硫脲、对二甲氨基亚苄基若丹宁、亚甲基蓝和 α-巯基苯并噻唑等。无机共沉淀剂中较常用的是碲共沉淀法，通常用碲作为沉淀剂，$SnCl_2$ 作为还原剂。有机共沉淀富集分离法是近年来发展起来的新方法，与无机共沉淀剂相比较，该法具有沉淀条件宽、富集效果好、操作简便的特点，应用较广泛。其中较重要的有硫脲沉淀法。硫代乙酰胺也是铂族金属的组试剂，毫克级的铂族金属的氯配合物在盐酸溶液中可被硫代乙酰胺定量沉淀，可与铁、镍分离。该试剂沉淀铂族金属的温度较硫脲法低，150～170℃足以使沉淀完全，操作时间也短些，但与贱金属（铜、铋、汞）的分离不如硫脲法。

7.4.1　碲共沉淀法

在 2～4mol/L 盐酸溶液中，氯化亚锡能够将三价金还原为单质金，有碲的化合物存在时，还原时生成碲化金，与碲一起沉淀。其他贵金属，铂、钯、铑可与碲同时定量沉淀，而钌、铱沉淀不完全。除了存在的硒、汞会还原沉淀外，其他大量贱金属元素不产生共沉淀，从而达到贵贱金属的分离。当有大量铜存在时，少量亚铜沾污沉淀。硝酸的存在会干扰测定，因为具有强氧化性的硝酸能够把还原出来的碲沉淀重新溶解，失去富集分离作用。为此，在溶液中加入少量尿素，或用浓盐酸将溶液反复蒸干，可以将硝酸除去。该法的回收率可达 99.8%，对微克级的金也能定量沉淀。若用还原性较弱的亚硫酸和盐酸肼还原碲时，引入的杂质更少。

影响碲共沉淀的因素主要有反应时间、反应温度、体系氧化还原环境、酸度等。通过控制操作条件，回收率可达 90% 以上。在共沉淀时 Ir 的回收率普遍不高，在样品溶液中加入 KI 溶液，能大幅度提高 Ir 的回收率，可达到 97.5%。缺点是氧化还原电位与贵金属类似的元素也会产生沉淀，给下一步分析测定带来一定的影响。

7.4.2　硫脲共沉淀法

硫脲是一种能将铂族金属定量沉淀而与大量贱金属分离的组试剂。在含有贵金属的硫酸溶液中，加入硫脲晶体、加热溶解后，溶液先形成黄色或红色的铂族金属与硫脲的配合物，继续加热，随着溶液的蒸发，酸度增加，溶液的颜色变深，随后变为褐色、黑色，并且看到硫脲分解时析出的气泡，最后在浓硫酸中铂族金属与硫脲的配合物被分解，析出棕黑色的硫化物沉淀。铑在 150～170℃ 出现黑色沉淀；铂、钯在 190～200℃ 析出黑色沉淀；铱在 180～190℃ 析出棕色沉淀；钌在 120～140℃ 析出硫化物沉淀；锇在 180～200℃ 析出棕黑色沉淀。这些硫化物的沉淀完全析出后，溶液中的颜色也随之消失。微克级的铱、钌和锇能被硫脲沉淀完全；在含铜的溶液中，90% 以上的铂、钯、铑和金可被硫脲沉淀出来，约 90% 的铜留在溶液中。在硫脲沉淀铂族金属时，控制溶液的温度非常重要。温度太低，铂族金属与硫脲的配合物不能完全分解，铂族金属的硫化物沉淀不完全。温度过高，某些铂族金属的硫化物又重新溶解。因此，在浓硫酸介质中加热至控制温度最高为 230℃，硫脲与铂、钯、铑、铱等铂族元素生成硫化物沉淀，从而与大量贱金属分离。

7.5　溶剂萃取法

溶剂萃取法又称为溶剂萃取分离法或称为液-液溶剂萃取分离法。这种方法是利用与水不相溶的有机溶剂同待测试样一起振荡，一些有机组分进入有机相，另一些组分仍留在有机相中，从而达到分离的目的。萃取分离法用于元素的分离和富集，操作快速，仪器简单，分离效果好，应用较广泛。

如果被萃取组分是有色化合物，则可以在有机相中直接进行比色测定，这种方法称为萃取比色法。贵金属的溶剂萃取法是利用贵金属化合物在两种溶剂中有不同溶解度的原理实现分离，该法具有选择性好、回收率高、设备简单、操作简便快速、易于实现自动化等特点。

贵金属经过造液以后通常与一些简单配体如 Cl^-、Br^-、I^-、SCN^-、NH_3、吡啶等形成简单配合物。这些配合物很容易被一些含 O、N、S、P 等元素的有机物所萃取而进入有机相，经过水相和有机相分离后，贵金属在有机相中的含量远远高于水相和未萃取前的溶液的贵金属含量，从而使贵金属得到富集并与大量的贱金属分离。这种方法称为溶剂萃取法。

溶剂萃取法富集分离贵金属的关键是选择适当的有机溶剂（萃取剂）和采用适当的萃取工艺。在多年的实践中，人们发现了许多种有机溶剂具有萃取贵金属的功能，并且不断完善了相应的萃取工艺。

7.5.1　含氧萃取剂

含氧萃取剂主要有醇、醚、酮和酯及其混合物，这类萃取剂广义上说是一种离子交换剂。在萃取过程中形成的溶剂化合物并不破坏贵金属原有的氯配合物。

有些含氧萃取剂对贵金属还具有定量萃取功能，除可用于富集外，还可用于相应贵金属元素的分析测定。例如，在 $SnCl_2$ 存在的 HCl 介质中，丁醇可定量萃取 Pt，可用于吸光光度法测定催化剂中的 Pt；己醇可用于定量萃取 Ir，用于吸光光度法测定镍液中的 Ir；异戊醇可定量萃取 Pd、Pt 和 Au；在 SCN^- 的存在下，吡啶可定量萃取 Pd 等。在 MIBK 溶液中加入一些有机螯合剂，可以提高贵金属萃取的选择性。例如，在 $c=0.2mol/L$ 的 HBr 介质中，甲基三辛甲胺的 MIBK 溶液可以选择性地分离地质试样中的 Ag。

甲基异丁基酮（MIBK）是一种典型的酮类萃取剂，MIBK 在盐酸介质中可以萃取 Au(Ⅲ)，有机相以硫脲反萃，可直接测定反萃液中的金含量。一些有机螯合剂的 MIBK 溶液可提高贵金属萃取的选择性，如在 2mol/L HBr 介质中，甲基三辛甲胺的 MIBK 溶液可以选择性地分离地质试样中的 Ag。

醚类萃取剂以乙醚为代表，但是乙醚有沸点低、挥发性高等特点，使用不安全。二丁基卡必醇（DBC），即二乙二醇二丁基醚，具有挥发性低、稳定性高等优点。在 $1\sim2mol/L$ HCl 介质中，以磺化煤油为稀释剂，对金有很高的萃取率，有机相以 Na_2SO_3 反萃。

7.5.2　含硫萃取剂

含硫萃取剂主要包括硫醇、硫醚、亚砜和硫脲等。硫醇对贵金属的萃取能力一般有以下特点。一是其萃取能力随介质的不同而异。在 HCl 介质中，其萃取能力按 $Au(Ⅲ)>Pd(Ⅱ)>$ $Ag(Ⅰ)$ 的顺序减弱；在 HNO_3 介质中，按 $Pd(Ⅱ)>Ag(Ⅰ)>Au(Ⅲ)>Pt(Ⅳ)$ 的顺序减弱。二是硫醇对贵金属的萃取能力与硫醇本身的结构有关，一般按伯硫醇＞仲硫醇＞叔硫醇的顺序下降。三是随着硫醇分子碳链的加长和支链的增加，同类萃取剂对贵金属的萃取能力按 $Pd(Ⅱ)>Pt$ $(Ⅳ)>Au(Ⅲ)$ 的顺序下降。硫醚和亚砜的萃取能力和选择性等也有自身的特点。在选择萃取剂时应该根据具体物料的特点和相应的萃取目的，有重点地选择。

2-巯基苯并噻唑（MBT）早期用于贵金属的沉淀剂。在分析应用方面，早期用 MBT-$CHCl_3$ 体系对铂族金属进行萃取分离与光度测定，但灵敏度不高。经改进用 MBT-MIBK 自王水介质(4+96)中萃取微量金和钯，有机相直接以 GFAAS 测定金和钯，约 30 种共存离子不干扰测定。

硫醚（R_2S）的萃取能力强、选择性好，在萃取过程中贵金属元素如 $Pd(Ⅱ)$、$Au(Ⅲ)$ 易与硫醚中硫原子配位，可用于金、钯的萃取。但此时，$Pt(Ⅳ)$ 不与硫原子配位，因此用于 Pd、Au 与 Pt 的萃取分离。一般是二烷基硫醚对 $Pd(Ⅱ)$、$Au(Ⅲ)$ 的萃取能力比苯基硫醚强，因为苯环与硫原子的电子共轭，降低了硫原子的电荷密度，使硫原子与 $Pd(Ⅱ)$、$Au(Ⅲ)$ 的配位能力减弱。二烷基硫醚萃取 $Au(Ⅲ)$ 的能力还与基团的空间效应有关，如侧链含有仲碳原子的硫醚比直链及其他支链硫醚萃取 $Au(Ⅲ)$ 的能力低，原因是仲碳原子有较强的空间位阻。此外，与基团的电子效应有关，如二异戊基硫醚的两个甲基的斥电子作用，增强了硫原子上的电荷密度，增强了它对 $Au(Ⅲ)$ 的萃取能力。硫醚萃取 $Pd(Ⅱ)$ 的能力除上述两个效应外，还与 $Pd(Ⅱ)$ 萃合物的生成常数有关。

亚砜是一类具有 R_2SO 结构的萃取剂。主要包括二烷基亚砜（R_2SO）和石油亚砜（PSO）两类，其抗氧化能力比相应的硫醚强。合成的二烷基亚砜由二烷基硫醚氧化得到，石油亚砜是由石油硫化物氧化得到。它是通过 S＝O 键上的硫原子与金属离子配位或氧原子的共轭配位而达到萃取的目的，对金、铂、钯具有较高的萃取率和选择性。二烷基亚砜是 $Au(Ⅲ)$、$Pd(Ⅱ)$、$Pt(Ⅱ)$、$Pt(Ⅳ)$、$Ir(Ⅳ)$ 的有效萃取剂，部分萃取铑，不萃取钌。不同的二烷基亚砜对钯的萃取能力顺序为：直链烷基亚砜和 β-碳上有支链的烷基亚砜＞α-碳上有支链的烷基亚砜＞芳基亚砜。不同取代基的二芳基亚砜在 HCl 介质中对 $Au(Ⅲ)$ 的萃取能力顺序为：2-对异丙基苯基亚砜（PIPSO）＞2-对甲苯基亚砜（PTSO）＞2-对苯基亚砜（DPSO）＞2-对溴苯基亚砜（PBSO）。

7.5.3　含氮萃取剂

含氮原子的胺类萃取剂主要有伯胺、仲胺、叔胺和季铵盐，这类萃取剂在贵金属萃取分离与富集中具有重要作用，相应的胺上的取代基团对胺的萃取性能影响很大。这类萃取剂的优点是分配系数高，萃取容量大，在较宽的 HCl 浓度范围内同时萃取金、钯、铂，大量铜、镍、铅无影响。胺类中季铵盐和叔胺应用较多。用于贵金属分离的各种结构的胺萃取剂一般以下列两种方式形成萃合物。

（1）液-液离子交换，即：

$$2[(AmH)^+Cl^-]_{有机相}+[PtCl_6]^{2-}_{水相} \longrightarrow [(AmH)^{2+}(PtCl_6)^{2-}]_{有机相}+2Cl^-_{水相}$$

（2）萃取剂进入配合物内界，即：

$$2Am_{有机相}+(PtCl_6)^{2-} \longrightarrow [Pt(Am)_2Cl_4]_{有机相}+2Cl^-_{水相}$$

在一般情况下，在水相中提高盐酸浓度和采用亲质子稀释剂时，有利于萃取剂进入配合物的内界，其萃取能力按伯胺＞仲胺＞叔胺顺序减弱。

季铵盐对贵金属具有良好的萃取性能。以十四烷基二甲基苄基铵的三氯甲烷溶液，自 pH＝11 的 4mol/L HCl（含 KI）中萃取金，用 GFAAS 测定。季铵盐能够从金的碱性（pH≈11）氰化液中有效萃取 $Au(CN)_2^-$。二甲基烷基（C_7～C_9）苄基氯化铵可定量萃取镍阳极泥氯化液中的铂、钯，可用 4mol/L 的 HNO_3 或 2mol/L 的 $HClO_4$ 反萃。

酰胺也是一种重要的含氮萃取剂。酰胺 N-己基异辛基酰胺（MNA）与 TBP 组成萃取剂，以正辛烷为稀释剂，可在 1～5mol/L 盐酸浓度下有效萃取 Pt（Ⅳ），在 4mol/L 以上盐酸浓度时对 Ir（Ⅳ）的萃取率迅速增加，可以实现 Ir（Ⅳ）与 Rh（Ⅲ）的分离。二仲辛基乙酰胺（N503）在低酸度下即可高效萃取金，当盐酸浓度达到 3mol/L 以上时，Ir、Pd、Pt 也可以被萃取，控制盐酸浓度在 2mol/L 时，铂族金属萃取率较低，贱金属几乎不被萃取。以乙酸乙酯为稀释剂，在 HCl（5＋95）中以 0.5mol/L 的 N503 萃取金，GFAAS 直接测定有机相，选择性好，可用于矿石中金的测定。

另外，其他含氮的有机试剂如邻菲啰啉等对贵金属也有萃取作用。

7.5.4　含磷萃取剂

含磷萃取剂主要有磷酸衍生物、磷酸酯、膦酸酯等。近年来开发出的含磷类萃取剂极多，主要有磷酸三丁酯（TBP）、三烷基氧化膦和季𬭩盐等，各有不同的特点和用途。

磷酸三丁酯（TBP）及其衍生物对贵金属萃取具有良好的性能，可从 HCl 介质中萃取 Ir（Ⅳ）、Pt（Ⅱ）、Pt（Ⅳ）、Au（Ⅲ），而 Ir（Ⅲ）不被萃取。其萃取能力按 Au（Ⅲ）＞Pt（Ⅱ）、Pt（Ⅳ）＞Ir（Ⅳ）＞Pd（Ⅱ）＞Rh（Ⅲ）的顺序逐渐降低，TBP 萃取贵金属氯配合物的规律为 $[MCl_6]^{2-}$＞$[MCl_4]^{2-}$＞$[MCl_6]^{3-}$。

当与其他贵金属共存时，随 TBP 浓度的增大，金、铂、铱的萃取率随之增大。为使金与铂、铱分离，通过降低 TBP 浓度 [TBP：正十二烷＝1：2（质量比）]，控制盐酸浓度（＜0.5mol/L），可以提高萃取选择性。TBP 广泛用于金的萃取。用 20％ TBP 的环己烷溶液，从王水介质（1＋4）中萃取金，用 GFAAS 测定选金氰化尾渣及贫液中金。具有萃取速度快、选择性好、王水介质也能应用的特点。

贵金属萃取中另一类重要的含磷萃取剂为烷基膦氧化物。混合三烷基氧化膦（TRPO）在酸度为 0.1～7mol/L 范围内可以从盐酸介质中有效萃取 Pt（Ⅳ）、Pd（Ⅱ）、Ir（Ⅳ），萃取率在 99％以上，常用的稀释剂包括苯、甲苯、二甲苯、磺化煤油、TBP 等。预先将金、钯分离，通过加入适当的氧化剂或还原剂，可以实现 Pt、Ir、Rh 的相互分离，有机相中的 Ir（Ⅳ）可用稀硝酸反萃，Pt（Ⅳ）可用 10～30g/L 的 NaOH 反萃。

季𬭩盐（R_4P^+）化合物离子半径大、电荷密度小，烷基𬭩的极性也大，选择性和萃取能力都很优异。萃取 Rh（Ⅲ）、Os（Ⅳ）、Ir（Ⅲ）、Pt（Ⅳ）时，萃合物呈（R_4P^+）$_2$ $[PtCl_6]^{2-}$。

Os(Ⅳ)的萃取性能优于 Os(Ⅵ)。四癸基溴化鏻(TDPB)对 $[IrCl_6]^{2-}$ 的萃取随盐酸浓度的升高而减弱，其萃合物为 $(R_4P^+)_2[IrCl_6]^{2-}$，可在甲醇介质中分解为 R_4P^+ 和 R_4P^+ $[IrCl_6]^-$。萃取 Ru(Ⅲ) 和 Ru(Ⅳ) 时，萃取率随盐酸浓度升高而下降。钌配合物的萃取次序为 $[RuCl_6]^{2-}>[Ru_2OCl_6]^{4-}>[RuH_2OCl_5]^{2-}$。在 2mol/L 的 HCl 介质中，用甲基三苯基氯化鏻的三氯甲烷溶液可定量萃取 Ir(Ⅲ)、Ru(Ⅳ)、Os(Ⅳ)，而 Rh(Ⅲ) 不被萃取，将萃取液蒸干并溶于乙腈中，用 AAS 测定海绵铑中 Ru、Os、Ir。

烷基硫代膦酸对钯具有良好的选择性萃取能力，可使钯与其他铂族金属元素分离。二丁基硫代膦酸、二辛基硫代膦酸可定量萃取铂族金属。用二苯基二硫代膦酸萃取-吸光光度法测定 Pd 时，Rh、Pt、Au 不干扰。在有过量试剂存在的 0.1～5mol/L 盐酸介质中，二苯基二硫代膦酸在加热条件下可定量萃取 Rh、Pt，在室温下可定量萃取 Os(Ⅳ)、Ir(Ⅲ)。二烷基(或二苯基)二硫代膦酸酯用于岩石、矿石、精矿中铂族金属的萃取分离。二乙基二硫代膦酸与硫脲可定量萃取 Ru，而 Os 不被萃取。

7.6 离子交换法

以各类阴阳离子交换树脂为固定相，利用贵金属所形成的阳离子和阴离子对交换树脂中有关阴阳离子的交换作用，使贵金属离子富集于树脂上。这种富集和分离方法称为离子交换法。其原理与一般离子交换树脂的工作原理相同，但对于贵金属的富集和分离而言，对离子交换树脂的选择更为严格，因为贵金属离子在造液后的形态很复杂，既有简单离子，也有配位离子，而且离子的价态很多。单靠一种离子交换树脂往往不能将所有贵金属都富集于树脂中，实际操作时通常是根据溶液中贵金属离子的形态和数量将几种阴阳离子交换树脂联合使用，以达到最佳的富集和分离效果。

在盐酸介质中，贵金属一般以氯离子配位的配阴离子形态存在。由于静电效应的影响，配阴离子与阴离子交换树脂相互作用的强度取决于配阴离子的电荷数。单电荷的 $[AuCl_4]^-$、双电荷的 $[PdCl_4]^{2-}$、$[PtCl_4]^{2-}$、$[PtCl_6]^{2-}$、$[IrCl_6]^{2-}$、$[RuCl_6]^{2-}$ 和 $[OsCl_6]^{2-}$ 均能牢固地吸附在树脂上，而三电荷的 $[IrCl_6]^{3-}$、$[RhCl_6]^{3-}$ 和 $[RuCl_6]^{3-}$ 氯配阴离子在静态富集体系中的亲和能力很弱。利用这一特性，可以将贵金属配合物离子吸附在树脂上，用洗脱剂洗脱分离其他元素，最后将贵金属配阴离子洗脱出来进行分析。Rh、Ir、Ru 的配合物在溶液中会发生水合作用，由于其配合物在溶液中电荷的可变性，其吸附强度也随其电荷数而变化。在实际应用中这一特性可以用于形态分析。

利用贵金属元素形成配合阳离子、配合阴离子和中性配合物分子间的差异，对于交换能力十分接近的贵金属元素，通过在溶液中加入选择性的配合剂使其形成配合物，可减少待分离富集的离子被交换树脂吸附的机会，其减少的程度取决于所形成的配合物的稳定性、配合剂的浓度、溶液的 pH 值等。这些特性表现为贵金属离子的反应动力学效应差异，表 7.1 列出了借助于动力学效应的差异在离子交换树脂中进行分离的应用。

表 7.1 离子交换树脂分离贵金属离子的应用

贵金属离子	介质	交换树脂	洗脱液	备注
Ir(Ⅳ),Pd(Ⅱ)	氨水	Amberlite IRA-100NH$_4^+$	Ir:0.025mol/L 氨水-0.025mol/L NH$_4$Cl Pd:1mol/L HCl	Pd 呈 $[Pd(NH_3)_4]^{2+}$ 吸附,Ir 呈氯配阴离子不被吸附

贵金属离子	介质	交换树脂	洗脱液	备注
Pt(Ⅳ),Pd(Ⅱ)	氨水	Amberlite IRA-100NH$_4^+$	Pd:1mol/L HCl	与 Ir、Pd 分离程序相似
Pd(Ⅱ),Rh(Ⅲ),Pt(Ⅳ),Ir(Ⅳ)	氨水	Amberlite IRA-100NH$_4^+$	Pd:1mol/L HCl	与 Ir、Pd 分离程序相似
Rh(Ⅲ),Pt(Ⅳ),Ir(Ⅳ)	氨水	Dowex-2(Cl$^-$)	Rh、Pt:0.25mol/L 氨水-0.025mol/L NH$_4$Cl 除去一种元素,再分离另一种元素	通过阴离子交换剂后,酸性介质中 Rh、Pt、Ir 从阳离子交换剂中流出
Pt(Ⅳ),Pd(Ⅱ)	氨水	硅胶	Pd:0.5mol/L HCl	静态
Pt(Ⅳ),Pd(Ⅱ)	0.025mol/L CH$_3$COONH$_4$	AG500W-×4(NH$_4^+$)	Pt:0.25mol/L CH$_3$COONH$_4$ Pd:0.1mol/L HCl-90% 丙酮	加热 1min 生成 [Pd(NH$_3$)$_4$]$^{2+}$
Pt(Ⅳ),Pd(Ⅱ)	0.025mol/L CH$_3$COONH$_4$	AG1-×8(Cl$^-$)	Pd:0.25mol/L CH$_3$COONH$_4$ Pt:0.01mol/L HCl-0.1mol/L CH$_4$N$_2$S(80℃)	阴离子交换剂吸附 Pt(Cl)$_6^{2-}$,不吸附 [Pd(NH$_3$)$_4$]$^{2+}$
Rh(Ⅲ),Pt(Ⅳ)	pH=3.5	强碱性阴离子交换剂	Rh:0.2mol/L HCl Pt:稀氨水	用 NaOH 调制碱性后,调制 HCl(3.5＋96.5),Rh 留在柱上
Pd(Ⅱ),Rh(Ⅲ)	pH=3.5	Dowex 50(H$^+$)	Pt 或 Rh:水	
Rh(Ⅲ),Pt(Ⅳ)	NaCl		Rh:6mol/L HCl(60℃)	用 NaOH 调制碱性,10min 后 HCl 酸化
Rh(Ⅲ),Ir(Ⅳ)	pH=2.8	Dowex 50(H$^+$)	Rh:6mol/L HCl Ir:氨水(1+9)	先用 1% 水合肼还原 Ir(Ⅳ),再用氯气氧化 Ir(Ⅲ)
Rh(Ⅲ),Ir(Ⅳ)	吡啶	KU-2(H$^+$)		过量 Cl$^-$ 存在下,Ir 生成 Ir(C$_5$H$_5$N)$_2$Cl$_4$,草酸还原为 [Ir(C$_5$H$_5$N)$_2$Cl$_4$]$^-$
Rh(Ⅲ)或 Ir(Ⅳ),Pd(Ⅱ)或 Pt(Ⅳ)	0.5mol/L HCl-0.1mol/L CH$_4$N$_2$S	AG50W-×4(H$^+$)	Rh 或 Ir:0.5mol/L HCl-0.1mol/L CH$_4$N$_2$S Pd 或 Pt:4.5mol/L HBr	Rh、Ir 不与硫脲反应
Rh(Ⅲ),Ir(Ⅳ)	0.3mol/L HCl 硫脲	Dowex 50W-×8(H$^+$)	Ir:3mol/L HCl	水浴加热 1h 后,Rh 与硫脲生成配阳离子

贵金属离子	介质	交换树脂	洗脱液	备注
Pd(Ⅱ),Pt(Ⅳ)	0.2mol/L NH$_4$SCN, 2mol/L HCl	Cellulose-DEAE (SCN$^-$)	Rh:6mol/L HCl Pt:0.02mol/L NH$_4$SCN- 2mol/L HCl Pd:0.1mol/L CH$_4$N$_2$S	5℃以下,Pd 生成 Pd (SCN)$_2$$^{2-}$,Pt 生成 PtCl$_6$$^{2-}$被除去
Pt(Ⅳ),Rh(Ⅲ)	pH=2	Varion-KS(H$^+$)	Pt:水 Rh:1mol/L HCl	用 NaOH 调制碱性, 后用硝酸酸化

在一般情况下,适合离子交换分离用的配合剂,常常是分析方法中所用的掩蔽剂。例如在过量 Cl$^-$ 存在下,加入吡啶、抗坏血酸,Rh(Ⅲ)生成 [Rh(C$_5$H$_5$N)$_4$Cl$_2$]$^+$ 的速率比 Ir(Ⅲ)形成 [Ir(C$_5$H$_5$N)$_2$Cl$_4$]$^-$ 的速率快 6.5 倍,利用这一特性可用阳离子交换树脂分离 Rh(Ⅲ)、Ir(Ⅳ),即先用抗坏血酸将 Ir(Ⅳ)还原为 Ir(Ⅲ),再与硫脲反应生成 [Ir(C$_5$H$_5$N)$_2$Cl$_4$]$^-$,用草酸还原为 [Ir(C$_5$H$_5$N)$_4$Cl$_2$]$^-$,而 Rh(Ⅲ)直接与吡啶反应生成 [Rh(C$_5$H$_5$N)$_4$Cl$_2$]$^+$,利用两者形成吡啶配合物速率的差异进行分离。

除离子交换法外,以浸渍树脂(萃淋树脂)为固定相的萃取色谱法,以螯合树脂、螯合纤维等为固定相的螯合-吸附色谱法和薄层色谱法、纸色谱法等也已广泛应用于贵金属分离与富集。

7.7 泡沫塑料吸附法

泡沫塑料属于软塑料,是甲苯二异氰酸盐和聚醚或聚酯通过酰胺键交联的共聚物,是固体泡沫,松密度为 15~36kg/m^3。这种泡沫塑料所含有的功能团—CH$_2$—HO$^+$—CH$_2$—或—OCONH$_2$$^+$ 等对贵金属的富集和分离十分有利,已经在贵金属的富集和分离上得到广泛应用。如负载有双硫腙的聚氨基甲酸乙酯泡沫塑料对贵金属的吸附率很高,静态法测得泡沫塑料的吸附容量为 0.74~0.88mg/kg,回收率＞95％。如有 EDTA 存在,则聚氨酯泡沫塑料能定量吸附 Ag 与邻菲咯啉的配合物,而其他金属离子不被吸附。

泡沫塑料吸附贵金属的机理十分复杂,已经提出的解释有表面吸附、吸附、萃取、离子交换、阳离子螯合等。但没有一种解释可以圆满地解决其吸附机理问题。这并不影响泡沫塑料作为一种廉价和高效的贵金属富集手段的使用。在贵金属分析中,富集了贵金属的泡沫塑料的解吸方式和活性炭的解吸方式一样,以高温炭化为主。泡沫塑料吸附金的解脱方法一般为硫脲溶液。泡沫塑料吸附-硫脲解脱-AAS 测定已成为岩矿测 Au 的常规方法之一,也可采用灰化法(一般在 650℃灼烧)解脱后测定,或制成溶液,用相应的手段进行测定。

第8章

贵金属深加工原料和废料的分析

广义的贵金属深加工所用原料包括含有 Ru、Rh、Pd、Os、Ir、Pt、Ag、Au 的各类矿石、矿物、选冶中间产物、富集物和各类纯金属。贵金属废料是指含有贵金属的需要回收再生的边角废料、废渣、废液、清扫物等。在某些产品和某些工艺中，这些"废料"有时也作为深加工的直接原料。有关贵金属废料的取样和制样方法已做详细论述，其分析方法可以参考第9章贵金属深加工产品质量分析和本章的原料分析。与贵金属产品分析不同的地方是贵金属原料和废料分析的主要目的是准确、快速地测定其贵金属含量和杂质金属元素的含量，而不需要像产品分析那样考虑很多贵（贱）金属含量以外的项目分析。另外，贵金属废料的成分比贵金属产品复杂得多，贵金属的含量一般没有贵金属产品中的高，如果所测定元素的含量低于其测定方法的灵敏度，为了保证所要求的灵敏度、准确度、精密度和选择性等，往往需要选择不同的分析方法，并且在进行分析以前通常需要对待分析的贵金属进行适当的富集（浓缩），以提高待测元素的绝对含量以及增大与其他组分的浓度比。除了仲裁分析以外，对贵金属原料和废料的分析精度要求一般没有贵金属产品分析高。由于贵金属废料的种类比贵金属产品多得多，形态也复杂得多，因此贵金属原料和废料的分析方法也比贵金属产品的分析方法多，不同的分析人员所使用的方法有很大差异。这些特点决定了贵金属废料分析有其特殊性。本章将主要介绍贵金属原料和二次资源中贵（贱）金属分析的一些常用方法，并且介绍如何对贵金属电镀液进行分析。

8.1 贵金属深加工原料的分析

贵金属深加工的原料主要是贵金属锭材和粉末，如银锭、金锭、铂锭、钯锭以及电解银粉、金粉和海绵铂钯粉等。此外，某些贵金属深加工的中间产物也常作为贵金属进一步深加工的原料。这些原料的特点是贵金属元素含量较高，常用化学分析方法测定其中的贵金属含量。

8.1.1 贵金属锭材和粉末原料的分析

8.1.1.1 银锭及电解银粉分析

银锭和电解银粉是白银深加工过程中最常用的原料，其质量是否达到后续产品提出的要求（不一定是国家标准）直接影响白银深加工产品的质量。银锭和电解银粉从深加工角度看，影响深加工产品质量的因素主要是杂质元素的含量，影响深加工产品收率的主要是银含量。因此对银锭和电解银粉的分析主要是银含量和杂质元素的含量。

按照取样和制样的要求，对所得样品进行银含量的分析。所用分析方法是硫氰酸盐滴定法。具体分析步骤和计算方法见硝酸银产品质量分析。分析的精度要求比产品分析略低，对银含量结果报告值只须报到小数点后一位（如 99.5%）即可。

杂质元素分析主要集中于下列几个对后续产品有很大影响的金属元素：铅（Pb）、铁（Fe）、铜（Cu）、铋（Bi）、镍（Ni）和锰（Mn）。因为这些元素在制备硝酸银过程中很难分离除去，而且这些元素对硝酸银后续产品的影响非常大，如铅含量过高会使得到的硝酸银的水溶性试验不合格，用这种产品生产的电子浆料经过烧结后，银层发暗，电阻加大，严重影响电子浆料后续产品（如蜂鸣器和滤波器）的电性能。因此，将这些杂质元素的量控制在一定范围，保证原料合格，对白银深加工产品的质量很重要。分析方法是原子吸收分光光度法（见硝酸银产品分析）或发射光谱分析法（ICP）。其中 ICP 分析具有简捷快速的特点，一次可以将所需分析的杂质元素同时测定出来。

8.1.1.2　金锭及电解金粉分析

与银锭和电解银粉一样，金锭和电解金粉分析的主要内容也是金含量和杂质金属元素的含量。由于金比银贵重得多，同时常见的贱金属共存元素如 Pb、Fe、Cu、Bi、Ni 和 Mn 等在王水溶金过程中都将进入氯金酸溶液，影响金深加工产品的质量，因此深加工过程中对原料金的品位看得很重，同时对杂质金属元素的量也很重视。

按照取样和制样的要求，对所得样品进行金含量的分析的方法主要是湿法，即将王水溶解所得样品用一定的还原剂将金还原出来，所得金粉经过洗涤后称重，计算原料金的金含量。具体分析步骤和计算方法见氰化亚金钾产品质量分析。金含量结果报告值须报到小数点后两位（如 99.95%）。

杂质金属元素分析除了 Pb、Fe、Cu、Bi、Ni 和 Mn 等贱金属以外，Ag、Pt、Pd、Rh 等贵金属元素也必须进行。因为这些元素的性质与金相似，对金的后续产品的影响较大。分析方法主要是发射光谱分析法（ICP）。

8.1.1.3　铂锭及铂粉分析

与金锭和电解金粉相似，通过重量法得到还原铂粉后称重，计算铂含量；用 ICP 测定杂质贱金属和其他贵金属的量。

8.1.1.4　钯锭（钯粉）和铑钌铱铼原料分析

同金锭和电解金粉分析。

8.1.1.5　贵金属中间产物分析

硝酸银、氧化银、氯金酸、氯铂酸和二氯化钯等贵金属深加工产品往往是进一步加工成其他产品的原料，其分析方法参见有关产品质量分析。

8.1.2　贵金属合金原料的分析

贵金属及其合金材料早期主要用于制作装饰品、餐具或宗教用品。随着化学工业的发展，它在工业上有了应用，例如，19 世纪利用铂的耐腐蚀性能，以铂蒸发锅来浓缩硫酸，直到 20 世纪才成为工业上广泛应用的材料。贵金属合金具有较高的化学稳定性、优良的电化学特性和力学加工性质以及强的催化作用等，广泛应用于国防、宇航、原子能、电子、电气、冶金、石油化工、医药等行业。

贵金属合金材料的特有性能与其材料的成分、结构特点有密切的关系。贵金属合金材料主要用于贵金属板、带、箔、管、棒、型和丝材的生产，有些合金材料也用于贵金属精细化工产品的原料。在制备诸如精密电接触材料、应变材料以及磁性、超导、记忆、储氢、光敏和饰品材料等过程中，往往要求这些合金材料具有严格的组成和配比，需要对其主、次成分和合金化元素进行分析测定，并且要求分析结果有很高的准确度和精密度以及对少量添加成分或痕量杂质元素的分析方法要求有足够高的灵敏度。

贵金属合金中痕量杂质元素的分析控制，取决于材料的生产和加工实践中的要求。现已查明，少量的添加元素或熔炼过程与回炉料重新使用中所引入的痕量杂质元素，对材料常有很大的影响。例如某些合金中添加少量难熔元素，能获得细小晶粒的、变形性能良好的铸件，这样铸件在深冲击或者弯曲之后，表面具有更加光滑的特点，使抛光、电镀的加工工艺更加方便。然而，某些杂质的添加会起有害的作用，如 Pb、Bi、Sb、Sn 等会使某些合金材料变脆，影响加工性能和抗拉强度；Fe、Mn 和 Cr 等会引起合金晶粒粗化。在贵金属合金生产中，对其化学配比和杂质元素的控制常因使用要求需要加以明确限定，如在金基或银基合金中，Pb、Bi、Sb、Fe 是必须分析且加以控制的有害杂质；在铂铱合金点火触点材料中，由于材料的使用条件特殊，除主、次成分有严格的配比外，Au、Pd、Rh、Fe 等也是需要加以限定的杂质元素。由此可见，贵金属合金的分析检验不仅与合金本身的发展研究具有密切的、不可分割的相关性，而且分析方法的研究往往需要根据合金要求超前进行。贵金属合金原料的分析包括贵金属机械加工过程中所用的贵金属合金原料的贵金属主成分分析和杂质金属元素分析方法，下面举例说明贵金属合金材料中贵金属含量的分析。

（1）丁二酮肟重量法测定银铜金铂锌合金中钯的含量

① 原理。试样用混合酸溶解，其中 Ag 以 AgCl 沉淀过滤分离，Au 以 NaNO₂ 还原后滤出，破坏亚硝基配合物后，在稀 HCl(5＋95) 溶液中，以丁二肟沉淀 Pd，用重量法测定。合金中其他元素不影响测定。

② 试剂。百里酚蓝指示剂。称取 0.1g 指示剂于玻璃滴瓶中，加 2.2mL 100g/L NaOH 溶液溶解，用水稀释到 100mL。

③ 分析步骤。称取 0.1000g 试样，加入 25mL HCl、5mL HNO₃，低温加热直至试样溶解完全为止。加入 0.1g NaCl，低温蒸发至近干，再加 10mL HCl 蒸发至近干，重复两次。加入 4mL HCl(1＋1)、100mL 水并加热至沸，使 AgCl 凝聚，于暗处放置 4h 后过滤，分别以 HCl (2＋98) 和水洗涤数次，每次 5mL。于滤液中加入百里酚蓝指示剂，用 100g/L NaOH 溶液调节溶液自红色变橙色（pH＝2），再于电炉上加热至沸，加入 10mL 100g/L NaNO₂ 溶液，搅拌并煮沸 30min，使金沉淀凝聚。趁热过滤，分别用 10g/L NaNO₂ 溶液洗涤数次，每次 5mL，再以 5mL HCl(1＋1) 滴入烧杯边沿及滤纸上，最后以热水淋洗 10 次，每次 5mL。

将滤液加热至沸并保持 1 h，低温蒸发至近干，加 10mL HCl 再蒸发至干，重复 3 次。加入 10mL HCl 和 200mL 水，慢慢地加入 10mL 10g/L 丁二肟乙醇溶液，搅拌 3min，放置 1h，使丁二肟钯析出、凝聚。将沉淀抽滤于已在 110℃烘干至恒重的 4 号玻砂坩埚中，用 HCl(2＋98) 洗涤 10 次，每次 5mL，最后再用热水洗涤 5 次。将坩埚于 110℃烘干 1h，冷却，称至恒重。

④ 分析结果计算。钯的百分含量（%）按下式计算：

$$w_{Pd}=\frac{[(W_1+W_2)-W_1] \times 0.3161}{W} \times 100$$

式中，W_1 为玻璃坩埚质量，g；W_2 为丁二肟钯沉淀质量，g；W 为试样质量，g；0.3161 为丁二肟钯对钯的换算因数。

⑤ 注意事项

a. 银含量较低时,可直接用氯化钾沉淀分离银;银含量较高时,应先用氨水配合钯、银,再以氯化银沉淀分离银,可避免大量氯化银吸附钯导致分析结果偏低。

b. 溶液中铂、铱含量高时易被丁二肟钯沉淀吸附,应适当减少称样量。

(2) 硝酸六氨合钴重量法测定贵金属合金中铑含量

① 原理。在含有 $NaNO_2$ 的弱酸性溶液中,于加热条件下,Rh(Ⅲ) 与硝酸六氨合钴形成黄色结晶的 $Rh(NO_2)_6Co(NH_3)$ 复盐沉淀,经乙醇、乙醚洗涤和真空干燥后,直接以复盐形式称量测定 Rh。该法适用于 PtRh、PtRhAu、PtPdRh 等合金中 Rh 的测定。由于该沉淀溶解度小,沉淀时受溶液体积的影响较小。为减小 Pt 的共沉淀,沉淀时溶液体积应不小于 400mL,沉淀过程以不超过 1h 为宜。当分析 PtRhAu 合金中的 Rh 时,应预先还原分离 Au。

② 试剂

a. 硝酸六氨合钴。将 73g $Co(NO_3)_2$ 溶于 100mL 水中,加入 80g NH_4NO_3、2g 活性炭、18mL 氨水,于溶液中通入空气 3～4h,经氧化反应生成 $Co(NH_3)_6(NO_3)_3$、向溶液中加入 1300～1500mL HNO_3 酸化水,在水浴中加热,过滤除去活性炭,向溶液中加入 200mL HNO_3,冷却后即析出橙色结晶沉淀。过滤,以水和乙醇洗涤,于 100℃ 下干燥后备用。

b. 硝酸六氨合钴饱和溶液。称取 17g 上述试剂于 200mL 水中,加热溶解,用快速滤纸过滤,以水稀释至 1000mL。

③ 分析步骤。准确称取约 0.1g PtRh(或 PtPdRh)合金试样。当合金中 Rh 小于 10% 时,直接用 20mL HCl-HNO_3 混合酸(3+1)溶解;Rh 大于 10% 时,需要用玻璃封管氯化溶解,或者以 HCl-HNO_3 混合酸(3+1),用聚四氟乙烯消化罐热压法溶解。所得试液蒸发至 1～2mL 后,加 300mL 水,加热至 60℃,加入 5g $NaNO_2$,继续加热至沸。在搅拌下加入 20mL 硝酸六氨合钴饱和溶液,加速搅拌使沉淀析出,在砂浴上放置 10min,然后迅速冷却 1h,用预先洗净、干燥、称量好的 4 号玻砂坩埚抽滤沉淀,并且以 0.5g/L 硝酸六氨合钴溶液洗涤 3 次,每次 5mL,用套有橡皮头的玻璃棒将附着于杯壁的沉淀洗于坩埚中,最后用无水乙醇洗涤 3 次,以乙醚洗涤 1 次,将坩埚置于真空干燥器中抽气干燥 30min 至恒重,取出称量。

当分析 PtRhAu 合金中 Rh 时,试样溶解蒸发至近干,加入数滴 HCl(1+1),然后加 20～30mL 水溶解残渣,加热至沸,加入数滴 H_2SO_3(视 Au 含量而定),Au 立即还原析出。继续保持微沸,使 Au 凝聚、澄清、过滤。将滤液稀释至约 400mL,以下操作同 PtRh 合金的步骤。

④ 分析结果计算。铑的复盐沉淀质量乘以换算因数即铑的含量。

铑的百分含量(%) 按下式计算:

$$w_{Rh} = \frac{[(W_1 + W_2) - W_1] \times 0.19054}{W} \times 100$$

式中,W_1 为玻璃坩埚质量,mg;W_2 为沉淀的质量,mg;W 为试样质量,mg;0.19054 为铑的复盐对铑的换算因数。

⑤ 注意事项

a. 该法适用于分析铂铑合金中 5%～70% 铑。铑量在 40% 以上者只称 0.0500g 试样。

b. 沉淀时溶液的体积不能少于 300mL,而且放置时间不宜太久,否则沉淀中夹带铂,使结果偏高。

c. 用硝酸六氨合钴溶液洗涤沉淀时,应始终保持洗涤液浸没沉淀,即不能使沉淀裸露于空气中，否则会使分析结果偏高。

d. 钯和铱含量稍高时干扰测定。采用丁二肟预先分离钯；通过减少试样称量值可降低铱含量。金、铁干扰测定，采用乙醚-盐酸（3～6mol/L）萃取分离。

e. 当铑的测定含量为10mg时，形成铑的复盐沉淀相对铑浓度较高时的要完全一些，对于铑含量较高的样品，应注意因称量值较小所引起的较大的分析误差［测定10%～30%的铑含量时，绝对误差±（0.10%～0.30%）］。

贵金属合金中所含有的贵金属一般在一种以上，由于贵金属相互之间性质上的相似性，使得贵金属合金中贵金属成分的测定比贵金属精细化工产品中贵金属含量测定复杂得多。

贵金属合金中贵金属成分的测定方法主要有重量法、滴定法和电化学滴定法、吸光光度法和原子吸收分光光度法等，其中重量法和滴定法前面已经做了部分介绍。

（3）EDTA滴定法测定铂钯钒和金钯合金中钯

① 原理。试样用王水溶解，用HCl赶除HNO₃后，加乙酸-乙酸钠缓冲溶液、EDTA和抗坏血酸，加热使V配合，用Pb(NO₃)₂返滴定过量的EDTA，然后趁热加入硫脲置换Pd-EDTA，调节pH值并以Pb(NO₃)₂（或乙酸锌）滴定析出的EDTA。PtPdV合金中Pd测定误差小于±1%。当分析AuPd合金时，需在加入EDTA后加入氢醌将Au(Ⅲ)还原为金属，然后调节pH值，进行Pd的滴定。

② 分析步骤。不同合金的分析步骤如下。

a. PtPdV合金中Pd的测定。称取0.0500g试样，以王水溶解，除去HNO₃后加150mL水、2.5mL pH=5.5的乙酸-乙酸钠缓冲溶液，调节pH=5～6，加20mL $c(C_{10}H_{14}N_2O_8Na_2)=0.025mol/L$ EDTA溶液，立即加1g抗坏血酸，调节pH=5.5，放置30min。加入5滴二甲酚橙指示剂，用$c[Pb(NO_3)_2]=0.015mol/L$标准溶液滴定，溶液由黄色变红色为第一终点，记下消耗Pb(NO₃)₂标准溶液体积(V_0)。立即加入30mL 100g/L硫脲溶液（若不尽快加入硫脲，则几分钟后会有沉淀产生），加热至沸，取下，继续用Pb(NO₃)₂溶液滴定到溶液由黄色变红色，记下第二终点时消耗Pb(NO₃)₂溶液体积(V_1)，计算合金中的Pd含量。

b. AuPd合金中Pd的测定。称取0.1000～0.5000g试样，用王水溶解，以HCl赶除HNO₃后，加5mL HCl溶解残渣，移入50mL容量瓶中，以水定容。分取适量试液(V)于250mL烧杯中，加入80mL水、20mL EDTA溶液、1～2mL 10g/L氢醌溶液，放置30min，加5滴二甲酚橙指示剂，调节pH值使溶液呈黄色，再加入5mL pH=5.5的乙酸-乙酸钠缓冲溶液，用Pb(NO₃)₂标准溶液滴定过量的EDTA至溶液由黄色变红色。加入2～5mL 100g/L硫脲溶液，此时溶液重新变黄色，再立即用Pb(NO₃)₂标准溶液滴定释放出的EDTA，直至溶液由黄色变红色，即为终点。记下消耗Pb(NO₃)₂溶液体积(V_1)。

③ 计算。钯的百分含量（%）按下式计算：

$$w_{Pd}=\frac{c \times V_1 \times 106.4 \times 50 \times 10^{-3}}{m \times V} \times 100$$

式中，c为Pb(NO₃)₂标准溶液物质的量浓度，mol/L；V_1为消耗Pb(NO₃)₂标准溶液的体积，mL；m为称取试样的质量，g；V为所取试液的体积，mL；106.4为Pd的摩尔质量，g/mol。

8.1.3 金箔及金合金中金的含量分析

试样经王水分解后，制备成氯金酸溶液，在一定的盐酸酸度下，加还原剂将金(Ⅲ)还原为单质金，用重铬酸钾标准溶液返滴定过量还原剂，借此间接计算试样中金的含量。

采用的还原剂有亚铁、亚锡、氢醌等。如采用硫酸亚铁铵、氢醌为还原剂，则以二苯胺磺酸钠为指示剂。采用亚锡为还原剂则以碘化钾-淀粉为指示剂。

氯胺 T 容量法基于用抗坏血酸还原金（Ⅲ），过量的抗坏血酸，以碘-淀粉为指示剂，采用氯胺 T 标准溶液进行滴定，当溶液呈现蓝紫色即为终点。

该法适用于金箔、AuAg、AuAgCu 合金中高含量金的测定。

（1）莫尔盐还原重铬酸钾容量法 试料用王水溶解，加一定量过量的硫酸亚铁铵标准溶液，以二苯胺磺酸钠为指示剂，用重铬酸钾标准溶液返滴定过量的硫酸亚铁铵以测定金量。

① 主要试剂。氯化钠溶液（200g/L）；硫酸-磷酸混合酸（H_2SO_4：H_3PO_4：H_2O＝1：1）；二苯胺磺酸钠溶液（5g/L）；硫酸亚铁铵标准溶液 [0.04mol/L，H_2SO_4（4：96）]；重铬酸钾标准滴定溶液（0.0250mol/L）；金标准溶液 [1.00mg/mL；盐酸溶液（1：9）]。

② 标定。移取 20.00mL 金标准溶液于 250mL 烧杯中，加 1mL 氯化钠溶液，水浴蒸至湿盐状。加 20mL 水，于搅动下加 50.00mL 硫酸亚铁铵标准溶液，继续搅动 0.5min，加 15mL 硫酸-磷酸混合酸、30mL 水、3 滴二苯胺磺酸钠溶液，用重铬酸钾标准溶液滴定至溶液由浅绿色变为紫红色，即为终点。另取 50.00mL 硫酸亚铁铵标准溶液，加 15mL 硫酸-磷酸混合酸、30mL 水、3 滴二苯胺磺酸钠溶液，用重铬酸钾标准溶液滴定至溶液由浅绿色变为紫红色。平行标定 3 份，所消耗滴定溶液的体积的极差值不应超过 0.05mL，取其平均值。按下式计算重铬酸钾标准滴定溶液对金的滴定度：

$$T_{Au/K_2Cr_2O_7} = \frac{C \times V \times 10^{-3}}{V_1 - V_2}$$

式中，$T_{Au/K_2Cr_2O_7}$ 为重铬酸钾标准滴定溶液对金的滴定度，g/L；C 为金标准溶液的浓度，mg/mL；V 为滴定时加入金标准溶液的体积，mL；V_1 为滴定硫酸亚铁铵标准溶液消耗重铬酸钾标准滴定溶液的体积，mL；V_2 为滴定金时消耗重铬酸钾标准滴定溶液的体积，mL。

③ 分析步骤

a. 试样准备。称取约 0.20g 试料于 250mL 烧杯中，加 20mL 王水溶解。加 1mL 氯化钠溶液，水浴蒸至湿盐状。重复 3～4 次。

b. 测定。试液中加 20mL 水，于搅拌下加 50.00mL 硫酸亚铁铵标准溶液，继续搅拌 0.5min，加 15mL 硫酸-磷酸混合酸、30mL 水、3 滴二苯胺磺酸钠溶液，用重铬酸钾标准溶液滴定至溶液由浅绿色变为紫红色，即为终点。

④ 分析结果计算。按下式计算金的含量，以质量分数表示：

$$w_{Au} = \frac{T_{Au/K_2Cr_2O_7} \times (V_1 - V_2) \times 10^{-3}}{m_s} \times 100$$

式中，w_{Au} 为金的质量分数，%；V_1 为滴定硫酸亚铁铵标准溶液消耗重铬酸钾标准滴定溶液的体积，mL；V_2 为滴定试液消耗重铬酸钾标准滴定溶液的体积，mL；m_s 为试料的质量，g。

⑤ 注意事项

a. 银含量较低时，可用王水直接溶解试料。银含量较高时，加 4～5g 氯化钾、25～40mL 盐酸、6～10mL 硝酸溶解。

b. 应除尽氮氧化物，防止其消耗硫酸亚铁铵标准溶液。

（2）氢醌容量法 氢醌容量法适用于少量或痕量 Au 的测定，已在矿物原料分析中得到广泛应用。当以邻联-2-茴香胺作指示剂时，该法可以直接应用于小于 10mg 的 Cu、Ag、Fe、Ni、Zn、Cd、Al 和 Sn 的合金溶液中 Au 的测定。

氢醌容量法是在 1937 年首先提出。该法是基于，在 pH＝2～2.5 的磷酸-磷酸二氢钾缓

冲溶液中,用氢醌(对苯二酚,电位 0.699V) 可定量地还原三价金为零价金:

$$2HAuCl_4 + 3C_6H_6O_6 \longrightarrow 2Au + 3C_6H_4O_2 + 8HCl$$

选用联苯胺(或其衍生物) 为指示剂,以氢醌标准溶液进行滴定,当溶液不再出现黄色即为终点。根据氢醌溶液的消耗量计算金的含量。

氢醌容量法的优点有以下几点。

① 测定酸度范围较宽,pH=0～3.8。

② 准确度高,0.×～0.××g/t 都可得到准确的结果。

③ 选择性较好,少量的铜、银、镍、铅、锌、镉对测定无影响。1mg 以上的锑使结果偏低,钯与联苯胺生成红色配合物,影响测定。但试样中一般含量甚微,只有在含量高时预先除去。

氢醌容量法的缺点有以下几点。

① 氢醌工作溶液极不稳定,易氧化成对苯醌,对浓度为 3.8×10^{-4} mol/L(约相当于 $50\mu g/mL$) 在避光、密封和室温 15℃仅能稳定 2～3d,室温高于 20℃稳定性更差,故每次测定都要重新标定。可采用加入乙醇的方法,提高了氢醌工作溶液的稳定性。

② 氢醌与金的氧化还原速率较慢,常常出现回头现象,容易产生滴定误差。滴定时适当加热,并且滴定速度不宜过快。如有回头,应继续滴定到黄色不再出现为止。

该法还可用联苯胺的衍生物为指示剂。指示剂均配成 1%的乙酸溶液。

氢醌容量法适用于 1g/t 以上的岩石和矿物、氰化溶液、镀金电解液、重砂铂、有色冶金原料、重砂金、药物和尿中金的测定。根据富集金的方法,氢醌容量法可分为活性炭吸附富集分离氢醌容量法、泡沫塑料富集分离氢醌容量吸附法、碲共沉淀富集分离氢醌容量吸附法和铅试金富集分离氢醌容量法。其中以活性炭吸附富集分离氢醌容量法应用最广泛。

8.2 贵金属废料的分析

在贵金属废料中,贵金属含量往往高于矿产资源中的几个数量级。因此,对二次资源中贵金属进行回收和综合利用,不仅可以变废为宝、减少环境污染,而且具有重要的经济价值。

8.2.1 贵金属废料的快速简易分析

贵金属的快速简易分析对计价和进一步的定量分析方案的设计有很大的帮助。贵金属废料产生于贵金属产品的生产、使用和使用后的各个环节。可以说,凡是生产贵金属的场所和使用贵金属的地方都是贵金属废料的产生地。贵金属产品的多样性带来了贵金属废料品种的多样性,各种贵金属废料所含贵金属的种类和含量是极不相同的,而且即使是同一种废料,由于产地和产生时间的不同,其中贵金属的含量相差也很大。

8.2.1.1 贵金属废料的来源

含金废料主要来源于电子工业的各种废器件、各类废合金和各类废镀金液等。电子工业的各种废器件品种极其繁多,而且随着信息产业的飞速发展,有关含金废料的数量越来越多。常见的含金电子元器件有锗普通二极管、硅整流元件、硅整流二极管、硅稳压二极管、可控硅整流元件、硅双基二极管、硅高频小功率晶体管、高频晶体管帽、高频三极管、高频小功率开关管、干簧继电器、硅单与非门电路等,黑白磁带录像机、晶体管三用电唱机、汞蒸气测定仪、微量氧化分析仪、计算机等仪器和电器的部分触点、引线和线路板也含有金。各种含金合金中金的含量一般都很高。除此以外，还有许多低金合金，它们在使用后更容易被人们遗忘其中的贵金属，而仅作为一般的金属进行回收。

含银废料的来源与含金废料相似。但因银在贵金属中是最廉价的，因此银在工业上的用途比金广泛得多，相应的含银废料的来源也比含金废料要多。含银废料主要来源于以下几个方面。

① 电子工业触点材料、钎料、涂镀层、银电极、导体和有关复合材料等。

② 石油化工行业含银催化剂和各类银化合物使用后的废弃物。

③ 照相工业各种废胶片、相纸和洗相液。

④ 首饰及装饰品，如各类含银首饰、表壳和有关艺术品。

⑤ 其他，如铸币、牙用材料、陶瓷装饰材料等。

铂族金属因包含 Pt、Pd、Ru、Rh、Os 和 Ir 6 种金属，相应的废料种类比含金银的废料多。铂族金属废料的主要存在形式为废铂族合金、废铂族金属催化剂、废铂族金属电子浆料、废热电偶、废铂族金属电镀液以及废首饰等。各类废料所含铂族金属总量和各铂族金属元素的量各不相同且差异很大。在合理预处理和科学取样后，利用仪器分析方法（如原子吸收分光光度法、原子发射分光光度法等）进行分析化验是方便和科学的方法。

在废料的收购，特别是在分散、零星废料的收集、购买时，如果一定要按照严格、正规的程序取样、分析，往往会遇到困难，有时甚至因为时机耽搁而无法成交。此时采用一些简易、快速的取样、鉴别手段，将有助于提高收购效率。

回收废料过程中最关键的是收购人员在长期收购过程中不断积累的丰富经验。根据贵金属废料的特点，可以有意识地考虑从以下几个方面去积累经验。

8.2.1.2 贵金属废料的简易快速分析

贵金属废料的简易快速分析应注意以下几点。

① 熟练掌握贵金属及其合金的外观特征，如颜色、硬度、密度、形状，以及使用情况和工作部位，并且据此做出初步判断。在某些场合，如对于一些纯金属和具有特殊用途、形状特征的废品，一个有经验的熟练收购人员就可以迅速对其收购价值做出正确判断。

② 对于一些特定产品，如废汽车净化催化剂、工业用催化剂等，它们都由为数不多的生产厂家正规生产。一般都会明确标明产品名称、规格、生产日期和批号、生产厂家，因此可以对照已有记录判断其成分和收购价值。

③ 对于电子废料，如电子计算机、家用电器等使用的电路板或其他使用贵金属的零部件，亦可根据已有收购记录判断其收购价值。对于这些收购需要作为依据和参考的已有记录，最好用电子计算机分类保存，以便于及时调出进行对照。

④ 建立和掌握一些方便、快速、半定量的简易分析方法和测定装置，并且争取和已知的准确方法进行核对，做到心中有数，以便能够迅速地确定物料中贵金属的大致含量。

8.2.2 贵金属元素的分析

8.2.2.1 金的分析

（1）铅试金法 试金重量法是一种经典的方法。该法分析结果准确度高，精密度好，适应性强，测定范围广。因试金法具有其独特的优点，目前在地质、矿山、冶炼部门仍把铅试金法作为试金的标准方法。该法的致命缺点是铅对环境的污染和对人体的危害。

① 试剂和仪器

a. 试剂。电解铅皮：铅含量不小于 99.99%；纯银：含量大于 99.99%；硝酸：分析纯，使用前检查氯化物、溴化物、碘化物和氯酸盐，与水配制成 1:7、1:2 的溶液。

b. 仪器。试金天平：感量 0.01mg；高温电阻炉（最高温度 1300℃）；灰皿：将骨灰和硅酸盐水泥（400 号）按 1:1（质量比）混匀，过 100 目筛，然后用水混合至混合物用手捏紧不再散开为止，放在灰皿机上压制成灰皿，阴干 2 个月后使用；分金坩埚：使用容积 30mL 的瓷坩埚。

② 测定方法。准确称取一定量样品。将试样放在质量 20g 的纯电解铅皮上包好并压成块，用小锤捶紧。放在预先放入 900～1000℃ 的灰吹炉中预热 30min（以驱除灰皿中的水分和有机物）的灰皿中，关闭炉门，待熔铅去掉浮膜后，半开炉门使炉温降到 850℃ 进行灰吹，待灰吹接近结束时，再升温到 900℃，使铅彻底除尽并出现金银合粒的闪光点后，立即移灰皿至炉口处保持 1min 左右，取出冷却。

用镊子从灰皿中取出金银合粒，除掉沾在合粒上的灰皿渣，将合粒放在小铁砧板上用小锤捶扁至厚约 0.3mm，放入分金坩埚中，加入加热至近沸的 1:7 硝酸 20mL，在沸水浴上分金 20min，取下坩埚，倾去酸液，注意勿使金粒倾出，再加入加热至近沸的 1:2 硝酸 15mL，保持近沸约 15min，倾出硝酸，用去离子水洗涤 3～4 次，将金片倾入瓷坩埚，盖上、烘干，放入 600℃ 高温炉内灼烧 2～3min，取出冷却，用试金天平称重（质量用 m 表示）。

③ 结果计算。按下式计算试样中金含量，以质量分数表示：

$$w_{Au} = \frac{m}{m_s} \times 100$$

式中，m 为称得的金的质量，g；m_s 为称取的试样质量，g。

两次平行测定的结果差值不得大于 0.2%，取其算术平均值为测定结果。

（2）还原重量法 该法是加入还原剂使含金试液中的金析出，经冷却、过滤、洗涤、灼烧后称量，计算试样中金的含量。可作为还原剂的有草酸、亚硫酸钠、硫酸亚铁、锌粉和保险粉等，还原剂不同沉淀的条件有所不同。

与火试金重量法相比，还原重量法存在一定的弱点，如准确度不太高，操作烦琐，选择性较差，干扰元素较多等。但采用此法可以避免铅试金法所带来的铅对环境的污染和对人体的危害。故在测定试样中金含量时，此法被广泛采用。

① 试剂。褪金液：自行配制；或王水；草酸：固体，AR.。

② 测定方法。准确称取一定量样品，置于烧杯中，加褪金液（或王水）溶解试样中的金，加 20mL 10% 热草酸溶液，立即盖以表面皿，反应完毕，用水洗净表面皿，在水浴上蒸至约 10mL，用无灰滤纸过滤，以热水洗涤滤渣至洗液无氯离子反应。烘干，加热炭化，于 800℃ 灼烧至恒重。

③ 结果计算。Au 含量按下式计算，以质量分数表示：

$$w_{Au} = \frac{m}{m_s} \times 100$$

式中，m 为称得的金的质量，g；m_s 为称取的试样质量，g。

两次平行测定的结果差值不得大于 0.2%，取其算术平均值为测定结果。

（3）碘量法 用王水处理试样，使金全都转化为三氯化金，与碘化钾作用析出定量的游离碘，再用硫代硫酸钠标准溶液滴定游离碘，以测定金的含量。其反应式如下：

$$AuCl_3 + 3KI \longrightarrow AuI + I_2 + 3KCl$$
$$I_2 + 2Na_2S_2O_3 \longrightarrow 2NaI + Na_2S_4O_6$$

① 试剂。浓盐酸；盐酸溶液(1∶3)；王水；碘化钾溶液(10%)；淀粉溶液(1%)；硫代硫酸钠标准溶液 $[c(1/2Na_2S_2O_3)=0.05mol/L]$；过氧化氢溶液(30%)。

② 测定方法。取一定量试样(或褪金液)于300mL锥形瓶中，加20mL浓盐酸在炉上蒸发至干(在通风橱内进行)，然后再加王水5~7mL溶解，在温度为70~80℃下，徐徐蒸发到浆状为止(切勿蒸干)，再以热水约80mL溶解并洗涤瓶壁，冷却后加1∶3盐酸10mL及10%碘化钾溶液10mL，在暗处放置2min，以淀粉溶液为指示剂，用硫代硫酸钠标准溶液滴定，至蓝色消失为终点。

③ 结果计算。按下式计算试样中Au的含量：

$$w_{Au}=\frac{c\times V\times 0.1970}{m_s}\times 100$$

式中，c 为硫代硫酸钠标准溶液的物质的量浓度，mol/L；V 为耗用硫代硫酸钠标准溶液的体积，mL；m_s 为试样的质量，g；0.1970为Au的毫摩尔质量，g/mmol。

④ 注意事项

a. 在蒸发除去硝酸的过程中，不能将溶液完全蒸干或局部蒸干，以免金盐分解。如果已生成不溶解的沉淀，需加入少量盐酸及硝酸溶解，再重新蒸发。也可用下列方法进行测定：取一定量试样，加15mL王水，蒸至近干(在通风橱内进行)，加浓盐酸10mL，再蒸至近干(或局部蒸干)，冷却，以水稀释至70mL左右，加2g碘化钾，溶完后以0.1mol/L硫代硫酸钠标准溶液滴定至淡黄色，加入5mL淀粉溶液，继续以硫代硫酸钠标准溶液滴定至蓝色消失为终点。该方法不适用于含银、铜的含金样品和褪金液。

b. 指示剂淀粉加入的时间不能太早，以防止它吸附较多的碘，产生误差。滴定到淀粉的蓝色消失后，能保持30s，即可认为已到达终点。

(4) 硫酸亚铁铵-重铬酸钾滴定法 试样用王水溶解，在NaCl存在下将试液蒸干，加入过量的硫酸亚铁铵标准溶液，以二苯胺磺酸钠作指示剂。用 $K_2Cr_2O_7$ 标准溶液返滴定过量的亚铁。该法适用于金含量较高的含银、铜样品中金的分析。

① 试剂。硫酸亚铁铵标准溶液：$c[(NH_4)_2Fe(SO_4)_2]=0.04mol/L$；$H_2SO_4$-$H_3PO_4$ 混合酸($H_2SO_4+H_3PO_4+H_2O=1+1+3.5$)；重铬酸钾标准溶液：$c(K_2Cr_2O_7)=0.025mol/L$；二苯胺磺酸钠指示剂：5g/L，现配。

② 分析方法。准确称取一定量的试样于500mL锥形瓶中，加入王水溶解试样，加NaCl赶硝(视试样中Ag、Cu含量加入少许KCl)，继续加热蒸发近干，取下冷却，加20~100mL水(视Ag含量而定)，在不断搅拌下准确加入50mL 0.04mol/L硫酸亚铁铵标准溶液，继续搅拌1min，加入15mL H_2SO_4-H_2PO_4 混合酸、30mL水和3滴5g/L二苯胺磺酸钠指示剂，以重铬酸钾标准溶液 $[c(K_2Cr_2O_7)=0.025mol/L]$滴定由浅绿色转变为紫红色，即为终点。

③ 结果计算。按下式计算试样中金的含量：

$$w_{Au}=\frac{[(V_1\times c_1)-(\frac{1}{6}\times V_2\times c_2)]\times 0.19697}{2\times m_s}\times 100$$

式中，c_1 为硫酸亚铁铵标准溶液的物质的量浓度，mol/L；V_1 为加入的硫酸亚铁铵标准溶液的体积，mL；c_2 为重铬酸钾标准溶液的物质的量浓度，mol/L；V_2 为滴定耗用重铬酸钾标准溶液的体积，mL；m_s 为试样的质量，g；0.19697为Au的毫摩尔质量，g/mmol。

④ 注意事项。当试样中银的含量较高时，为避免银对终点颜色变化的干扰，可适当多加水。

8.2.2.2 银的分析

银的测定一般采用硫氰酸盐滴定法、配合滴定法和电位滴定法。

（1）硫氰酸盐滴定法　此法以硫氰酸盐滴定银，以高价铁盐为指示剂，终点时生成红色硫氰酸铁。加入硝基苯（或邻苯二甲酸二丁酯），使硫氰酸银进入硝基苯层，使终点更容易判断。

① 试剂。铁铵矾指示剂：2g 硫酸铁铵[$NH_4Fe(SO_4)_2 \cdot 12H_2O$]，溶于 100mL 水中，滴加刚煮沸过的浓硝酸，直至棕色褪去。

0.1mol/L 硝酸银标准溶液：取基准硝酸银于 120℃ 干燥 2h，在干燥器内冷却，准确称取 17.000g，溶解于水，定容至 1000mL。储存于棕色瓶中。此标准溶液的浓度为0.1000mol/L。或用分析纯硝酸银配制成近似浓度溶液后，摇匀，保存于棕色具塞玻璃瓶中，再按如下方法标定。

称取 0.2g（称准至 0.0001g）于 500～600℃ 灼烧至恒重的基准氯化钠溶于 70mL 水中，加入 10mL 10%的淀粉溶液，用配好的硝酸银溶液滴定。用 216 型银电极作指示电极，用217 型双盐桥饱和甘汞电极作参比电极，按 GB 9725—1988 中二级微商法的规定确定终点。硝酸银标准溶液的物质的量浓度 c 按下式计算：

$$c(AgNO_3) = \frac{m}{0.05844 \times V}$$

式中，m 为基准氯化钠的质量，g；V 为硝酸银溶液的用量，mL；0.05844 为 NaCl 的毫摩尔质量，g/mmol。

硝酸银标准溶液的浓度也可以用比较法确定。具体操作方法为：量取 30.00～35.00mL配好的硝酸银溶液，加入 40mL 水及 1mL 硝酸，用 0.1mol/L 的硫氰酸钠标准溶液滴定。用 216 型银电极作指示电极，用 217 型双盐桥饱和甘汞电极作参比电极，按 GB 9725—1988中二级微商法的规定确定终点。硝酸银标准溶液的物质的量浓度 c 按下式计算：

$$c(AgNO_3) = \frac{c_1 V_1}{V}$$

式中，c_1 为硫氰酸钠标准溶液的物质的量浓度，mol/L；V_1 为硫氰酸钠标准溶液的用量，mL；V 为硝酸银标准溶液的用量，mL。

0.1mol/L 硫氰酸钠（或硫氰酸钾）标准溶液的配制和标定方法如下：称取分析纯硫氰酸钠 10g，以水溶解后，稀释至 1L。用移液管吸取 0.1mol/L 硝酸银标准溶液 25mL 于 250mL锥形瓶中，加水 25mL 及煮沸过的冷 6mol/L 硝酸 10mL，加铁铵矾指示剂 5mL，用配好的硫氰酸钠标准溶液滴定至淡红色为终点。按下式计算硫氰酸钠标准溶液的浓度：

$$c(NaSCN) = \frac{0.1000 \times 25.00}{V}$$

式中，$c(NaSCN)$ 为硫氰酸钠标准溶液的物质的量浓度，mol/L；V 为耗用硫氰酸钠标准溶液的体积，mL。

② 分析方法。准确称取一定量样品，溶于硝酸，加 1mL 8%硫酸铁铵溶液，在摇动下用 0.1mol/L 硫氰酸钠标准溶液滴定至溶液呈浅棕红色，保持 30s。

③ 结果计算。Ag 的质量分数按下式计算：

$$w_{Ag} = \frac{c \times V \times 0.1079}{m_s} \times 100$$

式中，c 为硫氰酸钠标准溶液的物质的量浓度，mol/L；V 为硫氰酸钠标准溶液的体积，mL；m_s 为试样的质量，g；0.1079 为 Ag 的毫摩尔质量，g/mmol。

（2）EDTA 滴定法　在氨性含银溶液中，加入镍氰化物，镍被银取代出来，以紫脲酸铵为指示剂，用 EDTA 溶液滴定镍，可得出银的含量。

$$K_2Ni(CN)_4 + 2Ag^+ \longrightarrow 2KAg(CN)_2 + Ni^{2+}$$

此方法选择性较差，在氨性条件下能与 EDTA 生成配合物的金属离子均干扰测定。可采用其他方法测定。

① 试剂。硝酸：6mol/L；缓冲溶液（pH=10）：溶解 54g 氯化铵于水中，加入 350mL 氨水，加水稀释至 1L；紫脲酸铵指示剂：0.2g 紫脲酸铵与氯化钠 100g 研磨混合均匀；EDTA 标准溶液：0.05mol/L；镍氰化物 [$K_2Ni(CN)_4$]：称取硫酸镍 14g，加水 200mL 溶解，加氰化钾 14g，溶解后过滤，用水稀释至 250mL。此溶液呈黄色。

② 分析方法。取一定量试样溶于硝酸，加水 100～150mL、氨性缓冲溶液 20mL、镍氰化物 5mL、紫脲酸铵少许，用 0.05mol/L EDTA 标准溶液滴定至溶液由黄色→红色→紫色为终点（滴定至近终点时，速度要慢，并且注意颜色的变化）。

③ 结果计算。试样中银的含量由下式计算：

$$w_{Ag} = \frac{2 \times c \times V \times 0.10787}{m_s} \times 100$$

式中，c 为 EDTA 标准溶液的物质的量浓度，mol/L；V 为耗用 EDTA 标准溶液的体积，mL；0.10787 为 Ag 的毫摩尔质量，g/mmol。

（3）电位滴定法　电位滴定合金中 Ag 时，经常使用卤化物和硫氰酸盐作沉淀滴定剂，以银电极、石墨电极、Ag_2S、AgI 等选择性电极指示滴定终点。用 KSCN 作滴定剂的佛尔哈德法是常用的测银方法，但以银离子选择性电极或 AgSCN 涂膜电极指示终点的电位滴定法则有更多的优点，适用于 AgCu、PbSnAg 或铝合金中 Ag 的测定。

① 试剂和仪器

a. 试剂。氯化钠标准溶液[$c(NaCl)=0.1mol/L$]；淀粉溶液：10g/L。

b. 仪器。pH 计；216 型银电极；217 型双盐桥饱和甘汞电极。

② 测定方法。准确称取一定量的含银试样，置于烧杯中，溶于硝酸中，蒸发近干，加 70mL 水，再加 10mL 淀粉溶液，用 216 型银电极作指示电极，用 217 型双盐桥饱和甘汞电极（外盐桥套管内装有饱和硝酸钾溶液）作参比电极，用氯化钠标准溶液 [$c(NaCl)=0.1mol/L$]滴定至终点。

③ 计算方法。银含量按下式计算：

$$w_{Ag} = \frac{V \times c(NaCl) \times 0.10787}{m_s} \times 100$$

式中，$c(NaCl)$ 为氯化钠标准溶液的物质的量浓度，mol/L；V 为氯化钠标准溶液的体积，mL；m_s 为试样的质量，g；0.10787 为 Ag 的毫摩尔质量，g/mmol。

8.2.2.3　铂的分析

铂的重量法测定，可用甲酸将铂盐还原为金属铂，通过称量计算铂的含量，但此法选择测定较差。通常还可将试液中的铂通过氯铂酸铵沉淀，再灼烧转变为单质铂形式，用重量法进行测定。对于微量铂的测定往往采用吸光光度法和原子吸收法等。

（1）甲酸还原重量法　用甲酸将铂盐还原为金属铂，通过称量计算铂的含量。

① 试剂。无水乙酸钠；甲酸。

② 分析方法。准确称取一定量的样品，溶于王水中，加盐酸 5mL，蒸干。加入 5mL 水和 5mL 盐酸，蒸至浆状。加入 100mL 水、5g 无水乙酸钠和 1mL 甲酸，加盖，在水浴中加

热 6h，用无灰滤纸过滤，以热水洗涤数次，将沉淀及滤纸一同移入已经恒重的坩埚中，烘干，炭化，于 800℃灼烧至恒重。

③ 结果计算。Pt 含量按下式计算：

$$w_{Pt} = \frac{m}{m_s} \times 100$$

式中，m 为沉淀的质量，g；m_s 为样品的质量，g。

④ 注意事项。试样中若有钯存在时，也将被甲酸还原，此时得到的沉淀用水洗至无 Cl^- 后，用硝酸洗去钯，过滤灼烧得铂的含量。

（2）氯铂酸铵沉淀重量法

① 试剂。饱和氯化铵溶液。

② 分析方法。准确称取一定量样品，溶于王水中，必要时过滤，充分洗涤滤纸，将滤液及洗液合并，在水浴上蒸发至原体积，加盐酸赶硝，加 10mL 饱和氯化铵溶液，放置 18～24h。用无灰滤纸过滤，以 20mL 饱和氯化铵溶液洗涤，将沉淀移入恒重的坩埚中，烘干，炭化，于 800℃灼烧至恒重。

③ 结果计算。Pt 含量按下式计算：

$$w_{Pt} = \frac{m}{m_s} \times 100$$

式中，m 为沉淀的质量，g；m_s 为样品的质量，g。

④ 注意事项。沉淀烘干和炭化时会有白色的 NH_4Cl 烟雾冒出，此时应在通风橱中进行。

（3）$SnCl_2$ 吸光光度法　$SnCl_2$ 吸光光度法测定铂时有 Ag、Pd、Rh 干扰应设法消除。试样用王水溶解，在 3％HCl 溶液中过滤析出 AgCl，滤液以 HCl 赶除 HNO_3。用 $NaBrO_3$ 氧化，在 $NaHCO_3$ 溶液(pH＝8)中，Pd、Rh 呈水合氢氧化物形式沉淀，Pt 则留在溶液中。过滤，用 HCl 调节酸度。在 2mol/LHCl 介质中，铂与 $SnCl_2$ 形成稳定的黄色配合物，于波长 420nm 处测量吸光度。

① 试剂

a. 铂标准溶液。称取 0.2500g 金属铂(99.99％)，溶于王水，盖上表面皿，于低温加热至完全溶解。加 5mL HCl，重复蒸干两次。用 25mL HCl 溶解，转入 250mL 容量瓶中，以水定容。吸取 10.00mL 此溶液于 100mL 容量瓶中，加 8mL HCl，以水定容。此工作溶液含有 0.10mg/mL Pt。

b. $SnCl_2$ 溶液(20％)。称取 20g $SnCl_2 \cdot 2H_2O$，用 20mL 浓盐酸溶解，以水稀释至 100mL，保存在棕色瓶中。

c. $NaBrO_3$(100g/L)。

d. $NaHCO_3$(50g/L)。

② 分析方法。称取一定量试样于 500mL 烧杯中，加入约 40mL 王水，盖上表面皿，于低温加热至完全溶解(若王水溶解不完全，则需封管氯化溶解)，蒸发至约 1mL，加入 5mL HCl 再蒸发至 1mL 左右。加 80mL 水，加热煮沸至 AgCl 凝聚，冷却后用定量滤纸过滤，用稀 HCl(1＋99)洗涤烧杯及沉淀多次，再用水洗涤两次(沉淀可用于测定 Ag)。

滤液和洗液合并，煮至近沸，加入 40mL 100g/L $NaBrO_3$ 溶液，煮沸 30min。在搅拌下慢慢地滴加 50g/L $NaHCO_3$ 溶液至有少量黑褐色沉淀产生(pH＝6～7)，再加 20mL $NaBrO_3$ 溶液，煮沸 15min，滴加 $NaHCO_3$ 溶液调节 pH 值为 8±0.5(用精密试纸检查)，在微沸状态下保持 30min。取下，放置陈化 1～1.5h。过滤洗涤沉淀，所得沉淀用于测定 Pd

和 Rh 的含量。滤液与第一次水解后的滤液合并蒸发至约 80mL，冷却，转入 100mL 容量瓶中，以水定容。吸取 5.00mL 或 10.00mL 试液于 50mL 容量瓶中，加入 8mL HCl，于低温下加热煮沸，加入 8mL SnCl₂ 溶液，冷却，以水定容。用干滤纸过滤于 50mL 烧杯中，使用 1cm 吸收池，以试剂空白为参比，于波长 420nm 处，测量吸光度。工作曲线范围为 0.1~0.6mg/50mL。

③ 注意事项

a. 加入 40mL 100g/L NaBrO₃ 溶液，煮沸 30min 以保证充分的氧化时间和氧化温度，否则影响分离效果。

b. 陈化时间 1~1.5h，不宜太长，否则沉淀吸附 Pt 较多。

8.2.2.4 钯的分析

（1）丁二肟重量法　在分析时将含钯样品溶于硝酸制样，用丁二肟钯沉淀的重量法测定钯含量。

① 试剂。丁二肟乙醇溶液：1%。

② 测定方法。称取一定量含钯样品，称准至 0.0002g。溶于 10mL 硝酸中，在不断搅拌下加入 10mL 1% 的丁二肟乙醇溶液，在 60~70℃ 保温静置 1h，用 4 号玻璃漏斗过滤，以水洗沉淀至无丁二肟反应（在氨性溶液中，用镍离子检试）。将坩埚及沉淀于 100~120℃ 烘 30min，冷却后称重 m(g)。

③ 结果计算。Pd 含量按下式计算：

$$w_{Pd} = \frac{m \times 0.3161}{m_s} \times 100$$

式中，m 为沉淀质量，g；m_s 为样品质量，g；0.3161 为 106.4/336.62，即 $M(Pd)/M[Pd(C_4H_7O_2N_2)_2]$。

（2）丁二肟沉淀分离——EDTA 返滴定法　用丁二肟钯沉淀分离后，沉淀溶解，在弱酸性溶液中，加过量的 EDTA 与钯配合，调 pH 值至约 5.5，以甲基麝香草酚蓝指示，用硫酸锌回滴过量的 EDTA，从而可计算出钯含量。

① 试剂。EDTA 标准溶液（0.05mol/L）；甲基麝香草酚蓝（1%）：1g 与 100g 硝酸钾研细而得；乙酸-乙酸钠缓冲溶液（pH=5.5）；硫酸锌标准溶液（0.05mol/L）。

② 分析步骤。用丁二肟钯沉淀分离后，沉淀溶解定容至一定体积。吸取一定量含钯试液于 250mL 锥形瓶中，准确加入 0.05mol/L EDTA 溶液 10mL(V_2)，加硝酸 5mL，用乙酸-乙酸钠溶液调 pH 值为 5.5，加少量甲基麝香草酚蓝（1%），用硫酸锌标准溶液回滴至由黄色转蓝色为终点(V_1)。

③ 结果计算。Pd 含量（%）按下式计算：

$$w_{Pd} = \frac{(c_2 \times V_2 - c_1 \times V_1) \times 0.1064}{m_s} \times 100$$

式中，c_2 为 EDTA 标准溶液的物质的量浓度，mol/L；V_2 为加入的 EDTA 标准溶液的体积，mL；c_1 为硫酸锌标准溶液的物质的量浓度，mol/L；V_1 为滴定消耗的硫酸锌标准溶液的体积，mL；m_s 为所称取试样的质量，g；0.1064 为钯的毫摩尔质量，g/mmol。

8.2.2.5 铑的分析

（1）基于还原铑为金属的方法　用下列试剂进行还原。

① 用硫酸钛还原。将金属含量不大于 0.1g 铑的氯化物或亚硝酸盐溶液同过量的硫酸蒸发以制取硫酸盐溶液，将其稀释，使其在 40~50mL 溶液中，H_2SO_4 量不大于 10mL；然后

将溶液移入 250mL 烧杯中，加 2mL 5％硫酸汞溶液，加热至沸。向热溶液中用滴定管滴加 10％ $Ti_2(SO_4)_3$ 在 30％H_2SO_4 中的溶液，在搅拌下直至沉淀不再析出并已凝聚，而在沉淀上面的液体出现浅紫色。为使沉淀凝聚更好，将溶液煮沸 1min，加入等体积的热水，用致密滤纸（蓝带）过滤，再用 10％（按体积计）H_2SO_4 的热溶液洗涤沉淀至无 $Ti(IV)$ 与过氧化氢的反应（黄色）。然后用热水洗涤沉淀几次，将沉淀与滤纸一起移入坩埚，烘干，灼烧 20min，再于 900℃下在氢气流中还原后称量。

② 用镁还原。将铑的氯配合物溶液用乙酸酸化，加镁还原铑至金属。把得到的黑色铑与稀 HNO_3 一同煮沸几次，用致密滤纸过滤。将沉淀烘干，灼烧并于氢气流中还原后称量金属铑。

镁以金属屑的形式分为小份加入，直到溶液褪色，这就说明铑已被还原为金属。

③ 用次亚磷酸还原。向含金属不大于 0.1g 的氯铑酸配合物溶液中，加入 2mL 盐酸，用热水稀释至 50mL（不应有氧化剂存在），煮沸，加入 5g 氯化钠，然后在搅拌下加入 20mL 15％ $HgCl_2$ 和 1％次磷酸钠的等体积混合溶液（100mL 中含 2mL 浓 HCl）。铑的沉淀过程进行得很缓慢。溶液必须在剧烈搅拌下煮沸几分钟。加入试剂直至溶液褪到无色。

于水浴上加热 20min，使液体澄清。将黑色絮状沉淀移至小漏斗上，仔细用 2％的热盐酸溶液洗涤以除去钠盐。把沉淀小心地在瓷坩埚中灼烧至汞完全除去，然后升温至 1000℃ 灼烧 30min。在氢气流中还原铑后称量。向滤液中重新加入一份试剂并煮沸以检查沉淀是否完全，若有黑色沉淀生成，将其与主沉淀合并，贱金属不干扰铑的测定。

（2）铑的水解法测定　为了以氢氧化物形式沉淀铑，经常用水解法同时又加入氧化试剂（如 $NaBr$、$NaBrO_3$）来进行，因为氢氧化铑(IV)的溶解度比 $Rh(OH)_3$ 的溶解度小。用水解法只能从氯配合物或高氯酸盐溶液中析出铑。

溴化物-溴酸盐法如下：将铑的配合物的弱酸性溶液稀释到 200～400mL，加入约 20mL10％的溴酸钠溶液，在 70℃加热一段时间，滴加 10％的溴化钠溶液并加热至沸。煮沸后重新加入溴化钠和溴酸钠溶液。当溴不再析出时，表明该体系趋于平衡。溶液中进行的反应如下：

$$NaBrO_3 + HCl \Longrightarrow NaCl + HBrO_3$$
$$NaBr + HCl \Longrightarrow HBr + NaCl$$
$$5HBr + HBrO_3 \Longrightarrow 3Br_2 + 3H_2O$$
$$2Rh(OH)_3 + Br_2 + 2H_2O \longrightarrow 2Rh(OH)_4 + 2HBr$$

然后加入 3～4 滴 10％碳酸钠溶液，铑即可完全沉淀。过量的碳酸钠用几滴稀 HCl 中和并重新煮沸。假若溶液中有大量过剩的溴酸盐和溴化物，则这时溶液的 pH 值与原来的一样等于 8。在沉淀过程中，溶液持续煮沸 1～2h。

此后，将溶液置于水浴上澄清一段时间。用滤纸过滤，仔细用含硝酸铵的热水洗涤。将沉淀移入瓷坩埚，烘干并灼烧，再于氢气流中还原。有时为了有效地除去被吸附的钠盐，可于还原后用盐酸或硝酸酸化了的热水洗涤沉淀几次，重新灼烧还原并称量金属铑。当铑含量约 0.1g 时，测定误差为 ±1％。

（3）用硫化氢沉淀铑　根据待测样品的性状不同，用不同的方法制取待测试样。对铑含量不高的固体样品，先在约 650℃的高温下灼烧 1～2h，冷却，再称取一定量试样，加 30mL 浓 HCl 和 10mL 浓 HNO_3，加热溶解并蒸至近干，加入少量浓 HCl 赶硝后蒸至近干，以稀 HCl 溶解残渣，过滤，滤液移入 100mL 容量瓶中，用水定容，摇匀。对铑含量较高的合金试样，需用 GB 1490—1979 规定的玻璃管氯化溶解法溶解。

用硫化氢可从铑的氯配合物的沸腾溶液中使铑定量地沉淀，而在硫酸铑溶液中只能沉淀出部分的铑。所以，在用硫化氢沉淀之前，先把硫酸铑转变为氯化物。

向铑的氯配合物溶液中，加入 5%（按体积计）的 HCl 及每 100mL 溶液加入 0.1gNH$_4$Cl 并加热至沸。于沸腾下向溶液中通硫化氢 40～50min。用滤纸滤出沉淀，用 2% HCl 洗涤，烘干，小心灼烧并于氢气流中还原后称量金属铑。反应无选择性。

（4）**硝酸六氨合钴重量法**　用一些沉淀剂与铑生成一定组成而较稳定的大分子化合物沉淀，经干燥后称重测定铑，一般都较简便，但大多缺乏选择性，而其中用硝酸六氨合三价钴盐与铑生成复盐沉淀以测定铑的方法，具有较好的选择性及准确度。长期应用于贵金属合金分析中，证明是一个测定常量铑较好的方法，一般误差为±1%。

采用硝酸六氨合钴重量法测定铑，在含有亚硝酸钠的弱酸性溶液中，于加热的条件下，铑[Rh(Ⅲ)]与硝酸六氨合钴溶液形成黄色结晶的 Rh(NO$_2$)$_6$Co(NH$_3$)$_6$ 复盐沉淀析出，经乙醇、乙醚洗涤和真空干燥后，直接以复盐形式称量测定铑含量。这种方法称为硝酸六氨合钴重量法。

8.2.2.6　钌的分析

（1）**氢气还原以金属形式沉淀钌**　钌的氯化物的固体试料直接在氢气流中煅烧还原，称量。而液体试料则加入氯化铵，沉淀出(NH$_4$)$_2$RuCl$_6$ 结晶，在氢气流中低温烘干，缓慢升温分解铵盐，在氢气流中煅烧还原并于 CO$_2$ 气氛下冷却后，以金属形式称量钌。

（2）**以氢氧化物形式沉淀钌**　氢氧化钌(Ⅳ)可从除去过量酸的氯化物、硝酸盐及高氯酸盐溶液中析出。用碳酸铵及碳酸氢钠可沉淀氢氧化钌。

① 用碳酸铵沉淀。碳酸铵作为中和试剂的优越性是在沉淀过程中可以慢慢地增大溶液的 pH 值。这为破坏在反应进行中生成的碱式盐建立了有利条件。将含钌 5～100mg 的盐酸溶液置于水浴上蒸至近干。把盐溶于 100～200mL 沸水中并加入纸浆。再加入 2% (NH$_4$)$_2$CO$_3$ 溶液至 pH 值为 6，这时氢氧化钌被沉淀，而溶液仍为褐色。将溶液煮沸 5min，然后加入几滴 3%H$_2$O$_2$ 溶液以防钌(Ⅳ)被还原，在水浴上加热溶液至沉淀凝聚。若溶液中只含有几毫克钌，最好用浓度为 0.5% 的 (NH$_4$)$_2$CO$_3$ 溶液，尤其是在沉淀快要结束时应防止沉淀吸附其他外来离子。

将纯净的无色溶液用 4 号玻璃坩埚或滤纸（蓝带）过滤，并且用含有少量硫酸铵的热水洗涤。置滤纸于坩埚中，慢慢灰化。灰化后于 600℃ 电炉内灼烧沉淀，然后于氢气流中还原，在 CO$_2$ 气氛下冷却。

实验过程必须遵守上述还原和灼烧的操作程序，因为灼烧 RuO$_2$ 的温度超过 600℃ 时，因 RuO$_4$ 形成，可能使钌有损失。还应考虑到氢氧化钌分解是放热反应，可引起钌的机械损失。为避免损失，应在剧烈的放热反应开始之前将水合的氯化物还原。为此，可向溶液中加入纸浆。有时也可用硫酸铵润湿沉淀，即使这样，也很难保证沉淀不逸散。

② 用碳酸氢钠沉淀。将钌的氯配合物的热 HCl 溶液(2%) 用 5%～10% 的 NaHCO$_3$ 溶液中和至 pH=6.5～7（用广泛试纸指示）。煮沸溶液使析出的氢氧化物完全凝聚，再检查溶液的 pH 值。必要时可滴加 NaHCO$_3$ 溶液使溶液 pH 值为 7。将溶液和纸浆煮沸 5～10min。过滤析出的沉淀，用 2% (NH$_4$)$_2$SO$_4$ 溶液洗涤，小心灰化滤纸，在微红热(600℃) 的情况下于空气中灼烧沉淀，然后在氢气流中灼烧，并且于 CO$_2$ 气氛下冷却后称量金属钌。测定误差不超过 0.1%。铂的化合物不干扰氢氧化钌的沉淀。

③ 以硫化物形式沉淀。钌可以从亚硝酸根配合物溶液中以硫化物形式沉淀，其方法如下：向 pH 值为 3 的氯配合物弱酸性溶液中加入过量的 50% 的 NaNO$_2$ 溶液，然后加入足够量的 NaHCO$_3$ 饱和溶液至碱性反应(以石蕊试验)。当煮沸时溶液变为黄色。向热的亚硝酸

配合物溶液中逐渐地加入 Na_2S 或（NH_4）$_2S$ 的饱和溶液，使最初出现的钌的特征红色消失并生成巧克力褐色沉淀。

将溶液煮沸几分钟，冷却后用 HCl 中和至弱酸性反应以破坏可溶性的硫代酸盐。滤出硫化钌，用热水洗涤并小心灰化滤纸。在空气中慢慢地灰化残渣，然后灼烧。在氢气流中还原，并且于 CO_2 气氛下冷却后以金属形式称量钌。

④ 用巯萘剂沉淀钌。同巯萘剂形成 $Ru(C_{10}H_{11}ONS)_2$ 的化合物。用巯萘剂的乙醇溶液在钌的氯配合物的 $0.2\sim0.5mol/L$ HCl 溶液中进行沉淀。煮沸溶液至沉淀凝结，然后过滤析出的化合物，用热水洗涤，于瓷坩埚中灰化灼烧，在氢气流中还原，并且在 CO_2 气氛下冷却后称量金属钌。

⑤ 用硫脲沉淀钌。用硫脲能从钌的氯配合物和硫酸盐溶液中，使钌以不定组成的硫化物形式析出。可按照测定铱的方法进行沉淀。

⑥ 用雕白粉沉淀钌。上述方法都不能使钌从亚硝基化合物中完全析出。雕白粉（$CH_2OSO_2HNa \cdot 2H_2O$）是很强的还原剂，能从亚硝基化合物溶液中将钌沉淀出来。用 4mL 雕白粉的水溶液（250mg/mL）作用于含有 $30\sim40mg$ 钌的热沸溶液，而钌以亚硝基化合物、氯化物或硫酸盐的形式存在于 $0.1\sim0.2mol/L$ 酸（H_2SO_4、HCl、HNO_3）中，这时可析出大体积的褐色沉淀。溶液于砂浴上加热 30min 并在搅拌下使沉淀凝聚，过滤，用冷水洗涤沉淀，烘干，然后小心灰化并在红热的温度下灼烧。将沉淀从坩埚移入 25mL 烧杯中，用 25mL 热 HCl（1:3）处理后，滤出沉淀，用水洗涤后重新灼烧、还原，以金属形式称量。

8.2.2.7　锇的分析

（1）以水合氧化物形式析出锇　于蒸馏 OsO_4 后可在接收器中得到锇的盐酸溶液，用 SO_2 饱和盐酸溶液并蒸干，残渣同 10mL 浓盐酸加热 15min 并重新蒸发。后一操作重复 3 次以使亚硫酸盐分解。残渣溶于 150mL 水中并加热至沸。向热溶液中加入几滴 0.04% 溴酚蓝指示剂溶液，它在 pH 值为 4 时由黄色变至蓝色。加入碳酸氢钠溶液至出现蓝色，煮沸 $5\sim6min$ 以使水合二氧化锇沉淀完全。沉淀结束，马上加入 10mL 95% 乙醇并于水浴上加热 2h。

然后经过白金或瓷的古氏坩埚（不可使用滤纸过滤）倾泻液体。向沉淀中加入 25mL 1% NH_4Cl 溶液和 10mL 95% 乙醇，于水浴上加热烧杯 15min，然后倒出液体，移沉淀于坩埚中，用乙醇润湿，用 NH_4Cl 晶体盖上。为此可用少量 NH_4Cl 的饱和溶液小份小份地加入以湿润沉淀，直至坩埚底部被凝固了的氯化铵盖上（将过剩的溶液吸出）。

将坩埚用罗氏盖盖上，最好是石英。点燃由罗氏管出来的氢气流并调整气流使火焰变小。然后将管引入盖孔并稍微加强气流使氢焰不会熄灭。氢焰给予的热量足以使锇的化合物无爆炸地脱水。经 5min，NH_4Cl 挥发。

于氢气流中强烈灼烧沉淀 $10\sim20min$，移开火焰，令坩埚稍冷，短暂地截断氢气，使氢焰熄灭，再于氢气流中冷却坩埚至室温。然后，用 CO_2 气流代替氢。假若氢没有被惰性气体取代，则金属与空气接触时，迅速氧化并可能造成损失。

（2）以硫化物形式沉淀锇　将 OsO_4 的碱性馏出物用过量的（NH_4）$_2S$ 处理并微热至溶液清澈，使其沉淀在容器底上。然后用 HCl 酸化溶液，得到的硫化锇用白金或瓷过滤坩埚滤出。

将带沉淀的坩埚在温度低于 80℃ 下烘干，于氢气流中灼烧，再于氢气流中冷却金属和坩埚，用 CO_2 代替氢后称量锇。

（3）用番木鳖碱的硫酸盐沉淀锇　向蒸馏得到的锇的盐酸溶液中，加入超过理论量的番木鳖碱的硫酸盐水溶液。马上就可析出沉淀，烧杯盖上带孔的玻璃片。在搅拌下用滴管通过玻璃片上的孔慢慢加入 10% NaHCO$_3$ 溶液至中性(用试纸测 pH 值)。达中性反应后，溶液中气泡减少，然后再滴加番木鳖碱的硫酸盐溶液。滤出沉淀后，烘干和称量。析出的化合物组成是(Cl$_2$H$_{22}$O$_2$N$_2$)$_2$H$_2$OsCl$_6$，它含 17.71% 的锇。

（4）用 1,2,3-苯并三唑沉淀锇　将 10mL 含有约 15mg OsO$_4$ 的碱性溶液倒入盛有 1mL 乙醇的烧杯中。加入 25mL 2% 1,2,3-苯并三唑的水溶液，则有红色沉淀生成。把带沉淀的溶液于水浴上加热 15min，然后加入乙酸调溶液的 pH 值为 3，再继续加热 15min 使沉淀凝聚。用已称量过的玻璃坩埚过滤沉淀，用热水洗涤几次，于 100℃下烘至恒重。析出的化合物为 Os(OH)$_3$(C$_4$H$_6$NHN$_2$)$_3$，对锇的换算因数为 0.3178。

8.2.2.8　铱的分析

（1）铱的水解法　测定时为了水解沉淀铱可采用氧化锌、氧化汞悬浊液等，但最普遍选用的是在氧化剂——溴酸钠存在下的水解法。

溴酸盐法如下：将铱的氯配合物溶液，在 1g NaCl 存在下，置于水浴上蒸干以除去过量的酸。用 1mL HCl(1∶1)湿润干盐并溶于 200～300mL 热水中。将溶液煮沸，加入 20mL 10% 溴酸钠溶液，继续煮沸至沉淀凝聚。再滴加碳酸氢钠溶液使溶液 pH 值至 7。然后强烈煮沸 10min，重新滴加碳酸氢钠溶液使 pH 值为 8。于水浴上放置 30min，使沉淀沉积并移到致密过滤器上，从沉淀上倒出液体，然后用 1% NaCl 溶液洗涤沉淀。将烧杯和过滤坩埚仔细用同样的溶液洗涤。烘干沉淀，用 NH$_4$Cl 润湿并小心地灼烧。灼烧后的残渣用稀 HCl 处理以除去杂质。于氢气流中灼烧后称量金属铱。

以氢氧化物形式沉淀铱是灵敏反应，100mL 溶液中有 1mg 铱就能沉淀出来。该方法适用于铂存在下测定铱。

（2）用硫脲沉淀铱　将含铱的氯化物或硫酸盐溶液同 H$_2$SO$_4$ 蒸发至析出硫酸酐蒸气。当沉淀<20mg 铱时，加 10mL 浓 H$_2$SO$_4$ 已足够。若溶液中不含碱金属盐，则在蒸发前向其中加入 0.1g 的硫酸钠或氯化钠。

溶液冷却后稀释至 50mL，按计算 5mg 或更少量施加入 0.1g 硫脲晶粒并加热硫酸溶液至 210～215℃（将 250℃的温度计放在盛有溶液的烧杯中）为止。

在加热过程中，开始生成的有色可溶性铱的硫脲配合物被破坏，并且析出棕色的硫化物沉淀。沉淀具有可变的组成，所以不适于作称量形式。

将带沉淀的溶液冷却后用水稀释，用红带滤纸过滤，用水洗净之后和滤纸一同置于已称重的坩埚中烘干，在空气充分流通之下灰化并灼烧。再于氢气流中还原后于 CO$_2$ 气氛下冷却，然后称量金属铱。

当沉淀少量金属铱（<1mg）时，最好在过滤前向稀溶液中加入少许纸浆，加热至沸，使沉淀凝聚，滤出沉淀洗涤。

假如需要从含有机物的溶液中析出铱，则向溶液中加入硝酸和硫酸或高氯酸和硫酸蒸发至冒三氧化硫气以破坏有机物。除去氧化剂后，像上述的方法一样，用硫脲进行沉淀。

8.2.3　贱金属元素的分析

8.2.3.1　铜的测定

铜的测定最常用的方法是电解重量法和容量法。

电解重量法可分为恒电流电解法和控制阴极电位电解法。分别利用在一定条件下，进行恒电流电解或控制阴极电位电解，铜析出在铂网电极上，然后用重量法测定。

常用的容量法是碘量法和 EDTA 滴定法。

（1）恒电流电解法　在含有硫酸和硝酸的酸性溶液中，当在两铂电极间加一个适当的电压，使两极上分别发生电解反应，在阴极上有金属析出，而在阳极上则有氧气逸出。

在阴极上：
$$Cu^{2+} + 2e^- \longrightarrow Cu$$

在阳极上：
$$2OH^- - 2e^- \longrightarrow H_2O + \frac{1}{2}O_2$$

电解结束时将积镀在铂阴极上的金属铜烘干并称重。然后根据其质量计算含铜试样中铜的百分含量。要达到定量分析的要求，在阴极上析出的金属铜必须是纯净、光滑和紧密的镀层，否则测定的结果不准确。

电解时，首先要防止试样中共存的杂质和铜一起在阴极还原析出。如所分析的试样含有较多的杂质，可按杂质的种类和量的多少，选择合适的措施。如仅含砷较高，则可再增加溶解酸或在电解时加入硝酸铵5g；如含有砷、锑、铋、锡等杂质但含量不高，则可采取二次电解的方法；如含有较高含量的硒、碲，则可在硫酸溶液中通入SO_2使这两种元素还原而分离；如各种杂质都比较高，则可用氨水沉淀法（加铁作载体）使与铜分离后再进行电解。

其次要控制好电解时的电流密度。一般采用较小的电流密度（$0.2\sim0.5A/dm^2$）进行电解，如需用较大的电流密度电解，则应在搅拌的情况下进行，这样可获得较好的镀层。

铜的电解速率除了与电流密度有关外，Cu^{2+}离子本身的浓度也有影响。一般来说，在开始阶段，溶液中Cu^{2+}离子浓度较高，电解速率也较快。在铜的电解将近终点时，溶液中Cu^{2+}离子浓度很低，电解速率很慢，要使最后的一部分铜积镀完毕往往要等待$1\sim2h$，而且在这一阶段其他元素也很易析出。因此，为了缩短整个测定的时间，电解至最后阶段，溶液中残留的铜用光度法测定后加入主量中，这样有利于提高分析速度和准确度。

此方法适于测定铜含量在40%以上高含量样品中铜的分析。

① 试剂和仪器

a. 试剂。无水乙醇；氢氟酸；硝酸（1+1）；过氧化氢（1+9）；氯化铵溶液（0.02g/L）；硝酸铅溶液（10g/L）；铜标准储存溶液：称取1.0000g纯铜，置于250mL烧杯中，加入40mL硝酸，盖上表面皿，加热至完全溶解，煮沸除去氮的氧化物，用水洗涤表面皿及杯壁，冷却，移入1000mL容量瓶中，用水稀释至刻度，混匀，此溶液1mL含1mg铜；铜标准溶液：移取10.00mL铜标准储存溶液，置于500mL容量瓶中，用水稀释至刻度，混匀。此溶液1mg含20μg铜。

b. 仪器。备有自动搅拌装置和精密直流电流表、电压表的电解器；铂阴极：用直径约0.2mm的铂丝，编织成每平方厘米约36μm筛孔的网，制成网状圆筒形；铂阳极：螺旋形；原子吸收光谱仪（附铜空心阴极灯）。

② 分析步骤。准确称取一定量含铜试样于250mL聚四氟乙烯或聚丙烯烧杯中，加入2mL氢氟酸、30mL硝酸，盖上表面皿，待反应接近结束，在不高于80℃下加热至试样完全溶解。加入25mL过氧化氢、3mL硝酸铅溶液，以氯化铵溶液洗涤表面皿和杯壁并稀释体积至150mL。

将铂阳极和精确称量过的铂阴极安装在电解器上，使网全部浸没在溶液中，用剖开的聚四氟乙烯或聚丙烯皿盖上烧杯。在搅拌下用电流密度1.0A/dm²进行电解。电解至铜的颜色褪去，以水洗涤表面皿、杯壁和电极杆，继续电解30min。如新浸没的电极部分无铜析出，表明已电解完全。

不切断电流，慢慢地提升电极或降低烧杯，立即用两杯水交替淋洗电极，迅速取下铂阴极并依次浸入两杯无水乙醇中，立即放入 105℃ 的恒温干燥箱中干燥 3～5min，取出置于干燥器中，冷却至室温后称重。

工作曲线的绘制方法是：移取 0mL、2.50mL、5.00mL、7.50mL、10.00mL、12.50mL 铜标准溶液，于一组 100mL 容量瓶中，分别加入 5mL 硝酸，用水稀释至刻度，混匀。在与试料溶液测定相同条件下，测量标准溶液系列的吸光度，减去标准溶液系列中"零"浓度溶液的吸光度，以铜浓度为横坐标，吸光度为纵坐标，绘制工作曲线。

将电解铜后的溶液及第一杯洗涤电极的水分别移入 2 个 250mL 烧杯中，盖上表面皿，蒸发至体积约为 80mL，冷却。合并溶液移入 200mL 容量瓶中，用水稀释至刻度，混匀。使用空气-乙炔火焰于原子吸收光谱仪，在波长 324.7nm 处，与标准溶液系列同时，以水调零测量试液的吸光度。所测吸光度减去随同试料的空白溶液的吸光度，从工作曲线上查出相应的铜浓度。

③ 结果计算。铜的质量分数(%)按下式计算：

$$w_{Cu} = \left(\frac{m_1 - m_2}{m_0} + \frac{c \times V_0 \times V_2 \times 10^{-3}}{m_s \times V_1} \right) \times 100$$

式中，m_1 为铂阴极与沉积铜的总质量，g；m_2 为铂阴极的质量，g；c 为自工作曲线上查得的铜浓度，g/mL；V_0 为电解后残留铜溶液稀释总体积，mL；V_2 为分取部分残留铜溶液后稀释体积，mL；V_1 为分取部分残留铜溶液的体积，mL；m_s 为试料的质量，g。

④ 注意事项

a. 对含杂质锡、锑、砷、铋较高的试样可按下面方法进行氨水沉淀分离：称取一定量试样置于 400mL 烧杯中，加入硝酸(1+1)35mL，加热溶解后驱黄烟，加水至 70mL，加硝酸铁溶液(约含铁 10mg/mL)2mL，加氨水至出现沉淀并过量 2～3mL，用中速滤纸过滤，滤液接收于 300mL 高型烧杯中，用热硝酸铵溶液(1%) 洗涤烧杯及沉淀数次。将沉淀转移入原烧杯中，用热硝酸(1+3)溶解滤纸上残留的沉淀，用水洗涤滤纸数次。在溶液中再加氨水沉淀一次，过滤，滤液并入 300mL 高型烧杯中，将沉淀溶解再用氨水沉淀一次。过滤，合并滤液，弃去沉淀。将滤液蒸发至 100～150mL，滴加硫酸(1+2)酸化并加过量硫酸(1+2)15mL 及硝酸 2mL。按方法所述进行电解。

b. 使用铂电极应注意以下两点：不能用含有氯离子的硝酸洗铂电极，否则将使铂电极受到侵蚀。一般可以用试剂级的硝酸配成 1:1 的溶液洗电极；操作时不要用手接触铂网，因为手上的油垢留在铂网上会影响镀铜的效率。

c. 电解结束取下电极时要防止阴极上的铜被氧化，以免使质量增加。即须做到：当电极离开溶液时要立即用水冲洗电极表面的酸；铂网阴极一经洗净随即浸入乙醇中；阴极自乙醇中取出后要立即吹干(或 110℃ 烘 2～3min)。

(2) 碘量法 在 pH 值为 3～4 的弱酸性介质中，加入碘化钾与二价铜作用，析出的碘以淀粉为指示剂，用硫代硫酸钠标准溶液滴定，即可测得铜的含量。有关反应式为：

$$2Cu^{2+} + 4I^- \longrightarrow 2CuI\downarrow + I_2$$
$$I_2 + 2S_2O_3^{2-} \longrightarrow S_4O_6^{2-} + 2I^-$$

砷、锑、铁、钼、钒等元素对上述测定有干扰。试料用硝酸溶解，三价砷和锑用溴氧化，控制溶液 pH=3～4，用氟化氢铵掩蔽铁。NO_2^-、NO_2 的存在将干扰铜的测定，是由于在酸性溶液中发生下列反应：

$$2NO_2^- + 2I^- + 4H^+ \longrightarrow 2NO + I_2 + 2H_2O$$
$$NO_2 + 2I^- + 2H^+ \longrightarrow NO + I_2 + 2H_2O$$

NO 被空气氧化为 NO_2，又能氧化 I^- 为 I_2，使滴定终点不稳定。为此，在溶解试样时使用的硝酸必须除尽(至冒硝酸烟)，或者避免使用硝酸，而使用盐酸-过氧化氢溶解试样。

滴定时溶液的酸度不宜过高，也不宜太低。酸度过高，则高价砷、锑等元素将与碘化物作用而析出碘，因而干扰测定。而当溶液的酸度太低，如 pH 值大于 4，则 Cu^{2+} 与 I^- 的反应速率很慢且不完全。

在碘化亚铜沉淀的表面，常有少量碘被吸附，这样使测得的结果偏低，而且终点也不易观察，为改善这一情况，可在滴定近终点时，加入硫氰酸盐，使 CuI 沉淀转化为溶解度更小的 CuSCN 沉淀，从而使吸附在 CuI 沉淀表面的碘析出。硫氰酸盐的加入不宜过早，以免有少量碘被硫氰酸盐还原。

① 试剂。碘化钾；氟化氢铵饱和溶液：储存于聚乙烯瓶中；氨水；冰醋酸；硝酸(1＋2)；硫氰酸钾溶液(200g/L)；氨水(1＋1)；淀粉溶液(5g/L)：称取 5g 可溶性淀粉与蒸馏水调成糊状，倾入 80mL 沸水中，煮沸至淀粉全部溶解，冷却后稀释至 100mL，混匀，用时现配；铜标准溶液：称取 1.0000g 纯铜，加 20mL 水、10mL 硝酸，加热溶解，加 10mL 硫酸，蒸发冒硫酸烟 1min，冷却。用水溶解盐类，移入 1000mL 容量瓶中，用水稀释至刻度，混匀。此溶液 1mL 含 1mg 铜。

硫代硫酸钠标准溶液[$c(Na_2S_2O_3 \cdot 5H_2O)＝0.1mol/L$]配制方法是：称取 2.48g 硫代硫酸钠($Na_2S_2O_3 \cdot 5H_2O$)，置于 1000mL 的烧杯中，用煮沸后冷却的蒸馏水溶解，加 0.2g 无水碳酸钠，溶解完全后用煮沸并经冷却的蒸馏水稀释至 1000mL，混匀。储存于棕色瓶中，放置 8～14d 后标定使用。

标定方法是：移取 20.00mL 铜标准溶液 3 份，分别置于 250mL 锥形瓶中，加 30mL水，滴加氨水(1＋1)至溶液呈现蓝色，再滴加冰醋酸使蓝色消失并过量 2mL，加 3g 碘化钾，混匀，暗处放置 2min，用硫代硫酸钠标准溶液滴定至溶液呈淡黄色，加 3mL 淀粉溶液、10mL 硫氰酸钾溶液，继续用硫代硫酸钠标准溶液滴定至溶液呈乳白色。按下式计算硫代硫酸钠标准溶液对铜的滴定度：

$$T＝\frac{C \times V_1}{V_0}$$

式中，T 为硫代硫酸钠标准溶液对铜的滴定度，g/mL；C 为铜标准溶液的浓度，g/mL；V_0 为滴定所消耗硫代硫酸钠标准溶液的体积，mL；V_1 为移取铜标准溶液的体积，mL。

② 分析步骤。取一定量的试样置于 500mL 锥形瓶中，缓慢加入 50mL 硝酸，盖上表面皿，低温加热溶解(难溶试样可加 0.5g 氟化铵助溶)，待试样全部溶解后，取下，用水洗涤表面皿及瓶壁，冷却至室温。加 20mL 磷酸、20mL 硫酸，继续加热蒸发至冒硫酸烟。冷却，加 25～30mL 水，溶解盐类，滴加氨水(1＋1)至溶液呈现蓝色，再滴加冰醋酸使蓝色消失并过量 2mL，1mL 氟化氢铵，加 3g 碘化钾，混匀，暗处放置 2min，用硫代硫酸钠标准溶液滴定至溶液呈淡黄色，加 3mL 淀粉溶液、10mL 硫氰酸钾溶液，继续用硫代硫酸钠标准溶液滴定至溶液由蓝色转变为乳白色为终点。

③ 结果计算。按下式计算铜的百分含量(％)：

$$w_{Cu}＝\frac{T \times V}{m_s} \times 100$$

式中，T 为硫代硫酸钠标准溶液对铜的滴定度，g/mL；V 为滴定所消耗硫代硫酸钠标准溶液的体积，mL；m_s 为称取试样的质量，g。

④ 注意事项

a. 试样中有铁存在，因为 Fe^{3+} 能氧化 I^- 为 I_2，干扰铜的测定。加入氟化氢铵，使

Fe^{3+} 与 F^- 形成稳定的配合物，消除其影响，又可起到缓冲作用以控制溶液的酸度。

b. 加水稀释，既可以降低溶液的酸度，使 I^- 被空气氧化的速率减慢，又可使硫代硫酸钠溶液的分解作用减小。

c. 碘化钾的作用有三个方面：还原剂的作用(使 $2Cu^{2+}+2I^- \longrightarrow 2Cu^++I_2$)，沉淀剂的作用(使 $Cu^++I^- \longrightarrow CuI\downarrow$)，配合剂的作用(使 $I^-+I_2 \longrightarrow I_3^-$)。为了使反应加速进行，避免 I_2 的挥发，必须加入足量的碘化钾，但也不能过量太多，否则碘和淀粉的变色不明显。一般碘化钾的用量比理论值大 3 倍较合适。

d. 为避免 I_2 的挥发，加入足量的碘化钾，同时反应最好在 25℃下进行并使用碘量瓶；另外，为了避免 I^- 的氧化，反应时应避免阳光的照射，析出的碘应及时用硫代硫酸钠溶液滴定并适当地提高滴定速度。

e. 淀粉溶液应在滴定到接近终点时加入，否则，将会有较多的 I_2 被淀粉胶粒包住，使滴定时蓝色褪去很慢，妨碍终点的观察。

f. 滴定终点往往不一定呈乳白色，有时呈淡黄色。滴定终点主要根据淀粉指示剂的蓝色消失来判断，有时在滴定到达终点后又会回复出现蓝色，这是由于硫氰酸盐使沉淀表面所吸附的碘游离析出所致。在滴入硫代硫酸钠溶液使蓝色消失后 10s 内无回复出现蓝色时即可判断为终点。

(3) EDTA 滴定法 在微酸性溶液(pH≈5.5)中加入过量 EDTA 溶液使能配合的元素全部配合，然后加入由硫脲、1,10-二氮菲和抗坏血酸组成的联合掩蔽剂，选择性地分解 Cu-EDTA 配合物，最后用铅标准溶液滴定释放出来的 EDTA，从而计算铜的含量。上述联合掩蔽剂中的硫脲是主配合剂，1,10-二氮菲是辅助配合剂，抗坏血酸为还原剂。此三元掩蔽体系之所以能在 pH≈5.5 的低酸度条件下迅速分解 Cu-EDTA 配合物，主要是由于 1,10-二氮菲的催化作用，它的加入量很少，却大大加速了对 Cu-EDTA 的解蔽作用。因此可把它称为"催化解蔽"。实验证明，由 2~3g 硫脲、0.5g 抗坏血酸和约 0.5mg 1,10-二氮菲组成的联合掩蔽剂可迅速分解 Cu-EDTA 配合物，滴定终点敏锐且稳定不变。

① 试剂。EDTA 溶液：0.05mol/L；铅标准溶液：0.01000mol/L，称取纯铅或优级纯硝酸铅试剂配制而成；六亚甲基四胺溶液：30%；抗坏血酸：5%；1,10-二氮菲：0.1%；硫脲溶液：10%；二甲酚橙指示剂：0.5%。

② 分析步骤。称取一定量的试样，置于 250mL 烧杯中，加浓盐酸 20mL，分次加入过氧化氢约 10mL 溶解试样，待试样完全溶解后，加热煮沸约 30s 使多余的过氧化氢分解。冷却，移入 200mL 容量瓶中，加水至刻度，摇匀。吸取试样溶液 10mL，置于 250mL 锥形瓶中，加入 EDTA 溶液(0.05mol/L)20mL，摇匀。加热 1min，取下，冷却至室温。加入六亚甲基四胺溶液(30%)15mL 及二甲酚橙指示剂数滴，用铅标准溶液(0.01000mol/L)滴定至黄绿色转变为蓝色，不计所消耗体积。依次加入硫脲溶液 20mL、抗坏血酸溶液 10mL 及 1,10-二氮菲溶液 10 滴，摇动溶液至色泽转为黄色，再用铅标准溶液滴定至微红色为终点。

③ 结果计算。按下式计算试样的铜含量(%)：

$$w_{Cu}=\frac{V\times 0.01000\times 0.06354}{m_s}\times 100$$

式中，V 为加入硫脲溶液后，滴定所消耗铅标准溶液的体积，mL；0.01000 为铅标准溶液的浓度，mol/L；m_s 为称取试样的质量，g；0.06354 为铜的毫摩尔质量，g/mmol。

8.2.3.2 锡的测定

(1) 配合滴定法 Sn(Ⅵ)和 Sn(Ⅱ)都能和乙二胺四乙酸二钠(EDTA)在酸性溶液中形

成较稳定的配合物，而尤以 Sn(Ⅳ)的配合物更为稳定。锡可以在 pH＝1～6 的酸性溶液中和 EDTA 定量配合，但 Sn(Ⅳ)和 Sn(Ⅱ)离子在稀酸溶液中比较容易水解，因此锡的配合滴定通常采用返滴定法。即先加入过量的 EDTA 与 Sn(Ⅳ)配合，再用适当的金属盐标准溶液回滴过量的 EDTA。总的来说，配合滴定锡的酸度适宜条件应在 pH≈2～5.5。如 pH 值过高，Sn(Ⅳ)倾向于形成 Sn(OH)$_4$ 而不利于滴定的进行。但各方法所用的酸度又因所用金属盐标准溶液不同而有不同。例如，用硝酸铋标准溶液回滴可以在 pH≈2 时进行，而用锌和铅等标准溶液回滴则应在 pH＝5～5.5 时进行。

此法利用 Sn(Ⅳ)与氟化物生成稳定配合物的反应可以从 Sn-EDTA 配合物中置换出与 Sn(Ⅳ)定量配合的那部分 EDTA，用锌或铅标准溶液滴定所释放出的 EDTA，间接地进行锡的定量测定。用这样的氟化物释放返滴定法可以提高方法的选择性。测定时先在试样溶液中加入过量的 EDTA 并调整酸度至 pH＝5.5～6，使 Sn(Ⅳ)和其他在此条件下能与 EDTA 配合的离子形成稳定的配合物，用锌或铅标准溶液回滴过量的 EDTA，然后加入氟化物使与 Sn(Ⅳ)配合而定量地置换释放出相当的 EDTA，并且计算出试样中锡的含量。按此条件测定时，Al^{3+}、Ti^{4+}、Zr^{4+}、Th^{4+} 等离子与 Sn(Ⅳ)的行为相似，干扰测定。如少量铝可用乙酰丙酮掩蔽。铜、镍等离子含量太高，所生成的 EDTA 配合物色泽太深，影响滴定终点的观察，加入硫脲可有效地掩蔽大量的铜，而镍含量不高时不影响测定。用氟化铵较好，因氟化钠能使 Fe-EDTA 分解而影响锡的测定，另外，氟化铵溶解度也较大。

① 试剂。浓盐酸；过氧化氢(30%)；乙酰丙酮溶液(5%)；硫脲(固体或饱和溶液)；六亚甲基四胺溶液(30%)；二甲酚橙溶液(0.2%水溶液)；EDTA 溶液(0.025mol/L)：称取 EDTA 试剂 9.3g 溶于水中，加水稀释至 1L；锌标准溶液(0.01000mol/L)：称取纯锌 0.6538g 置于 250mL 烧杯中，加盐酸(1+1)15mL，加热溶解，然后小心地转入 1L 容量瓶中用氨水(1+1)及盐酸(1+1)调节酸度至刚果红试剂呈蓝紫色(或对硝基酚呈无色)，以水稀释至刻度，摇匀；氟化铵(固体)。

② 分析方法。称取一定量试样，置于 300mL 锥形瓶中，加入浓盐酸 1mL 及过氧化氢 1mL，试样溶解后煮沸片刻使过量的过氧化氢分解，加水 20mL、EDTA 溶液(0.025mol/L) 20mL，于沸水浴上加热 1min，取下，流水冷却，加乙酰丙酮溶液(5%)20mL、硫脲饱和溶液 20mL(或固体 2g)，摇动溶液至蓝色褪去，然后加入六亚甲基四胺溶液(30%)20mL(此时溶液 pH＝5.5～6)，加入二甲酚橙指示剂(0.2%)3～4 滴，用锌标准溶液(0.01000mol/L)滴定至溶液由黄色变为微红色(不计读数)。而后加入氟化铵 2g，摇匀，放置 5～20min。继续用锌标准溶液滴定至溶液由黄色变为微红色即为终点。

③ 结果计算。按下式计算试样的锡含量(%)：

$$w_{Sn} = \frac{V \times c \times 0.1187}{m_s} \times 100$$

式中，c 为锌标准溶液的物质的量浓度，mol/L；V 为滴定试样溶液时消耗锌标准溶液的体积，mL；m_s 为称取试样的质量，g；0.1187 为锡的毫摩尔质量，g/mmol。

④ 注意事项

a. 对于锡含量较高的试样，如果在稀释时出现锡的水解现象，可采用加入氯化钾溶液 (4%)20mL，代替加水 20mL，而后加 EDTA 溶液。

b. 溶液滴定时的 pH 值控制在 5.5～6 为好，既保证 Zn^{2+} 和 EDTA 配合物有足够的稳定性，同时又要保证二甲酚橙的合适变色范围，pH＞6.1，二甲酚橙指示剂本身为红色，无法变色。

c. 也可以用铅标准溶液(0.01mol/L)滴定。

铅标准溶液的配制和标定方法是：称取 3.4g 硝酸铅，溶于 1000mL 硝酸（0.5＋999.5）中，摇匀。取 30.00～35.00mL 配制好的硝酸铅溶液，加 3mL 冰醋酸及 5g 六亚甲基四胺，加 70mL 水及两滴二甲酚橙指示剂（2%），用同浓度的 EDTA 标准溶液滴定至溶液呈亮黄色。

d. 采用 NH_4F 较好，因 NH_4F 不释放 Fe-EDTA 中的 EDTA，而 NaF 或 KF 则有可能形成碱金属的氟铁酸盐沉淀，使 Fe-EDTA 配合物遭到破坏。

e. 用金属离子作滴定剂滴定 EDTA（即所谓返滴定），其终点一般以指示剂固有颜色中夹杂了一部分可以辨别的金属离子与指示剂生成配合物的颜色为终点。这里用锌盐（或铅盐）标准溶液作滴定剂，滴定溶液中的 EDTA 则以滴定至黄色（指示剂固有的颜色）夹有红色锌（或铅）和二甲酚橙配合物的颜色为终点。所以必须严格控制终点的变化程度，以刚出现微红色即为终点，同时两个终点变色程度要一致，否则将造成偏差。

(2) 铁粉还原-碘酸钾滴定法　用硫酸及氟硼酸溶解试样，过氧化氢氧化。在盐酸介质中，以三氯化锑为催化剂，在加热和隔绝空气的情况下，以纯铁粉将四价锡还原为二价锡。

在盐酸溶液中，用淀粉作指示剂，以碘酸钾标准溶液滴定二价锡。

$$IO_3^- +3Sn^{2+} +6H^+ \longrightarrow 3Sn^{4+} +I^- +3H_2O$$

$$IO_3^- +5I^- +6H^+ \longrightarrow 3I_2 +3H_2O$$

铜含量小于 0.5% 对测定无影响。试样中含有大量的钛及不超过 10% 的铬、6% 的钼、4% 的钒和 1% 的钨不干扰测定，铜含量大于 0.5% 则必须分离除去。

① 试剂。硫酸（1＋1）；氟硼酸（48%）；过氧化氢（30%）；纯铁粉；浓盐酸；三氯化锑溶液（1%）：取 1g 三氯化锑溶于 20mL 盐酸，以水稀释至 100mL；碳酸氢钠饱和溶液；大理石碎片；淀粉溶液（1%）：取 0.5g 可溶性淀粉置于 250mL 烧杯中，用少量水调成糊状，在搅拌下加入 100mL 热水，稍微煮沸，冷却后加入 0.1g NaOH，混匀；碘化钾溶液（10%）；锡标准溶液：称取纯锡（或锡含量与试样相近的标准试样）1.000g，溶于盐酸（1＋1）300mL 中，温热至溶解完全，冷却，移入 1000mL 容量瓶中，以水稀释至刻度，摇匀，此溶液每毫升含锡 1mg；碘化钾标准溶液：称取碘化钾 0.59g 及氢氧化钠 0.5g，溶于 200mL 水中，再加碘化钾 8g，然后加热至完全溶解，用玻璃棉将溶液过滤于 1000mL 容量瓶中，加水至刻度，摇匀，取 50.00mL 锡标准溶液，按分析方法进行标定得到滴定度。滴定度 T 按下式计算：

$$T=\frac{1\times10^{-3}\times50.00}{V}$$

式中，T 为碘酸钾对锡的滴定度，g/mL；1 为锡标准溶液的浓度，mg/mL；50.00 为锡标准溶液的体积，mL；V 为滴定锡标准溶液消耗碘酸钾标准溶液的体积，mL。

② 分析步骤。称取一定量试样（视锡含量而定），置于 500mL 锥形瓶中，加水 60mL、硫酸（1＋1）10mL 和氟硼酸 10mL，温热溶解，滴加过氧化氢氧化至出现淡稻草色。加水 100mL、纯铁粉 5g、盐酸 60mL 和三氯化锑溶液（1%）2 滴。装上隔绝空气装置，并且在其中注入碳酸氢钠饱和溶液。

低温加热，待铁粉溶解，再升高温度加热煮沸 1min，流水冷却（在冷却过程中，一直要有碳酸氢钠饱和溶液的保护）。取下隔绝空气装置，迅速加入几粒大理石碎片、碘化钾溶液（15%）5mL 和淀粉溶液（1%）5mL，迅速用碘酸钾标准溶液滴定至呈现的蓝色保持 10s 即为终点。

③ 结果计算。按下式计算试样的锡含量（%）：

$$w_{Sn}=\frac{V\times T}{m_s}\times100$$

式中，V 为滴定试样溶液时消耗碘酸钾标准溶液的体积，mL；T 为碘酸钾对锡的滴定度，即每毫升碘酸钾溶液相当于锡的克数，g/mL；m_s 为称取试样的质量，g。所得结果表示为两位有效数字。

④ 注意事项

a. 此方法适用于测定含锡＞0.25％的试样。

b. 在还原及以后的冷却过程中，应保持溶液的空气隔绝。在将还原后的溶液冷却时，载于隔绝空气装置中的碳酸氢钠饱和溶液，将被吸入锥形瓶中，这时应补加碳酸氢钠溶液，以免空气进入瓶中。

c. 滴定时为了尽量避免 Sn^{2+} 被空气氧化而引起的误差，所以投入几片大理石碎片，以造成 CO_2 气氛，同时须迅速滴完。

d. 试样含铜＞0.5％时，可用碱分离，以除去铜等干扰元素。但这样会产生较大误差，此时可采用次磷酸钠还原-碘酸钾滴定法。

e. 有钒、钼的试样在滴定时终点易返回。所以当滴定含有钒、钼元素的试样，终点以第一次出现蓝色为准。

f. 按上述方法所配的碘酸钾溶液，每毫升约相当于 0.001g 锡。为了抵消可能产生的实验误差，一般不用理论计算，而在每次分析时用标样或锡标准溶液，按分析试样相同的条件进行还原和滴定，从而求得碘酸钾溶液的滴定度。

(3) 次磷酸钠还原-碘酸钾滴定法 用盐酸及过氧化氢溶解试样后，加入次磷酸或次磷酸钠溶液，使锡（Ⅳ）还原为锡（Ⅱ）。还原时需加氯化高汞催化剂。还原反应应在隔绝空气的情况下进行。

$$SnCl_4 + NaH_2PO_2 + H_2O \longrightarrow SnCl_2 + NaH_2PO_3 + 2HCl$$
$$IO_3^- + 5I^- + 6H^+ \longrightarrow 3I_2 + 3H_2O$$

在盐酸溶液中，用淀粉作指示剂，以碘酸钾标准溶液滴定二价锡。

$$I_2 + Sn^{2+} \longrightarrow Sn^{4+} + 2I^-$$

在还原过程中，试样中大量铜被还原至一价状态。为了消除一价铜对测定锡的影响，须在滴定前加入硫氰酸盐，使之生成白色的硫氰酸亚铜沉淀；如有大量砷存在，砷将会被次磷酸还原为单质状态的黑色沉淀而影响终点的判断。其他元素不干扰测定，不必分离除去。

① 试剂。盐酸（1+1）；过氧化氢（30％）；次磷酸钠（或次磷酸）溶液（50％）；氯化高汞溶液：溶解氯化高汞 1g 于 600mL 水中，加盐酸 700mL，混匀；硫氰酸铵溶液（25％）；碘化钾溶液（10％）；碳酸氢钠饱和溶液；大理石碎片；淀粉溶液（1％）；锡标准溶液：称取纯锡（99.90％以上或锡含量与试样相近的标准试样）0.1000g，溶于 20mL 盐酸中，不要加热，至溶解完全，移入 100mL 容量瓶中，以水稀释至刻度，摇匀，此溶液每毫升含锡 1mg；碘酸钾标准溶液：称取碘酸钾 0.59g 及氢氧化钠 0.5g，溶于 200mL 水中，再加碘化钾 8g，然后移入 1L 容量瓶中，加水至刻度，摇匀，用锡标准溶液，按分析方法进行标定得到的滴定度用于计算。

② 操作步骤。称取一定量试样，置于 500mL 锥形瓶中，加 10mL 盐酸（1+1）及 3～5mL 过氧化氢，微热溶解后煮沸至无细小气泡。加入氯化高汞溶液 65mL、次磷酸钠溶液 10mL，装上隔绝空气装置，并且在其中注入碳酸氢钠饱和溶液。加热煮沸并保持微沸 5min。取下，先放在空气中稍冷，再将锥形瓶置于冰水中冷却至 10℃ 以下。取下隔绝空气装置，迅速加入硫氰酸铵溶液（25％）10mL、碘化钾溶液（10％）5mL 和淀粉溶液（1％）1mL，迅速用碘酸钾标准溶液滴定至在白色乳浊液中呈现的蓝色保持 10s 即为终点。

③ 结果计算。按下式计算试样的锡含量（％）：

$$w_{Sn} = \frac{V \times T}{m_s} \times 100$$

式中，V 为滴定试样溶液时消耗碘酸钾标准溶液的体积，mL；T 为碘酸钾对锡的滴定度，即每毫升碘酸钾溶液相当于锡的克数，g/mL；m_s 为称取试样的质量，g。

④ 注意事项

a. 该方法适用于测定含铜＞0.5％的试样。

b. 锡在浓盐酸中容易挥发，故溶解试样宜用 1∶1 的盐酸。

c. 在还原及以后的冷却过程中，应保持溶液的空气隔绝。在将还原后的溶液冷却时，盛于隔绝空气装置中的碳酸氢钠饱和溶液，将被吸入锥形瓶中，这时应补加碳酸氢钠溶液，以免空气进入瓶中。

d. 滴定时溶液已暴露在空气中，为了尽量避免 Sn^{2+} 被空气氧化而引起的误差，滴定应迅速进行。

e. 在滴定前应将溶液冷却到 10℃ 以下，以减少过量的次磷酸或次磷酸钠与碘酸钾标准溶液相互反应而产生误差。

f. 由于溶液中过剩的次磷酸将缓慢地与碘酸钾溶液反应，故滴定终点的蓝色不能长久保持，此蓝色能保持 10s 时即认为到达终点。

g. 按上述方法所配的碘酸钾溶液，每毫升约相当于 0.001g 锡。为了抵消可能产生的实验误差，一般不用理论计算，而在每次分析时用标样或锡标准溶液，按分析试样相同的条件进行还原和滴定，从而求得碘酸钾溶液的滴定度。如果用标准试样标定，则应称取与试样锡含量相近的标样，按分析试样相同方法进行操作。如用锡标准溶液 10～20mL（按试样锡含量而定），置于 500mL 锥形瓶中，加入氯化高汞溶液 65mL 及次磷酸钠溶液（50％）10mL。按上述方法还原并滴定。据此算出碘酸钾溶液的滴定度。

8.2.3.3 铅的测定

铅的测定目前应用较为广泛的分析方法为重量法、容量法和光度法。

通常用的重量法有硫酸铅法、铬酸铅法和电解法。对于硫酸铅法，基于试样中的铅转化为硫酸铅，可从稀硫酸中将沉淀滤入古氏坩埚中，在 500～550℃ 灼烧后以 $PbSO_4$ 状态称重。此法若控制合适的条件以降低 $PbSO_4$ 的溶解度和消除干扰可以获得较好的分析结果。首先，铬酸铅法与硫酸铅法相比较，铬酸铅的溶解度较硫酸铅小得多；其次，铬酸铅可以在稀硝酸中沉淀，因此可以使铅与铜、银、镍、钙、钡、锶、锰、镉、铝及铁等元素分离。

当含有铅的硝酸溶液进行电解时，铅即以二氧化铅的形式在阳极上沉积，该法对于含铅较高的试样可以得到较为满意的结果，所以较广泛地得到应用。

铅的容量法有沉淀滴定法、间接氧化还原滴定法和配合滴定法。沉淀滴定法是以在 Pb^{2+} 溶液中滴入与 Pb^{2+} 形成沉淀的试剂（如钼酸镁、重铬酸钾、亚铁氰化钾等）的沉淀剂的体积来计算试样的铅含量。但这类方法准确度较差。间接氧化还原滴定法主要是利用铅的沉淀反应进行测定。例如，在乙酸-乙酸钠溶液中定量地加入重铬酸钾标准溶液，在硝酸锶的存在下使 Pb^{2+} 以 $PbCrO_4$ 沉淀析出，然后调高酸度，用硫酸亚铁铵标准溶液滴定溶液中过量的重铬酸钾，可以间接地测定铅含量。该法选择性较高，准确度也较好。配合滴定法在铅的测定方面具有操作简单、快速的特点。Pb^{2+} 与 EDTA 在 pH＝4～12 的溶液中能形成稳定的配合物（$\lg K_{PbY} = 18.04$），因此可用 EDTA 滴定铅。

常用的滴定条件有以下两种：一种是在微酸性溶液（pH≈5.5）中滴定；另一种是在氨性溶液（pH≈10）中滴定。不论在微酸性溶液还是在氨性溶液中滴定，往往有较多干扰元素，需采取掩蔽方法消除干扰，提高测定结果的准确度。

光度法是测定微量铅的较好方法之一，但铅的光度测定方法为数不多，常用的显色剂有二苯硫腙、PAR、二乙基氨磺酸钠等。其中二苯硫腙为光度测定铅的较好试剂。

(1) 铬酸铅沉淀-亚铁滴定法 用定量的硝酸溶解试样，加入过量的重铬酸钾标准溶液，在 pH＝3～4 乙酸缓冲介质中使铅定量地生成铬酸铅沉淀。过量的重铬酸钾，在不分离铬酸铅沉淀的情况下，提高溶液的酸度后可用亚铁标准溶液滴定，用苯代邻氨基苯甲酸作指示剂。

用亚铁标准溶液滴定过量的重铬酸钾，必须在较高的酸度（1mol/L 以上）条件下进行，而在低酸度条件下生成的铬酸铅沉淀，在高酸度的溶液中会逐渐溶解。因此过去的方法都要求将铬酸铅沉淀分离后，再进行滴定。该方法采用加入硝酸锶作为凝聚剂，使铬酸铅在高酸度时也不溶解，这样就使方法的步骤简化了，分析的时间也大为缩短。同时，那些在低酸度溶液中能与重铬酸钾形成沉淀的金属离子，如 Ag^+、Hg^{2+}、Bi^{3+}，当提高酸度又溶解，这样就提高了方法的选择性。

阴离子中氯离子有干扰，它妨碍铬酸铅的定量沉淀。若有锡，硝酸溶解后的试样中的锡以偏锡酸沉淀析出，但不干扰铅的测定。

① 试剂。重铬酸钾标准溶液[$c(1/6K_2Cr_2O_7)＝0.05000mol/L$]：称取重铬酸钾基准试剂 2.4518g，置于 100mL 烧杯中，加水溶解后转移入 1000mL 容量瓶中，稀释至刻度，摇匀；乙酸铵溶液（15%）；硝酸锶溶液（10%）；N-苯代邻氨基苯甲酸指示剂（0.2%）：称取 0.2g N-苯代邻氨基苯甲酸溶于 100mL 碳酸钠溶液（0.2%）中，溶液储存于棕色瓶中；硫磷混合酸：于 600mL 水中加入硫酸 150mL 及磷酸 150mL，冷却，加水至 1000mL；硫酸亚铁铵标准溶液（$c＝0.02mol/L$）：称取硫酸亚铁铵[$Fe(NH_4)_2(SO_4)_2 \cdot 6H_2O$]7.9g，溶于 1000mL 硫酸（5＋95）中，为了保持此溶液的二价铁浓度稳定，可在配好的溶液中投入几小粒纯铝。

重铬酸钾标准溶液与硫酸亚铁铵标准溶液的比值 K 按下法求得：吸取 10.00mL 重铬酸钾标准溶液[$c(1/6K_2Cr_2O_7)＝0.05000mol/L$]置于 250mL 锥形瓶中，加水 80mL、硫磷混合酸 20mL、指示剂 2 滴，用硫酸亚铁铵标准溶液滴定至亮绿色为终点。比值 K 按下式计算：

$$K=\frac{10.00}{V_1}$$

式中，V_1 为滴定所消耗硫酸亚铁铵标准溶液的体积，mL。

② 分析步骤。称取一定量试样，置于 300mL 锥形瓶中，加入硝酸 16mL，温热溶解试样。如试样溶解较慢，为了防止酸的过分蒸发，要随时补充适量的水分。试样溶解完毕后趁热加入硝酸锶溶液（10%）4mL、乙酸铵溶液 25mL 及重铬酸钾标准溶液[$c(1/6K_2Cr_2O_7)＝0.05000mol/L$]10.00mL，煮沸 1min，冷却，加水 50mL 及硫磷混合酸 20mL，立即用 0.02mol/L 的硫酸亚铁铵标准溶液滴定至淡黄绿色，加 N-苯代邻氨基苯甲酸指示剂 2 滴，继续滴定至溶液由紫红色转变为亮绿色为终点。

③ 结果计算。按下式计算试样的铅含量（%）：

$$w_{Pb}=\frac{(10.00-KV)\times0.05000\times\dfrac{207.21}{3000}}{m_s}\times100$$

式中，V 为滴定试样时所消耗硫酸亚铁铵标准溶液的体积，mL；m_s 为称取试样质量，g。

④ 注意事项

a. 沉淀铬酸铅时溶液的 pH 值在 3～4 范围内，所以溶解酸必须严格控制。

b. 此方法适用于含铅 0.5％以上的试样。

（2）EDTA 容量法 试样经稀硝酸分解，用六亚甲基四胺调节至溶液 pH 值为 5.5～6.0，以二甲酚橙为指示剂，用 EDTA 标准溶液滴定，测其铅量。

在被滴定溶液中，砷、锑、铟、锡等不干扰测定。铁的干扰加乙酰丙酮消除，铜、锌、镉、锰、钴、镍、银加邻二氮杂菲消除干扰。铋的干扰在 pH 值为 1～2 预先滴定。其他元素含量不高时，可不考虑。

① 试剂。乙酰丙酮；硝酸：1＋4；邻二氮杂菲溶液：称取 1g 试剂溶于 100mL 硝酸（2＋98）中；乙醇钠溶液（20％）；六亚甲基四胺溶液（20％）；二甲酚橙溶液（1％）；乙二胺四乙酸二钠（EDTA）标准溶液（约 0.01mol/L）：称取 4g EDTA 置于 250mL 烧杯中，加水溶解，移入 1000mL 容量瓶中，用水稀释至刻度，混匀。称取 10.00g 纯铅，按分析步骤测定此标准溶液对铅的滴定度。EDTA 标准溶液对铅的滴定度计算式如下：

$$T = \frac{m_1}{V_1}$$

式中，T 为 EDTA 标准溶液对铅的滴定度，g/mL；m_1 为分取纯铅量，g；V_1 为滴定时所消耗 EDTA 标准溶液的体积，mL。

稀 EDTA 溶液：将 EDTA 标准溶液（0.01mol/L）稀释 5 倍。

② 分析步骤。加入 150mL 硝酸，盖上表面皿，加热至试样完全溶解，驱赶氮的氧化物，取下冷却，用水冲洗烧杯壁及表面皿，将溶液移入 1000mL 容量瓶中，以水稀释至刻度，混匀。移取 25.00mL 试样溶液，同时移取 25.00mL 纯铅溶液 3 份，分别置于 500mL 锥形瓶中。

用乙酸钠溶液（20％）调节至溶液 pH＝1～2（最好 1.5～1.9），加 1 滴二甲酚橙溶液，用稀 EDTA 溶液滴定至黄色。向溶液中加入 2mL 乙酰丙酮、8mL 邻二氮杂菲溶液；稀释体积至 100～200mL，加入 20mL 六亚甲基四胺溶液（20％），用 EDTA 标准溶液滴定至溶液红色变浅，再用六亚甲基四胺调至 pH＝5.5～6.0，继续滴定至亮黄色为终点。

③ 结果计算。按下式计算试样中铅的百分含量（％）：

$$w_{Pb} = \frac{T \times V \times 1000}{m_s \times 25} \times 100$$

式中，T 为 EDTA 标准溶液对铅的滴定度，g/mL；V 为滴定时所消耗 EDTA 标准溶液的体积，mL；m_s 为试样质量，g。

④ 注意事项。若试样中铁含量大于 0.3mg 时，应按以下步骤测定铅的含量。

配制铋盐溶液方法是：称取 1g 纯铋（99.99％以上）于 250mL 烧杯中，加入 20mL 硝酸，盖上表面皿，加热至溶解完全，驱除氮的氧化物，取下冷却，移入 1000mL 容量瓶中，以硝酸（5＋95）稀释至刻度，混匀。

将移取的试液加热至 40～60℃，加入 0.1g 磺基水杨酸，用乙酸钠溶液调节至溶液 pH＝1～2（最好 1.5～1.9），滴加稀 EDTA 溶液至红色消失再过量 1mL，加 1 滴二甲酚橙溶液，用铋盐溶液滴定至红色出现，再过量 3～5 滴，用稀 EDTA 溶液滴定至黄色，向溶液中加入 8mL 邻二氮菲溶液，稀释体积至 100～200mL，加入 20mL 六亚甲基四胺溶液（20％），调节至 pH＝5.5～6.0，继续滴定至亮黄色为终点。按公式计算试样中铅的百分含量。

8.2.3.4 铬的测定

铬的化学分析方法有重量法、容量法和比色法。重量法步骤繁杂、费时，往往需进行分离，远不及容量法简单、快速，而且在准确度和精密度方面也不比容量法优越，因此无实用价值。氧化还原容量法是目前应用最广泛的测定常量铬的方法。该法是基于铬是一种变价元素，利用一定的氧化剂和还原剂来促使铬发生价态变化，从而求得铬量。为了使三价铬定量地氧化成六价，在酸性溶液中，通常用的氧化剂有高锰酸钾、过硫酸铵（在硝酸银存在下）、高氯酸等。而将六价铬还原滴定为三价，通常用的还原剂为硫酸亚铁。根据所用氧化剂不同而有多种测定铬的方法，但就其滴定方法而言，主要有三种。

① 以 N-苯代邻氨基苯甲酸为指示剂，用亚铁标准溶液直接滴定六价铬。但如果有钒存在时，由于其标准还原电位（$E^{\ominus} = +1.2V$）比 N-苯代邻氨基苯甲酸的标准还原电位（$E^{\ominus} = +1.0V$）高，因而它优先于指示剂而被亚铁还原，对铬的测定有干扰，所以钒也被滴定，故必须从结果中减去钒的量。

② 用高锰酸钾返滴定方式，即先加入过量的亚铁标准溶液将铬还原，再以高锰酸钾标准溶液滴定过量亚铁。这种方式钒不干扰。由于用亚铁还原铬时，H_3VO_4 同时被还原成四价：

$$2H_3VO_4 + 2FeSO_4 + 3H_2SO_4 \longrightarrow V_2O_2(SO_4)_2 + Fe_2(SO_4)_3 + 6H_2O$$

而当用高锰酸钾返滴定过量的亚铁时，四价钒又被氧化成 H_3VO_4：

$$5V_2O_2(SO_4)_2 + 2KMnO_4 + 22H_2O \longrightarrow 10H_3VO_4 + K_2SO_4 + 2MnSO_4 + 7H_2SO_4$$

这两个反应所消耗的亚铁和高锰酸钾是等物质的量的，因此钒无影响。这种滴定方式常用于标准分析。

③ 利用低温下钒可被高锰酸钾氧化而铬不被氧化的特性，先用亚铁标准溶液滴定钒，然后再滴定铬和钒总量。

测定微量铬常采用分光光度法和原子吸收分光光度法。利用有机试剂比色测定铬的方法很多，国家标准采用二苯碳酰二肼（DPCI）分光光度法。在酸性条件下，六价铬与 DPCI 反应生成紫红色配合物，可以直接用分光光度法测定，也可以用萃取光度法测定，最大波长为 540nm，摩尔吸光系数 ε 为 $2.6 \times 10^4 \sim 4.17 \times 10^4$ L/(mol•cm)。

（1）过硫酸铵氧化滴定法　氧化还原容量法测定试样中较大量的铬，均基于将铬氧化至六价，然后用标准还原剂溶液滴定。铬的氧化一般在硫磷混合酸介质中进行，用过硫酸铵作为氧化剂，反应式如下：

$$2Cr^{3+} + 3S_2O_8^{2-} + 7H_2O \longrightarrow Cr_2O_7^{2-} + 6SO_4^{2-} + 14H^+$$

氧化时溶液中硫酸浓度宜控制在 $0.7 \sim 1$mol/L，磷酸浓度通常保持在 0.5mol/L 左右。此方法中要求加入少量锰，其目的是作为铬氧化完全的指标。因为 MnO_4^-/Mn^{2+} 的 $E^{\ominus} = 1.51V$，而 CrO_7^{2-}/Cr^{3+} 的 $E^{\ominus} = 1.36V$，用过硫酸铵氧化时，铬先于锰被氧化，所以当溶液中出现 MnO_4^- 的红色时，表示铬已氧化完全。在铬氧化完全以后，须将溶液煮沸 5min 以上，使多余的过硫酸铵分解。

硝酸银（作为催化剂）的存在与否对铬的氧化没有影响，但不加硝酸银，不仅使锰的氧化缓慢，多余的过硫酸铵的分解也缓慢。因此在方法中仍需加入少量硝酸银。

测定的最后一步是用亚铁标准溶液滴定（还原）高价铬：

$$6Fe^{2+} + Cr_2O_7^{2-} + 14H^+ \longrightarrow 6Fe^{3+} + 2Cr^{3+} + 7H_2O$$

随着亚铁标准溶液的不断加入，溶液的电位也不断发生变化，在接近化学计量点时，电位发生突跃变化（$0.94 \sim 1.31V$）。选择一种变色电位在此突跃变化范围内的氧化还原指示剂（如二苯胺磺酸钠、邻苯氨基苯甲酸等）即可指示滴定的终点。二苯胺磺酸钠指示剂的变色点标准电位 $E_{In}^{\ominus} = 0.85V$，而邻苯氨基苯甲酸指示剂的 $E_{In}^{\ominus} = 0.89V$，都没有落在滴定反应的电位范围内，但由于滴定溶液中有磷酸存在，它与 Fe^{3+} 生成无色稳定的 $Fe(HPO_4)_2^-$ 配离子，使［Fe^{3+}］减少，而降低了 Fe^{3+}/Fe^{2+} 电对的条件电位，从而使滴定终点时的电位突跃范围扩大为 0.31～0.72V。因此上述两种指示剂均可应用。

① 试剂。王水；重铬酸钾标准溶液［$c(1/6K_2Cr_2O_7)$ ＝0.05000mol/L］：称取重铬酸钾基准试剂 4.9035g，加水溶解定容于 2000mL 容量瓶中；硝酸银溶液(0.2%)；高锰酸钾溶液(0.5%)；过硫酸铵溶液(20%)；邻苯氨基苯甲酸指示剂：称取邻苯氨基苯甲酸 0.2g，置于烧杯中，加入碳酸钠 0.2g 及水 100mL，搅拌使其溶解；硫酸亚铁铵标准溶液(0.025mol/L)：称取硫酸亚铁铵 20g，溶解于硫酸(5＋95) 2000mL 中。其准确浓度用重铬酸钾标准溶液标定，标定方法如下：移取重铬酸钾标准溶液［$c(1/6K_2Cr_2O_7)$ ＝0.05000mol/L］20.00mL，置于 250mL 锥形瓶中，加水 20mL 及硫酸(1＋1) 3mL，摇匀。加入指示剂 2 滴，用亚铁标准溶液滴定至亮绿色为终点。按下式计算亚铁标准溶液的物质的量浓度：

$$c_{Fe^{2+}} = \frac{0.05000 \times 20.00}{V_{Fe}}$$

式中，V_{Fe} 为滴定时所消耗亚铁标准溶液体积，mL。

② 分析方法。称取一定量试样，将试样置于 250mL 锥形瓶中，加 15mL 盐酸、2mL 硝酸，低温加热溶解(难溶试样可滴加氢氟酸助溶)。加 4mL 磷酸、8mL 硫酸，蒸发至冒硫酸烟，滴加硝酸氧化直至碳化物完全破坏为止，继续蒸发至冒硫酸烟，冷却。

加水至 100mL，低温加热使盐类溶解，加入 10～20 滴硝酸银溶液、20mL 过硫酸铵溶液、2 滴硫酸锰溶液，加入玻璃珠，以防止溶液过热溅溢，煮沸约 5min，直至铬全部被氧化(有高锰酸的红色出现，表示铬已被全部氧化)。加盐酸(1＋3) 6mL，煮沸至高锰酸的红色褪去后继续煮沸 6～7min，使过硫酸铵完全分解。置于冷水中冷却至室温，加入邻苯氨基苯甲酸指示剂 2 滴，用亚铁标准溶液滴定至恰由紫红色转变为亮绿色。

③ 结果计算。按下式计算试样的铬含量(%)：

$$w_{Cr} = \frac{c \times V \times 0.052}{m_s} \times 100$$

式中，V 为滴定时所消耗亚铁标准溶液体积，mL；c 为亚铁标准溶液物质的量浓度，mol/L；0.052 为 Cr 的毫摩尔质量，g/mmol；m_s 为试样的质量，g。

④ 注意事项

a. 此法可根据试样中铬的含量确定适当的取样量，或改变标准溶液浓度。

b. 铬含量较低时，过硫酸铵用量可适当减少。为了检验三价铬是否氧化完全，检验硝酸银和过硫酸铵用量是否合适，可以做平行试验，如溶液出现稳定的红色或紫红色，说明三价铬已氧化完全，否则应适当增加硝酸银和过硫酸铵的用量，直至出现稳定的红色。

c. 氧化时，过剩的过硫酸铵一定要煮沸分解除去，否则会使分析结果偏高。

d. 若铬含量高，宜先用亚铁标准溶液滴定至近终点(淡黄绿色)，再加指示剂，继续滴定全终点。指示剂不能在滴定之前加入，否则会被大量的六价铬破坏。

(2) 高氯酸氧化容量法 试样经王水溶解，在高氯酸冒烟条件下，将铬氧化至高价，然后用硫磷混合酸调节至适当酸度，以 N-邻苯氨基苯甲酸为指示剂，用硫酸亚铁溶液滴定。此方法快速，但氧化的温度和时间要严格控制。

① 试剂。王水(2＋1，盐酸 2 份，硝酸 1 份)；高氯酸：60%～70%；N-邻苯氨基苯甲酸指示剂：0.2%，同上；硫酸亚铁铵标准溶液(0.05mol/L)：称取 20g 硫酸亚铁铵［$(NH_4)_2Fe(SO_4)_2 \cdot 6H_2O$］溶于硫酸(5＋95)1000mL 中。

② 分析方法。称取一定量试样(或试液)，置于 250mL 锥形瓶中，加王水 4～5mL，加

热溶解，加高氯酸 3mL，继续加热至冒烟，使铬氧化，保持此温度约 30s，稍冷，加水 30mL，流水冷却至室温，用硫酸亚铁铵标准溶液滴定至淡黄绿色，加指示剂 2 滴，继续滴定至溶液由樱桃红色变为亮绿色即为终点。

③ 结果计算。按下式计算试样中铬含量(%)：

$$w_{Cr} = \frac{c \times V \times 0.052}{m_s} \times 100$$

式中，V 为滴定时所消耗亚铁标准溶液体积，mL；c 为亚铁标准溶液物质的量浓度，mol/L；0.052 为 Cr 的毫摩尔质量，g/mmol；m_s 为试样的质量，g。

④ 注意事项。加热冒烟时的温度、时间很重要。温度高，时间长，易使结果偏低，加热时高氯酸于瓶壁回流接近瓶口处，一般保持能使铬氧化的温度约 30s。当高氯酸烟冒出瓶口(瓶内无白烟)结果将偏低。注意不要同时氧化多个试样，使氧化时间不一致引入误差。

8.2.3.5 镉的测定

Cd^{2+} 与 EDTA 形成中等稳定的配合物($\lg K = 16.46$)。在 pH>4 的溶液中能与 EDTA 定量反应。在各种文献上介绍的镉的配合滴定方法有数十种之多，但应用比较广泛的只有两种：一种是在 pH 值为 5～6 的微酸性溶液中进行滴定，用二甲酚橙作指示剂；另一种是在氨性溶液(pH=10)中进行滴定，用铬黑 T 作指示剂。在微酸性溶液中进行滴定，选择性较差。特别是镍的干扰难以消除，没有较好的掩蔽剂。因此测定废电路板中的镉用氨性条件较好。大量的铜虽可用氰化物掩蔽，但在滴定过程中常因出现少量铜的氰化物配离子解蔽而使指示剂"封闭"的现象。因此该方法中用硫氰酸亚铜沉淀分离大量铜后再进行镉的测定，这样滴定终点比较明显。在滴定镉时通常加入一定量的镁，使滴定终点更为灵敏。

① 试剂。浓盐酸；过氧化氢(30%)；酒石酸溶液(25%)；盐酸羟胺溶液(10%)；硫氰酸铵溶液(25%)；浓氨水；氨性缓冲溶液(pH=10)：称取氯化铵 54g 溶于水中，加氨水 350mL，加水 1L，混匀；氰化钠溶液(10%)；镁溶液(0.01mol/L)：溶解硫酸镁 2.5g 于 100mL 水中，以水稀释至 1L；铬黑 T 指示剂：称取铬黑 T 0.1g，与氯化钠 20g 置于研钵中研磨混匀后储存于密闭的干燥棕色瓶中；甲醛溶液(1+3)；EDTA 标准溶液(0.01000mol/L)：称取 EDTA 基准试剂 3.7226g，溶于水中，移入 1L 容量瓶中，以水稀释至刻度，摇匀，如无基准试剂，可用分析纯试剂配制成 0.01mol/L 溶液，然后用锌或铅标准溶液标定。标定方法见前。

② 分析方法。称取一定量试样，置于 100mL 两用瓶中，加盐酸 5mL 及过氧化氢 3～5mL，溶解完毕后加热煮沸，使过剩的过氧化氢分解。加酒石酸溶液(25%) 5mL，加水稀释至约 70mL，加入盐酸羟胺溶液(10%) 10mL，煮沸，加硫氰酸铵溶液(25%) 10mL，冷却。加水至刻度，摇匀。过滤，吸取滤液 50mL，置于 300mL 锥形瓶中，用氨水中和并过量 5mL，加 pH=10 缓冲溶液 15mL、氰化钠溶液(10%) 5mL，摇匀。加入镁溶液(0.01mol/L) 5mL，加入适量的铬黑 T 指示剂，用 EDTA 标准溶液滴定至溶液由紫红色变为蓝色为止(滴定所消耗 EDTA 标准溶液毫升数不计)。加入甲醛溶液(1+8) 10mL，充分摇动至溶液再呈紫红色，再用 EDTA 标准溶液滴定至将近蓝色终点，再加甲醛溶液 10mL，摇匀，继续滴定至蓝色终点。

③ 结果计算。按下式计算试样的镉含量(%)：

$$w_{Cd} = \frac{V \times c \times 0.1124}{m_s} \times 100$$

式中，V 为滴定时所消耗 EDTA 标准溶液的体积，mL；c 为 EDTA 标准溶液的物质的量浓度，mol/L；0.1124 为 Cd 的毫摩尔质量，g/mmol；m_s 为称取试样的质量，g。

④ 注意事项

a. 试样中镉含量较低时可取较多的试样进行滴定。

b. 锌在所述条件下也定量地参加反应，所以当试样中含有锌时，测定的结果是锌和镉总量。

如果锌含量较高，须按照下面方法进行分离后再进行测定：将试样溶液用氨水中和后，加盐酸 5mL 及硫氰酸铵 5g，将溶液移入分液漏斗中，加水至约 100mL，加入戊醇-乙醚混合试剂(1+4) 20mL，振摇 1min，静置分层，将水相放入 400mL 烧杯中，在有机相中加盐酸洗液 10mL，振摇 30s，静置分层，将水相合并于 400mL 烧杯中，按上述方法进行镉的测定。

8.2.3.6 汞的测定

样品与铁粉混合于单球管中，用喷灯加热使汞还原成金属后呈蒸气逸出冷凝于玻璃管壁上，熔断玻璃球后，用硝酸将汞溶解，经高锰酸钾氧化后，用硫氰酸钾溶液滴定。此法可测定大于 $0.0x\%$ 的汞。

在分解含汞的试样时必须注意汞的挥发性。通常汞是在以蒸馏法分离后再进行测定。汞的蒸馏法是将试样与铁粉混合，在玻璃单球管中加热蒸馏，蒸馏出的汞凝聚在管壁上，然后用硝酸溶解或碘液溶解。

① 试剂。硝酸：煮沸或通入空气逐去二氧化氮；硫酸亚铁铵溶液(2%)：将硫酸亚铁铵 20g 溶解于 1000mL 5%硫酸中；硝酸铁溶液：于 100mL 硝酸铁饱和溶液中加硝酸(1+1) 5mL 或于 100mL 硫酸高铁铵饱和溶液中加硝酸 10mL；汞标准溶液：称取纯金属汞 0.5000g 于 100mL 烧杯中，加 25mL 硝酸溶解，加水 100mL，用 1%高锰酸钾溶液滴定至淡红色，移入 500mL 容量瓶中，用水稀释至刻度，此溶液每毫升含汞 1mg；硫氰酸钾标准溶液：称取硫氰酸钾 4.86g 溶解于水后，移入 1000mL 容量瓶中，用水稀释至刻度，摇匀，此溶液每毫升约相当于 5mg 汞，将此溶液用水稀释 10 倍。得每毫升约相当于 0.5mg 汞的溶液。用汞标准溶液标定其对汞的滴定度。

标定方法是：吸取汞标准溶液 25mL 及 5mL 各两份分别置于 150mL 锥形瓶中，用水稀释为 30mL，加硝酸 1mL，用 1%高锰酸钾溶液滴定至淡红色，再滴入 2%硫酸亚铁铵溶液至红色刚褪去，加硝酸铁溶液 2mL，分别用浓、稀两种硫氰酸钾溶液滴定至呈浅棕红色为止，计算硫氰酸钾溶液对汞的滴定度。滴定度 T 按下式计算：

$$T = \frac{C \times V_1}{V_2 \times 1000}$$

式中，T 为硫氰酸钾溶液对汞的滴定度，g/mL；C 为汞标准溶液的浓度，g/mL；V_1 为吸取汞标准溶液的体积，mL；V_2 为滴定时所消耗硫氰酸钾溶液的体积，mL。

② 分析方法。称取一定量样品(视汞含量而定)，通过干燥的长颈漏斗装入单球管的小球中，再通过长颈漏斗加铁粉 1g 将黏附于颈中的样品带入小球中，移去漏斗，移动单球管使样品与铁粉混合均匀，将单球管以水平状态在喷灯上转动低温加热，逐去水分后，升高温度将小球烧红至 650~700℃(不能熔化) 约 5min，此时汞已全都呈金属状态蒸出，冷凝于玻璃管中，再升高温度使小球及邻近的玻璃管软化，用镊子将小球拉掉并将玻璃管熔封，小球部分弃去。

将玻璃管垂直放于 100mL 烧杯中，注入热硝酸 2~3mL，待汞完全溶解后，用玻璃棒将熔封的尖端击破使硝酸溶液流入，玻璃管用水洗净后弃去，用水将溶液稀释为 30mL，滴加 1%高锰酸钾溶液至淡红色，再滴入 2%硫酸亚铁铵溶液至红色刚褪去，加硝酸铁溶液

2mL，用硫氰酸钾标准溶液滴定至棕红色在1min内不消失即达终点。

③ 注意事项

a. 在加热逐去水分时所生成的水滴，要注意不能让其流回球部，否则小球会炸裂。

b. 样品中如含有大量有机物，在灼烧时会有大量有机物挥发出来附着在管壁上将汞滴掩盖，使硝酸不能将汞完全溶解而造成偏低的结果，如发现这种情况时，应重新取样另加氧化锌1g与样品混合然后灼烧，使有机物不致挥发出来。

c. 用热硝酸溶解玻璃管内汞滴时，一般是可以将汞完全溶解的，如发现尚有未能溶解的汞滴时，可将玻璃管微热使其溶解，然后再将尖端击破使溶液流出。

d. 如样品中汞含量较高，除减少样品称量外，最好改用双球管进行蒸馏，在蒸馏时可将两球间的玻璃管小心加热，使汞在上部的球中冷凝。

e. 滴定溶液中不能有氯离子存在，汞（Ⅰ）必须加入高锰酸钾完全氧化为汞（Ⅱ），否则结果偏低。

f. 滴定溶液中不能有亚硝酸存在，因亚硝酸根能与硫氰酸钾生成红色化合物而影响终点的观察。

g. 灼烧蒸馏时间不宜超过5min，如灼烧时间过长，汞会有损失的可能。

h. 滴定溶液的体积不宜超过30mL，可用试剂空白的终点作参比，如果在50mL瓷坩埚中滴定终点较易观察。

i. 滴定溶液的酸度以5%～10%为宜，如酸度大于10%，则硫氰酸铁的生成将会受到阻滞，因而影响终点的观察，如酸度过低，硝酸汞会发生水解作用，因此在滴定时最好根据汞的含量选用不同硫氰酸钾溶液来滴定，汞含量的高低，可以由冷凝在玻璃管内的汞滴来判断。

8.2.3.7 钛的测定

试样用硫酸、盐酸、硝酸混合酸在有氢氟酸存在下溶解，用铝薄片将钛全部还原到三价状态，然后用硫氰酸盐为指示剂，以硫酸高铁铵标准溶液滴定三价钛。主要反应式如下：

$$6Ti(SO_4)_2 + 2Al \longrightarrow 3Ti_2(SO_4)_3 + Al_2(SO_4)_3$$
$$Ti^{3+} + Fe^{3+} + H_2O \longrightarrow TiO^{2+} + Fe^{2+} + 2H^+$$
$$Fe^{3+} + 3SCN^- \longrightarrow Fe(SCN)_3（红色）$$

Sn、Cu、As、Cr、V、W、U等元素，因为在用铝薄片还原时也将这些元素还原到低价，当用高价铁滴定时又被氧化到高价，使结果偏高。如有这些元素存在，必须将其除去。当其含量很低时，可不必考虑。

必须注意的是，还原及滴定过程都需在隔绝空气的情况下进行，即在盛有待滴定溶液的容器中要求充满惰性气体，如CO_2、N_2等。

① 试剂。混合酸：硫酸(1+1)150mL、盐酸40mL、硝酸10mL三者混合均匀；氢氟酸(40%)；盐酸；铝薄片：CP；碳酸氢钠溶液（饱和溶液）；硫氰酸铵溶液（20%）；大理石：碎片状；硫酸高铁铵标准溶液：取24.2g硫酸高铁铵[$NH_4Fe(SO_4)_2 \cdot 12H_2O$]溶于约500mL水中，加入硫酸25mL，加热使其溶解，冷却后，滴加高锰酸钾溶液（0.1mol/L）至呈现极淡的红色。以氧化可能存在的二价铁，稀释至1000mL，此溶液浓度为0.05mol/L。用0.1000g高纯钛按下述操作方法标定，求出硫酸高铁铵溶液对钛的滴定度。

② 分析步骤。称取一定量试样，置于500mL锥形瓶中，加混合酸20mL，滴加氢氟酸10滴，加热溶解，蒸发至冒白烟。稍冷，加盐酸35mL，用水稀释至约100mL，摇匀。投入2g铝薄片、1g碳酸氢钠，装上隔绝空气装置，在其中注入碳酸氢钠饱和溶液。当剧烈反

应时(溶液变黑),置于冷水浴中冷却。大部分铝片溶解后,将锥形瓶移至电炉上微微煮沸,直至铝片完全溶解,再继续煮沸数分钟,驱除氢气。冷却至室温(在冷却过程中要在碳酸氢钠饱和溶液保护下)。取下隔绝空气装置,迅速投入几颗纯大理石碎片(或固体碳酸铵),加入硫氰酸铵溶液(20%)20mL,立即用硫酸高铁铵标准溶液滴定,至溶液刚呈红色,在30s内不消失为终点。

③ 结果计算。按下式计算试样的钛含量(%):

$$w_{Ti} = \frac{V \times T}{m_s} \times 100$$

式中,V 为滴定时消耗硫酸高铁铵标准溶液的体积,mL;T 为硫酸高铁铵标准溶液对钛的滴定度,g/mL;m_s 为称取试样的质量,g。

④ 注意事项

a. 溶液中氢气必须驱尽,否则会使结果偏高。煮沸溶液时氢气或小气泡逸出,当煮沸至小气泡停止出现,而代之以大气泡时,氢气即已驱尽。

b. 在滴定高含量钛的样品时,最好在快要到终点时加入硫氰酸盐溶液,否则,因高价钛经过较长时间也能与硫氰酸根离子作用生成红色的 $H_2[TiO(SCN)_4]$ 配合物,而误认为终点已经到达。同时滴定入的高价铁也会与硫氰酸根离子作用,而使硫氰酸根离子与微量 Ti^{3+} 的作用滞后,也会使终点过早地出现而造成误差。

c. 大理石溶解时产生 CO_2,可防止空气侵入锥形瓶内,也可以在不断通入 CO_2 的条件下进行滴定。在此情况下,当除去隔绝空气装置时,换上一个双孔橡皮塞,CO_2 由其中一个孔通入,滴定管由另一个孔插入。

8.2.3.8 镍的测定

金属镍的分析常用的有重量法、配合滴定法和吸光光度法等。当镍的含量较高时,吸光光度法容易引起较大的误差,所以采用重量法或配合滴定法较为稳妥。

(1) 丁二酮肟沉淀重量法 在氨性或乙酸盐缓冲的微酸性溶液中,Ni^{2+} 定量地被丁二酮肟沉淀。此沉淀为鲜红色螯合物。由于此螯合物为絮状大体积沉淀,沉淀时镍的绝对量应控制在 0.1g 以下。在沉淀镍的条件下,很多易于水解的金属离子将生成氢氧化物或碱式盐沉淀,加入酒石酸或柠檬酸可掩蔽 Fe^{3+}、Al^{3+}、Cr^{3+}、Ti(IV)、W(VI)、Nb(V)、Ta(V)、Zr(IV)、Sn(IV)、Sb(V) 等元素。Co^{2+}、Mn^{2+}、Cu^{2+} 单独存在时与丁二酮肟试剂不生成沉淀,但要消耗丁二酮肟试剂,而当有较大量的钴、锰、铜与镍共存时,丁二酮肟镍的沉淀中将部分地吸附这些离子而使镍的沉淀不纯,必须采取相应的措施避免干扰。

在分析较复杂的含镍样品时,如果采取各种措施,所得到的丁二酮肟镍沉淀仍然不纯净而呈暗红色,这时宜将沉淀用盐酸溶解后再沉淀一次。丁二酮肟镍的沉淀能溶于乙醇、乙醚、四氯化碳、三氯甲烷等有机溶剂中。因此在沉淀时要注意勿使乙醇的比例超过 20%。沉淀过滤后也不宜用乙醇洗涤。所得丁二酮肟镍沉淀可在 150℃烘干后称重。

① 试剂。酒石酸溶液(20%);乙酸铵溶液(2%);盐酸羟胺溶液(10%);丁二酮肟乙醇溶液(1%)。

② 测定方法。称取一定量含镍样品,置于 250mL 烧杯中,加入王水 10mL,加入高氯酸 10mL,蒸发至冒浓烟,冷却。加水 50mL 溶解盐类。加入酒石酸溶液 30mL,滴加氨水至明显的氨性,再滴加盐酸至酸性。将溶液滤入 250mL 容量瓶中,用热水洗涤滤纸及沉淀。加水至刻度,摇匀。分取溶液 50mL,置于 600mL 烧杯中,滴加氨水(1+1) 至刚果红恰呈红色,加入盐酸羟胺溶液 10mL,乙酸铵溶液 20mL,加水至约 400mL,此时溶液的酸度应在 pH=6~7。加热至 60~70℃,加入丁二酮肟溶液 50mL,充分搅拌,置于冷水中放置约

1h。如丁二酮肟镍的沉淀呈暗红色，表示沉淀吸附有杂质。可用快速滤纸过滤沉淀，用冷水洗涤滤纸和沉淀。用热盐酸(1+2)溶解沉淀，溶液接收于原烧杯中，以热水洗涤滤纸。按上述方法将镍再沉淀。在冷水中放置1h后滤入已事先恒重的玻璃过滤坩埚中，在150℃烘干至恒重。

③ 结果计算。按下式计算试样的镍含量(%)：

$$w_{Ni} = \frac{m \times 0.2032}{m_s} \times 100$$

式中，m 为丁二酮肟镍沉淀质量，g；0.2032为镍的复盐对Ni的换算因数；m_s 为称取样品质量，g。

(2) 丁二酮肟沉淀分离——EDTA滴定法 Ni^{2+} 与EDTA形成中等强度的螯合物(lgK=18.62)。可以在pH=3~12的酸度范围内与EDTA定量反应。由于 Ni^{2+} 与EDTA的螯合反应速率较慢，通常要在加热条件下滴定，或采用先加入过量EDTA然后用金属离子的标准溶液返滴定的方法。

考虑到在分析复杂的含镍体系中大量共存元素对 Ni^{2+} 的配合滴定的干扰，下述方法中先将镍用丁二酮肟沉淀分离然后加入过量EDTA使与 Ni^{2+} 螯合，在pH≈5.5的酸度条件下，以二甲酚橙为指示剂，用锌标准溶液返滴定。

① 试剂。EDTA标准溶液(0.05000mol/L)：称取18.6130g固体EDTA(二钠盐基准试剂)，置于250mL烧杯中，加水溶解，移入1000mL容量瓶中，用水稀释至刻度，混匀；六亚甲基四胺溶液：30%；锌标准溶液(0.02000mol/L)：称取基准氧化锌1.6280g，置于烧杯中，加入盐酸(1+1) 7mL，溶解后用六亚甲基四胺溶液调节至pH≈5，将溶液移入1000mL容量瓶中，加水稀释至刻度，摇匀；二甲酚橙指示剂：0.2%。其他试剂见上法。

② 分析步骤。试样的溶解及丁二酮肟沉淀的操作与上法所述相同。将所得丁二酮肟镍的沉淀用快速滤纸过滤，用水充分洗涤沉淀(洗10~15次)。弃去滤液。用热盐酸(1+2)溶解沉淀并接收溶液于原烧杯中。用热水充分洗涤滤纸。洗液与主液合并。将溶液稀释至约100mL，加热，按试样中镍的估计含量定量加入EDTA溶液并有适当过量(0.05000mol/L EDTA溶液每毫升可螯合2.9345mg的镍)，用氨水(1+1)调节酸度至刚果红试纸呈蓝紫色(pH≈3)，冷却，加入六亚甲基四胺溶液15mL及二甲酚橙指示剂数滴，以锌标准溶液返滴定至溶液呈紫红色为终点。

③ 结果计算。按下式计算试样的镍含量(%)：

$$w_{Ni} = \frac{(V_{EDTA} \times c_{EDTA} - V_{Zn} \times c_{Zn}) \times 0.05871}{m_s} \times 100$$

式中，V_{EDTA} 为加入的EDTA标准溶液的体积，mL；c_{EDTA} 为EDTA标准溶液的物质的量浓度，mol/L；V_{Zn} 为返滴定所消耗的锌标准溶液的体积，mL；c_{Zn} 为锌标准溶液的物质的量浓度，mol/L；0.05871为镍的毫摩尔质量，g/mmol；m_s 为称取试样的质量，g。

8.3　电镀液中贵金属含量的分析

在贵金属电镀中，无论在镀前配缸，还是在电镀中间过程或是电镀液的报废过程中，对电镀液的各项性能进行测试和分析是必须和经常要做的工作。贵金属电镀液的分析包括镀液中贵金属含量的测定、贵金属形态的分析、杂质金属离子浓度的测定、溶液离子强度的测定等多项内容，贵金属电镀液的分析是一个非常复杂的过程。下面主要介绍常见贵金属电镀液的贵金属含量测定方法。

8.3.1 镀银溶液中银含量的分析

8.3.1.1 氰化镀银溶液中银的测定

（1）硫氰酸钾滴定法　与氰化银钾产品中银含量测定完全相同。

（2）EDTA 滴定法　先用过硫酸铵分解氰化物，在氨性溶液中，加入镍氰化物，镍被银取代出来，以紫脲酸铵为指示剂，用 EDTA 溶液滴定镍，可得出银的含量。

$$K_2Ni(CN)_4 + 2Ag^+ \longrightarrow 2KAg(CN)_2 + Ni^{2+}$$

① 试剂。过硫酸铵固体；硝酸：6mol/L；缓冲溶液(pH＝10)：溶解 54g 氯化铵于水中，加入 350mL 氨水，加水稀释至 1L；紫脲酸铵指示剂：0.2g 紫脲酸铵与氯化钠 100g 研磨混合均匀；EDTA 标准溶液：0.05mol/L；镍氰化物[$K_2Ni(CN)_4$]：称取特级硫酸镍 14g，加水 200mL 溶解，加特级氰化钾 14g，溶解后过滤，用水稀释至 250mL。此溶液呈黄色。

② 实验步骤。用移液管吸取镀液 5mL 于 250mL 锥形瓶中，加水 10mL，加过硫酸铵 2g，加热，此时溶液生成黄白色沉淀，加数滴 6mol/L 硝酸，继续加热至有小气泡产生、溶液透明为止。如不透明，加硫酸冒白烟，冷却，加水 100～150mL、缓冲溶液 20mL、镍氰化物 5mL、紫脲酸铵少许，用 0.05mol/L EDTA 标准溶液滴定至溶液由黄色→红色→紫色为终点(滴定至近终点时，速度要慢，并且注意颜色的变化)。镀液中银的浓度 C_{Ag}(g/L)由下式计算：

$$C_{Ag} = (2 \times V \times c \times 107.87)/5$$

式中，c 为硫氰酸钾标准溶液的物质的量浓度，mol/L；V 为耗用硫氰酸钾标准溶液的体积，mL；107.87 为 Ag 的摩尔质量，g/mol。

8.3.1.2 亚铁氰化物镀银溶液中银的测定

用移液管吸取镀液 5mL 于 250mL 锥形瓶中，加硫酸 10mL、硝酸 5mL，加热至冒浓白烟，继续 10min，冷却，小心加水 50mL，煮沸至溶液清亮，冷却，小心加入浓氨水，直至生成棕色沉淀为止(溶液应呈碱性)，过滤后，用热水洗涤(沉淀留作测定亚铁氰化钾用)，在滤液中加浓硫酸 5mL，冷却，加铁铵矾指示剂 1mL，用 0.10mol/L 硫氰酸钾标准溶液滴定至微红色为终点。镀液中银的浓度 C_{Ag}(g/L) 由下式计算：

$$C_{Ag} = (V \times c \times 143)/5$$

式中，c 为硫氰酸钾标准溶液的物质的量浓度，mol/L；V 为耗用硫氰酸钾标准溶液的体积，mL；143 为 AgCl 的摩尔质量，g/mol。

8.3.1.3 磺基水杨酸镀银溶液中银的测定

（1）原理　此法是采用过量的碘化钾沉淀银离子，过量的碘化钾以曙红为指示剂，用硝酸银回滴的方法进行测定的。

$$AgNO_3 + KI (过量) \longrightarrow AgI\downarrow + KNO_3$$
$$AgI + AgNO_3 + HA (指示剂) \longrightarrow (AgI \cdot Ag)A\downarrow + HNO_3$$

（2）试剂

① 碘化钾标准溶液：0.2mol/L，准确称取碘化钾 33.200g，用水稀释至 1000mL。

② 硝酸银标准溶液：0.1mol/L。

③ 曙红指示剂：0.5%的水溶液。

（3）实验步骤　准确吸取镀液 5mL 于锥形瓶中，加 0.2mol/L 碘化钾 10mL，用水稀释至 40mL。再滴加 0.5％曙红指示剂 2～3 滴，用 0.1mol/L 硝酸银进行滴定，待沉淀由橘黄色变成玫瑰红色即为终点。

求 K 值。取 10mL　0.2mol/L 碘化钾，用水稀释至 40mL，加曙红指示剂 2～3 滴，用 0.1mol/L 硝酸银滴定至沉淀由橘黄色变成玫瑰红色即为终点。

$$K = \frac{10}{V}$$

（4）计算　镀液中银的浓度 C_{AgNO_3}（g/L）由下式计算：

$$C_{AgNO_3} = c(10 - VK) \times 169.9/5$$

式中，V 为耗用硝酸银标准溶液的体积，mL；c 为硝酸银标准溶液的物质的量浓度，mol/L。

8.3.2　镀金溶液中金含量的分析

8.3.2.1　氰化镀金溶液中金的测定

（1）重量法　与氰化亚金钾金含量测定相同。

① 原理。用硫酸及过氧化氢分解氰化物，金被还原成金属状态析出，经分离后以重量法测定。

② 试剂。浓硫酸；30％过氧化氢溶液。

③ 分析方法。用移液管吸取镀液 10mL 于 250mL 烧杯中。加硫酸 10mL 及过氧化氢 5mL（在通风橱内进行），加热至冒三氧化硫白烟。如烧杯壁附有沉淀物，冷却后以水冲洗一次，再蒸发至冒三氧化硫白烟。继续冒烟 3～5min，此时金被还原成金属状态析出，静置冷却，加水 100mL，煮沸 2min，以无灰滤纸将沉淀过滤，以热水洗净，将沉淀及滤纸移至已知恒重的瓷坩埚中，干燥，灰化，900℃灼烧 0.5h，在干燥器中冷却后称重。

④ 计算。镀液中金的浓度（g/L）由下式计算：

$$C_{Au} = \frac{P \times 1000}{V}$$

式中，P 为灼烧后沉淀质量，g；V 为镀液体积，mL。

（2）碘量法（不适用于含银、铜的试液）

① 原理。用盐酸破坏氰化物，加王水使金全都转化为三氯化金，与碘化钾作用析出定量的游离碘，再用硫代硫酸钠标准溶液滴定游离碘，以测定金的含量。其反应如下：

$$AuCl_3 + 3KI \longrightarrow AuI + I_2 + 3KCl$$
$$I_2 + 2Na_2S_2O_3 \longrightarrow 2NaI + Na_2S_4O_6$$

② 试剂。浓盐酸；盐酸溶液（1:3）；王水；10％碘化钾溶液；1％淀粉溶液；0.05mol/L 硫代硫酸钠溶液；30％过氧化氢溶液。

③ 实验步骤。用移液管吸取镀液 2mL 于 300mL 锥形瓶中；加 20mL 浓盐酸在炉上蒸发至干（在通风橱内进行），然后再加王水 5～7mL 溶解，在温度为 70～80℃下，徐徐蒸发到浆状为止（切勿蒸干），再以热水约 80mL 溶解并洗涤瓶壁，冷却后加 1:3 盐酸 10mL 及 10％碘化钾溶液 10mL，在暗处放置 2min，以淀粉溶液为指示剂，用 0.05mol/L 硫代硫酸钠标准溶液滴定，至蓝色消失为终点。

④ 计算。镀液中金的浓度（g/L）由下式计算：

$$C_{Au} = (V \times c \times 197)/4$$

式中，c 为硫代硫酸钠标准溶液的物质的量浓度，mol/L；V 为耗用硫代硫酸钠标准溶液的体积mL；197 为 Au 的摩尔质量，g/mol。

⑤ 说明。在蒸发除去硝酸的过程中，不能将溶液完全蒸干或局部蒸干，以免金盐分解。如果已生成不溶解的沉淀，需加入少量盐酸及硝酸溶解，再重新蒸发；也可用下列方法进行测定：取 2mL 镀液，加 15mL 王水，蒸至近干（在通风橱内进行），加浓盐酸 10mL，再蒸至近干（或局部蒸干），冷却，以水稀释至 70mL 左右，加 2g 碘化钾，溶完后以 0.1mol/L 硫代硫酸钠标准溶液滴定至淡黄色，加入 5mL 淀粉溶液，继续以硫代硫酸钠溶液滴定至蓝色消失为终点。此方法不适用于含银、铜的镀金溶液。

8.3.2.2　酸性镀金溶液中金的测定

按氰化镀金溶液中金的重量法测定。

8.3.3　镀钯溶液中钯含量的分析

（1）丁二肟重量法

① 原理。于硝酸溶液中，用丁二肟沉淀钯，于 110～120℃烘干后称重。

② 试剂。浓硝酸；1%丁二肟乙醇溶液。

③ 实验步骤。吸取镀液 5mL 于 250mL 烧杯中，加浓硝酸 5mL，加热蒸发近干，再加入浓硝酸 1mL。小心加水 100mL，冷却至室温，在不断搅拌下，加入丁二肟溶液 10mL，静置 1h，用 4 号玻璃漏斗过滤，以水洗沉淀至无丁二肟反应（在氨性溶液中，用镍离子检试）。将坩埚及沉淀于 100～120℃烘 30min，冷却后称重。

④ 计算。钯的含量（g/L）按下式计算：

$$C_{Pd} = (m \times 0.3161 \times 1000)/V$$

式中，m 为沉淀质量，g；V 为所取镀液的体积，mL；0.3161 为 106.4/336.62，即 $M_{(Pd)}/M_{[Pd(C_4H_7O_2N_2)_2]}$。

（2）丁二肟沉淀分离——EDTA 返滴定法

① 原理。用丁二肟使沉淀分离后，沉淀溶解，在弱酸性溶液中，加过量的 EDTA 与钯配合，调 pH 值至约 5.5，以甲基麝香草酚蓝指示，用硫酸锌回滴过量的 EDTA，从而可计算出钯含量。

② 试剂。EDTA 标准溶液（0.05mol/L）；甲基麝香草酚蓝（1%，1g 与 100g 硝酸钾研细而得）；乙酸-乙酸钠缓冲溶液（pH＝5.5）；硫酸锌标准溶液（0.05mol/L）。

③ 分析方法。用丁二肟使沉淀分离后，沉淀溶解定容至一定体积。吸取镀液 5mL 于 250mL 锥形瓶中，准确加入 0.05mol/L EDTA 溶液 10mL（V_2），加硝酸 5mL，用乙酸钠溶液调 pH 值至 5.5，加少量甲基麝香草酚蓝（1g 与 100g 硝酸钾研细而得），用硫酸锌溶液回滴至由黄色转蓝色为终点（V_1）。

④ 结果计算。按下式计算试样中钯的含量（g/L）：

$$C_{Pd} = [(c_2 V_2 - c_1 V_1) \times 106.4]/V$$

式中，c_2 为 EDTA 标准溶液的物质的量浓度，mol/L；V_2 为加入的 EDTA 标准溶液的体积，mL；c_1 为硫酸锌标准溶液的物质的量浓度，mol/L；V_1 为滴定消耗的硫酸锌标准溶液的体积，mL；106.4 为钯的摩尔质量，g/mol；V 为所取镀液的体积，mL。

8.3.4　镀铑溶液中铑含量的分析

铑属于铂族元素，具有高熔点、高稳定性、高硬度、强耐蚀性和抗磨性等特性，在常温下，无机酸、碱和各种化学试剂对铑镀层均无作用，也不会氧化，同时铑镀层还呈现光亮的银白色。因此铑作为表面镀层不仅在装饰电镀方面，而且在电子导电件触电、照相机零件、反射镜等功能电镀方面均得到广泛应用。

目前，铑含量的分析方法主要有用氯化亚锡作显色剂的分光光度法、原子吸收法、利用氨铑配合物的稳定性大于 EDTA-Rh 配合物的稳定性，用紫脲酸铵作指示剂，测定铑含量的配合滴定法以及重量分析法等。分光光度法和原子吸收法测定铑的灵敏度高，允许相对误差大（5%～50%），适宜微量组分分析，对于常量组分分析的准确度较差。容量法和重量法测定的准确度高，适合常量组分分析。但容量法的选择性和通用性较差，而且分析过程中所需要的样品多，测定成本高，所需分析时间较长。重量法是铑含量分析的传统方法，分为硝酸六氨合钴法和锌还原重量法两种。前者在分析时需配制硝酸六氨合钴配合物，沉淀条件苛刻，操作误差较大。锌还原重量法利用还原剂将试液中的铑在一定条件下还原为金属铑，过滤所得的金属铑粉，经灼烧（800℃）后，称量至恒重而得铑含量。该法原理简单，操作方便，但在灼烧金属铑粉时，铑易被氧化为氧化铑而使测定结果偏高 30%～40%。由于在灼烧时铑被氧化程度不同，测定结果的精密度较差。在锌还原重量法测定铑含量时，改过滤分离铑粉为砂芯坩埚或离心分离铑粉，并且将灼烧金属铑沉淀改为烘干沉淀，操作更易控制，测定的准确度和精密度都能符合要求，能够有效地避免锌还原重量法的上述缺陷。

（1）试剂及仪器 硫酸：AR.；纯锌片：99.99%；盐酸：AR.，1%；NH₄SCN：5%；AgNO₃：0.1mol/L。

G₄ 砂芯坩埚或电动离心机及与套管配套的试管。

（2）分析方法 吸取镀液 20～50mL 于 260mL 烧杯中，加浓硫酸 3mL，加水 50mL、纯锌 1.5g，立即盖上表面皿，加热使锌完全溶解，过量的锌可加少量硫酸使其溶解，过滤。用盐酸洗至无高铁离子（用硫氰酸铵检验），再用热水洗 2～3 次，用 G4 玻璃砂芯漏斗或砂芯坩埚过滤沉淀，以稀盐酸洗涤沉淀再以蒸馏水洗涤数次后，置于 120℃烘箱中烘至恒重。

或将溶液浓缩至约 25mL，定量转入事先已于 120℃恒重的大试管中，离心沉降，分出沉淀后用热水洗涤 3～4 次，用无水乙醇洗涤一次。将试管连同沉淀置于 120℃烘箱中干燥约 1h，置于干燥器中冷却后称至恒重。

（3）分析结果计算 按下式计算试样中铑的含量（g/L）：

$$C_{Rh} = \frac{m_{Rh}}{V \times 10^{-3}}$$

式中，m_{Rh} 为还原所得金属铑的质量，g；V 为所取试液的体积，mL。

8.3.5 镀铂溶液中铂含量的分析

用甲酸将铂盐还原为金属铂，以重量法测定铂的含量。

（1）试剂 无水乙酸钠；甲酸。

（2）分析方法 准确吸取镀液 10mL 于 200mL 烧杯中，加盐酸 5mL，蒸干。加少量水和 5mL 盐酸，蒸至浆状，加水至 100mL，加无水乙酸钠 5g 和甲酸 1mL，盖上表面皿。在水浴中加热 6h，用定量滤纸过滤，用热水洗涤沉淀数次，将沉淀及滤纸一同移入已知恒重的瓷坩埚中，干燥，灰化，在 800℃灼烧 30min，取出冷却，称重。

（**3**）分析结果计算　Pt 含量按下式计算（g/L）：

$$C_{Pt} = (m \times 1000)/V$$

式中，m 为沉淀质量，g；V 为吸取镀液的体积，mL。

（**4**）注意事项　试样中若有钯存在时，也将被乙酸还原，此时得到的沉淀用水洗至无 Cl^- 后，用硝酸洗去钯，过滤灼烧得铂的含量。

第9章

贵金属深加工产品的质量分析

贵金属深加工产品的质量分析主要包括以下几个方面的内容。

（1）贵金属含量和相应产品主含量分析　这是贵金属深加工产品分析的主要内容。产品中的贵金属含量测定相对比较容易进行，按照有关标准方法或通用方法可以比较准确地测定出产品中某种贵金属的总含量。但是相应产品的主含量分析是比较困难的。如在氰化银钾产品中，将所有银都转变为一价银离子 Ag^+ 状态，然后按照硝酸银的银含量分析方法，很容易得到氰化银钾产品中的银含量。但这样测出的银含量是产品的含银总量，并不代表这些银都是以 $[Ag(CN)_2]^-$ 形态存在。产品中以 $[Ag(CN)_2]^-$ 形态存在的银折算成 $K[Ag(CN)_2]$ 形态后 $K[Ag(CN)_2]$ 的含量才是氰化银钾产品的主含量。产品主含量的测定困难很大，因为产品中除了有主产品外，还可能存在中间产品、副反应产品和未反应的原料。要准确测定特定形态的含贵金属的化合物的含量，仅靠传统的化学分析方法是难以做到的。必须借助于现代仪器分析方法（如红外光谱、紫外光谱分析，X 射线晶体结构分析，透射电镜和扫描电镜等现代手段）。上述所举例子（氰化银钾产品）中，Ag^+ 的存在形态很复杂，除了绝大部分以 $[Ag(CN)_2]^-$ 形态存在外，还有少量 Ag^+ 以 $AgCN$ 或自由离子 Ag^+ 存在，借助于紫外光谱可以确定溶液中 $[Ag(CN)_2]^-$ 存在的比例，也可以通过测定产品中游离氰根和总氰根的含量来推算产品中 $AgCN$ 或自由离子 Ag^+ 存在的量。可见，贵金属产品分析中贵金属含量和主产品含量的测定是一个很复杂的过程。

（2）贵金属深加工产品中能够影响产品某些方面性能的杂质元素的含量及其存在形态测定　一般以金属元素和酸根离子为主。由于贵金属深加工产品中其他金属元素的存在量较少，用一般的化学分析方法很难测定，因此，深加工产品中杂质金属的分析一般借助于仪器分析方法，如原子吸收光谱分析和发射光谱分析。

（3）其他性能测试　如水溶性产品的水溶性试验，粉末产品的松装密度、振实密度、比表面积和颗粒度测定，产品外观和晶形测定，以及干燥失重、产品的包装和产品标识等。

经过上述三个方面的分析测试，有关产品如果能够达到指定标准，则在产品说明书上应该注明标准的级别和标准号；如果有关产品尚无标准（包括国家标准、行业标准和企业标准），则应该将上述三个方面的测试结果与供需双方达成的产品质量意见进行比较，从而决定产品的合格与否。

下面较为详细地讨论常见贵金属深加工产品的质量分析方法和分析过程。对无标准的产品则给出一些经验方法和操作流程。

9.1　白银深加工产品的质量分析

9.1.1　硝酸银产品的质量分析

9.1.1.1　含量测定

硝酸银产品中银的含量测定一般采用硫氰酸盐滴定法或电位滴定法。由于硝酸银生产过程中除硝酸根以外几乎没有引入其他酸根离子或其他可以与 Ag^+ 形成配合物的阴离子或分子，可以认为硝酸银产品中银都是以 Ag^+ 形式存在。因此在计算硝酸银产品的主含量（以 $AgNO_3$ 计）时不再考虑银的存在形态，只需将含银总量折算成 $AgNO_3$ 含量即可。

（1）硫氰酸盐滴定法——福尔哈德（Volhard）法

① 原理。在硝酸酸性介质中，用铁铵矾 $[NH_4Fe(SO_4)_2]$ 作指示剂，用 SCN^- 盐标准溶液滴定 Ag^+，当 AgSCN 沉淀完全后，过量的 SCN^- 与 Fe^{3+} 反应：

$$Ag^+ + SCN^- \longrightarrow AgSCN\downarrow（白色）$$
$$Fe^{3+} + 6SCN^- \longrightarrow [Fe(SCN)_6]^{3-}（红色配合物）$$

由于 Ag^+ 与 SCN^- 化合能力远比 Fe^{3+} 与 SCN^- 化合能力强，所以只有当 Ag^+ 与 SCN^- 盐标准溶液反应完全之后，Fe^{3+} 才能与过量的 SCN^- 作用，使溶液出现浅红色。

② 滴定条件

a. 指示剂用量，使 Fe^{3+} 浓度为 0.015mol/L。

b. 在硝酸浓度 0.27～0.80mol/L 条件下进行，终点易于观察，对滴定结果无影响。超过此酸度会导致终点提前。

c. 用直接法滴定 Ag^+ 时，为了减少 AgSCN 对 Ag^+ 的吸附，近终点时必须剧烈摇动。

d. 强氧化剂、氮的低价氧化物、铜盐和汞盐等干扰测定，必须注意消除。

硫氰酸盐滴定法选择性较差，故在滴定前通常先将银与其他干扰物质进行分离。而对于白银深加工的无机化合物产品，因杂质含量低，故常直接滴定。

③ 测定。0.1mol/L 硫氰酸钠标准溶液的配制和标定方法是：称取分析纯硫氰酸钠 10g，以水溶解后，稀释至 1L。用移液管吸取 0.1mol/L 硝酸银标准溶液 25mL 于 250mL 锥形瓶中，加水 25mL 及煮沸过的冷 6mol/L 硝酸 10mL，加铁铵矾指示剂 5mL，用配好的硫氰酸钠标准溶液滴定至淡红色为终点。按下式计算硫氰酸钠标准溶液的浓度：

$$c = (0.1 \times 25)/V$$

式中，c 为硫氰酸钠标准溶液的物质的量浓度，mol/L；V 为耗用硫氰酸钠标准溶液的体积，mL。

称取 0.5g 样品，称准至 0.0002g。溶于 100mL 水中，加 5mL 硝酸及 1mL 8% 硫酸铁铵溶液，在摇动下用 0.1mol/L 硫氰酸钠标准溶液滴定至溶液呈浅棕红色，保持 30s。$AgNO_3$ 的百分含量（X）按下式计算：

$$X = (V \times c \times 0.1699 \times 100)/m$$

式中，X 为硝酸银的百分含量，%；V 为硫氰酸钠标准溶液的用量，mL；c 为硫氰酸钠标准溶液物质的量浓度，mol/L；m 为试样的质量，g；0.1699 为与 1.00mL 硫氰酸钠标准溶液 $[c(NaSCN) = 0.1000mol/L]$ 相当的以克表示的硝酸银的质量，g。

（2）电位滴定法

① 原理。电位滴定法是根据滴定过程中指示电极的电极电位的变化来确定滴定终点的方法。电位滴定法测定的准确度比一般滴定分析法高，因而应用非常广泛。

② 测定。仪器和试剂：pH 计；216 型银电极；217 型双盐桥饱和甘汞电极。氯化钠基准溶液 $[c(NaCl) = 0.1mol/kg]$；淀粉溶液：10g/L。

称取 0.5g 已经测定过干燥失重的试样，精确至 0.0001g，置于反应瓶中，溶于 70mL 水，加 10mL 淀粉溶液，用 216 型银电极作指示电极，用 217 型双盐桥饱和甘汞电极（外盐桥套管内装有饱和硝酸钾溶液）作参比电极，用氯化钠基准溶液 $[c(NaCl) = 0.1mol/kg]$ 滴定至终点。硝酸银含量按下式计算：

$$X = (m_1 \times c \times 0.16987 \times 100)/m_2$$

式中，X 为硝酸银的百分含量，%；m_1 为氯化钠基准溶液的质量，g；c 为氯化钠基准溶液的浓度，mol/kg；m_2 为试样的质量，g；0.16987 为与 1.0000g 氯化钠基准溶液 $[c(\text{NaCl})=1.0000\text{mol/kg}]$ 相当的以克表示的硝酸银的质量，g。

9.1.1.2 杂质测定

（1）杂质金属元素测定　硝酸银产品中杂质金属元素一般以原子吸收分光光度法测定（表 9.1），氯化物、硫酸盐的含量用比浊法测定。

表 9.1　原子吸收分光光度法测定硝酸银产品中杂质金属元素的条件

条件元素	光源(空心阴极灯)	波长/nm	火焰	取样量/g
Mn	Mn	279.5	乙炔-空气	25
Fe	Fe	248.3	乙炔-空气	25
Ni	Ni	230.2	乙炔-空气	25
Cu	Cu	324.7	乙炔-空气	25(分析纯),12.5(化学纯)
Zn	Zn	213.9	乙炔-空气	25
Cd	Cd	228.8	乙炔-空气	25
Tl	Tl	276.8	乙炔-空气	25
Pb	Pb	283.3	乙炔-空气	25

操作步骤如下：称取 25g 样品，溶于 20mL 水中，在不断搅拌下滴加 25% 抗坏血酸溶液至沉淀完全(约 60mL)，继续搅拌 10min，过滤，以水洗涤滤渣，加 10mL 过氧化氢，稀释至 100mL。取 20mL，共 4 份，1 份不加标准溶液，其余 3 份加入与体积成比例的标准溶液，稀释至 25mL，以空白溶液调零。按一般原子吸收分光光度法的操作进行测定。

（2）氯化物杂质含量测定　称取 20g 样品，溶于 20mL 水中，加 1mL 硝酸，稀释至 25mL，摇匀。与加有氯化物杂质的标准溶液进行比较。标准溶液的配制是取 20mL 不含氯化物的硝酸银溶液，加入一定数量的氯化物，稀释至 25mL，与同体积样品溶液同时同样处理。优级纯、分析纯和化学纯标准中所加氯化物(以 Cl⁻ 计)的量分别为 0.01mg、0.02mg 和 0.06mg。若样品溶液的浊度处于某两个标准之间，则样品中氯化物的含量也处于这两个标准溶液的氯化物含量之间，报告结果时以不大于这两个标准中最高氯化物含量表示。

不含氯化物的硝酸银溶液的制备方法是：称取 10g 硝酸银，溶于 80mL 水中，加 5mL 硝酸，稀释至 100mL，摇匀。在暗处放置 10min，用无灰滤纸过滤。

（3）硫酸盐杂质含量测定　称取 1g 样品，溶于 20mL 水中，加 0.5mL 30% 乙酸溶液，加入至 1.25mL 溶液Ⅱ中，稀释至 25mL，摇匀，放置 5min。与加有硫酸盐杂质的标准溶液进行比较。标准溶液的配制是取一定数量的水溶性硫酸盐，稀释至 20mL，与同体积样品溶液同时同样处理。优级纯、分析纯和化学纯标准中所加硫酸盐(以 SO_4^{2-} 计)的量分别为 0.02mg、0.04mg 和 0.06mg。若样品溶液的浊度处于某两个标准之间，则样品中硫酸盐的含量也处于这两个标准溶液的硫酸盐含量之间，报告结果时以不大于这两个标准中最高硫酸盐含量表示。

溶液Ⅱ的制备方法是：准确称取 0.02g 硫酸钾，溶于 100mL 30%(体积分数)的乙醇溶液中。取 2.5mL，与 10mL 饱和硝酸钡溶液混合，摇匀，准确放置 1min(使用前混合)。

9.1.1.3 其他项目检验

硝酸银产品除了含量测定和杂质元素及酸根含量测定以外，澄清度、水不溶物和盐酸不沉淀物的测定也是必做的。澄清度一般用比浊法测定，水不溶物和盐酸不沉淀物用重量法测定。有关产品的内包装、外包装、包装标志以及包装单位都有国家标准规定，按照执行即可。

（1）澄清度试验　称取 10g 样品，溶于 100mL 水中，加 0.1mL 5mol/L 的硝酸，摇匀。与优级纯、分析纯和化学纯硝酸银同样同时配制的标准溶液进行比较。若样品溶液的浊度处于某两个标准之间，则样品的澄清度指标也处于这两个标准溶液的澄清度之间，报告结果时以不大于这两个标准中浊度最大的级别表示。

（2）盐酸不沉淀物测定　称取 50g 样品，溶于 400mL 水中，加 0.5mL 5mol/L 的硝酸，摇匀。用恒重的 4 号玻璃滤埚过滤，稀释至 500mL。取 250mL，加 4mL 5mol/L 的硝酸，稀释至 400mL。煮沸，在搅拌下滴加 30mL 6mol/L 的盐酸，在水浴上加热，直至沉淀形成较大的凝乳状颗粒。置于暗处放置 2 h，稀释至 500mL，过滤。取 200mL（或 400mL），蒸发至干，于 105～110℃烘干至恒重，同时做空白试验。取 200mL 试样的样品与空白试验的残渣质量之差如果不大于 2.0mg 和 3.0mg，则样品在此项目上的级别达到分析纯和化学纯标准，取 400mL 试样的样品与空白试验的残渣质量之差如果不大于 1.0mg，则样品在此项目上的级别达到优级纯标准。

（3）水不溶物测定　称取 50g 样品，溶于 400mL 水中，加 0.5mL 5mol/L 的硝酸，摇匀。用恒重的 4 号玻璃滤埚过滤，稀释至 500mL。以水洗涤滤渣至洗液无硝酸盐反应，于 105～110℃烘干至恒重，同时做空白试验。滤渣质量不大于 1.5mg 和 2.5mg 的样品，则样品在此项目上的级别达到优级纯和分析纯标准。

（4）水溶液反应　称取 2g 样品，溶于 20mL 不含二氧化碳的水中，加 1 滴 0.04％的甲基红指示液，摇匀，所呈红色不得深于 pH＝5.0 的标准溶液，所呈黄色不得深于 pH＝6.0 的标准溶液。

（5）产品包装　用广口黑色塑料瓶或棕色玻璃瓶外套黑纸包装，每瓶质量（净重）由供需双方商定，一般为 500g 或 1000g 包装。瓶口有密封装置。瓶外标识上应有避光和氧化物标志。

9.1.2　氧化银产品的质量分析

9.1.2.1　含量测定

称取 0.5g 干燥恒重的样品，称准至 0.0002g。置于锥形瓶中，加 5mL 硝酸润湿，盖以表面皿，放置 30min，加 20mL 水，在水浴上加热至完全溶解，加 100mL 水、1mL 8％硫酸铁铵溶液，在摇动下用 0.1mol/L 硫氰酸钠标准溶液滴定至溶液呈浅棕红色，保持 30s。氧化银含量按下式计算：

$$X＝(V×c×0.1159×100)/m$$

式中，X 为氧化银的百分含量，％；V 为硫氰酸钠标准溶液的用量，mL；c 为硫氰酸钠标准溶液物质的量浓度，mol/L；m 为试样的质量，g；0.1159 为与 1.00mL 硫氰酸钠标准溶液[c(NaSCN)＝0.1000mol/L] 相当的以克表示的氧化银的质量，g。

9.1.2.2　杂质元素测定

由于氧化银生产是以硝酸银溶液与碱溶液作用而得到，常见金属杂质元素中能在强碱性环境下生成沉淀的很少，因此氧化银产品的质量分析中，通常不做杂质金属元素的分析。而硝酸盐的含量、盐酸不沉淀物以及游离碱等对氧化银的质量影响很大，这些项目的分析是氧化银质量分析中必不可少的部分。

（1）游离碱测定　称取 2g 样品，加 60mL 不含二氧化碳的水，在水浴上加热 15min，冷却，过滤，弃去最初的 10mL 滤液，得到溶液 I 号。另称取 1g 样品，加 120mL 不含二氧化碳的水，在水浴上加热 15min，冷却，过滤，弃去最初的 10mL 滤液，得到溶液 II 号。各取 40mL 溶液 I 号和溶液 II 号，分别加入 2 滴 1% 的酚酞指示液，并且用 0.02mol/L 的盐酸标准溶液滴定至红色消失。计算溶液 I 号和溶液 II 号所消耗的 0.02mol/L 的盐酸标准溶液的体积之差。若此值不大于 0.25mL，则在此项目上氧化银产品达到了化学纯标准，若此值不大于 0.15mL，则在此项目上氧化银产品达到了分析纯标准。

（2）硝酸盐含量测定　量取 12mL 测定游离碱的溶液 I 号，加 1mL 盐酸及 1mL 10% 的氯化钠溶液，摇匀，过滤，加 1mL 0.001mol/L 的靛蓝二磺酸钠，在摇动下于 10～15s 内加 10mL 硫酸，放置 10min。在上述操作的同时，配制一系列分别含不同数量的硝酸盐标准溶液，稀释至 10mL，与同体积的样品溶液同样处理。若样品溶液的蓝色处于某两个标准之间，则样品中硝酸盐的含量也处于这两个标准溶液的硝酸盐含量之间，报告结果时以不大于这两个标准中最高硝酸盐含量表示。若硝酸盐的含量数值分别低于 0.02mg 和 0.04mg，则相应氧化银样品在此项目上已经分别达到分析纯和化学纯氧化银的标准。

（3）盐酸不沉淀物测定　量取 40mL 溶液 I 号稀释至 250mL，煮沸，在搅拌下滴加 5mL 盐酸，在水浴上加热，继续搅拌至沉淀形成较大的凝乳状颗粒。在暗处放置 2h，稀释至 300mL，过滤。取 180mL，注入恒重坩埚，蒸发至干。于 800℃ 灼烧至恒重。同时做空白试验。样品和空白试验的残渣质量之差如果不大于 1.5mg 和 3.0mg，则相应的样品在此项目上已经达到分析纯和化学纯标准。

（4）干燥失重测定　称取 1g 样品，置于恒重的称量瓶中，称准至 0.0002g。于 120℃ 烘至恒重。由减轻的质量计算干燥失重的百分数。如果干燥失重百分数小于 0.25%，则相应的样品在此项目上已经达到分析纯和化学纯标准。

（5）硝酸不溶物测定　称取 5g 样品，置于烧杯中，加 5mL 硝酸润湿，盖以表面皿，放置 30min。加 10mL 水，在水浴上加热溶解，稀释至 200mL，用恒重 4 号玻璃滤坩过滤，以水洗涤滤渣至洗液无银离子反应，于 105～110℃ 烘干至恒重。若滤渣质量不大于 1.0mg 和 1.5mg，则相应样品在此项目上已经达到分析纯和化学纯标准。

（6）澄清度试验　称取 2.5g 样品，置于烧杯中，加 2.5mL 硝酸润湿，盖以表面皿，放置 30min。加 10mL 水，在水浴上加热溶解，冷却，稀释至 100mL。取分析纯和化学纯氧化银按上述方法同时同样处理，得到澄清度标准溶液。若样品溶液的浊度处于两个标准之间，则样品的澄清度指标也处于这两个标准溶液的澄清度之间，报告结果时以不大于这两个标准中浊度最大的级别表示。若样品溶液的浊度比分析纯标准小，则样品的澄清度指标达到分析纯标准，若样品溶液的浊度比化学纯标准大，则样品的澄清度指标还没有达到化学纯标准。

9.1.2.3　其他项目检验

氧化银产品有时还需要进行颗粒度分布、比表面积、松装密度和振实密度测定，有关测定方法参见银粉产品的质量分析部分。产品用广口黑色塑料瓶或棕色玻璃瓶外套黑纸包装，每瓶质量（净重）由供需双方商定，一般为 500g 或 1000g 包装。瓶口有密封装置。瓶外标识上应有避光和氧化物标志。

9.1.3　碳酸银产品的质量分析

9.1.3.1　含量测定

称取 0.5g 样品，称准至 0.0002g。置于锥形瓶中，加 5mL 硝酸润湿，盖以表面皿，放置 30min，加 10mL 水，在水浴上加热至完全溶解，加 100mL 水及 1mL 8％硫酸铁铵溶液，在摇动下用 0.1mol/L 硫氰酸钠标准溶液滴定至溶液呈浅棕红色，保持 30s。碳酸银含量按下式计算：

$$X = (V \times c \times 0.1379 \times 100)/m$$

式中，X 为碳酸银的百分含量，％；V 为硫氰酸钠标准溶液的用量，mL；c 为硫氰酸钠标准溶液物质的量浓度，mol/L；m 为试样的质量，g；0.1379 为与 1.00mL 硫氰酸钠标准溶液 $[c(NaSCN)=0.1000mol/L]$ 相当的以克表示的碳酸银的质量，g。

9.1.3.2 杂质元素测定

由于碳酸银生产是以硝酸银溶液与碳酸钠或碳酸氢钠溶液进行复分解反应而得到，铁是最常见的金属杂质元素，来源于所用碳酸钠或碳酸氢钠以及反应器。因此碳酸银产品的质量分析中，通常只做杂质铁元素的分析。同时硝酸盐的含量、盐酸不沉淀物等对碳酸银的质量影响很大，这些项目的分析是碳酸银质量分析中必不可少的部分。另外，碳酸银生产过程中，如果温度或酸度控制不好，在产品中会生成部分氧化银，因此对碳酸银产品还需要进行碳含量测定。通过测试碳酸银产品中的碳酸根的量是否与理论值相一致，以此来判断碳酸银产品中银的存在形态是否全部是 Ag_2CO_3。

（1）硝酸盐含量测定　称取 0.5g 样品，置于锥形瓶中，加 50mL 水，在水浴上温热 15min，并且不断搅拌，冷却，过滤。取 10mL，加 1mL 1mol/L 盐酸、1mL 10％氯化钠溶液，再加 1mL 0.001mol/L 的靛蓝二磺酸钠，在摇动下于 10～15s 内加 10mL 硫酸，放置 10min。在上述操作的同时，配制一系列分别含不同数量的硝酸盐标准溶液，稀释至 10mL，与同体积的样品溶液同样处理。若样品溶液的蓝色处于某两个标准之间，则样品中硝酸盐的含量也处于这两个标准溶液的硝酸盐含量之间，报告结果时以不大于这两个标准中最高硝酸盐含量表示。若硝酸盐的含量数值分别低于 0.01mg 和 0.05mg，则相应碳酸银样品在此项目上已经分别达到分析纯和化学纯碳酸银的标准。

（2）硝酸不溶物测定　称取 8g 样品，置于烧杯中，加 20mL 硝酸润湿，盖以表面皿，放置 30min。加 80mL 水，在水浴上加热溶解，冷却，稀释至 150mL。用恒重 4 号玻璃滤坩过滤，以水洗涤滤渣至洗液无银离子反应，于 105～110℃烘干至恒重。若滤渣质量不大于 2.4mg 和 4.0mg，则相应样品在此项目上已经达到分析纯和化学纯标准。

（3）盐酸不沉淀物测定　称取 8g 样品，置于烧杯中，加 20mL 硝酸润湿，盖以表面皿，放置 30min。加 80mL 水，在水浴上加热溶解，冷却，稀释至 150mL。用恒重 4 号玻璃滤坩过滤，以水洗涤滤渣至洗液无银离子反应，洗液和滤液合并稀释至 300mL。煮沸，在搅拌下滴加 10mL 盐酸，在水浴上加热，继续搅拌至沉淀形成较大的凝乳状颗粒。在暗处放置 2h，稀释至 400mL，过滤。取 150mL 滤液，注入恒重坩埚，蒸发至干。于 800℃灼烧至恒重（保留残渣）。同时做空白试验。样品和空白试验的残渣质量之差如果不大于 3.0mg 和 4.5mg，则相应的样品在此项目上已经达到分析纯和化学纯标准。

（4）杂质铁测定　将测定盐酸不沉淀物的残渣，加 2mL 盐酸和 2mL 水，在水浴上蒸干，用 1mL 盐酸及 20mL 水溶解，稀释至 30mL。取 10mL，稀释至 25mL，加 1mL 盐酸、30mg 过硫酸铵及 2mL 25％硫氰酸铵溶液，用 10mL 正丁醇萃取，与有关标准溶液比较颜色的深浅。标准溶液是取一定数量的铁溶液，稀释至 25mL，与同体积样品溶液同时同样处理。若样品溶液有机层所呈红色处于两个标准之间，则样品中铁的含量也处于这两个标准溶液的铁含量之间，报告结果时以不大于这两个标准中铁含量最大的级别表示。分析纯和化学纯产品中，同上测试的铁含量分别低于 0.01mg 和 0.05mg。

（5）澄清度试验　称取 8g 样品，置于烧杯中，加 20mL 硝酸润湿，盖以表面皿，放置 30min。加 80mL 水，在水浴上加热溶解，冷却，稀释至 100mL。取分析纯和化学纯碳酸银按上述方法同时同样处理，得到澄清度标准溶液。若样品溶液的浊度处于两个标准之间，则样品的澄清度指标也处于这两个标准溶液的澄清度之间，报告结果时以不大于这两个标准中浊度最大的级别表示。若样品溶液的浊度比分析纯标准小，则样品的澄清度指标达到分析纯标准，若样品溶液的浊度比化学纯标准大，则样品的澄清度指标还没有达到化学纯标准。

9.1.3.3　其他项目检验

碳酸银产品的其他测试项目还包括产品外观测试和碳含量测定。

（1）外观测试　一般采用目测法，碳酸银产品应该是淡黄色粉末，不含有黑色颗粒。

（2）碳含量测定　具体测定方法如下：称取 8g 样品，置于烧杯中，加 60mL 硝酸-硝酸钡混合溶液（Ba^{2+} 含量为 1mol/L），充分搅拌，加入 60mL 水，继续搅拌至混合物中无黄色。静置沉降。过滤，以水洗涤滤渣至洗液无银离子反应（用氯化钠溶液检验）和钡离子反应（用硫酸钠溶液检验）。所得沉淀用盐酸（1:3）约 15mL 溶解，加热煮沸。移至水浴上保温至溶液澄清。用慢速滤纸过滤，用热水洗涤残渣至无 Cl^-（用硝酸银检验）。收集滤液及洗液于 400mL 烧杯中，加适量水至液体体积约为 150mL，加热煮沸，在搅拌下一次加入 40mL（1:15）硫酸，在水浴上保温 1h 以上。用慢速定量滤纸过滤，用热水洗涤沉淀至无 Cl^-。将沉淀连同滤纸一起移入已恒重的瓷坩埚中，低温灰化，在 800~850℃ 灼烧 30min，冷却，称量至恒重。

$$w_{CO_3^{2-}} = (m_1 \times 60 \times 100)/(233.39 \times m_0)$$

式中，m_1 为硫酸钡沉淀的质量，g；233.39 为硫酸钡的摩尔质量，g/mol；60 为 CO_3^{2-} 的摩尔质量，g/mol；m_0 为碳酸银样品的质量，g。$w_{CO_3^{2-}}$ 的理论值为 21.75%。

（3）产品包装　用广口黑色塑料瓶或棕色玻璃瓶外套黑纸包装，每瓶质量（净重）由供需双方商定，一般为 500g 或 1000g 包装。瓶口有密封装置。瓶外标识上应有避光标志。

9.1.4　硫酸银产品的质量分析

（1）含量测定　称取 0.5g 样品，称准至 0.0002g。溶于 20mL 水及 5mL 硝酸的混合溶液中，必要时加热溶解，冷却，加 100mL 水及 1mL 8% 硫酸铁铵溶液，用 0.1mol/L 硫氰酸钠标准溶液滴定至溶液呈浅棕红色，保持 30s。硫酸银的百分含量 X 按下式计算：

$$X = (V \times c \times 0.1559 \times 100)/m$$

式中，X 为硫酸银的百分含量，%；V 为硫氰酸钠标准溶液的用量，mL；c 为硫氰酸钠标准溶液物质的量浓度，mol/L；0.1559 为与 1.00mL 硫氰酸钠标准溶液 $[c(NaSCN) = 0.1000mol/L]$ 相当的以克表示的硫酸银的质量，g；m 为试样的质量，g。

（2）杂质元素测定

① 硝酸盐含量测定。称取 2g 研细的样品，置于锥形瓶中，加 18mL 水，加热搅拌，滴加 2mL 6mol/L 盐酸、2mL 10% 氯化钠溶液，搅拌至溶液澄清，过滤，取 11mL，加 1mL 0.001mol/L 的靛蓝二磺酸钠，在摇动下于 10~15s 内加 10mL 硫酸，放置 10min。在上述操作的同时，配制一系列分别含不同数量的硝酸盐标准溶液，稀释至 10mL，与同体积的样品溶液同样处理。若样品溶液的蓝色处于某两个标准之间，则样品中硝酸盐的含量也处于这两个标准溶液的硝酸盐含量之间，报告结果时以不大于这两个标准中最高硝酸盐含量表示。若硝酸盐的含量数值分别低于 0.01mg 和 0.02mg，则相应硫酸银样品在此项目上已经分别

达到分析纯和化学纯的标准。

② 硝酸不溶物测定。称取 5g 样品，置于烧杯中，加 300mL 水和 5mL 硝酸，盖以表面皿，缓缓加热溶解，冷却，用恒重 4 号玻璃滤坩埚过滤，以水洗涤滤渣至洗液无银离子反应，于 105～110℃烘干至恒重。若滤渣质量不大于 1.0mg 和 2.0mg，则相应样品在此项目上已经达到分析纯和化学纯标准。

③ 盐酸不沉淀物测定。称取 5g 样品，置于烧杯中，加 300mL 水和 5mL 硝酸，盖以表面皿，缓缓加热溶解，冷却，用 4 号玻璃滤坩埚过滤，以水洗涤滤渣至洗液无银离子反应，洗液和滤液合并，煮沸，在搅拌下滴加 7mL 6mol/L 的盐酸，在水浴上加热，继续搅拌至沉淀形成较大的凝乳状颗粒。在暗处放置 2h，稀释至 350mL，过滤。取 280mL 滤液，注入恒重坩埚，蒸发至干。于 800℃灼烧至恒重（保留残渣）。同时做空白试验。样品和空白试验的残渣质量之差如果不大于 1.2mg 和 2.4mg，则相应的样品在此项目上已经达到分析纯和化学纯标准。

④ 杂质铁测定。将测定盐酸不沉淀物的残渣，加 2mL 盐酸和 2mL 水，在水浴上蒸干，用 1mL 盐酸及 20mL 水溶解，稀释至 40mL。取 10mL，稀释至 25mL，加 1mL 盐酸、30mg 过硫酸铵及 2mL 25%硫氰酸铵溶液，用 10mL 正丁醇萃取，与有关标准溶液比较颜色的深浅。标准溶液是取一定数量的铁溶液，稀释至 25mL，与同体积样品溶液同时同样处理。若样品溶液有机层所呈红色处于两个标准之间，则样品中铁的含量也处于这两个标准溶液的铁含量之间，报告结果时以不大于这两个标准中铁含量最大的级别表示。分析纯和化学纯产品中，同上测试的铁含量分别低于 0.01mg 和 0.02mg。

⑤ 杂质铜铋铅目测。称取 2g 样品，溶于 10mL 10%的氨水中，溶液澄清无色为合格。

⑥ 澄清度试验。称取 1.5g 样品，置于烧杯中，加 100mL 水和 1.5mL 硝酸，盖以表面皿，缓缓加热溶解，冷却。取分析纯和化学纯硫酸银按上述方法同时同样处理，得到澄清度标准溶液。若样品溶液的浊度处于两个标准之间，则样品的澄清度指标也处于这两个标准溶液的澄清度之间，报告结果时以不大于这两个标准中浊度最大的级别表示。若样品溶液的浊度比分析纯标准小，则样品的澄清度指标达到分析纯标准，若样品溶液的浊度比化学纯标准大，则样品的澄清度指标还没有达到化学纯标准。

（3）其他项目检验　硫酸银产品的其他测试项目还包括产品外观测试和硫酸根含量测定。

① 外观测试。目测硫酸银产品应该是白色或无色结晶，不含有黑色、灰色颗粒，产品不能呈暗色。

② 硫酸根含量测定。称取 3g 样品，溶于 15mL 10%的氨水中，过滤并洗涤滤渣，合并滤液和洗液，用硫酸钡重量法测定 SO_4^{2-} 的量（见碳酸银质量分析）。$w_{SO_4^{2-}}$ 的理论值为 30.79%。

③ 产品包装。同碳酸银，瓶外标识上应有避光标志。

9.1.5　氰化银钾产品的质量分析

（1）银含量测定　氰化银钾产品中银的含量一般是将氰化银钾转变为自由离子 Ag^+ 形式，再按照硝酸银含量分析方法用硫氰酸盐滴定法或电位滴定法测定。氰化银钾产品中，Ag^+ 除了绝大部分以 $[Ag(CN)_2]^-$ 存在外，还有少量 Ag^+ 以 AgCN 或自由离子 Ag^+ 存在，通过测定产品中游离氰根和总氰根的量，可以推算出产品中以 $[Ag(CN)_2]^-$ 存在的银量，折算成 $KAg(CN)_2$ 表示即为氰化银钾产品的主产品含量。氰化银钾产品目前尚无国家标准或行业标准。

① 硫氰酸盐滴定法。此法先以硫硝混合酸分解氰化物，再以硫氰酸钾（或硫氰酸钠）滴定银，以高价铁盐为指示剂，终点时生成红色硫氰酸铁。加入硝基苯（或邻苯二甲酸二丁酯），使硫氰酸银进入硝基苯层，使终点更容易判断。

a. 试剂。浓硫酸：AR.；浓硝酸：AR.；铁铵矾指示剂：2g 硫酸铁铵[$NH_4Fe(SO_4)_2 \cdot 12H_2O$]，溶于 100mL 水中，滴入刚煮沸过的浓硝酸，直至棕色褪去；0.1mol/L 硝酸银标准溶液：取基准硝酸银于 120℃干燥 2h，在干燥器内冷却，准确称取 17.000g，溶解于水，定容至 1000mL，储存于棕色瓶中，此标准溶液的浓度为 0.1000mol/L；0.1mol/L 硫氰酸钾标准溶液。

b. 测定步骤。称取约 0.6g 样品（称准至 0.0002g），置于 250mL 锥形瓶中，加入硫酸、硝酸各 5mL，加热至冒三氧化硫浓白烟，冷却，缓缓加水 100mL，再冷却，加铁铵矾指示剂 2mL、硝基苯 5mL，不断摇动锥形瓶，以 0.1mol/L 硫氰酸钾标准溶液滴定至淡红色为终点。同时做空白试验。

计算公式如下：

$$w_{Ag} = (V \times c \times 107.87 \times 100\%)/m$$

$$w_{KAg(CN)_2} = (V \times c \times 199.01 \times 100\%)/m$$

式中，c 为硫氰酸钾标准溶液的物质的量浓度，mol/L；V 为耗用硫氰酸钾标准溶液的体积，mL；107.87 为 Ag 的摩尔质量，g/mol；199.01 为 $KAg(CN)_2$ 的摩尔质量，g/mol；m 为样品质量，g。

注意：加酸及冒烟应在通风橱内进行；计算主含量时未考虑银的其他形态。

② 电位滴定法。将以硫硝混合酸分解氰化物后的氰化银钾产品的溶液，采用硝酸银产品电位滴定法测定同样的方法进行银含量测定。产品含银总量为：

$$w_{Ag} = (m_1 \times c \times 0.10787 \times 100\%)/m_2$$

若不考虑银的其他形态，以 $KAg(CN)_2$ 表示的主产品含量为：

$$w_{KAg(CN)_2} = (m_1 \times c \times 0.19901 \times 100\%)/m_2$$

式中，m_1 为氯化钠基准溶液的质量，g；c 为氯化钠基准溶液的浓度，mol/kg；m_2 为试样的质量，g；0.10787 和 0.19901 为与 1.0000g 氯化钠基准溶液[$c(NaCl) = 1.0000mol/kg$]相当的以克表示的银和 $KAg(CN)_2$ 的质量，g。

（2）杂质元素测定　氰化银钾产品中杂质金属元素一般以原子吸收分光光度法测定，有关仪器和标准溶液条件见表 9.2。

表 9.2　原子吸收分光光度法测定氰化银钾产品中杂质金属元素的条件

条件元素	光源（空心阴极灯）	波长/nm	火焰	标准溶液浓度/(mg/mL)	取样量/g
Fe	Fe	248.3	乙炔-空气	0.1 0.01	2.5
Ni	Ni	230.2	乙炔-空气	0.1 0.01	2.5
Cu	Cu	324.7	乙炔-空气	0.1 0.01	2.5
Zn	Zn	213.9	乙炔-空气	0.1 0.01	2.5
Pb	Pb	283.3	乙炔-空气	0.1 0.01	2.5

操作步骤如下：称取 2.5g 样品，溶于 20mL 水中，在通风橱内加硝酸 20mL。盖上表面皿，加热，待样品全部溶解后蒸发至体积约为 3mL，加水稀释至约 70mL，加 30%乙酸 2mL 后滴加 1:1 盐酸，不断搅拌，至银刚好沉淀完全。加热至溶液清亮，过滤，用少量水洗涤滤渣 3～4 次。将滤液蒸发浓缩至约 10mL，冷却后移入 25mL 比色管中，稀释至刻度，摇匀后得到实验溶液。以空白溶液调零。按一般原子吸收分光光度法的操作进行测定。待测元素的含量按下式计算：

$$w_M = (c \times V \times 10^{-3} \times 100\%)/m$$

式中，c 为从标准曲线上查出的待测元素的浓度，mg/mL；m 为试样的质量，g；V 为样品溶液的体积，mL。

（3）其他项目检验 氰化银钾产品除了含量测定和杂质元素含量测定以外，产品外观、产品主含量分析、水不溶物测定也是经常要做的项目。

① 产品外观。氰化银钾产品目测应为无色或白色晶体，没有黑色颗粒或暗色。

② 水不溶物测定。称取 50g 样品，溶于 400mL 水中，用恒重的 4 号玻璃滤坩过滤，以水洗涤滤渣至洗液无 Ag^+ 反应，于 105～110℃烘干至恒重，同时做空白试验。滤渣质量不大于规定值的样品，则样品在此项目上的级别达到指定标准。

③ 产品主含量分析。通过测定产品游离氰和总氰含量来确定以 $KAg(CN)_2$ 存在的主含量。

a. 游离氰化物的测定。氰化银钾产品中的游离氰化钾可以与硝酸银生成稳定的氰化银钾，以碘化钾作为指示剂，当游离氰化钾与硝酸银完全配位后，过量的硝酸银与碘化钾生成黄色的碘化银沉淀而指示终点。

$$AgNO_3 + 2KCN \longrightarrow KAg(CN)_2 + KNO_3$$
$$AgNO_3 + KI \longrightarrow AgI\downarrow + KNO_3$$

称取约 0.5g 样品（称准至 0.0001g），置于 250mL 锥形瓶中，加入去离子水 50mL 溶解。加入 10%的 KI 溶液 2mL，用 0.1mol/L 的 $AgNO_3$ 标准溶液滴定至开始出现浑浊为终点。

计算公式如下：

游离氰化钾的含量 $w_{KCN} = (2 \times V \times c \times 65 \times 10^{-3} \times 100\%)/m$

式中，c 为 $AgNO_3$ 标准溶液的物质的量浓度，mol/L；V 为耗用 $AgNO_3$ 标准溶液的体积，mL；65 为 KCN 的摩尔质量，g/mol；m 为样品质量，g。

b. 总氰化物的测定 磷酸与氰化银钾和游离氰化物作用生成 HCN 气体，蒸馏出产生的 HCN 气体并用 NaOH 溶液吸收而成为 NaCN 溶液。以碘化钾为指示剂，用 $AgNO_3$ 标准溶液滴定至开始出现浑浊为终点。

$$2KAg(CN)_2 + 4H_3PO_4 + O_2 \longrightarrow 2KH_2PO_4 + 4HCN + 2AgH_2PO_4 + 2H_2O$$
$$HCN + NaOH \longrightarrow NaCN + H_2O$$

称取约 0.5g 样品（称准至 0.0001g），置于 100mL 小烧杯中，加入去离子水 50mL 溶解。用 50mL 去离子水将上述溶液完全转移到 250mL 三口烧瓶中。三口烧瓶另一口上装置一只分液漏斗，内置 20mL 磷酸。三口烧瓶中间口上用玻璃管通过双氮气球接入冷凝管，冷凝管的出口插入 NaOH 溶液中。加热烧瓶并将分液漏斗中的磷酸以 1 滴/3s 的速度滴入烧瓶。滴加完毕后摇匀烧瓶，继续蒸馏至烧瓶中剩余 1/3 液体为止。用去离子水洗涤冷凝管及接收器锥形瓶。在锥形瓶中加入 10%的 KI 溶液 2mL，用 0.1mol/L 的 $AgNO_3$ 标准溶液滴定至开始出现浑浊为终点。

计算公式如下：

总氰化钾的含量 $w_{KCN} = (2 \times V \times c \times 65 \times 10^{-3} \times 100\%)/m$

式中，c 为 $AgNO_3$ 标准溶液的物质的量浓度，mol/L；V 为耗用 $AgNO_3$ 标准溶液的体积，mL；65 为 KCN 的摩尔质量，g/mol；m 为样品质量，g。

理论上氰化银钾产品中折算成 KCN 的总氰化钾含量为 65.34%，若测定值高于理论值，表明氰化银钾产品中不含 AgCN，多余的 KCN 以游离状态存在；若测定值低于理论值，表明氰化银钾产品中含有 AgCN，游离氰化物含量应该极低，产品的银含量应该高于理论值。通过测定氰化银钾产品的游离氰和总氰含量可以判断产品中以 $KAg(CN)_2$ 存在的主含量。

④ 产品包装。用广口黑色塑料瓶或棕色玻璃瓶外套黑纸包装，每瓶质量（净重）由供需双方商定，一般为 500g 或 1000g 包装。瓶口有密封装置。瓶外标识上应有剧毒品标志。

9.1.6 银粉产品的质量分析

银粉类产品的质量分析比较复杂，除了银含量和杂质含量测定以外的其他测试项目比较多，主要包括松装密度、振实密度、产品形态、颗粒度和比表面积等，如果银粉用于电子浆料，银粉状态的电性能有时也成为产品质量的一项指标。

（1）含量测定 银粉类产品（包括超细银粉、片状银粉和纳米银粉等）属于超纯银，用一般的银含量测定法（如硫氰酸盐滴定法或电位滴定法）很难测出其真实银含量。因此，银粉类产品的银含量测定一般采用将银粉在一定温度（540℃）下灼烧，然后恒重，由灼烧前后的质量之差来计算银粉的银含量。或者用 100% 减去实测杂质总量所得的余量作为含银量。

（2）杂质元素测定 银粉类产品中的杂质元素采用发射光谱分析法进行含量测定。

（3）其他项目检验

① 比表面积和平均粒径测定。采用流动吸附色谱法。

② 松装密度和振实密度测定。按国家标准 GB 5060 和 GB 5162 进行测定。

③ 产品形态。用扫描电镜进行观察。

9.1.7 银的其他产品的质量分析

9.1.7.1 乙酸银产品的质量分析

（1）含量测定 称取 0.5g 样品，称准至 0.0002g。溶于 10mL 水及 5mL 硝酸的混合溶液中，加 100mL 水及 1mL 8% 硫酸铁铵溶液，用 0.1mol/L 硫氰酸钠标准溶液滴定至溶液呈浅棕红色，保持 30s。乙酸银含量（X）按下式计算：

$$X = (V \times c \times 0.1669 \times 100)/m_s$$

式中，V 为硫氰酸钠标准溶液的用量，mL；c 为硫氰酸钠标准溶液物质的量浓度，mol/L；0.1669 为 1mmol CH_3COOAg 的质量，g；m_s 为试样的质量，g。

（2）杂质元素测定

① 硝酸盐含量测定。称取 2g 研细的样品，置于锥形瓶中，加 16mL 水，加热搅拌，滴加 2mL 6mol/L 的盐酸，加 2mL 10% 氯化钠溶液，搅拌至溶液澄清，过滤，取 10mL，加 1mL 10% 氯化钠溶液，加 1mL 0.001mol/L 的靛蓝二磺酸钠，在摇动下于 10～15s 内加 10mL 硫酸，放置 10min。在上述操作的同时，配制一系列分别含不同数量的硝酸盐标准溶液，稀释至 10mL，与同体积的样品溶液同样处理。若样品溶液的蓝色处于某两个标准之间，则样品中硝酸盐的含量也处于这两个标准溶液的硝酸盐含量之间，报告结果时以不大于

这两个标准中最高硝酸盐含量表示。若硝酸盐的含量数值（以 NO_3^- 计）低于 0.01mg，则相应乙酸银样品在此项目上已达到分析纯标准。若取 1mL，加水稀释至 10mL，同样处理，硝酸盐的含量数值（以 NO_3^- 计）低于 0.05mg，则相应乙酸银样品在此项目上已达到化学纯标准。

② 硝酸不溶物测定。称取 5g 样品，置于烧杯中，加 200mL 水和 5mL 硝酸，盖以表面皿，缓缓加热溶解，冷却，用恒重 4 号玻璃滤坩过滤，以水洗涤滤渣至洗液无银离子反应，于 105～110℃ 烘干至恒重。若滤渣质量不大于 1.5mg，则相应样品在此项目上已经达到分析纯和化学纯标准。

③ 盐酸不沉淀物测定。称取 5g 样品，置于烧杯中，加 200mL 水和 5mL 硝酸，盖以表面皿，缓缓加热溶解，冷却，用 4 号玻璃滤坩过滤，以水洗涤滤渣至洗液无银离子反应，洗液和滤液合并，稀释至 250mL，煮沸，在搅拌下滴加 10mL 6mol/L 的盐酸，在水浴上加热，继续搅拌至沉淀形成较大的凝乳状颗粒。在暗处放置 2h，稀释至 300mL，过滤。取 240mL 滤液，注入恒重坩埚，蒸发至干。于 800℃ 灼烧至恒重（保留残渣）。同时做空白试验。样品和空白试验的残渣质量之差如果不大于 1.2mg 和 2.0mg，则相应样品在此项目上已经到分析纯和化学纯标准。

④ 杂质铁测定。称取 5g 样品，加 2mL 盐酸和 2mL 水，在水浴上蒸干，用 1mL 盐酸及 20mL 水溶解，稀释至 40mL。取 10mL，稀释至 25mL，加 1mL 盐酸、30mg 过硫酸铵及 2mL 25% 硫氰酸铵溶液，用 10mL 正丁醇萃取，与有关标准溶液比较颜色的深浅。标准溶液是取一定量的铁溶液，稀释至 25mL，与同体积样品溶液同时同样处理。若样品溶液有机层所呈红色处于两个标准之间，则样品中铁的含量也处于这两个标准溶液的铁含量之间，报告结果时以不大于这两个标准中铁含量最大的级别表示。分析纯和化学纯产品中，同上测试的铁含量应该低于 0.01mg（以 Fe 计）。

⑤ 杂质铜铅测定。称取 10g 样品，加 20mL 水润湿，加 10mL 硝酸，缓缓加热溶解，冷却，滴加约 10mL 6mol/L 的盐酸，不断搅拌至沉淀完全。放置澄清后，过滤，沉淀中加 10mL 5mol/L 的硝酸及 4mL 水，缓慢加热煮沸 1min，不断搅拌研细沉淀，以同一滤纸过滤（重复处理沉淀共 3 次），合并滤液及洗液，缓慢加热浓缩至约 5mL，然后于水浴上蒸干，加 1mL 0.1mol/L 的盐酸和 10mL 水温热溶解，稀释至 25mL。分别用铜和铅的空心阴极灯，在波长分别为 324.7nm 和 283.3nm 处用原子吸收分光光度法测定铜和铅的含量。

⑥ 杂质铋测定。称取 2g 样品，加 5mL 水和 3mL 硝酸，不断搅拌使样品溶解，加热至沸，冷却，在搅拌下滴加 20% 的氯化钾溶液约 5.5mL，放置澄清后，过滤，沉淀中加 2mL 5mol/L 的硝酸及 5mL 水，缓慢加热煮沸 1min，不断搅拌研细沉淀，以同一滤纸过滤（重复处理沉淀共 3 次），合并滤液及洗液，稀释至 40mL。取 20mL，加 2mL 5mol/L 的硝酸，稀释至 25mL。加 5mL 饱和硫脲，摇匀。在此同时，取一定量的铋（Bi）溶液，加 5mL 5mol/L 的硝酸，稀释至 25mL。加 5mL 饱和硫脲，摇匀。若样品溶液所呈黄色处于两个标准之间，则样品中铋的含量也处于这两个标准溶液的铋含量之间，报告结果时以不大于这两个标准中铋含量最大的级别表示。分析纯和化学纯产品中，同上测试的铋含量应低于 0.05mg（以 Bi 计）。

⑦ 澄清度试验。称取 2.5g 样品，置于烧杯中，加 100mL 水和 2.5mL 硝酸，盖以表面皿，避光缓缓加热溶解，冷却。取分析纯和化学纯乙酸银按上述方法同时同样处理，得到澄清度标准溶液。立即比浊。若样品溶液的浊度处于两个标准之间，则样品的澄清度指标也处于这两个标准溶液的澄清度之间，报告结果时以不大于这两个标准中浊度最大的级别表示。若样品溶液的浊度比分析纯标准小，则样品的澄清度指标达到分析纯标准，若样品溶液的浊

度比化学纯标准大，则样品的澄清度指标还没有达到化学纯标准。

（3）其他项目检验　乙酸银产品的目测结果应该是白色或无色结晶或结晶性粉末，不含有黑色、灰色颗粒，产品不能呈暗色。产品包装同碳酸银，瓶外标识上应有避光标志。

9.1.7.2　氯化银产品的质量分析

（1）含量测定　称取 0.5g 样品，称准至 0.0002g。加 10mL 水及 50mL 0.2mol/L 的氰化钾，振摇至样品溶解，冷却，加 4 滴 10% 的碘化钾溶液及 1mL 10% 的氨水，用 0.1mol/L 的硝酸银标准溶液滴定至溶液开始浑浊。同时做空白试验。氯化银的含量（X）按下式计算：

$$X = [(V_1 - V_2) \times c \times 0.1433 \times 100]/m_s$$

式中，V_1 为空白试验硝酸银标准溶液的用量，mL；V_2 为硝酸银标准溶液的用量，mL；c 为硝酸银标准溶液物质的量浓度，mol/L；0.1433 为 1mmol AgCl 的质量，g；m_s 为试样的质量，g。

（2）杂质测定

① 硝酸盐含量测定。称取 3g 研细的样品（称准至 0.01g），置于锥形瓶中，加 30mL 水，剧烈振摇，过滤。取 10mL，加 1mL 10% 氯化钠溶液和 1mL 0.001mol/L 的靛蓝二磺酸钠，在摇动下于 10～15s 内加 10mL 硫酸，放置 10min。在上述操作的同时，配制一系列分别含不同数量的硝酸盐标准溶液，稀释至 10mL，与同体积的样品溶液同样处理。若样品溶液的蓝色处于某两个标准之间，报告结果时以不大于这两个标准中最高硝酸盐含量表示。若硝酸盐的含量数值分别低于 0.01mg 和 0.02mg，则相应氯化银样品在此项目上已经分别达到分析纯和化学纯标准。

② 可溶性氯化物测定。称取 3g 研细的样品（称准至 0.01g），置于锥形瓶中，加 30mL 水，剧烈振摇，过滤。取 10mL，稀释至 25mL，加 2mL 5mol/L 的硝酸和 1mL 0.1mol/L 的硝酸银，摇匀。与标准浊度溶液进行比较。标准浊度溶液是取一定数量的可溶性氯化物，稀释至 25mL，与同体积样品同时同样处理，得到标准浊度溶液。若样品溶液的浊度处于两个标准之间，则样品中的可溶性氯化物指标也处于这两个标准溶液的可溶性氯化物之间，报告结果时以不大于这两个标准中可溶性氯化物的最大量表示。分析纯和化学纯氯化银中可溶性氯化物的含量分别低于 0.01mg 和 0.05mg。

③ 杂质铜铋铅目测。称取 1g 样品，溶于 20mL 10% 的氨水中，溶液澄清无色为合格。

（3）其他项目检验　氯化银产品的其他测试项目还包括产品外观测试和氯离子含量测定。

① 外观测试。目测氯化银产品应该是白色或略带灰色的粉末，不含有黑色颗粒。取少量样品置于灯光下，应该明显看到产品变灰色和黑色。

② 氯离子含量测定。称取 3g 样品，溶于 15mL 10% 的氨水中，过滤并洗涤滤渣，合并滤液和洗液，用硝酸银标准溶液测定 Cl^- 的量。

③ 产品包装。同碳酸银，瓶外标识上应有避光标志。

9.2　黄金深加工产品的质量分析

9.2.1　氰化亚金钾产品的质量分析

（1）含量测定　氰化亚金钾产品中金的含量一般是将氰化亚金钾中的金转变为单质金形

式，再用重量法进行测定。氰化亚金钾产品中，Au^+ 除了绝大部分以 $[Au(CN)_2]^-$ 存在外，还有少量 Au^+ 以 $[Au(CN)_4]^-$ 或自由离子 Au^+ 存在，通过测定产品中游离氰根和总氰根含量，可以推算出产品中以 $[Au(CN)_2]^-$ 存在的金量，折算成 $KAu(CN)_2$ 表示即为氰化亚金钾产品的主产品含量。氰化亚金钾产品目前尚无国家标准或行业标准。

① 铅试金法。该法是用电解铅皮将试样和加入的纯银包好，放入事先预热的灰皿中，在高温下试样中的金与金属铅在灰皿中进行氧化熔炼（即灰吹），铅又被氧化成氧化铅后再被灰皿吸收，而金、银则不被氧化而以金属珠的形式留在灰皿上。所得到的金银合粒用硝酸把银溶解，留下的金直接进行称重。由于在灰吹操作中，金会有些损失，为此在熔炼时加入一定量的银。

a. 试剂和仪器。电解铅皮：铅含量不小于 99.99%；纯银：含量≥99.99%；硝酸：分析纯，使用前要检查氯化物、溴化物、碘化物和氯酸盐，然后与水配制成 1:7、1:2 的溶液；试金天平：感量 0.01mg；高温电阻炉（最高温度 1300℃）；灰皿：将骨灰和硅酸盐水泥（400 号）按 1:1（质量比）混匀，过 100 目筛，然后用水混合至混合物用手捏紧不再散开为止，放灰皿机上压制成灰皿，阴干 2 个月后使用；分金坩埚：使用容积 30mL 的瓷坩埚。

b. 测定步骤。称取 1g 样品，准确至 0.0002g。将试样放在质重 20g 的纯电解铅皮上包好，并且压成块，用小锤捶紧，放在预先放入 900～1000℃ 的灰吹炉中预热 30min（以驱除灰皿中的水分和有机物）的灰皿中，关闭炉门，待熔铅去掉浮膜后，半开炉门使炉温降到 850℃ 进行灰吹，待灰吹接近完了时，再升温到 900℃，使铅彻底除尽，并且出现金银合粒的闪光点后，立即移灰皿至炉口处保持 1min 左右，取出冷却。

用镊子从灰皿中取出金银合粒，除掉沾在合粒上的灰皿渣，将合粒放在小铁砧板上用小锤捶扁至厚约 0.3mm，放入分金坩埚中，加入加热至近沸的 1:7 硝酸 20mL，在沸水浴上分金 20min，取下坩埚，倾去酸液，注意勿使金粒倾出，再加入加热至近沸的 1:2 硝酸 15mL，保持近沸约 15min，倾出硝酸，用去离子水洗涤 3～4 次，将金片倾入瓷坩埚，盖上，烘干，放入 600℃ 高温炉内灼烧 2～3min，取出冷却，用试金天平称重（质量用 m 表示）。

c. 计算。按下式计算试样中金的百分含量：

$$w_{Au} = (m \times 100)/m_s$$

式中，m 为称得的金的质量，g；m_s 为称取的试样质量，g。

两次平行测定的结果差值不得大于 0.2%，取其算术平均值为测定结果。

试金重量法是一种经典的方法。该法分析结果准确度高，精密度好，适应性强，测定范围广。因试金法具有其独特的优点，目前在地质、矿山、冶炼部门仍把铅试金法作为试金的标准方法。该法的致命缺点是铅对环境的污染和对人体的危害。

② 湿法重量法。该法是将氰化亚金钾在酸性溶液中加热使金析出，经冷却、过滤、洗涤、灼烧后称量，由金折算成氰化亚金钾的系数可计算氰化亚金钾的含量。

称取 1g 样品（称准至 0.0002g）置于 250mL 三角烧瓶中，加入硫酸 15mL，缓缓加热至金析出并冒出浓的白烟，冷却至室温，缓缓加入去离子水 100mL，冷却，用定量滤纸过滤，用热水洗涤至滤液无 SO_4^{2-} 离子，转移沉淀物至已于 800℃ 恒重的瓷坩埚中，灰化，再于 800℃ 灼烧至恒重，同时做空白试验。以质量分数表示的氰化亚金钾的含量 X 按下式计算：

$$X = [(M_1 - M_0) \times 1.4627 \times 100]/M$$

式中，M 为样品的质量，g；M_1 为金和坩埚的质量，g；M_0 为坩埚的质量，g；1.4627 为金（Au）折算成氰化亚金钾 $KAu(CN)_2$ 系数。

两次平行测定的结果差值不大于 0.2％，取其算术平均值为测定结果。

与火试金重量法相比，湿法重量法存在一定的弱点，如准确度不太高，操作烦琐，选择性较差，干扰元素较多。但采用此法可以避免铅试金法所带来的铅对环境的污染和对人体的危害。故在测定氰化亚金钾的金含量时，此法被广泛采用。

③ 产品总氰含量和游离氰含量测定。参见氰化银钾产品质量分析。

(2) 杂质元素测定 氰化亚金钾产品中杂质金属元素一般以原子吸收分光光度法测定，有关方法、仪器和标准溶液等参见氰化银钾产品的杂质元素测定。

(3) 其他项目检验 氰化亚金钾产品除了含量测定和杂质元素含量测定以外，产品外观、产品主含量[$KAu(CN)_2$]测定、水不溶物测定也是经常要做的项目。

① 产品外观。氰化亚金钾产品目测应为无色或白色晶体，不应有黄色、黑色颗粒或暗色。

② 水溶性试验。称取 2g 样品(称准至 0.2g) 置于 50mL 比色管中，加入 20mL 水，微热至 25℃，使样品全部溶解，溶液呈无色透明，无浑浊乳化现象，无不溶杂质为合格。

③ 产品主含量[$KAu(CN)_2$]测定。见产品总氰含量和游离氰含量测定。

④ 产品包装。用广口塑料瓶包装，每瓶质量(净重) 由供需双方商定，一般为 50g 或 100g 包装。瓶口有密封装置。瓶外标识上应有剧毒品标志。

9.2.2 氯金酸(氯化金) 产品的质量分析

(1) 含量测定 氯金酸(氯化金) 产品中金的含量测定与氰化亚金钾一样，通常是将产品中的金转变为单质金形式，再用重量法进行测定。

称取 0.5g 样品，称准至 0.0002g。置于烧杯中，加 100mL 水溶解，加 20mL 10％热草酸溶液，立即盖以表面皿，反应完毕后，用水洗净表面皿，在水浴上蒸至约 10mL，用无灰滤纸过滤，以热水洗涤滤渣至洗液无氯离子反应，烘干，加热炭化，于 800℃灼烧至恒重。Au 的百分含量 X 按下式计算：

$$X = (G_1 \times 100)/G$$

式中，G_1 为沉淀的质量，g；G 为样品质量，g。

(2) 杂质测定

① 醇与醚混合溶液溶解试验。称取 0.5g 样品，称准至 0.01g。置于烧杯中，加 15mL 乙醇-乙醚混合溶液(1:1)，搅拌，溶液应澄清无不溶物。

② 碱金属及其他金属含量。称取 0.5g 样品，称准至 0.01g。置于烧杯中，加 15mL 乙醇-乙醚混合溶液(1:1)，搅拌，所得溶液在水浴上蒸干。加 5mL 水，缓缓加 15mL 热的饱和草酸铵溶液。反应完毕后，蒸干并缓缓灼烧，冷却，加 5mL 5mol/L 的硝酸，在水浴上加热 15min，加 10mL 热水，过滤，用稀硝酸(1:99) 洗涤，将滤液和洗液合并，注入恒重坩埚中，蒸干，于 800℃灼烧至恒重。残渣质量即为杂质金属的含量。试剂级产品的残渣质量不能大于 1.0mg。

③ 氮含量测定。称取 0.5g 样品，称准至 0.0001g。置于 500L 定氮瓶中，加 10g 粉状硫酸钾和 0.5g 粉状硫酸铜，沿瓶壁加入 20mL 硫酸，并且使附着于瓶壁的粉末洗至瓶中。瓶口放置一个玻璃漏斗并使烧瓶成 45°角斜置装好，缓缓加热，使溶液的温度保持在沸点以下。泡沫停止产生后，加强热使其沸腾，溶液由黑色逐渐转为透明，再继续加热 30min，冷却，缓缓加入 20mL 水，摇匀，冷却。沿瓶壁慢慢加入 120mL NaOH 溶液(300g/L)流至瓶底，自成一液层，再加入 2g 锌粒，装好蒸馏装置，预先将 50mL 硼酸溶液(20g/L)和数滴

甲基红-亚甲基蓝混合指示剂置于500mL锥形瓶中，轻轻摇动凯氏定氮瓶，使内容物混合，加热蒸馏出2/3液体至锥形瓶中，用水淋洗冷凝管，用盐酸标准溶液$[c(HCl)=0.1mol/L]$滴定至溶液由绿色变为灰紫色。同时做空白试验。样品氮含量按下式计算：

$$X=[(V_1-V_2)\times c\times E\times100]/m$$

式中，X为样品含氮的百分数，%；V_1为盐酸标准溶液的用量，mL；V_2为空白试验盐酸标准溶液的用量，mL；c为盐酸标准溶液的物质的量浓度，mol/L；m为样品质量，g；E为与1.00mL盐酸标准溶液(1.000mol/L)相当的含氮样品的质量，g。

试剂级产品中氮含量(以N计)应低于0.01%。

（3）其他项目检验　氯金酸产品目测应为金黄色晶体或金黄色溶液，液体状态应没有黄色或黑色沉淀。产品包装应该用广口玻璃瓶包装固体产品，用细磨口瓶包装液体产品。每瓶净重或净含量由供需双方商定，一般为50g或100g包装。瓶口有密封装置。瓶外标识上应有氧化剂和易碎品标志。

9.2.3　亮金水产品的质量分析

（1）金含量测定　金水产品金含量测定仍是采用重量法，即将金水灼烧除去有机物，残渣用焦硫酸钾熔融并用稀硝酸处理除去杂质，灼烧纯金渣称重。

将样品瓶充分摇匀，至瓶底完全不见沉淀物后，立即用分析天平以减量法准确称取亮金水1.5～2g，准确至0.0001g。置于已恒重的50mL容量的瓷坩埚中，坩埚中预先垫有约1.5g脱脂棉，使金水全部吸收在棉团之中。置坩埚于电炉板上缓缓炭化，然后移坩埚于马弗炉内，在700℃灼烧至完全炭化，约20min。取出冷却，加入6g焦硫酸钾，反盖坩埚盖，放回马弗炉内，在600℃熔融20min。冷却，用热水浸提熔块于250mL容量的烧杯中，洗净坩埚及盖，加入为溶液体积1/3的硝酸煮沸，稍冷，用中速滤纸过滤，用1∶3的稀硝酸洗涤数次，再用热水洗至无硫酸根为止(用10%氯化钡溶液检查滤液无白色沉淀产生)。将滤纸连同金渣放回原坩埚中，先低温炭化，后在800℃马弗炉内灼烧10min，取出放入干燥器中保持40min，至恒重，称重。Au的百分含量X按下式计算：

$$X=(m\times100)/m_s$$

式中，m为金的质量，g；m_s为样品质量，g。

平行测定偏差不大于0.04%，取算术平均值为测定结果。

（2）其他金属元素测定　因亮金水产品中必须含有其他金属元素，故亮金水中的其他元素含量测定不能称为杂质元素含量测定。对其他金属元素，通常采用原子吸收分光光度法测定，有关方法、仪器和标准溶液等参见氰化银钾产品的杂质元素测定。

（3）其他项目检验　亮金水的其他项目检测要求比其他含银或含金产品高得多。亮金水产品的质量好坏的决定性因素不仅是金含量，更主要的是金色是否纯正、黏度、干速和描金性能是否恰当、烧结温度的高低和附着力、遮盖力是否合适。对于金水而言，其主要功能是表面装饰，金水中金含量过高不一定装饰效果就好。因此，判断一个金水产品的质量如何，上述其他项目的检测结果非常重要。

① 运动黏度测定。先用已知运动黏度的环己酮(30℃时，运动黏度为$36.1\times10^{-6}m^2/s$，奥氏黏度计，毛细管内径1.5mm)在奥氏黏度计中测得流出时间，按$k=y_1/t_1$求得黏度计常数k，单位m^2/s^2。式中，y_1和t_1分别为已知运动黏度的液体的运动黏度和流出时间。然后用金水代替已知运动黏度的液体，测得流出时间t_2，按$y_2=kt_2$计算金水的运动黏度y_2。

② 描金性能检测。用描金笔蘸上适量金水试样，在清洁、干燥的瓷试片上按通常的描金厚度，画不同的粗细线条和交叉线条，以了解金水描绘是流畅还是滞笔。放置几分钟，观察线条是保持原来宽度，还是加宽了，交叉线角轮廓是清晰还是变圆。

③ 单位质量涂刷面积测定。将 2～3g 金水置于清洁的小玻璃瓶中，插入一支毛笔。准确称重。取出带金水的毛笔，在瓷试片或玻璃试片上画 3cm×5cm 的长方形块，面积为 S，整块涂层厚度应均匀。画完后，将笔放回原瓶，再准确称重，两次质量之差即为耗用金水量 G。涂刷面积 S 与 G 的比值即为单位质量涂刷面积。一般金水产品在出厂时都规定有单位质量涂刷面积。将测定值与规定值相比较，决定金水在此项目上是否合格。

④ 干速测定。用描金笔蘸上适量金水试样，在清洁、干燥的瓷试片上按通常的描金厚度，画不同的粗细平行线或交叉线共 20 条。画完后记下时间。将试片放在 25℃ 左右的室温下或恒温箱中，每隔 10min 用手指轻轻点触金线，当中等厚度的金线不粘手指时，记下时间，两次时间差为干速。

⑤ 彩烧温度检测。用单位质量涂刷面积测定中所用的方法涂刷标准面积的两块试片，分别在彩烧温度的上下限彩烧。彩烧方法是：将一块试片放入马弗炉中央，热电偶尖端的下方，用耐火支架支起试片使其离炉底约 7cm，关上炉门，通电升温。在 400℃ 前后，炉门应留一小缝排烟，400℃ 以后紧闭炉门，一直烧到规定的下限温度，保温 15min，冷却，取出试片。按同一方法将另一试片升温至上限温度，同样处理。

检查各温度的试片的金层附着力，检查灼烧到上限温度的试片有无脱色现象，附着牢、无脱色者为合格。对金水而言，耐灼烧温度越高，质量越好。

⑥ 金色检验。用单位质量涂刷面积测定中所用的方法涂刷标准面积的三块试片，分别在烧成温度范围内灼烧。观察所得金色块。合格金水所得的金色应该光亮、纯正，距离 50mm 目测时，三块中只允许有一个直径不大于 0.3mm 的圆形斑点。

⑦ 附着力检验。用单位质量涂刷面积测定中所用的方法涂刷标准面积的两块试片，分别在烧成温度范围内烧成。取出后在室温下放置 4h。然后置于金色磨耗仪上固定，将 5 层棉布装在磨头上进行计数摩擦试验。必要时可在磨头上预先放置砝码。达到规定的摩擦次数后，取出试片，观察摩擦中心，无脱金露底现象为合格。对不同用途的金水，其规定的附着力不一样。

9.2.4 亮钯金水产品的质量分析

（1）含量测定

① 亮钯金水金含量的测定。将亮钯金水灼烧除去有机物，用甲酸钠还原氧化钯为金属钯，用王水溶解金、钯，过滤分离不溶物，用亚硝酸钠还原氯化金为金，滤出金沉淀，灼烧称重。

具体操作为：将样品充分摇匀，至瓶底完全不见沉淀物后，立即用分析天平以减量法准确称取亮钯金水样品 3g 左右，置于预先放有约 1.5g 脱脂棉的 50mL 容量的瓷坩埚中。先低温炭化，然后移入马弗炉内，在 800℃ 灼烧 15min，冷却，将全部灼烧物倒入 250mL 容量的烧杯中。坩埚用 3～4mL 水冲洗一次，使洗水润湿金灰，加入约 0.3g 甲酸钠，盖上表面皿，加热至微沸 2min。然后向杯中加入 15mL 盐酸、5mL 硝酸，加热溶解，并且浓缩至 3mL 左右，取出表面皿，将杯移到沸水浴上加热，浓缩至近干，加 4mL 盐酸，蒸发至 1.5mL，重复加盐酸操作一次。取出烧杯，用温水稀释金液，直至产生铋水解物白色沉淀为止。趁热过滤，用温水洗涤杯与滤纸数次，至纸无色为止。将滤液加热至近沸，在搅拌下，逐滴加入

15%的亚硝酸钠溶液还原金，至 pH 值为 5 时止（投入小片广泛试纸，湿后立即观察）。煮沸 2min，稍冷，用慢速滤纸过滤金沉淀，用温水洗杯及滤纸 5～6 次（将滤液移至一边留待测钯用），用温水继续洗滤纸至无氯离子为止（用 1%硝酸银检查）。用小片滤纸擦下杯中的金，将滤纸连同金放入已恒重的坩埚中，低温炭化后，置入马弗炉内，800℃灼烧 10min，冷却，移入干燥器中保持 40min，称重。Au 的百分含量 X 按下式计算：

$$X = (G_1 \times 100)/G_2$$

式中，G_1 为金质量，g；G_2 为样品质量，g。

平行测定偏差不大于 0.04%，取算术平均值为测定结果。

② 亮钯金水钯含量的测定。将上述金含量测定中过滤了金沉淀的滤液用盐酸煮沸，破坏亚硝酸钯的配合物，使配合钯转化为氯化亚钯，然后用丁二酮肟沉淀为丁二酮肟钯，过滤，烘干，称重。

测定步骤为：向上述金含量测定中留下的钯溶液中加入 7mL 盐酸，加热煮沸 5min。冷却至温热后，加入 1%的丁二酮肟乙醇溶液 35mL，缓缓搅匀后，放置 1h，用已烘干恒重的 4 号玻璃砂芯坩埚抽滤，用 1%的盐酸溶液 100mL 洗杯及沉淀，再用 100mL 水洗一次，将玻璃坩埚置于烘箱中 110℃烘干 1h，冷却，移入干燥器中保持 40min，称重。钯的百分含量 X 按下式计算：

$$X = [0.3161 \times (m - m_0) \times 100]/m_s$$

式中，m 为坩埚和钯沉淀质量，g；m_0 为空坩埚质量，g；m_s 为样品质量，g；0.3161 为沉淀中钯的换算因数。

（2）其他金属元素含量和其他项目检验　同亮金水。

9.3　铂和钯深加工产品的质量分析

9.3.1　氯铂酸及其盐产品的质量分析

（1）铂含量测定　氯铂酸（晶体状态时的化学式为 $H_2PtCl_6 \cdot 6H_2O$）中铂的含量测定，通常是将产品中的铂通过氯铂酸铵沉淀，再灼烧转变为单质铂形式，然后用重量法进行测定。

称取 0.5g 氯铂酸样品，称准至 0.0002g。溶于 100mL 水中（必要时过滤，充分洗涤滤纸，将滤液及洗液合并，在水浴上蒸发至原体积），加 10mL 饱和氯化铵溶液，放置 18～24h。用无灰滤纸过滤，以 20mL 饱和氯化铵溶液洗涤，将沉淀移入恒重的坩埚中，烘干，炭化，于 800℃灼烧至恒重。Pt 的百分含量 X 按下式计算：

$$X = (G_1 \times 100)/G$$

式中，G_1 为沉淀的质量，g；G 为样品质量，g。

氯铂酸晶体产品的铂含量应不少于 37.0%。氯铂酸铵产品直接灼烧恒重计算铂含量。氯铂酸钾产品则溶于硝酸后同氯铂酸处理，计算铂含量。

（2）杂质测定

① 水溶解试验。称取 1g 氯铂酸样品，加入 10mL 水，应该全部溶解。氯铂酸钾和氯铂酸铵不溶于水。

② 硝酸盐含量。量取氯铂酸水溶解试验的溶液 1mL，稀释至 10mL，加 2g 氯化铵，过滤。取滤液 5mL，稀释至 10mL，加 1mL 10%的氯化钠溶液、1mL 0.001mol/L 靛蓝二磺

酸钠，在摇动下于 10～15s 内加 10mL 硫酸，放置 10min。在上述操作的同时，配制一系列分别含不同数量的硝酸盐标准溶液，稀释至 10mL，与同体积的样品溶液同样处理。若样品溶液的蓝色处于某两个标准之间，则样品中硝酸盐的含量也处于这两个标准溶液的硝酸盐含量之间，报告结果时以不大于这两个标准中最高硝酸盐含量表示。若产品中硝酸盐的含量数值低于 0.02mg，则相应氯铂酸产品在此项目上已达到分析纯标准。氯铂酸钾和氯铂酸铵产品不做此项检测。

③ 硝酸可溶物。量取氯铂酸水溶解试验的溶液 5mL，注入坩埚中，在水浴上蒸干，缓缓加热分解，于 800℃灼烧，冷却，加 15mL 5mol/L 的硝酸，在水浴上加热 15min，过滤，用稀硝酸(1∶99)洗涤，合并滤液及洗液，注入恒重的坩埚中，蒸干，于 800℃灼烧至恒重。计算残渣质量。氯铂酸产品的残渣质量不大于 1.0mg 为合格。氯铂酸铵产品直接灼烧后同上处理。氯铂酸钾产品则溶于硝酸后同氯铂酸处理。

(3) 其他项目检验　氯铂酸产品目测应为红褐色晶体或红褐色溶液，液体状态应没有黑色沉淀。氯铂酸钾和氯铂酸铵产品应为黄色晶体。产品包装应该用广口玻璃瓶包装固体产品，用细磨口瓶包装液体产品。每瓶净重或净含量由供需双方商定，一般为 50g 或 100g 包装。瓶口有密封装置。

9.3.2　铂盐产品的质量分析

(1) 铂含量测定　称取 0.5g Pt 盐样品，称准至 0.0002g。溶于 10mL 水中，加盐酸 5mL，蒸干。加入 5mL 水和 5mL 盐酸，再蒸至浆状。加入 100mL 水、5g 无水乙酸钠和 1mL 甲酸，加盖，在水浴加热 6h，用无灰滤纸过滤，以热水洗涤数次，将沉淀及滤纸一同移入已知恒重的坩埚中，干燥，炭化，于 800℃灼烧至恒重。Pt 中百分含量 X 按下式计算：

$$X = (G_1 \times 100)/G$$

式中，G_1 为沉淀的质量，g；G 为样品质量，g。

(2) 亚硝酸根含量测定　Pt 盐[二亚硝基二氨合铂(Ⅱ)，$(NH_3)_2Pt(NO_2)_2 \cdot 2H_2O$]中亚硝酸根的含量高低可以反映出 Pt 盐的主含量高低。测定方法是将 Pt 盐溶解于酸性溶液中，用过量 $KMnO_4$ 将亚硝酸根定量还原为硝酸根，再用 Fe^{2+} 溶液回滴过量的 $KMnO_4$。

$$2MnO_4^- + 5NO_2^- + 6H^+ \longrightarrow 2Mn^{2+} + 5NO_3^- + 3H_2O$$

$$MnO_4^- + 5Fe^{2+} + 8H^+ \longrightarrow Mn^{2+} + 5Fe^{3+} + 4H_2O$$

称取 0.5g Pt 盐样品，称准至 0.0002g。溶于 10mL 水中。吸取 50mL 0.02mol/L 的 $KMnO_4$ 标准溶液置于 500mL 烧杯中，加 1mol/L 的硫酸 250mL，加热至 40℃。用移液管将 Pt 盐溶液全部转入上述 $KMnO_4$ 溶液中，用少量去离子水洗涤装 Pt 盐的容器及移液管，洗液也并入 $KMnO_4$ 溶液中。充分搅拌，用 0.1mol/L 的硫酸亚铁铵标准溶液滴定至红色消失为终点。NO_2^- 的百分含量 X 按下式计算：

$$X = [5 \times (50 - K \times A) \times c \times 10^{-3} \times 46 \times 100]/(2 \times m)$$

式中，K 为 1mL 硫酸亚铁铵标准溶液相当于 $KMnO_4$ 标准溶液的体积，mL；A 为耗用硫酸亚铁铵标准溶液的体积，mL；c 为 $KMnO_4$ 标准溶液的物质的量浓度，mol/L；46 为 NO_2^- 的摩尔质量，g/mol；m 为样品质量，g。

因目前尚无有关标准，Pt 盐的其他质量要求根据供需双方约定执行。

9.3.3　二氯化钯产品的质量分析

二氯化钯产品有无水二氯化钯（不溶于水）和水合二氯化钯两种。在分析时将有关产品溶于硝酸制样，用丁二肟钯沉淀的重量法测定钯含量，用原子吸收分光光度法测定杂质金属的含量。

（1）钯含量测定　称取 0.5g 二氯化钯样品，称准至 0.0002g。溶于 10mL 硝酸中，在不断搅拌下加入 10mL 1% 的丁二肟乙醇溶液，静置 1h。用 4 号玻璃漏斗过滤，以水洗沉淀至无丁二肟反应（在氨性溶液中，用镍离子检试）。将坩埚及沉淀于 100～120℃ 烘 30min，冷却后称重。Pd 的百分含量（%）按下式计算：

$$w_{Pd} = (m \times 0.3161 \times 100)/m_0$$

式中，m 为沉淀质量，g；$0.3161 = 106.4/336.62$，即 $M_{(Pd)}/M_{[Pd(C_4H_7O_2N_2)_2]}$；$m_0$ 为样品质量，g。

（2）氯含量测定　称取 0.5g 二氯化钯样品，称准至 0.0002g。溶于 10mL 硝酸中，用 5% 的 $NaHCO_3$ 溶液中和至近中性（用石蕊试纸指示，试纸由红色刚好变蓝色为接近中性）。加入 K_2CrO_4 溶液 1mL，用 0.1mol/L 的 $AgNO_3$ 标准溶液滴定至沉淀带微红色为终点。产品的总氯含量（以 Cl^- 计）按下式计算：

$$w_{Cl^-} = (c \times V \times 35.45 \times 10^{-3} \times 100)/m_0$$

式中，c 为 $AgNO_3$ 标准溶液的物质的量浓度，mol/L；V 为耗用 $AgNO_3$ 标准溶液的体积，mL；35.45 为 Cl 的摩尔质量，g/mol；m_0 为样品质量，g。

根据产品钯含量和总氯含量可以分析产品中钯的存在形态。

（3）杂质金属元素的含量分析　用原子吸收分光光度法测定杂质金属的含量，参考硝酸银产品中杂质金属元素含量分析方法，另外 Au、Ag、Pt、Rh 等贵金属的含量也用此法测定，它们也是二氯化钯产品的杂质金属。

9.3.4　二氯化四（或二）氨合钯（Ⅱ）产品的质量分析

二氯化四氨合钯（Ⅱ）和二氯化二氨合钯（Ⅱ）产品的钯含量测定除了采用二氯化钯产品钯含量相同的方法外，还用 EDTA 返滴定法测定。产品总氯含量和杂质金属含量测定同二氯化钯产品。

称取 0.5g 二氯化四氨合钯（Ⅱ）和二氯化二氨合钯（Ⅱ）样品，称准至 0.0002g。溶于 10mL 硝酸中，在不断搅拌下用乙酸钠溶液调 pH 值为 5.5。加入已知过量的 EDTA（0.05mol/L），充分搅拌。加少量甲基麝香草酚蓝（1g 与 100g 硝酸钾研细而得），用硫酸锌标准溶液回滴至由黄色转蓝色为终点。钯的百分含量（%）按下式计算：

$$w_{Pd} = [(c_2V_2 - c_1V_1) \times 10^{-3} \times 106.4 \times 100]/m_0$$

式中，c_2 为 EDTA 标准溶液的物质的量浓度，mol/L；V_2 为 EDTA 标准溶液的体积，mL；c_1 为硫酸锌标准溶液的物质的量浓度，mol/L；V_1 为硫酸锌标准溶液的体积，mL；106.4 为 Pd 的摩尔质量，g/mol；m_0 为样品质量，g。

9.4　其他铂族金属产品的质量分析

9.4.1　三氯化铑产品的质量分析

三氯化铑产品有无水三氯化铑（不溶于水）和水合三氯化铑两种。在分析时将有关产品溶于硝酸制样，用亚硝酸钠和硝酸六氨合钴 $[Co(NH_3)_6(NO_3)_2]$ 溶液使 Rh 以 [Rh

$(NO_2)_6Co(NH_3)_6$]复盐形式沉淀析出，用重量法测定铑含量，用原子吸收分光光度法测定杂质金属的含量。

称取 0.1g 三氯化铑样品，称准至 0.0002g。溶于 10mL 硝酸中，稀释至 100mL。加热至 60℃，在不断搅拌下加入 5g 亚硝酸钠，继续加热煮沸。在剧烈搅拌下加入 20mL［Co(NH$_3$)$_6$(NO$_3$)$_2$]饱和溶液，继续搅拌至有大量沉淀析出，在砂浴上陈化 10min，将烧杯浸入冷水中冷却 1h 左右，用预先洗净、干燥和称量好的 4 号玻璃坩埚抽滤，用带橡皮头的玻璃棒将黏附在烧杯上的沉淀擦下，用［Co(NH$_3$)$_6$(NO$_3$)$_2$]溶液将烧杯中的沉淀完全洗入坩埚中，用同样洗液再洗涤沉淀 2 次，用无水乙醇洗涤 3 次，乙醚洗涤 1 次。将玻璃坩埚放在玻璃抽空干燥器中抽空气 30min 以干燥沉淀，取出称量。铑的复盐沉淀乘以换算因数即可得铑量。Rh 的百分含量(%)按下式计算：

$$w_{Rh} = (m_2 - m_1) \times 0.19054 \times 100 / m_0$$

式中，m_1 和 m_2 分别为沉淀质量和坩埚的质量，g；0.19054 为铑的复盐对 Rh 的换算因数；m_0 为样品质量，g。

产品总氯含量和杂质金属含量测定同二氯化钯产品。

其他铑的深加工产品［如磷酸铑、硫酸铑、一氯三苯基膦合铑（Ⅰ）和三氧化铑等］的质量分析与三氯化铑相似。

9.4.2　氯铱酸和氯铱酸铵产品的质量分析

氯铱酸和氯铱酸铵产品的铱含量测定一般采用电流滴定方法进行。在酸性条件下，以铂电极为指示电极，饱和甘汞电极为参比电极，选择电位 0.5V，用硫酸亚铁铵标准溶液滴定。用作图法确定终点。

称取 0.1g 氯铱酸或氯铱酸铵样品，置于 50mL 烧杯中，加入 10mL 盐酸和 10mL 水。先加入 9.00mL 0.005mol/L 的硫酸亚铁铵标准溶液，再插入电极，选择电位 0.5V，再用硫酸亚铁铵标准溶液滴定剩余的铱量。记录滴定剂的体积和相应的电流值，用作图法确定终点。Ir 的百分含量(%)按下式计算：

$$w_{Ir} = (T \times V \times 100) / m_0$$

式中，V 为滴定所消耗的硫酸亚铁铵标准溶液的体积，mL；T 为硫酸亚铁铵标准溶液对 Ir 的滴定度，mg/mL，由硫酸亚铁铵标准溶液滴定 Ir 标准溶液(1.00mg/mL) 而确定；m_0 为样品质量，mg。

产品总氯含量和杂质金属含量测定同二氯化钯产品。

9.4.3　氯钌酸铵产品的质量分析

含钌的深加工产品的钌含量分析，一般是将产品转入溶液，以硫脲分光光度法测定钌。

称取 0.1g 氯钌酸铵样品，置于 50mL 烧杯中，加入 5mL 盐酸和 10mL 水溶解。将溶液转入 50mL 容量瓶中，加入 15mL 盐酸-乙醇(1∶1) 混合溶液和 5mL 硫脲溶液，混匀，于 80～85℃水浴上加热 10min，取出，在冷水中冷却至室温，用盐酸-乙醇混合溶液稀释至刻度，混匀。用 1cm 比色皿于 620nm 处，以试剂空白作参比，测定吸光度。标准曲线的绘制方法是：吸取 1.00mL、2.00mL、3.00mL、4.00mL、5.00mL 和 6.00mL 的钌标准溶液(0.10mg/mL) 分别置于 50mL 容量瓶中，同显色和测定吸光度，绘制标准曲线。Ru 的百分含量(%)按下式计算：

$$w_{Ru} = (m_1 \times 100)/m_0$$

式中，m_1 为根据试液吸光度在标准曲线上查得的 Ru 量，mg；m_0 为样品质量，mg。

产品总氯含量和杂质金属含量测定同二氯化钯产品。

其他含钌深加工产品（如四氧化钌、水合二氧化钌和三氯化钌等）除了制样方法与氯钌酸铵产品有所不同外，测定方法相似。

第 三 篇

贵金属深加工车间的设计

在贵金属深加工过程中，如何将有关的基本原理和生产工艺转变为现实的、可操作的生产图纸，或者说如何把有关车间建造起来，是广大贵金属深加工企业和贵金属深加工人员十分关心的事。在贵金属深加工的车间设计和建造过程中，重点应该考虑以下几个方面的问题。

(1) 生产工艺的切实可行性　这是在考虑车间设计和建造过程中首先应该考虑的问题。如果有关贵金属深加工工艺不是亲自设计和小试的，第一步工作应该是，对照工艺说明，亲自将有关工艺操作一遍。一是为了论证工艺说明的科学性，二是为了在小试过程中，找出现行工艺上的不足，以便在中试过程中加以克服。如果经过小试，没有发现工艺科学性的问题，同时已经完全掌握小试操作，对中试阶段应该做的工作已经心中有数，则可以进入中试阶段。如果小试过程中发现问题不少或有关工艺根本不可行，或者根据自身情况和条件，无法满足工艺上提出的原料条件、水电条件、环保条件等建立车间或工厂必须满足的条件，则有关工作应该考虑停止，不能出于某些人为原因而硬着头皮上。

(2) 中试　在有关工艺经过小试，没有发现原则性问题后，应该考虑将小试中的规模放大，以便将来进一步扩大规模进入正式生产。对于贵金属深加工而言，由于原料的贵重和其他安全原因，中试方案应该经过充分论证。

① 一次中试投料的贵金属量，至少应该在正式生产的一次投料量的10%～50%之间。投料量过少，达不到中试的目的；投料量过大，万一中试失败会造成损失过大的麻烦。同时，在考虑中试方案时，应该将贵金属的回收方案同时考虑进去，因为即使中试成功，所得产品也无法作为产品出售，一是量的问题，二是中试过程的工艺条件与最终正式生产的工艺条件毕竟还有差异，为了保证所生产产品的均一性，所得中试产品除了留下少量作为样品外，其他产品都应该重新回收。中试中考虑贵金属的回收，也是为了将中试万一失败的损失降到最低限度。

② 中试过程所用设备除了体积的大小外，应该与正式生产中所用设备采用相同质地的相同材料制成。贵金属小试过程中所用的设备绝大部分为实验设备，有关反应器、过滤器等均为玻璃材质，耐腐蚀性能强于中试和正式生产设备，但强度往往低于中试设备。例如，玻璃烧杯可以耐硝酸和王水腐蚀，但生产上不可能用玻璃烧杯来生产硝酸银和氯金酸等贵金属深加工产品，因为玻璃烧杯的体积对生产而言太小，同时机械强度不够。因此，在硝酸银生产中一般采用搪玻璃反应釜或耐硝酸的不锈钢反应釜或不锈钢桶，在需要使用王水的场合使用聚四氟乙烯容器或经过高温烧结、可耐王水腐蚀的瓷质反应器。

③ 要充分考虑中试放大过程对反应过程的影响。小试时由于反应物的量比较少，搅拌等混合过程一般比较充分，相应的反应时间可以较短。而进入中试阶段，随着反应物料量的增

加，反应物料的混合过程所占时间比小试要多得多，同时除反应以外的其他单元操作比小试复杂，占用时间也更多，因此在中试时，反应时间和各有关单元操作的时间要比小试适当延长。

④ 人员配备应该考虑实际生产时的状况。小试操作一般由有关技术人员独立完成。进入中试阶段，不能再由技术人员独立操作，应该将实际生产中的有关操作人员(包括工人和技术人员)按照正式生产过程排班，将各有关操作人员的工作具体化和制度化，使他们能够各司其职，尽快适应新的工作岗位和工作内容。中试过程也是培养工人操作技能和形成正式生产操作规程和制度的过程。

(3)基建和设备采购安装　中试成功以后，将进入基建和设备采购安装阶段。对贵金属深加工而言，车间位置放在何处，应该充分考虑两个因素：一是安全，二是环保。按照预定生产品种和生产量确定基建规模，搞出基建设计图、施工图和设备安装图。由于贵金属深加工过程中涉及许多大型设备或需要在基建时同时考虑安装的设备，因此，基建过程应该和设备的选型和安装过程同时进行。设备安装完毕后，经过调试即可进入试生产阶段。

(4)试生产　根据中试过程形成的操作规程和有关制度，将有关人员分配进入生产过程。按照正式生产的投料量进行投料，将整个试生产过程的操作参数做好详细记录，以便形成正式操作规程。所得产品经过检验，如果合格，则表明试生产成功；如果不合格，则应分析原因，进行第二次试生产，直至完全合格为止。

第三篇将贵金属深加工作为精细化工的一部分，分别论述车间工艺流程设计、工艺计算和车间布置设计方面的知识。

第10章

车间工艺流程设计

10.1 生产方法的选择

任何工程都是由各个车间组成,大型工程或工艺复杂的工程的每个车间可能还分为若干工段,在确定了工艺总流程、生产方式和规模、总平面规划、总定员等之后,就要进行车间或工段的具体设计。工艺设计是车间设计的主体,任何车间的设计都是从工艺设计开始,以工艺设计结束;其他非工艺设计也需要符合工艺设计的要求。因此,工艺设计是整个车间设计成败优劣的关键。

选择生产方法就是选择工艺路线。选择的结果将决定整个生产工艺能否达到技术先进、经济合理的要求,所以它是决定设计质量的关键。因此,设计人员要全力以赴、认真做好。一般要对各种工艺路线进行周密的比较,选用技术先进、经济合理和"三废"治理得当的工艺路线。使项目投产后能达到高产、低耗、优质和安全的生产工况。如果产品种类已确定,工艺路线也就基本上确定了。但当产品种类、品质没有明确,而又有几种不同的生产方法可选择时,就要认真调查研究,收集资料,对各种生产方法的技术经济指标进行分析比较,最后择优选用。

生产方法的选择要考虑设计基础资料的收集和生产方法的比较与确定。

10.1.1 设计基础资料的收集

全面收集国内外生产该产品的各种方法、工艺流程以及生产技术、经济等方面的资料,具体包括以下几项。

(1)各种生产方法及其工艺流程设计资料 略。

(2)各种生产方法的技术经济资料 原料来源及成品应用情况;试验研究报告;原料、中间产品、产品、副产品的规格和性质;安全技术及劳动保护措施;综合利用和"三废"处理;生产技术的先进性,机械化、自动化的水平;装备的大型化与制造、运输情况;基本建设投资、产品成本、占地面积;水、电、汽(气)和燃料的用量及供应,主要基建材料的用量及供应;厂址、地质、水文、气象等方面资料;车间(装置)现场周围环境情况;其他相关资料等。

(3)物料衡算资料 生产规模;生产步骤和主、副反应方程;各生产步骤所用原料、中间体、副产品的规格和物化数据;产品的规格和物化数据;各生产步骤的产率;每批加料量或单位时间的进料量;物料衡算的计算方法及有关公式。

(4)热量衡算资料 热量衡算的物化参数,如比热容、摩尔热容、潜热、生成热和燃烧热等；计算加热和冷却遇到的热力学数据；各种温度、压力、流量、液面和时间参数及生产控制；传热计算用的热导率、给热系数、传热系数数据等；热量计算方法和有关公式。

（5）**设备计算资料** 生产工艺流程图；物料计算和热量计算资料；流体力学参数，如黏度、管路阻力、阻力系数、过滤常数和分离因子等；计算化工过程用的参数，如汽-液平衡数据、传质系数、干燥速率曲线等；国家有关产品手册资料；化工流体介质对设备材料的腐蚀性能资料；有关设备选择和计算方法资料。

（6）**车间布置资料** 生产工艺流程图；各种厂房形式资料；工艺设备的平面、剖面图；化工厂房防热、防毒、防爆等资料；当地水文、气候、风向等资料；动力消耗和公用工程资料；车间人员资料。

（7）**管路设计资料** 生产工艺流程图；设备布置的平面、剖面图；设备施工图、管口方位图；物料衡算和热量衡算资料；管路配置、管径计算、流体常用流速表；管路支架、保温、防腐和涂层等资料；阀门和管件等资料；厂区地质条件资料，如地下水位、冰冻层深度等；地区气候资料；其他有关资料，如水源、蒸汽参数和压缩空气参数等。

（8）**非工艺设计资料** 自动控制、仪器仪表资料；供电资料；土建、通风采暖、供排水、供热、"三废"治理资料。

（9）**其他有关资料** 概算等经济指标资料；原料供应、产品销售、总图运输等资料；劳保、安全和防火等资料。

10.1.2 生产方法的比较与确定

在设计任务所提出的各项原则要求基础上，对收集到的资料进行加工整理，提炼出能够反映出本质的、突出主要优缺点的数据资料，作为比较依据，从各种生产方法的技术、经济、安全等方面进行全面分析，反复从主观和客观条件进行详细比较，从中选出既符合国情又切实可行的生产方法，选用技术先进、经济合理和"三废"治理得以解决的工艺路线。使项目投产后能达到高产、低耗、优质和安全的生产工况。邀请有关方面的专家对选定的生产方法进行论证，以求进一步的完善。最后，将确定下来的生产方法作为工艺流程设计的依据。

10.1.3 选择生产方法时应注意的事项

（1）在有几种不同的生产方法时，应选择能够满足产品性能规格要求的生产方法，一般应首先考虑流程简单、设备紧凑、能连续生产、便于自控、产品质量有保障和投资省的生产方法。

（2）在充分考虑建设单位现有承受能力的前提下，利用新技术、新工艺，尽可能采用国内外先进的生产装置和专门技术。

（3）解决处理好流程中的关键性技术难点，以保证足够的开工时数、有效的操作控制、稳定的产品质量。确保选用的生产方法具备工业化生产条件。

（4）充分考虑原料的来源和质量。原料来源应立足于当地，尽可能减少运输费用及运输过程中原料的损失。原料质量低劣直接增加原料处理费用，原料价格又直接影响产品价格，两者必须综合考虑，选择最合理的原料来源。根据原料来源，确定产品的生产规模。

（5）经济效益是评价生产工艺方法优劣的一个重要方面。尽量选用投资省、物料损耗少、循环量少、能量消耗少、回收利用好、设备投资少、生产能力大、产品收率高、经济效益好的生产方法。从投资、消耗定额、产品收率/成本和劳动生产率等方面进行比较。投资主要是生产设备和辅助设备的投资；消耗定额主要指原材料、辅助材料和动力消耗；产品收率越高、成本越低，生产单位产品消耗时间越少，经济效益越好。在此基础上选择最佳的工艺路线。

（6）大规模生产应采用连续化生产。对规模较小、产品种类较多且生产能力低，或不具备连续生产条件时，可采用间歇操作。

（7）生产能力较大的生产过程，装置大型化不仅可以提高劳动生产率，同时与相同生产能力的数个小型装置相比，具有基建投资少、占地面积小、布局紧凑、节能、经济效益好等特点。此外，还便于实施计算机控制与管理。但是装置大型化也受到机械设计与制造和运输等方面的限制。另外，装置大型化存在一些不足，如大型附属设备价格高，无备用设备，一旦出现故障必须停止生产，否则难以保证生产安全和产品质量。如果以单生产线的大型装置与生产能力相同的双生产线小型装置相比，开工率高时，大型装置的经济效益好；若开工不足或生产负荷常变动，尤其是几种牌号的产品经常换产时，小型装置的经济效益好。

（8）对生产过程中排出的"三废"（废水、废气、废渣）必须回收利用或综合治理。在比较生产工艺时，应同时考虑其"三废"产生情况，弄清"三废"的成分、数量、危害程度和可采取的治理方法、治理效果。必须选用不产生或较少产生"三废"，或产生的"三废"经过治理能达到国家规定的"三废"排放标准的工艺。实行"三废"处理工程与主体工程同时设计、同时施工、同时投产，严格执行国家环境保护有关规定。

（10）根据实际情况和工艺需要，选择人工控制或自动控制。运用计算机等先进自动控制方法，使生产和管理实现高速化、大型化、综合化、自动化和最佳化。因此，有条件的地方，可以采用 DCS 控制系统。

10.2 工艺流程设计

10.2.1 工艺流程设计的内容

当生产工艺路线选定后，便可以进行工艺流程设计。工艺流程设计是工艺设计和其他各专业设计的基础，决定了以后工艺设计和其他专业设计的内容和条件。它和车间布置设计是决定整个车间（装置）基本面貌的关键步骤，对设备设计和管路设计等单项设计也起到决定性的作用。

工艺流程设计的主要内容包括两个方面：一是确定生产流程中各个生产过程的具体组成、顺序和组合方式，达到加工原料以制取所需产品的目的；二是绘制工艺流程图，以图解的形式表示出生产过程中原料经过各个单元操作过程制得产品时，物料和能量发生的变化及其流向，以及采取了哪些化工过程和设备，再进一步通过图解形式表示出管道仪表流程图。为了使所设计出的工艺流程能够达到优质、高产、低消耗和安全生产的要求，应解决好以下问题。

（1）确定整个流程的组成 工艺流程反映了由原料到产品的全过程，应根据生产规模首先确定使用一条或多条生产线进行生产，其次确定将原料转变成产品需要经过哪些操作单元，采用多少生产过程或工序，再次确定每个单元过程的具体任务（即物料通过时要发生什么物理变化、化学变化以及能量变化），最后确定每个生产过程或工序之间如何连接。

（2）确定每个过程或工序的组成　根据生产规模，确定完成生产过程应采用设备的种类、规格、数量，并明确每台设备的作用和它的主要工艺参数，以及各设备之间应如何连接。

（3）确定操作条件　根据每台设备的作用及主要工艺参数，确定每台设备的各个不同部位要达到和保持的操作条件，以保证每台设备、每个过程乃至整个生产能达到预期作用。

（4）确定控制方案　为了正确实现并保持各生产工序和每台设备的操作条件，以及实现各生产过程之间、各设备之间的正确联系，需要根据实际情况，选择人工控制或自动控制，确定正确的控制方案，选用合适的控制仪表。

（5）合理利用原料及能量，计算出整个装置的技术经济指标　应当合理地确定各个生产过程的效率，得出全装置的最佳总收率，同时要合理地做好能量回收与综合利用，降低能耗。据此确定水、电、蒸汽和燃料的消耗。

（6）确定"三废"的治理方法　对全流程所排出的"三废"要尽可能综合利用，对于那些暂时无法利用的，则需进行妥善处理。

（7）确定安全生产措施　按照国家的有关规定，结合以往的经验教训，对所设计的化工装置在开车、停车、长期运转以及检修过程中，可能存在的不安全因素进行认真分析，制定出切实可行的安全措施，例如设置防火、防爆措施（设置安全阀、防爆膜、阻火器和事故储槽）等。

10.2.2　工艺流程设计方法

（1）充分做好准备工作　在对设计任务内容和要求充分了解的基础上，参加具体的实际生产和实验，广泛进行调查研究，对生产全过程和存在的问题做更深入了解，在掌握第一手资料的基础上，根据设计要求，深入研究、细致考虑、反复评比，以便能够对现场生产流程加以改进提高，把设计搞得更好。

（2）确定生产线数目　确定生产线数目是工艺流程设计的第一步。对于生产规模较大，涉及是否实施大型化时需仔细分析比较。如产品的种类多、换产次数多，则采用几条生产线同时生产为宜，这样当某一条生产线出现故障停止生产时，其他生产线仍然可以生产。

（3）操作方式　在确定每个生产过程的同时，必须确定该过程的生产操作方式。连续化生产设备布置紧凑，占地面积小；操作方便，劳动强度低；操作稳定，易实现自动化控制；产品质量稳定，保持较高的产品质量。而间歇式生产更为灵活，可以满足一台设备生产多种不同产品的需要，适合产品种类多变，产量不大，以及生产周期较长的生产过程。在可能的情况下，尽量采用连续化操作方式。有时也采用间歇操作与连续操作组合在一起的联合操作方式。此外，有些过程采用间歇操作反而更有利，如利用蒸馏釜处理精馏塔塔釜的高沸点残液，由于塔釜残液数量很少，要经相当长的时间才能储存到一定数量，再送去蒸馏釜进行回收，这时采用间歇操作会更有利。

（4）确定主要生产过程　从工业化生产的角度出发，既要满足生产上的要求，又要满足经济、安全等方面的要求，对同一生产过程可用几种不同的方法来实现，例如浆液分离可用离心分离、真空吸滤、沉降分离等几种方法；同一过程且同一方法也可用不同设备来实现，如反应装置有釜式反应器和管式反应器等类型。为此需要根据生产需要和经济效益，从各个方面进行比较，从中选出最适宜的。

在确定主要过程时，首先抓住全流程的核心——反应过程，从它入手来逐个建立与之相关的生产过程。标明反应过程中的所有化学反应方程式、反应条件和热效应，对反应历程及特点进行分析，由此向前推导原料和催化剂等准备过程，向后依次推导产品的分离、提纯和后加工等各个过程。总而言之，流程中的各个生产过程都不是孤立存在的，它们是为了实现共同的目的(使某些原料变成人们所需要的某些既定的产品)，满足同样的要求(优质、高产、低耗、低成本、安全可靠地进行工业化生产)，而有机组合在一起的，弄清各个过程之间的内在联系后，就可以迅速地正确确定相关的过程。

(5) 合理利用物料和能量，确定辅助过程　为了降低能耗，提高能量利用率，应检查分析整个工艺流程中可以回收利用的能量，特别是反应放出的热量，以及位能、净压能等。还要考虑对换热流程及方案的研究，采取交叉换热、逆流换热，安排好换热顺序，提高传热速率等。充分利用静压能进料，如高压下物料进入低压设备；减压设备靠真空自动抽进物料等。要考虑设备位置的相对高低，充分利用位能输送物料。但不能一味追求以位能输送物料，因为设备位置的相对高低直接影响车间布置设计和厂房建筑的合理性(减少厂房层数可以减少建筑费用)。此外，从减压设备出料时，必须设置相应高度的液封。

对未转化的物料应采用分离、回收手段，以提高总收率。对采用溶剂和载体的单元操作，一般应建立回收系统。

对"三废"进行回收和处理，既可以增加经济效益，又可以消除污染。当"三废"处理过程较复杂时，也可以单独设立辅助工段或装置。

为了稳定生产操作，需要考虑某些物料的储存或中间输送过程，这些中间储罐或产品储罐(仓库)的容量大小对于生产过程的调节可起相当大的作用。

(6) 合理确定操作条件　在确定各个生产过程及设备的同时，还要合理确定操作条件，因为它与生产过程与设备的确立及其作用的发挥和控制方案的确定都有直接关系。如确定了反应器内的操作温度和允许波动范围，就要求相应地设立供热或移热设施及手段(如夹套、内冷管等)，同时建立自动调节温度的控制系统等。

(7) 流程生产能力的弹性和设备设计　全流程设计要考虑综合生产能力的弹性。为此，应当估计到全年生产的不均衡性和各个过程之间所选设备的操作周期及其不均衡性，还要考虑由于生产管理和外部条件等因素可以产生的负荷波动，这些都要通过调查研究和参加生产实践来确定弹性的适宜幅度。

设计中应尽可能采用新技术、新设备和通用部件，提高设计水平，使设备余度不要太大。对设备余度的考虑的原则是保证设计产量既不超过又不少于设计负荷，并且尽可能使各台设备的能力一致，避免由于设备能力不平衡而造成浪费。在考虑了全流程生产能力的弹性和各个设备的余度以后，即可以正确地进行设备选型和设计计算。

(8) 控制系统的确定　在整个流程的各个过程及设备确定后，要全面检查、分析流程中各个过程之间是如何连接的，各个过程又是靠什么操作手段来实现的等。然后根据这些来确定它们的控制系统。要考虑正常生产、开停车和检修所需要的各个过程的连接方法，此外，还要增补遗漏的管线、阀门、过滤密封系统，以及采样、放净、排空、连通等设施，逐步完善控制系统。注意在这个过程中，与自控技术人员共同讨论商定控制水平，进而设计出全流程的控制方案和仪表系统，画出管道仪表流程图。

(9) 工艺流程的逐步完善与简化　要从各个方面着手逐步完善和简化设计的工艺流程。考虑到开停车和事故处理等问题，要设置事故储罐，增加备用设备，以便必要时切换使用。尽量简化对水、汽、冷冻系统的要求，尽可能采用单一系统；当装置本身需要几种不同压力的蒸汽时，应当尽可能简化或统一对蒸汽压力的要求。尽量减少物料循环量，在切实可行的基础上采用新技术，提高单程转化率以简化流程等。

（10）进行多种流程设计方案比较，评选出最优方案 应当尽量从实际可能出发，多搞出一些流程设计方案，然后进行全面的综合比较，从中评选出最优方案。

10.3 工艺流程图的绘制

工艺流程图是一种示意性的图样，它以形象的图形、符号、代号表示出化工设备、管路、附件和仪表自控等，以表达一个化工生产过程中，物料及能量的变化始末。工艺流程图设计最先开始，也最后才能完成。图的绘制一般分为三个阶段进行：先绘制生产工艺流程草图，再绘制物料流程图，后绘制工艺管道仪表流程图。

10.3.1 生产工艺流程草图

生产方法确定后即可以开始设计绘制流程草图，生产工艺流程草图的主要任务是：定性地表示出原料转变为产品的路线和顺序，以及要采用的各种化工单元操作和主要设备。因为它只为物料衡算及部分设备计算和能量计算服务，并不编入设计文件，所以绘制时不需在绘图技术上多花费时间，而主要考虑工艺技术问题。此时绘制的流程草图尚未进行定量计算，所以只需定性地标出物料由原料转化成产品时的变化、流程顺序以及生产中采用的各种化工过程与设备。工艺流程草图一般由物料流程图和设备一览表组成。

（1）物料流程图

① 设备示意图。绘出全部和工艺生产有关的设备和机械。由于这个阶段的任务还是定性反映生产过程，物料衡算、能量衡算和设备计算等都未展开，因此还不能按比例画出设备示意图，只要求按照设备的大体外形尺寸画出。设备间的相对位置也不要求准确，甚至还可以用方块示意图来表示。设备及机械的图形符号见本章附表10-2《管道仪表流程图设备图形符号》（HG 20559.2—1993）的规定。生产工艺流程草图一般用通用符号表示。

② 设备流程号。根据工艺设计，逐一标出设备的流程编号。

③ 流程管线及流向箭头。绘出全部主要物料管线和部分辅助物料管线（如水、蒸汽、压缩空气、真空等）。

④ 文字注释。写出必要的内容，如设备名称和物料名称等。

（2）设备一览表 标题栏画在图纸的右下角，设备一览表紧接其上。设备一览表包括序号、流程号、设备名称和备注等，格式见表10.1。

表 10.1 设备一览表

序号	流程号	设备名称	备注
1			
2			
3			

生产工艺流程草图的画法，采用由左至右展开式，先按照设备相对位置画出设备布置简图，标出设备流程号和设备名称，再画出物料线，标出物料流向，最后完成标题栏和设备一览表。设备轮廓线用中线条画出，物料管线用粗线条画出，辅助物料管线用中线条画出。线

条的绘制要求见本章附表 10-1《管道仪表流程图上的线条宽度》（HG 20559.1—1993）的规定。

生产工艺流程草图虽不编入设计文件，但已决定了原料如何变成产品的顺序、流向和步骤，以及采用的生产过程和设备，是以后各种设计工作的基础。如果以后工艺流程草图发生变化，则其他各项设计都要随之变更。因此，在设计生产工艺流程草图时，必须做好周密的调查研究，尽可能掌握全部技术资料、数据、抓住重点，多加研究，需多加推敲，精心设计。

10.3.2 物料流程图

物料流程图是物料衡算和热量衡算完成后绘制的，一般以车间为单位进行绘制。

物料流程图是一种以图形与表格相结合的形式反映物料衡算结果的。作用是既可为设计审查提供资料，又可为进一步设计提供重要依据，还可为生产操作提供参考。其主要内容包括物料流程、物料表、设备一览表等。

（1）物料流程

① 先将厂房分层，地面线用双细线条绘出，并注上标高。

② 根据设备在厂房中布置的位置画出设备示意图。而平面位置也采用由左至右展开式，设备之间留有相对间距。

③ 将物料管线用粗线条画出，并标出流向。

④ 将动力管线用细线条画出，并标出流向。

⑤ 画出设备和管路上的主要附件，计量器具和控制仪表，以及主要阀门等。

⑥ 标出设备流程号和辅助线。

⑦ 最后写出必要的文字说明。

（2）物料表 物料发生变化的设备，要从物料管线上引线列该处物料表，物料表的内容包括物料组分名称、物料量、质量分数、摩尔物料量及摩尔分数等，每项均应标出总和。

（3）设备一览表、图签 设备一览表的作用是表示出物料流程中所有设备的名称、型号、数量、规格、材料、重量等，与工艺流程草图相似；图签的作用是标明图名，设计单位，设计、制图、审核人员，绘图比例和图号等。图签的位置一般在流程图右下角，设备一览表列在图签上部，由下往上写。

物料流程图的画法采用自左至右的展开式，先画流程图，再标注物料变化引线列表。设备轮廓线用中线条画出，物料管线用粗线条画出，辅助物料管线用中线条画出，物料表及引线用细线条画出。

当物料组分复杂，变化多，在流程图中列表有困难时，也可以在流程图下按流程顺序自左至右列表并编排顺序序号，同时，在流程图物料管线上也要编注相应的顺序号，以便对照查阅。对主要设备应注明其规格和操作条件等参数。对生产过程中排放出来的"三废"也应注明其成分、排放量及去向。

10.3.3 管道仪表流程图

当设备设计计算结束，控制方案确定下来之后，就可以绘制管道仪表流程图。管道仪表流程图是在工艺流程图的基础上完成的，是工程设计中从工艺流程到工程施工设计的重要工序，也是工厂安装施工、维修、事故处理等的重要依据。通常根据工程需要，管道仪表流程图有 6~8 版，设计过程与车间布置同时进行，是逐步加深和完善的。在车间布置设计时，可能会发现工艺流程中某些设备的空间位置不合适，或者极个别设备的形式和主要尺寸决定不当，这时可以做部分修改，最后得到正式的管道仪表流程图，作为设计的正式结果编入设计文件中。

管道仪表流程图是以车间（装置）或工段（工序）为主项进行绘制。原则上一个主项绘一张图样，如流程复杂可分成数张，但仍算一张图样，使用同一图号。

10.3.3.1　管道仪表流程图的内容

管道仪表流程图是借助统一规定的图形符号和文字代号，用图示的方法把建立化工工艺装置所需的全部设备、仪表、管道、阀门及主要管件，按其各自功能，为满足工艺要求和安全、经济目的而组合起来，以起到描述工艺装置的结构和功能的作用。它不仅是设计、施工的依据，而且也是企业管理、试运转、操作、维修和开停车等各方面所需的完整技术资料的一部分。管道仪表流程图有助于简化承担该工艺装置的开发、工程设计、施工、操作和维修等任务的各部门之间的资料交流。

管道仪表流程图按管道中物料类别划分，通常分为两类，即工艺管道仪表流程图（简称工艺 PI 图）和辅助物料、公用物料管道仪表流程图（简称公用物料系统流程图）。车间工艺流程图即装置内工艺管道仪表流程图（简称 PI 图），设计内容主要包括以下几个方面。

（1）设备

① 设备的名称和位号。每台设备，包括备用设备，都必须逐一标识。对于扩建、改建项目，已有设备要用细实线表示，并用文字注明。

② 成套设备。对成套供应的设备，要用点划线画出成套设备的范围，并加以标注。

③ 设备位号和名称。图中需要注明设备位号以及设备的主要规格和设计参数，与工艺流程图不同，工艺流程图标注的是操作数据，而管道仪表流程图标注的是设备规格和参数的设计值。

④ 接管与连接方式。管口尺寸、法兰面形式、法兰压力等级均应详细注明。尤其是管口尺寸、法兰面形式、法兰压力等级与管道尺寸、管道等级规定的不相同时，必须加注说明，以免在安装设计时产生错误。

⑤ 零部件。一些主要零部件，如与管口相邻的塔盘、塔盘号和塔的其他内件（挡板、内分离器、冷却/加热器等），也需要在图中标示出来，以便于理解工艺流程。

⑥ 标高。对安装高度有要求的设备必须标注设备要求的最低标高。塔和立式容器必须标明自地面到塔、容器下切线的实际距离或标高；卧式容器应标明容器内底部标高或到地面的实际距离。

⑦ 驱动装置。泵、风机、压缩机的驱动装置要标明驱动机类型，必要时也要标出驱动机功率。

（2）配管

① 管道规格。工艺物料管线和公用工程管线均需标明管径、管道号、管道等级、介质流向。若同一根管道上使用了不同等级的材料，应在图上注明管道等级的分界点，在管道改变方向处注明介质流向。

② 间断使用的管道。对间断使用的管道需要注明"开车用"、"停车用"等说明字样。

③ 阀件。除仪表阀门外，其他阀门均需在图中注明，并按图例表示出阀门的类型，若阀门与管道尺寸不一致，也要另外注明；阀门压力等级与管道压力等级不一致，压力等级相同，法兰形式不同，均需要另外注明；正常操作中常闭的阀件和需要保证开启或关闭的阀件

需要注明"常开"、"常闭"等说明字样。

④ 管件。管路附件，如补偿器、软管、永久过滤器、临时过滤器、异径管、盲板、疏水器、可拆卸短管、非标准的管件等，都要在图上标示出来。有时还要注明尺寸，工艺要求的管件要标上编号。

⑤ 成套设备接管。图中应标示出和成套供应的设备相接的连接点，并注明设备附带的管道和阀门与工程设计管道的分界点。工程设计部分必须在图上标示，并与设备供货的图纸一致。

⑥ 装置内、外管道。装置内管道与装置外管道连接时，要画"管道连接图"。并列表标出：管道号、管径、介质名称；装置内接往某张图、与哪个设备相接；装置外与装置边界的某根管道相接，这根管道从何处来或去何处。

⑦ 扩建管道与原有管道。扩建管道与已有设备或管道连接时，要注明其分界点。已有管道用细实线表示。

⑧ 取样点。取样点的位置和是否有取样冷却器等都要标出，并注明接管尺寸、编号。

⑨ 特殊管道与阀件。两相流管道由于容易产生"塞流"而造成管道振动，因此需要在图中注明；伴热管(蒸汽伴热管、电伴热管、夹套管及保温管等)在图中要逐一标示，但保温厚度和保温材料类别不必标示出；双阀、旁通阀等特殊阀件也需要标明。

⑩ 特殊要求。所有埋地管道应用虚线标示，并标出始末点的位置；管道坡度、对称布置和液封高度要求等均必须注明。

（3）仪表与仪表配管

① 在线仪表。流量计、调节阀等在线仪表的接口尺寸如与管道尺寸不一致时，要注明尺寸。

② 设备附带仪表。设备上的仪表如果是作为设备附件供应时要加标注。

③ 仪表编号。仪表编号和电动、气动信号的连接不可遗漏，按图例符号规定编制。

④ 仪表阀门。特殊的仪表阀门如调节阀及其旁通阀要注明尺寸、操作方式等；安全阀、呼吸阀等压力阀需要注明连接尺寸和设定压力值；某些仪表需要冲洗、吹扫的，也需要逐一标示。

10.3.3.2 管道仪表流程图的图示方法

10.3.3.2.1 一般规定

（1）几个相同系统与不相同系统的表示方法　如图 10.1 所示，不论某个流程是由几个

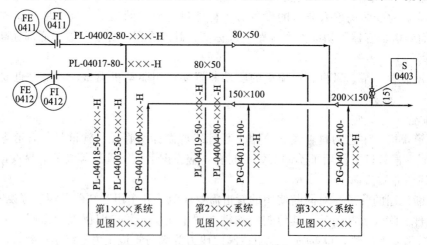

图 10.1　系统总流程图的表示方法

完全相同系统（指各系统的设备、仪表、管道、阀门和管件完全相同）或几个不相同系统组成的，均需要绘制一张总流程图，表示该流程各个系统间的关系，在总流程图上，每个系统用中线条长方框表示，注明设备位号、名称，表示出工艺物料总管和各个系统相连的工艺物料支管及总管上的所有阀门、仪表、主要管件，并对管道、特殊阀（管）件和仪表进行编号和标注。总流程图上，相同系统需标出各支管、连接管、特殊阀（管）件、取样点和仪表等的编号，辅助物料、公用物料的连接管可以不标示；不同系统则需要注意逐一标明。

在单独一个系统的 PI 图上，要表示全部工艺物料支管和辅助物料、公用物料连接管，以及支管和连接管上的阀门、仪表、主要管件和取样点等，并进行编号和标注。

总流程图及一个系统的详细 PI 图，可以表示在一张图上，也可以表示在几张图上。

（2）待定及需要说明内容的表示方法 暂时定不下来的或没有落实的（包括订货）设备、机械、仪表、控制方案等和必须在图上说明的内容、注解、详图，如果需要表示出"待定"、"注"、"详图"、"说明"等的范围，可用细—×—线（—×—×—）圈出范围。

（3）供货范围责任分界的表示方法 成套（配套）供应或有限定供货范围的设备可用细双点划线（———）把范围框起来，并注以供货对象缩写字母（B.B 或 B.V 等）。如图 10.2 所示，成套供应的压缩机机组，供货范围在设备法兰间交接。

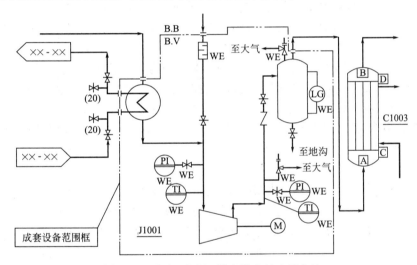

图 10.2　成套（配套）供应设备的表示方法

设计或供货范围的责任分界，也可以不用范围线框起来。采用指示箭头和字母表示责任区分，如图 10.3 所示。

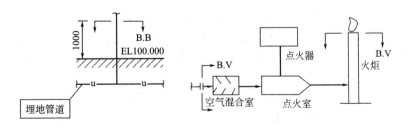

(a) 表示地面1m以下和埋　　　(b) 表示从空气混合室至火炬系统均由
地管道由买方负责设计　　　　制造厂设计和供货,分界点在配对法兰

图 10.3　责任分界的一种表示方法

用来区分责任范围的字母见表 10.2。

表 10.2　责任范围字母

区分责任范围的字母	含义	区分责任范围的字母	含义
B. B	由买方负责	B. INST	由自控专业负责
B. S	由卖方负责	B. PIPE	由管道专业负责
B. V	由制造厂负责		

需要在图上注明这种责任分界是哪一类(设计或供货)责任分界。如果不注明则表示是设计和供货两者的责任分界。

(4) 备注栏、详图和表格　在 PI 图右侧通常为本页图上的备注栏、详图、表格的区域。

① 备注栏。备注栏的作用是用文字来对某些事项进一步说明,以使 PI 图设计意图更为明确和完全。备注的编号应与图上要说明的部位编号相一致,备注栏的主要内容包括:设计者在图纸上要说明的设计要求、共性问题、待定事项、某些局部尺寸和安装部位,需要在深化设计和其他有关专业设计中的注意事项;图上要表达的订货、安装、生产中应注意的事项;其他需要说明的问题等。

② 详图。需要详细表示的某些局部。例如某些节点图、仪表、管道带尺寸的详图、吹气、置换系统、加热炉烧嘴的详细管道和仪表控制图等。相同部件只需在一处表示出详图(如 A 处),其他各相同部件仅需标明编号并注明"见 A 处"即可。

③ 表格。多个相同系统的各类仪表、特殊阀(管)件的编号,设备和机械、驱动机的技术特性数据等均可通过列表的方式加以说明。

10.3.3.2.2　图面布置

管道仪表流程图的图面布置要考虑以下几点。

(1) 设备在图面上的布置,一般是顺流程从左到右,但同时也应顺管道的连接。

(2) 塔、反应器、储罐、换热器、加热炉一般从图面水平中线往上布置。

(3) 泵、压缩机、鼓风机、振动机械、离心机、运输设备、称量设备,布置在图面 1/4 线以下。

(4) 中线以下 1/4 高度供画管道使用。

(5) 其他设备布置在流程要求的位置。例如,高位冷凝器要布置在回流罐上面,再沸器要紧靠塔放置,吊车放在起吊对象的附近等。

(6) 对于没有安装高度(或位差)要求的设备,在图面上的位置要符合流程流向,以便于管道的连接。对于有安装高度(或位差)要求的设备及关键的操作台,要在图面上适宜位置表示出这个设备(或平台)与地面或其他设备(或平台)的相对位置,注以尺寸(或标高),但不需要按实际比例画图。

(7) 管道仪表流程图总图面的安排不宜太挤,四周要留有一定空隙,推荐与边框线的最小距离和一般图面安排如图 10.4 所示。

10.3.3.2.3　设备的图示方法

(1) 主体设备的表示

① 用中线条绘出全部和工艺生产有关的设备、机械和驱动机(包括新设备、原有设备以及需要就位的备用设备)。

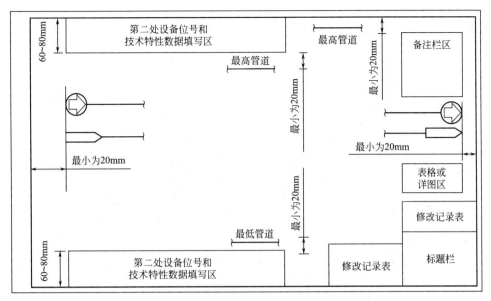

图 10.4　管道仪表流程图的一般图面布置

② 设备、机械的外形尺寸可不按比例绘制，但功能特征要表示恰当。设备的功能特征包括设备类别特征以及内部、外部构件。

内部构件是指设备的内部基本形式和特征构件，如塔板形式、塔的进料板、回流液板、侧线出料板、第一块板和最后一块板（并在这些塔板上用数字标明是第几块板）、内部分布板（器）、捕沫器、切线进料管、降液管、内部床层、反应列管、内部换热器（管）、插入管、防冲板、刮板、隔板、套管、搅拌器、防涡流板、过滤板（网）、升气管、喷淋管等。

外部构件，如外部加热器（板）、夹套、伴热管、搅拌电机、视镜（观察孔）、大气腿等。

③ 如遇到规定图形符号以外的设备和机械，应根据实物的类型特征和主要部件特点，简略表示出该设备、机械图形。

④ 设备上的支承、裙座、吊柱等在图上不表示，但承重点要表示。

⑤ 设备、机械及设备内外部构件的图形符号见本章附表 10-2《管道仪表流程图设备图形符号》（HG 20559.2—1993）的规定。值得注意的是，图例中表示了网格和格栅点的基本模数，可用于图形的定位和比例。

⑥ 所有设备、机械要标注位号、名称、台数。设备位号的编法见《管道仪表流程图设备位号》（HG 20559.7—1993）的规定。

⑦ 设备的位号按设备表和工艺流程图填写。

（2）设备管口的表示　图中设备管口用一位英文大写字母或英文大写字母加数字（或数字加英文），外加正方形细线框表示，如图 10.5 中，设备 F0310 上表示的 A、B、C、D、E、F、G1、G2、H、J、K、L1、L2 管口。

对于非标设备，要与设备图管口编号一致。设备的接管法兰一般不绘出。

（3）原有或续建设备的表示　原有设备需要表示时，用细点划线绘制。管道仪表流程图上，通常不表示以后续建的设备和管道，如果要表示时，可用细虚线绘制。

（4）隔热设备的表示　对于需隔热的设备，在图中相应部位画出一段隔热层图例，如图 10.6 所示。

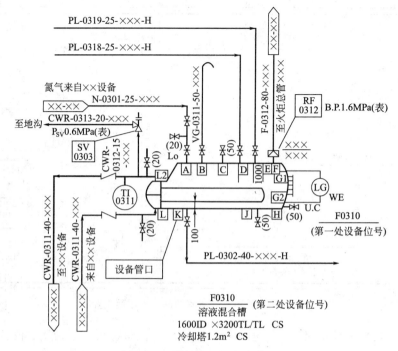

图 10.5　设备管口的表示方法

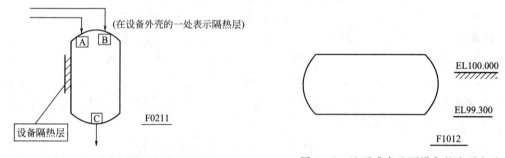

图 10.6　设备隔热层的表示方法　　图 10.7　地下或半地下设备的表示方法

（5）地下或半地下设备的表示　地下或半地下设备应表示地面线图例（$\frac{EL100.000}{/////////}$）和本体地下深度（EL99.300），如图 10.7 所示。

（6）设备的关键的限位尺寸要标注，也可用注解在同页 PI 图的备注栏中说明。设备间相对位差的标注和有位差要求的自流管道尺寸标注，如图 10.8 所示。

设备有安装高度要求的，要注以到地面的尺寸或标高。安装高度通常的标注方法如图 10.9 所示。

（7）当一个系统比较复杂，为了分类把各类介质管道、仪表、阀门、管件等表示清楚，允许在相应 PI 图上多次重复表示某一台设备。通常在每一张图上，只出现这台设备一次，并表示出某一类（或几类）工艺介质管道及相应的仪表、阀门、管件等。

某些设备，例如换热器的管程、壳程或两台、多台重叠在一起的设备（编两个或多个设备位号），可以分开表示。当画某一类（或几类）工艺管道和仪表时，在该张 PI 图上只要表示出与该类别管道有关的一部分设备（例如只画换热器的管程，两台或多台重叠设备的其中一台设备）。但需要在这台画出一部分的设备旁，写清另一半设备出现的 PI 图图号，并标注各设备位号。

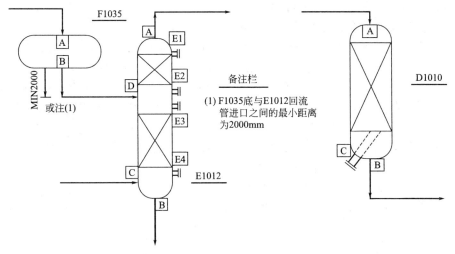

图 10.8　设备间位差和人孔、卸料口的表示方法

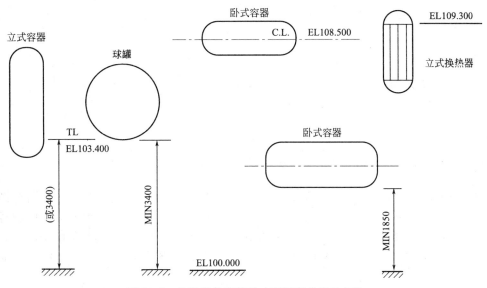

图 10.9　几类设备安装尺寸和标高的表示方法

10.3.3.2.4　管道的图示方法

（1）主体管道的表示。 在工艺管道仪表流程图上要表示出全部工艺管道；与设备、机械、工艺管道相连接的全部辅助物料和公用物料的连接管道（这些辅助物料和公用物料连接管只绘出与设备、机械或工艺管道相连接的一小段，在这一小段管道上要包括对工艺参数起调节、控制、指示作用的阀门、仪表和相应管件，并用管道接续标志表明与该管道接续的公用物料分配图图号）；生产、开停车、催化剂再生、气体置换、吹扫等用的管道（指明来去向和技术要求）；间断加料和出料的管道（或不用管道加料、出料，如用桶、袋加料、人工出料等表示加入或排出的示意箭头和物料名称）；放空和放净的管道。

工艺物料管道一般采用左进右出的方式。在工艺管道仪表流程图上的辅助物料、公用物料连接管不受左进右出的限制，而以就近、整齐安排为宜。放空或去泄压系统的管道，在图纸上（下）方或左（右）方离开本图。

在每根管道的适当位置上标绘物料流向箭头，箭头一般标绘在管道改变走向、分支和进入设备接管处。所有靠重力流动的管道应标明流向箭头,并注明"重力流"字样。

在管道仪表流程图上的管道尽可能画成水平或垂直。

管道所用的图形符号见本章附表 10-3《管道仪表流程图管道和管件图形符号》(HG 20559.3—1993)的规定,即主物料管道用粗线条,其他管道用中线条。每根管道上要标注管道号,注明管道物料代号、工程的工序编号和管道顺序号、公称通径、管道等级、隔热(绝热)、保温、防火、隔声代号五个单元。管道号的编号规则见《管道仪表流程图管道编号及标注》(HG 20559.4—1993)的规定。

(2)管道交叉和连接的表示。管道交叉(不相连)和连接有两种表示方法,在一套 PI 图上只能有一种表示方法,不能兼用两种方法。

第一种表示方法,如图 10.10(a)所示。

第二种表示方法,如图 10.10(b)所示。

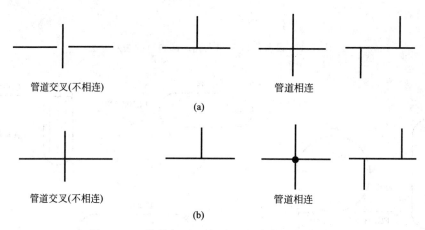

图 10.10　管道交叉(不相连)和连接的表示方法

(3)图纸接续管道的表示。装置内各管道仪表流程图之间相衔接的管道,用图纸接续标志来标明。工艺管道的图纸接续标志内注明与该管道接续的工艺 PI 图图号,辅助物料、公用物料管道的图纸接续标志内注明该辅助物料、公用物料类别的公用物料分配图图号。图号只填工程的工序(主项)编号、文件类别号和文件顺序号(或图纸张号)。接续标志用中线条表示。

接续标志旁的连接管线上(或下)方,注明所来自(或去)的设备位号或管道号(管道号只标注基本管道号)。如图 10.11 所示,左图在接续标志内注出管道接续图号 0320-4,接续标志旁的连接管线上表示来自管道的基本管道号为 PL-0315,而右图接续标志旁的连接管线上表示来自设备位号为 E0316。

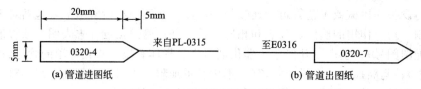

图 10.11　管道的图纸接续标志

(4)进出界区管道的表示。进出界区(装置)的管道要用管道的界区标志来标明,该标志用中线条表示,适用于装置和装置间管道的图纸接续。

在管道的界区标志旁的连接管线上（或下）方标明来自（或去）的装置名称（或外管、桶、槽车等）和接续界区的管道号。如图 10.12 所示，左图在接续标志旁的连接管线上方标注来自槽车，上方注出管道接续界区的图号，而右图接续标志旁的连接管线上方表示至某装置。

(a) 管道进界区　　　　　　　　　　(b) 管道出界区

图 10.12　管道的界区接续标志

（5）隔热和伴热管道的表示。隔热和伴热管道按规定用文字代号在管道号的第五个单元中表示（见本章管道的标注），因此一般情况下图上不表示图形。只有当管道的局部位置有隔热层、加热（冷）伴管、夹套管要求时，才采用规定图形符号（HG 20559.3—1993）画一小段来表示，并注明要求，如图 10.13 所示。

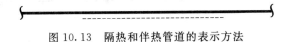

图 10.13　隔热和伴热管道的表示方法

如有规定图形符号以外的特殊隔热、保温形式时，按工程要求增补图形符号或文字代号，并表示在 PI 图首页上。

（6）地下管道的表示。地下管道（包括埋地管道和地下管沟中的管道）按规定图形符号表示，如图 10.6(a) 所示。如果设计有要求时，应注明埋地深度、坡度、埋地点等要求。

（7）液封及排气管的表示。管道上液封及排气管均应全部按特征画出，如图 10.14 所示。

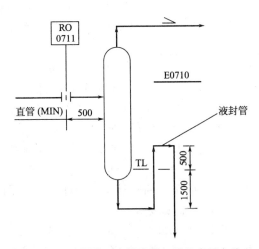

图 10.14　管道上液封及排气管的表示方法

（8）有供货划分管道的表示。有供货划分的管道，如果需要表示出各承担单位的供货范围，可用不同类别的线条在图上注明来区别表示。如 A 方供货的管道用实线，B 方供货的管道用双点划线表示等。

（9）在每根管道的适当位置上标绘物料流向箭头，箭头一般标绘在管道改变走向、分支和进入设备接管处。所有靠重力流动的管道应标明流向箭头，并注明"重力流"字样。

（10）特殊的管道坡度、液封高度、配管对称要求及阀门、管件、仪表的特殊位置和管道标高有要求时，应在相应部件的适当地方标明或注解。

（11）异径管和管道号分界的标注异径管根据实际管向的大小端来画，不分异径管变径规格，只表示一个。标注大端公称通径×小端公称通径，若异径管两端管道的直径在异径管附近已表示清楚，则异径管可不标注。异径管位置有要求者，应标注定位尺寸。同一管道号只是管径不同时，可以只标注管径，不再标注管道号。

相连接管道有不同管道号时，如果在 PI 图上分界不清楚，则应标注管道号分界符号，在分界符号线两侧标注管道基本管道号，如图 10.15 所示。

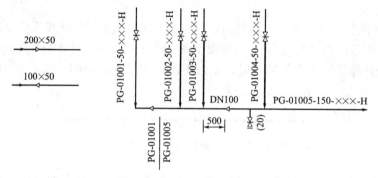

图 10.15　管道上异径管和定位尺寸以及管道号分界的表示方法

（12）同一管道号而等级不同时，用分界符号表示出分界。支管与总管连接，对支管上的管道等级分界位置有要求时，要标注管道等级和定位尺寸，如图 10.16 所示。

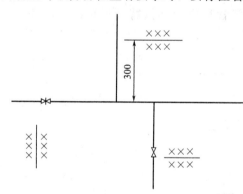

图 10.16　管道等级变化的标注方法

（13）如果工程需要（或由于 PI 图上定不下管道等级的管道），在介质管道旁标注设计温度和设计压力值。对有能量交换的公用物料管道，在进出能量交换设备的公用物料管道上加注流量（设计值）。

10.3.3.2.5　阀门和管件的图示方法

（1）阀门　用细线条按本章附表 10-3（HG 20559.3—1993）规定的图形符号绘出管道上所有的阀门。

（2）管件　用细线条按本章附表 10-3（HG 20559.3—1993）规定的图形符号绘出为工艺需要必须设置在管道上的连接法兰、活接头和管接头。对于管道之间的一般连接，如标准弯头、三通以及焊接点、螺纹形式，不需要表示。

用细线条按本章附表 10-3（HG 20559.3—1993）规定的图形符号绘出主要管件，包括特殊管件、不计入设备的管道元件，如各类管道过滤器、脉冲衰减器、消声器、静态混合器、管道混合器、引射器、阻火器、视镜、漏斗、检流器、蒸汽排放头、安全洗眼器、安全喷淋器、管道上的油水分离器、泡沫发生器等。

（3）管道上的爆破片和安全阀需要标注和编号（与设备上的爆破片、安全阀一起按工序顺序编号，标注方法相同），并表示排出口去向、排出位置要求和接续图图号。对安全阀入口管道有限制压降要求时，应在管道近旁标注管段尺寸、长度及弯头数量，以及进出口管道号，如图 10.17 所示。

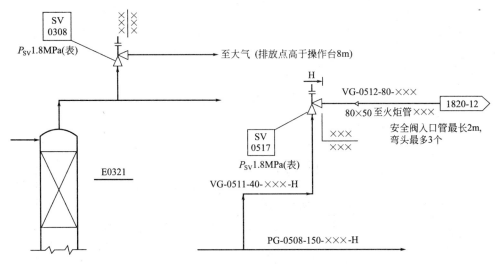

图 10.17　安全阀标注和配管要求的表示方法

（4）表示出管道上必须设置的连接法兰、盲板（法兰盖）、活接头和管接头（主要是指因工艺需要而设置的），对异径法兰（管接头）连接要标注各端法兰（管接头）公称通径。不表示管道与设备、机械相连接的管口法兰以及管道与阀门、管件、仪表相连接的法兰和夹套管法兰、伴热管接头，也不表示管道上的标准弯头、三通以及焊接点、螺纹形式。但是表示出管端的连接形式和规格。

10.3.3.2.6　仪表的表示方法

管道仪表流程图上要以规定的图形符号和文字代号表示出在设备（机械）和管道上的全部仪表。

表示内容有以下几种。

（1）由仪表功能标志和仪表回路编号两部分组成的仪表位号。

（2）表示仪表形式、安装位置的图形符号。

（3）过程设备或管道引至检测元件或就地仪表的测量点和连接线的图形符号。

（4）就地仪表与控制室仪表的连接线、控制室仪表之间的连接线、DCS 内部系统连接线（也称为信号线）的图形符号。

（5）由执行机构与控制阀组成的执行器的图形符号，如图 10.18 所示。

10.3.3.2.7　工艺分析取样点的表示方法

绘制全部工艺分析取样点，按规定进行标注和编号。取样器在 PI 图上的编号和取样点应一致，但取样器的标准系列号另定，并应将系列号表示在图上。当取样器有公用工程要求时，应表示出公用物料管道的连接管、公用物料类别、管道号和公用物料管道的图纸接续标志。

取样点在 PI 图上的类别符号为 S（自动分析的符号为 A）。标注方法如下。

编号框为 10mm×10mm 正方形，细线条。

取样点　┤ S
　　　　　0302

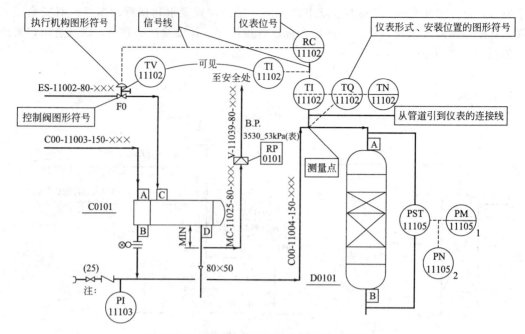

图 10.18 管道仪表流程图上仪表的表示内容

带冷却器的取样点，要表示两个编号框，前面的框表示冷却器。

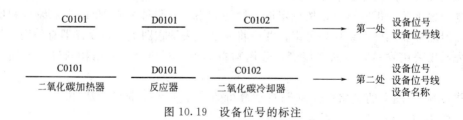

框内标注两部分。第一部分是类别代号，S 表示分析，A 表示自动分析。第二部分是编号，编号由两个单元组成。第一单元为工序（主项）编号，可用一位数字表示，若工序超过9 时，则使用两位数字，如上面取样点框内的 03。第二单元为顺序号，一般用两位数字，顺序号按每一个工序（主项）从 01 起流水顺序编号，如上面取样点框内的 02。

10.3.3.3 管道仪表流程图的标注方法

10.3.3.3.1 设备的标注

（1）设备（机械）位号和技术特性数据的标注方法 PI 图上所有设备和机械要标注位号和名称，通常标注两处。第一处在设备旁，由设备位号和设备位号线组成。注意：不用引线引出位号线，也不允许将设备位号写在设备内。第二处在设备相对应位置的图纸上方或下方，由设备位号、设备位号线和设备名称组成。图 10.3 中设备位号的标注如图 10.19 所示。

C0101	D0101	C0102	第一处	设备位号 设备位号线

C0101	D0101	C0102	第二处	设备位号 设备位号线 设备名称
二氧化碳加热器	反应器	二氧化碳冷却器		

图 10.19 设备位号的标注

根据工程需要，可在设备名称下面标注该设备、机械、驱动机的主要技术特性数据和结构材料，如图 10.20 所示。

如果图面简单，能清晰、直观，并不会造成误解，可以省去上述第一处的表示。设备位号线用粗线条。

设备位号由两个部分组成。第一部分用大写英文字母表示设备类别，第二部分用阿拉伯数字表示设备所在位置（工序）及同类设备的顺序，一般数字为 3～4 位，如图 10.21 所示。

这两个部分又由三个单元表示。第一单元为设备类别代号，第二单元为工序（或主项）工程代号，第三单元为在工序中同类设备的顺序号，如图 10.22 所示。

C0102

二氧化碳冷却器

3.2×10⁶kJ/h
700ID×4500, 120m²
T: S.S. 1Cr18Ni9Ti
S: C.S.

图 10.20 具有技术特性数据和结构材料的设备位号标注

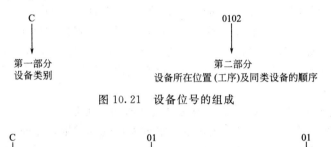

图 10.21 设备位号的组成

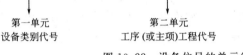

图 10.22 设备位号的单元组成

① 设备类别代号。设备类别代号由英文代号表示，见表 10.3。

表 10.3 设备类别代号（HG 20559.7—1993）

设备类别	英文代号	设备类别	英文代号
混凝土和砖石结构设备	A	电气设备	N
工业炉、预热炉、反应炉等及其附件,如烧嘴、烟囱等	B	小型成套设备或移动式设备	P
换热器、再沸器、蒸发器、冷凝器等	C	公用物料设备	U
转化器、反应器、再生器等	D	机运设备	V
塔类,如精馏塔、汽提塔、萃取塔、吸收塔、解吸塔等	E	催化剂和化学品	W
立式或卧式储槽、储罐、球形储罐、气柜等	F	其他辅助设备	Y
泵、压缩机、真空泵、鼓风机、排风机、驱动机等	J	消防和安全设备	Z
特殊设备,如电解槽、过滤机、干燥器、离心机、破碎机	L		

② 位号。位号由三个单元、3～4（或 3～6）位数字表示。前 1～2 位数字表示设备所在工序（或主项）代号（或编号），由设计经理在开工报告中规定；后 2 位数字表示设备所在工序内设备的顺序号。3～6 位数字表示的情况为成套设备。设备编号举例如图 10.23 所示。

第一单元：大写英文字母表示设备类别代号，见表 10.3。

第二单元：第二单元为工序（或主项）的工程代号，可用 1 位或 2 位数字顺序表示。即可为 1～9 或 01～99。该代号由设计经理在开工报告中规定。

第三单元：设备在工序同类设备中的顺序号，由 2 位数字顺序表示，若设备顺序号不为 2 位时，前面用"0"占号，以构成 2 位数。

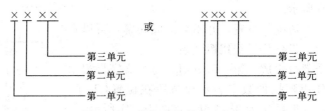

图 10.23　设备位号的表示方法

同一位号的设备不止 1 台时，可用在设备位号后加大写英文字母的方法加以区别；如同一位号的设备数量超过 26 台时，可用阿拉伯数字序号代替大写英文字母。

附属于装置内的公用物料设施，如化学水处理、开工锅炉、循环水等，其设备可用两个大写英文字母表示设备类别，即前一字母为 U，表示属于装置内的公用物料设施，后接规定中的设备类别符号。如 UL、UJ、UF、UP 等。独立的全厂性公用物料设施，如化工原料罐、成品罐区、冷冻站、空压站、氮氧站等，可在工序（或主项）代号上加以区分，不必在设备类别代号前加 U。

③ 装置内小型成套设备或移动式设备位号的两种表示方法。

第一种表示方法：前面用 1～2 个大写英文字母表示设备类别，此处用 P 或 PJ、PF 表示，后面用 3～6 位阿拉伯数字表示设备所在位置（工序）及同类设备的顺序，如图 10.24 所示。

其中，第一单元为设备类别，此处为小型成套设备，故用 P；第二单元为工序（或主项）的工程代号，由 1～2 位阿拉伯数字表示；第三单元为在工序内小型成套设备顺序号，由 2 位阿拉伯数字组成。

图 10.24　小型成套设备或移动式设备位号的表示方法（一）

第二种表示方法：表示到成套设备中的每一个设备，如图 10.25 所示。

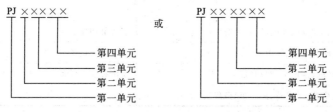

图 10.25　小型成套设备或移动式设备位号的表示方法（二）

其中，第一单元为小型成套设备中设备类别，如机泵类为 PJ，容器类为 PF；第二单元为工序（或主项）的工程代号，由 1～2 位阿拉伯数字表示；第三单元为在工序内小型成套设备顺序号，由 2 位阿拉伯数字组成；第四单元为工序内小型设备中设备的顺序号，由 2 位阿拉伯数字组成。

第二种表示方法中，小型成套设备或移动式设备内的各类设备与装置内其他设备一起顺序编号。

④ 设备位号。举例说明如下。

$$\frac{E101}{吸收塔} 或 \frac{E0101}{吸收塔}$$

表示 1(或 01)工序 01 号塔，即吸收塔。

$$\frac{F101AB}{原料缓冲罐} 或 \frac{F0101AB}{原料缓冲罐}$$

表示 1(或 01)工序 01 号罐，即原料缓冲罐，且有两台。

$$\frac{L201-1-40}{电解槽} 或 \frac{L0201-1-40}{电解槽}$$

表示 2(或 02)工序 02 号特殊设备，即电解槽，且有同样 40 台，

若是指第几台，位号后就改为相应数字即可，如 L0201-30。

$$\frac{P101}{真空吸收系统} 或 \frac{P101}{真空吸收系统}$$

表示 1(或 01)工序 01 号小型成套设备，即真空吸收系统。

⑤ 技术特性数据的标注方法。各种设备、机械、驱动机所要标注的主要技术特性数据见表 10.4。

表 10.4　设备、机械、驱动机所要标注的主要技术特性数据

设备		主要技术特性数据
容器、塔、反应器、蒸发器等立式、卧式罐等	第一类数据	注内径和封头切线间距离 用于原料、产品、副产品、中间产品储存的储槽要加注容积大小
	第二类数据	结构材料
	第三类数据 (根据工程需要标注)	流体名称、工作和设计数据(如温度、压力值)
球形罐	第一类数据	注内径和容积
	第二类数据	结构材料
	第三类数据 (根据工程需要标注)	流体名称、工作和设计数据(如温度、压力值)
换热器	第一类数据	注热负荷(计算值)、传热面积(实际选用值)和传热管直管长度、换热器的内径
	第二类数据	结构材料
	第三类数据 (根据工程需要标注)	流体名称、工作和设计数据(如温度、压力值)
工业炉	第一类数据	注热负荷(计算值)
	第二类数据	结构材料
	第三类数据 (根据工程需要标注)	流体名称、工作和设计数据(如温度、压力值)
泵、压缩机、鼓风机	第一类数据	注选定机械的额定流量、扬程(或吸入压力和进出口压差) 驱动机要注明驱动类别(电动或其他)、选用的额定功率
	第二类数据	结构材料
	第三类数据 (根据工程需要标注)	流体名称、工作和设计数据(如温度、压力值)

标注示例如下。

机泵类：

J0331A

进料泵

1.2m³/h, 0.08/0.15MPa
1.2kW
陶瓷材料

换热器、工业炉类：

| C0102 | B0301 |

进料冷却器　　　　　　　　热油加热炉
3.2×10⁶kJ/h　　　　　　　1.6×10⁶kJ/h
700ID×4500，120m²　　　T.: S.S.304
T.: S.S.1Cr18Ni9Ti
S.: C.S.

塔、反应器、槽罐类：

| E0314 | D0301 | F0301 |

精馏塔　　　　　　　反应器　　　　　　混合气球罐
1000ID×23500TL/TL　800ID×3000TL/TL　12410ID，400m³
S.: C.S.　　　　　　T.: C.S.　　　　　C.S.
　　　　　　　　　　S.: C.S.

设备技术特性数据也可在图上列表，形式见表 10.5。

表 10.5　技术特性数据表格形式

设备位号	J0331A	C0102	B0301	E0314	D0301	F0301
设备名称	进料泵	进料冷却器	热油加热炉	精馏塔	反应器	混合气球罐
技术数据	1.2m³/h	120m²				
	0.08/0.15MPa	700ID×4500		1000ID×23500TL/TL	800ID×3000TL/TL	12410ID
	1.2kW	3.2×10⁶kJ/h	1.6×10⁶kJ/h			400m³
	陶瓷材料	T.：S.S. 1Cr18Ni9Ti S.；C.S.	T.；S.S. 304	S.；C.S	T.：C.S. S.；C.S.	C.S.

（2）设备的关键的限位尺寸标注方法　设备的关键的限位尺寸，一般有四种情况需要标注。其一，设备内插入管深度尺寸的标注，如图 10.8 中，D 管插入设备深度 1000mm；其二，设备间相对位差的标注和有位差要求的自流管道尺寸标注，如图 10.26 所示，F1035 底与 E1012 回流管进口之间的最小距离为 2000mm；其三，设备安装有高度要求的，要注以到地面的尺寸或标高，如图 10.27 所示；其四，特殊要求的操作台需要表示，方法与设备标高（或位差）标注相同。

可以在图上标注尺寸，也可以注解在同页 PI 图的备注栏说明，如图 10.27 中的备注。

上述尺寸、高度、距离的表示均不按实际比例。

10.3.3.3.2　管道的标注

PI 图上的每根管道都要标注管道号。水平管道的标注应写在管道上方，垂直管道的标注应平行地写在左面，对个别由于管道太短写不下的情况，可以用引线引出来写（最好平行于管道线）。

如图 10.28 所示，管道号由五部分组成，在每个部分之间用一短横线隔开。

第一部分：物料代号。

第二部分：该管道所在工序（主项）的工程工序（主项）编号和管道顺序号。第二部分又简称为管道编号。第一部分和第二部分合并组成统称为"基本管道号"。

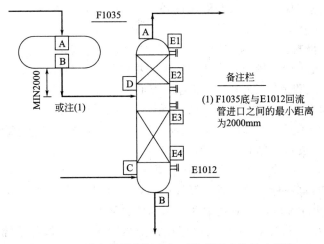

图 10.26　设备或管道间有相对位差要求的尺寸标注

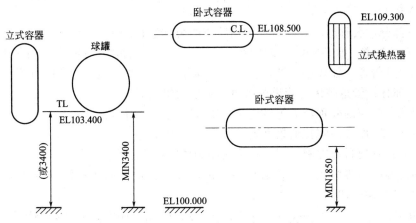

图 10.27　设备安装有高度要求的尺寸标注

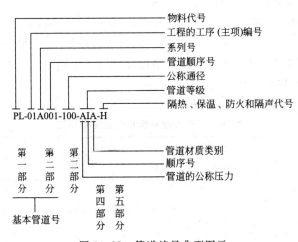

图 10.28　管道编号典型图示

第三部分：管道的公称通径。

第四部分：管道等级。

第五部分：隔热、保温、防火和隔声代号。

（1）管道号各部分说明

① 第一部分：物料代号。用规定的大写英文缩写字母表示管内流动的物料介质，物料字母代号见本章附表10-4《管道仪表流程图上的物料代号》（HG 20559.5—1993）。

② 第二部分：工程的工序（主项）编号和管道顺序号。由两个或三个单元组成，一般用数字或带字母（字母要占一位数，大小与数字相同）的数字组成。

工程的工序编号单元：工程的工序（主项）编号是工程项目给定的每一个工序（主项）的识别号，用两位数字表示，如01、10等。

管道顺序号单元：顺序号为一个工序（主项）内对一种物料介质按顺序排列的一个特定号码。每一个工序对每一种物料介质，都从01（或001）起编号，管道顺序号用两（或三）位数字表示，管道号多于999时，管道顺序号用四位数字表示。

系列号单元：在一个工序（主项）中存在完全相同的系统（指各系统的设备、仪表、管道、阀门和管件完全相同）时，这些相同的、重复的管道号，除了系列号单元以外，管道号的其他各部分、各单元都完全相同。系列号采用一位大写英文印刷体字母表示，通常不采用英文字母O和I。

③ 第三部分：公称通径。管道尺寸用管道的公称通径表示。

对公制尺寸管道，如 DN100、DN150 表示为 100、150，公制尺寸的单位"mm"省略。

对英制尺寸管道，如焊接钢管，也用公称通径表示，如 2′ 表示为 50，单位"in"省略。

④ 第四部分：管道等级。管道等级由三个单元组成。

第一单元：管道的公称压力等级代号，用大写英文印刷体字母表示。

第二单元：顺序号用阿拉伯数字表示，从1开始。

第三单元：管道材料类别，用大写英文印刷体字母表示。

管道的公称压力等级代号及管道材料类别代号含义，参见本章附表10-6《管道等级代号》（HG 20519.38—1992）。

⑤ 第五部分：隔热、保温、防火和隔声代号。隔热、保温、防火和隔声代号，用规定的一位（或两位）大写英文印刷体字母表示，其代号字母见本章附表10-7《管道仪表流程图隔热、保温、防火和隔声代号》（HG 20559.6—1993）。

如果管道没有隔热、保温、防火和隔声要求，则管道号中省略本部分。

⑥ 第一部分和第二部分合并组成统称为"基本管道号"，它常用于管道在表格文件上的记述，管道仪表流程图中图纸和管道接续关系标注和同一管道不同管道号的分界标注。

（2）管道号标注的典型示例

① 无系列号单元的管道号标注见表10.6。

表 10.6　无系列号单元的管道号标注

序号	介质代号	管道编号		公称通径	管道等级	隔热代号
		工程的工序编号	顺序号			
1	PG	04	07	100	B2E	TO
	写成　PG-0407-100-B2E-TO					
2	HO	31	102	50	A2B	H
	写成　HO-31102-50-A2B-H					
3	CWS	10	1003	300	A1A	
	写成　CWS-101003-300-A1A					

② 有系列号单元的管道号标注见表 10.7。

表 10.7 有系列号单元的管道号标注

序号	介质代号	管道编号			公称通径	管道等级	隔热代号
		工程的工序编号	系列号	顺序号			
1	PG	04	A	07	100	B2E	TO
	写成 PG-04A07-100-B2E-TO						
2	HO	31	B	102	50	A2B	H
	写成 HO-31B102-50-A2B-H						
3	CWS	10	A	1003	300	A1A	
	写成 CWS-10A1003-300-A1A						

（3）管道的编号和标注基本规则

① 工序内管道的编号顺序，通常是从管道仪表流程图第一张图起，按图序和流程顺序对每一种物料介质管道逐根进行编号。

② 两设备之间的管道，不管规格或尺寸改变与否，只编一个管道号，若中间有分支到其他设备或管道的管道，则另编管道号。如图 10.29 所示，PL-12002、PL-12003（作为举例，以下各图管道号均只表示基本管道号）。

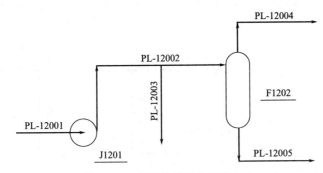

图 10.29 管道的编号和标注（一）

③ 管道顺序号应保留到一台设备或在另一条管道的连接点终止。如图 10.30 所示，PG-03002。

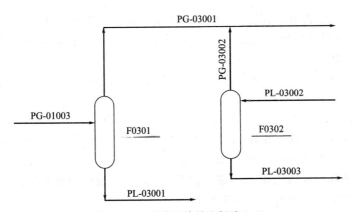

图 10.30 管道的编号和标注（二）

④ 由设备或管道到同一位号加下标区分（非系列）的多个设备的连接管道以及多个同位号设备到另外设备或汇集管道的各分管道要编管道号。

有总管（即管端有封头）时，总管编一管道号，到每台设备的分管道，则另编号。如图10.31所示，总管 PL-1008，每台设备的分管道 PL-1005、PL-1006、PL-1007；总管 PL-1001，每台设备的分管道 PL-1002、PL-1003、PL-1004。

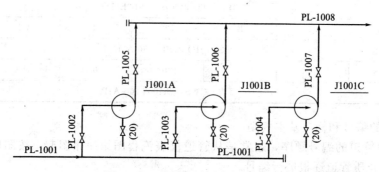

图 10.31　管道的编号和标注（三）

无总管时，以到同一位号最远的一台设备的管道编一个管道号，其余的则另编管道号。如图 10.32 所示，最远的一台设备的管道编号是 PL-1206，其余编号为 PL-1204 和 PL-1205。

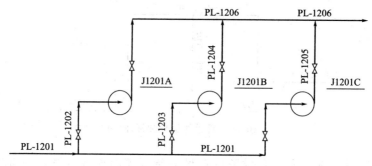

图 10.32　管道的编号和标注（四）

⑤ 由一台设备（或管道）到另一台设备的管道，有以下几种情况。

一台设备的不同管口到另一台设备的不同管口（或一根管道），每根管道都要编管道号。如图 10.33 所示，PG-0304、PG-0305。

一台设备的不同管口（或一根管道）到另一台设备的相同管口，每根管道都要编管道号。如图 10.34 所示，PG-0304、PG-0305。

一台设备（或管道）的一个管口到另一台设备上的多个管口，分为下述两种情况。其一，接受设备的多个接管口用途是相同的，正常时只用一个管口，其余管口为备用口、切换口，只编一个管道号。如塔的进料口 PL-0511，如图 10.35 所示。

其二，接受设备上有相同用途的多个接管口（同时使用）和有不同用途的多个接管口，则每根管道要编管道号。如图 10.36 中的 PL-0408 和 PL-0409。

⑥ 连通两根管道的旁路管（不是控制阀的旁路）、安全阀进出口的旁路管以及设备、管道的回流管，均要编管道号。如图 10.36 中的 PL-0407。

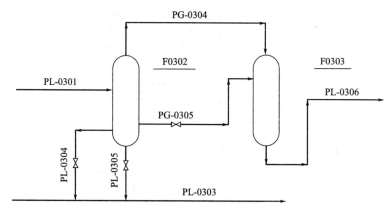

图 10.33　管道的编号和标注（五）

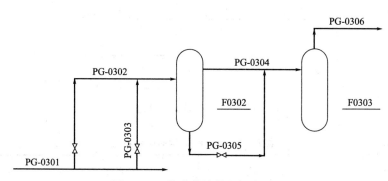

图 10.34　管道的编号和标注（六）

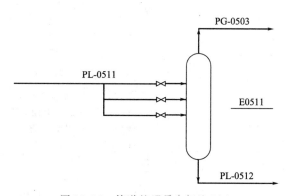

图 10.35　管道的编号和标注（七）

10.3.3.3.3　阀门和管件的标注

PI 图上需要对一些阀门和管件进行标注。一类是编号标注，另一类是安全要求的标注。这些阀门和管件要标注在该图形符号的附近。

（1）编号标注　需要标注的阀门和管件用引出线引至编号框，框内标注类别和编号，如图 10.37 所示。引出线和编号框用细线条，编号框尺寸为 10mm×10mm。

① 类别符号。阀门和管件的类别符号见表 10.8。

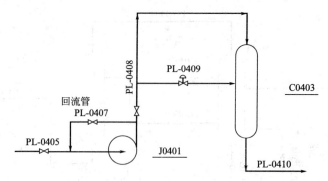

图 10.36　管道的编号和标注(八)

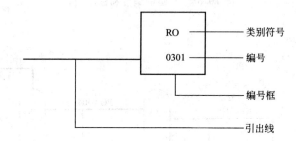

图 10.37　编号标注形式

表 10.8　阀门和管件的类别符号

名称	类别符号		名称	类别符号
限流孔板	RO		脉冲衰减器	SP09
爆破片	RP		视镜、视钟	SP10
减压阀	RV		安全喷淋洗眼器(安全喷淋器、安全洗眼器)	SP11
安全阀	SV		鹤管	SP12
疏水阀	T		漏斗	SP13
特殊管阀件	锥型过滤器	SP01	特殊管阀件	蒸汽排放头	SP14
	Y 型过滤器	SP02		管道的弹性连接件(膨胀节、伸缩节等)	SP15
	T 型过滤器	SP03		引射器、喷射器、文氏管	SP16
	罐(篮)式过滤器	SP04		管道上的水封、小型油水(汽水)分离器(罐)	SP17
	其他管道过滤器	SP05		防空帽、防雨帽	SP18
	消声器	SP06		检流器	SP19
	管道混合器、静态混合器	SP07		泡沫发生器	SP20
	阻火器	SP08		特殊连接件	SP21
	脉冲衰减器	SP09		特殊阀门	SP22

② 编号。编号由两个单元组成。第一单元为工程的工序(主项)编号,可用一位数字表示,若工序数量超过 9 时,则使用两位数字。第二单元为顺序号,一般用两位数字。顺序号按每一个工序(主项)从 01 起流水顺序编号。如图 10.37 所示,03 工序、第 01 个特殊管件为限流孔板。

（2）安全要求的标注 有些阀门或管件对安全操作、事故处理有重大影响，应加注规定的文字代号。

① 爆破片。管道或设备上的爆破片，不仅需要编号，同时要标注爆破压力。标注英文字母 B. P. ，并填写压力值，爆破压力为表压，加注（表）。如图 10.38 所示 V-11040-80-××× 管道上的爆破片，不仅编号 $\boxed{\frac{RP}{0102}}$ ，而且加注爆破压力 B. P. 382.63kPa（表压）。

② 安全阀。管道或设备上的安全阀，不仅需要编号，同时在线框外注出英文字母 P_{SV} ，并填写压力值表示整定压力，还要表示排出口去向、排出位置要求和接续图图号。对安全阀入口管道有限制压降要求时，应在管道近旁标注管段尺寸、长度及弯头数量，以及进出口管道号，如图 10.39 所示。

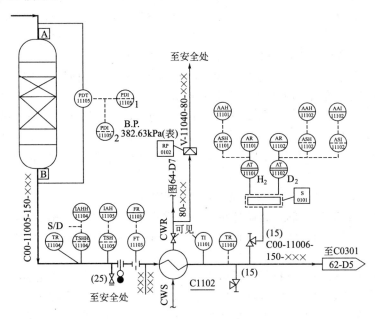

图 10.38 爆破片的标注

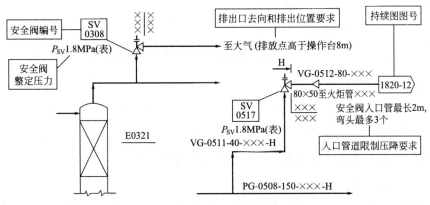

图 10.39 安全阀的标注

③ 阀门的开、关对安全操作、事故处理有重大影响，并需要操作管理人员监督，应采用规定的文字代号标注。

例如，用于事故处理（正常工作时，该阀不使用），CSO 表示阀门在开启状态下铅封，CSC 表示阀门在关闭状态下铅封。

用于开工、停工、定期检修的阀门，LO 表示阀门在开启状态下加锁，LC 表示阀门在关闭状态下加锁。

10.3.3.4 绘制化工流程图应遵循的规定

化工流程图的设计要遵循 HG 20559—1993（国际通用设计体制和方法）《管道仪表流程图设计规定》。具体到化工流程图的绘制应遵循下列规定。

（1）图纸规格 一般采用 0 号（A0）标准尺寸图纸，也可用 1 号（A1）标准尺寸图纸，对同一装置只能使用一种规格的图纸，不允许加长、缩短（特殊情况除外）。

（2）文字和字母的高度 汉字高度不宜小于 2.5mm（2.5 号字），0 号（A0）和 1 号（A1）标准尺寸图纸的汉字高度应大于 5mm。指数、分数、注脚尺寸的数字一般采用小一号字体。分数数字最小高度为 3mm，且和分数线之间至少应有 1.5mm 的空隙，推荐的字体适用对象如下。

① 7 号和 5 号字体用于设备名称、备注栏、详图的题首字。

② 5 号和 3.5 号字体用于其他具体设计内容的文字标注、说明、注释等。

③ 文字、字母、数字的大小在同类标注中大小应相同。

（3）图线宽度规定 所有线条要清晰、光洁、均匀，线与线之间要有充分的间隔，平行线之间的最小间隔不小于最宽线条宽度的 2 倍，且不得小于 1.5mm，最好为 10mm。在同一张图上，同一类的线条宽度应一致，一根线条的宽度在任何情况下，都不应小于 0.25mm。

推荐在管道仪表流程图上的线条宽度，见本章附表 10-1。

（4）管道仪表流程图上的设备图形符号（HG 20559.2—1993） 见本章附表 10-2。

（5）管道仪表流程图上的管道、阀门和管件图形符号（HG 20559.3—1993） 见本章附表 10-3。

（6）管道仪表流程图上的物料代号（HG 20559.5—1993） 见本章附表 10-4。

（7）管道仪表流程图上的缩写词（HG 20559.5—1993） 见本章附表 10-5。

（8）管道仪表流程图上的管道等级代号（HG 20519.38—1992） 见本章附表 10-6。

（9）管道仪表流程图上的隔热、保温、防火和隔声代号（HG 20559.6—1993） 见本章附表 10-7。

10.4 典型设备的控制方案

10.4.1 泵的流量控制方案

泵的流量控制主要有出口节流控制和旁路控制两种方案。

10.4.1.1 出口节流控制

泵的出口节流控制是离心泵流量控制最常用的方法，如图 10.40 所示。在泵的出口管线上安装孔板与调节阀，孔板在前，调节阀在后。

10.4.1.2 旁路控制

旁路控制主要用于容积式泵（往复泵、齿轮泵、螺杆泵等）的流量调节。有时也用于离心泵工作流量低于额定流量的 20% 的场合。旁路控制如图 10.41 和图 10.42 所示。

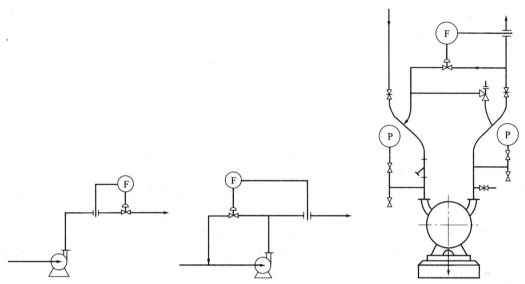

图 10.40　泵的出口流量控制　　　图 10.41　离心泵的旁路控制　　　图 10.42　容积式泵的旁路控制

10.4.2　换热器的温度控制方案

10.4.2.1　调节换热介质流量

通过调节换热介质流量来控制换热器温度的流程，如图 10.43(a) 所示。这是一种常见的控制方案，有无相变均可使用，但流体 1 的流量必须是可以改变的。

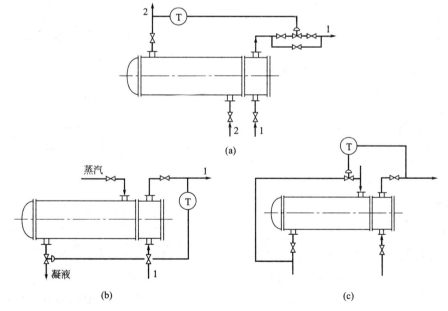

图 10-43　换热器温度控制方案

10.4.2.2　调节换热面积

如图 10.43(b) 所示，适用于蒸汽冷凝换热器，调节阀装在凝液管路上，流体 1 的出口温度高于给定值时，调节阀关小使凝液积累，有效冷凝面积减小，传热面积随之减小，直至平衡为止，反之亦然。其特点是：滞后大，有较大传热面积余量；传热量变化缓和，能防止局部过热，对热敏性介质有利。

10.4.2.3 旁路调节

如图 10.43(c) 所示，主要用于两种固定工艺物流之间的换热。

10.4.3 精馏塔的控制方案

10.4.3.1 精馏塔的基本控制方案

按精馏段指标控制方案适用于以塔顶馏出液为主要产品的精馏塔操作。它是以精馏段某点成分或温度为被测参数，以回流量 L_R、馏出液量 D 或塔内蒸汽量 V_S 为调节参数。采用这种方案时，于 L_R、D、V_S 及釜液流量 W 四者中选择一种作为控制成分手段，选择另一种保持流量恒定，其余两个则按回流罐和再沸器的物料平衡，由液位调节器进行调节。用精馏段塔板温度控制 L_R，并保持 V_S 流量恒定，这是精馏段控制中最常用的方案，如图 10.44 (a)所示。在回流比很大时，适合采用精馏段塔板温度控制 D，并保持 V_S 流量恒定，如图 10-44(b)所示。

按提馏段指标控制方案适用于以塔釜液为主要产品的精馏塔操作。应用最多的控制方案是用提馏段塔板温度控制加热蒸汽量，从而控制 V_S，并保持 L_R 恒定，D 和 W 两者按物料平衡关系，由液位调节器控制，如图 10.45(a)所示。

还有另外的控制方案是用提馏段塔板温度控制釜液流量 W，并保持 L_R 恒定，D 由回流罐的液位调节，蒸汽量由再沸器的液位调节，如图 10.45(b)所示。

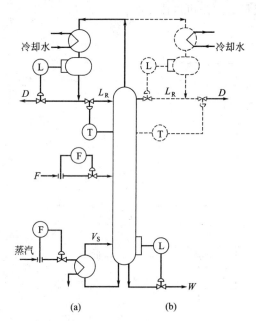

图 10.44　按精馏段指标控制方案

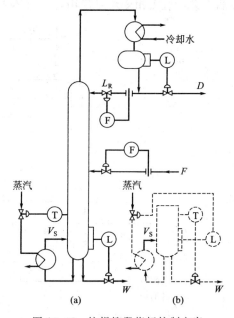

图 10.45　按提馏段指标控制方案

上述两个方案只是原则性控制方案，具体的方案是通过塔顶、塔底及进料控制实现的。

10.4.3.2 塔顶控制方案

塔顶控制方案的基本要求是：将出塔蒸汽的绝大部分冷凝下来，排除不凝性气体；调节 L_R 和 D 的流量和保持塔内压力稳定。

常压塔如图 10.46(a)所示。塔顶馏出液的温度用冷却水流量控制，塔顶通过回流罐的放气口与大气相通，以保持常压。加压塔如图 10.46(b)、(c)所示，通过冷却水流量控制冷凝器的传热量，进而控制塔顶压力。减压塔如图 10.46(d)所示。

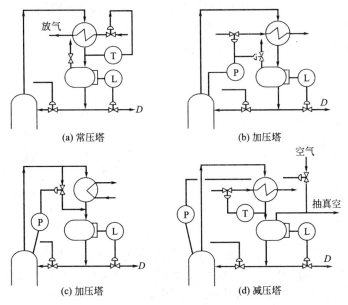

(a) 常压塔 (b) 加压塔

(c) 加压塔 (d) 减压塔

图 10.46　塔顶控制方案

10.4.3.3　塔底控制方案

热虹吸式如图 10.47(a)所示，通过蒸汽用量和冷凝水排出量来调节。沉浸式如图 10.47(b)所示。

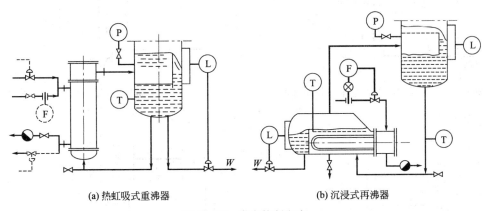

(a) 热虹吸式重沸器 (b) 沉浸式再沸器

图 10.47　塔底控制方案

10.4.4　反应器的控制方案

10.4.4.1　釜式反应器的温度自动控制

反应温度的测量与控制是实现釜式反应器最佳操作的关键。

（1）控制进料温度　图 10.48 是这类方案的示意图。物料经过换热器（或冷却器）进入反应釜。通过改变进入预热器（或冷却器）的热剂量（或冷剂量），可以改变进入反应釜的物料温度，从而达到维持釜内温度恒定的目的。

（2）改变传热量　由于大多数反应釜均有传热面，以引入或移去反应热，所以用改变引入传热量多少的方法就能实现温度控制。图 10.49 为带夹套的反应釜。当釜内温度改变时，可用改变热剂（或冷剂）流量的方法来控制釜内温度。这种方案的结构比较简单，使用仪表少，但由于反应釜容量大，温度滞后严重，特别是当反应釜内物料黏度大，热传递较差，混合又不易均匀，就很难使温度控制达到严格的要求。

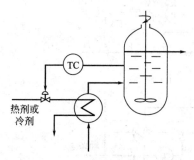

图 10.48　改变进料温度控制釜温

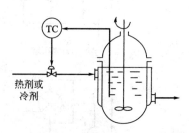

图 10.49　改变热剂或冷剂控制釜温

（3）串级控制　为了针对反应釜滞后较大的特点，可采用串级控制方案。根据进入反应釜的主要干扰的不同情况，可以采用釜温与热剂（或冷剂）流量串级控制，如图 10.50 所示；釜温与夹套温度串级控制，如图 10.51 所示；釜温与釜压串级控制，如图 10.52 所示。

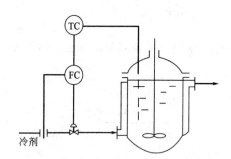

图 10.50　釜温与冷剂流量串级控制釜温

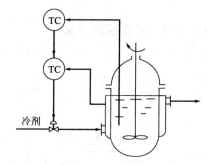

图 10.51　釜温与夹套温度串级控制釜温

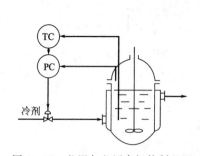

图 10.52　釜温与釜压串级控制釜温

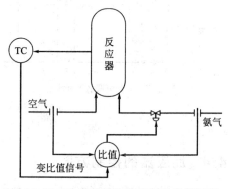

图 10.53　改变进料浓度控制反应器温度

10.4.4.2　固定床反应器的自动控制

固定床反应器是指催化剂床层固定于设备中不动的反应器，流体原料在催化剂作用下进行化学反应以生成所需反应物。

固定床反应器的温度控制十分重要。任何一个化学反应都有自己的最适宜温度。最适宜温度综合考虑了化学反应速率、化学平衡和催化剂活性等因素。最适宜温度通常是转化率的函数。

温度控制首要的是要正确选择敏感点位置，把感温元件安装在敏感点处，以便及时反映整个催化剂床层温度的变化。多段的催化剂床层往往要求分段进行温度控制，这样可使操作更趋合理。常见的温度控制方案有下列几种。

（1）改变进料浓度　对放热反应来说，原料浓度越高，化学反应放热量越大，反应后温度也越高。以硝酸生产为例，当氨浓度在 9% ～ 11% 范围内时，氨含量每增加 1% 可使反应温度提高 60～70℃。图 10.53 是通过改变进料浓度以保证反应温度恒定的一个实例，改变氨和空气比值就相当于改变进料的氨浓度。

（2）改变进料温度　改变进料温度，整个床层温度就会变化，这是由于进入反应器的总热量随进料温度变化而改变的缘故。若原料进反应器前需预热，可通过改变进入换热器的载热体流量，以控制反应床上的温度，如图 10.54 所示，也有按图 10.55 所示方案用改变旁路流量大小来控制床层温度的。

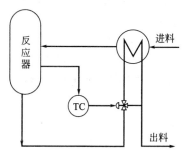

图 10.54　用载热体流量控制反应器温度

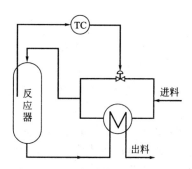

图 10.55　用旁路控制反应器温度

（3）改变段间进入的冷气量　在多段反应器中，可将部分冷的原料气不经预热直接进入段间，与上一段反应后的热气体混合，从而降低了下一段入口气体的温度。图 10.56 所示为硫酸生产中用 SO_2 氧化成 SO_3 的固定床反应器温度控制方案。这种控制方案由于冷的那一部分原料气少经过一段催化剂层，所以原料气总的转化率有所降低。另外有一种情况，如在合成氨生产工艺中，当用水蒸气与一氧化碳变换成氢气（反应式为 $CO + H_2O \longrightarrow CO_2 + H_2$）时，为了使反应完全，进入变换炉的水蒸气往往是过量很多的，这时段间冷气采用水蒸气则不会降低一氧化碳的转化率。图 10.57 所示为这种方案。

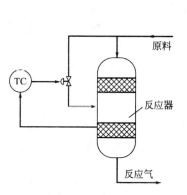

图 10.56　用改变段间冷气量控制反应器温度

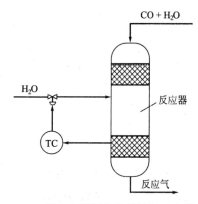

图 10.57　用改变段间蒸汽量控制反应器温度

10.4.5 蒸发器的控制方案

蒸发操作是用加热的方法使溶液中部分溶剂汽化除去，以提高溶液中溶质浓度，或使溶质析出。蒸发操作是使挥发性溶剂与不挥发溶质分离的一种操作。

工业上蒸发大多属于沸腾蒸发，溶液中溶剂几乎在溶液各部分同时发生汽化现象，它是一个剧烈的传热过程，因此蒸发器的对象特性可以按集中参数处理，但也很复杂，是具有纯滞后的多容对象。

最终产品浓度是蒸发器的主要控制工艺指标，影响产品浓度的主要干扰因素有：进料流量、浓度、温度、加热蒸汽的压力和流量，蒸发器内的压力，蒸发器的液位，冷凝液的排除，蒸发器内不凝性气体的含量等。对于这些干扰因素，应采取必要措施，使它们平稳少变，以使产品浓度满足生产的要求。

产品浓度作为被调变量，可以直接测量，也可以通过温度或温差来反映，后者更常用。在操作变量方面，可以视情况选取进料流量、循环量、出料量或加热蒸汽量。系统结构可用简单调节系统，如满足不了工艺要求，也可用串级调节系统（用操作变量的流量调节作为副环）或引入前馈信号的前馈-反馈调节系统。产品浓度的测量方法有以下几种。

（1）折光仪　其工作原理是：对同一强度的光源，在不同浓度的溶液中能折射光的强度不同，然后通过光电池变换成毫伏信号，再转换成统一电流信号。该方法对于成分复杂，又不易用其他方法来测定的对象是较有效的方法。然而对于某些物质溶液无色，透明，不能采用此法。

（2）重度法　其工作原理是：利用固定温度下，产品浓度与重度有一一对应关系，可以测量一段固定高度的垂直管道中的物料所产生的压差而得。图 10.58 所示是在真空条件下，采用重度法测量产品浓度而进行调节的方案。

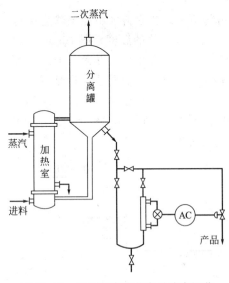

图 10.58　采用重度法的产品浓度调节

（3）温度测量法　当蒸发器内真空度（或压力）基本恒定情况下，沸点温度与产品浓度之间有一一对应关系，浓度增加，沸点温度也上升，反之亦然，所以可用沸点温度测量代替产品浓度的测量。

在一些蒸发过程中，真空度基本不变，工艺对产品浓度和温度均有一定要求，该方法较好，例如硝铵蒸发过程中，二段蒸发器就是这样，采用温度调节代替浓度调节，获得较好的效果。

（4）温差法（沸点上升法）　其基本原理是：真空度对溶液沸点和水沸点影响基本一致，即真空度在一定范围内变化时，一定浓度溶液的沸点与水的沸点（饱和蒸汽温度）之差即温差基本不变，采用温差法来反映溶液产品浓度可以克服真空度变化对测量的影响。

采用温差法测量产品浓度有一个重要问题，就是汽、液两个温点的选择，要使它们真正反映一定真空度下的饱和蒸汽温度与溶液的温度。

① 液相测温点的选择。在有液位的蒸发器中，液相测温点可选在出料管线上，而升降膜式这类没有液位的蒸发器，液相测温点可采用如图 10.59 所示的方案，这样的结构保证了

溶液与测温元件充分接触，溶液连续进出测温小室，使测温元件测得真正反映溶液浓度的沸点温度。

② 汽相测温点的选择。汽相测温点选择不能直接测量二次蒸汽的温度，因为二次蒸汽中含有少量溶质，不能真正反映饱和蒸汽的温度，因此要设计一个汽相测温小室，随时送入热水，使之汽化，处于饱和状态，以测得真正饱和蒸汽温度。图 10.60 所示为汽相测温小室。

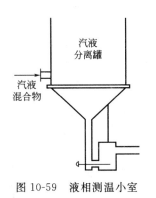

图 10-59　液相测温小室 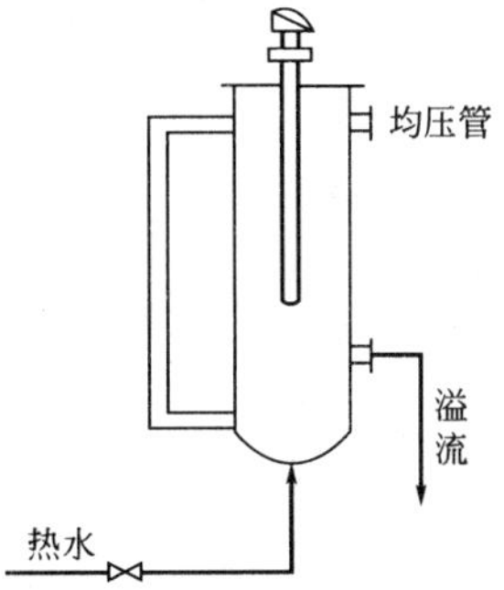　　　　　　　　图 10-60　汽相测温小室

10.4.6　干燥器的控制方案

干燥过程的主要控制指标是最终产品（干燥物质）的湿度，影响干燥物质湿度的主要干扰因素是干燥物质的流量、湿度，干燥介质即空气的流量、温度、干燥器压力等。

产品湿度控制的关键在于湿度的测量，而湿度很难直接测量，特别是连续干燥过程，用温度来间接测量产品湿度也很困难，所以干燥过程控制是将这些影响产品质量的干扰因素控制住，并通过产品采样分析，校正干燥介质入口温度调节器的给定值。图 10.61 为回转圆筒式逆流干燥器的控制方案。

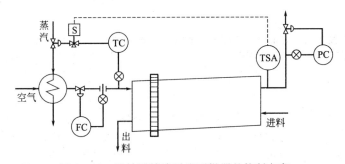

图 10.61　回转圆筒式逆流干燥器的控制方案

由图 10.61 可知，通过加热蒸汽来控制干燥介质空气的入口温度，空气入口温度调节器的给定值由产品质量要求加以设定。干燥介质空气还装有流量定值调节系统。为保持干燥器压力恒定，在空气出口管线上装有压力定值调节系统。干燥物质流量采用手动调整。为防止干燥器过热（例如加料中断），装有温度开关联锁，当空气出口管线上温度过高时，通过温度开关联锁自动切断加热蒸汽调节阀，以防止干燥器过热。

图 10.62 所示是喷雾式干燥器的控制方案。这里设置了空气入口和空气出口温度的两个温度调节系统，以保证产品质量。

图 10.63 所示是滚筒式干燥器的控制方案。料位通过控制进料以保持恒定；产品湿度通

过控制蒸汽来达到恒定，而滚筒转速保持恒定。当产品湿度测量有困难时，可用产品温度作为控制指标。

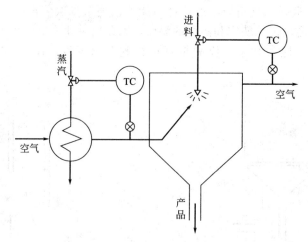

图 10.62 喷雾式干燥器的控制方案

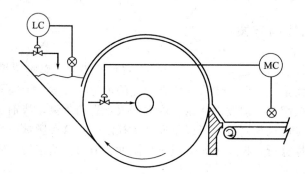

图 10.63 滚筒式干燥器的控制方案

附表 10-1 管道仪表流程图上的线条宽度（HG 20559.1—1993 摘录）

项目	粗线条	中线条	细线条
	1.0mm	0.5mm	0.25mm
工艺管道仪表流程图	主要工艺物料管道,主产品管道和设备位号线	次要物料、产品管道和其他辅助物料管道,设备、机械图形符号,代表设备、公用工程站等的长方框,管道的图纸接续标志,管道的界区标志	其他图形和线条。如阀门、管件等图形符号和仪表图形符号线、仪表管线、区域线、尺寸线、各种标志线、范围线、引出线、参考线、表格线、分界线、保温、绝热层线、伴管、夹套管线、特殊件编号框以及其他辅助线条
辅助物料、公用物料管道仪表流程图	该类别的主辅助物料、主公用物料管道和设备位号线		

附表 10-2 管道仪表流程图上的设备图形符号（HG 20559.2—1993）

1. 混凝土、砖石设备和地坑(沟)轮廓线			
设备类别(代号)	通用符号	专用符号	应用实例
混凝土、砖石设备和地坑(沟)轮廓线(A)			

设备类别(代号)	通用符号	专用符号	应用实例
2. 工业炉、锅炉			
工业炉 （B）	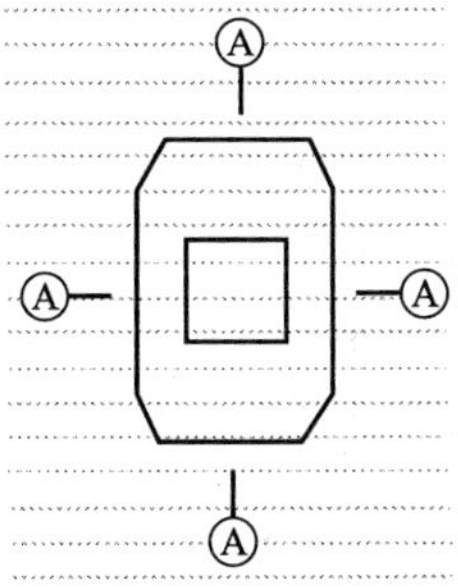	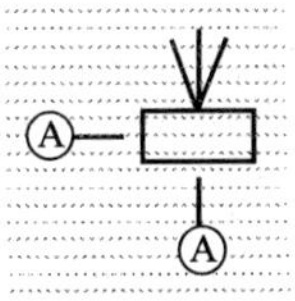 火焰系统(烧嘴) 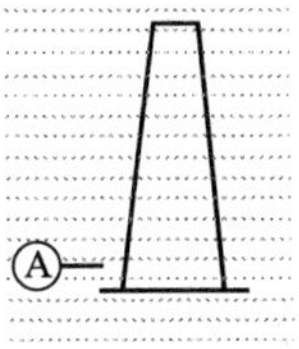　　烟筒 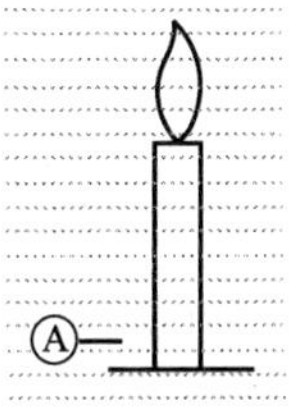　　气体火炬 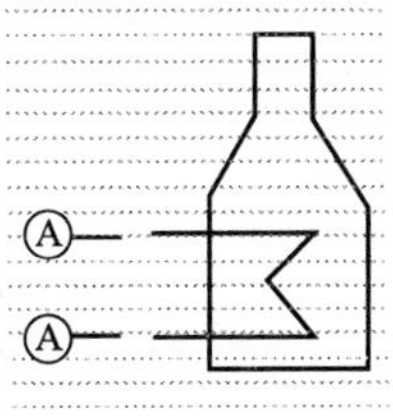 圆筒炉(一) 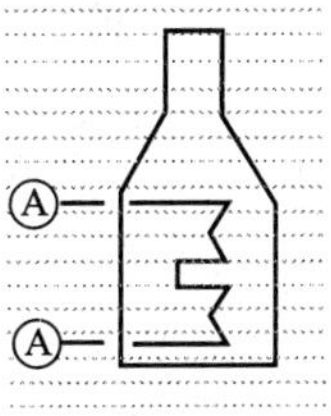　　圆筒炉(二) 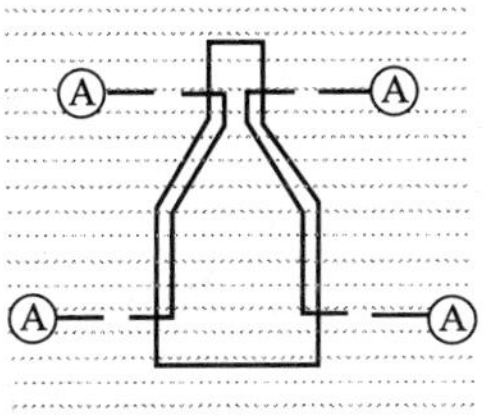 圆筒炉(三) 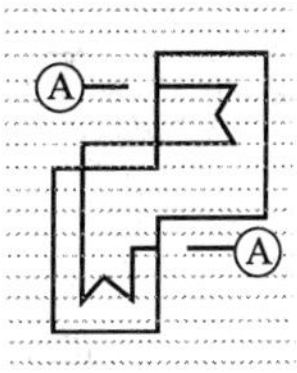　　箱式炉	
锅炉 （B）	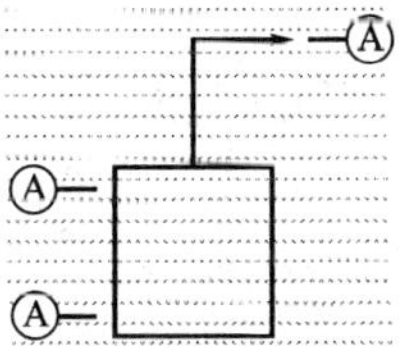 锅炉	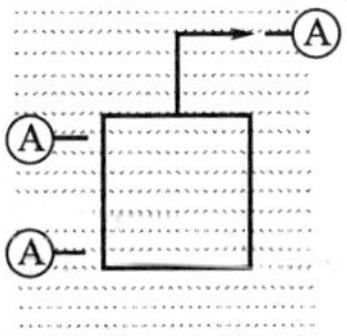 不带过热器的水管锅炉 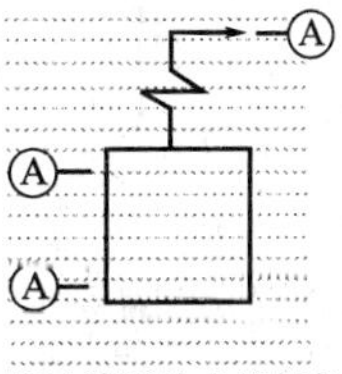　带过热器的水管锅炉 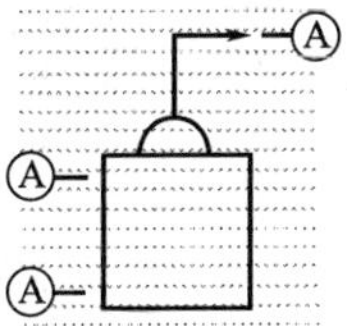 火管锅炉	

设备类别(代号)	通用符号	专用符号		应用实例
		3. 换热器、冷却器、蒸发器		
换热器、冷却器、蒸发器（C）	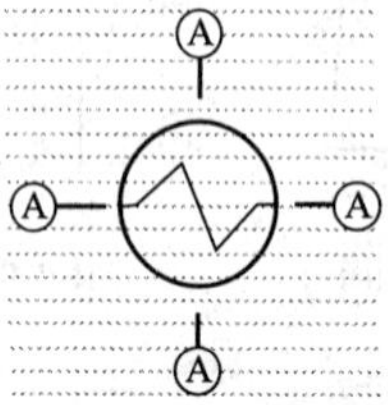 有贯穿（错流）管流的换热器 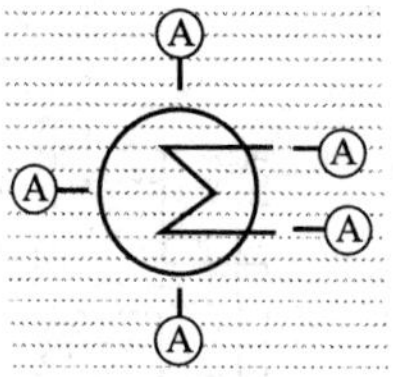 无贯穿（非错流）管流的换热器 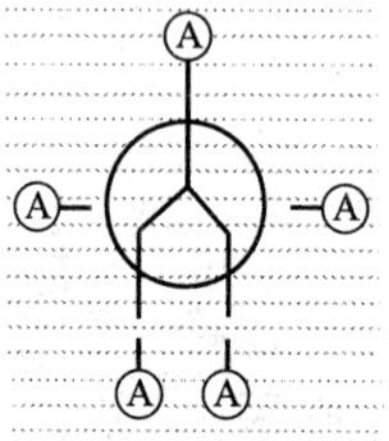 上述换热器的通用符号用于表示成套设备内的一个换热器，以及PF图和工艺管道仪表流程图中的公用工程系统换热器	板式换热器 套管式换热器 固定管板式、列管式换热器 U形管式换热器	螺旋式换热器 浮头式列管换热器 内蛇管式（盘管式）换热器	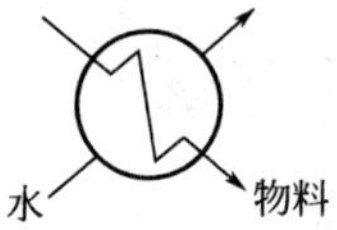 水　　　物料 表示经换热器后，冷却介质(水)温度提高的换热器 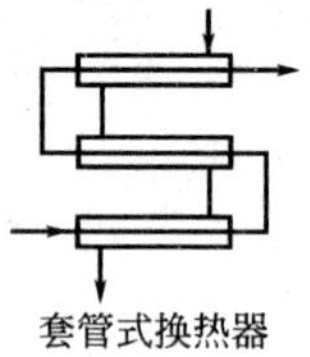 套管式换热器

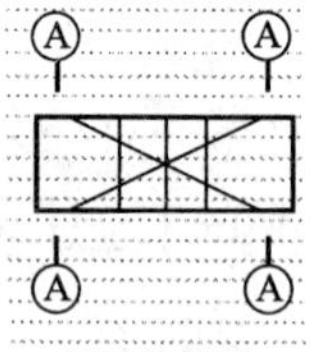

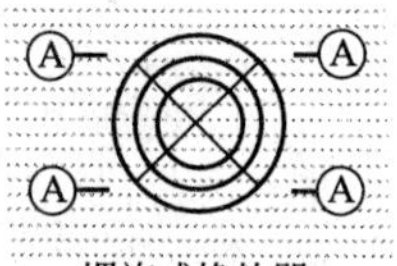

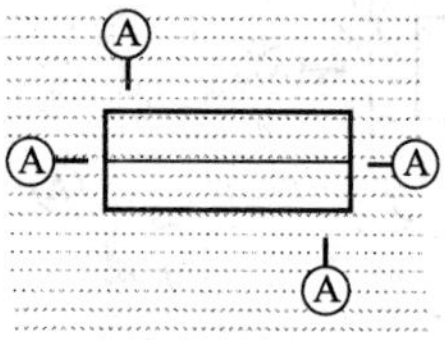

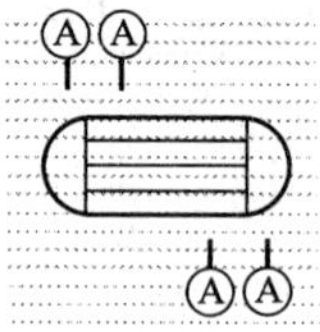

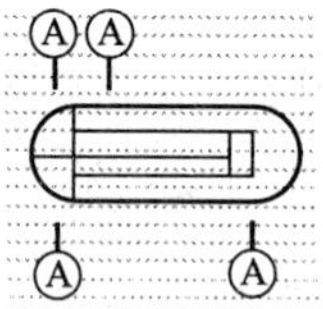

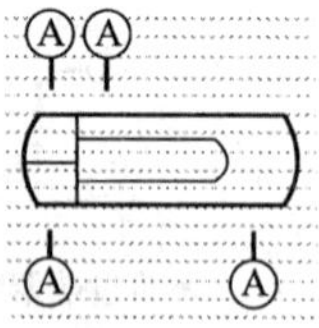

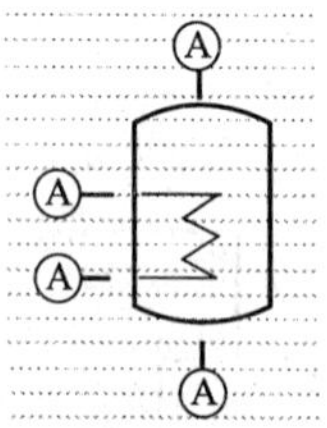

设备类别 （代号）	通用符号	专用符号	应用实例
换热器、 冷却器、 蒸发器(C)	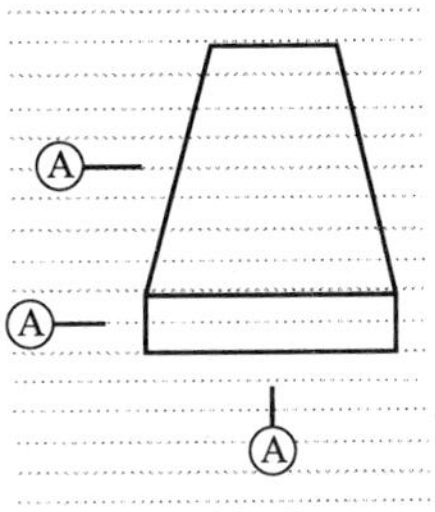 冷却塔	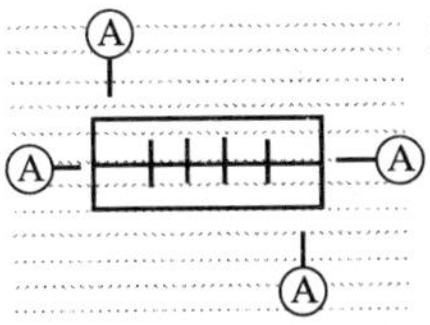 翅片管换热器 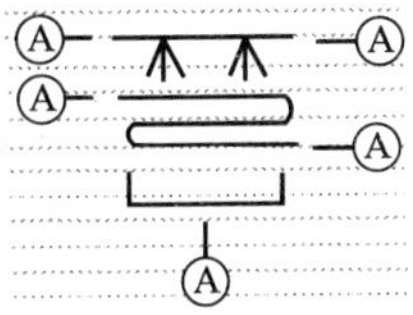　喷淋式冷却器 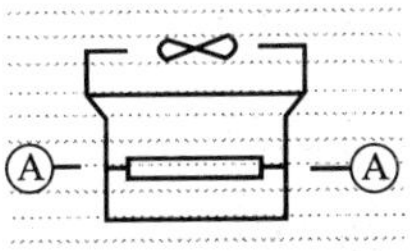 抽风式空冷器 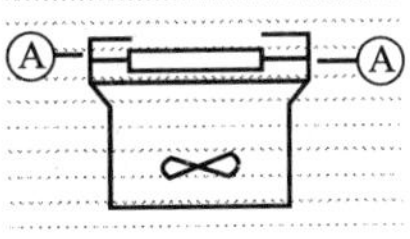　送风式空冷器 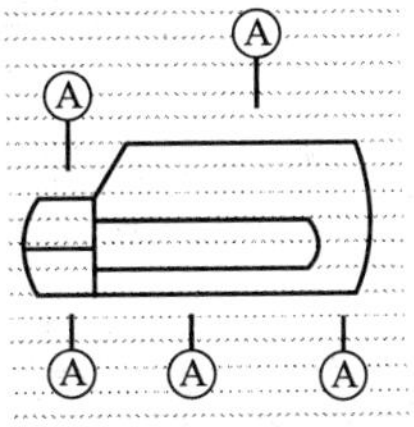 釜式换热器 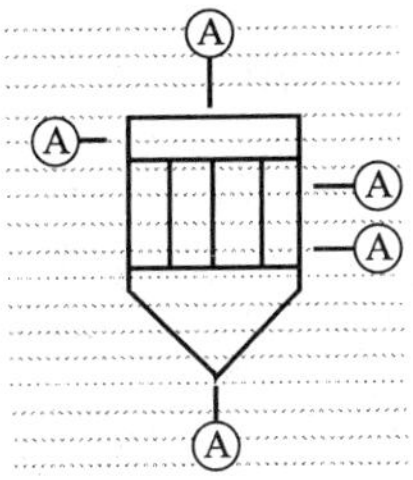 列管式(薄膜)蒸发器 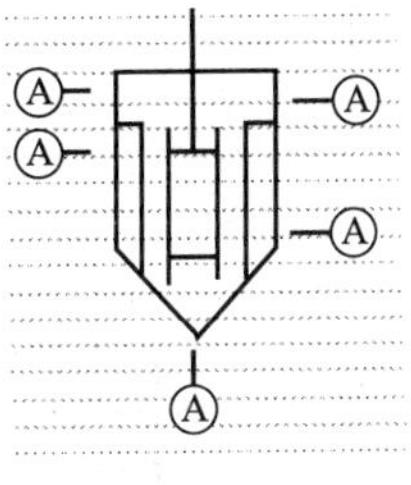　刮板式(薄膜)蒸发器 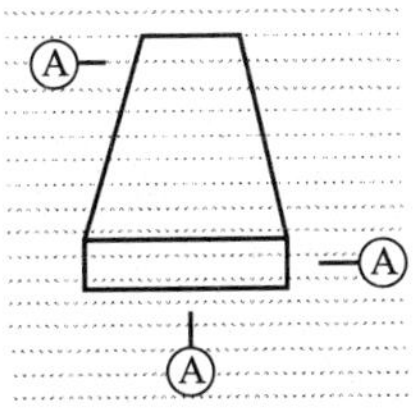 自然通风冷却塔 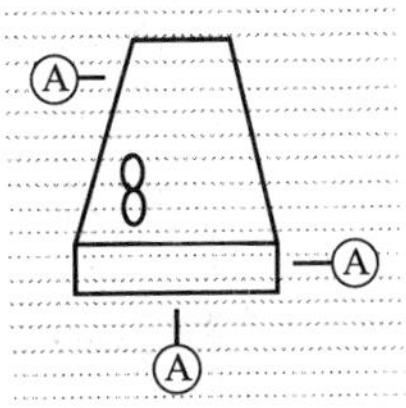　鼓风式机械通风冷却塔 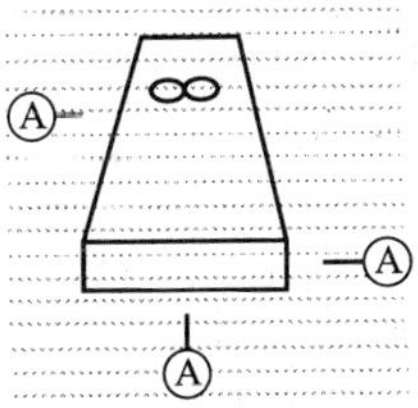 机械抽风冷却塔	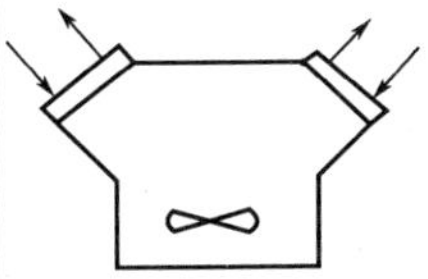 斜顶送风式空冷器 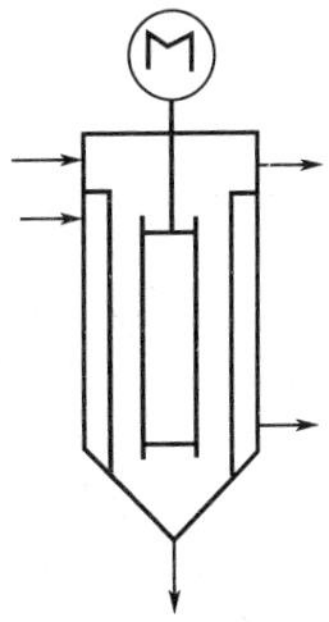 电动机驱动的刮板式 (薄膜)蒸发器

设备类别 （代号）	通用符号	专用符号	应用实例
换热器、冷却器、蒸发器(C)		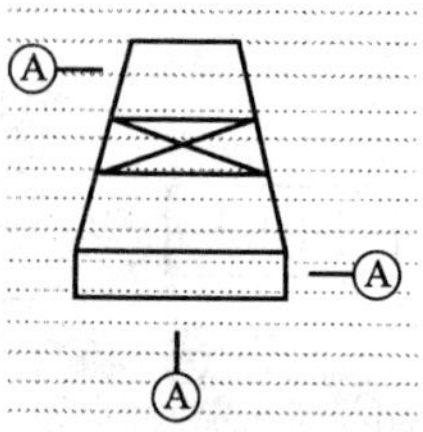 逆流冷却塔 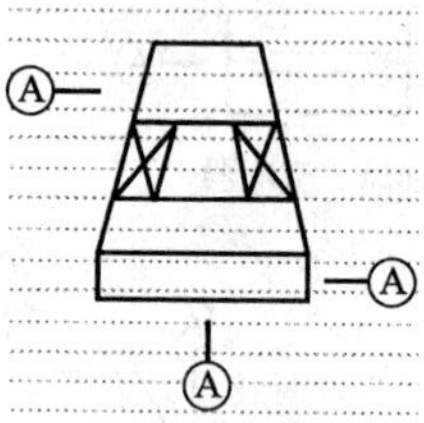 横流冷却塔	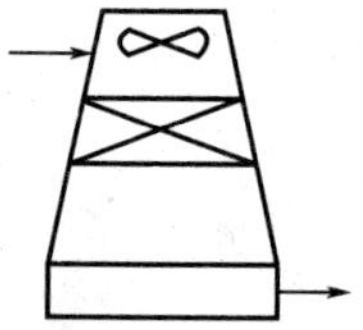 机械抽风逆流冷却塔 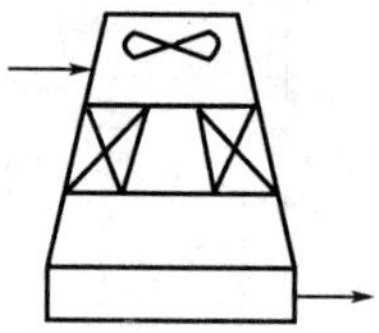 机械抽风横流冷却塔
		4. 反应器	
反应器(D)		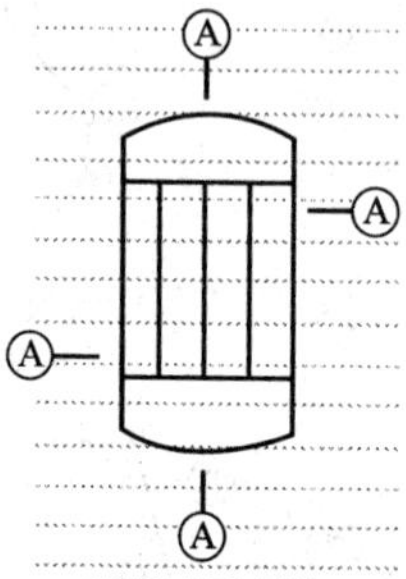 列管式反应器 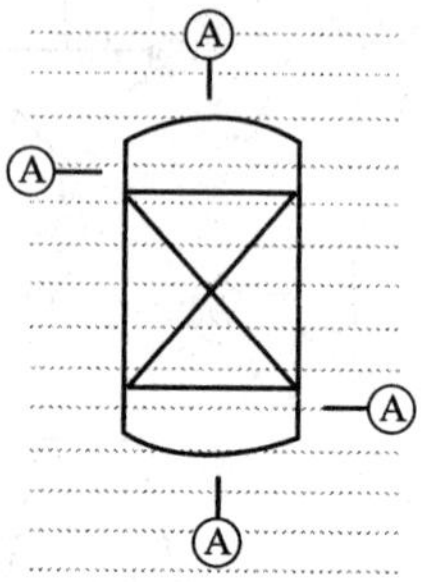　　固定床反应器 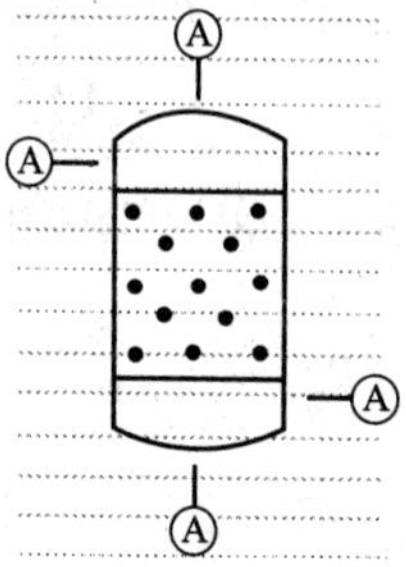 流化床反应器	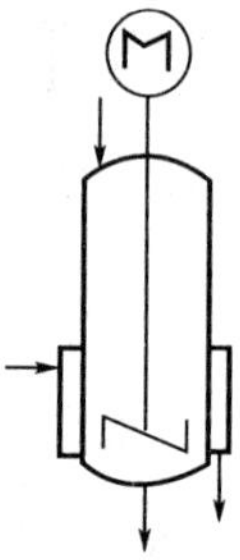 电动机驱动搅拌的带夹套的反应器(聚合釜) 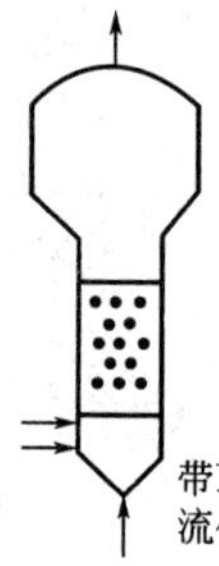 带顶部扩大头锥底的流化床反应器

设备类别(代号)	通用符号	专用符号	应用实例
5.塔、塔内件			

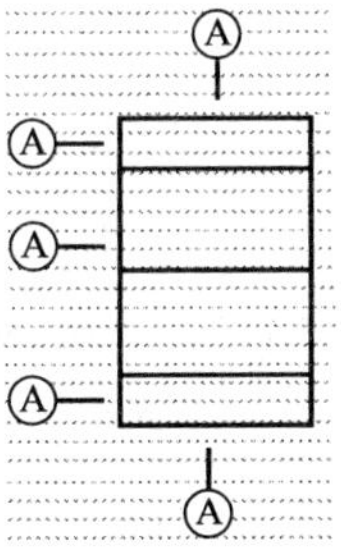

板式塔　　　　　填料塔

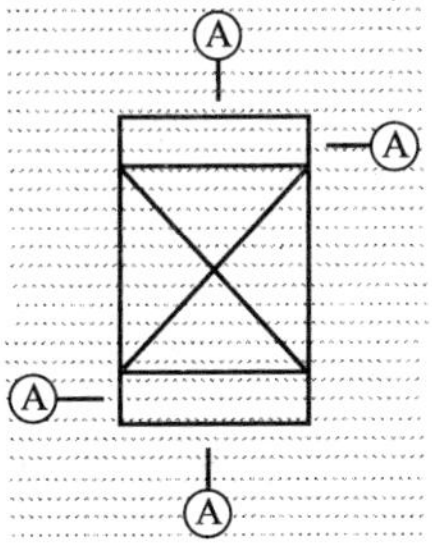

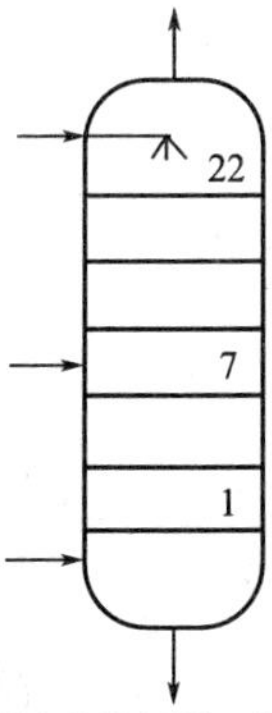

指明功能塔板数目的板式塔

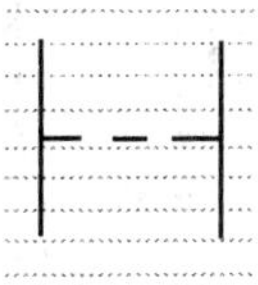

筛板塔塔板　浮阀塔塔板　泡罩塔塔板

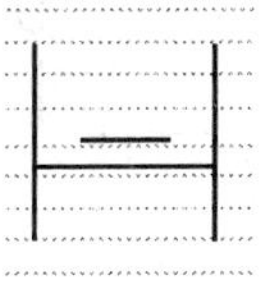

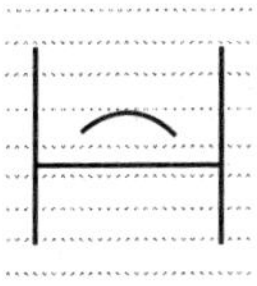

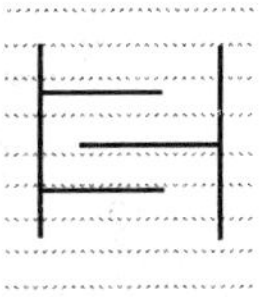

格栅板　塔板的侧边降液管　塔板的中间降液管

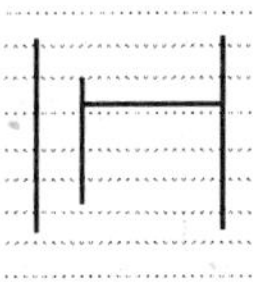

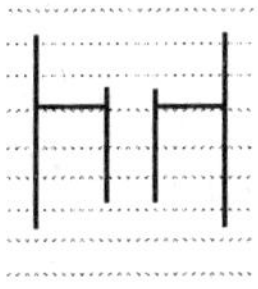

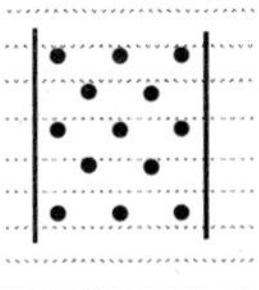

流化床(端球塔)　升气管塔板

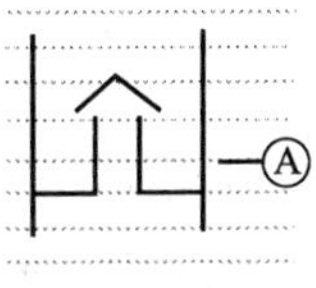

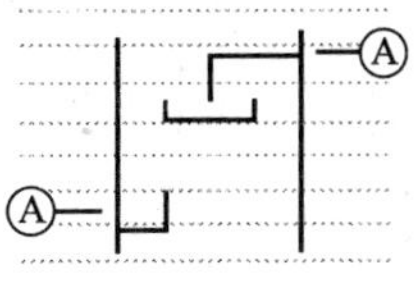

受液盘

液体的分配(分布)器、
喷淋器、喷嘴

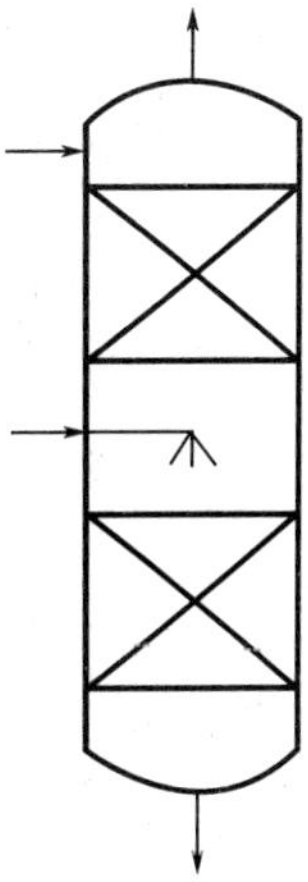

双层填料的填料塔

设备类别(代号)	通用符号	专用符号	应用实例
		6. 容器、容器内件	

容器(F)

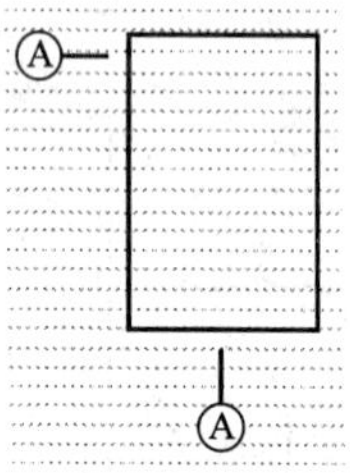

容器

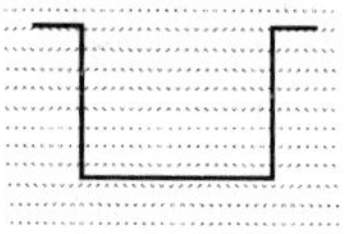

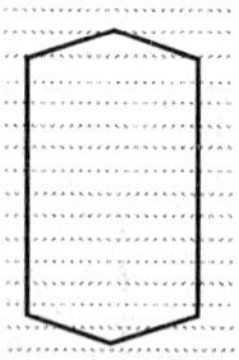

锥形容器　　凸形封头容器

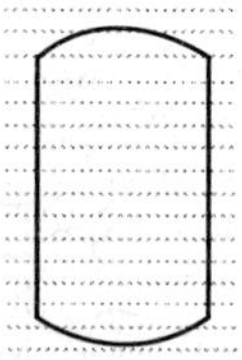

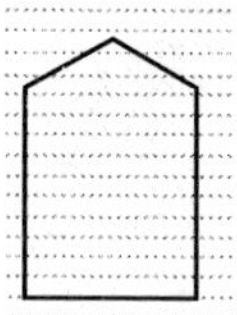

锥顶罐　　夹套容器

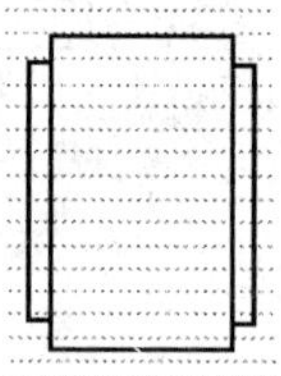

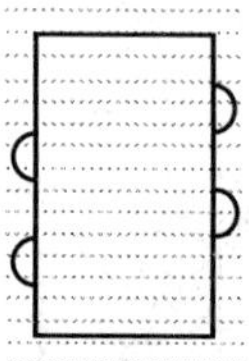

半盘管容器　　全盘管容器

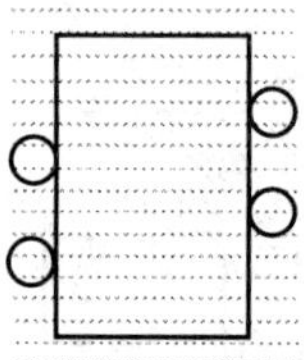

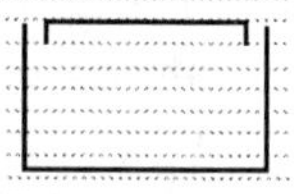

浮顶罐　　球罐

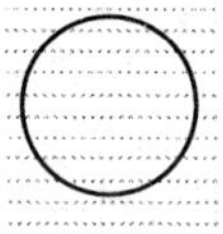

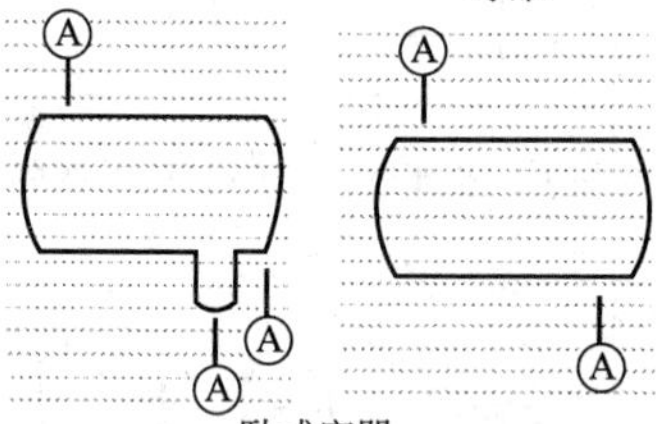

卧式容器

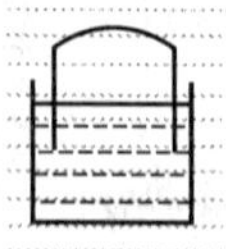

湿式气柜　　干式气柜

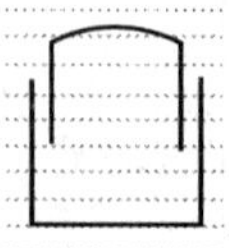

气体钢瓶　　圆桶　　袋

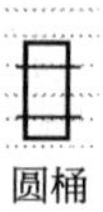

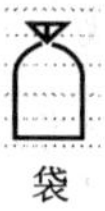

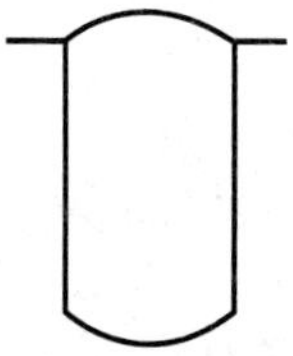

池、槽、坑

凸形圆盖容器

圆顶锥底容器

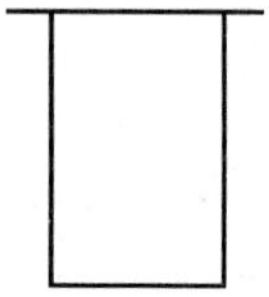

平底平盖容器

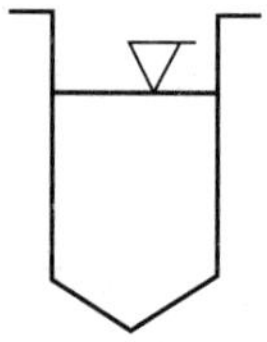

敞口容器(有液面指示)

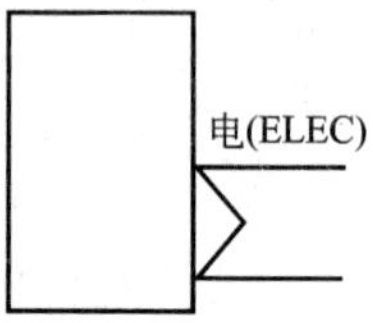

电(ELEC)

外部电加热容器

设备类别(代号)	通用符号	专用符号	应用实例
容器内件	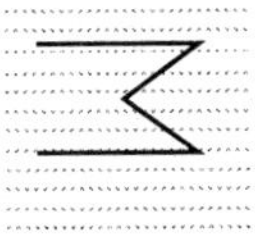 加热或冷却部件 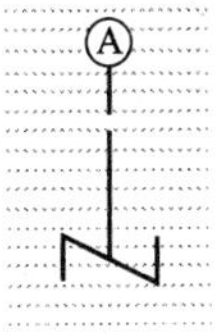 搅拌器(搅拌桨)	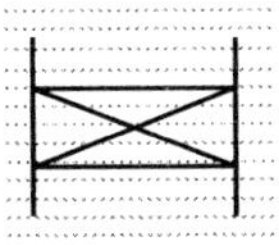 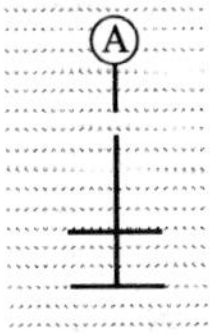 填料分离(除沫)层 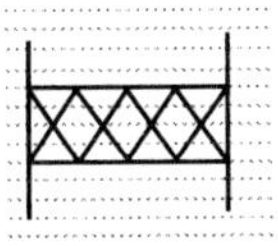　　丝网分离(除沫)层 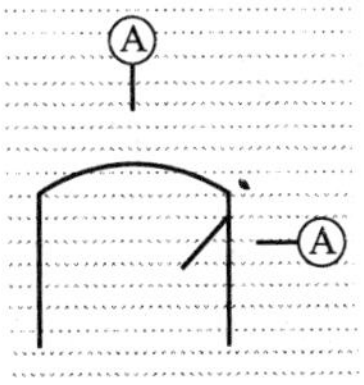 折流板(防冲板) 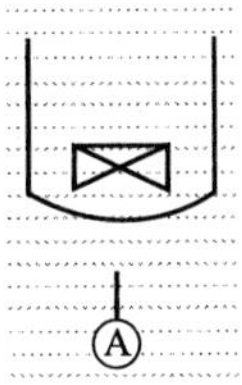 防涡流器 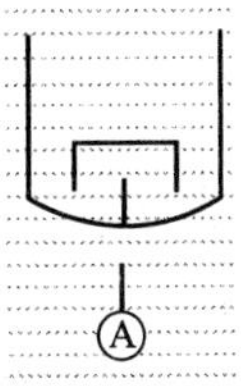　　有插入管的防涡流器 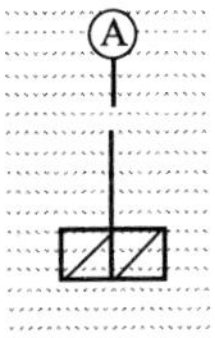 门框式搅拌器 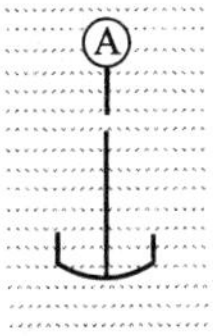　锚式搅拌器 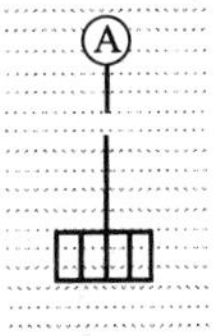　涡轮式搅拌器 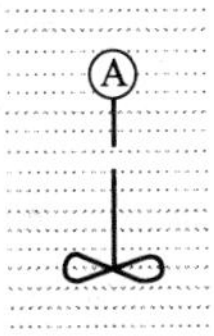 螺旋桨式搅拌器 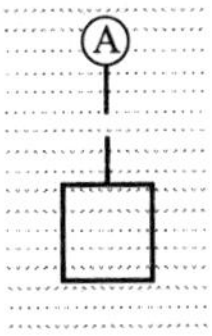　平板搅拌器 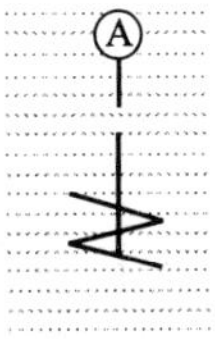　螺旋式搅拌器 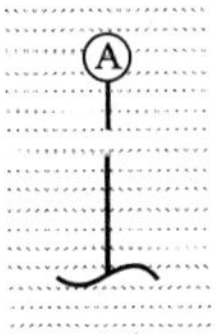 叶轮式搅拌器、　横梁(交臂)式搅拌器 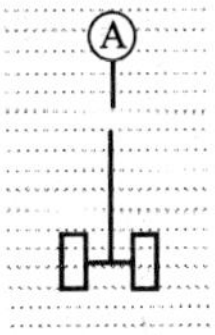　圆板式搅拌器、 转子式搅拌器　　　　　　　　　圆盘式搅拌器	

设备类别(代号)	通用符号	专用符号		应用实例
		7. 压缩机、真空泵、鼓风机、泵		
压缩机(J)	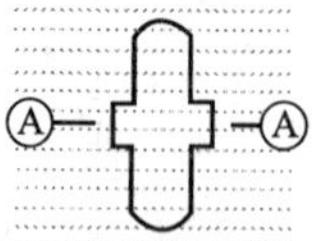 旋转式压缩机、旋转式真空泵 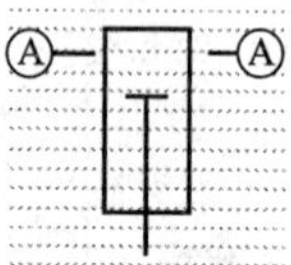 往复式压缩机、往复式真空泵	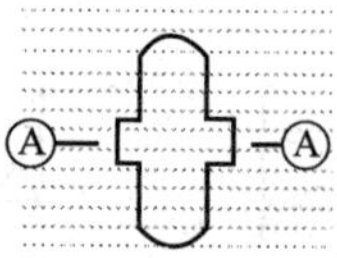 旋转式压缩机、旋转式真空泵 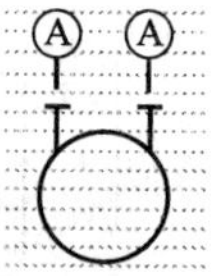 离心式压缩机	液环式压缩机、液环式真空泵 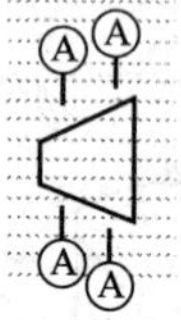	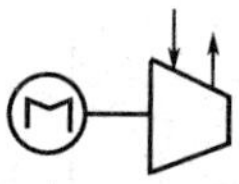 电动机驱动的离心式压缩机 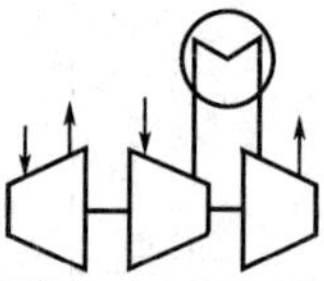 蒸汽轮机驱动并带内部冷却器的多级离心式压缩机 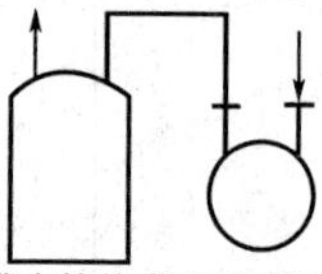 带水箱的水环式压缩机
鼓风机(J)	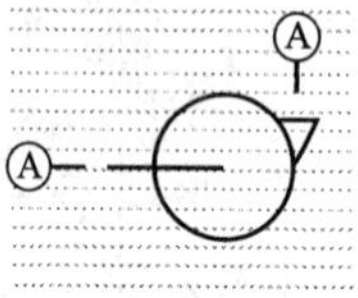 鼓风机			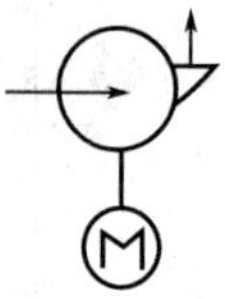 电动机驱动的鼓风机
泵(J)	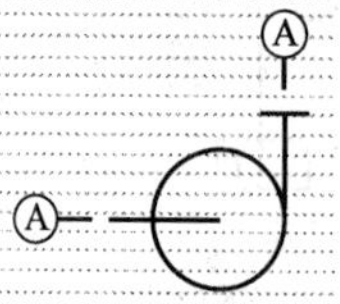 非容积式泵(速度型泵) 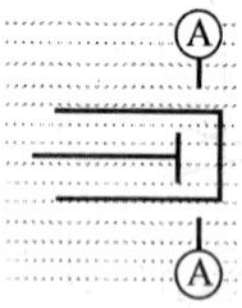 容积式泵(非速度型泵) 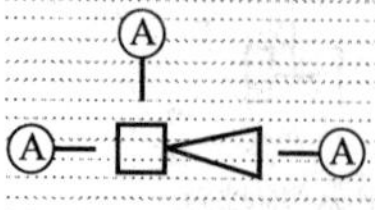 喷射泵	离心泵 轴流泵 往复泵、隔膜泵 螺杆泵、蜗杆泵	旋涡泵 液下泵 转子泵、齿轮泵	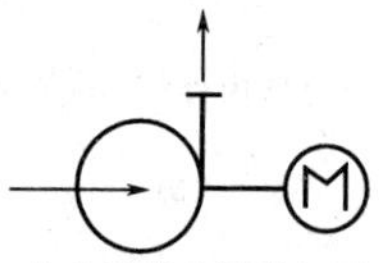 电动机驱动的离心泵 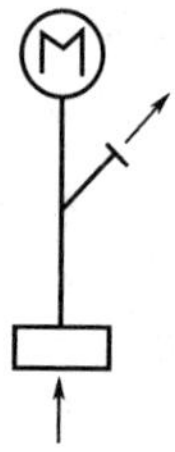 电动机驱动的液下泵 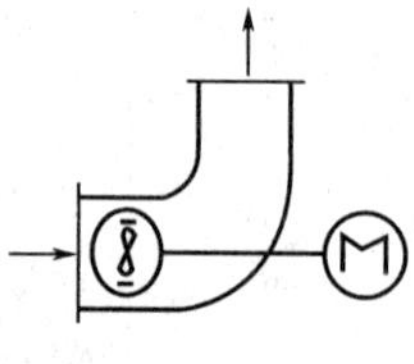 装在管道中心的、电动机驱动的轴流泵 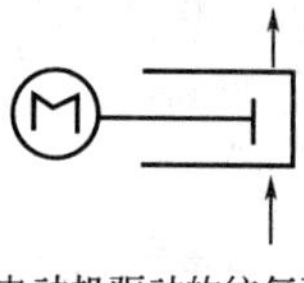 电动机驱动的往复泵

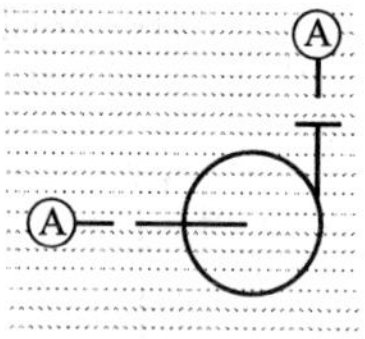

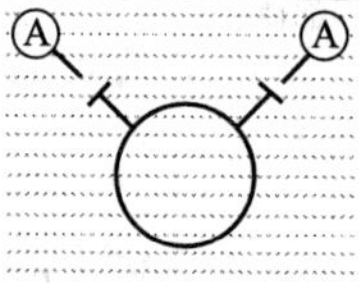

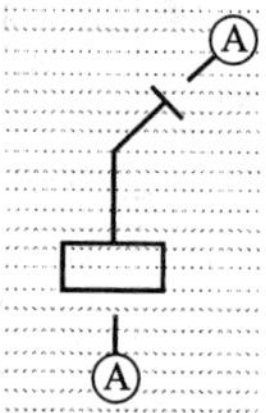

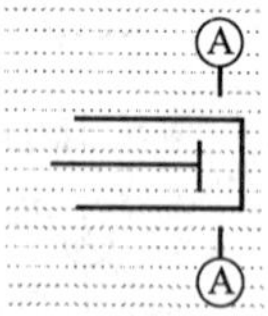

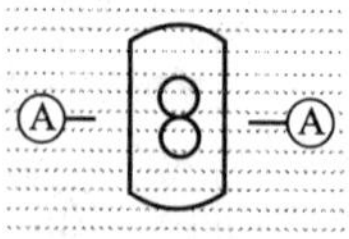

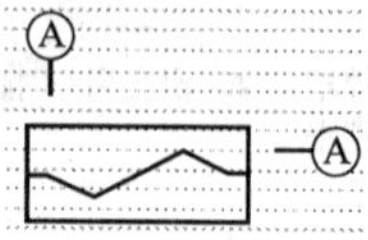

设备类别(代号)	通用符号	专用符号		应用实例
		8. 特殊设备		
特殊设备 (干燥器)(L)	干燥器、 干燥机(窑)	喷雾式干燥器	流化床干燥器	表示热空气进出 的喷雾式干燥器
		轴滚输送式干燥器	带式干燥器	表示进出口和内部 加热器的干燥器
		圆盘式干燥器、 移动格板式干燥器、 涡轮式干燥器	转鼓式(旋转式、转筒 式)干燥器	
		箱式干燥器(机、窑)		电动机驱动的转鼓式干燥器 (倾斜设置)

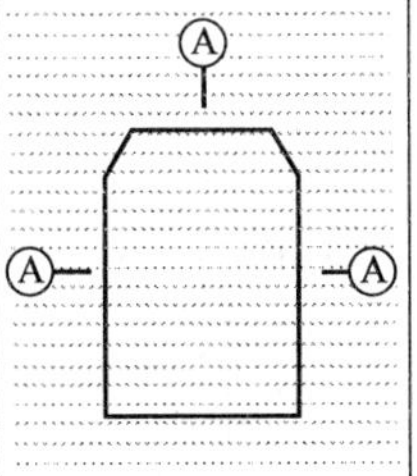

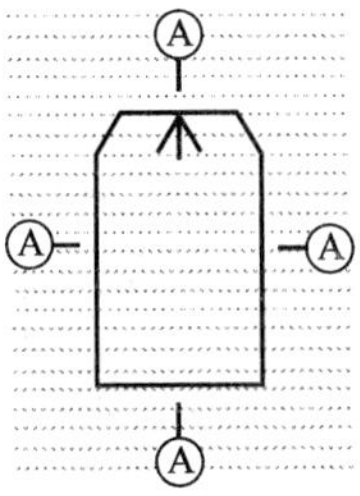

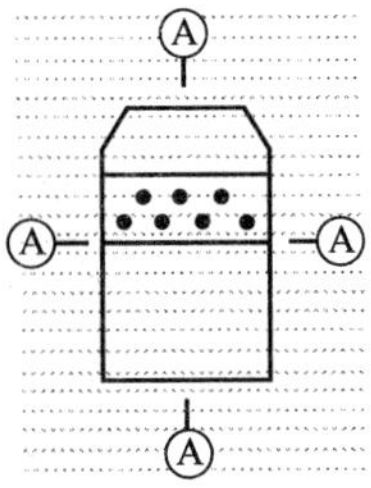

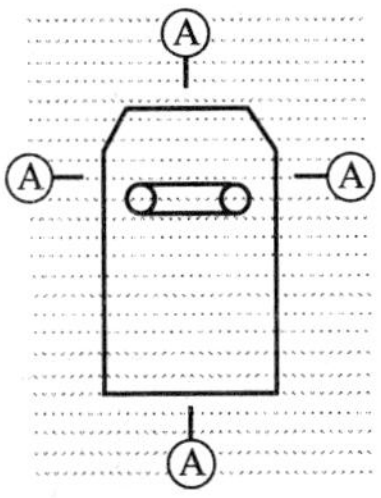

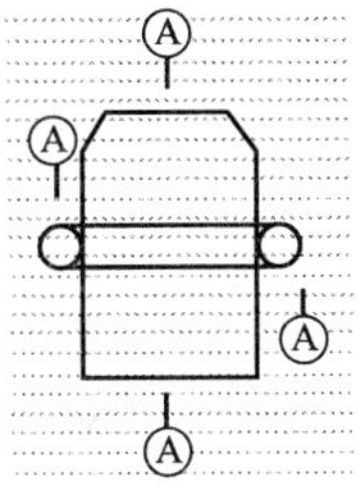

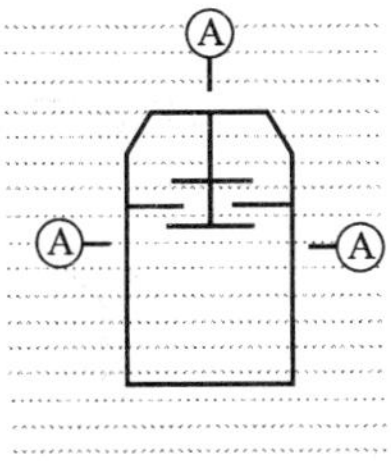

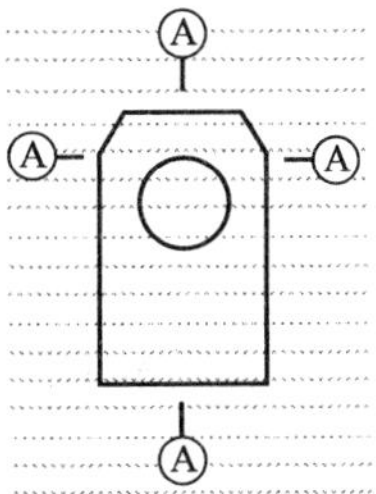

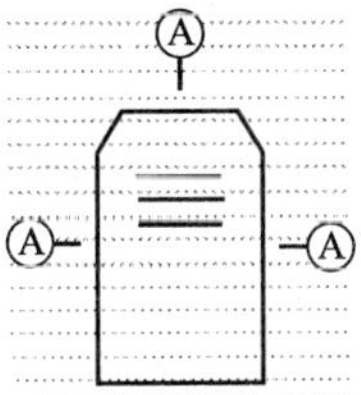

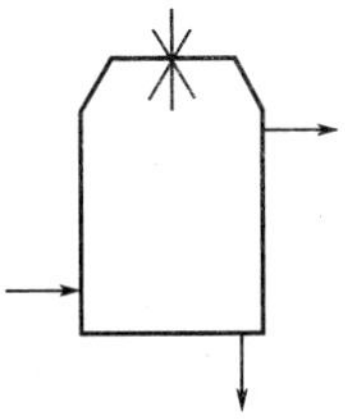

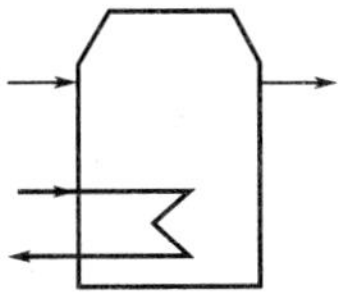

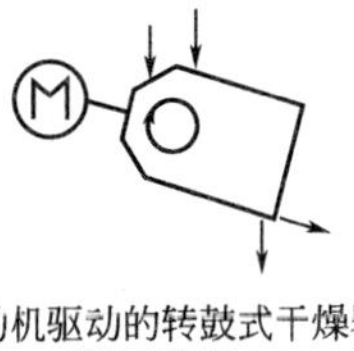

设备类别（代号）	通用符号	专用符号			应用实例

特殊设备
（分离器）（L）

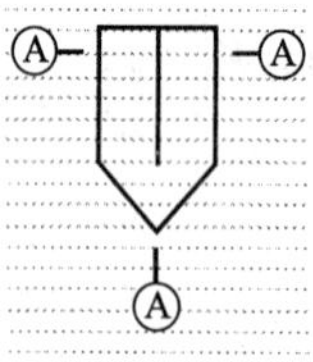

分离器

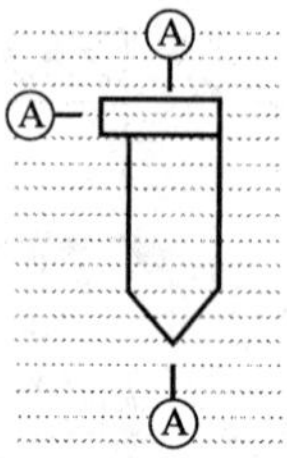

旋风分离器

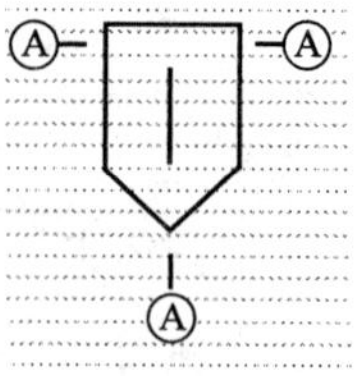

碰撞式分离器

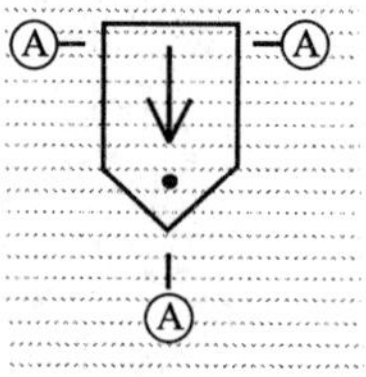

重力式分离器

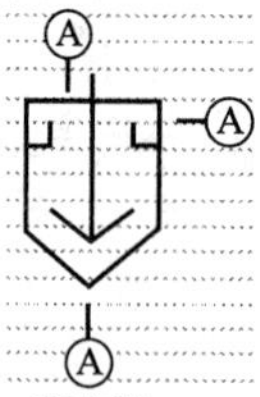

稠化器、
沉降器、
增浓器

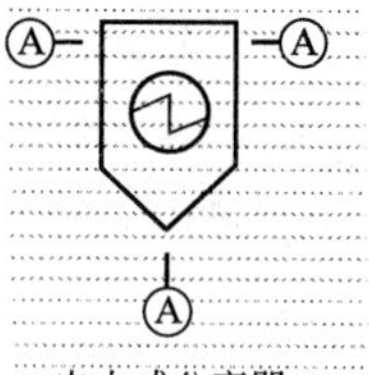

电力式分离器

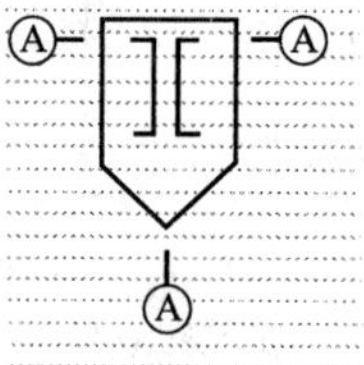

电磁式分离器

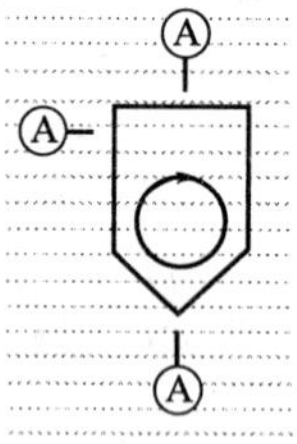

湿式电除尘器

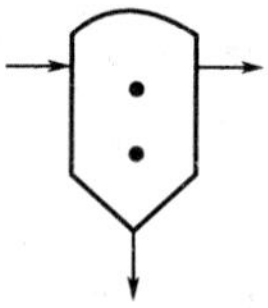

离心式分离器、
旋转式分离器

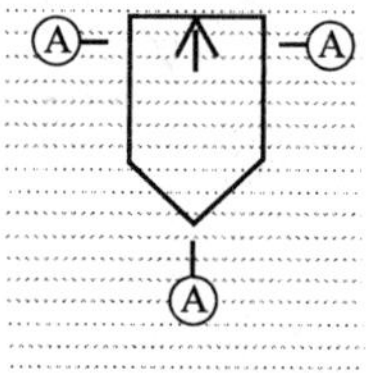

湿式(洗涤式)分离器

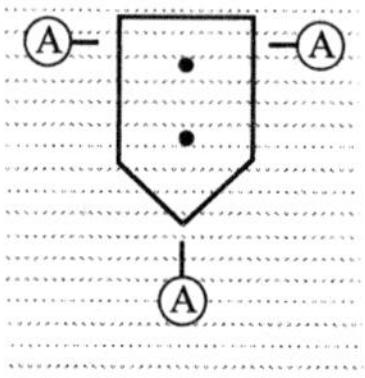

干式分离器

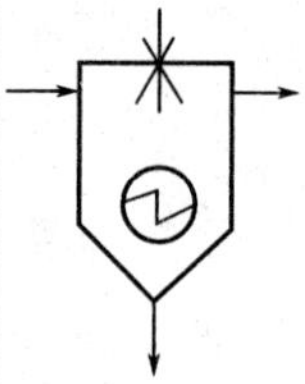

凸形封头(圆顶)
干式分离器

设备类别(代号)	通用符号	专用符号	应用实例
特殊设备 (过滤器)(L)	过滤器 液体过滤器 气体(空气)过滤器	固定床过滤器　　带滤槽的过滤器 活性炭过滤器　　吸液(抽气)过滤器 离子交换过滤器　带式液体过滤器 压滤器(机)　　　转鼓式过滤器、 　　　　　　　　转盘式过滤器 填料床式气体过滤器　带式气体过滤器 袋式气体过滤器、　　高效超细颗粒 带滤筒的气体过滤器　气体过滤器	凸形封头(圆顶) 固定床过滤器 凸形封头(圆顶) 气体(空气)过滤器

设备类别(代号)	通用符号	专用符号		应用实例

特殊设备（离心机）(L)

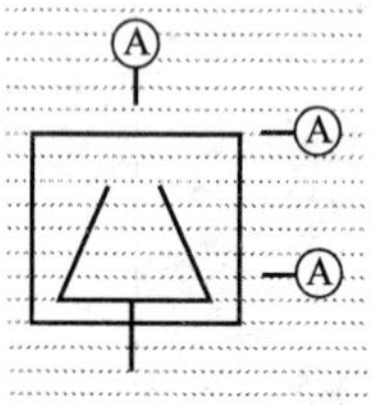

离心机

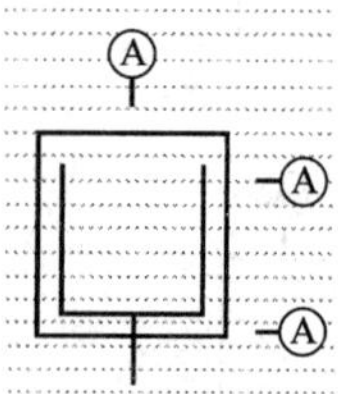

无孔壳体离心机　有孔壳体离心机

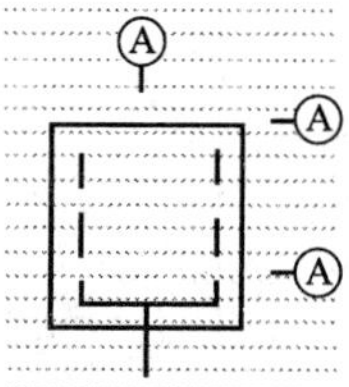

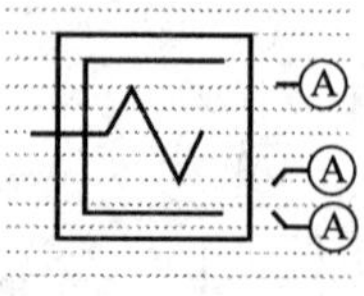

无孔壳体螺杆式离心机　有孔壳体螺杆式离心机

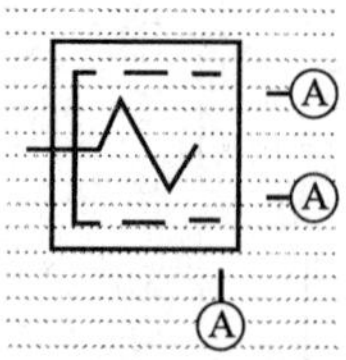

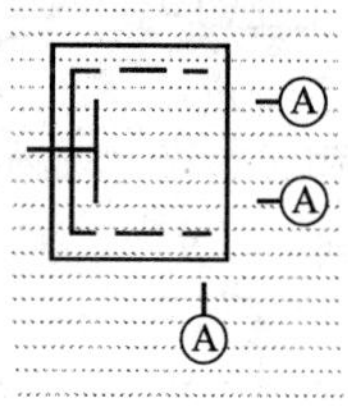

推进板式离心机　圆板式离心机

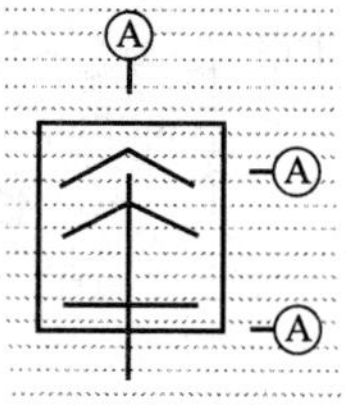

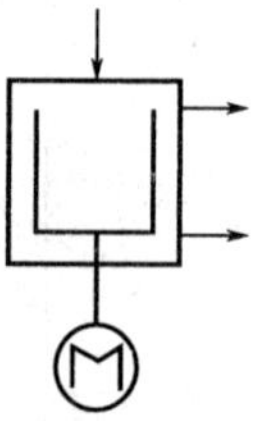

电动机驱动的无孔壳体离心机

特殊设备(L)

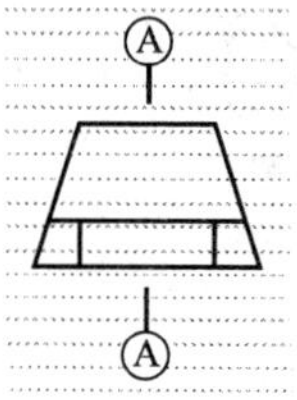

成型机

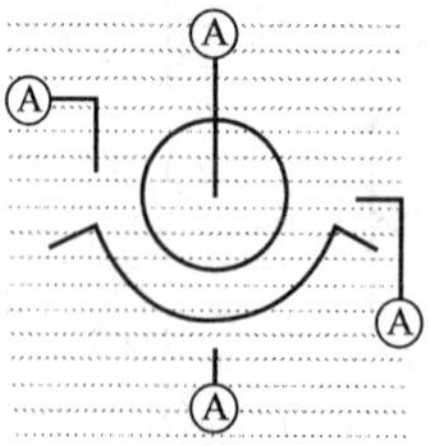

转鼓式结片机

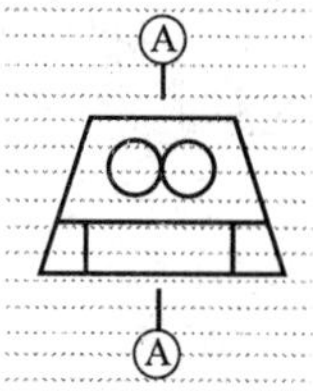

轧辊式挤压(成型)机　柱塞式挤压(成型)机

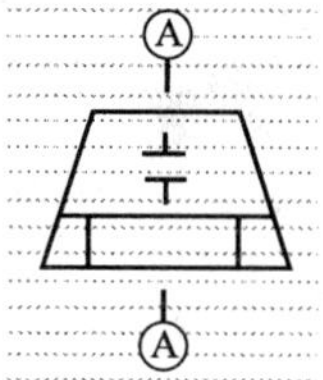

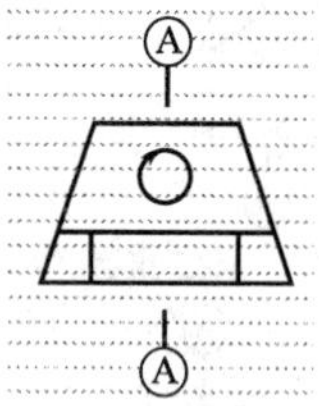

甩盘造粒机　挤压(模压)机

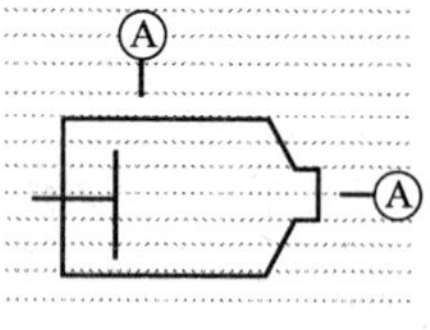

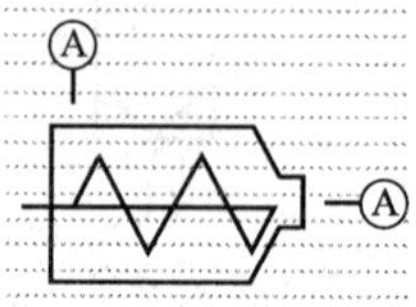

螺杆挤压机

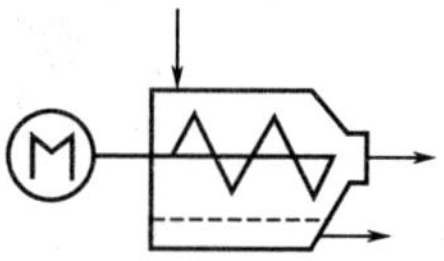

电动机驱动的带过滤器的螺杆式挤压机

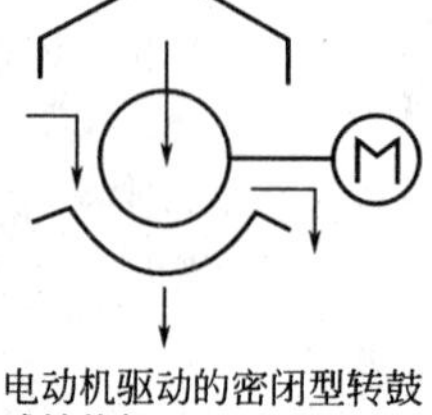

电动机驱动的密闭型转鼓式结片机

设备类别(代号)	通用符号	专用符号	应用实例
特殊设备(L)	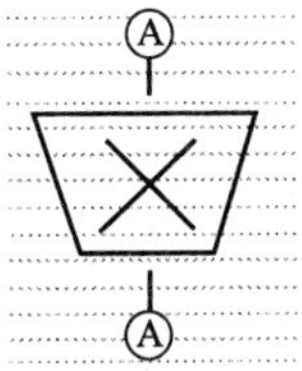 磨机、研磨机、磨碾机 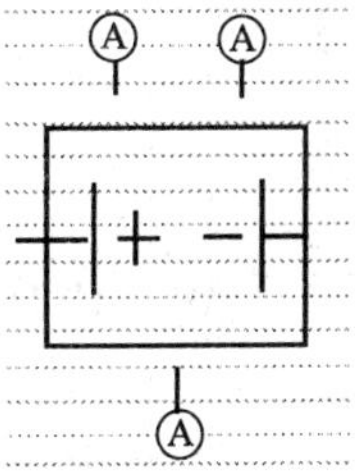 电解槽 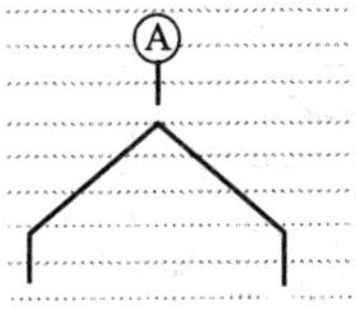 外壳、帽、盖、篷罩、通风罩 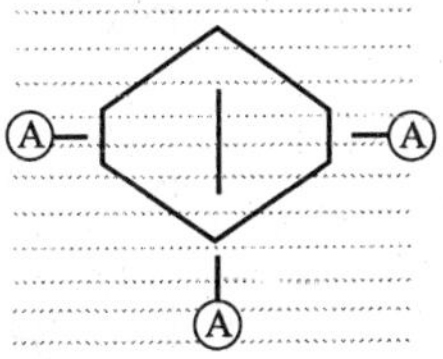 筛子	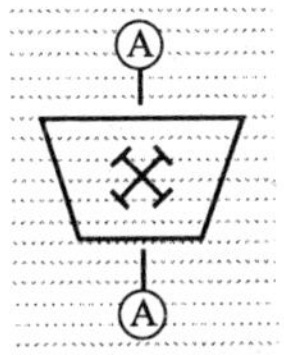 锤式(研)磨(碾)机 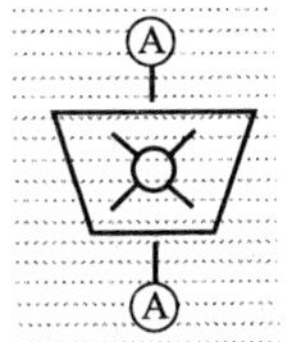　冲击式(研)磨(碾)机 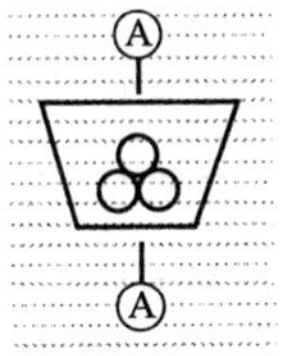 球(研)磨机 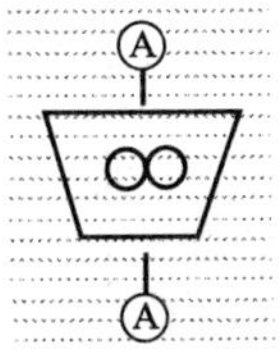　轧辊式(研)磨(碾)机 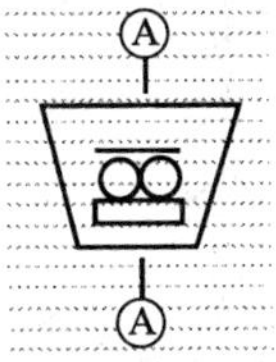 研(碾)压磨机、滚球(研)磨机 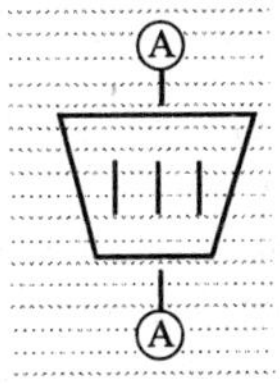　棒(棍)式(研)磨机 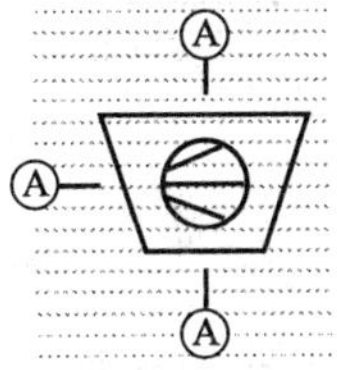 喷射式(研)磨(碾)机 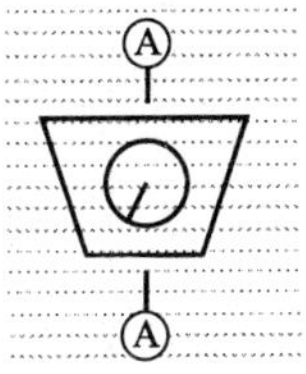　震动式(研)磨机 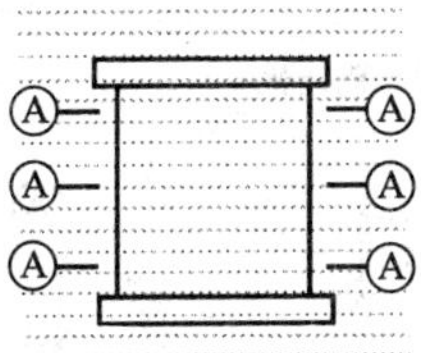 电渗析器 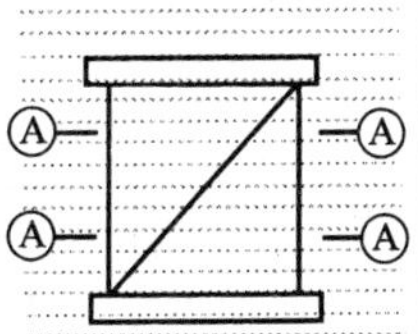　反渗透器 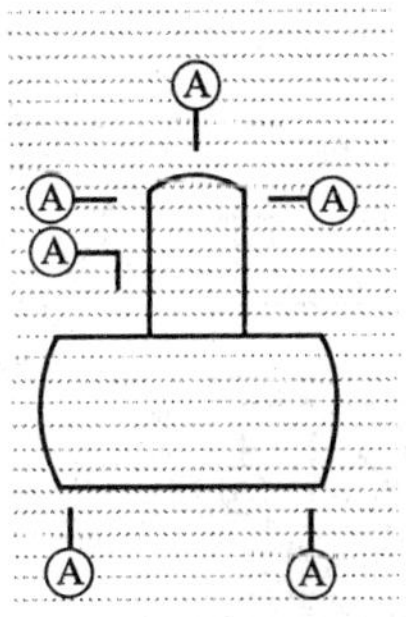 除氧器(带水箱)	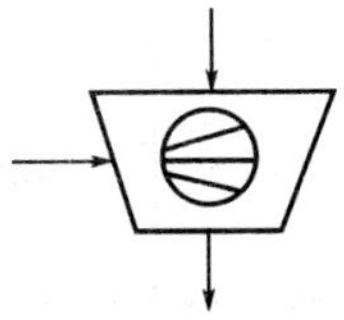 表示固体和气体连接管的喷射式(研)磨机 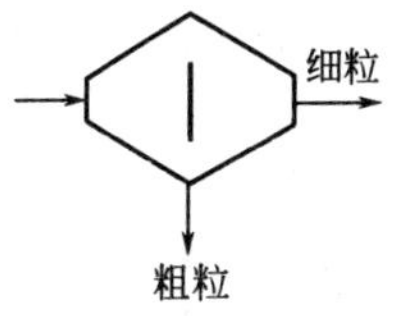 细粒 粗粒 筛子

设备类别(代号)	通用符号	专用符号	应用实例

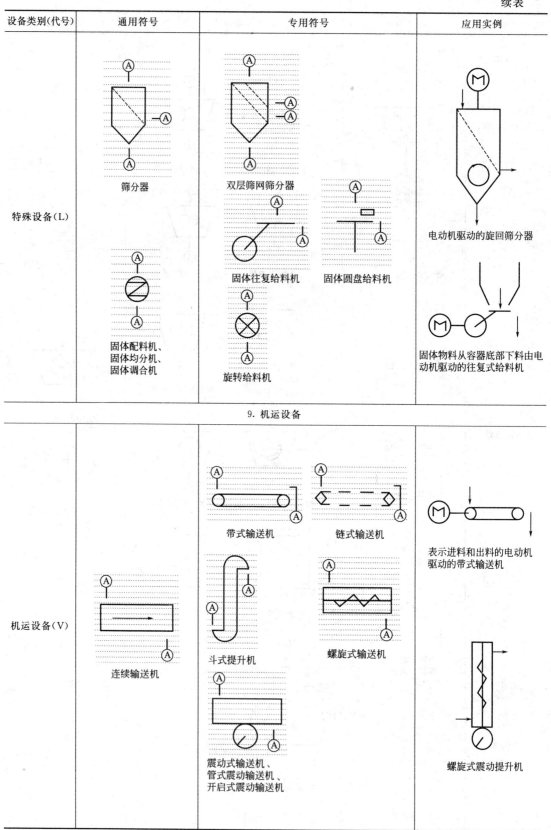

特殊设备(L)

筛分器

固体配料机、固体均分机、固体调合机

双层筛网筛分器

固体往复给料机　　固体圆盘给料机

旋转给料机

电动机驱动的旋回筛分器

固体物料从容器底部下料由电动机驱动的往复式给料机

9. 机运设备

机运设备(V)

连续输送机

带式输送机　　　链式输送机

斗式提升机

螺旋式输送机

震动式输送机、管式震动输送机、开启式震动输送机

表示进料和出料的电动机驱动的带式输送机

螺旋式震动提升机

设备类别(代号)	通用符号	专用符号		应用实例
机运设备(V)	 工业运输车	手推车 电瓶车 铁路车 船	叉车 载重汽车 槽车	 汽车槽车、散装汽车

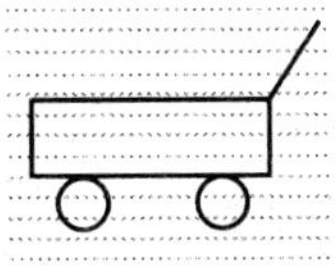

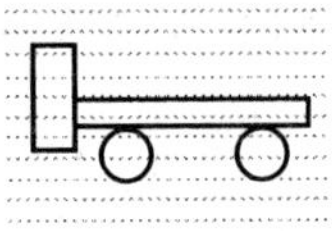

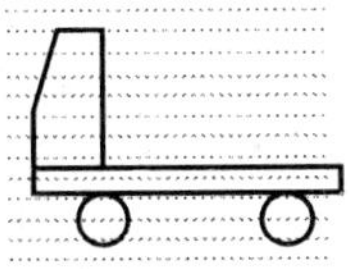

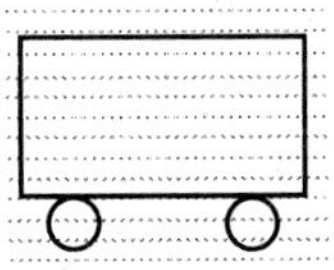

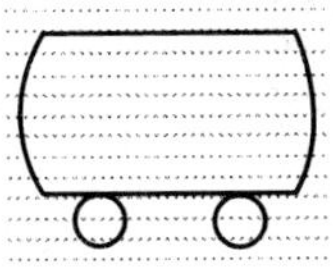

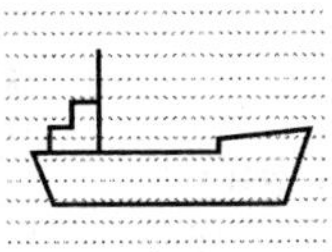

10. 其他设备

其他设备(Y)	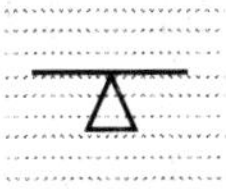 称重点 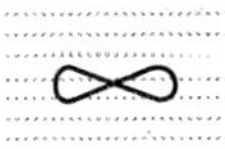 风扇	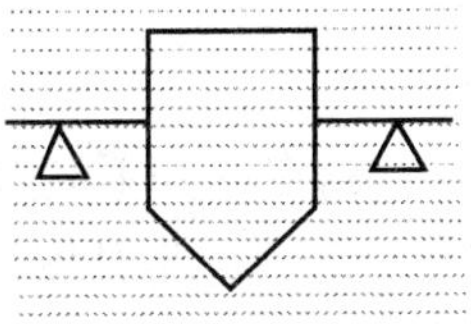 称重容器 称重斗 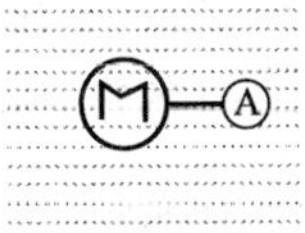 电动机 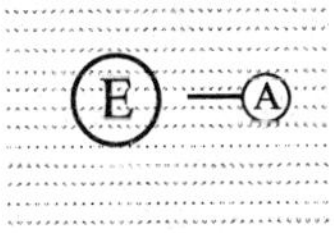	燃气机、内燃机

设备类别(代号)	通用符号	专用符号	应用实例
其他设备(Y)	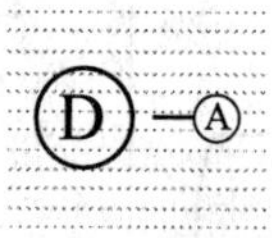 驱动机、发动机	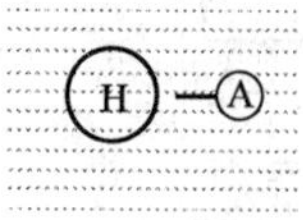 液力驱动机 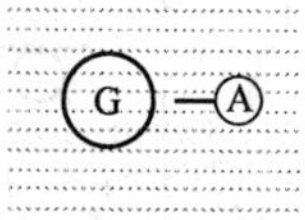　发电机(动力发生机) 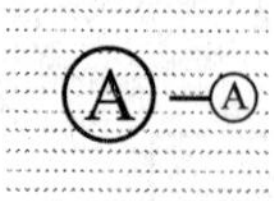 气力(空气)驱动机 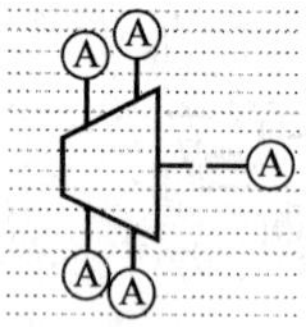 离心式膨胀机、透平式膨胀机 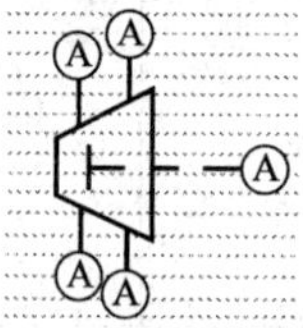　活塞式膨胀机	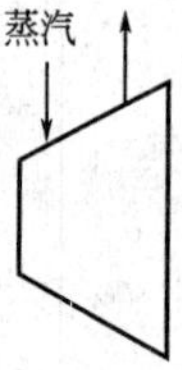 蒸汽 蒸汽汽轮机

说明：

1. 图形符号下部表示了网格(格栅点的基本模数 $M=2.5\text{mm}$)，推荐用于图形符号的定位和比例尺寸。与图形符号的连接为○，它不是图形符号的组成部分。箭头所示方向表示物流进出方向。

2. 对于没有定位尺寸要求的图形符号，图形符号可以转向，或变为其镜像图形符号可以变形，以调整到符合实际对象。

3. 采用组合的方式来表示功能相关的图形符号，由一个通用符号与附加符号组成反映几种功能的图形符号。

4. 对本标准中没有列出的图形符号，可采用下述的方法之一表示。

（1）以实际对象的形状、特征和尺寸来形象化、简化表示。

（2）以一个长方块(或方块)来表示，并注明名称。

（3）新增图形符号。

4. 图形符号根据功能作用或类型特征分为通用符号和专用符号两组。通用符号优先用于工艺流程图(PF 图)和管道仪表流程图(PI 图) 的 A 版(初版)。随工程设计的进展，逐步深化图形。管道仪表流程图的 B 版(用户审查版) 和 C 版(施工版) 要尽量采用专用符号。

5. 标准中的应用举例是用来说明图形符号的表示、应用和组合。

1. 管道和线条图形符号

名　称	符　号	备　注	名　称	符　号	备　注
主物料管道		粗线条	隔热层管道		隔热层只表示一段 $C=0.8$
次要物料管道、辅助物料管道和设备轮廓线		中线条	伴管分界线		伴管分界线的标识字母"T"与伴管的功能类型代号相同
引线、尺寸标注线、管件、阀门、仪表图形符号和仪表管线等		细线条	隔热层分界线		隔热层分界线的标识字母"H"与隔热层的功能类型代号相同
原有管道（原有设备轮廓线）			夹套管分界线		夹套管分界线的标识字母"J"与夹套管的功能类型代号相同
地下管道（埋地和地下管沟）			翅片管		定距,每段表示六个翅片,翅片线为细线条
蒸汽伴热管道		伴热管只表示一段 $C=0.8$	软管		
电伴热管道		电伴热管只表示一段 $C=0.8$	地上和地下管道分界		圆直径3mm,圆为细线条

名　称	符　号	备　注	名　称	符　号	备　注
伴冷管道		伴冷管只表示一段 $C=0.8$	不属于本设计范围的和属于今后续建的设备、管道表示线		
特殊伴热管道	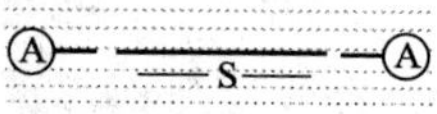	特殊伴热管只表示一段 $C=0.8$	管道交叉（不相连）和管道相连	第一种表示方法 管道交叉(不相连) 	
夹套管道（套管）	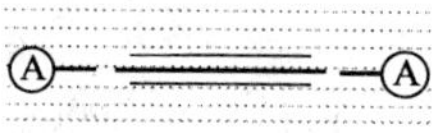	夹套管只表示一段 $C=0.8$			
管道交叉（不相连）和管道相连	第一种表示方法 管道相连 		不同设计单位分工范围线		细线条
			成套设备范围线		细线条

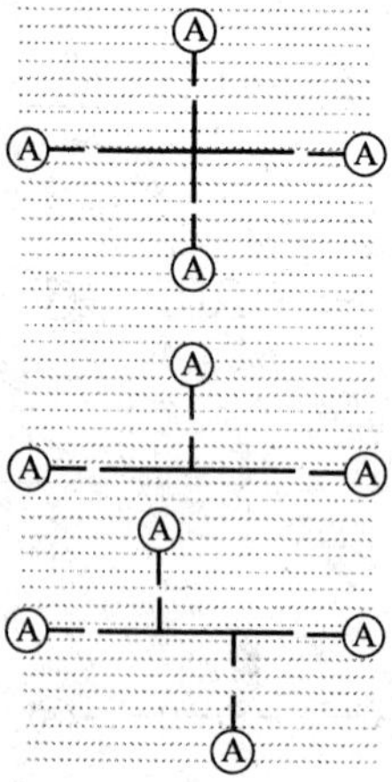

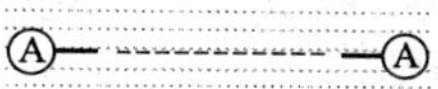

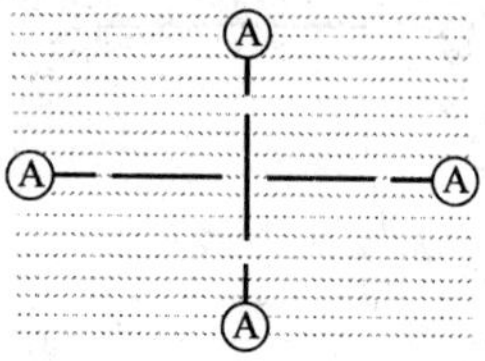

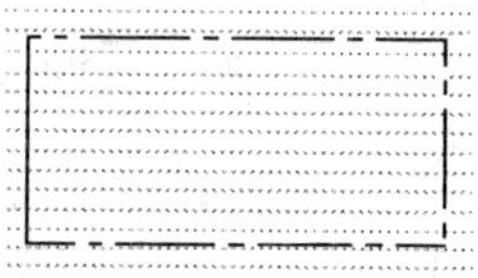

名　称	符　号	备　注	名　称	符　号	备　注
管道交叉（不相连）和管道相连	第二种表示方法 管道交叉(不相连) 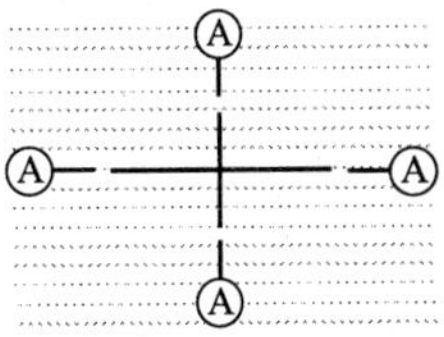 管道相连 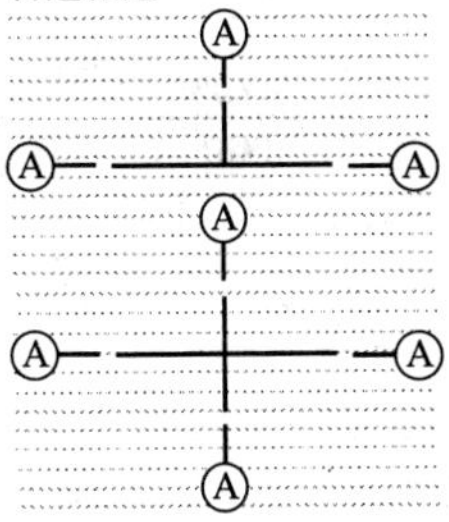	在一套图中只能采用一种表示方法，不能兼用两种表示方法 黑圆点直径2mm	责任范围表示法	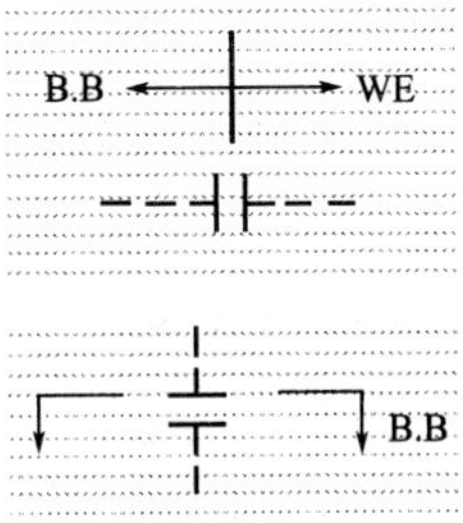 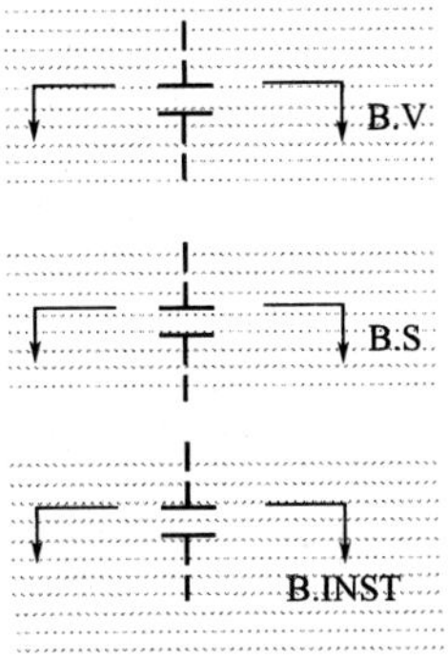 B.B ← ┼ → WE B.B B.V B.S B.INST	细线条 WE：随设备成套供应 B.B：由买方负责 B.V：由制造厂负责 B.S：由卖方负责 B.INST：由仪表负责
虹吸管（液封管）	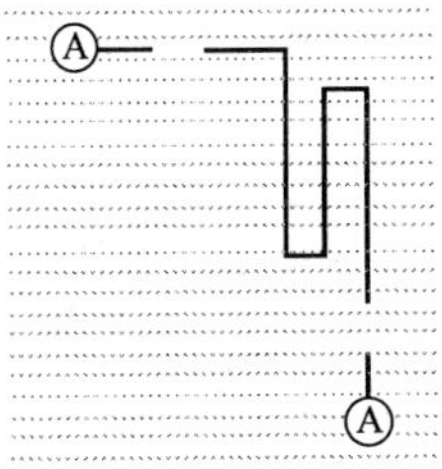		专有说明和注解范围线	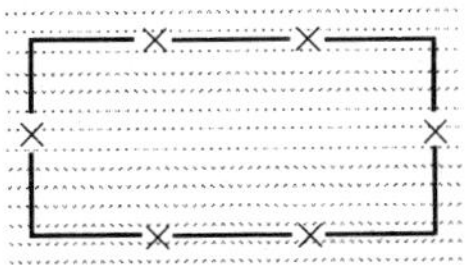	细线条
界区线	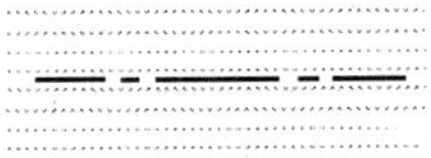	中线条	修改范围线		细线条

続表

名　称	符　号	备　注	名　称	符　号	备　注
流向和指示箭头	第一种表示方法 第二种表示方法	箭头头部角度 45°～60° 在一套图中只能采用一种表示方法	相界面符号		细线条 $C=0.8$
			管道等级（材料），管道号的分界符号	ABCD EFGH	细线条
管道（仪表信号线）的图纸接续标志	进图纸 Ⓐ 出图纸 Ⓐ	中线条	公用工程站	HS	长方形不规定尺寸 中线条
			蒸汽分配管	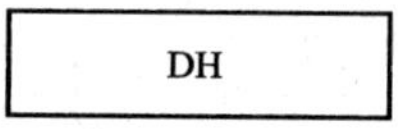 DH	长方形不规定尺寸 中线条
			冷凝液收集管	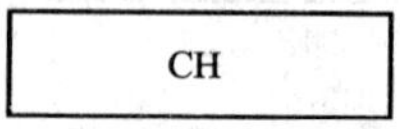 CH	长方形不规定尺寸 中线条

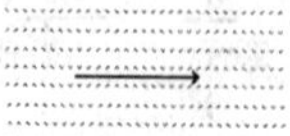

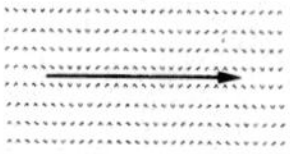

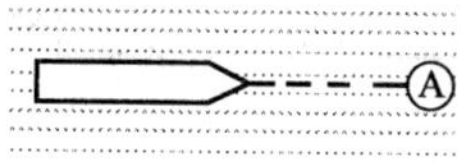

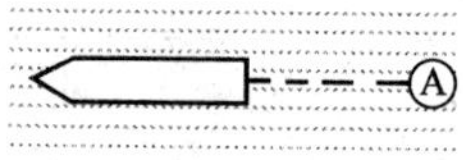

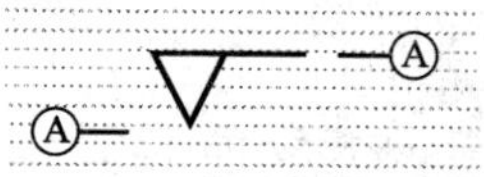

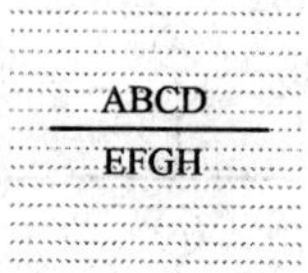

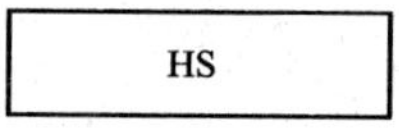

名　称	符　号	备　注	名　称	符　号	备　注
管道的界区接续标志	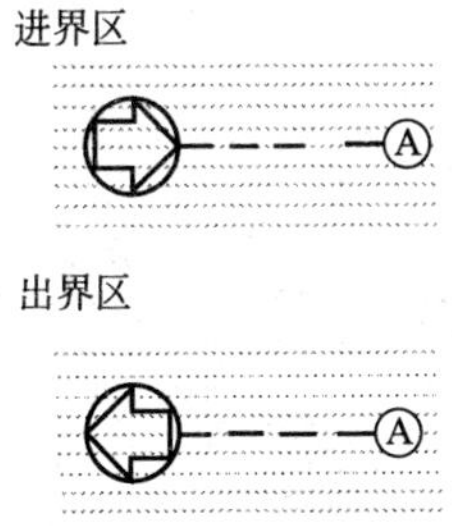 进界区 出界区	中线条	表示单元操作,工艺设备的长方框		长方形不规定尺寸 中线条
			取样,特殊管(阀)件的编号框	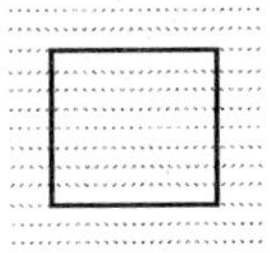	正方形 细线条
			钢制平台,操作台	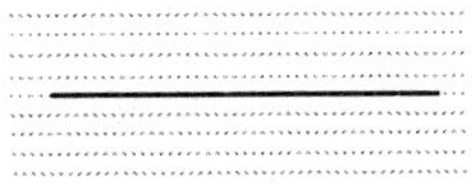	粗线条
设计条件填写框	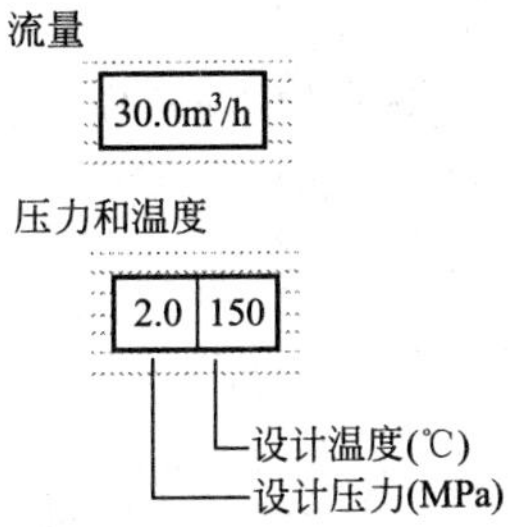 流量 30.0m³/h 压力和温度 2.0 | 150 └─设计温度(℃) └──设计压力(MPa)	计量单位按需要在框内标注。压力值为绝对压力,如果表示表压则标注(表) 填写框线为细线条	砖砌、混凝土、耐火砖、土壤和地平线		细线条 $C=0.8$ (通用符号)
坡度	 0.002　　　3°	头部角度30° 细线条	设备上管口符号	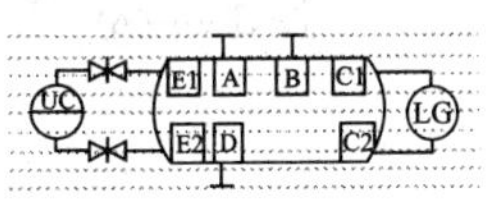	编号框为细线条
设备切断(分割)线	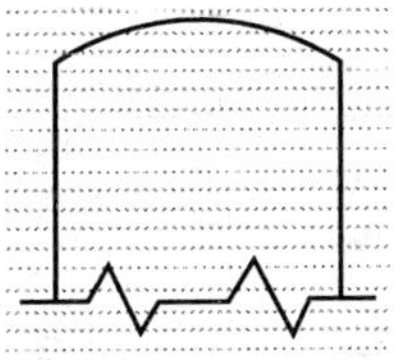	分割线为细线条	玻璃管(板)液位计	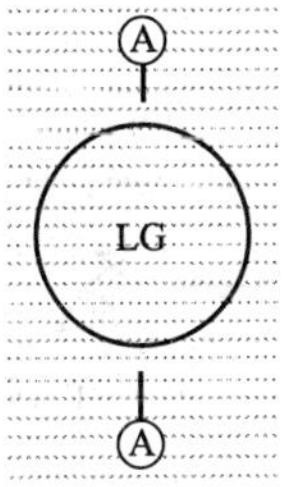 LG	细线条 $C=0.8$

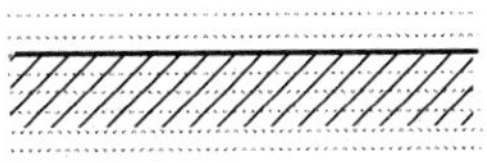

名　称	符　号	备　注	名　称	符　号	备　注
设备隔热层	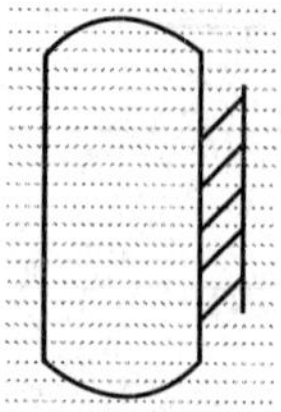	隔热层线条为细线条 $C=0.8$	修改标记符号	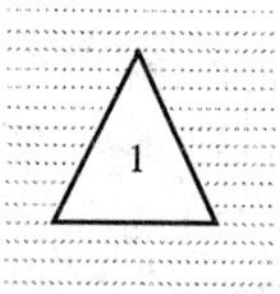	三角形内的"1"表示第一次修改 细线条

2. 阀门和管件图形符号(均为细线条)

名　称	符　号	备　注	名　称	符　号	备　注
闸阀	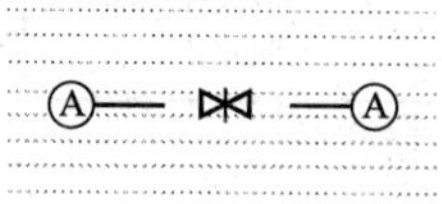	$C=0.8$	三通阀	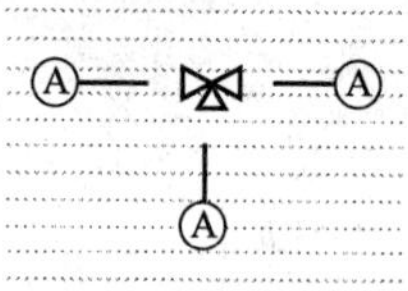	$C=0.8$ (通用符号)
截止阀	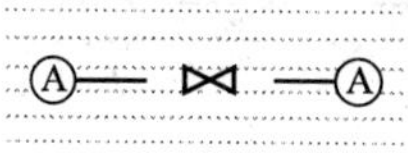	$C=0.8$	四通阀	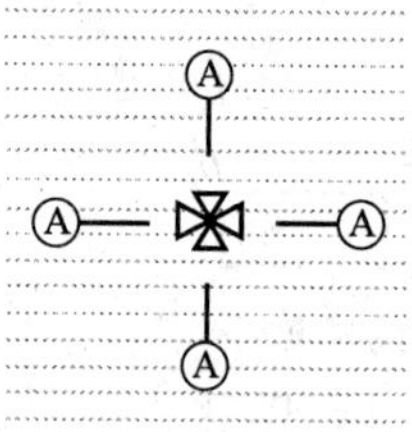	$C=0.8$ (通用符号)
旋塞阀	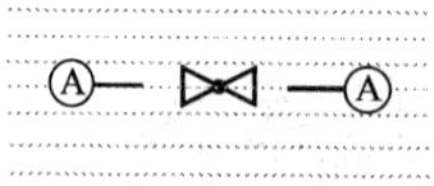	黑圆点直径 2mm $C=0.8$	手动控制截止阀(用于带阀位信号)	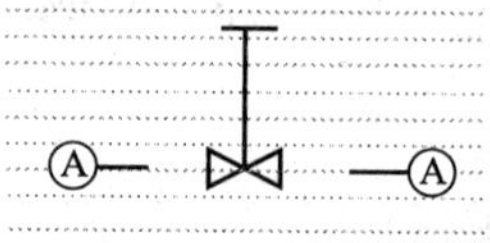	$C=0.8$
球阀	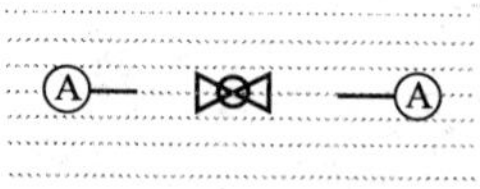	圆直径 4mm $C=0.8$	手动控制旋塞阀(用于带阀位信号)	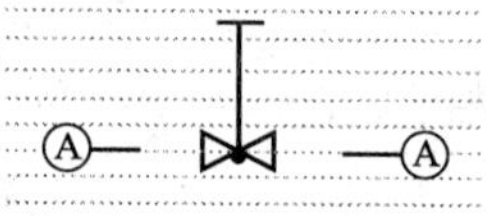	黑圆点直径 2mm $C=0.8$
角阀	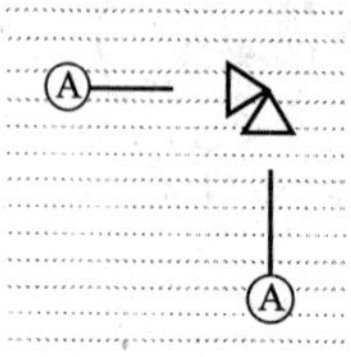	$C=0.8$ (通用符号)	手动控制球形阀(用于带阀位信号)	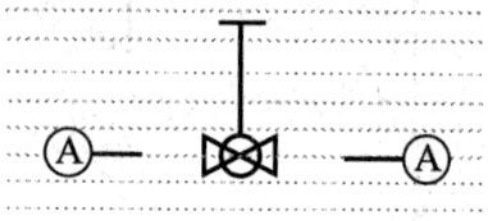	圆直径 4mm $C=0.8$

名　称	符　号	备　注	名　称	符　号	备　注
隔膜阀		$C=0.8$	插板阀	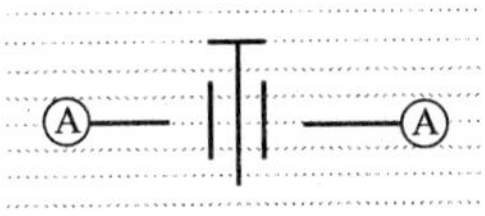	$C=0.8$
减压阀	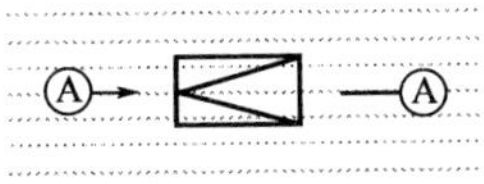	$C=0.8$	顶底阀	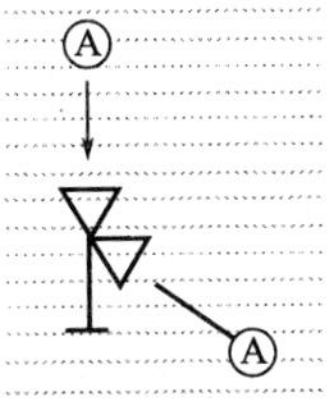	$C=0.8$ （通用符号）
柱塞阀	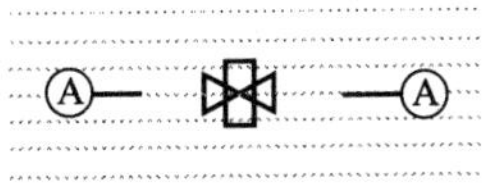	$C=0.8$	顶底球阀	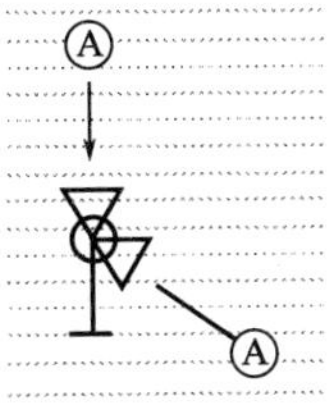	圆　直径 4mm $C=0.8$
底阀	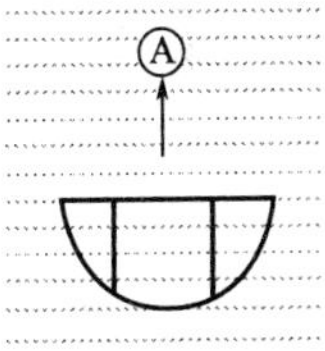	$C=0.8$	角式弹簧安全阀	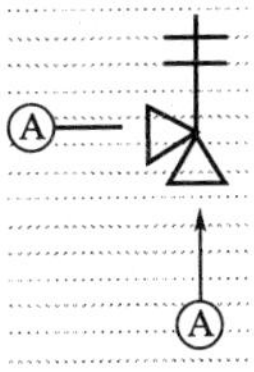	$C=0.8$
疏水阀	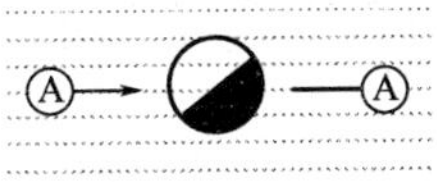	$C=0.8$	角式重锤安全阀	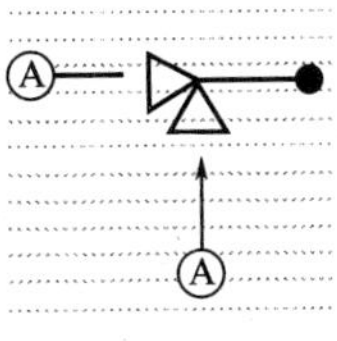	黑圆点直径 2mm $C=0.8$
止回阀	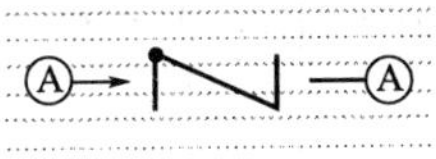	黑圆点直径 2mm $C=0.8$ （通用符号）	带旁通的阀	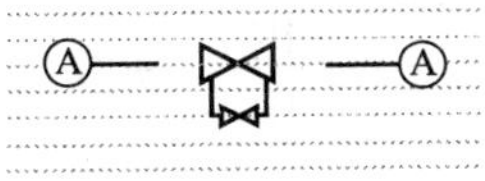	$C=0.8$

名　称	符　号	备　注	名　称	符　号	备　注
角式止回阀	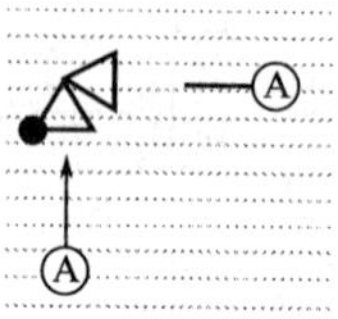	黑圆点直径 2mm $C=0.8$	阀门带有排净或吹扫接头	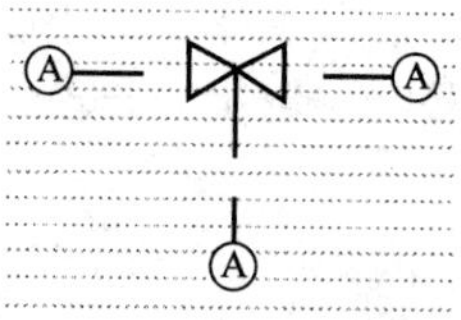	$C=0.8$
碟阀	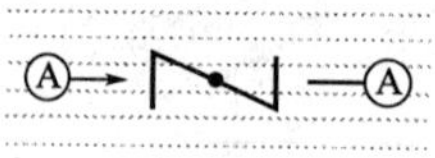	黑圆点直径 2mm $C=0.8$	圆形盲板	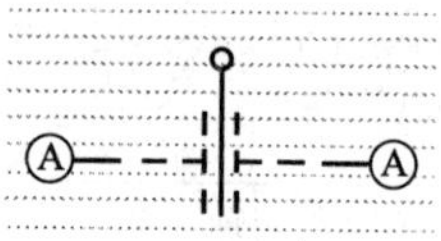	圆　直径 2mm $C=0.8$ （通用符号）
呼吸阀	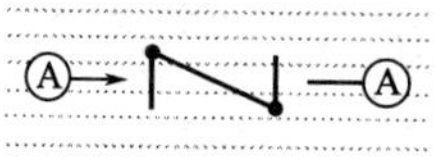	黑圆点直径 2mm $C=0.8$	8 字盲板	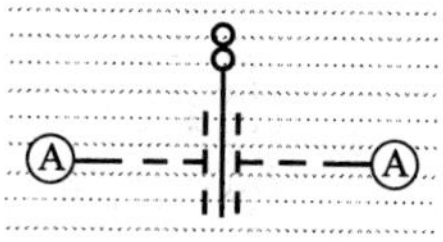	圆　直径 2mm $C=0.8$ （通用符号）
针形阀	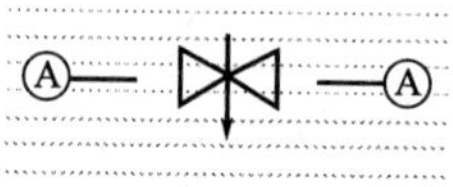	$C=0.8$	8 字盲板（正常开启）	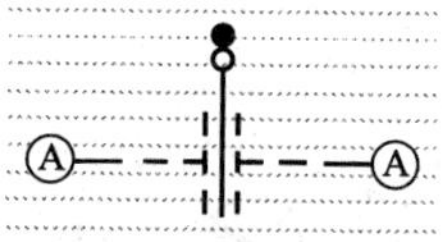	圆　直径 2mm $C=0.8$
8 字盲板（正常关闭）	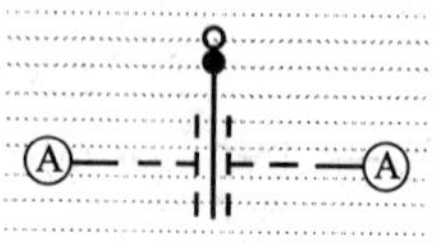	圆　直径 2mm $C=0.8$	罐（蓝）式过滤器	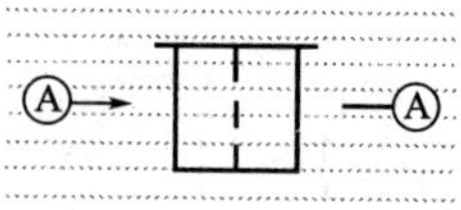	$C=0.8$

名　称	符　号	备　注	名　称	符　号	备　注
装在法兰间的限流孔板	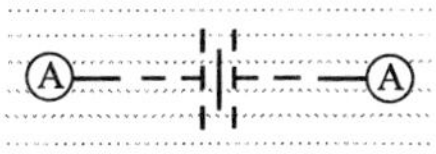	$C=0.8$	文氏管	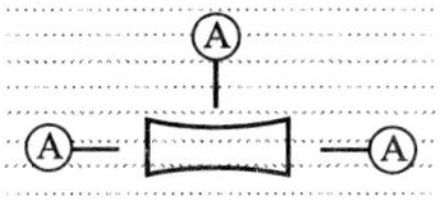	
焊接在管道内的限流孔板	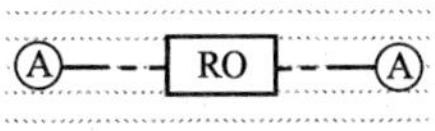	$C=0.8$	喷射器、引射器	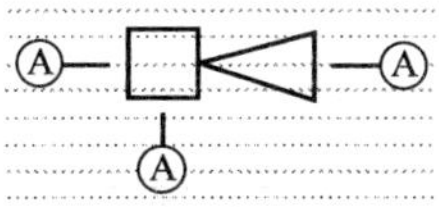	（通用符号）
正拱形爆破片	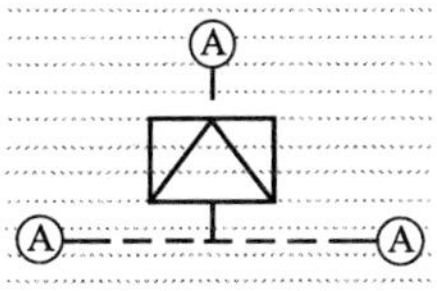	$C=0.8$	管道混合器	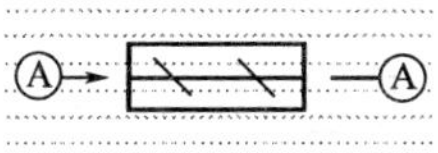	$C=0.8$ （通用符号）
反拱形爆破片	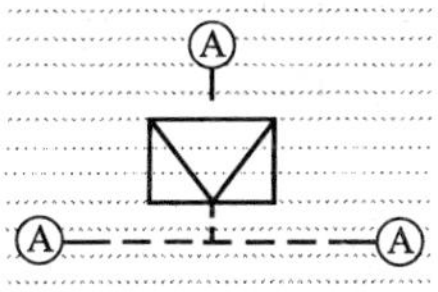	$C=0.8$	静态混合器	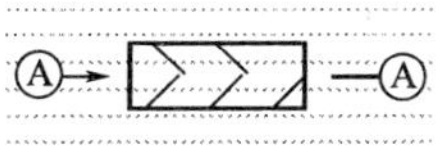	$C=0.8$
消声器	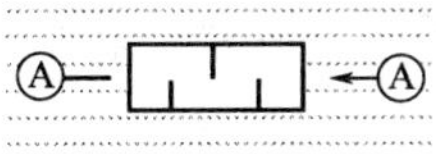	$C=0.8$	管道上的小水封、油水分离器	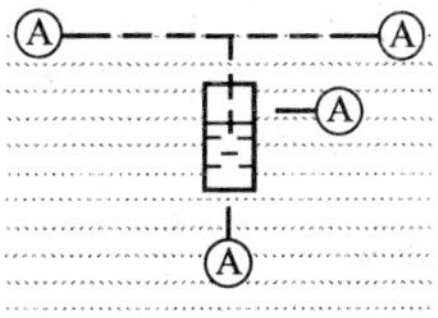	$C=0.8$
管道过滤器	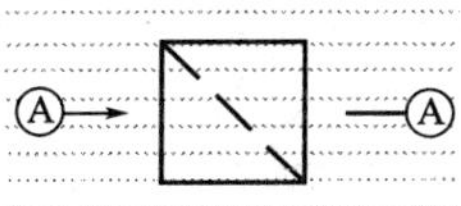	$C=0.8$ （通用符号）	喷淋器		$C=0.8$

名　称	符　号	备　注	名　称	符　号	备　注
锥形过滤器	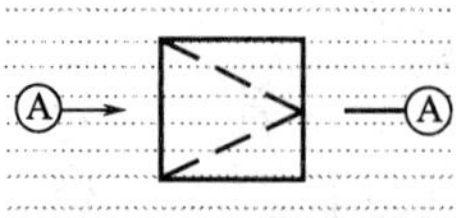	$C=0.8$	安全喷淋器		$C=0.8$
Y形过滤器		$C=0.8$	安全洗眼器	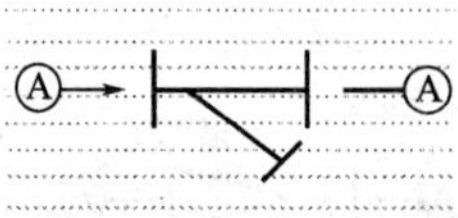	$C=0.8$
T形过滤器	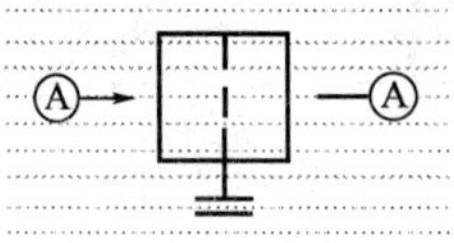	$C=0.8$			
安全喷淋洗眼器	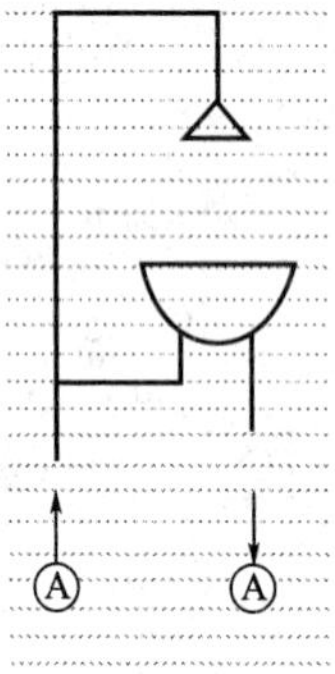	$C=0.8$	阻火器	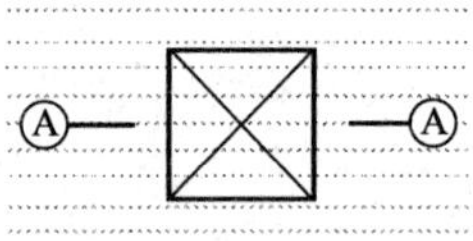	$C=0.8$（通用符号）
敞口漏斗		$C=0.8$	视镜、视钟	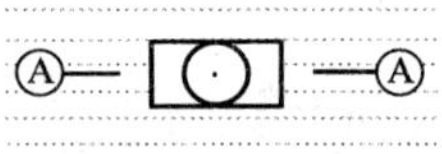	$C=0.8$（通用符号）
封闭漏斗		$C=0.8$	脉冲衰减器	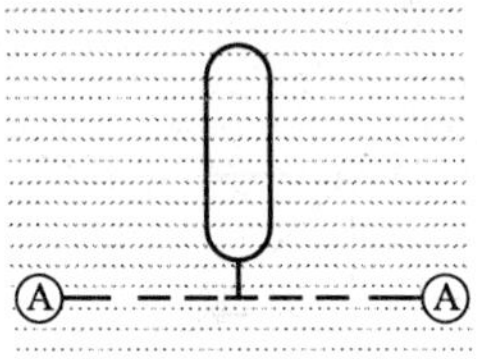	$C=0.8$

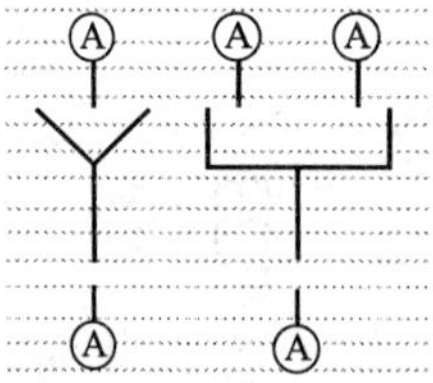

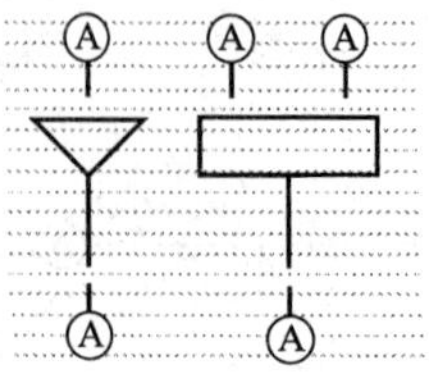

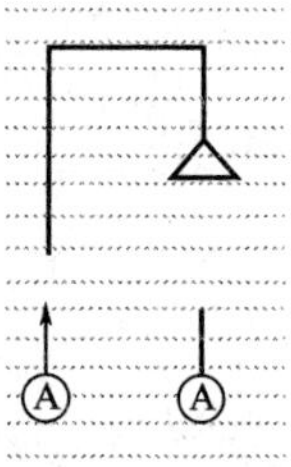

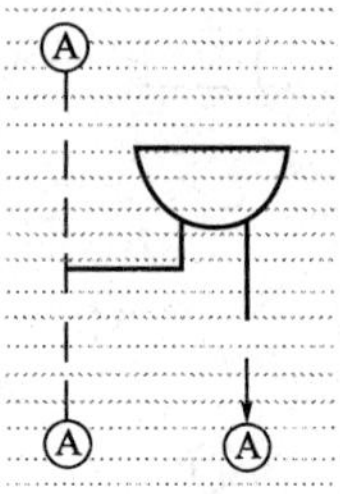

名　称	符　号	备　注	名　称	符　号	备　注
放空管	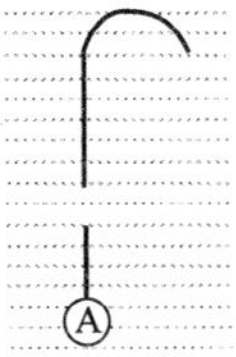	$C=0.8$	检流器	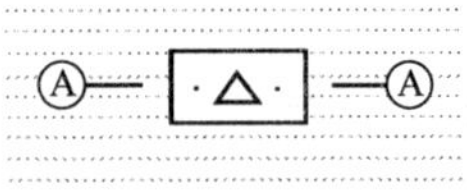	$C=0.8$
鹤管	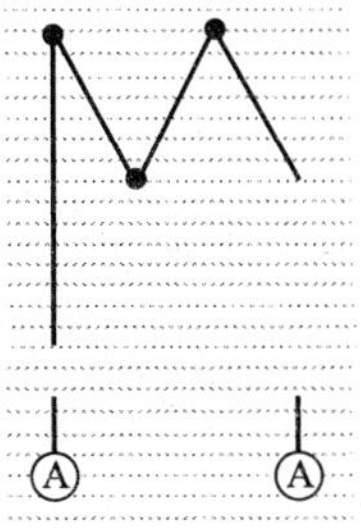	圆　直 径2mm $C=0.8$	补偿器 弹性连 接件	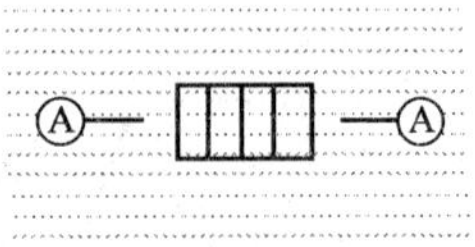	$C=0.8$ （通用符号）
防雨帽 （放空帽）	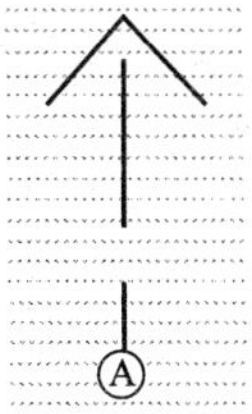	$C=0.8$	特殊管件、 特殊阀门	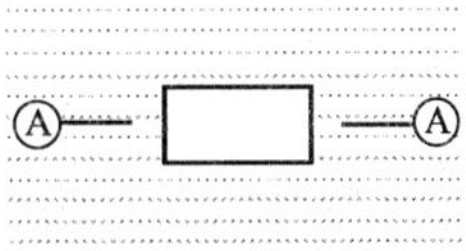	框内和框 外注明名 称和形式 $C=0.8$ （通用符号）
蒸汽排 放头	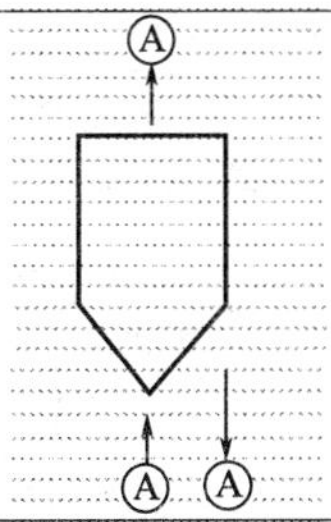	$C=0.8$	法兰连接	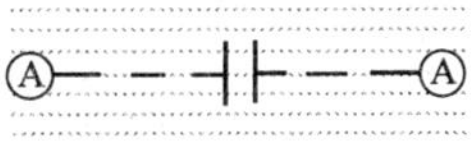	$C=0.8$
异径管	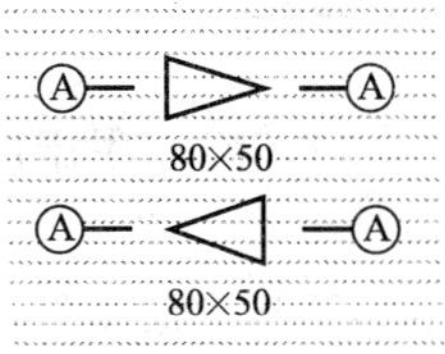 80×50 80×50	$C=0.8$	异径法兰 连接	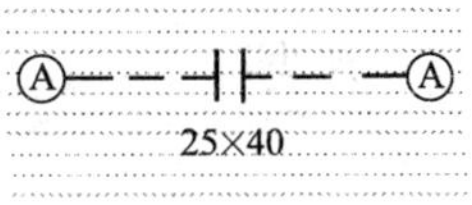 25×40	$C=0.8$
偏心异 径管	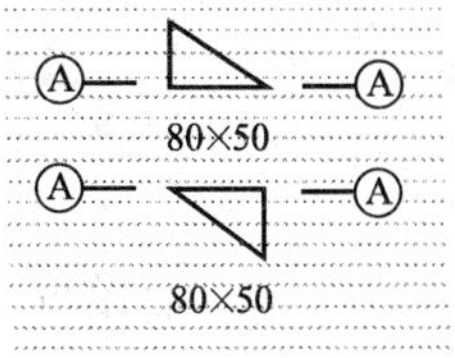 80×50 80×50	$C=0.8$	可卸短管		$C=0.8$

名称	符号	备注	名称	符号	备注
接头	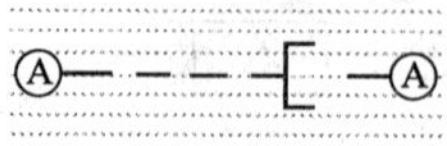	$C=0.8$（通用符号）	阀端法兰盖	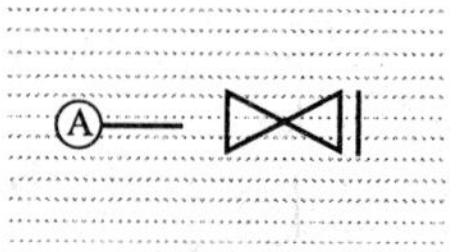	$C=0.8$
活接头连接	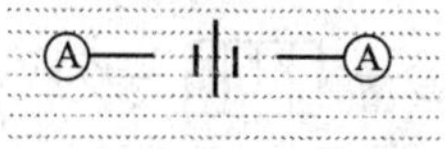	$C=0.8$	阀端丝堵	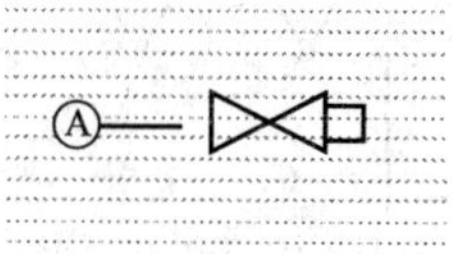	$C=0.8$
快速管接头	 阴扣　　阳扣	$C=0.8$	管端丝堵		$C=0.8$
管帽	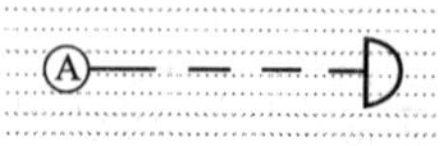	$C=0.8$	螺纹管帽	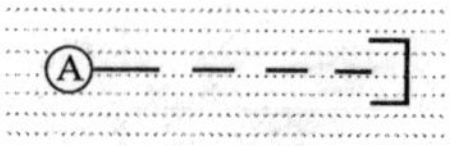	$C=0.8$
管端法兰盖	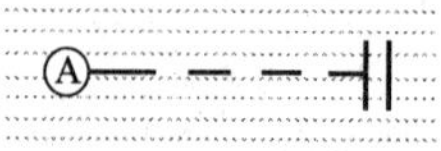	$C=0.8$	管端盲板（管端焊接平板封头）	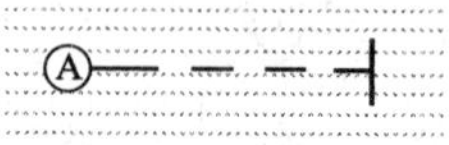	$C=0.8$

说明：

1. 图形符号下部表示了网格（格栅点的基本模数 $M=2.5\text{mm}$），推荐用于图形符号的定位和比例尺寸。

与图形符号的连接为○，它不是图形符号的组成部分。图形符号中的虚线部分是表示该管（阀）件与之连接的部件，不是图形符号的组成部分。

箭头所示方向表示物流进出方向。而责任范围表示法中的箭头方向表示责任对象。

2. 对于没有定位尺寸要求的图形符号，图形符号可以转向，或变为其镜像，某些图形符号可以变形，以调整到符合实际对象。

3. 图中除备注通用符号外，其余均为专用符号。

图形符号根据功能作用或类型特征分为通用符号和专用符号两组。通用符号优先用于工艺流程图（PF 图）和管道仪表流程图（PI 图）的 A 版（初版）。随工程设计的进展，逐步深化图形。管道仪表流程图的 B 版(用户审查版)和 C 版(施工版)要尽量采用专用符号。

4. 采用组合的方式表示功能相关的图形符号,由一个通用符号与附加符号来组成反映几种功能的图形符号。

5. 对本标准中没有列出的图形符号,可采用下述的方法之一表示。

(1) 以实际对象的形状、特征和尺寸来形象化、简化表示。

(2) 以一个长方块(或方块)来表示,并注明名称。

6. 标准中 C=0.8,即是比例系数为 0.8,表示在管道仪表流程图上的图形符号的绘制尺寸,推荐取本规定图形尺寸的 0.8 倍。

附表 10-4 管道仪表流程图上的物料代号(HG 20559.5—1993)

1. 工艺物料代号					
缩写代号	英 文	中文词义	缩写代号	英 文	中文词义
P	Process stream	工艺物料(通用代号)	PL	Process liquid	工艺液体
PG	Processgas	工艺气体	PS	Process solid	工艺固体

2. 化学品、辅助物料和公用物料代号					
缩写代号	英 文	中文词义	缩写代号	英 文	中文词义
A	Air	空气	CO	Cooling oil	冷油(冷却油)
AC	Acid	酸、酸液	COO	Carbon dioxide	二氧化碳
ACG	Acidily gas	酸性气体	CRS	Contaminated rain and sewage	污染下水(指污染的雨水、冲洗水、放净水、排水)
ACL	Acidily liqiud	酸性液体	CSW	Chilled salt water	冷冻盐水(指 0℃以下)
ACS	Acidily sewage	酸性污水	CTM	Cooling transferma-terial	冷载体
AD	Additive	添加剂	CW	Cooling water	冷却水
AM	Ammonia	氨	CWR	Cooling water return	冷却水回水
AMG	Gaseous ammonia	氨气(作制冷剂)	CWS	Cooling water supply	冷却水供水
AML	Liqiud ammonia	液氨(作制冷剂)	DAW	Dealkalized water	脱碱水(用于除盐水系统)
AMW	Ammonia water	氨水	DEW	Demineralized water	除盐水(脱盐水)
BD	Blow down	排污	DR	Drain	排水、排液
BR	Brine	盐卤水	DW	Domestic water	生活用水、饮用水
BW	Boiler feed water	锅炉给水	EA	Exhaust air	排出空气
C	Steamy condensate	水蒸气凝液	ER	Ethane(or ethylene) refrigerant	乙烷(或乙烯)冷冻剂
CA	Caustic	碱、碱液	ES	Exhaust steam	排出蒸汽
CAG	Caustic gas	碱性气体	F	Flare exhaust steam	火炬排放气
CAL	Caustic liquid	碱性液体	FG	Fuelgas	燃料气
CAS	Caustic sewage	碱性污水	FLG	Fluegas	烟道气
CAT	Catalyst	催化剂	FLW	Filtrated water	过滤水
CHW	Chilled water	冷冻冷水(指 0℃以上)	FO	Fuel oil	燃料油
CL	Chlorine	氯	FOS	Foaming solution	泡沫液
CM	Chemicals	化学品	FR	Freon refrigerant	氟利昂冷冻剂
CNS	Clean sewage	清净下水	FT	Fused salt	熔盐

缩写代号	英 文	中文词义	缩写代号	英 文	中文词义
FW	Fire water	消防水	OL	Oil	油（泛指除原料外的油）
GO	Gland oil	填料油	OS	Oily sewage	含油污水
GW	Gased water	加气水、溶气水	OX	Oxygen	氧气
H	Hydrogen	氢气	PA	Plant air	工厂空气
HA	Hydrochloric acid	盐酸	PR	Propane(or propylene) refrigerant	丙烷（或丙烯）冷冻剂
HC	High pressure condensate	高压蒸汽凝液	PW	Polished water	精制水
HO	Heating oil	热油、加热油、热载油	R	Refrigerant	冷冻剂、冷媒、制冷剂
HS	High pressure steam	高压蒸汽	RAW	Raw water	原水
HTM	Heat transfermaterial	热载体	RCS	Rain water and clean sewage	雨水及清净下水（指清净的雨水、冲洗水、放净水、排水）
HW	Hot water	热水	RW	Raw water	雨水
HWR	Hot water return	热水回水（用于采暖、加热、空调等）	S	Steam	蒸汽
HWS	Hot water supply	热水给水（用于采暖、加热、空调等）	SA	Sulphuric acid	硫酸
HYL	Hydraulic liquid	液压液体	SEW	Sea water	海水
HYO	Hydraulic oil	液压油	SFW	Soft water	软水（软化水）
HYW	Hydraulic water	液压水	SL	Sealing liquid	密封液
IA	Instrument air	仪表空气	SO	Sealing oil	密封油
ICW	Intermadiate cooling water	冷却水二次用水	SS	Sanitary sewage	生活污水
IDW	Industrial and domestic water	生产和生活用水	SU	Sludge，slurry	污泥、泥浆
IG	Inert gas	惰性气体	SW	Sealing water	密封水
IS	Industrial sewage	生产污水（泛指工艺过程产生的污水）	TW	Treated waste water	处理后的废（污）水
IW	Industrial water	生产用水	VE	Vacuun exhaust	真空排放气
LC	Low pressure condensate	低压蒸汽凝液	VG	Ventgas	放(排)空气体
LD	Liquid drain	排液（泛指工艺排液）	W	Water	水
LO	Lubricating oil	润滑油	WAC	Waste acid	废酸
LS	Low pressure steam	低压蒸汽	WCA	Waste caustic	废碱
MC	Medium pressure condensate	中压蒸汽凝液	WG	Waste gas	废气
MR	Methane refrigerant	甲烷冷冻剂	WL	Waste liquid	废液
MS	Medium pressure steam	中压蒸汽	WO	Waste oil	废油
N	Nitrogen	氮气	WS	Waste solid	废渣
NG	Natural gas	天然气	WW	Waste water	废水（各种污水统称）

注：1. 在规定中列入的物料代号是最基本的。当工程设计中需要补充本规定所列以外的物料代号时，不要与本规定相矛盾。

2. 当必须指明物料代号是供给或返回时，可在物料代号后加 S(Supply) 表示供给，加 R(Return) 表示返回。如本文中冷却水供水为 CWS，冷却水回水为 CWR。

3. 要指明气相或液相等相特性时，可在物料代号后加 G(Gas) 表示气相，加 L(Liquid) 表示液相，如氨作为冷冻剂，AMG 为气氨，AML 为液氨。

缩写词	英　文	中文词义	缩写词	英　文	中文词义
A	Air drive	气力(空气)驱动	L	Length	长度、段、节、距离
A	Analysis	分析	L	Low	低
ABS	Absolute	绝对的	LN. BLD	Line blind	管道盲板
ABS	Acrylonitrile-butadiene-styrene	丙烯腈-丁二烯-苯乙烯	LNB. V	Line-blind valve	管道盲板阀
ABS. EL	Absolute elevation	绝对标高	LC	Locked closed	关闭状态下加锁(锁闭)
ACF	Advanced certified final	先期确认图纸资料	L. C. S.	Low-carbon steel	低碳钢
ADPT	Adapter	连接头	LC. V	Lift check valve	升降式止回阀
AFC	Approved for construction	批准用于施工	LEP	Large end plain	大端为平的
AFD	Approved for design	批准用于设计	LET	Large end thread	大端带螺纹
AFP	Approved for planning	批准用于规划设计	LG	Levelglass	玻璃管(板)液位计
AGL	Angle	角度	LIQ	Liquid	液体
AGL. V	Angle valve	角阀(角式截止阀)	LJF	Lap joint flange	松套法兰
ALT	Altitude	高度、海拔	LL	Lowest(lower)	最低(较低)
ALUM.	Aluminum	铝	LLL	Low liquid level	低液位
ALY. STL	Alloy steel	合金钢	LND	Lined	衬里
AMT	Amount	总量、总数	LO	Locked open	开启状态下加锁(锁开)
APPROX	Approximate	近似的	L. P	Low pressure	低压
ASB.	Asbestos	石棉	LPT	Low point	低点
ASPH.	Asphalt	沥青	L. R	Load ratio	载荷比
A. S. S.	Austenitic stainless steel	奥氏体不锈钢	LR	Long radius	长半径
ATM	Atmosphere	大气、大气压	LTR	Letter	符号、字母、信
AUTO	Automatic	自动的	LUB	Lubricant	润滑油、润滑剂
AVG	Average	平均的、平均值	M	Motor(motor actuator)	电动机、马达、电动机执行机构
B	Buyer	买方、买主	MACH	Machine	机器
BAR	Barometer	气压计、气压表	MATL	Material	材料、物质
BA. V	Ball valve	球阀	MAX	Maximum	最大的
B/B(B-B)	Back to back	背至背	M. C. S.	Medium-carbon steel	中碳钢
B. B	By buyer	买方负责	MDL(M)	Middle(medium)	中间的、中等的、正中、当中
BBL(bbl)	Barrel	桶、桶装	MF	Male face	凸面
B. C	Between centers	两者中心之间(中心距)	M&F	Male and female	阳的与阴的(凸面和凹面)
BD. V	Blowdown valve	泄料阀、排污阀	MH	Man hole	人孔
BF	Blind flange	盲法兰	M. I.	Malleable iron	可锻铸铁
B. INST	By instrument	由仪表(专业)负责	MIN	Minimum	最小的
BL	Battery limit	界区线范围、装置边界	M. L	Match line	接续线
BLD	Blind	挡板、盲板	MOL WT	Molecular weight	分子量
BLC. V	Block valve	切断阀	MOV	Motor operated valve	电动阀
B. M	Bench mark	基准点、水准	M. P.	Middle(medium) pressure	中压
BOM	Bill of material	材料表、材料单	M. S. S.	Martensitic stainless steel	马氏体不锈钢
BOP	Bottom of pipe	管底			

缩写词	英　文	中文词义	缩写词	英　文	中文词义
BOT	Bottom	底	MTD	Mean temperature difference	平均温差
BP	Back pressure	背压	MTO	Material take-off	材料统计
B. P	Bursting pressure	爆破压力	MW	Minimum wall	最小壁厚
B. PT	Boiling point	沸点	M. W	Mineral wool	矿渣棉
BRS.	Brass	黄铜	N	North	北
BR. V	Breather valve	呼吸阀	NB	Nominal bore	公称孔径
BRZ.	Bronze	青铜	NC	American national coarse thread	美国标准粗牙螺纹
B. S	By seller	由卖主负责	N. C	Normally closed	正常状态下关闭
BTF. V	Butterfly valve	蝶阀	N. C. I.	Nodular cast iron(nodular graphite iron)	球墨铸铁
BUR	Burner	燃烧器、烧嘴	NF	American national fine thread	美国标准细牙螺纹
B. V	By vendor	由制造厂（卖主）负责	NIL	Normal interface level	正常界面
C	Cap	管帽	NIP	Nipple	管接头、螺纹管接头
CAB	Cellulose acetate butyrate	乙酸丁酸纤维素	NLL	Normal liquid level	正常液位
CAT	Catalyst	催化剂	N. O	Normally open	正常状态下开启
C. B	Catch basin	雨水井（池）、集水井（池）、滤污器	NOM	Nominal	名义上的、公称的、额定的
C/C(C-C)	Center to center	中心到中心	NO. PKT	No pocket	不允许出现袋形
CCN	Client change notice	用户变更通知	NOR	Normal	正常的、正规的、标准的
C. D	Closed drain	密闭排放	NOZ	Nozzle	喷嘴、接管嘴
C/E(C-E)	Center to end	中心到端头（面）	NPS	National pipe size	国标管径
CEMLND	Cement lined	衬水泥的		American standard straight pipe thread	美国标准直管螺纹
CENT	Centrifugal	离心式、离心力、离心机	NPSH	Net positive suction head	净（正）吸入压头
CERA.	Ceramic	陶瓷	NPSHA	Net positive suction head available	净（正）吸入压头有效值
C/F(C-F)	Center to face	中心到面	NPSHR	Net positive suction head required	净（正）吸入压头必需值
CF	Certified final	最终确认图纸资料	NPT	American standard taper pipe thread	美国标准锥管螺纹
CG	Center ofgravity	重心	NS	Nitrogen supply	氮源
CH	Condensate header	冷凝液收集管	NUM	Number	号码、数目
CHA. OPER	Chain operated	链条操纵的	N. V	Needle valve	针形阀
C. I.	Cast iron	铸铁	OC.	Operating condition	操作条件、工作条件
CIRC	Circulate	循环	OD	Outside diameter	外径
CIRC.	Circumference	圆周	OET	One end threaded	一端制成螺纹（一端带螺纹）
C. L(Φ)	Center line	中心线	OF.	Operating flow	操作流量、工作流量
CL	Class	等级	O/O（O-O)	Out to out	总尺寸、外廓尺寸
CLNC	Clearance	间距、容积、间隙	OOC	Origin of coordinate	坐标原点
CND	Conduit	水管、导道、管道	OP.	Operating pressure	操作压力、工作压力
CNDS	Condensate	冷凝液	OPER	Operating	操作的、控制的、工作的
C. O	Clean out	清扫(口)、清除(口)	OPP	Opposite	相对的、相反的

缩写词	英　文	中文词义	缩写词	英　文	中文词义
COD	Continued on drawing	接续图	OR	Outside radius	外半径
COEF	Coefficient	系数	ORF	Orifice	孔板、小孔
COL	Column	塔、柱、列	OS. B. L	Outside battery limit	装置边界外侧
COMB	Combination	组合、联合	OT.	Operating temperature	操作温度、工作温度
COMBU	Combustion	燃烧	PA	Polyamide	聚酰胺
COMPR	Compressor	压缩机	PAP	Piping arrangement plan (piping assembly, piping layout)	管道布置平面
CONC	Concentric	同心的	PAR	Parallel	平行的、并联的
CONC.	Concrete	混凝土	PARA	Paragraph	段、节、款
CONC. RED	Concentric reducer	同心异径管	PB	Polybutylene	聚丁烯
CONDEN	Condenser	冷凝器	PB	Push button	按钮
COND.	Condition	条件、情况	PB STA	Push button station	控制(按钮)站
CONN	Connect，connecting	连接、管接头	PC	Polycarbonate	聚碳酸酯
CONT	Control	控制	PE	Plain end	平端
CONTD	Continued	连接、续	PE	Polyethylene	聚乙烯
CONT. V	Control valve	控制阀	P. F	Permanent filter	永久过滤器
COP.	Copper	铜、紫铜	PF	Platform	平台、操作台
CPE	Chlorinated polyether	氯化聚醚	PFD	Process flow diagram	工艺流程图
CPMSS	Consolidated piping-material Summary sheet	综合管道材料表	PG	Plug	塞子、丝堵、栓
CPLG	Coupling	联轴器、管箍、管接头	PI	Point of intersection	交叉点
			P&ID	Piping and instrument diagram	管道仪表流程图
CPVC	Chlorinated polyvinyl chlo-Ride	氯化聚氯乙烯	P. IR.	Pig iron	生铁
C. S	Carbon steel	碳钢	PL	Plate	板、盘
CSC	Car seal close	关闭状态下铅封(未经允许不得开启)	PLS	Plastic	塑料
CSO	Car seal open	开启状态下铅封(未经允许不得关闭)	PMMA	Polymethel methacrylate	聚甲基丙烯酸甲酯
C. STL.	Cast steel	铸钢	PN	Pressure rating (nominal pressure)	公称压力
CSTG	Casting	铸造、铸件、浇注	PNEU	Pneumatic	气动的、气体的
CTR	Center	中心	PN. V	Pinch valve	夹套式胶管阀(用于泥浆粉尘等)
C. V	Check valve	止回阀、单向阀	PO	Polyolefin	聚烯烃
CYL	Cylinder	钢瓶、汽缸、圆柱体	POS	Point of support	支承点
D	Density	密度	PP	Polypropylene	聚丙烯
D	Driver	驱动机、发动机	P. PROT	Personnel protection	人员保护
DAMP	Damper	调节挡板	PRESS (P)	Pressure	压力
DA. P	Dash pot	缓冲筒(器)	PS	Polystrene	聚苯乙烯
DBL	Double	双、复式的	P. SPT	Pipe support	管架
DC.	Design condition	设计条件	PSR	Project status report	项目进展情况报告
DDI	Detail design issue	详细设计版	PSSS	Purchasing specification summary sheet	订货单、采购说明汇总表
DEG	Degree	度、等级	PT	Point	点
DF.	Design flow	设计流量	PTFE	Polytetrafluoroethylene	聚四氟乙烯

缩写词	英 文	中文词义	缩写词	英 文	中文词义
D. F	Drinking fountain	喷嘴式饮水龙头	PT. V	Piston type valve	柱塞阀
DH	Distribute header	分配管(蒸汽分配管)	P. V	Plug valve	旋塞阀
DIA	Diameter	直径、通径	PVC	Polyvinyl chloride	聚氯乙烯
DIM	Dimension	尺寸、因次	PVC LND	Polyvinyl chloride lined	聚氯乙烯衬里
DISCH	Discharge	排料、出口、排出	PVDF	Poly vinylidene fluoride	聚偏二氟乙烯
DISTR	Distribution	分配	Q CPLG	Quick coupling	快速接头
DIV	Division	部分、分割、隔板	QC. V	Quick closing valve	快闭阀
DN	Nominal diameter	公称(名义)通径	QO. V	Quick opening valve	快开阀
DN	Down	下	QTY	Quantity	数量
DP.	Design pressure	设计压力	R	Radius	半径
D. PT	Dew point	露点	RAD	Radiator	辐射器、散热器
DP. V	Diaphragm valve	隔膜阀	R. C	Rodding connection	棒桶口(孔)
DR.	Drive	驱动、传动	RECP	Receptacle	储罐、容器、仓库
DRN	Drain	排放、排水、排液	RED	Reducer	异径管、减压器、还原器
DSGN	Design	设计	REGEN	Regenerator	再生器
DSSS	Design Specification sum-mary sheet	设计规定汇总表	REV	Revision	修改
DT.	Design temperature	设计温度	RF	Raised face	突面
DV. V	Design valve (reversing valve)	换向阀	RFS	Smooth raised face	光滑突面
DWG	Drawing	图纸、制图	R. H.	Relative humidity	相对湿度
DWG NO.	Drawing number	图号	RJ	Ring joint	环形接头(环接)
E	East	东	RL. V	Relief valve	泄压阀
CE	Combustion engine	内燃机	RO	Restriction orifice	限流孔板
GE	Gas engine	燃气机	RP	Rupture piece(disk)	爆破片
ECC	Eccentric	偏心的、偏心器(轮、盘、装置)	RS	Rising stem	升杆式(明杆)
ECC RED	Eccentric reducer	偏心异径管	RSP	Removable spool piece	可拆卸短管(件)
E. F	Electric furnace	电炉	RUB LND	Rubber lined	衬橡胶
EL	Elevation	标高、立面	RV	Reducing valve	减压阀
ELEC	Electricity,electric	电、电的	S	Sumple	取样口、取样点
EMER	Emergency	事故、紧急	S	Seller	卖方、卖主
ENCL	Enclosure	外壳、罩、围墙	S.	Shell	壳体、壳程、壳层
EP	Explosion proof	防爆	S	South	南
EPDM	Ethylene propylene diene Monomer	乙烯丙烯二烃单体	S	Special(traced)	特殊(伴管)
EPR	Ethylene propylene rubber	乙丙橡胶	SA. V	Sampling valve	取样阀
EQ	Equation	公式、方程式	SC	Sampling cooler	取样冷却器
E. S. S	Emergency shutdown system	紧急关闭系统	SCH. NO	Schedule number	壁厚系列号
EST	Estimate	估计	SCRD	Screwed	螺纹、螺旋
etc	And so on(et cetera)	等等	SECT	Section	剖面图、部分、章、段、节
ETL	Effective tube length	有效管长	SEP	Small end plane	小端为平的
EXH	Exhaust	排气、抽空、取尽	SET	Small end thread	小端带螺纹

缩写词	英　文	中文词义	缩写词	英　文	中文词义
EXIST	Existing	现有的、原有的	S. EW	Security eye washer	安全洗眼器
EXP	Expansion	膨胀	S. EW. S	Security eye washer sprayer	安全喷淋洗眼器
EXP. JT	Expansion joint	伸缩器、膨胀节、补偿器	SG	Sight glass	视镜
FBT. V	Flush-botttom tank valve	罐底排污阀	SH. ABR	Shock absorber	减振器、振动吸收器
FC	Fail closed	故障(能源中断)时阀关闭	SK	Sketch	草图、示意图
FD	Flanged and dished	法兰式的和碟形的(圆板形的)	SLR	Silencer	消声器
F. D	Floor drain	地面排水口、地漏	SL. V	Slide valve	滑阀
FE	Flanged end	法兰端部	SN.	Swaged nipple	锻制螺纹短管
F/F(F-F)	Face to face	面到面	SNR	Snubber	缓冲器、锚链制止器、掏槽眼、减振器
FF	Flat faced(full face)	平面(全平面、满平面)	SO.	Steam out	蒸汽吹出(清除)
F. H	Fire hose	消防水龙带	SP	Special piece	特殊件
FH	Flat head	平盖	SP.	Static pressure	静压
FI	Fail indeterminate	故障(能源中断)时阀处任意位置	S. P.	Set point	设定点
FIG.	Figure	图	S. P	Set pressure	设定压力、整定压力
FL	Fail locked(last position)	故障(能源中断)时阀保持原位(最终位置)	SPEC	Specification	说明、规格特性、明细表
FL	Floor	楼板、楼面	SP GR	Specificgravity	密度
FLG	Flange	法兰	SP HT	Specific heat	比热容
FLGD	Flanged	法兰式的	SR	Styrene-rubber	苯乙烯橡胶
FL. PT	Flash point	闪点	S. S	Security sprayer	安全喷淋器
FMF	Female face	凹面	S. S.	Stainless steel	不锈钢
FO	Fail open	故障(能源中断)时阀开启	SS	Steam supply	蒸汽源
FOB	Flat on bottom	底平	ST	Steam trace	蒸汽伴热
FOT	Flat on top	顶平	ST.	Steam turbine	蒸汽(透平)
FPC. V	Flap check valve	翻板止回阀	STD	Standard	标准
FPRF	Fireproof	防火	S. TE	Structural tee	T形结构
F. PT	Freezing point	冰点	STL.	Steel	钢
FS	Flushing supply	冲洗源	STM	Steam	蒸汽
F. STL.	Forged steel	锻钢	STR	Strainer	过滤器
FS. V	Flush valve	冲洗阀	SUCT	Suction	吸入、入口
FTF	Fitting to fitting	管件直连	SV	Safety valve	安全阀
FTG	Fitting	管件	SW	Socket welded	承插焊的
FT. V	Foot valve	底阀	SW	Switch	开关
F. W	Field weld	现场焊接	SYM	Symmetrical	对称的
G(GENR)	Generator	发电机、动力发生机、发生器	SYMB	Symbol	符号、信号
GALV	Galvanize	电镀、镀锌	T	Tee	T形、三通
G. CI	Grey cast iron	灰铸铁	T	Steam trap	蒸汽疏水阀
GEN	General	一般的、通用的、总的	T.	Tube	管子、管程、管层
GL	Glass	玻璃	T&B	Top and bottom	顶和底
G. L	Ground level	地面标高	T/B(T-B)	Top to bottom	顶到底
GL. V	Globe valve	截止阀	TE	Threaded end	螺纹端

缩写词	英　文	中文词义	缩写词	英　文	中文词义
G. OPER	Gear operator	齿轮操作器	TEMP(T)	Temperature	温度
GOV	Governor	调速器	THD	Threaded	螺纹的
GR	Grade	等级、度	THK	Thick	厚度
GRD	Ground	地面	TIT.	Titanium	钛
GRP	Group	组、类、群	TL	Tangent line	切线
GR. WT	Gross weight	总(毛)重	TL/ TL	Tangent line tangent line	切线到切线
GS	Gas supply	气体源	(TL-TL)		
GSKT	Gasket	垫片、密封垫	TOP	Top of pipe	顶、管顶
G. V	Gate valve	闸阀	TOS	Top of support, Top of steel	架顶面、钢结构顶面
H	Height	高	TR. V	Throttle valve	节流阀
HA. P	Hand pump (wobble pump)	手摇泵	T. S	Temporary strainer	临时过滤器
HAZ	Heat affected zone	热影响区	TURB	Turbine	透平机、涡轮机、汽轮机
H. C.	Hand control	手工操作(控制)	U. C	Utility coupling	公用工程连接口(公用物料连接口)
HC.	Hose connection	软管连接、软管接头	UFD	Utility flow daigra	公用工程流程图(公用物料流程图)
H. C. S	High-carbon steel	高碳钢	UG(U)	Underground	埋地、地下
HCV	Hand control valve	手动控制阀	UH	Unit heater	单元加热器、供热机组
HDR	Header	总管、主管、集合管	UN	Union	活接头、联合、结合
HH	Handhole	手孔	V	Valve	阀
HH	Highest(higher)	最高(较高)	V	Vendor	制造商、卖主
HLL	High liquid level	高液位	VAC	Vacuum	真空
HOR	Horizontal	水平的、卧式的	VARN	Varnish	清漆
H. P	High pressure	高压	VBK	Vaccum breaker	破真空(阀)
HPT	High point	高点	VCM	Vendor co-ordinative	厂商协调会
HS	Hose station	软管站(公用工程站、公用物料站)	VEL	Velocity	速度
HS	Hydraulic supply	液压源	VERT	Vertical	垂直的、立式、垂线
HS. C. I	High silicon cast iron	高硅铸铁	VISC	Viscosity	黏度
HS. V	Hose valve	软管阀	VIT	Vitreous	玻璃状的、透明的
HT	High temperature	高温	VOL	Volume	体积、容量、卷、册
HTR	Heater	加热器(炉)	VT	Vent connection	放空
HYR	Hydraulic operator	液压操纵器	V. T	Vitrified tile	缸瓦质、陶瓷质
ID	Inside diameter	内径	VTH	Vent hole	放气孔、通气孔
i. e	That is(id est)		VT. V	Vent valve	放空阀
IGR	Ignitor		W	West	西
INL. PMP	Inline pump	管道泵	WD	Width	宽度、幅度、阔度
IN	Inlet	进口、入口	WE	With equipment	随设备(配套)供货
IN	Input	输入	W. I	Wrought iron	熟(锻)铁
INS	Insulation	隔热、绝缘、隔离	W. LD	Working load	工作荷载、操作荷载
INST	Instrument	仪表、仪器	WNF	Weld neck flange	对焊法兰
INSTL	Installation	装置、安装	WP	Weather proof	全天候、防风雨的
INST. V	Instrument valve	仪表阀	W. P.	Working point	工作点、操作的
INTMT	Intremittent	间歇的、断续的	WS	Water supply	水源
IS. B. L	Inside battery limit	装置边界内侧	WT	Wall thickness	壁厚
JOB NO	Job number	项目号	WT.	Weight	重量
KR	Knuckle radius	转向半径	XR	X-ray	X 射线

附表 10-6　管道仪表流程图上的管道等级代号(HG 20519.38—1992)

管道公称压力等级代号

压力 用于ANSI标准 (美国国家标准协会)	A——150LB E——900LB B——300LB F——1500LB C——400LB G——2500LB D——600LB	压力 用于国内	L——1.0MPa S——16.0MPa M——1.6MPa T——20.0MPa N——2.5MPa U——22.0MPa P——4.0MPa V——25.0MPa Q——6.4MPa W——32.0MPa R——10.0MPa

管道材质类别代号

材料名称	代　号	材料名称	代　号
铸铁	A	不锈钢	E
碳钢	B	有色金属	F
普通低合金钢	C	非金属	G
合金钢	D	衬里及内防腐	H

附表 10-7　管道仪表流程图上的隔热、保温、防火和隔声代号(HG 20559.6—1993)

(1) 定义和范围

① 隔热(绝热) 是指借助隔热材料将热(冷) 源与环境隔离，它分为热隔离(绝热) 和冷隔离(隔冷)。

② 保温(冷) 是借助热(冷) 介质的热(冷) 量传递使物料保持一定的温度，根据热(冷) 介质在物料(管) 外的存在情况分为伴管、夹套管、电加热等。

③ 防火是指对管道、钢支架、钢结构、设备的支腿、裙座等钢材料做防火处理。

④ 隔声是指对发出声音的声源采用隔绝或减少声音传出的措施。

(2) 代号使用说明

① 隔热、保温、防火和隔声代号采用一个或两个大写英文印刷体字母表示，两个英文字母大小要相同。

② 代号分为两类：通用代号和专用代号。

③ 通用代号是泛指隔热、保温特性，不特定指明具体类别，优先用于工艺流程图(PF图) 和管道仪表流程图(PI图) 的 A 版。

④ 专用代号是指特定的类别。随工程设计的进展和深化，在管道仪表流程图(PI图) 的 B 版(内审版) 及以后各版图中要采用专用代号。

⑤ 功能类别代号见下表。

类　别		功能类型代号		备　注
		通用代号	专用代号	
隔热	隔热	I[①]	H	采用隔热材料
	隔冷		C	采用隔冷材料
	人身保护(防烫)		P	采用隔热材料
	防冻		W	采用隔热材料
	防表面结露		D	采用隔热材料

类 别		功能类型代号		备 注
		通用代号	专用代号	
保温	蒸汽伴热管	T②	T	伴管和采用隔热材料
	热（冷）水伴管		TW	伴管和采用隔热材料
	热（冷）油伴管		TO	伴管和采用隔热材料
	特殊介质伴热（冷）管		TS	伴管和采用隔热材料
	电伴热（电热带）		TE	电热带和采用隔热材料
	蒸汽夹套	J	J	夹套管和采用隔热材料
	热（冷）水夹套		JW	夹套管和采用隔热材料
	热（冷）油夹套		JO	夹套管和采用隔热材料
	特殊介质夹套		JS	夹套管和采用隔热材料
防火		F	F	采用耐火材料、涂料
隔声		N③	N	采用隔声材料

① 对于既要热隔离（绝热），又要冷隔离（隔冷）的复合类型，采用通用代号"I"标注。

② 采用导热胶泥敷设伴热管和加热板时，功能类别代号按伴管类标注，但需要在有关资料和图纸上标明导热胶泥的规格和型号。

③ 既要隔热，又要隔声的复合情况，采用主要功能作用的类型代号标注。

第11章

工艺计算

11.1 物料衡算

工艺设计中，物料衡算是在工艺流程确定后进行的。目的是根据原料与产品之间的定量转化关系，计算原料的消耗量，各种中间产品、产品和副产品的产量，生产过程中各阶段的消耗量以及组成。在实际生产过程中，物料衡算可以揭示物料的浪费和生产过程的反常现象，从而帮助找出改进措施，提高成品率及减少副产品、杂质和"三废"排放量。物料衡算还可以检验生产过程的完善程度，对工艺设计工作有着重要指导作用。进而为热量衡算、其他工艺计算及设备计算打好基础。

物料衡算的依据是物质质量守恒定律。在进行物料衡算时，要深入分析生产过程，掌握完整数据，以便制定最经济合理的工艺条件，编制最佳工艺流程。物料平衡是指"在单位时间内进入系统(体系)的全部物料质量必定等于离开该系统的全部物料质量再加上损失掉的和积累起来的物料质量"，即：

$$\begin{bmatrix} 单位时间内进入系统 \\ 的全部物料质量 \end{bmatrix} = \begin{bmatrix} 单位时间内离开系统 \\ 的全部物料质量 \end{bmatrix} + \begin{bmatrix} 单位时间内过程 \\ 中的损失量 \end{bmatrix} + \begin{bmatrix} 单位时间内系统 \\ 内的积累量 \end{bmatrix}$$

对于连续操作过程，系统内物料积累量等于零。所谓系统，是指所计算的生产装置，它可以是一个工厂、一个车间、一个工段，也可以是一个设备。

上式为稳流系统总物料衡算方程式，它不但适用于总物料衡算，也适用于任一组分或元素的物料衡算。

现实中，物料衡算应用于两种情况：一种是对已有装置进行标定，即利用实际测定的数据(或理论计算数据)计算出另一些不能直接测量的物料量，进而对这个装置的生产情况进行分析，确定生产能力，衡量操作水平，寻找薄弱环节，挖掘生产潜力，为改进生产提出措施；另一种是对新装置进行设计，即利用已有的生产实际数据(或理论计算数据)，在已知生产任务时计算出需用原料量、产品量、副产品量和"三废"的生成量；或在已知原料量的情况下，计算出产品、副产品和"三废"的量。此外，通过物料衡算，可以计算出原料消耗定额，并在此基础上做出能量平衡，计算出动力消耗量和消耗定额，计算出生产过程所需热量(或冷量)是多少，同时为设备计算、选型及数量确定提供依据。

物料衡算的类型，按计算范围分为单元操作(或单个设备)的物料衡算与全流程(即包括各个单元操作的全套装置)的物料衡算；按操作方式分为连续操作的物料衡算和间歇操作的物料衡算。此外，还有带循环过程的物料衡算。

11.1.1 物料衡算的方法和步骤

物料衡算的内容和方法随工艺流程的变化而变化，生产方式通常分为连续式和间歇式两种，连续化生产又分为带有物料再循环和不带物料再循环两种情况。有的计算过程比较简单，有的却十分复杂。为了有层次、循序渐进地进行计算，避免差错，在进行物料衡算时，必须遵循一定的步骤和顺序，才不致发生错误，延误设计进程。

（1）画出物料衡算示意图　对衡算系统绘出物料衡算示意图，标明各股物料的进出方向、数量、组成、体积以及温度、压力等操作条件，待求的未知数据也应以适当的符号表示出来，以便分析与计算。在示意图中，与物料衡算有关的内容不要遗漏。

（2）写出主、副化学反应式　为便于分析反应过程的特点，有必要写出主、副化学反应式，明确反应前后的物料组成和它们的定量关系。当副反应很多时，次要的、占比重很小的副反应可以忽略掉；或者将类型相近的若干副反应合并，以其中之一为代表，从而简化计算。但这样处理所引起的误差必须在允许范围内。需要注意的是那些产生有害物质的副反应其量虽然微小，却是进行某种分离精制设备设计和"三废"治理设施设计的重要依据，这种情况则不能忽略。

（3）确定计算任务　根据示意图和反应方程式，分析每一步骤和每一设备中物料的数量、成分变化情况，根据已知项和未知项的数学关系，寻找简捷的计算方法，为收集数据资料和建立计算程序做好准备。

（4）收集数据资料　需要收集的数据资料一般包括以下几个方面。

① 生产规模。即确定的生产能力或原料处理量，生产规模通常由原料年产量或设备生产能力中较小者决定。

② 生产时间。即为年工作时数。一般情况，设备能正常运转，生产过程中不出现特殊问题，而且公用系统又能保障供应时，年工作时数可采用 8000～8400h。全年停车检修时间较多的生产，年工作时数可采用 8000h。目前大型化工生产装置一般都采用 8000h。若生产难以控制易出不合格产品，或因堵漏常常停产检修的生产，或者试验性车间，生产时数则采用 7200h。

③ 消耗定额。指生产每吨合格产品需要的原料、辅助原料以及动力等消耗。消耗定额的高低，直接反映生产工艺水平及操作技术水平的优劣。生产中要严格控制各个工艺参数，力求达到低消耗的目标。

④ 转化率。表示原料通过化学反应产生化学变化的程度，定义式为：

$$转化率 = \frac{反应掉的原料量}{原料量} \times 100\% \qquad (11.1)$$

转化率越高，说明参加反应的反应物数量越多。

⑤ 选择性。在许多化学反应中，不仅有生成目的产物的主反应，还有生成副产物的副反应存在，转化了的原料中只有一部分生成目的产物。选择性的定义式为：

$$选择性 = \frac{生成目的产物的原料量}{反应掉的原料量} \times 100\% \qquad (11.2)$$

选择性表示了在反应过程中，主反应在主、副反应竞争中所占的比例，反映了反应向主反应方向进行的趋向性。

⑥ 单程收率。选择性高只能说明反应过程中副反应很少，但若通过反应器的原料只有很少一部分进行反应，即转化率很低，反应器的生产能力仍然很低，只有综合考虑转化率和

选择性，才能确定合理的工艺指标。

$$单程收率 = \frac{生成目的产物的原料量}{原料投放量} \times 100\% \tag{11.3}$$

单程收率与转化率、选择性之间的关系为：

$$单程收率 = 转化率 \times 选择性 \tag{11.4}$$

单程收率高说明生产能力大，标志过程既经济又合理。故化工生产中希望单程收率越高越好。

⑦ 原料、助剂、中间产物和产品的规格和组成及有关的物理化学常数。

（5）选定计算基准 选用恰当的计算基准可使计算过程简化，避免误差，也有利于工程计算中的互相配合。选择计算基准无统一规定，要视具体情况而定。一般以过程中某一物料的质量（kg）或物质的量（mol）作为计算基准。间歇生产过程的物料衡算一般以每批产量作为计算基准，而连续过程的物料衡算则采用每小时产量作为计算基准。在进行物料衡算过程中还必须注意，将各个量的单位统一为同一单位制，同时要保持前后一致，以避免发生差错。

（6）展开计算 在前述工作基础上，运用有关方面的理论，针对物料的变化情况，分析各量之间的关系，列数学关联式进行计算。当已知原料量，欲求产品量时，则顺流程自前向后推算。反之，已知生产任务（年产量或每小时产量），欲求所需原料量，则逆流程由后向前推算。对复杂的工艺过程以顺流程计算较为简单。计算时应采用统一的计量单位。

（7）整理计算结果 在计算过程中，每一步都要认真计算和认真校核，做到及时发现差错，防止差错延续扩大，以致造成返工。待计算全部结束后将计算结果整理清楚，再全面校核一次，直到计算完全正确为止。对物料衡算的结果加以整理，列出物料衡算表（表 11.1）或物料衡算图（图 11.1）。表中要列出进入和离开的物料名称、数量、成分及其百分数。表中的计量单位可采用 kg/h，也可以用 kmol/h 或 m³/h 等，要视具体情况而定。

表 11.1 物料衡算一览表

序号	物料名称	进料		出料	
		kg/h（或 kmol/h）	w（或 x）	kg/h（或 kmol/h）	w（或 x）
1					
2					
3					
合计					

（8）绘制物料流程图 全部物料衡算结束后，便可着手绘制物料流程图。物料流程图是表示物料衡算结果的一种简单清楚的表示方法。该图的最大优点是查阅方便，它能清楚地表示出物料在流程或设备中的变化结果。因此，除极简单的情况下用表格表示外，多数都采用物料流程图来表示。并将此图编入设计文件。

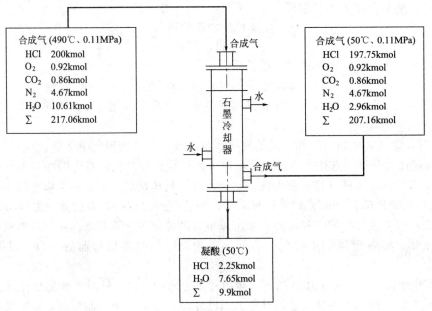

合成气 (490℃、0.11MPa)
HCl	200kmol
O$_2$	0.92kmol
CO$_2$	0.86kmol
N$_2$	4.67kmol
H$_2$O	10.61kmol
Σ	217.06kmol

合成气 (50℃、0.11MPa)
HCl	197.75kmol
O$_2$	0.92kmol
CO$_2$	0.86kmol
N$_2$	4.67kmol
H$_2$O	2.96kmol
Σ	207.16kmol

凝酸 (50℃)
HCl	2.25kmol
H$_2$O	7.65kmol
Σ	9.9kmol

图 11.1　物料衡算图示例

11.1.2　连续过程的物料衡算

连续过程的物料衡算可以按前述步骤进行，方法有以下几种。

（1）直接求算法　物料衡算中，对反应比较简单或仅有一个反应，而且仅有一个未知数的情况，可以通过化学计量系数直接求算。

对于包括几个化学反应的过程，其物料衡算应该依物料流动的顺序分步进行。为此，必须清楚过程的主要反应和必要的工艺条件，将过程划分为几个计算部分依次计算。计算中的基准一般选择一个基准，有时也用多个基准，但选多个基准时结果要进行换算。

（2）利用结点进行衡算　在化工生产中，常常会有某些产品的组成需要用旁路调节才能送往下一个工序的情况，这时就要利用结点进行衡算。常见的三股物流交叉点示意图如图11.2所示，还有多股物流的情况。利用结点进行衡算是一种计算技巧，对任何过程的衡算都适用。

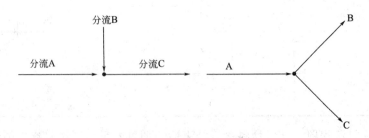

图 11.2　三股物流交叉点示意图

（3）利用联系组分进行物料衡算　生产过程中常有不参加反应的物料，这种物料称为惰性物料。由于它的数量在反应器的进、出物料中不变化，可以利用它和其他物料在组分中的比例关系求取其他物料的数量。这种惰性物料就是衡算联系物。

利用联系物做物料衡算可以简化计算。有时在同一系统中可能有数个惰性物质，可联合采用以减少误差。但要注意当某些惰性物质数量很少，而且组分分析相对误差很大时，则不宜选用此惰性物质作为联系物。

11.1.3　间歇过程的物料衡算

间歇过程的物料衡算同样应按物料衡算的步骤进行。但必须建立时间平衡关系，即设备与设备之间处理物料的台数与操作时间要平衡，才不至于造成设备之间生产能力大小相差悬殊的不合理状况。可是往往因化工单元过程影响因素不同，以及间歇过程和连续过程同时采用，在进行时间平衡时，需考虑不均衡系数，而不均衡系数的选取则应根据生产中的实际情况和经验数据来决定。

对间歇过程的物料衡算，收集数据时要注意整个工作周期的操作顺序和每项操作时间，把所有操作时间作为时间平衡的单独一项加以记载。同时，还可以根据生产周期的每项操作时间来分析影响提高生产效率的关键问题。

11.1.4　循环过程的物料衡算

在实际生产中，往往将未反应的原料再返回生产过程中去，使之继续反应，以提高转化率。有时为了降低消耗定额，提高经济效益，也采用再循环方法。在带有物料再循环的连续生产过程中，返回设备的物料量有时比加入设备的新物料还要多。如部分产品的循环（如回流），未反应原料分离后再重新参加反应等。目的是维持操作、控制产品质量、降低原料消耗、提高原料利用率等。

（1）循环过程　图 11.3 所示的是一个典型的稳定循环过程。结合该图可以针对总物料或其中的某种组分进行物料衡算。虚线指明了物料平衡有四种表达方式。

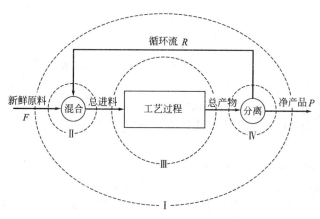

图 11.3　循环过程的工艺过程

Ⅰ．表示将再循环流包含在内的整个过程，即进入系统的新鲜原料量 F 与自系统排出的净产品量 P 互相平衡。由于在计算中不涉及循环流量 R 的值，所以不能利用这个平衡去直接计算 R 的值。

Ⅱ．表示新鲜原料 F 与循环物料及混合以后的物料，同进入工艺过程的总进料流之间的物料平衡。

Ⅲ. 表示工艺过程的物料平衡，即总进料流与总产物流之间的平衡。

Ⅳ. 表示总产物流与它被分离后所形成的净产品流 P 和循环流 R 之间的平衡关系。

以上四种平衡中只有三种是独立的。平衡Ⅱ与平衡Ⅳ包含了循环流 R，可以利用它们分别写出包含 R 的一个联合Ⅱ与Ⅲ或联合Ⅳ与Ⅲ的物料平衡用于平衡计算。当工艺过程中发生化学反应时，应将化学反应方程式和转化率等结合平衡一道考虑。

在具有化学反应的循环连续过程中常常遇到总转化率和单程转化率，其定义式分别为：

$$总转化率 = \frac{进入系统的新鲜原料量 - 自系统排出物料中未反应的原料量}{进入反应器的总原料量} \times 100\%$$

(11.5)

$$单程转化率 = \frac{进入反应器的总原料量 - 自反应器排出的物料中未反应的原料量}{进入反应器的总原料量} \times 100\%$$

(11.6)

从两个定义式中可以看出，两者的基准是不同的。因此，在进行物料衡算时一定不要混淆。当新鲜原料中含有一种以上物料时，必须针对每个组分来计算它的总转化率。

具有循环过程的物料衡算方法通常有代数法、试差法和循环系数法等。

循环物料先经过提纯处理，使组成与新鲜原料基本相同时，则无须按连续过程计算，从总进料中扣除循环量即求得所需的新鲜原料量。当原料、产品和循环流的组成已知时，采用代数法较为简便。

循环系数法是根据求取循环系数来确定循环的物料量。循环系数与循环物料量的关系如下所示：

$$循环系数 K_p = \frac{新加入的物料量 + 循环的物料量}{新加入的物料量} \times 100\%$$

(11.7)

当循环系数已知时，即可根据产量求得新加入的物料量，进而求得物料的循环量。而循环系数与反应转化情况有关：

$$K_p = \frac{1}{1-\alpha}$$

(11.8)

式中，α 为通过反应设备时物料未反应的百分率。

应用式(11.8)的条件是生产必须达到稳定运行，即要有足够的循环次数，其次新鲜物料与循环物料的组成要接近。

当原料、成品物料和循环物料的组成已知时，则采用解联立方程式的方法比较简便。联立方程式可以根据物料间的定量关系列出。如果未知数目多于联立方程式数目时，则需用试差法求解。

(2) 其他类型循环过程 如图 11.4(a)所示为净化循环过程；如图 11.4(b)所示为旁路流程过程。其物料均可通过前面提到的几种方法来解决。

除了上述循环过程外，还有双循环、多循环以及循环圈相套的工艺过程。还有如图 11.5 所示的复杂循环过程。

对于这些复杂的过程进行物料衡算时，要注意以下几点。

① 按流程顺序进行计算，这样有利于简化。初始值应设在靠近起始处，因为进料往往可以确知一部分或全部数据，就有条件按流程从头部到尾部展开计算。如图 11.5(a)所示，将初始值设在 S_4 物流就能满足这一要求。

② 鉴别循环圈和组，有针对性确定计算方法。对于循环圈，则应考虑如何合理假设初

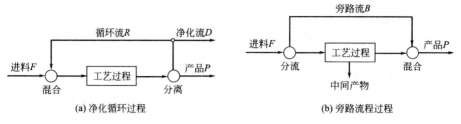

図 11.4　净化循环过程与旁路流程过程

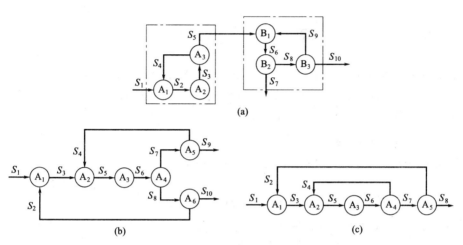

图 11.5　双循环、多循环、循环圈相套过程

始值；若把过程分为若干组，应将这些组分割开来分别计算。如图 11.5(a)所示，把过程分成 A、B 两组，分别依次计算，继之，判定 A 组和 B 组内各有一股循环流，即各成一个循环圈。此外，先从 A 组 S_4 物流处算起，依次进行，待 A 组计算完毕后，利用输入到 B 组的 S_5 物料，再将 S_9 假定初值进行 B 组计算。依次类推，直至解出所求各值。

③ 按计算时间最少的原则确定在哪个部位假定初值。以总变量个数最少，分裂物流数最少的原则去设定初值，这样可以减少工作量。如图 11.5(b)所示，带有两个循环圈的过程，可以在 S_3 物流处设定初值，此时未知量的数目比在 S_4、S_5 两物流处同时设定初值的未知量数目要少。

11.2　热量衡算

物料衡算之后便可以进行能量衡算，两者同是设备计算及其他工艺计算的基础。能量衡算依据能量守恒定律，即输入设备操作的能量等于操作后输出的能量。全面的能量衡算包括热能、动能、电能、化学能和辐射能等，由于贵金属深加工过程以化学变化为主，涉及最多的能量为热能，因此能量核算主要为热量衡算。

11.2.1　热量衡算的目的和任务

热量衡算以能量守恒定律为基础，即在稳定的条件下，进入系统的能量必然等于离开系统的能量和损失能量之和。通过计算传入或传出的热量，确定加热剂或冷却剂的消耗量以及其他能量的消耗；计算传热面积以决定换热设备的工艺尺寸；确定合理利用热量的方案以提高热量综合利用的效率。

热量衡算有两种情况：一种是对单元设备做热量衡算，当各个单元设备之间没有热量交换时，只需对个别设备做计算；另一种是整个过程的热量衡算，当各工序或单元操作之间有热量交换时，必须做全过程的热量衡算。

热量衡算的基本过程是在物料衡算的基础上进行单元设备的热量衡算（在实际设计中常与设备计算结合进行），然后再进行整个系统的热量衡算，尽可能做到热量的综合利用，如果发现原设计中有不合理的地方，可以考虑改进设备或工艺，重新进行计算。

11.2.2 单元设备的热量衡算

单元设备的热量衡算就是对一个设备根据能量守恒定律进行热量衡算。内容包括：计算传入或传出的热量，以确定有效热负荷；根据热负荷确定加热剂（或冷却剂）的消耗量、设备必须满足的传热面积、加热面积、干燥面积等。

11.2.2.1 方法与步骤

(1) 画出物料流向及变化示意图 画出单元设备的物料流向及变化示意图。

(2) 列出热量衡算方程式 根据物料流向及变化，列出如下热量衡算方程式：

$$\sum Q_入 = \sum Q_出 + \sum Q_损 \tag{11.9}$$

式中　$\sum Q_入$——进入设备或系统各股物料的焓之和，kJ；

$\sum Q_出$——离开设备或系统各股物料的焓之和，kJ；

$\sum Q_损$——设备或系统中损失的能量，kJ。

此外，在解决实际问题中，热平衡方程式还可以写成如下形式：

$$Q_1 + Q_2 + Q_3 = Q_I + Q_{II} + Q_{III} + Q_{IV} + Q_V \tag{11.10}$$

式中　Q_1——所处理的各股物料带入设备的热量，kJ；

Q_2——由加热剂（或冷却剂）传给设备和物料的热量，kJ；

Q_3——各种热效应如化学反应热、溶解热等，kJ；

Q_I——离开设备各股物料带走的热量，kJ；

Q_{II}——加热设备消耗的热量，kJ；

Q_{III}——设备的热损失，kJ；

Q_{IV}——加热物料需要的热量，kJ；

Q_V——气体或蒸汽带走的热量，kJ。

整理式(11.9)和式(11.10)可得：

$$\sum Q_入 = Q_1 + Q_2 + Q_3$$
$$\sum Q_出 = Q_I + Q_{II} + Q_{IV} + Q_V$$
$$\sum Q_损 = Q_{III}$$

在实际生产中，上述等式可能缺少或多出子项，因此，要根据发生热量传递的实际情况列出单元设备的热量衡算式。

(3) 搜集有关数据 主要收集已知物料量、工艺条件（温度、压力）以及有关物性数据和热力学数据，如比热容、汽化潜热、标准生成热等。这些数据，有的来自设计任务书，有的可以从专门的手册和书刊中查到，有的可以从工厂实际生产数据、中间试验数据以及科学研究中取得。

（4）确定计算基准温度 不同的温度使得计算结果不同，在进行热量衡算时，首先应确定一个合理的基准温度，一般选 273K（0℃）或 298K（25℃）为基准温度。其次，还要确定基准相态。

（5）拟定计算程序 在展开热量计算时，先拟定计算程序，便于计算顺利进行，减少差错，这对于复杂的热量计算尤为重要。

（6）各种热量的计算

① 各种物料带入（出）的热量 Q_1 和 Q_I 的计算。

$$Q = \sum m_i c_{pi} \Delta t_m \tag{11.11}$$

式中 m_i——物料的质量，kg；

c_{pi}——物料的比热容，kJ/(kg·K)；

Δt_m——物料进入或离开设备的温度与基准温度的差值，K。

② 过程热效应 Q_3 的计算。过程的热效应可以分为两类：一类是化学反应热；另一类是状态热。

$$Q_3 = Q_p + Q_n \tag{11.12}$$

式中 Q_p——化学反应热，kJ；

Q_n——状态热，kJ。

这些数据可以从手册中查取或从实际生产数据中获取，也可按有关公式求得。

③ 加热设备消耗的热量 Q_{II} 的计算。

$$Q_{II} = \sum m_w c_{pw} \Delta t_w \tag{11.13}$$

式中 m_w——设备各部分的质量，kg；

c_{pw}——设备各部分物料的比热容，kJ/(kg·K)；

Δt_w——设备各部分加热前、后的平均温度之差的绝对值，K。

计算时，m_w 可估算，c_{pw} 可在手册中查取。

④ 设备的热损失 Q_{III} 的计算。

$$Q_{III} = \sum A \alpha_t (t_w - t_0) \tau \tag{11.14}$$

式中 A——设备散热表面积，m^2；

α_t——散热表面对周围介质的传热系数，kJ/(m²·h·K)；

t_w——设备壁的表面温度，K；

t_0——周围介质的温度，K；

τ——过程的持续时间，h。

当周围介质为空气作自然对流时，而壁面温度 t_w 又在 323～627K（50～350℃）的范围内，可按下列经验公式求取 α_t：

$$\alpha_t = 8 + 0.05 t_w \tag{11.15}$$

有时根据保温层的情况，热损失 Q_{III} 可按所需热量的 10% 左右估算。如果整个过程为低温，则热平衡方程式的 Q_{III} 为负值，表示冷量的损失。

⑤ 气体或蒸汽带出的热量 Q_{IV} 的计算。

$$Q_{IV} = \sum m (ct + \gamma) \tag{11.16}$$

式中 m——离开设备的气态物料的质量，kg；

c——液态物料从 0℃升到蒸发温度时的平均比热容，kJ/(kg·℃)；

t——气态物料温度，℃；

γ——蒸发潜热，kJ/kg。

若过程在装有冷凝器的密闭设备中进行，因蒸汽冷凝液返回设备，所以从设备引出的热量仅为蒸发潜热。

⑥ 加热物料消耗的热量 Q_V 的计算。

$$Q_V = \sum mc\Delta t \qquad (11.17)$$

式中　m——物料质量，kg；

　　　c——物料的比热容，kJ/(kg·℃)；

　　　Δt——物料加热前后温度变化的绝对值，℃。

⑦ 传热剂向设备传入或传出的热量 Q_2 的计算。

Q_2 在热量衡算中是待求取的数值。当 Q_2 求出以后，就可以进一步确定传热剂种类（加热剂或冷却剂）、用量及设备所具备的传热面积。若 Q_2 为正值，则表示设备需要加热；若 Q_2 为负值，表示需要从设备内部取出热量。

（6）列出热量平衡表　计算完成后将计算结果汇总成表，便于检查热量是否平衡。

（7）传热剂用量的计算　化工生产过程中，传入传出设备的热量往往是通过传热剂按一定方式来传递的。对传热剂的选择及用量的计算可以帮助选择传热剂的种类和确定用量，是热量计算中必不可少的内容。

① 加热剂用量的计算。在化工生产中常用的加热剂有水蒸气、烟道气、电能，有时也用联苯醚、导热油等有机载热体等。

间接加热时水蒸气消耗量的计算：

$$m_D = \frac{Q_2}{H_i - c_p t} \qquad (11.18)$$

式中　H_i——水蒸气热焓，kJ/kg；

　　　c_p——水的比热容，kJ/(kg·K)；

　　　t——冷凝水温度（常取水蒸气温度），K。

燃料消耗量的计算：

$$m_B = \frac{Q_2}{\eta_T Q_T} \qquad (11.19)$$

式中　η_T——燃烧炉的热效率；

　　　Q_T——燃料的发热值，kJ/kg。

电能消耗量的计算：

$$E = \frac{Q_2}{860\eta} \qquad (11.20)$$

式中　η——电热设备的电功效率，一般取 0.85～0.95。

② 冷却剂消耗量的计算。常见的冷却剂为水、空气、冷冻盐水等，可按下式计算：

$$m_w = \frac{Q_2}{c_{p0}(t_{in} - t_{out})} \qquad (11.21)$$

式中　c_{p0}——冷却剂比热容，kJ/(kg·K)；

　　　t_{in}——冷却剂进口温度，K；

　　　t_{out}——冷却剂出口温度，K。

（8）传热面积的计算　在化工生产中，温度是重要的因素。为了及时地控制过程中的物料温度，使整个生产过程在适宜的温度下进行，就必须使所用的换热设备有足够的传热面积，传热面积的计算通常由热量衡算式算出所传递的热量 Q_2，再根据传热速率方程求取传热面积。

$$Q_2 = KA\Delta t_m \qquad (11.22)$$

由式(11.22)得：

$$A = \frac{Q_2}{K \Delta t_m} \quad\quad\quad (11.23)$$

式中 K——传热系数，$kJ/(m^2 \cdot h \cdot K)$；

Δt_m——传热剂与物料之间的平均温度差，K；

A——传热面积，m^2。

间歇过程传热量往往随时间而变化，在计算传热面积时，要考虑到反应过程吸热（或放热）强度不均匀的特点，应以整个过程中单位时间传热量最大的阶段为依据，也就是说，反应设备传热面积应按过程中热负荷最大阶段的传热速率来决定。所以在计算传热面积时，必须先计算整个过程多个阶段的热量，通过比较才能决定热负荷最大的阶段，从而确定传热面积的大小。

11.2.2.2 注意事项

（1）根据物料走向及变化具体了解和分析热量之间的关系，然后根据能量守恒定律列出热量关系式。式(11.10)适用于一般情况。由于热效应有吸热和放热，有热量损失和冷量损失，所以式(11.10)中的热量将有正、负两种情况，故在使用时须根据具体情况进行分析。另外，计算过程中有些热量很小的可忽略不计。

（2）弄清过程中存在的热量形式，确定需要收集的数据。化工过程中的热效应数据（包括反应热、溶解热、结晶热等）可以直接从有关资料、手册中查取。通常，显热变化采用比热容计算，而潜热变化采用汽化热计算，但都可以采用焓值计算，而且比较简单。

以水从 20℃变成 120℃水蒸气为例。水从 20℃升温到 100℃需要的热量应采用比热容计算，需要查得水的比热容值；水从 100℃的液态变为 100℃的水蒸气需要的热量应采用潜热计算，需要查得水的汽化热值；水蒸气从 100℃升温到 120℃需要的热量应采用比热容计算，需要查得水蒸气的比热容值。上述三项数值相加即为需要的热量。

而采用焓值计算则较为简单，通常以 0℃时水的焓值为 0，查得 20℃、1atm[❶] 下水的焓值 H_1 和 120℃、1.2atm 下水蒸气的焓值 H_2，则所需热量为($H_2 - H_1$) ×10。

由此可见，比热容计算法要查三个数据和分四个计算步骤，而焓值计算法只查两个数据和一个计算步骤。

（3）计算结果是否符合实际，关键在于能否收集到可靠的数据。

（4）间歇操作设备常用 kJ/台为计算基准。因热负荷随时间而变化，所以可用不均衡系数换算成 kJ/h，不均衡系数则应根据具体情况取经验值，换算公式为：

$$Q = \frac{Q_2 \times 不均衡系数}{每台工作时数} \quad\quad\quad (11.24)$$

此外，间歇操作时还应计算加热（冷却）设备的热量 Q_5。

11.2.3 系统热量平衡计算

系统热量平衡是对一个换热系统、一个车间（工段）和全厂（或联合企业）的热量平衡。其依据的基本原理仍然是能量守恒定律，即进入系统的热量等于出系统的热量和损失热量之和。

---

❶ 1atm＝101325Pa。

11.2.3.1　系统热量平衡的作用

通过对整个系统能量平衡的计算求出能量的综合利用率。由此来检验流程设计时提出的能量回收方案是否合理，按工艺流程图检查重要的能量损失是否都考虑到了回收利用，有无不必要的交叉换热，核对原设计的能量回收装置是否符合工艺过程的要求。

通过各设备加热（冷却）利用量计算，把各设备的水、电、汽、燃料的用量进行汇总。求出每吨产品的动力消耗定额，每小时、每昼夜的最大用量以及年消耗量等。

动力消耗包括自来水（一次水）、循环水（二次水）、冷冻盐水、蒸汽、电、石油气、重油、氮气、压缩空气等。

动力消耗量根据设备计算的能量平衡部分及操作时间求出。消耗量的日平均值是以一年中平均每日消耗量计，小时平均值则以日平均值为准。每昼夜与每小时最大消耗量是以其平均值乘上消耗系数求取，消耗系数须根据实际情况确定。

动力规格是指蒸汽的压力、冷冻盐水的进、出口温度等。

11.2.3.2　系统热量平衡计算步骤

系统热量平衡计算步骤与单元设备的计算步骤基本相同。

11.3　典型设备工艺设计与选型

设备计算与选型是在物料衡算和热量衡算的基础上进行的，其目的是决定工艺设备的类型、规格、主要尺寸和台数，为车间布置设计提供足够的设计数据。

由于生产过程的多样性，设备类型也非常多，所以，实现同一工艺要求，不但可以选用不同的操作方式，也可以选用不同类型的设备。当单元操作方式确定之后，应根据物料平衡所确定的物料量以及指定的工艺条件（如操作时间、操作温度、操作压力、反应体系特征和热平衡数据等），选择一种满足工艺要求而效率高的设备类型。定型产品应选定规格型号，非定型产品要通过计算以确定设备的主要尺寸，并最终编写好设备一览表。

11.3.1　设备设计与选型的基本要求

化工设备是化工生产的重要物质基础，对工程项目投产后的生产能力、操作稳定性、可靠性以及产品质量等都将起到重要的作用。因此，对于设备的设计与选型要充分考虑工艺上的要求；要运行可靠，操作安全，便于连续化和自动化生产；要能创造良好的工作环境和无污染；便于购置和容易制造等。总之，要全面贯彻先进、适用、高效、安全、可靠、省材和节资等原则。具体还要从技术经济指标与设备结构上的要求加以考虑。

11.3.1.1　技术经济指标

化工设备的主要技术经济指标有单位生产能力、消耗系数、设备价格、管理费用和产品总成本。

（1）单位生产能力　是设备单位体积（或单位质量或单位面积）上单位时间内能完成的生产任务。因此，设备的生产能力要与流程设计的能力相适应，而且效率要高。通常设备的生产能力越高越好，但其效率却常常与设备大小和结构有关。

（2）消耗系数　是生产单位质量或单位体积产品消耗的原料和能量，其中包括原材料、燃料、蒸汽、水、电等。一般来说，消耗系数越低越好。

（3）设备价格　直接影响工程投资。一般要选择价格便宜、制造容易、结构简单、用材不多的设备，但要注意设备质量和生产效率。

（4）设备的管理费用　包括劳动工资、维护和检修费用等。要尽量选用管理费用低的设备，以降低产品成本。

（5）产品总成本　是化工企业经济效益的综合反映。一般要求产品的总成本越低越好。实际上该项指标是上述各项指标的综合反映。

11.3.1.2　设备结构要求

生产设备除了满足上述要求之外，在结构上还应满足下述各项要求。

（1）强度　设备无论是主体部分还是零部件都要有合理的强度。否则就不能保证生产的正常运行和工人的安全。所谓强度要求是指合理的或符合化工设备规范的要求。例如，为预防生产中突然超压，要采用保安部件（如防爆膜等）处理，这就是控制设备合理强度的实例。

（2）刚度　刚度是指设备及其构件在外压作用下能保持原状的能力。有时候化工设备构件的设计主要取决于刚度，而不是强度。例如，塔设备的塔板，其厚度常常由材料的刚度来决定。

（3）耐久度　设备的耐久性主要取决于设备被腐蚀的情况。一般化工设备的使用年限为10～20年，而高压设备为20～25年。但在实际生产过程中，设备的耐久性往往取决于设备的被腐蚀情况。因此，在考虑设备的耐久性时要充分注意到设备使用的腐蚀条件。

（4）密封性　密封性对设备是一个很重要的问题，特别是在处理易燃、易爆、有毒介质时尤为重要。要根据有毒物质在车间的允许浓度来确定设备的密封性。

（5）用材和制造　要尽量减少材料用量，特别是一些贵重材料。同时又要尽量考虑制造方便，避免复杂的加工工序，减少加工量，力求降低设备的制造成本和材料用量。

（6）操作和维修　设备的设计还要顾及操作、安装、日常维修的方便。例如，开孔太小就会影响日常检修，会延长检修时间，从而减少化工生产的有效时间，影响设备能力的发挥。

（7）运输方便　设备的尺寸和形状应注意到运输方便与否问题。当制造厂与使用厂相距较远时尤为突出。采用水运，尺寸限制不严；采用陆运，则设备的直径、长度和重量要符合公路、铁路的运输规定。

11.3.2　设备设计的基本内容

设备设计的基本内容主要是定型（或标准）设备的选择、非定型（或非标准）设备的工艺计算等。

定型设备的选择除了要符合上述基本要求外，还要注意以下几个问题。

首先，根据设计项目规定的生产能力和生产周期确定设备的台数。运转设备要按其负荷和规定的工艺条件进行选型；静设备则要计算其主要参数，如传热面积、蒸发面积等，再结合工艺条件进行选型。设备选型可参照国家标准图集或有关手册和生产厂家的产品目录、说明书等进行选择。

其次，对定型设备选型，考虑设备生产能力时还应注意两点：一是如果不能选到能力完全对口的设备，则可按偏高的选用；二是如果工厂近期内要发展，可按工厂近期发展要求选配，以免使用不久又要更换或增加设备。

再次，定型设备的选型，有时需要根据生产的情况和需要选择偏高一个等级的设备。

最后，在选用这类设备时，要注意其备品备件供应情况，以避免在使用过程中因缺少备品备件而耽误修理，影响生产。

下面就具体的典型设备加以选择。

11.3.2.1 泵的选型

生产用泵的种类很多，并均有标准系列可查。表 11.2 为各种泵的类型与特点，可供选型时参考。实际选泵时程序如下。

（1）列出基础数据　基础数据包括：介质物性（介质名称、输送条件下的密度、黏度、蒸汽压、腐蚀性及毒性）；介质中含有的固体颗粒种类、颗粒直径和含量；介质中气体含量（体积分数）；操作条件（温度、压力、流量）；泵所在位置的情况（包括环境温度、海拔高度、装置平面和立面布置要求等）。

（2）确定流量和扬程　流量按最大流量计或正常流量的 $1.1 \sim 1.2$ 倍计。扬程为所需的实际扬程，它依据管网系统的安装和操作条件而定。所选泵的扬程值应大于所需的扬程值。

表 11.2　泵的类型与特点

项目	叶片式			容积式	
	离心式	轴流式	旋涡式	活塞式	转子式
液体排出状态	流率均匀			有脉冲	流率均匀
液体品质	均一液体（或含固体液体）	均一液体	均一液体	均一液体	均一液体
允许吸上真空高度/m	4～8		2.5～7	4～5	4～5
扬程（或排出压力）	范围大，10～600m（多级）	低 2～20m	较高，单级可达100m 以上	范围大，排出压力 0.3～0.6MPa	
体积流量/(m³/h)	范围大，5～30000	约 6000	范围较小，0.4～20	范围较大，1～600	
流量与扬程关系	流量减小，扬程增大；反之，流量增大，扬程降低	同离心式	同离心式，但增率和降率较大（即曲线较陡）	流量增减，排出压力不变；压力增减，流量近似为定值（电动机恒速）	
构造特点	转速高，体积小，运转平稳，基础小，设备维修较易		与离心泵基本相同，翼轮较离心式叶片结构简单，制造成本低	转速低，能力小，设备外形庞大，基础大，与电动机连接复杂	同离心式
流量与轴功率关系	依据泵比转速而定，当流量减少，轴功率减少	依据泵比转速而定，当流量减少，轴功率增加	流量减少，轴功率增加	当排出压力为定值时，流量减少，轴功率减少	

（3）初选泵的型号　一般溶液可选用任何类型泵输送；悬浮液可选用隔膜式往复泵或离心泵输送；黏度大的液体、胶体溶液、膏状物和糊状物时可选用齿轮泵、螺杆泵和高黏度泵，这几种泵在高聚物生产中广泛应用；毒性或腐蚀性较强的可选用屏蔽泵；输送易燃易爆的有机液体可选用防爆型电机驱动的离心式油泵等。

对于流量均匀性没有一定要求的间歇操作可用任何一类的泵；对于流量要求均匀的连续

操作以选用离心泵为宜；扬程大而流量小的操作可选用往复泵；扬程不大而流量大时选用离心泵合适；流量很小但要求精确控制流量时可用比例泵，例如输送催化剂和助剂的场所。

此外，还需要考虑设置泵的客观条件，如动力种类和来源(电、蒸汽、压缩空气等)、厂房空间大小、防火防爆等级等。

因离心泵结构简单，输液无脉动，流量调节简单，因此，除离心泵难以胜任的场合外，应尽可能选用离心泵。

（4）确定系列和材料　泵的类型确定后，可以根据工艺装置参数和介质特性选择泵的系列和材料；根据泵的样本及有关资料确定其具体型号；按工艺要求核算泵的性能；确定泵的几何安装高度，确保泵在指定的操作条件下不发生汽蚀；计算泵的轴功率；确定泵的台数。

11.3.2.2　换热器的选择

化工生产中换热器是应用最广泛的设备之一，其特征见表11.3(仅供选用时参考)。

表11.3　各种形式换热器特征比较

传热形式	操作压力	设备形式	适宜使用范围		构造	流体的污浊程度	备　注
			传热面积	流量			
管壁式传热	低压至高压均可使用	列管式	小～大	小～大	固定管板型	壳程大，管程小	①壳程一侧污浊程度小，可采用三角形排列，污浊程度大，则采用正方形排列 ②壳程一侧传热系数小，可以采用加挡板和螺旋翅板来提高传热效果
					浮头型	壳程大，管程小	
					U形管式	壳程大，管程小	
		套管式	小	小	可以清扫结构	大	①用于传热面积小和流量小的场所 ②成本低(趋于大型时成本增高) ③外管侧若传热系数小，可加翅片来加强传热效果
					不能清扫结构	小	
		蛇管式	小	小～中		管外大，管内小	管外侧传热系数小，可加搅拌强化传热
板壁式传热	低压至中压用	平板式	小～中	小～中	凹凸板型	中	压力损失小，流速大，传热系数大
					翅片板型	小	
		螺旋板式	小～大	小～大		大	①适用于液体有部分发生状态变化的场合 ②压力损失小，流速大，传热系数大

选择换热器形式时，要根据热负荷、流量的大小，流体的流动特性和污浊程度，操作压力和温度，允许的压力损失等因素，结合各种换热器的特征与使用场所的客观条件来合理选择。

目前，国内使用的管壳式换热器系列标准有：固定管板式换热器(JB/T 4715—1992)、立式热虹吸式再沸器(JB/T 4716—1992)、钢制固定式薄管板列管换热器(HG 21503—1992)、浮头式换热器、冷凝器(JB/T 4714—1992)、U形管式换热器(JB/T 4717—1992)。设计时应尽量选用系列化的标准产品，这样可以简化设计过程。其选用的大体程序如下：

（1）收集数据（如流体流量，进、出口温度，操作压力，流体的腐蚀情况等）；计算两股流体的定性温度，确定定性温度下流体的物性数据，如动力黏度、密度、比热容、热导率等。

（2）根据设计任务计算热负荷与加热剂（或冷却剂）用量；根据工艺条件确定换热器类型，并确定走管程、壳程的流体；计算平均温差 Δt_m，一般先按逆流计算，待后再校核；由经验初估传热系数 $K_估$；由 $A_估 = Q/K_估 \Delta t_m$ 计算传热面积 $A_估$；根据 $A_估$ 查找有关资料，在系列标准中初选换热器型号，确定换热器的基本结构参数；分别计算管程、壳程传热膜系数，确定污垢热阻，求出传热系数 K，并与 K 值进行比较，若相差太大，则需要重新假设 K 值；有关图表查温度校正系数 Φ；由传热基本方程计算传热面积 $A = Q/K\Phi\Delta t_m$，使所选的换热器的传热面积为 A 的 1.25～1.5 倍；计算管程、壳程压力降，使其在允许范围内。

11.3.3　设备材料的选择

设备材料的选择要考虑如下几个方面。

（1）介质的性质、温度和压力　选择设备的材质时，首先要了解处理介质的性质（包括氧化性、还原性、介质的浓度、腐蚀性能）；其次是设备要承受的温度（高温、常温还是低温）。各种材料的耐温性能是不同的，一般随温度升高其耐温性能减弱，在低温下要考虑材料的脆性。最后还要考虑设备承受的压力（高压、中压、低压或真空）。一般压力越高，要求材料的强度、耐腐蚀性能也越好。

（2）设备的类型和结构　设备的类型和结构不同，其选用的材料也不同。例如，泵体及叶轮要求材料具有良好的抗磨性能和铸造性能；而换热设备却要求材料具有良好的导热性能。

（3）产品的要求　有时为了保证产品质量，对选用材料有一定要求，如材料表面洁净、无腐蚀产物产生等。

（4）材料价格和来源　选择设备材料时应注意价格便宜，来源容易。凡是能用碳钢和普通铸铁的设备，就不用其他贵重材料。能使用耐腐蚀铸铁、低合金和无铬不锈钢，就少用高铬镍不锈钢。

（5）制造加工方便　在满足上述条件的基础上，还应考虑选用的材料制作容易，加工方便。如可熔性、可焊性、可锻性、淬火性及切削加工性等。

11.3.4　压力容器的设计

（1）强度的计算　计算公式如式（11.25）所示：

$$S = \frac{[P]D_i}{2[\sigma]\varphi - [P]} + C \tag{11.25}$$

$$P = \frac{2[\sigma]\varphi S}{D_i + S} + C \tag{11.26}$$

式中　S——壁厚，mm；

$\quad [P]$——设计压力，kgf/cm^2；

$\quad D_i$——筒体内径，mm；

$[\sigma]$——材料允许的应力，kgf/cm^2；

φ——焊缝系数；

C——考虑防腐蚀等因素的壁厚附加量，mm；

P——最高工作压力，kgf/cm^2。

（2）主要设计参数

① 设计压力。容器设计中主要的外载荷是容器的工作压力。设计压力是在规定的设计温度下用于确定壳壁计算厚度的压力，通常取略高于或等于最高工作压力。当液体静压力超过最高工作压力5%时，设计压力要包括容器计算截面处所承受的液体静压力。压力容器设计时，压力取值可参见表11.4。

表 11.4 压力设计

情况	设计压力$[P]$取值
容器上装有安全泄放装置	取安全泄放装置的初始起跳压力$[\leqslant(1.05\sim1.1)P]$
单个容器不装安全装置	略高于最高工作压力
容器内是爆炸性介质	按介质特性、气相容积、爆炸前的瞬时压力、防爆膜的破坏压力及排放面积等因素考虑$[\leqslant(1.15\sim1.3)P]$
装液化气体的容器	按容器的充装系数和可能达到的最高温度设定
外压容器	取略大于可能产生的内外压差的最大值
真空容器	无安全控制装置时，取 $1kgf/cm^2$；有安全控制装置时，取 1.25 倍可能的内外最大压差、$1kgf/cm^2$ 的最小值

② 设计温度。设计温度是指容器在操作中规定设计压力下可能达到的最高或最低（指 $-20℃$ 以下）壁温。这个温度是选择材料和许用应力时的一个基本设计参数。

容器的壁温可以由实测或由化工操作的传热过程计算确定。若无法确定壁温时，可参见表 11.5。

表 11.5 设计温度

情况	设计温度
不被加热的器壁，壁外有保温	容器内介质的最高温度或0℃以下的最低温度
用水蒸气、热水或其他液体加热或冷却的器壁	加热介质的最高温度或0℃以下冷冻介质的最低温度
可燃气体或电加热的器壁，有衬砌层或一侧露在大气中	容器内介质的最高温度或0℃以下的最低温度20℃，且不低于250℃
直接用可燃气体或电加热的器壁	容器内介质的最高温度或0℃以下的最低温度50℃，且不低于250℃
载体温度≥600℃	容器内介质的最高温度或0℃以下的最低温度100℃，且不低于250℃

③ 许用应力。材料的许用应力是以材料的极限应力为依据，取适当的安全系数后得出，计算公式如下：

$$[\sigma] = \frac{\text{极限应力}}{\text{安全系数}} \qquad (11.27)$$

当碳素钢或低合金钢的设计温度超过 420℃，合金钢（如铬钼钢等）超过 450℃，奥氏体不锈钢超过 550℃时，还要同时考虑高温持久强度或蠕变强度的许用应力。

④ 焊缝系数。焊缝区是容器强度较弱的地方。焊缝区强度降低原因在于焊接时没有及时发现焊缝上可能出现的缺陷，焊接热影响区常常变成粗大晶粒区而使材料的强度或塑性降低或因结构刚性约束而产生焊接内应力过大等。

焊缝区的强度主要取决于熔焊金属、焊缝结构和施焊质量。如果焊条和焊接工艺选择适当，则设计取用的焊缝系数值主要视焊接接口的形式和检验焊接质量的水平而定。

⑤ 壁厚附加量。容器壁厚附加量主要考虑介质的腐蚀裕度 C_1，其次是钢板的负偏差 C_2，和制造减薄量 C_3。即：

$$C = C_1 + C_2 + C_3 \qquad (11.28)$$

腐蚀裕度取决于介质对材料的均匀腐蚀速率和容器的设计寿命：

$$C_1 = K_0 B \qquad (11.29)$$

式中　K_0——腐蚀速率，mm/a；

　　　B——容器的设计寿命，a。

在通常情况下，当材料的腐蚀速率为 $0.05 \sim 0.1$mm/a 时，单面腐蚀取 $C_1 = 1 \sim 2$mm，双面腐蚀取 $C_1 = 2 \sim 4$mm；当材料的腐蚀速率小于或等于 0.05mm/a 时，单面腐蚀取 $C_1 = 1$mm，双面腐蚀取 $C_2 = 2$mm。

钢板负偏差 C_2 设计时，一般取 $0.5 \sim 1$mm。当实际钢板厚度负偏差小于计算厚度 6%，且小于 0.3mm 时，可以不计。

室温卷制薄壁筒体，厚度不会减薄，可取 $C_3 = 0$。热卷筒体，按制造的加工工艺条件自行附加。

11.3.5　编制设备及装配图一览表

对于非定型设备，最后还要进行强度计算。有关压力容器的强度计算的详细内容可参阅有关压力容器设计、化工设备及容器等方面的资料。

当设备选型和设计计算结束后，将结果汇编成设备一览表，见表 11.6。对主要设备绘制总装配图。图上主要有视图、尺寸、明细栏(装配一览表)、管口符号和管口表、技术特性表、技术要求、标题栏及其他等。

表11.6 某储罐区设备一览表

工程名称								项目			
设 备 一 览 表				编 制		图号					
				校 核		阶段					
				审 核		第 张 共 张		施工图				
				审 定		版次 0					

序号	位号	名 称	规 格	图号或标准号	材 料	数量	重量/kg 单	重量/kg 总	备 注
1	E201	脱氧塔	立式，圆筒 外形尺寸:φ2100×13420TL 容积:165m³		304SS	1	22500	22500	
2	P201	水喷射真空泵机组	真空度:23mmHg(A) 最大排气量:110m³/h 离心泵型号:3BL-9,N=7.5kW 喷射泵型号:ZSB 水箱尺寸:1400×915×1300	ZSWJ-110	CS	1	759	759	
3	J215	脱盐水进料泵	形式:离心式 流量:130m³/h 扬程:75m		304SS	1	850	850	
4	C204	HDEW加热器	列管式 外形尺寸:φ750×6300TL 换热面积:120m²		304SS,CS	1	4500	4500	
5	C205	HDEW加热器	列管式 外形尺寸:φ400×3956TL 换热面积:18m²		304SS,CS	1	1050	1050	
6	F203A	HDEW储槽	立式，圆筒 外形尺寸:φ4800×12820TL 容积:165m³		304SS	1	31000	31000	
7	F203B	HDEW缓冲槽	立式，圆筒 外形尺寸:φ3800×12570TL 容积:99m³		304SS	1	31000	31000	
8	J217	HDEW循环泵	形式:离心式 流量:80m³/h 扬程:30m		304SS	1	280	280	
9	J218	HDEW加料泵	形式:离心式 流量:276m³/h 扬程:150m		304SS	1	950	950	

第12章

车间布置设计

车间布置设计是车间设计的重要项目之一，车间布置设计是在工艺流程和设备选型完成后进行的。车间布置设计的主要任务是对车间的平面和立面结构、内部组成、生产设备、仪表电气设置等一切有关设施进行妥善安排，设计出既符合生产工艺要求，又经济适用，整齐美观的合理布局。车间布置设计是否合理直接关系到基建投资，车间建成后是否符合工艺设计要求，生产能否在良好的操作条件下正常、安全地运行，安装、维修是否方便，以及车间管理、能量利用、经济效益等问题。

车间布置包括车间各工段、各设施在车间场地范围内的平面布置和设备布置两部分，即车间平面布置和车间设备布置，两者一般是同时进行的，因为工艺设备布置草图是车间平面布置设计的前提，而最后确定的车间平面布置又是工艺设备布置定稿的依据。

12.1 车间布置设计的条件和依据

12.1.1 设计的基本条件

车间的布置设计必须满足以下基本条件。

（1）要有厂区总平面图，已明确规定了本车间在总平面图中所处的位置。

（2）已掌握本车间与其他各生产车间、辅助车间和生活设施的相互关系。

（3）本车间与厂内外道路、铁路、码头、输电、运输和消防等的关系。

（4）熟悉生产工艺流程、有关物料的物化数据、原料和产品的储存、运输方式和要求，合理划分工段、生产和生活等辅助设施，以便通盘考虑。

（5）要了解车间内各种设备和设施的特点和要求，要顾及日后安装、拆卸、维修、操作位置、巡回路线和地段。

（6）熟悉有关防火、防雷、防爆、防毒和卫生等标准，以便确定车间厂房的有关等级。

（7）要了解土建、设备、仪表、电气、给排水、通风采暖等专业和机修、安装、操作和管理等方面的需要。

12.1.2 设计的基本依据

为了合理地布置设计车间，需要具备以下技术资料。

（1）厂区的总布置图。

（2）生产工艺流程图及其设计资料。

（3）车间设备一览表。

（4）物料储存、运输等相关要求。

（5）有关试验、配电、仪表控制等其他专业和办公等生活行政方面的要求。

（6）有关布置方面的一些规范资料。

（7）车间定员一览表。

12.2　车间平面布置

12.2.1　车间平面布置的内容与原则

12.2.1.1　车间平面布置的内容

化工车间通常包括生产设施（生产工段、原料和产品仓库、控制室、露天堆场或储罐区等）、生产辅助设施（除尘通风室、配电室、机修间、化验室等）、生活行政设施（车间办公室、更衣室、浴室、卫生间等）及其他特殊用室（劳动保护室、保健室等）。

车间平面布置是将上述内容在平面上进行组合布置。

12.2.1.2　车间平面布置的原则

车间平面布置适合全厂总图布置与其他车间、公用工程系统、运输系统结合成一个有机整体；保证经济效益好，尽可能做到占地面积少，建设、安装费用少，生产成本低；便于生产管理、物料运输，操作维修方便；妥善解决好防火、防爆、防毒、防腐等问题，必须符合国家的各项有关法规；要考虑将来的扩建与增建的余地。主要包括以下几个方面。

（1）从经济和压降观点出发，设备布置应顺从工艺流程，但若与安全、维修和施工有矛盾时，允许有所调整。

（2）根据地形、主导风向等条件进行设备布置，有效地利用车间建筑面积（包括空间）和土地（尽量采用露天布置及构筑物能合并者尽量合并）。

（3）明火设备必须布置在处理可燃液体或气体设备的全年最小频率风向的下侧，并集中布置在车间边缘。

（4）控制室和配电室应布置在生产区域的中心部位，并在危险区之外。

（5）充分考虑本车间与其他部门在总平面布置图上的位置，力求紧凑、联系方便、缩短输送管线，达到节省管材费用及运行费用的目的。

（6）留有发展余地。

（7）所采取的劳动保护、防火要求、防腐蚀措施要符合有关标准、规范要求。

（8）有毒、有腐蚀性介质的设备应分别集中布置，并设围堰，以便集中处理。

（9）设置安全通道，人员、物流方向应错开。

（10）设备布置应整齐，尽量使主要管架布置与管道走向一致。

12.2.2　车间平面布置的方法

12.2.2.1　资料准备

（1）工艺流程图、管道仪表流程图　表示车间组成、工段划分、物料的输送关系等，由此估算各工段的占地面积。

（2）物料衡算数据及物料性质　包括原料、中间产品、副产品，最终产品的数量及性质，"三废"的处理及方法。根据物料性质，选择合适的原料、产品存储地点，对于危险品需要单独存放，可燃物需要远离火源等。

（3）设备一览表　包括设备外形尺寸、重量、支承形式及保温情况。根据设备的占地、承重需要，合理布置设备。

（4）总图与规划设计资料　公用系统耗用量，包括供排水、供电、供热、冷冻、压缩空气、外管资料等；表明场地与道路情况，公用工程管路、污水排放点及有关车间的位置，由此可以从物料输送和各车间相互关联的角度确定车间各工段的位置；由气象资料，根据温度、雨量，再结合工艺要求与操作情况，决定装置能否露天布置；主导风向决定工段的相对位置，如散发有害气体的工段应布置在下风向，泄漏的可燃气体不能吹向炉子，炉子排烟不能吹向压缩机房与控制室，冬季冷却塔水汽不能吹向建筑物或道路等。

（5）安全距离　根据有关的规范与标准及安全防火规定决定，各工段及设备间的安全距离。

12.2.2.2　各工段布置形式的确定

（1）分散布置与集中布置　对生产规模较大，车间内各工段的生产特点有显著差异，需要严格分开或厂区平坦地形较少时，一般考虑分散布置。厂房的安排多采用单体式，即把原料处理、成品包装、生产工段、回收工段、控制室及特殊设备独立布置，分散为许多单元。

对生产规模较小，生产中各工段联系频繁，生产特点无明显差异，而且地势较平坦时，一般可以考虑集中布置，即在符合建筑设计防火规范及工业企业设计卫生标准的前提下，结合建厂地点的具体情况，可将车间的生产、辅助、生活设施集中在一幢房内。

（2）露天布置与室内布置　露天布置的优点是：建筑投资少、用地少，有利于安装、检修，有利于通风、防火、防爆、防毒。缺点是：受气候影响大，操作条件差，自动控制要求高。露天布置是优先考虑的第一方案，只要有可能都应采用露天布置或半露天布置。目前较大型的化工厂多采用此类布置。即大部分设备布置在露天或敞开式的多层框架上，部分设备布置在室内或设顶棚，如泵、压缩机、造粒及包装设备等；生活、行政、控制、化验室集中在一幢建筑物内，布置在生产设施附近。

室内布置受气候影响小，劳动条件好。小规模的间歇操作、操作频繁的设备或低温地区的设备以布置在室内为宜，这类车间中常将大部分生产设备、辅助设备和生活行政设施布置在一幢或几幢厂房中。

12.2.2.3　流程式布置

按流程顺序在中心管廊的两侧依次布置各工段，可以避免管路的重复往返，缩短管路总长，已证明是最经济的布置方案。

各工段分别组成一块块长方形区域，再组成整个车间，这样既便于生产管理又容易布置道路。道路布置是车间平面布置的重要内容，它一方面是物料与设备的运输通道；另一方面还决定了管廊、上下水道、电缆等的布置。所以，要避免弯曲的或成尖角的道路布置。总的说来，车间平面越接近方形越经济。

12.2.2.4　车间平面布置方案

（1）直通管廊长条布置　又称为直线形或一字形布置，如图 12.1 所示。适合于小型车间，是露天布置的基本方案。

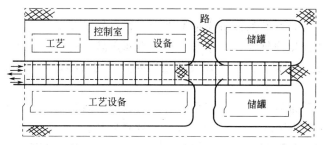

图 12.1 直通管廊长条布置

（2）T 形、L 形布置　对于较复杂的车间可以采用 T 形或 L 形的管廊布置，即管路可由两个或三个方向进出车间，如图 12.2 所示。

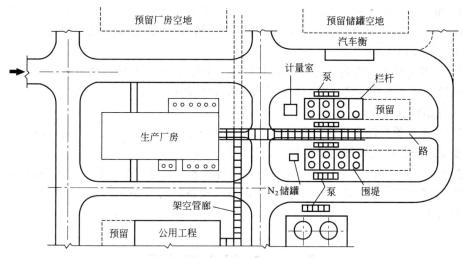

图 12.2 化工车间平面布置（T 形、L 形管廊）

组成复杂的车间可以采取直线形、T 形和 L 形组合的形式布置。

12.2.3 车间布置需要注意的问题

为了使车间布置设计达到最为合理的布局，必须认真注意下述问题。

（1）要遵照生产工艺流程自然顺序的原则，做到前后、上下和左右协调，确保工艺流程无论从水平方向还是从垂直方向的连续性来看，原料变成产品的路线都最短，投资最低。

（2）对于重型设备或易振动的设备，如压缩机、大型通风机和离心机等，要尽量布置在厂房的地面层，设备基础的重量应等于机组毛重的 3 倍，以减少厂房的荷重和振动。当必须布置在二、三层时，应安置在梁的上侧。

（3）设备穿过楼面须避开主梁。

（4）操作台尽量统一安排，避免平台支柱零乱众多，以减少车间内构筑物占用面积。

（5）在布置设备时要尽量创造良好的工作环境，给操作人员留有必要的操作空间和安全距离，要安排必需的生活用房，给操作人员创造良好的工作环境，提高操作人员的工作效率。

（6）布置设备要尽量利用工艺特点让物料自动压送，避免中间产品和成品发生交叉往返现象。所以，一般将计量设备布置在最高层，主要设备如反应器等布置在中间层，而储槽设备布置在最低层。

（7）在操作中要经常联系的设备应尽量靠近布置，便于操作联系。

（8）在设备周围要留出堆放一定数量原料、中间产品、成品的空地。必要时作为检修场地。如有经常需要更换的设备，应考虑设备搬运要具有的最小宽度，同时还应留有车间近期发展的位置。

（9）布置设备要保证管理方便和安全。设备与墙壁之间的距离、设备间的间距、运送设备的通道和人行道的宽度都有一定规范，设计时要遵守执行。

（10）设备布置要尽量对称，相同或相似设备应集中布置，并有相互调换使用的方便性和可能性。

（11）要尽量安排良好的采光条件。设备布置时尽量让操作人员背光操作。高大设备尽量避免靠窗设置，以免影响采光。

（12）根据生产中毒物、易燃易爆气体的逸出量及其在空气中允许浓度和爆炸极限确定车间每小时通风量、必要的自然对流和机械通风的措施。车间的防热亦须考虑，一般在房顶上设置中央通风口。

（13）有毒气逸出的设备，即使有排风设备，也要布置在下风向的位置。对有剧毒的岗位，要设置隔离室单独排风。对于处理大量可燃性物料的岗位，特别是在二、三层时，要设置消防设备和紧急疏散等安全措施。

（14）对于处理腐蚀介质的设备，除设备本身的基础须加防护外，对附近的墙、柱等建筑物也要采取防护措施或加大设备与墙、柱间的距离。

（15）电气控制等设备要尽量布置在用电设备附近，使导线用量最短，线损最低。

（16）设备管口方位的布置要结合配管，力求设备间的管路走向合理，距离最短，无管路相互交叉现象。

12.3 车间设备布置

12.3.1 设备布置的内容与原则

车间设备布置是：确定各个设备在车间中的位置；确定场地与建筑物的尺寸；确定管路、生产仪表管线、采暖通风管线的走向和位置。

最佳的设备布置应做到：经济合理，节约投资，操作维修方便、安全，设备排列紧凑，整齐美观。

12.3.1.1 设备布置露天化

属于下列几种情况者，可以考虑设备露天布置：生产中不需要经常操作的设备；自动化程度较高的设备或受气候影响不大的设备，如塔、冷凝器、液体原料储罐、气柜等；需要大气调节温度、湿度的设备，如凉水塔、空气冷却器等；有爆炸危险的设备；物料毒性较大的设备等。

12.3.1.2 满足生产工艺与操作要求

设备布置时一般采用流程式布置，以满足工艺流程顺序，保证工艺流程在水平和垂直方向的连续性。在不影响工艺流程顺序的原则下，将同类型的设备或操作性质相似的有关设备集中布置，可以有效地利用建筑面积，便于管理、操作与维修。还可以减少备用设备或互为备用。如塔体集中布置在塔架上，换热器、泵组成布置在一处等。对于有压差的设备，应充分利用高低位差布置，以节省动力设备及费用。在不影响流程顺序的原则下，将各层设备尽量集中布置。一般可将计量设备、高位槽布置在最高层，主要设备（如反应器等）布置在中层，储槽、传动设备等布置在最低层。应考虑合适的设备间距。设备间距过大会增加建筑面积，拉长管路，从而增加建筑和管路投资；设备间距过小导致操作、安装与维修的困难，甚至会发生事故。设备间距的确定主要取决于设备和管路的安装、检修、安全生产以及节约投资等几个因素。表12.1和图12.3介绍了一些设备安全距离，可供一般设备布置时参考。

表 12.1　设备的安全距离

项　目	净安全距离/m
泵与泵的间距	不小于 0.7
泵与墙的间距	大于 1.2
泵列与泵列间距（双排泵间）	不小于 2.0
塔与塔的间距	大于 1.0
反应器底部与人行道距离	不小于 1.8～2.0
起吊物与设备最高点距离	不小于 0.4
散发可燃气体及蒸气的设备和变配电室、自控仪表室、分析化验室间距	不小于 15
操作台梯子坡度	一般不大于 45°
换热器与换热器，换热器与其他设备水平距离	大于 1.0

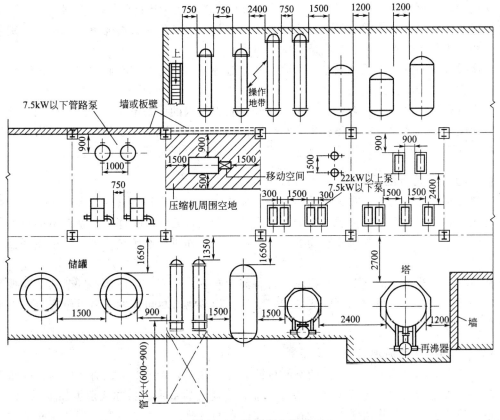

图 12.3　设备安全距离

12.3.1.3　符合安装与检修的要求

必须考虑设备运入或搬出车间的方法及经过的通道。

根据设备大小及结构，考虑设备安装、检修及拆卸所需的空间和面积，同类设备集中布置可统一留出检修场地，如塔、换热器等。塔和立式设备的人孔应对着空场地或检修通道的方向；列管换热器应在可拆的一端留出一定空间，以备抽出管子来检修等；要考虑设备能顺利进出车间。经常搬动的设备应在设备附近设置大门或安装孔，大门宽度比最大设备宽0.5m。不经常检修的设备，可在墙上设置安装孔；通过楼层的设备，楼面上要设置吊装孔，吊装孔位置根据厂房情况设置。

应考虑安装临时起重运输设备的场所及预埋吊钩，以便悬挂起重葫芦、拆卸及检修设备，如在厂房内设置永久性起重运输设备，则需考虑起重运输设备本身的高度，并使设备起吊运输高度大于运输途中最高设备的高度。

大型设备(如塔、储罐、反应器等)应布置在装置(车间)的一侧并靠通道，周围无障碍物，以便起重运输设备的进出及设备的吊装，通道宽度应大于最大起吊设备的宽度。

12.3.1.4 符合安全技术要求

设备布置应尽量做到工人背光操作，高大设备避免靠近窗户布置，以免影响门窗的开启、通风与采光。有爆炸危险的设备应露天布置，室内布置时要加强通风，防止爆炸性气体的聚集；危险等级相同的设备或厂房应集中在一个区域，这样可以减少防爆电器的数量和减少防火、防爆建筑的面积；将有爆炸危险的设备布置在单层厂房或多层厂房的顶层或厂房的边沿都有利于防爆泄压和消防。

加热炉、明火设备与产生易燃易爆气体的设备应保持一定的间距(一般不小于1.8m)，易燃易爆车间要采取防止引起静电现象和着火的措施。设备的布置需要考虑风向，特别是易燃易爆物料不得处在有明火、静电装置的上风处。

处理酸碱等腐蚀性介质的设备，如泵、池、罐等分别集中布置在底层有耐腐蚀铺砌的围堤中，不宜放在地下室或楼上。

产生有毒气体的设备应布置在下风向，储存有毒物料的设备不能放在厂房的死角处；有毒、有粉尘和有气体腐蚀的设备要集中布置并做通风、排毒或防腐蚀处理，通风措施应根据生产过程中有害物质、易燃易爆气体的浓度和爆炸极限及厂房的温度而定。

12.3.1.5 符合建筑要求

笨重设备或运转时产生很大振动的设备，如压缩机、离心机、真空泵等，应尽可能布置在厂房底层，以减少厂房的荷载与振动。有剧烈振动的设备，其操作台和基础不得与建筑物的柱、墙连在一起，以免影响建筑物的安全。厂房内操作平台必须统一考虑，以免平台支柱零乱重复。

在不影响工艺流程的情况下，将较高设备集中布置，可简化厂房体形，节约基建投资。

设备不应布置在建筑物的沉降缝和伸缩缝处。换热器应尽可能两三台重叠安装，以节省占地面积和管材。

12.3.1.6 考虑通道与管廊的布置

车间的设备布置本质上是车间的空间分配设计，在布置设备时要同时考虑通道的布置。

车间中成排布置的设备至少在一侧留有通道，较大的室内设备在底层要留有移出通道，并接近大门布置。在操作通道上要能看到各操作点与观测点，并能方便地到达这些地方。设备零件、接管、仪表均不应凸出到通道上来。通道除供安装、操作和维修外，还有紧急疏散的作用，故不允许有一端封闭的长通道。

管廊一般沿通道布置(在通道上空或通道两侧)，供工艺、公用工程、仪表管路、电缆共同使用。因此，要求通道应直而简单地形成方格。通道的宽度与净空高度见表12.2。

表 12.2　通道的宽度与净空高度

项　目	宽度(净空高度)/m
人行道、狭窄通道、楼梯、人孔周围的操作台宽度	0.75
走道、楼梯、操作台下的工作场所、管架的净空高度	2.2～2.5
主要检修道路、车间厂房之间的道路	6～7(4.2～4.8)
次要道路	4.8(3.3)
室内主要通道	2.4(2.7)
平台到水平人孔	0.6～1.2
管束抽出距离(室外)	0.6～0.9,再加上管束长

12.3.2　车间设备布置的方法及步骤

（1）言在进行设备布置前，通过有关图纸资料(工艺流程图、设备条件图等)，熟悉工艺过程的特点，设备的种类和数量，设备的工艺特性和主要尺寸，设备安装位置的要求，厂房建筑的基本结构等情况。

（2）确定厂房的整体布置(分散式或集中式)，根据设备的形状、大小、数量确定厂房的轮廓、跨度、层数、柱间距等。并在坐标纸上按1∶100(或1∶50)的比例绘制厂房建筑平面轮廓图。

（3）把所有设备按1∶100(或1∶50)的比例，用塑料板制成图案(或模型)，并标明设备名称，在画有建筑平面、立面轮廓草图的坐标纸上布置设备。一般布置2～3个方案，以便从多方面加以比较，选择一个最佳方案，绘制成设备平面、立面布置图。

（4）将辅助室和生活室集中在规定区域内，不应在车间内任意隔置。防止厂房零乱不整齐和影响厂房的通风条件。

（5）设备平面、立面布置草图完成后，广泛征求相关专业专家的意见，集思广益，做必要的调整，修正后提交建筑人员设计建筑图。

（6）工艺设计人员在取得建筑设计图后，根据布置草图绘制正式的设备平面、立面布置图。

12.3.3　典型设备的布置

12.3.3.1　塔的布置要点

（1）大型塔设备多数露天布置，用裙式支座直接安装于基础上。而小塔常安装在室内或框架中，平台和管道都支承在建筑物上。

（2）单塔或特别高大的塔可采用独立布置，利用塔身设操作平台，供工作人员进出人孔、操作、维修仪表及阀门之用。平台的位置由人孔位置与配管情况而定，具体的结构与尺寸可由设计标准中查取。

（3）塔或塔群布置在设备区外侧，其操作侧面对道路，配管侧面对管廊，以便施工安装、维修与配管。塔顶部常设有吊杆，用以吊装塔盘等零件。填料塔常在装料人孔的上方设吊车梁，供吊装填料。

（4）将几个塔的中心排列成一条直线，高度相近的塔相邻布置，通过适当调整安装高度和操作点就可以采用联合平台，既方便操作，又节省投资。采用联合平台时应考虑各塔有不同的热膨胀。联合平台由分别装在各塔自身的平台组成，通过平台间的铰接或缝隙满足不同的伸长量，以防止拉坏平台。相邻小塔间的距离一般为塔径的 3～4 倍。

（5）数量不多、结构与大小相似的塔可成组布置，如图 12.4 所示的是将四个塔合为一个整体，利用操作平台集中布置。如果塔的高度不同，只要求将第一层操作平台取齐，其他各层可另行考虑。这样，几个塔组成一个空间体系，增加了塔群的刚度。塔的壁厚就可以降低。成组布置的塔，各塔人孔方位尽量一致。塔身上的每个人孔处需设置操作平台，以便检修塔板。

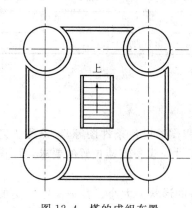

图 12.4　塔的成组布置

（6）塔通常安装在高位换热器和容器的建筑物或框架旁，利用容器或换热器的平台作为塔的人孔、仪表和阀门的操作与维修的通道。将细而高的或负压塔的侧面固定在建筑物或框架的适当高度，这样可以增加刚度，减少壁厚。

（7）直径较小（1m 以下）的塔常安装在室内或框架中，平台和管路都支承在建筑物上，冷凝器可装在屋顶上或吊在屋顶梁下，利用位差重力回流。

（8）塔的布置应以塔为中心把与塔有关的设备如中间槽、冷凝器、回流罐、回流泵、进料泵等就近布置，尽量做到流程顺、管线短、占地面积少、操作维修方便。

（9）塔的安装高度必须考虑塔釜泵的净正吸入压头、热虹吸式再沸器的吸入压头、自然流出的压头及管道、阀门、控制仪表等的压头损失。

12.3.3.2　换热器的布置要点

化工生产中使用最多的是列管换热器和再沸器，其布置原理也适用于其他形式的换热器。

设备布置的主要任务是将换热器布置在适当的位置，确定支座、安装结构和管口方位等。必要时在不影响工艺要求的前提下调整原换热器的尺寸及安装方式（立式或卧式）。

（1）换热器的布置原则是顺应流程和缩小管路长度，其位置取决于与它密切联系的设备布置。如塔的再沸器及冷凝器因与塔以大口径的管路连接，故应采取近塔布置，通常将它们布置在塔的两侧。热虹吸式再沸器直接固定在塔上，还要靠近回流罐和回流泵。自容器（或塔底）经换热器抽出液体时，换热器要靠近容器（或塔底），使泵的吸入管路最短，以改善吸入条件。

（2）一般从传热的角度考虑，细而长的换热器较有利，布置空间受限制时，如原设计的换热器显得太长，可以换成多个短粗的换热器以适应空间布置的要求。

（3）卧式换热器换成立式换热器可以节约面积，而立式换热器换成卧式换热器则可以降低高度。所以，在选择换热器时要根据具体情况而定。

（4）换热器常采用成组布置。成组布置可以节约清管检修用地和便于配管，又能保持整齐美观。水平的换热器可以重叠布置，串联的、非串联的、相同的或大小不同的换热器都可以重叠布置。重叠布置除节约面积外，还可以共用上下水管。为了便于抽取管束，上层换热器不能太高，一般管壳的顶部不能高于 3.6m。此外，将进出口管改成弯管可降低安装高度，如图 12.5 所示。

（5）应考虑换热器之间的间距、维修与操作空间的布置。换热器之间一般要留有 1.5m

左右的间距。位置受限制时，也不得小于 0.6m；固定管板式换热器周围要留有清除管内污垢的空地，而对于 U 形和浮头式换热器要有抽出管束的位置和空间高度。

（6）操作温度高于物料自燃点的换热器上方如无楼板或平台隔开，不应布置其他设备。

12.3.3.3 容器（罐、槽）的布置要点

容器按用途可以分为原料储罐、中间储罐和成品储罐；按安装形式可以分为立式储罐和卧式储罐。容器布置时一般要注意以下事项。

（1）立式储罐布置时，按罐外壁取齐，卧式储罐按封头切线取齐。

（2）在室外布置易挥发液体储罐时，应设置喷淋冷却设施。

（3）易燃、可燃液体储罐周围应按规定设置防火堤坝。

（4）储存腐蚀性物料罐区除设围堰外，其地坪应做防腐蚀处理。

（5）液位计、进出料接管、仪表尽可能集中在储罐的一侧，另一侧供通道与检修用。罐与罐之间的距离应符合 GBJ 16—1987 的有关规定，以便操作、安装与检修。

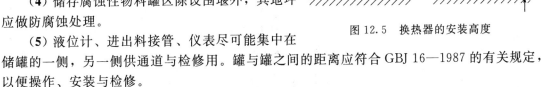

图 12.5　换热器的安装高度

（6）储罐的安装高度应根据接管需要和输送泵的净正吸入压头的要求决定。

（7）多台大小不同的卧式储罐，其底部宜布置在同一标高上。

（8）原料储罐和成品储罐一般集中布置在储罐区，而中间储罐要按流程顺序布置在有关设备附近或厂房附近。有关容器的支承与安装方式如图 12.6 所示。

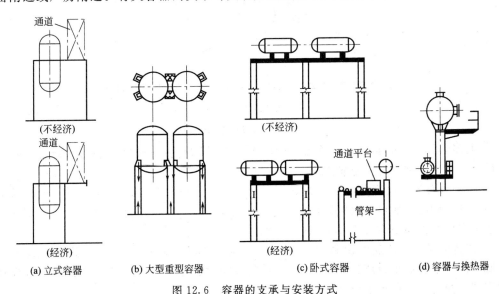

(a) 立式容器　　(b) 大型重型容器　　(c) 卧式容器　　(d) 容器与换热器

图 12.6　容器的支承与安装方式

（9）一般存储有毒、易燃易爆物料的储罐要远离操作岗位布置，或集中布置在储罐区。

而一般原料和成品储罐可以尽量靠近生产车间布置，以缩短物料运输时间和降低费用。

（10）大型容器应尽量在地面上支承。

12.3.3.4　反应器的布置要点

反应器形式很多，可以根据结构形式按类似的设备布置。塔式反应器可按塔的方式布置；固定床催化反应器与容器相类似；火焰加热的反应器则近似于工业炉；搅拌釜式反应器实质上是设有搅拌器和传热夹套的立式容器。

（1）釜式反应器

① 釜式反应器一般用挂耳支承在建（构）筑物上或操作台的梁上。对于体积大、质量大或振动大的设备，要用支脚直接支承在地面或楼板上。

② 两台以上相同的反应器应尽可能排成一条直线。反应器之间的距离，根据设备的大小、附属设备和管路具体情况而定。管路阀门应尽可能集中布置在反应器一侧，以便操作。

③ 间歇操作的釜式反应器布置时要考虑便于加料和出料。液体物料通常是经高位槽计量后靠压差加入釜中；固体物料大多是用吊车从人孔或加料口加入釜内，因此，人孔或加料口离地面、楼面或操作平台面的高度以 800mm 为宜，如图 12.7 所示。

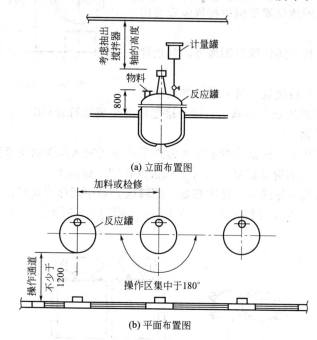

(a) 立面布置图

(b) 平面布置图

图 12.7　釜式反应器布置示意图

④ 因多数釜式反应器带有搅拌器，所以上部要设置安装及检修用的起吊设备，并考虑足够的高度，以便抽出搅拌器轴等。

⑤ 跨楼板布置的反应器，反应物黏度大，或含有固体物料的反应器，要考虑疏通堵塞和管道清洗等问题，要设置出料阀门操作台。大型釜式反应器底部有固体催化剂卸料时，反应器底部需留有的净空应大于 3m，以便车辆进入。

⑥ 物料依靠重力从底部出料口自流进入其他设备时，要有 1～1.5m 距离；有人通过时，底部离基准面最小距离为 1.8m，搅拌器安装在设备底部时设备底部应留出抽取搅拌器轴的空间，净空高度不小于搅拌器轴的长度。

⑦ 易爆反应器，特别是反应剧烈、易发生事故的反应器，布置时要考虑足够的安全措施，包括泄压及排放方向。

（2）连续反应器

① 连续操作釜式反应器有单台和多台串联式（图12.8），布置时除考虑前述要求外，由于进料、出料都是连续的，因此在多台串联时必须特别注意物料进、出口间的压差和流体流动的阻力损失。

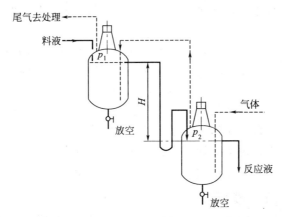

图12.8　多台连续反应器串联布置示意图

② 如果出料用加压泵循环时，除反应器为加压操作外，反应器必须有足够的位差，以满足加压泵净正吸入压头的需要。

③ 多台串联反应器可并排排列或排成一侧。

（3）固定床反应器

① 催化剂可以由反应器的顶部加入或用真空抽入，装料口离操作台800mm左右，超过800mm时要设置工作平台。

② 反应器上部要留出足够净空，供检修或吊装催化剂篮筐用。

③ 催化剂如从反应器底部（或侧面出料口）卸料时，应根据催化剂接受设备的高度，留有足够的净空。当底部离地面大于1.5m时，应设置操作平台，底部离地面最小距离不得小于500mm。

④ 多台反应器应布置在一条中线上，周围留有放置催化剂盛器与必要的检修场地。

⑤ 操作阀门与取样口应尽量集中在一侧，并与加料口不在同一侧，以免相互干扰。

（4）流化床反应器　流化床反应器的布置和固定床反应器基本相同，也有需要注意之处。

① 布置时应考虑与反应器相配的流体输送设备、附属设备的布置。设备间的距离在满足管线连接安装要求下，应尽可能缩短。

② 催化剂进出反应器的角度，应能使得固体物料流动通畅，有时还应保持足够的料封。

③ 对于体积大、反应压力较高的反应器，应该采用坚固的结构支承。

④ 反应器支座（或裙座）应有足够的散热长度，使支座与建筑物或地面的接触面上的温度不致过高。

12.3.3.5　混合器的布置要点

混合器可处理固体、浆液或液体物料的混合。把固体混合到液体中去，属于液体混合器的范畴，把液体混入固体则属于固体混合器的范畴。

（1）液体混合器　液体混合器通常是内部装有立式或倾斜式或卧式搅拌器的设备，上部有液体或固体加料口及相应的固体输送设备，所以布置时必须考虑搅拌器的平衡及由于固体物料和两种不同物料加入时而引起的振动，还要处理好固体物料的进出问题。多台串联连接混合器应该使混合器液面有足够的位差，保持物流畅通。

（2）**固体混合器**　固体混合器有螺旋式混合器、单转子或双转子混合器以及行星式混合器等。这类混合器，物料是从混合器顶部或一端加入，产品从中部或底部排出。进、出料输送机可以布置成任何水平角度，输送机与混合器之间用溜槽衔接，溜槽要保持一定角度，以保证物流的畅通，角度大小视固体物料性质而定。用气流输送物料时，在混合器上需装旋风分离器。

回转式混合器为转动设备，布置时应考虑安装、检修所需要的空间。出料口与地面之间应该留有设置物料接受器的足够净空。出料方式采用输送机传送时，其布置要求有足够的操作、检修与安装的空间。

带碾轮的混合器，一般比较沉重，通常布置在厂房底层。

（3）**浆料混合器**　此类混合器一般是带有慢速搅拌器的槽，搅拌形式有桨式或耙式，还有搓揉式混合器及密闭式混炼器等处理高黏性的物料。这类混合器都必须有坚固的基础，最好布置在底层。

12.3.3.6　蒸发器的布置要点

（1）蒸发器及其附属设备（包括加热器、汽液分离器、冷凝器、盐析器、真空泵及料液输送泵等）应成组布置，如图 12.9 所示。

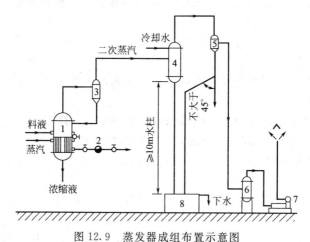

图 12.9　蒸发器成组布置示意图

1—蒸发器；2—疏水阀；3,5—分离器；4—混合冷凝器；6—缓冲罐；7—真空泵；8—水槽

（2）多台蒸发器可成一条直线布置，也可成组布置。

（3）蒸发器视镜、仪表和取样点应相对集中。

（4）考虑蒸发器内（外）加热器的检修、清洗或更换加热管，需设置能安装起吊设备的设施。

（5）通常蒸发器之间蒸汽管道的管径较大，在满足管道安装、检修工作的要求下，应尽量缩小蒸发器之间的距离。

（6）蒸发器的最小安装高度决定于料液输送泵的净正吸入高度。

（7）混合冷凝器的布置高度应保持气压柱大于 $10mH_2O$ 高度（冷凝器底至水池中水面的垂直高度），气压柱管道应垂直，若需倾斜，其角度不得大于 $45°$。

（8）容易溅漏的蒸发器，在设备周围地面上要砌设围堰及考虑排液措施，便于料液集中处理，地面需铺砌瓷砖或做适当处理。

（9）蒸发器布置在室内时，散热量较大，在建筑上应采取措施，加强自然通风或设置通风设施。

（10）有固体结晶析出的蒸发器，还需考虑固体出料及输送。

12.3.3.7　结晶器的布置要点

（1）结晶通常是在搅拌下进行，因此布置结晶器时要考虑搅拌器的安装、检修及操作所需要的空间和场地。

（2）结晶器进料是浆状液，出料是固体状，布置时要很好地考虑设备间的位差及距离，所有管道必须有足够的坡度。

（3）所有设备及管道需有冲洗及排净的措施。

（4）结晶器通常都布置在室内，人孔或加料口高度最好不超过 $1\sim1.2\mathrm{m}$，如果超过必须设置操作台。

12.3.3.8　流体输送设备的布置要点

（1）泵

① 年极端最低温度在 $-38℃$ 以下的地区，宜在室内布置泵。其他地区可根据雨雪量和风沙情况等采用敞开或半敞开布置。敞开或半敞开布置泵时，其配套的电气、仪表设施均采用户外型。

② 输送高温介质的热油泵和输送可燃易爆的或有害介质（如氨等）的泵，要求有通风的环境。一般宜采用敞开或半敞开布置。

③ 小型车间生产用泵，多数安装在抽吸设备附近；大中型车间用泵，数量较多，有可能集中布置的，应该尽量集中布置。

④ 泵的布置首先要考虑方便其操作和检查维修，阀门的安装与操作，同时还要考虑美观。集中布置的泵应排列成一条直线，泵的头部集中于一侧，也可背靠背地排成两排，驱动设备面向通道。

⑤ 泵与泵的间距视泵的大小而定，一般不宜小于 $0.7\mathrm{m}$，双排泵之间的间距不宜少于 $2\mathrm{m}$，泵与墙之间的净间距至少为 $0.7\mathrm{m}$，以利于通行。图 12.10 和图 12.11 所示为常用泵安装所需要的间距。

⑥ 成排布置的泵，其配管与阀门应排成一条直线，管道避免跨越泵和电动机。

⑦ 泵应布置在高出地面 150mm 的基础上。多台泵置于同一基础上时，基础必须有坡度，以便泄漏物流出。基础四周要考虑排液沟及冲洗用的排水沟。

⑧ 不经常操作的泵可露天布置，但电动机要设防雨罩，所有配电及仪表设施均应采用户外式的，天冷地区要考虑防冻措施。

⑨ 重量较大的泵和电机应设检修用的起吊设备，建筑物高度要留出必要的净空。

⑩ 泵的吸入口管线应尽可能短，以保证净正吸入压头的需要。

（2）风机

① 大型装置的鼓风机可以露天或半露天布置，在框架旁、管廊下或其他构筑物下面。风机布置在封闭式厂房内时，应配置必要的消声设施。如不能有效地控制噪声，通常将其安装

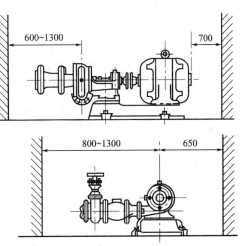

图 12.10　离心泵安装示意图

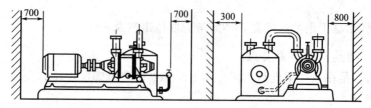

图 12.11　水环式真空泵安装示意图

在隔断的鼓风机房内，以减少对周围的影响。

② 风机的安装位置要考虑操作和维修的方便，并使进出口接管简捷，要避免风管弯曲和交叉，在转弯处应留有较大的回转半径。

③ 风机的基础要考虑隔振，并与建筑物的基础完全脱开，还要防止风管将振动传递到建筑物上。

④ 鼓风机组的监控仪表宜设在单独的或集中的控制室内，控制室要有隔声设施和必要的通风设备。

⑤ 为了便于安装、检修，鼓风机房需设置适当的吊装设备。

12.3.3.9　过滤分离设备的布置要点

（1）间歇式过滤机　间歇式过滤机通常在压力下或真空下操作，有板框压滤机、叶滤机、床层式过滤器及真空吸滤器等几种形式。

① 间歇式过滤机通常布置在室内，多台过滤机采用并列布置，以便过滤、清洗、出料等操作能交替进行。

② 设备布置所占用的面积，因出料方式而异。必须将过滤机拆开后才能取出滤饼的，以考虑操作方便为主；用压缩空气或其他方法可把滤饼取出的，则以考虑维修方便决定占用面积。一般在过滤机周围至少要留出一个过滤机宽度的位置。用小车运送滤布、滤饼或滤板时，至少在其一侧留出 1.8m 净空位置。

③ 过滤机安装高度，一般是将过滤机安装在楼面上或操作平台上，而将滤饼卸在下一层楼面上或接受器里，也有直接卸在小推车中，装满后即运走。下料用的溜槽尺寸要大些，并且尽可能近于垂直，以便下料通畅。

④ 滤液如果是有毒的或易燃的，要设专门的通风装置（如排气罩、抽风机等）。通风装置不应妨碍卸出滤饼的操作。

⑤ 大型压滤机（有较重的内件）要设置吊车梁。

⑥ 在布置过滤机的同时应考虑其他辅助设施，如真空泵、空气压缩机、水泵等的布置。

⑦ 地面设计应考虑冲洗排净。使用腐蚀介质的地方，地面应考虑防腐蚀措施。

⑧ 要设置滤布的清洗槽，并考虑清洗液的排放和处理。

（2）连续式过滤机　回转真空过滤机、带式过滤机、链板式过滤机都属于连续式过滤机。

① 连续式过滤机可露天、半露天布置。如天气对浆液或滤饼有不利影响，也可布置在室内。

② 由于固体物料输送比液体输送困难，一般将过滤机布置在靠近固体物料的最终卸出处。

③ 过滤机布置在进料槽的上部为宜，这样便于过滤机的排净，溢流物可以靠重力回流到进料槽。溢流管的管径要大，管道要考虑能够进行清洗。

④ 过滤机尽量安装在高处，如在二楼或操作平台上，便于固体物料的卸出。卸料溜槽也应宽而直，避免堵塞。

⑤ 过滤机四周要留出操作、清洗、检修的位置，其通道宽度不得小于1m。

⑥ 过滤机的真空管路要采用大管径、短管线，以减少阻力。

⑦ 为了便于安装、检修，厂房中要设置起吊设备。

（3）离心机

① 离心机为转动设备，由于转鼓载荷不均匀会引起很大振动，一般均布置在厂房的底层，并且安装在坚固的基础上，基础与建筑物应完全脱开。小型离心机布置在楼板上时，需布置在梁上或在建筑设计上采取必要的措施。大型离心机需考虑减振措施。

② 离心机周围要有足够的操作和检修场地，通道宽度不得小于1.5m。三足式离心机安装所需的间距如图12.12所示。

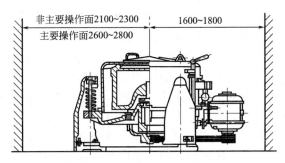

图12.12 三足式离心机安装示意图

③ 离心机的安装高度根据出料方式确定。底部卸料的离心机，要按照固体物料的输送方式确定所需要的空间。

④ 设置供检修用的起吊梁时，多台离心机可排列成一行，以减少梁的数量。离心机周围的配管，应不妨碍取出电动机和转鼓。

⑤ 离心机不应布置在有腐蚀的区域或管道下面。离心机的泄漏物应收集在有围堤的区域内，而且有一定的坡度，使漏出物流向地沟，排入废液处理装置。

⑥ 离心机操作时，排出大量空气，当其含有有害气体或易燃易爆的蒸气时，在离心机上方要加装排气罩，必要时对排出的有害气体应做处理。

12.3.3.10 干燥器的布置要点

（1）喷雾干燥器、流化床干燥器 通常是用鼓风机将加热空气送入干燥器内，与湿物料接触后水分被蒸发并随热空气带走。

① 鼓风机和加热器通常布置在同一单独的厂房内，以免鼓风机噪声和加热器的高温影响车间环境。

② 喷雾干燥器与其附属设备（包括料液进料设备、成品出料包装设备、旋风分离器、布袋除尘器、加热器、风机等）成组布置，因所有进出口风管的管径都较大，布置时要统一考虑。

③ 喷雾干燥器一般可半露天布置，若布置在室内，需考虑防尘和防高温等措施。

④ 必须很好地处理物料进出，使其进出便利，减少固体物料堵塞。

（2）包括内回转式、转鼓式和回转窑炉等，其附属设备有加热器、进出料装置和旋风分离器等。

① 回转干燥器应单独布置，以减少对其他生产装置的影响。

② 要合理安排进出固体物料输送设备，以便防尘、防热和操作、维护、检修。

③ 回转干燥器通常布置在建筑物的底层，设备基础应与建筑物基础完全分开。

（3）箱式干燥器

① 设备前要留有足够的空地，用以堆放湿料、干料，进行倒盘、洗盘等操作，以及推送物料的通道。

② 要考虑通风、排风及降温措施。

12.3.3.11　罐区的布置要点

罐区布置主要考虑的是安全问题。

（1）液体罐区

① 液体罐区尽量布置在工艺装置区的一侧，既有利于安全，又为将来工艺装置或罐区发展提供方便。

② 罐区设计要严格执行建筑设计防火规范及有关安全、卫生等标准及规定。

③ 罐区四周都要有可以连通的通道。罐区通道的宽度要考虑消防车能方便进出。

④ 储罐应按物料种类和储量成排、成组排列。

⑤ 易燃易爆液体储罐四周要设围堤或围堰。围堤的隔法和容积大小要根据储存物料性质及储罐大小、台数而定。一般单个储罐的围堤容积应略大于储罐容积，多台储罐在采取足够措施后，容积可酌减，但不得少于最大罐的容积及储罐总容积的一半，并要取得消防部门的同意。围堤高度一般为 $1\sim1.6m$，其实际高度应比计算高度高 $0.2m$。易燃易爆储罐需有冷却措施，也可采用地下或半地下式安装，以避免太阳直晒，有利于安全。易燃易爆罐区宜布置在居民区下风向，减少对居民区的影响。堤内侧应设排水沟，并坡向集水点。

⑥ 液态燃爆危险品储罐布置的防火间距（根据建筑设计防火规范 GBJ 16—1987）见表 12.3。

表 12.3　易燃、可燃液体储罐间的防火间距

物料名称	立式固定顶储罐间的防火间距			卧式储罐间的防火间距
	地上	半地下	地下	地下或半地下
易燃液体	$0.75D$	$0.5D$	$0.25D$	$1D$
可燃液体	$0.5D$	$0.4D$		$0.75D$

注：D 为相邻储罐中较大罐的直径。

⑦ 性质不同或灭火方法不同的介质和产品要编组分别储存，不得布置在一个围堤内。

⑧ 所有进出物料用的输送泵不应布置在围堤内。

⑨ 装卸栈台可布置在罐区一侧，但必须远离工艺装置，而且需有足够有效的安全消防措施。

⑩ 罐区内要有安全出入口及事故出口，一旦发生火灾时便于人员撤离及处理事故。罐区四周应设消防通道和消防设施。

（2）气体罐区　气体储罐有常压储罐及加压储罐两种。常压储罐有各种干式、湿式气柜，气柜压力略高出大气压几十毫米水柱。加压储罐有压力储罐、钢瓶等。无论哪种储罐都必须遵守有关规范及要求布置和使用，特别是易燃易爆气体更应严格执行。气态燃爆危险品储罐布置的防火间距（根据建筑设计防火规范 GBJ 16—1987）见表 12.4。

表 12.4　可燃气体储罐间的防火间距

设备名称	防火间距
固定容积储罐	$0.65D$
水槽式储罐	$0.5D$

注：D 为相邻储罐中较大罐的直径。

12.3.3.12　控制室的布置要点

（1） 控制室的布置应该有很好的视野，应设置在从各个角度都能看到装置的地方，如图

12.13 所示。

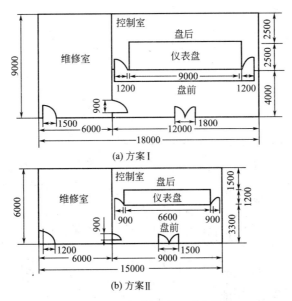

图 12.13 控制室布置示意图

（2）控制室应布置在装置的上风向，而且距离生产装置各个部分都不太远的适宜地方。

（3）仪表柜和控制箱通常都是成排布置，并留有安装及维修用的通道；通道宽度不小于1m，仪表盘前应有2～3m的空间。

（4）所有进出口管道及电缆尽可能暗敷，使室内布置整齐美观。

（5）仪表盘上的仪表一般可分成三个区段布置。上区段距地面1650mm以上，这一部分可放置比较醒目的供扫视的仪表（如指示仪表、信号灯、闪光报警器等）；中区段距地面1000～1650mm，可放置需要经常监视的仪表（如控制仪表、记录仪表等）；下区段距地面800～1000mm，可放置操纵器类仪表（如操纵板、切换器、开关、按钮等）。

（6）控制室内仪表盘应避免阳光直射，以免光线反射影响操作。

（7）大型控制室因为装有大量仪表，为减少灰尘，最好采用机械送排风或空调，以保持空气的清洁。墙面及地面也要便于清洗，以防止灰尘聚集。室内采光通常都采用天然采光与人工照明相结合。室内有时还设有辅助用室及生活用室。

12.4　设备布置图

在设备布置设计中一般要提供设备布置图、设备安装详图和管口方位图。其中设备布置图最重要。下面介绍设备布置图的有关知识。

12.4.1　设备布置图的内容

设备布置图是在简化了的厂房建筑图上增加了设备布置的内容，用来表示设备与建筑物、设备与设备之间的相对位置，并能直接指导设备的安装。设备布置图是化工设计、施工、设备安装、绘制管道布置图的重要技术文件。

图12.14为某装置设备布置图。从图中可以看出，设备布置图一般包括以下几个方面内容。

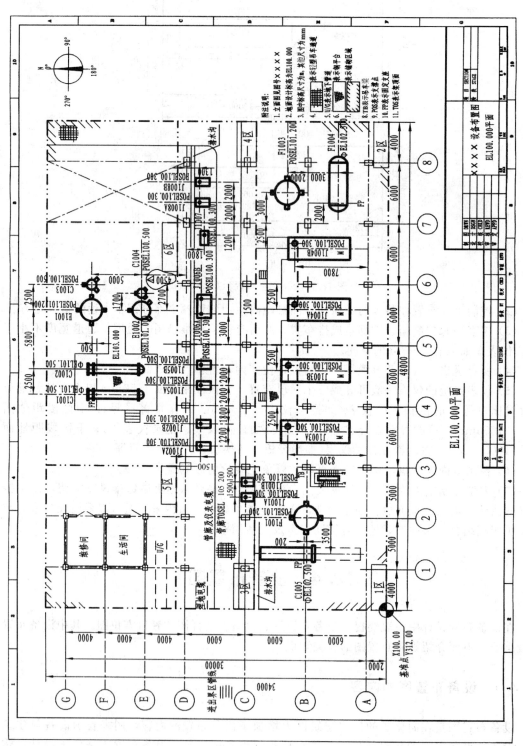

图12.14 某装置设备布置图

（1）组视图。视图按正投影法绘制，包括平面图和剖视图，用以表示装置的界区范围、装置界区内建（构）筑物的形式和结构、设备在厂房内外的布置情况以及辅助设施在装置界区内的位置。

（2）尺寸和标注。包括设备的位号、定位尺寸和其他必要的相关标注及说明等。

（3）安装方位标。

（4）图上的附注（在图比较简单、图示清楚的情况下，可以省略）。

（5）标题栏及修改栏。

12.4.2　绘制设备布置图应遵循的规定

设备布置图的设计要遵循 HG 20546—1992（国际通用设计体制和方法）《化工装置设备布置设计规定》。具体到设备布置图的绘制应遵循下列规定。

（1）图线宽度（HG 20549.1—1998），见表 12.5。

（2）设备布置图图例及简化画法（HG 20546.1—1992 第 6 章），见本章附表 12-1。

（3）设备布置图常用的缩写词（HG 20546.1—1992 第 7 章），见本章附表 12-2。

表 12.5　设备布置图的图线宽度规定（HG 20549.1—1998 摘录）

粗线 0.9~1.2mm	中粗线 0.5~0.7mm	细线 0.15~0.3mm	备注
设备轮廓	设备支架、设备基础	其他	动设备（机泵等）如只绘出设备基础图线，宽度用 0.9mm

12.4.3　设备布置图的视图

12.4.3.1　图幅与比例

（1）图幅　一般采用一号图，不加长加宽。特殊情况也可采用其他图幅。

图纸内框的长边和短边的外侧，以 3mm 长的粗线等分，在长边等分的中点自标题栏侧起依次写 A、B、C、D……，在短边等分的中点自标题栏侧起依次写 1、2、3、4……。一号图长边 8 等分，短边 6 等分，二号图长边 6 等分，短边 4 等分，如图 12.15 所示。

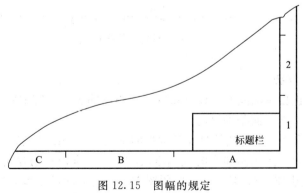

图 12.15　图幅的规定

（2）比例　常用 1∶100，也可用 1∶200 或 1∶50，视装置的设备布置疏密情况而定。

12.4.3.2　图面安排及视图要求

（1）设备布置图一般只绘平面图。对于较复杂的装置或有多层建（构）筑物的装置，当平面图表示不清楚时，可绘制剖视图。

（2）在一般情况下，每一层只画一个平面图，当有局部操作台时，在该平面图上可以只画操作台下的设备，局部操作台及其上面的设备另画局部平面图。如不影响图面清晰，也可用一个平面图表示，操作台下的设备画虚线。

（3）多层建筑物或构筑物，应依次分层绘制各层的设备布置平面图。如在同一张图纸上绘几层平面时，应从最底层平面开始，在图中由下至上或由左至右按层次顺序排列，并在图形下方注明"EL×××.×××平面"等。

（4）一台设备穿越多层建（构）筑物时，在每层平面上均需画出设备的平面位置，并标注设备位号。各层平面图是以上一层的楼板底面水平剖切的俯视图。

（5）设备布置图一般以联合布置的装置或独立的主项为单元绘制，界区以粗双点划线表示，在界区外侧标注坐标，以界区左下角为基准点（以确定本装置与其他装置的相对位置，基准点的画法见本章附表 12-1），基准点坐标为 N、E（或 N、W），如图 12.16 所示，同时注出其相当于在总图上的坐标 X、Y 数值。

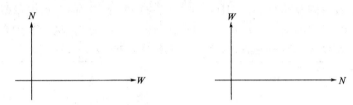

图 12.16　基准点坐标

（6）对于设备较多、分区较多的主项，此主项的设备布置图，应在标题栏的正上方列一设备表，便于识图，如图 12.17 所示。

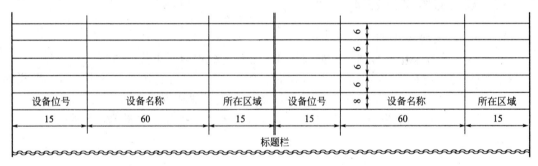

设备位号	设备名称	所在区域	设备位号		设备名称	所在区域
15	60	15	15		60	15

图 12.17　设备表的格式

12.4.3.3　图示方法

设备布置图采用正投影法绘制。设备布置图中视图的表达内容主要是两部分，一是建筑物及其构件，二是设备，下面分别讨论。

（1）建筑物及其构件　厂房建筑物及其构件的画法为：用细实线、细单点长划线，按建筑图纸所示，并采用规定的比例和图例（本章附表 12-1），画出厂房建筑的平面图或剖视图。参见某车间厂房构造图 12.18，其厂房建筑图图 12.19 所对应的设备布置图图 12.20 上厂房建筑的画法。

画图时要注意以下几点。

① 用细点划线画出承重墙、柱等结构的建筑定位轴线，其他用细实线画出。

② 设备布置图图例及简化画法是根据《建筑制图》标准的有关规定并结合化工特点简

化而成，所以与设备布置有关的建筑物及其构件，如门、窗、墙、柱、楼梯、楼板和梁、操作及检修平台、栏杆、管廊、安装孔洞、地坑、地沟、管沟、散水坡、吊轨及吊车等，均应按本章附表 12-1 简化画出。

③ 与设备安装定位关系不大的门、窗等构件，一般只在平面图上画出它们的位置及门的开启方向等，在剖视图上则不予表示。

④ 设备布置图中，对于生活室和专业用房间(如配电室、控制室、维修间等)均应画出，但只以文字标注房间名称。

(2) 设备 设备布置是图中主要表达的内容，因此图中的设备及其附件(设备的金

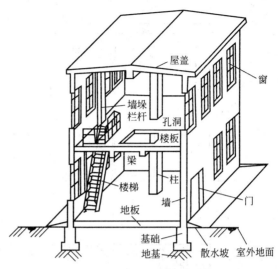

图 12.18 某车间厂房构造

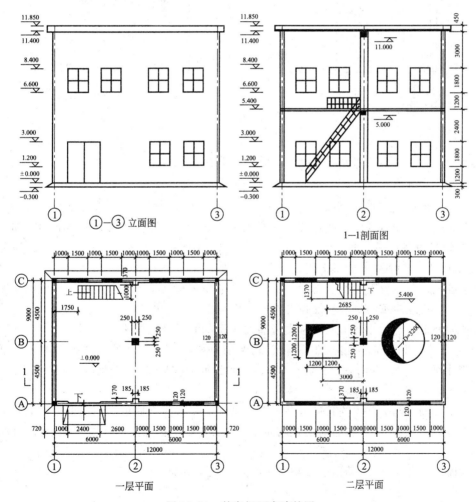

图 12.19 某车间厂房建筑图

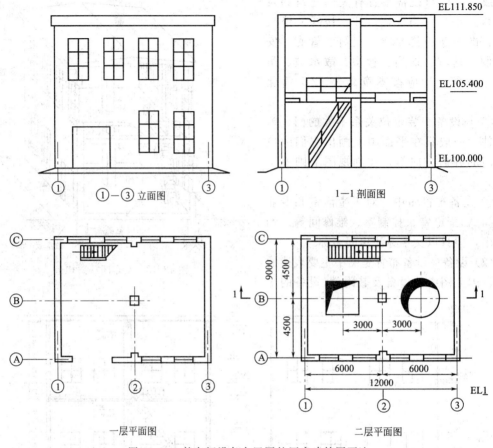

图 12.20　某车间设备布置图的厂房建筑图画法

属支架、电机传动装置等）都应以粗实线画出。被遮盖的设备轮廓一般不画，如必须表示，则用粗虚线画出。设备的中心线用细点划线画出。设备轮廓在设备布置图中的画法如下：

① 非定型设备可适当简化画出设备的外形，包括附属的操作台、梯子和支架（注出支架代号）。如图 12.14 中立式储罐 F1001、F1002、F1003（有设备支架）所示。

对于卧式设备不仅要简化画出设备的外形，还应画出其特征管口或标注固定侧支座。如图 12.14 中卧式储罐 F1004，不仅画出外形，而且用 FP 标注固定侧支座位置。

设备的外形轮廓大小和形状应根据设备总装图的有关数据画出。

② 动设备只画基础，并表示出特征管口和驱动机的位置，驱动机的画法采用本章附表 12-1 的简化画法。如图 12.14 中泵 J1001、J1002 和 J1005～J1008 及压缩机 J1003、J1004 所示。

位于室外而又与厂房不连接的设备及其支架等，一般只在底层平面图上予以表示。穿过楼层的设备，每层平面图上均需画出设备的平面位置，并可按图 12.21 所示的剖视形式表示。

③ 用虚线表示换热器预留的检修场地，如图 12.22 所示。在图 12.14 中 C1005 也同样如此。

（3）其他　在设备布置图中还需要表示出埋地管道、埋地电缆和进出界区管线等，如图 12.13 所示。

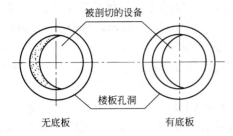

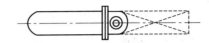

图 12.21　穿过楼层设备剖视的表示形式　　　　　图 12.22　用虚线表示换热器预留的检修场地

12.4.4　设备布置图的尺寸及必要标注

设备布置图中标注的标高、坐标以米为单位，小数以下应取三位数至毫米为止。其余的尺寸一律以毫米为单位，只注数字，不注单位。采用其他单位标注尺寸时，应注明单位。

12.4.4.1　厂房建筑、构件的尺寸标注

（1）标注厂房建筑和构件的定位轴线编号。如图 12.14 所示，1-8 轴和 A-G 轴。

（2）标注厂房建筑及其构件的尺寸，包括如下几点。

① 厂房建筑物的长度、宽度总尺寸，如图 12.14 所示，厂房建筑物的总长度和总宽度分别为 48000、34000。

② 厂房建筑、构件的定位轴线间距尺寸，如图 12.14 所示，定位轴线编号为 1、2 的间距为 5000，定位轴线编号为 A、B 的间距为 6000。

③ 为设备安装预留的孔洞以及沟、坑等定位尺寸，如图 12.20 所示，二层平面楼板上的设备安装孔定位尺寸为 3000。

④ 地面、楼板、平台、屋面的主要高度尺寸及其他与设备安装定位有关的建筑结构件的高度尺寸，如图 12.20 所示，地面、楼板、屋面的主要高度尺寸为 EL100.000、EL105.400 和 EL111.850。

12.4.4.2　设备的尺寸标注

图中一般不注出设备定形尺寸，而只标注定位尺寸。

（1）设备平面定位尺寸　设备在平面图上的定位尺寸一般应以建（构）筑物的轴线或管架、管廊的柱中心线为基准线进行标注，也可采用坐标系标注定位尺寸，但是要尽量避免以区的分界线为基准线标注定位尺寸。

① 卧式容器和换热器以中心线和靠近柱轴线一端的支座为基准。如图 12.14 所示，容器 F1004 以定位轴线编号为 7、B 的轴线作为基准线，以容器中心线为基准的定位尺寸是 3000，靠近柱轴线一端容器支座为基准的定位尺寸是 2000。

② 立式反应器、塔、槽、罐和换热器以中心线为基准。如图 12.14 所示，塔 E1001 以定位轴线编号为 6、D 的轴线作为基准线，塔 E1001 以中心线为基准的定位尺寸分别是 2700、4500＋5000。

③ 离心式泵、压缩机、鼓风机、蒸汽透平以中心线和出口管中心线为基准。如图 12.14 所示，离心式压缩机 J1003A 以定位轴线编号为 4、A 的轴线作为基准线，以离心式压缩机 J1003A 中心线和出口管中心线为基准的定位尺寸分别是 2500、8200。

④ 往复式泵、活塞式压缩机以缸中心线和曲轴（或电动机轴）中心线为基准。

⑤ 板式换热器以中心线和某一出口法兰端面为基准。

⑥ 当某一设备已采用建筑定位轴线为基准线标注定位尺寸后，邻近设备可依次用已标出定位尺寸的设备的中心线为基准来标注定位尺寸，如图 12.14 所示，换热器 C1002 的定位尺寸 5800、500 就是以 E1001 中心线为基准标注的定位尺寸。

（2）设备高度方向定位尺寸　设备高度方向的定位尺寸以标高表示，标高基准一般选择首层室内地面。

① 卧式换热器、槽、罐一般以中心线标高表示（ΦEL××××），如图 12.14 所示，容器 F1004 以室内地面 EL100.000 作为基准，标高表示为 ΦEL102.500，说明容器中心线到室内地面的距离是 2.5m。

② 立式、板式换热器一般以支承点标高表示（POSEL××××），如图 12.14 所示，立式换热器 C1003 以室内地面 EL100.000 作为基准，标高表示为 POSEL100.500，说明换热器支座的支承点与地面的距离是 0.5m。

③ 反应器、塔和立式槽、罐一般以支承点标高表示（POSEL××××），如图 12.14 所示，塔 E1001 以室内地面 EL100.000 作为基准，标高表示为 POSEL101.200，说明塔支座的支承点与地面的距离是 1.2m。

④ 泵、压缩机以主轴中心线标高（ΦEL××××）表示或底盘底面标高（即基础顶面标高 POSEL×××）表示。如图 12.14 所示，离心式压缩机 J1003A 以室内地面 EL100.000 作为基准，标高表示为 POSEL100.300，说明压缩机基础顶面到室内地面的距离是 0.3m。

12.4.4.3　设备的位号标注

如图 12.14 所示，在设备图形中心线上方标注出设备位号，该位号与管道仪表流程图的一致，下方标注支承点（如 POSEL×××.×××）或中心线（如 ΦEL×××.×××）或支架架顶（如 TOSEL×××.×××）的标高。

12.4.4.4　其他标注

（1）管廊、管架应注出架顶的标高（TOSEL××××），如图 12.14 所示，管廊 TOSEL105.200。

（2）辅助间和生活间应写出各自的名称，如图 12.14 所示，维修间和生活间。

（3）对于管廊、进出界区管线、埋地电缆、地下管道、排水沟的图示处标注出来。

12.4.5　典型设备的画法及标注

典型设备在布置上的画法与标注如图 12.23 所示。

12.4.6　其他

12.4.6.1　安装方位标

安装方位标是确定设备安装方位的基准，一般画在图纸的右上方。具体画法见本章附表 12-1。

12.4.6.2　图上的附注

（1）通用附注　在任何一张设备布置图上要附注以下几点。

① 立面图见图号××××。

② 地面设计标高为 EL××××。

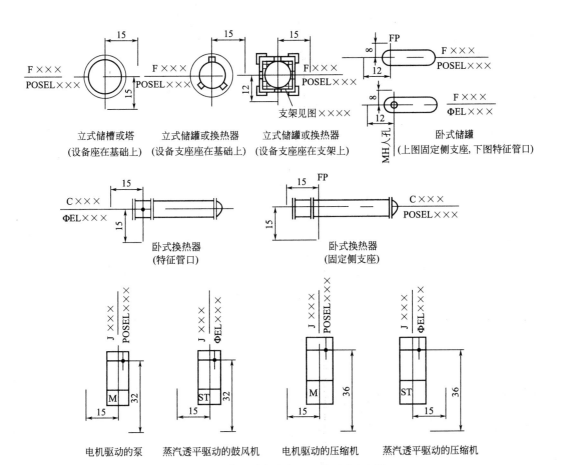

图 12.23 典型设备在布置上的画法与标注

附表 12-1　设备布置图图例及简化画法(HG 20546.1—1992)

名　称	图例及简化画法	备　注
坐标原点		圆直径为 10mm
方向标	N 0°　270°　90°　3mm　180°	圆直径为 20mm
砾石(碎石)地面		
素土地面		
混凝土地面	涂红	
钢筋混凝土	涂红	涂红色也适用于素混凝土

名　称	图例及简化画法	备　注
安装孔、地坑	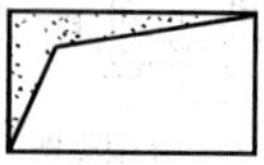	
电动机	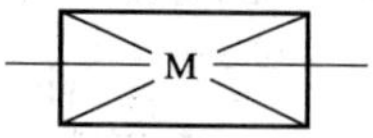 M	
圆形地漏	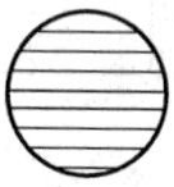	
仪表盘、配电箱	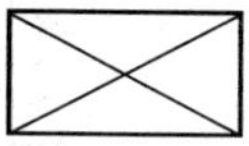	
双扇门	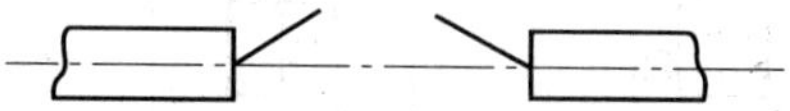	剖面涂红色
单扇门		剖面涂红色
空门洞		剖面涂红色
窗	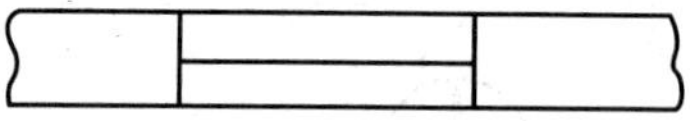	剖面涂红色
栏杆	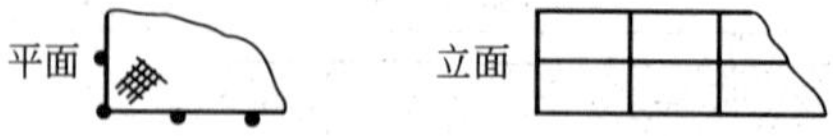 平面　　　　　立面	
花纹钢板	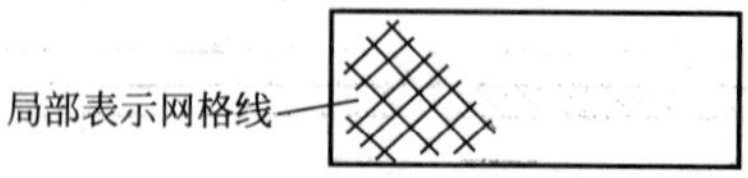 局部表示网格线	
算子板	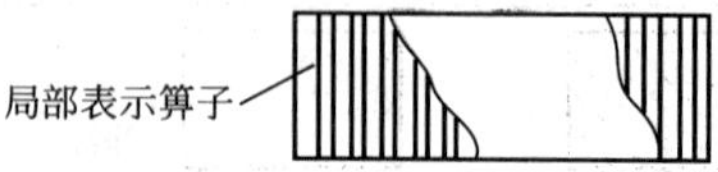 局部表示算子	

名　称	图例及简化画法	备　注
楼板及混凝土梁	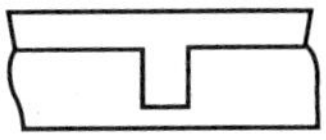	剖面涂红色
钢梁	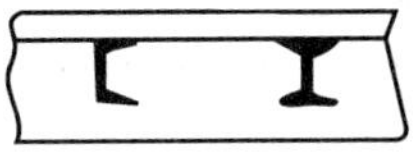	混凝土楼板涂红色
楼梯	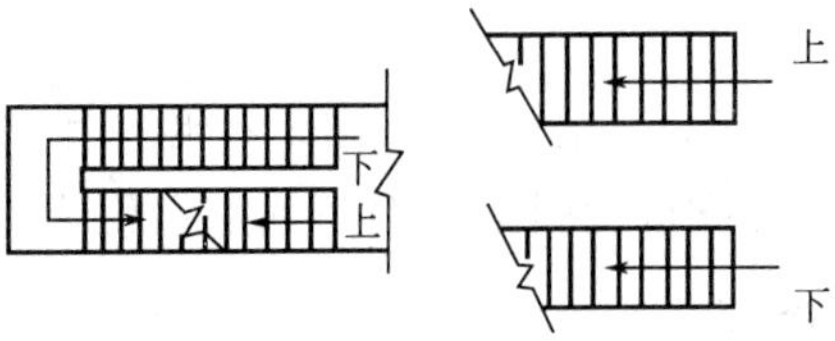 上 下 上 下	
直梯	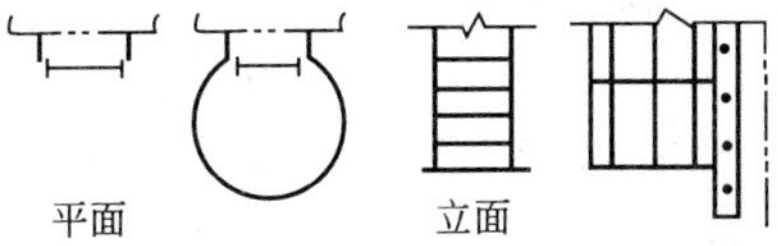 平面　　　　立面	
地沟混凝土盖板	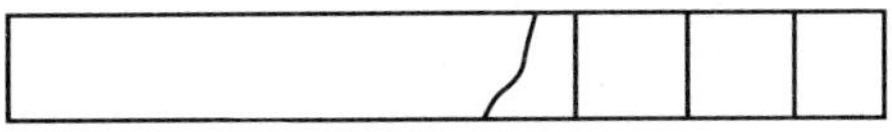	
柱子	混凝土柱　　　　钢柱	剖面涂红色
管廊	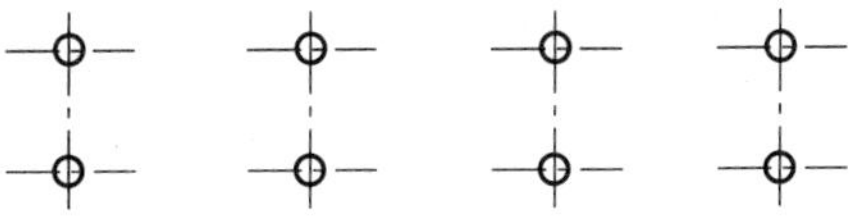	小圆直径为 3mm 也允许按柱子截面形状表示
单轨吊车	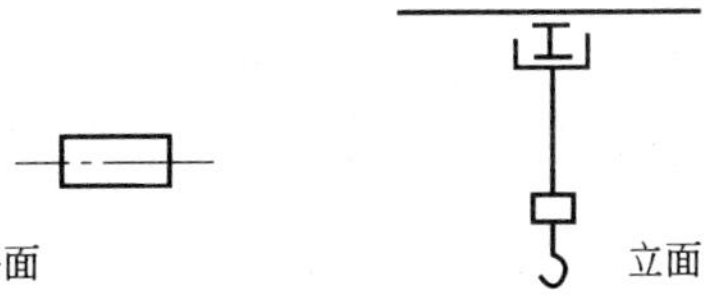 平面　　　　立面	
桥式起重机	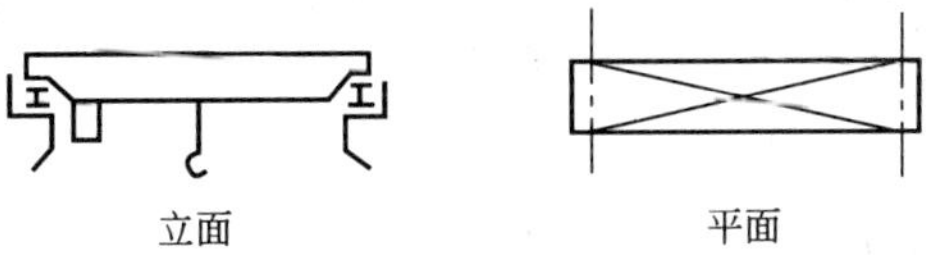 立面　　　　平面	
悬臂起重机	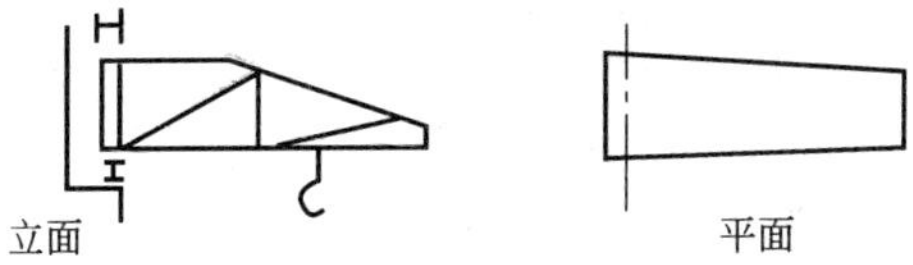 立面　　　　平面	

名　称	图例及简化画法	备　注
旋臂起重机	立面　　　　平面	
铁路		线宽 0.9mm
吊车轨道及安装梁		

（2）其他附注　如图 12.13 所示，对设备布置图上一些不在"设备布置图图例及简化画法"中表示的图形加以说明；对设备布置图上的缩写词加以说明。

12.4.6.3　标题栏和修改栏

标题栏中要注写图名、图号、比例、设计者等内容。图名一般分成两行，上行写"×××× 设备布置图"，下行写"EL×××.××× 平面"或"×—× 剖视"等。

附表 12-2　设备布置图用缩写词（HG 20546—1992）

缩写词	词意	缩写词	词意
ABS	绝对的	MATL	材料
ATM	大气压	MAX	最大
BL	装置边界	MFR	制造厂、制造者
BLDG	建筑物	MH	人孔
BOP	管底	MIN	最小
C—C	中心到中心	M. L	接续线
C—E	中心到端面	N	北
C—F	中心到面	NOM	公称的、额定的
CHKD PL	网纹板	NOZ	管口
C. L(Φ)	中心线	NPSH	净正吸入压头
COD	接续图	N. W	净重
COL	柱、塔	OD	外径
COMPR	压缩机	PID	管道及仪表流程图
CONTD	续	PL	板
DEPT	部门、工段	PF	平台
DIA	直径	POS	支承点
DISCH	扫出口	QTV	数量
DWG	图纸	R	半径
E	东	REF	参考文献
EL	标高	REV	修订
EQUIP	设备、装备	RPM	转/分
EXCH	换热器	S	南
FDN	基础	STD	标准
F—F	面至面	SUCT	吸入口
FL	楼板	T	吨
GENR	发电机、发生器	TB.	吊车梁
HC	软管接头	THK	厚
HH	手孔	TOB	梁顶面
HOR	水平的、卧式的	TOP	管顶
HS	软管站	TOS	架顶面或钢的顶面
ID	内径	VERT	垂直的、立式的
IS. B. L	装置边界内侧	VOL	体积、容积
LG	长度	W	西
		WT.	重量

第四篇

贵金属深加工的应用

　　贵金属在电子工业的主要用途是制作各类电镀材料、电阻材料和电子浆料。含贵金属的电阻材料品种极其繁多，应用范围几乎包括了目前所有电子工业领域。贵金属在电阻材料中的存在形态包括含单一贵金属和多种贵金属的各类合金丝、纯贵金属或贵金属与贱金属形成的合金触点、贵金属单质或有关化合物与其他材料组成的各类电子浆料等。可以说，如果没有贵金属各类材料的支撑和参与，电子和信息产业的诞生和发展是不可能的。

　　贵金属在陶瓷（包括玻璃）行业的应用也非常广泛。这些应用主要是为电子、化工和医药等行业提供高质量和高性能的含贵金属的各类陶瓷或玻璃材料。例如，贵金属在化工和医药行业的最大用途是作为催化剂使用，但是如果不把贵金属附载到有关多孔性物质上去，贵金属与有关反应物料之间的接触面非常有限，其催化性能很难得到有效发挥。而陶瓷具有良好的耐腐蚀能力、耐高温能力和一定的机械强度，将其制成多孔性材料并吸附一定量的贵金属后的状态正是化工和医药行业作为催化剂所必需的形态，因此陶瓷类贵金属催化剂已经成为在化工和医药行业所用贵金属催化剂的主要种类之一。

第13章

贵金属在工业中的应用

13.1 贵金属合金电阻材料

13.1.1 线绕电阻材料

早期的电阻材料为"德银"合金，其中实际上并不含银，它是 Cu-Ni-Zn 合金。因其性能不佳，早已被淘汰。从 1888 年开始，含贵金属的 Pt-Zr、Pt-Ag 等合金电阻材料开始在欧美出现并得到广泛应用。到 20 世纪 30 年代，相继诞生了 Au-Co、Au-Cr、Ag-Mn 和 Ag-Mn-Sn 等贵金属合金材料，使精密电阻合金体系日渐完善。20 世纪中叶，计算机和航天技术的发展，要求精密电阻合金具有更优异的性能，从而使贵金属精密电阻合金呈现出两大发展趋势：一是向高电阻率、低电阻温度系数方向发展，相应的贵金属精密电阻合金的典型代表是 Pd 基和 Au-Pd 基高电阻合金；二是由于有机气氛对铂族金属电阻合金有腐蚀和毒害作用，同时铂族金属的资源日益枯竭，人们不得不去寻求综合性能更佳、资源更丰富的合金。典型代表是 Au 基精密电阻合金。目前，用于精密电阻合金的贵金属合金系列主要有 Ag 基、Au 基、Pt 基和 Pd 基合金。贵金属相互之间和贵金属与贱金属之间形成的多元合金是精密电阻合金的发展方向，其突出的优点是可能得到性能更佳、用贵金属更少的精密电阻合金。

13.1.1.1 贵金属线绕电阻材料的种类和要求

线绕电阻材料按组成金属的贵贱可分为两大类型：贱金属线绕电阻材料和贵金属线绕电阻材料。其制备方法通常是将元素周期表中第 ⅡB、ⅥB、ⅦB、Ⅷ族的金属按一定比例制成合金，再经拉伸而得到电阻合金丝。这些电阻合金丝具有电阻温度系数小、使用温度范围较宽、耐热性和稳定性好、电阻率高、噪声小和耐磨的优点，是制造固定线绕电阻器和线绕电位器的重要材料。根据线绕电阻器和线绕电位器的用途及使用环境的不同，对线绕电阻合金线的要求亦有所不同。表 13.1 列出了电阻器和电位器用电阻合金线的基本要求。

表 13.1　电阻器和电位器用电阻合金线的基本要求

元件种类	基本要求
线绕电阻器	电阻率适当；电阻温度系数小(一次和二次温度系数分别为 α,β)；使用温度范围宽；阻值经久稳定，年变化率小，对铜的热电势小；力学性能好(一定的抗拉强度和延伸率)；耐腐蚀、抗氧化、焊接性能好；漆包线的漆膜性能好。体积小、重量轻的场合要求：高电阻率，耐温；标准电阻要求电阻温度系数小；阻值稳定性好；大功率电阻器要求耐热性及热稳定性好，直流电源中电阻器要求对铜的热电势小
线绕电位器	具有固定电阻器所要求的性能。此外要求：耐磨性良好，摩擦系数小，阻值均匀；表面光洁，线径均匀，椭圆度小；接触电阻小而稳定；化学稳定性好，不受氧化、硫化、盐雾等气氛的腐蚀

贱金属合金线种类较多，锰铜合金线一般用于室温范围中、低电阻率的精密线绕电阻；

康铜合金线适于大功率和中、低阻值线绕电阻器和电位器；镍铬合金线主要用于中、高阻值的普通线绕电阻器和电位器。镍铬基多元精密电阻合金线比前述三类合金线性能有较大提高，其主要优点是：电阻率高，电阻温度系数小，对铜的热电势小，耐热，耐磨，耐腐蚀，抗氧化，机械强度高，加工性能好，使用温度范围宽。适于制作精密线绕电阻器和电位器以及特殊用途的大功率、高阻值、小型化精密电阻元件，但其不足之处在于焊接性能比锰铜合金线差。

常用的贵金属合金线包括铂基合金线、钯基合金线、金基合金线和银基合金线。其优点主要是有良好的化学稳定性、热稳定性和电性能，缺点是价格比贱金属合金线高。贵金属合金线在精密线绕电位器中具有举足轻重的地位。表 13.2 列出了典型贵金属电阻合金线的品种、名称及性能指标。

表 13.2　贵金属电阻合金线的性能指标

名称	主要成分	电阻率 /$\times 10^{-6}\Omega \cdot m$	电阻温度系数 /$\times 10^{-6}°C^{-1}$	对铜热电势 /($\mu V/°C$)	抗拉强度 /MPa
金镍铬 5-1	AuNiCr5-1	0.24~0.26	350	—	350~400
金镍铬 5-2	AuNiCr5-2	0.40~0.42	110	0.027	400~450
金镍铜	AuNiCu5-1	0.18~0.19	610		550
金镍铁锆	AuNiFeZr5-1.5-0.5	0.44~0.46	250~270	15~22	—
金银铜	AuAgCu35-5	0.12	68.6		390
金银铜锰	AuAgCuMn33.5-3-3	0.25	160~190	−0.001~0.002	500
金银铜锰钆	AuAgCuMnGd33.5-3-2.5-0.5	0.24	170		600
金钯铁铝	AuPdFeAl50-11-1	2.1~2.3	0	—	950~1000
铂铱 5	PtIr5	0.18~0.19	188		400~490
铂铱 10	PtIr10	0.24	130	0.55	430
铂铜 2.5	PtCu2.5	0.32~0.37	220		520~630
铂铜 8.5	PtCu8.5	0.50	330		950~1100
钯银 40	PdAg40	0.42	30	−4.22	650~800
钯银铜	PdAgCu36-4	0.45	40	—	500
银锰	AgMn5.5	0.15~0.25	200	2.5	300~400
银锰锡	AgMnSn6.5-1	0.23	50	3	300~400

13.1.1.2　铂基电阻合金线

铂基电阻合金线具有适中的电阻率、极优的耐腐蚀性和抗氧化性，在高温、高湿或强腐蚀条件下，表面仍能保持初始状态。接触电阻小而稳定，噪声小，耐磨性能优良，可靠性高。但铂基合金线在含有机物的气氛中工作，会生成称为"褐粉"的有机聚合物薄膜，该膜为绝缘性膜，会成倍增大接触电阻，从而增大噪声。因此用铂基合金线制备的线绕电阻应尽量避免在有机气氛中使用。常用的铂基电阻合金线有铂铱线、铂铜线等。

13.1.1.3　钯基电阻合金线

常用的钯基电阻合金线有钯银线和钯银铜线。钯基电阻合金线具有电阻率高、电阻温度系数低且稳定、焊接性能好和价格比铂基合金线便宜的优点，但耐腐蚀性和抗氧化性不如铂基合金线。在有机气氛中也产生"褐粉"。

13.1.1.4 金基电阻合金线

金的抗氧化性及耐腐蚀性仅次于铂，但金对有机蒸气有惰性。与铂相比，金具有产量高、价格低的特点。以金为基的二元合金电阻率低，电阻温度系数较高，硬度较低，耐磨性差。如在二元体系的基础上添加其他元素，可克服以上不足。例如金钯铁合金的电阻率比二元体系显著提高，同时电阻温度系数得到降低。金钯铁铝系、金钯铁铑系、金钯铁钢系等可以克服金钯铁三元合金受热时电阻率不稳定的缺点，具有很高的电阻率，而且可在退火态下长期使用。常用的金基电阻合金线有金银铜线、金镍铬线、金镍铜线和金钯铁铝线等，它们是铂基电阻合金的代用材料。

13.1.1.5 银基电阻合金线

银基电阻合金线的主要特点是价格便宜，电接触性能良好，但容易被硫蒸气或硫化氢气体腐蚀，生成 Ag_2S 膜，造成接触不良。另外，银基电阻合金线的强度不高，硬度较低，耐磨性差，使用寿命短，只有为数不多的银锰基合金线有实用价值。常用的银基电阻合金线有银锰线和银锰锡线。银锰电阻合金线的电阻温度系数较小，对铜的热电势小，具有抗硫化和抗腐蚀的能力，是标准电阻器的良好材料。

贵金属合金线在许多方面都比贱金属合金线优越，但因价格昂贵，多用于制造特殊用途的电阻器和电位器。当前电阻器和电位器的发展方向是高精度、高稳定、高可靠、长使用寿命、小型化、高或低阻化、宽温度范围。此外，贵金属合金线使电阻合金丝在低温领域的应用得到了加强。如在液 He 中使用的 Pt-Rh 电阻合金，可在 2～300K 的低温范围内使用。表13.3 列出了金钯铁铝电阻合金线的技术指标。

表 13.3 金钯铁铝电阻合金线的技术指标

项目	AuPdFeAl50-11-1				AuPdFeAl38-8.5-1			
化学成分/%	Au	Pd	Fe	Al	Au	Pd	Fe	Al
	38±0.5	余	11±0.5	0.2±0.1	余	38±0.5	8.5±0.5	0.4±0.1
电阻率/×10^{-6}Ω·m	1.6～1.9				1.6～1.9			
电阻温度系数/×10^{-6}℃$^{-1}$	10～50				100～200			
抗拉强度/MPa	800～850(退火态)				950～1000(退火态)			
延伸率/%	22～24				20～21			
公称直径及公差/mm	0.02～0.08				0.02～0.08			

13.1.2 非线绕电阻材料

用真空蒸发、溅射、化学沉积（CVD）、热分解、丝网印刷、喷涂、烧结等方法制作的电阻称为非线绕电阻材料。此类材料一般应具备如下特性：电阻率范围宽，能制作低、中、高阻值的电阻器；温度系数小，电压系数低，噪声小；高频性能好，使用温度范围宽；工艺性能好，稳定且可靠性高；具备在恶劣环境中使用所需的特殊要求。

非线绕电阻器种类繁多，一般由基体、电阻体、引出线和保护层四部分组成。贵金属在非线绕电阻器中主要用于化学沉积金属膜电阻器的活化材料、钌酸盐玻璃釉电阻器的导电材料、氧化钌与金属混合物玻璃釉电阻器的导电材料、钯银玻璃釉电阻器的导电材料。

表 13.4 列出了贵金属在非线绕电阻器和电位器中的某些应用。玻璃釉电阻的特性见表 13.5。

表 13.4 贵金属在非线绕电阻器和电位器中的应用举例

项目	化学沉积金属膜电阻器	钌酸盐玻璃釉电阻器	氧化钌与金属混合物玻璃釉电阻器	氧化钌玻璃釉电阻(位)器	钯银玻璃釉电阻器
主体材料	硫酸镍、硫酸钴				
敏化材料	氯化亚锡				
活化材料	氯化钯				
还原材料	次亚磷酸钙				
配合缓冲液	次亚磷酸钠、氯化铵、丁二酸、丁二酸钠				
导电材料		Tl_2RuO_7、Bi_2RuO_7、Rb_2RuO_7	RuO_2、银粉、金粉、氧化铱、氧化铑	RuO_2	钯粉、银粉、氧化钯粉
黏结剂		玻璃釉	玻璃釉	硼硅酸铅玻璃	玻璃釉
有机载体		乙基纤维素(或甲基丙烯酸酯)			乙基纤维素
溶剂		萜品醇(丁基卡必醇乙酸酯)(乙酸丁酯溶纤剂)			松油醇
掺杂物			多种氧化物添加剂		
填料				氧化铝	
添加剂				氧化锰、三氧化二镍	

表 13.5 玻璃釉电阻的特性

主要成分	适用阻值范围 /$(\Omega/\square)$	烧成温度 /℃	电阻温度系数 /$\times10^{-6}℃^{-1}$	噪声特性 /dB
Pd-Ag 玻璃	40~100K	720~790	−500~500	−20~10
PdO-Ag 玻璃	100~100K	720~780	−350~350	−25
PdO-Ag-Sb_2O_3 玻璃	10~500K	720~780	−450~0	−20
CuO-Cu_2O 玻璃	50K~5M	600~700	−350~350	−10
C-B 玻璃	50~500K	500~600	−500~−250	−5
SnO_2 玻璃	10~500K	500~600	−350~350	−13
In_2O_3 玻璃	50~10K	600~650	−500~50	−20
IrO_2 玻璃	100~100K	700~800	−30~50	−10
RhO 玻璃	100~50K	720~780	−150~0	−20
TaN-Ta 玻璃	1~100K	1000~1200	−1000~400	−20
TiN-Ti 玻璃	20~70K	900~1150	−200~200	−20
Ti_2O_3 玻璃	100~1M	540~580	−400~50	−15~10
RuO_2 玻璃	10~10M	750~800	−500~230	−35~25
Ru-Ir-In-Rh 玻璃	1~1M	950~1000	−275~200	−30~20
Pt-Au-Ir 玻璃	10~10M	950~1050	−200~200	−30~10
WC-W 玻璃	10~10K	900~1100	−500~500	−40~10
RuO_2-TiO_5 玻璃	20~5K	600~775	−100~200	−30~34

13.2 贵金属触点材料和焊料

触点材料主要用于制造电触点。当信号或能量从一个导体向另一个导体传递时,在其连接处就会产生电接触,在导体接触过渡区就会产生一系列物理、化学作用和现象。

在电接触中产生的主要问题有以下几种。

(1)接触电阻 当两个金属表面接触时,实际发生机械接触的小面称为"接触斑点",形成金属接触或者准金属接触的更小面(实际传导电流的面)称为"导电斑点"。当电流通过接触内表面时，电流将集中流过导电斑点，在其附近，电流线必然发生收缩，出现局部电阻，即"收缩电阻"。如果导电斑点含有极薄的膜，在这时接触为准金属接触，则当电子通过极薄的膜时还会有另一个附加电阻，即"膜电阻"，收缩电阻与膜电阻之和即为接触电阻。

（2）接触温升和熔焊　当接触压降增大时，导电斑点和收缩区的温度就会升高，产生接触温升，当升至触点材料的软化点和熔化点时，导电斑点及其周围附近的金属就会发生软化和熔化。断电时，接触温度迅速下降，两个接触导体就可能连接在一起，发生熔焊。

（3）机械效应　主要有触点在闭合状态下出现冷焊，在闭合过程中出现机械磨损和机械振动，滑动接触的摩擦和磨损，以及强电流通过触点时出现的电动斥力等。

（4）电弧　两触点相互接近时，往往会被加在触点上的电压击穿，产生电弧和其他放电现象，电弧温度极高，往往造成触点表面熔化、气化、飞溅，造成接触表面损坏，破坏触点工作性能。

（5）触点的电磨损　主要有桥转移和电弧转移。

在一般情况下，触点材料要求尽可能避免和消除上述现象。因此触点材料应具备如下特性：尽可能高的电导率和热导率；高的再结晶温度、熔化温度、熔化和气化潜热、电子逸出功和游离电位；适当高的密度、硬度和弹性；尽可能小的蒸气压、摩擦系数、热电势、汤姆逊系数、液态金属润湿角、表面膜隧道电阻率和机械强度、与周围介质某种成分的化学亲和力等。常见的触点材料有三大类，即纯金属材料、合金材料、复合材料。下面介绍与贵金属相关的用于触点材料的纯金属材料、合金材料及复合材料。

13.2.1　纯贵金属触点材料

在纯贵金属触点材料中，Ag 用得最广泛，有时也用 Au、Pt、Pd 等贵金属。银的电导率、热导率最高，价格最便宜，不易氧化，但易硫化（但低温能分解），其表面膜力学性能差。此外，银硬度小，熔点、沸点不高，既不耐磨又不耐电弧，因此只能用于小电流触点，对强电触点多用其合金或复合材料。Au、Pt、Pd 等在大气中不易氧化，多用于弱电触点。Rh 和 Ru 由于难以机械加工，因此不能作整体触点，但其电镀层析层或蒸发镀层则特别适于舌簧继电器用。部分纯金属材料的主要性能见表 13.6。

表 13.6　用于触点材料的纯金属的特性

项目	Pt	Ir	Pd	Rh	Ru	Au	Ag	W	Mo	Cu	Ni	Re
密度/(g/cm³)	21.40	22.40	12.00	12.40	12.50	19.32	10.49	19.32	10.21	8.96	8.90	21.04
弹性模量/GPa	174	538.3	117			80	79	280~347	115			480
泊松比	0.39	0.26	0.39			0.42	0.37	0.30	0.30	0.34		0.26
熔点/℃	1773	2454	1552	1966	2460	1063	960	3410±20	2610±20	1083	1455	3180
熔解热/(J/g)	99.5	117.6	143			67.4	105	193	292	212		178
沸点/℃	3800	4500	约3600			2966	2212	5930	5560	2595		5900
气化热/(J/g)	4200	4850	3475	4000	4500	1550	2387	6000	4800	4770	3080	5870
比热容/[J/(g·K)]	0.132	0.129	0.243			0.130	0.234	0.138	0.276	0.385		0.138
电阻率/μΩ·cm	9.85	4.71	10.8			2.19	1.59	5.55	5.15	1.61		19.3

项目	Pt	Ir	Pd	Rh	Ru	Au	Ag	W	Mo	Cu	Ni	Re
电导率/(mS/mm)	10.15	21.33	9.3			45.7	63.0	18.0	19.4	59.9		5.2
电阻温度系数/$\times 10^{-3}K^{-1}$	3.9		3.8			4.0	4.3	4.82	4.7			4.63
热导率/[W/(m·K)]	70	59	72			297	419	167	142	394	80	72
逸出功/eV	5.39		4.85			4.58	4.51	4.51	4.26	4.39		5.0
电离电压/V			8.3			9.2	7.5	8.1	7.3	7.72		7.8
硬度/HV	39	420	软态约40,硬态约110			软态约20,硬态约70	软态约30,硬态约95	360(细晶粒)	140～160(细晶粒)	软态约35,硬态约110		软态约250,硬态约800
热膨胀系数/$\times 10^{-6}K^{-1}$	9.1		11.8			14.2	19.7	4.6	4.6	15.5		6.7
最小电弧电压/V						15	12	15	17	13		
最小电弧电流/A			0.6			0.4	0.45	1.4	1.0	0.45		
氧化倾向	不氧化	800℃开始氧化	400℃开始氧化	600℃开始氧化	600℃开始氧化	不氧化	不氧化	易氧化,400℃显著氧化	600℃显著氧化	易氧化	易氧化	易氧化

13.2.2 贵金属合金触点材料

13.2.2.1 Ag 基合金

银合金化可以改善银的力学性能,提高银的抗硫化能力,减少熔焊倾向和提高耐烧蚀性。部分银合金触点材料的成分和性能见表 13.7。

在银中添加铜可提高硬度和强度,但易氧化和变色,接触电阻较大,一般用于高压、大电流继电器接点以及轻负荷和中负荷回路中;银镉合金导电性能和导热性能较好,该合金在使用时会生成氧化镉并分解为氧和镉蒸气,能使接点保持良好的金属接触面,同时镉蒸气还具有熄灭电弧的作用。此类触点多用于灵敏的低压继电器、制动继电器和轻负荷、中负荷的交流接触器等;添加 Au、Pt、Pd 的合金,提高了硬度和强度,对电导率无影响。银金合金易硫化,通常用于强腐蚀介质中工作的轻负荷接点。Ag-Pd 合金有良好的电性能、力学性能和抗氧化、硫化性能,价格贵,只有在特殊场合才使用。

表 13.7　部分银合金触点材料的成分和性能

合金代号	密度/(g/cm³)	熔点/℃	沸点/℃	布氏硬度(HB)/MPa 退火态	布氏硬度(HB)/MPa 硬态	热导率/[W/(m·K)]	电阻率/Ω·cm	电阻温度系数 α/$\times 10^{-3}℃^{-1}$
AgCu3	10.4	900	2200	500	850		0.00018	3.5
AgCu5	10.4	870	2200	550	900	333.92	0.00019	3.5
AgCu10	10.3	779	2200	600	1000	333.92	0.00019	3.5
AgCu20	10.2	779	2200	800	1050	333.92	0.0002	3.5

合金代号	密度 /(g/cm³)	熔点 /℃	沸点 /℃	布氏硬度(HB)/MPa		热导率 /[W/(m·K)]	电阻率 /Ω·cm	电阻温度系数 α /×10⁻³℃⁻¹
				退火态	硬态			
AgCd14	10.4	940	940	35	95		0.00029	2.1
AgCd15	10.18	899						
AgCd16	10.0	875	906	55	115		0.00048	1.4
AuAg20	15.5	1035	2200	35	90	325.57	0.00098	0.9
AuAg30	15.4	1025	2200	40	95	304.70	0.00012	0.4
AuAg90	10.06	971	2200					
AgPt3	10.67	982						

13.2.2.2 Au 基合金

典型的金基合金及其性能见表 13.8。其中金银铜合金，具有足够的抗形成表面膜的能力和良好的力学性能。广泛用于精密仪表中的电位计绕组、电刷和轻负荷的电接触材料。以 Au-Ni 为基的合金，硬度和强度高，化学稳定性好，广泛用于轻负荷、中负荷电触点材料。此外，还有 Au-Co 合金、Au-Rh20 合金等。

表 13.8 部分金基触点材料的成分和性能

合金代号	密度 /(g/cm³)	熔点 /℃	硬度/MPa		电阻率 /Ω·cm	电阻温度系数 α /×10⁻³℃⁻¹
			退火态	硬态		
AuCu10	17.34	932	760(HV)	910(洛氏)	0.00101	
AuNi5	18.30	1000	1160(HB)	1970(HB)	0.00123	0.71
AuNi9	17.5	990	1900(HV)	2700(HV)	0.0020	0.97
AuRh20				2930	0.000796	2.02
AuZr3	18.3	1045	约1200(HB)	约2300(HB)	0.0020	
AuNi7.5Cr1.5	17.5	约1000	2400(HV)	2400(HV)		0.19
AuAg25Pt6	15.07	1029	750(洛氏)	90(洛氏)	0.00147	

13.2.2.3 Pd 基合金

部分钯基合金列于表 13.9 中。低钯合金的金属转移比纯 Ag 少，多用于弱电触点，如电话及普通继电器。高钯合金接触更可靠，一般用于滑动触点、电话继电器。钯铜合金较钯银合金硬，可作弱电接触材料。在 Pd 中添加 Ni、W 或 Ru 可提高硬度和强度，可用于继电器触点。

表 13.9 部分钯银和钯铜合金的典型性能

合金代号	密度 /(g/cm³)	熔点 /℃	布氏硬度(HB) /MPa	热导率 /[W/(m·K)]	抗拉强度(退火态) /MPa	电阻温度系数 α /×10⁻³℃⁻¹
PdAg40	11.4	1330	520	30	390	0.025
PdAg50	11.3	1290	420	35	310	0.27
PdAg60	11.1	1230	400	46	280	0.40
PdAg70	10.8	1160	360	60	270	0.43
PdAg90	10.6	1000	300	92	250	0.58
PdAg95	10.5	980	260	220	200	0.94
PdCu5	11.4	1480	550			1.3
PdCu10	11.7	1420	690			0.8
PdCu30	10.75	1250	800			0.2
PdCu40	10.60	1200	800		530	0.36

13.2.2.4 Pt 基合金

在 Pt 基合金中，铂铱合金硬度、熔点高，耐腐蚀能力强，接触电阻低，因此在严酷环境下通常使用其作为电触点材料。部分典型的 Pt 基合金列于表 13.10 中。

表 13.10　部分铂铱和铂钌合金触点材料的性能

合金代号	密度 /(g/cm³)	熔点 /℃	硬度(HB,退火态) /MPa	电阻系数 /(Ω·cm²/m)	热导率 /[W/(m·K)]	抗拉强度(退火态) /MPa	电阻温度系数 α /×10^{-3}℃$^{-1}$
PtIr5	21.49		900	0.19		282	1.88
PtIr10	21.6	1780	1300	0.245	30	387	1.33
PtIr20	21.7	1815	2000	0.30	17	703	0.88
PtRu4	20.8		1300	0.30			
PtRu5	20.67		1300	0.315		423	0.9
PtRu10	19.94		1900	0.43		585	0.8
PtRu14			2400(HV)	0.46			0.36

13.2.3　贵金属复合触点材料

根据复合材料中与贵金属复合的材料种类不同，可将贵金属复合触点材料分为以下几类。第一类为 Ag-氧化物复合材料。氧化物可以为 CdO、SnO_2、ZnO、CuO、MgO、PbO、In_2O_3 等，其中 Ag-CdO 复合触点材料最为重要，其抗熔焊性、灭弧性好，接触电阻较稳定，烧损率较小。含其他氧化物的复合材料对瞬时交流电弧的熄灭不利。第二类为金属-金属复合材料，主要有 Ag-Ni、Ag-W、Ag-Mo 复合材料。Ag-Ni 合金接触电阻较 Ag 高，主要用于低压开关装置；Ag-W 合金抗电弧侵蚀、黏着、熔焊能力强，轻负荷下可通过大电流，缺点是表面易形成钨酸银，使接触电阻升高；Ag-Mo 合金接触电阻小，但抗烧蚀能力等不如 Ag-W。第三类为 Ag-石墨复合材料。石墨具有良好的抗熔焊能力、良好的润滑作用，受电弧作用可产生稳定的氧化物，接触电阻较低。常见的银-石墨触点材料性能见表 13.11。

表 13.11　银-石墨触点材料性能

材料	密度 /(g/cm³)	电导率 /(mS/mm)	维氏硬度 (HV$_{10}$)	材料	密度 /(g/cm³)	电导率 /(mS/mm)	维氏硬度 (HV$_{10}$)
AgC3	9.1	50	42	AgC10	7.4	35	31
AgC4	8.8	46	41	AgC15	6.5	22	26
AgC5	8.6	43	40				

触点材料在选用时除应考虑一般开关设备的基本要求外，还应适当考虑具体的使用要求，如对于真空管用触点材料，还应满足如下要求：适当的开断能力；具有高的耐焊能力，在故障情况下，能顺利分断；小的截断电流；高的电导率、热导率和机械强度，小的接触电阻，保证长时间通过大的额定电流时不发热；高的击穿电压；含气量低；电磨损率和机械磨损率小，能达到较长的使用寿命；热电子发射小，剩余电流较低，灭弧能力较大。

铜铋银合金是在 Cu-Bi 合金中加入 2.3%～2.7% 的 Ag 细化合金晶粒，提高机械强度和耐电磨损性能，目前大量用于真空断路器和真空负荷开关的开关器中。

铱丝等广泛用于电真空领域。铱为抗氧化性能优异的高熔点贵金属，通常用于抗氧化热阴极芯丝材料。热阴极电离真空规在中真空测量中有广泛应用。铱丝取代钨丝，使真空规的宽量程和长寿命得以实现。中真空测量在真空电子、气体放电、等离子体、稀薄气体动力学、真空冶炼、脱气、真空焊接、真空镀膜等方面是必不可少的。

13.2.4 贵金属焊料

焊料是真空电子器件和微电子、光电子器件封接和封装不可缺少的重要结构材料，主要用于金属间的钎焊，金属与陶瓷和陶瓷异材封接。适于真空电子器件用的焊料就有数百种。常用的电真空焊料见表 13.12。

表 13.12 常用的电真空焊料

名称	成分/%	熔点/℃	流动点/℃
纯银	Ag99.99	960.5	960.5
无氧铜	Cu100	1083	
金镍	Au72.5Ni17.5	950	950
锗铜	Ge12Ni0.25Cu87.75	890	960
金铜	Au80Cu20	910	910
金银铜	Au20Ag60Cu20	835	845
银铜	Ag50Cu50、Ag72Cu28	779,779	875,779
银锡铜	Ag59Cu31Sn10	602	718
钯银铜	Pd10Ag58Cu32	824	852
钯银铜	Pd15Ag65Cu20	850	900
钯银铜	Pd20Ag52Cu28	879	888
金锡	AuSn20	280	280
金银锡	Au30Ag30Sn40	411	412
金硅	Au98Si2	370	370

钯系焊料对基金属侵蚀小，对钎焊薄细零件很有帮助，在各种温度下，钯的蒸气压比金、铜低，在焊料中引入钯，尤其在银铜焊料中引入，会降低蒸气压，同时其可塑性、填充性好，钎焊强度高。钯银铜焊料其流散浸润性、气密性均比 AuCu、AuNi 焊料好。

钯铜镍 Pd35Cu50Ni15 焊料，熔点为 1171℃，主要用于磁控管阴极结构的焊接；钛银铜焊料为活性焊料，陶瓷不必预先金属化，用此焊料可实现金属与陶瓷之间的封接。铟银铜焊料熔点较低，为 630℃，一般用于真空电子器件阶梯焊时的末次焊接用焊料，也可作真空电子器件的补焊焊料和封口焊料。

贵金属焊料大致可分为金基焊料、银基焊料和钯基焊料三大类，广泛应用于真空电子、微电子、激光和红外技术、电光源、高能物理、宇航、能源、汽车工业、化学工业、工业测量和医疗行业。主要用于低温金属化（＜1300℃）的场合。特高温金属化（＞1600℃）、高温金属化（1450～1600℃）、中温金属化的金属化浆料体系则主要由难熔金属 W、Mo 等构成，而陶瓷和金属的封接则多采用 Ti-Ag-Cu 活性金属法（＞1073℃，真空，惰性气氛）、35Au-35Ni-Mo 金属法（＞883℃，真空，或惰性气氛）。

对于非氧化物陶瓷如 SiC、Si₃N₄、AlN、BN，主要仍以活性金属法为主。

13.3 贵金属电子浆料

13.3.1 贵金属电子浆料的种类和发展概况

贵金属浆料在电子器件的制造过程中有举足轻重的地位，因为将贵金属均匀涂布到有关器件的表面，使之产生特定的电性能，最有效的方法是通过丝网印刷，它可以使贵金属非常均匀地涂布到器件所需要涂布的表面上去，而且涂层的厚薄易于控制，涂层与基底材料之间的结合力大小容易控制，可以涂布复合贵金属；也可以涂布多层贵金属。电子浆料以高质量、高效益、技术先进、适用范围广等特点在信息、电子领域占有重要地位，广泛应用于航空、航天、电子计算机、测量与控制系统、通信设备、医用设备、汽车工业、传感器、高温集成电路、民用电子产品等诸多领域。电子浆料有多种分类方法，按用途可分为导体浆料、电阻浆料、介质浆料、磁性浆料；按主要材料与性能可分为贵金属浆料、贱金属浆料；按热处理条件可分为高温浆料（＞1000℃）、中温浆料（1000～300℃）及低温浆料（300～100℃），低温浆料又可称为导电胶。每一大类型的电子浆料中又可以根据需要涂布浆料的器件不同以及涂布工艺不同而分为许多品种，而且随着电子技术的发展，对贵金属浆料提出的新要求越来越多，电子浆料的性能和品种也是日新月异。

电子浆料制备工艺流程如图 13.1 所示。将金属粉末、玻璃粉末、有机载体分别准备完毕后，就可对其进行混合与分散。为了使金属粉末和玻璃粉末与有机载体组成均匀而细腻的浆料，混合粉料必须先与载体混合，然后进行研磨，使其均匀地分散在载体中。浆料要反复地研磨，直至获得符合要求的分散体。

13.3.1.1 导体浆料

导电相（功能相）通常以球形、片状或纤维状分散于基体中，构成导电通路。导电相决定了浆料的电性能，并影响固化膜的物理和力学性能。电子浆料用的导电相有碳、金属、金属氧化物三大类。

导体浆料用来制造厚膜导体，在厚膜电路中形成互连线、多层布线、微带线、焊接区、厚膜电阻端

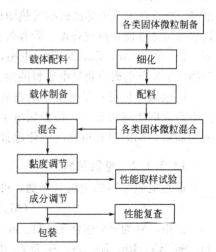

图 13.1 电子浆料制备工艺流程

头、厚膜电容极板和低阻值电阻。焊接区用来焊接或粘贴分立元件、器件和外引线，有时还用来焊接上金属盖，以实现整块基片的包封。厚膜导体的用途各异，尚无一种浆料能满足所有这些用途的要求，所以要用多种导体浆料。对导体浆料的共同要求是电导大、附着牢、抗老化、成本低、易焊接。常用的导体浆料中的金属成分是金或者金-铂、钯-金、钯-银、铂-银和钯-铜-银。在厚膜导体浆料中，除了粒度合适的金属粉或金属有机化合物外，还有粒度

和形状都适宜的玻璃粉或金属氧化物，以及悬浮固体微粒的有机载体。玻璃可把金属粉牢固地黏结在基片上，形成厚膜导体，常用无碱玻璃，如硼硅铅玻璃。

贵金属导体浆料以 Ag-Pd、Ag 应用最为广泛。这些导体浆料不及其他贵金属导体浆料稳定，有迁移性，但其电导率高，成本低。为了进一步节省贵金属，一种可节省 Ag 用量的压敏电阻电极浆料在 GE 公司研制成功。这种浆料采用双层电极结构，底层电极为 Ni、Al 等贱金属电极，贵金属 Ag 只用于表层。京都陶瓷公司利用渗 Ag 材料制作 MLCC 电极，可防止分层和开裂，还可防止等效串联电阻下降和电容量增加，适于高频电路。

在富银电极中，Ag 对 Pd 的氧化和还原起催化剂作用，倘若 Pd 粉不能均匀分散，在约 350℃时，游离 Pd 粉就会开始氧化，并引起明显的体积膨胀，导致 MLCC 电极分层和开裂。钯氧化电极膨胀、还原时使气体析出。在混合微电子电路中，钯的氧化和还原作用同样重要，氧化钯会影响焊料对导体的润湿性。Ag 是导电性能最好的金属材料，价格比 Au、Pd、Pt 等其他贵金属低，在生产中得到广泛的应用。但 Ag 导体作为厚膜混合电路的导电带、电容器电极及电阻的端接材料时，会产生 Ag^+ 的迁移问题。一般在 Ag 浆料中只添加微量金属，并且根据使用要求的不同添加的金属也不同。目前比较新的工艺是向浆料中添加金属有机化合物，可用金属 Ag 与有机物形成配位金属化合物，来提高浆料的分散性。

在 Ag_2Pd 浆料中，Ag^+ 的扩散速率仅为纯 Ag 的几分之一，甚至还低 1 个数量级。Pd 的含量需按使用要求而定，通常为 15%～25%，常用值为 20%。

利用片状银粉、超细银粉、超细金粉、铂粉和钯粉及其二元、三元合金粉可以制作高电导率、高附着强度及可焊性优良的贵金属导体浆料。可用于电子元件的导电性黏结剂和电极材料的制备等领域，具有成膜温度低、固化时间短、机械强度高、耐热性能和电气性能好的特点。除了贵金属及其合金粉的性质以外，贵金属导体浆料中的黏合剂性质对贵金属导体浆料的影响很大。贵金属导体浆料可以根据所用的黏合剂的不同而分为不同的类型。例如银导体浆料可以分为以环氧树脂为黏合剂的环氧树脂系银浆、以热固性聚酰亚胺为黏结材料的聚酰亚胺树脂系银浆、以纤维素或丙烯酸树脂等热塑性树脂为黏合剂的银浆等不同种类，用不同黏合剂制备的银浆的耐热性能、机械强度、焊接性能和电性能都不相同。近年来对低温导电银浆的研究很多，如一种以 Ag、Cu、Ni 为导电相，以聚硫醚为黏结相，并选用频哪醇、过氧化物、偶氮化合物为引发剂的聚合物导电浆料的固化温度仅为 160℃，固化时间只需 10min。

贱金属导体材料是电子浆料发展的一个重要方向，它可以降低成本，节约贵金属资源，具有很大的市场前景。在贱金属电子浆料中，引入少量贵金属有利于稳定促进烧结致密度和表面质量，同时对有机物的排除起催化作用，对提高附着力也有益。

13.3.1.2 电阻浆料

制造电阻浆料的金属氧化物，可以用如下通式表示：

$$(M_xBi_{2-x})(M'_yM''_{2-y})_{7-z}$$

式中，M 为至少选自 Y、Tl、In、Cd、Pd 序数 57～71 之间的一种金属；M′ 为至少选自 Pd、Ti、Sn、Cr、Rh、Re、Zr、Sb 及 Ge 中的一种金属；M″ 为至少是 Ru 和 Ir 两种金属之一；x 为在 0～2 范围；y 为在 0～2 范围；z 为在 0～1 范围，当 M 为二价金属时，其最大值为 $x/2$。

典型的体系有 $Pb_2Rh_xRu_{2-x}O_{7-y}$（式中，$0.15 \leqslant x \leqslant 0.95$，$0 \leqslant y \leqslant 0.5$）。

钌系电阻浆料具有阻值范围宽、电阻温度系数小等特点，其电阻率重现性好、防潮性和电性能、热性能稳定，而且不受还原性气氛的影响，但是，当 RuO_2 电阻浆料与厚膜银浆配合作用时，随添加量提高，存在明显的电中和作用，即 Ag^+ 与 RuO^- 存在相互结合的趋势，Ag^+ 向电阻膜内扩散，会导致电流噪声和 TCR 增大。由于 Ag 迁移引起的电阻率变化取决于电阻膜的形态系数，该形态系数与粒度效应相关。Ag 在电场下会发生迁移，玻璃对 Ag 有一定的溶解性，当有 RuO_2 存在时，高温下 Ag 的溶解性大大增加，呈指数增长规律，这是因为在 RuO_2 与玻璃界面处 Ag^+ 与 RuO_2 之间发生了电子偶联。电的中和作用与 RuO_2 粉粒电子偶联作用导致 Ag^+ 浓度减小，从而提高了 Ag 在玻璃中的溶解度。导电体-电阻体界面处电阻率增加的现象即微粒效应，这一效应应是载流子浓度减小所致。在电阻体中加入金粉可以消除微粒效应，可能是由于银粒在金粉粒表面生长，与 RuO_2 相结合的电子能保留的缘故。

加入 Fe_2O_3、Pb_3O_4 电阻功能相或者 TiO_2、Al_2O_3 绝缘性改性剂，以及 Ru、Cu、Ni 电阻功能相和 n 型半导体化合物构成的 Ru 系改性电阻浆料近年来得到了长足的发展。这种改性过程与对浆料的组成和结构的控制过程相伴。例如 Pb_3O_4、Fe_2O_3 和 RuO_2 在烧结过程中可以形成 $Pb_2Ru_2O_7 \cdot Fe_3O_4$ 及 Pb 和 Fe 的复合氧化物。

13.3.1.3 树脂酸盐电子浆料

树脂酸盐（MOC）浆料由基料金属（Au、Ag、Pd、Pt、Ru、Rh、Ir 等）和添加剂金属（包括贱金属及呈金属性的元素）的金属有机化合物、树脂、助溶剂和载体构成，其制备工艺类似厚膜电阻浆料，图 13.2 示出了厚膜及 MOC 浆料的制备流程。添加剂金属有机化合

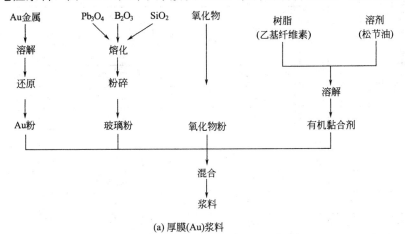

(a) 厚膜(Au)浆料

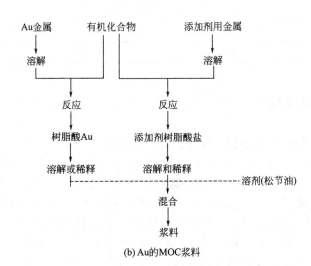

(b) Au的MOC浆料

图 13.2　厚膜及 MOC 浆料的制备流程

物常用于各种厚膜浆料的改性剂，改性作用主要有抗氧化、黏结或其他性能的改性等。

树脂酸盐浆料具有如下优点：分散性好，膜层厚度可小于微米级；厚膜致密度高，表面平滑；纯度高，几乎与所有陶瓷相兼容；附着强度高；可镀性和可焊性好；烧结温度低；成本低，价格便宜；电性能好，稳定性高；可加入感光剂进行光刻；与微电子半导体工艺有些相似，可用 KI 作腐蚀剂。

在 Au 的 MOC 中，硫代树脂酸盐、硫醇盐及胺盐已广泛用于热印头、同缘传感器、片式电阻、各种高密度电路的制造。三种体系各具特点，见表 13.13。表 13.14 列出了厚膜浆料与 MOC 浆料的性价比。

表 13.13　树脂酸盐的特点

项目	硫代树脂酸盐	硫醇盐	胺盐
有机原料	松香	$C_{12}H_{25}SH$、$C_7H_{15}SH$	$(C_8H_{15}O_2)_3(NH_3)_2$
优点	烧结膜稳定	化合物稳定，成本低	无臭味
缺点	容易引入杂质，强烈臭味	烧结膜不稳定，有臭味	烧结膜不稳定，化合物耐热性差

表 13.14　厚膜浆料与 MOC 浆料的性价比

项目	厚膜		MOC
	Ag-Pd	腐蚀 Au	树脂酸金
贵金属含量/%	70～80	60～80	15～30
烧结后纯度/%	80～90	90～95	95～100
比表面积/(cm²/g)	60～70(10μm 时)	150～220(2μm 时)	400～500(0.35μm 时)
单价比/g	1	13～21	3.3～6.6
单价比/cm²	1	4～7.5	0.61
烧结后膜厚/μm	4～10	7	0.2～0.5
方阻/(mΩ/□)	6～12	5	100～160
丝焊性	一般	一般	优
附着力	一般	一般	优
与介质的兼容性	一般	优	优
与钌系电阻的兼容性	差	优	优
与 Au、Ag、Pd 的兼容性	好	好	好
与 Cu 的兼容性	较好	差	差

13.3.2　HIC 厚膜电阻浆料

厚膜电阻浆料由功能相、黏结相、载体、改性剂等组成，通过在陶瓷基片上丝网印刷、烧结等工艺制成厚膜电阻。自 1920 年开始，贵金属浆料的应用从陶瓷饰品向电子元器件转移，主要用于制造云母、陶瓷电容器，之后逐渐出现了 Pd/Ag-PdO 厚膜电阻浆料、RuO_2 电阻浆料、钌酸盐系电阻浆料、贱金属(如 Cu、Ni) 电阻浆料。厚膜电阻浆料的发展，使 HIC 得到了极大的发展，同时也推动了分立元件如各类厚膜电阻和电位器的发展，也为 SMT(表面组装技术) 和 MCM(多芯片组件) 的发展奠定了坚实的基础。

厚膜电阻要求电阻率大、电阻温度系数小、稳定性好。与导体浆料相同，电阻浆料也含有导体、玻璃和载体三种成分。但是，它的导体通常不是金属单质，而是金属元素的化合物，或者是金属单质与其氧化物的复合物。常用的浆料有铂基、钌基和钯基电阻浆料。厚膜介质用来制造微型厚膜电容器，对它的基本要求是介电常数大、介电损耗角正切小、绝缘电阻大、耐压高、稳定可靠。

厚膜电阻浆料的功能相如 Ag、Pd、RuO_2、$M_2Ru_2O_x(x=6\sim7)$，构成电阻膜的导电颗粒；黏结相为铅、硼硅酸盐玻璃等，形成导电颗粒间的玻璃膜。电阻浆料中的功能相的含量决定厚膜电阻的方阻，遵从稀释原理，即含量增大，方阻减小。电阻温度系数（TCR）一般同方阻高低相关，方阻高的浆料，TCR 向负偏大，反之亦然。通过改性剂可调整 TCR。有机载体由有机树脂与溶剂构成，是决定浆料流变性、润湿性、铺展性、膜层质量的重要因素。厚膜电阻的稳定性一般情况与黏结相（玻璃）含量相关。含量较高，在烧结过程中形成的玻璃充分覆盖电阻表面，该玻璃层起到保护厚膜电阻的作用，所以在一般情况下，方阻较高的浆料，其形成的厚膜电阻稳定性也较好。常见的电阻浆料体系及其特性见表 13.15。

表 13.15　常见的电阻浆料体系及其特性

浆料	烧成温度/℃	方阻/(Ω/□)	TCR/×10^{-6}℃$^{-1}$
Pd-Ag-玻璃	690~720	100~100K	−200~300
RuO_2-玻璃	680~780	100~10K	−400~200
IrO_2-玻璃	700~800	100~100K	−50~50
RhO_2-玻璃	700~780	100~50K	−150~0
RuO_2-IrO_2-RhO-玻璃	600~775	1~1M	−275~200

电阻浆料主要用于模拟或数字 HIC 电路，一般要求：方阻 $1\sim1\times10^6\,\Omega/□$；与基体和元件导体端点有良好的匹配；TCR 低；电阻间有良好的温度系数匹配；低的电阻电压系数（CVR）；在各种环境试验条件下，材料的迁移小，整体稳定性在 0.1%~0.5% 之间；因缺陷、热点或其他非均匀造成的电流噪声应很小；通过混合能形成中间阻值的电阻膜。对于导体浆料，一般要求：方阻 0.002~0.15Ω/□；结合性好；可焊性佳；工艺稳定性和储存性好；丝网印刷分辨率高。典型的厚膜导体材料见表 13.16。

表 13.16　导体浆料及其主要特点

浆料	烧结温度/℃	方阻/(Ω/□)	附着力/MPa	其他
Ag	750~860	0.006	10.1	有聚集效应（与电阻膜反应）
Pd20Ag80	850~1000	>0.02	>11.8	有轻微聚集效应
PdAu	850~950	>0.033	>9.8	方阻较大
Pt18Au82	850~1050	>0.033	>9.8	方阻较大
PtAuAg	760~1000	0.04	19.6~29.4	方阻较大
CdO10Ag90	600~800	0.0018~0.0024	20.3~21.1	

厚膜电阻浆料和厚膜导体浆料生产工艺流程如图 13.3 所示。

以金属粉或金属氧化物为功能相的电子浆料，对贵金属电子浆料而言，其金属物质是 Pd、Ag、Ru、Pt 等金属粉或其氧化物或化合物（如钌酸盐 $Pb_2Ru_2O_6$、$Bi_2Ru_2O_7$ 等），贱金属电子浆料的金属物质则主要为 Cu、Ni 等。黏结相主要由 PbO、B_2O_3、SiO_2、Bi_2O_3 等硼硅酸铅系玻璃构成；有机载体常见的构成是以松油醇为溶剂、乙基纤维素为结合剂、卵磷脂为分散剂。改性剂的加入可以对电阻浆料的 TCR 等进行调整控制，在含 $Bi_2Ru_2O_7$（n 型半导体）的电阻浆料中掺入同型半导体氧化物如 BeO、MgO、SrO、CeO_2、ThO_2、

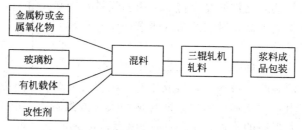

图 13.3　电子浆料生产工艺流程

Nb_2O_5、Ta_2O_5、WO_3 等，可使 TCR 向正偏移，掺入异型半导体氧化物如 Cr_2O_3、FeO、CoO、NiO、Cu_2O、MoO_3、MnO_2 等，使电阻浆料 TCR 向负偏移。在钯银电阻浆料中掺入 Li^+、Sb^{3+} 等改性，可以解决由于钯、银膨胀系数高于陶瓷基片，使导电相产生应力而引起 TCR 不稳定的问题。

在电子浆料配制过程中，必须严格控制原材料的纯度、杂质含量和粉体特性（如比表面积、密度、粒度、粒度分布和形貌），控制有机材料的黏度、颜色、透明度亦很重要。

用电子浆料制作厚膜电阻、导体等 HIC 重要单元时，选用的陶瓷基片必须符合厚膜电路使用要求；同时要对丝网印刷、烧结、调阻等工艺进行严格的控制。

就电阻浆料、导体浆料而言，适用于多层工艺（含多层陶瓷工艺）的贱金属体系是当今元器件多层化和复合化、功能化、片式化的重要研究方向，贱金属和贵金属电子浆料体系将并存发展。贵金属配方的开发和作为导体、电阻以外新的功能以及适于光刻工艺的体系的开发和应用将成为贵金属体系发展的必然趋势。

厚膜电子浆料来源于传统的陶瓷行业和涂料工业，是一种具有一定流变性和触变性的糊状物。由于电子浆料跨金属材料、有机化工、电子等多学科体系及应用的复杂性，至今还没有形成较完整的科学理论，仍属于有待开发的高科技领域。

13.3.3　厚膜应变电阻浆料

影响厚膜电阻的主要因素有电阻结构、成分和方阻。隧道效应在厚膜电阻导电过程及对应变系数的影响方面起主要作用。方阻增大，应变系数随之增大。电阻受到外力作用，导电体成分粒子间的距离发生变化引起阻值变化。电阻受压阻值下降，电阻受控阻值增大。在应变范围内电阻的相对变化是线性的。电阻变化具有弹性变形而不是永久变形，应变电阻重复性要求要好。并非所有的电阻浆料都适于作应变电阻。为了制作高性能的应变片及压力传感器，必须有性能优良的浆料。电极浆料主要用 Ag-Pd、Au-Pt，为防止 Ag 的迁移，多使用 Au-Pt 电极。电阻材料为 RuO_2、$Bi_2Ru_2O_7$、$Pb_2Ru_2O_6$，有的还掺入部分 Au。

13.3.4　片式器件浆料

13.3.4.1　片式电阻

片式电阻小型化是当前的重要趋势，小型片阻对电阻浆料性能的要求日益提高。片式电阻小型化增大了制造工艺的敏感性。片式电阻耐电压特性与电阻浆料、电极浆料和调阻工艺有重要的相关作用。导电相颗粒越细，其在电阻膜中分散度越好，所占的体积分数就越大，这就保证了电压在电阻膜内的分布越均匀。钯银导体浆料中，钯含量越高，对电阻的耐压特性影响越小。使用 Au 导体，则几乎没有影响。在激光调阻过程中，如切槽边缘产生裂缝和切槽顶端未切槽的部分电流集中等，会严重影响电阻膜耐压特性，尤其是短时过负荷特性。

片式电阻所用的电子浆料必须匹配，包括一次导体、电阻浆料、一次包封玻璃介质浆料、二次包封玻璃介质浆料、标志玻璃浆料、二次导体浆料。一次导体浆料、二次导体浆料一般用 Ag 作导体，电阻浆料则多以 $Pt_2Ru_2O_6$、RuO_2、Ag-Pd 等作导电相。

13.3.4.2 多层片式电感

非绕线式片式电感即多层片式电感（MLCI）3216 型于 1980 年诞生于日本 TDK 公司，目前已形成了 2125、2012、1608、1005 等多种规格。片式电感是适应当前电子产品从插装向安装、从模拟电路向高速数字电路、从固定向移动转化而飞速发展的片式元件。同片阻、片容一样，片式电感已广泛用于寻呼、移动通信、无绳电话、局域移动通信、彩电机芯、便携电脑、软/硬盘驱动器、程控交换机、开关电源、混合等领域。片式电感的制造方法很多，日本 TDK 公司、美国 AEM 公司等已具有相当成熟的技术，并形成了较大规模的产量。我国在片式电感的研究和生产方面还处于起步阶段。在片式电感中所用的电子浆料主要有 Ag、Pd-Ag、Ni-Ag 导体浆料等。

13.3.4.3 片式微波介质陶瓷器件

微波介质陶瓷主要用于移动电话、PCN/PCS（个人通信网络/个人通信系统）、GPS（全球定位系统）、卫星通信、雷达设备和基站。已商品化的微波介质陶瓷器件、声表面波器件、多层 LC 滤波器所用的电子浆料为分子银浆、氧化银浆、Pt、Pd、Ag-Pd 等导体浆料。

13.3.5 高温超导材料

贵金属铂对铊系、铋系、钇系高温超导体有改性作用。在铊系超导体中掺入适量 Pt，可使居里温区变窄；在铋系中掺入适量铂，有利于 2212 相向 2223 相的转变，而且能诱导晶粒择优取向；在 $YBa_2Cu_3O_{7\sim8}$ 中掺入适量 Pt，有利于超导相的形成，在一定程度上可以提高超导体的临界电流密度。贵金属以 $(NH_4)_2PtCl_4$ 的形式加入，铂加入量（质量分数）小于 0.6% 对 T_c 影响不显著，当进一步增加时，会导致 T_c 显著降低。即使是少量 Pt 的加入也会使磁化强度显著提高，而过量 Pt 的掺入反而使磁化强度降低。

贵金属包括 Pt 是化学工业中常用的催化剂。在高温下吸附氧气和氢气，低温下又释放出来，因此常用于气体载体。在钇系超导粉料中添加 $(NH_4)_2PtCl_4$，高温下分解为高活性的金属铂，均匀地分散在 $YBa_2Cu_3O_{7\sim8}$ 中，由于其高温吸附、低温解吸作用，铂可从大气中吸附氧形成较高的氧浓度，在 $YBa_2Cu_3O_{7\sim8}$ 形成时，能及时释放氧补充钇系中的氧。在超导体中氧含量及其有序度是影响钇系超导体临界温度的重要因素，少量 Pt 对超导体晶体结构不会产生多大影响，对氧含量及有序度影响不大，因而对 T_c 影响不大。但 Pt 含量较大时，晶胞正交扭曲度变化较大，Pt 会出现在晶界中，这样不利于超导相的形成。少量 Pt 的加入可能会提高超导相的含量，因而对磁化强度的改善有益。

13.4　贵金属敏感陶瓷

13.4.1　气体敏感陶瓷

气体敏感陶瓷如 SnO_2、ZnO 为半导体金属氧化物陶瓷，其电导率对还原性气体极为敏感。这种依存性和敏感性是由于半导体陶瓷表面吸附的气体分子和半导体晶粒间的电子交换而产生的。究竟是电子给予体(施主)还是电子接受体(受主),取决于半导体晶粒和吸附分子的电子化学势(费米能级)的高低。

气体敏感功能是通过气体分子在固体表面的吸附和解吸来实现的。气敏陶瓷重点研究的是诸如选择性和灵敏度的问题。典型的传感材料和被检气体见表 13.17。

表 13.17 各种传感材料和被检气体

传感材料	检出气体	使用温度/℃
ZnO 薄膜	还原性和氧化性气体(H_2、O_2、C_2H_4、C_3H_6 等)	400～500
ZnO＋Pt 催化剂	可燃气体(C_2H_6、C_3H_8、$n\text{-}C_4H_{10}$ 等)	400～500
ZnO＋Pd 催化剂	可燃气体(H_2、CO)	400～500
WO_3＋Pt 催化剂	还原性气体(H_2)	200～300

在气敏元件中贵金属 Pt、Pd 等主要用于催化剂,以改善气敏元件的性能。在 SnO_2 气敏陶瓷中 Pt 丝作为电极,对实现稳定传感具有重要作用。SnO_2 等气敏元件通常是在 SnO_2 中添加贵金属 Pt、Pd 等催化剂制成,由于活性的氧吸附,因而形成高势垒。可燃气体消耗了吸附氧,使元件电阻减小,作为增感(使灵敏度提高)剂添加的 Pt、Pd 本身是很强的氧化性催化剂,促使 C—H 键断裂。在 Zn 中添加 Pt 催化剂,对异丁烷和丙烷的灵敏度提高,对 CO、H_2 和烟的灵敏度降低。添加 Pd 催化剂其效果则正相反,在 $\alpha\text{-}Fe_2O_3$ 多孔敏感陶瓷中掺钯,可以提高其对 H_2 的敏感性。

13.4.2 热敏陶瓷

13.4.2.1 负温度系数热敏电阻(NTCR)

在高温热敏电阻如 $Mg(Al_{0.3}Cr_{0.5}Fe_{0.2})_2O_4$ 中,600～1000℃温度范围内的 β 常数高达 14000K,线膨胀系数为 $8.6 \times 10^{-6}℃^{-1}$(600℃),与用于电极的丝(直径 0.15mm)线膨胀系数($10.5 \times 10^{-6}℃^{-1}$)十分接近。

NTCR 的电极一般采用银电极或铂电极。由于 NTCR 的热敏材料为 p 型半导体,因此可与银、铂等形成良好的欧姆接触。制备电极多采用印刷或涂覆电极浆料、高温烧渗,对于珠状 NTCR,电极采用细铂丝,在两根铂丝之间隔一定距离点上热敏浆料,高温烧成后封装于玻璃管中。

常规的 NTCR 以块体材料构成,线性度较差,为了实现线性化,常采用电路补偿法,将 NTCR 与普通电阻并联,这可在一定温度范围内使阻温特性呈线性,但线性化温区较窄。要进一步扩大线性化温区,则需要一个复杂的线性网络去实现。利用热敏相如 $MnCo_2O_4$ 和 $CoMn_{1.5}Ni_{0.5}O_4$、硼硅酸盐玻璃与贵金属导电相 RuO_2 制成厚膜 NTCR 浆料,通过厚膜工艺可以制造线性 NTCR。RuO_2 起到调整 NTCR 值和 β 值的作用。随 RuO_2 含量增大,阻值和 β 值降低。当 RuO_2 太少时,线性化温度范围窄;当 RuO_2 过多时,线性化温度范围增大,但电阻温度系数 α_K 减小,而且线性灵敏度 s 减小。RuO_2 加入量以 6%～10% 为宜。

13.4.2.2 正温度系数热敏电阻(PTCR)

PTCR 与 NTCR 不同,PTCR 瓷体为 n 型半导体,因此金属与半导体接触首先面临的是欧姆接触。若不考虑表面态等因素,则主要取决于半导体的功函数 ϕ_S 与金属的功函数 ϕ_m。

当 $\phi_m < \phi_s$ 时，金属的费米能级高于半导体的费米能级，金属的半导体接触，电子由金属流向半导体，接触面上形成由金属指向半导体的内电场，由于半导体表面带负电，使能带在金属界面向下弯曲，可形成界面势垒，这种情况金属和半导体的接触为欧姆接触。

为了实现欧姆接触，原则上应该选择比半导瓷功函数小的金属作电极，当然是否能形成良好的欧姆接触还与半导瓷表面的电子状态及电极形成工艺等因素有关。Ni 的功函数为 $4.5 \sim 5.2eV$，可以形成欧姆接触，但贵金属如 Ag 其功函数为 $4.2 \sim 4.5eV$，低于 Ni，从理论上讲，应当形成欧姆接触，但实际上难以形成，这与 PTCR 的表面态有关。由于 n 型半导瓷表面的电子产生极化作用，由物理吸附转化为化学吸附。由于电子被束缚，表面载流子浓度减小，在半导体表层形成了正空间电荷区，形成了高阻层。为了实现金属与 n 型半导瓷的欧姆接触，必须破坏半导瓷表面的氧化吸附层。In-Ga 电极具有较高的氧化势，可夺取半导瓷表面的化学吸附氧，因而是优良的 n 型半导瓷欧姆接触电极。化学镀镍是 PTCR 生产中广泛使用的欧姆电极形成方法。采用此种方法，将清洗样品置于 $SnCl_2$ 乙醇溶液中敏化，再于 $PdCl_2$ 溶液中活化形成贵金属 Pd 层，然后浸入 $Ca(H_2PO_4)_2$ 中还原，之后浸入镀镍溶液中镀镍，经清洗和热处理就可以形成良好的欧姆接触。此法化学镀 Cu、电镀 Ni、Cu、Au、Ir、Ag，并经适当的热处理，均可获得良好的欧姆接触。采用熔点较低的金属如 Al、Sn、Zn、Cu-Zn、Cu 等喷涂，控制压缩空气的氧含量及压缩空气气压、熔射距离，可避免气氛对 PTCR 电性能的影响，并形成良好的欧姆接触。这个方法已在高温的 PTCR 生产中得到采用。

在研究和工业领域，烧渗 Ag 电极法应用也非常广泛。但必须在电极浆料中引入强还原剂如 Zn、Sn、Sb、In、Cd 等贱金属粉，也可引入 Ti 及 Zn-Sb 合金，它们与表层氧结合，可以有效地破坏氧化高阻层，消除表面空间电荷层，获得理想的欧姆接触，欧姆接触银浆配方通常含少量 Bi_2O_3 或 Pb_3O_4 的硼硅酸盐玻璃，主要是为了提高电极在瓷体上的附着强度，并降低烧渗温度。

在实际应用中，欧姆接触电极是必需的，但基于种种考虑适当制作表层电极，通常大量的 PTCR 产品采取双电极结构。如在底层欧姆接触电极上涂覆用有机结合剂调和的石墨或炭黑，加热硬化后可形成耐腐蚀的电极；在底层电极的基础上，通过烧渗表层电极，可以得到抗氧化等性能较好同时可焊性好的 PTCR 产品。目前也有一次性银浆面世，该银浆可以实现常规底层欧姆接触电极和表层防护性及满足某种应用需要的表层电极的双层结构电极所要求的功能，但仅停留在研制阶段，尚未真正商品化。

除在敏感材料中大量使用贵金属作电极材料以外，在陶瓷其他领域如压电薄膜 ZnO/镍铬恒弹性合金复合音叉滤波器等，也大量使用贵金属如 Au 作电极材料。贵金属 Pt、Au、Ag 等还可作 SOFC(solid oxide fuel cell) 全固态燃料电池的阳极和阴极，但其具有如下特点：膨胀系数比固体电解质等大，电极层易于剥离，近年来有被 Ni-YSZ 金属陶瓷取代的趋势。而作为阴极材料也正被含稀土元素的 ABO_3 钙矿材料取代。贵金属电极成本高，高温易挥发。

13.4.3 氧气传感器

贵金属电极还广泛用于 ZrO_2 氧气传感器。传感器的主要元件为 U 形管状氧气检测元件，该元件由氧离子型导体 Y-PSZ(Y 添加部分 ZrO_2) 的两侧附加电极，在接触汽车尾气的外侧电极上，形成一层或两层以上多孔陶瓷电极保护厚膜构成。传感器头部内侧，有一层 PTFE 聚合物材料制作的憎水性多孔性过滤器，具有通气防水的功能，内侧电极与大气连通，但与水分隔绝。插入元件内侧的加热器，是为了保持元件检测部位处于 300℃ 以上的工作领域，达到传感器性能稳定化的要求。此外，元件检测部位由两层圆筒状金属罩套住，以防止尾气直接接触元件，保护其不被尾气中玻璃质等有毒物质和水分沾上，并防止元件急剧升降温所受的热冲击。

氧气传感器的工作原理如图 13.4 所示。ZrO_2 陶瓷固体电解质在 300℃ 以上的高温时即变为氧离子型导体，此时外侧电极接触尾气，内侧电极接触大气，从而产生内外面的氧气浓度差，由能斯特（Nernst）方程有：

$$E = \left(\frac{RT}{4F}\right) \ln\left(\frac{P'_{O_2}}{P_{O_2}}\right)$$

式中，E 为传感器电位差；R 为气体常数；T 为热力学温度；F 为法拉第常数；P'_{O_2} 和 P_{O_2} 分别为内、外氧气分压。

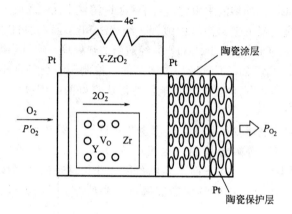

大气侧电极反应(正极)：$2O_2 + 4e^- \longrightarrow 2O_2^{2-}$
排气侧电极反应(负极)：$2O_2^{2-} \longrightarrow 2O_2 + 4e^-$
三相交界上：CO 和 HC 与 O_2 反应转变为 CO_2 和 H_2O

图 13.4　氧气传感器的工作原理

在浓混合气体燃烧时，尾气中的残存氧气，在外侧电极表面附近，通过 Pt 的催化作用，与 CO 和 HC 反应达到化学平衡。在理论空燃比（约 14∶6）附近，氧分压在发生指数级变化，引起电位差正的变化。E 值大为燃料过剩，E 值小为空气过剩。燃料过剩状态与空气过剩状态变化反应越快，对空燃比偏差调整就越快。

浓差电池是氧敏感传感器的一种典型结构，除此以外，还有其他结构形式，如 Pt/TiO_2 厚膜氧敏感传感器，适于作氧传感器的金属氧化物材料目前有 SnO_2、PbO、CoO、CeO_2、$LaNiO_3$、ThO_2、Cr_2O_3、TiO_2 等。Pt/TiO_2 厚膜氧敏感传感器制作过程的关键在于，TiO_2 膜层的制备和催化处理。目前有多种途径和方法可以采用。TiO_2 膜层可以利用传统的厚膜浆料及工艺进行，也可以采用其他方法如醇盐水解溶胶-凝胶法制取 TiO_2 金红石相微粉，还可以利用溶胶-凝胶法在陶瓷基片直接成膜，经热处理得到所需结构的膜层。Ti 的金属醇盐的重要反应过程如下：

$$Ti(OC_4H_9)_4 + H_2O \longrightarrow Ti(OC_4H_9)_3(OH) + C_4H_9OH \ （水解）$$

$$Ti(OC_4H_9)_4 + Ti(OC_4H_9)_3(OH) \longrightarrow Ti_2O(OC_4H_9)_6 + C_4H_9OH \ （缩合）$$

$$Ti(OC_4H_9)_3(OH) + Ti(OC_4H_9)_3(OH) \longrightarrow Ti_2(OC_4H_9)_6 + H_2O \ （缩合）$$

适宜的反应温度为 80℃，当乳状物的量可再增加时，表明反应已进行完毕。停止加热，静置片刻，加入少量乙醇，使乳状物和液态有机物分离。经烘干于 1000℃ 左右处理 TiO_2（金红石）就形成了，经球磨处理后得到微粉，将其与有机载体混合制成 TiO_2 厚膜浆料，其制作过程与厚膜工艺相同。

贵金属 Pt 催化剂有多种引入方式。一种方式是将 TiO_2 粉体在铂的盐溶液或酸溶液中浸泡 12h，干燥成形再进行烧结，使 Pt 附着在 TiO_2 晶粒表面；另一种方法是将整个 TiO_2 厚膜元件浸入一定浓度的 $PtCl_4$ 溶液中，24h 后取出，于 100℃ 下干燥，再于 600℃ 下处理 2h，使 $PtCl_4$ 完全分解，即可得到掺 Pt 的 TiO_2 厚膜氧敏感元件。该元件的最佳工作温区为 200～400℃，比 ZrO_2 氧传感器最佳工作温度（800℃）低许多。更高温度下，元件灵敏度 β 值大幅度下降。

13.4.4 湿度传感器

镁尖晶石 $MgCr_2O_4$-TiO_2 系多孔陶瓷（MCT），在 200℃ 以下时，由于吸附、脱附水蒸气，使电阻明显变化。尤其在含有少量水蒸气的气氛中，单分子化学吸附导致羟基的形成，在该过程中，引起了氧化反应（$Cr^{3+} - e^- \longrightarrow Cr^{4+}$），易于生成物理吸附时质子传导的 H^+，结果 H^+ 以跳动方式从一点迁移到另一点。这种陶瓷在高温状态下，经受热循环几乎不引起结构变化。利用这种陶瓷的热稳定性，通过加热器加热，清除陶瓷中出现的污染，由于采用了加热清洗，因而在其他有机物蒸气、尘埃、结露等极其恶劣的条件下，能够保证其长期可靠性。贵金属化合物 RuO_2 为湿度传感器的电极材料，它可作为检测气体时的加热源，还可作为加热清洗时的加热器。而丝则用于湿敏陶瓷的引线材料，起到非常重要的作用。

13.4.5 多层陶瓷器件

多层陶瓷器件种类繁多，如多层陶瓷电容器、多层压电陶瓷变压器、多层压电陶瓷滤波器、多层压敏陶瓷变阻器和多层热敏陶瓷电阻器等。多层陶瓷工艺通常指的就是多层陶瓷器件典型的工艺，主要包括成形、切片、内电极及表层电极丝网印刷、叠层与层压、排胶、共烧等工序，有的器件还需要制作端电极。共烧技术是多层陶瓷工艺中最基础和最重要的关键技术，它要求陶瓷层与金属层膨胀系数相匹配、烧结温度范围相近，相匹配的致密化行为和理化相容性好。因为如果陶瓷与金属的共烧行为不匹配，将会产生各种缺陷（如分层、裂纹、剥离、针孔和翘曲等），对多层元器件的电性能、热性能、力学性能以及长期可靠性产生不良的影响。

在一般情况下，根据多层共烧陶瓷的材料种类、烧成温度范围，可选用从难熔金属、贵金属到贱金属为基的导体金属体系。为了改善陶瓷与金属的相容性，可加入适量的陶瓷粉体改性剂。在 HTCC（高温共烧多层陶瓷）中一般加入适量的 Al_2O_3 粉和 Y_2O_3 改性剂，它有助于改善陶瓷与 Mo-Mn 或 W-Mn 等金属化体系的共烧行为。多层电子陶瓷器件一般为中低温或低温共烧体系，通过在金属化浆料中加入适量同种功能相的陶瓷粉末或结构、组分相近的陶瓷粉末，有利于调整陶瓷和金属的致密化行为、增加界面亲和力和改善界面微观结构，使界面相容性和结合强度得到增强。但如果陶瓷添加剂种类和加入量没有选择好，会恶化多层共烧陶瓷的性能，增大金属化浆料的方阻和互连、导通电阻，或者引起导体损耗的增大。调整致密化行为的另一个有效方法是在金属化浆料中掺一定量的金属有机化合物。这种金属有机化合物与烧结过程中产生游离金属的金属有机化合物不同，在烧结过程中产生的是金属氧化物，可以阻止或延缓金属的致密化，而游离金属则会加速和促进致密化。因此只要选择得当、工艺控制合理，就可以降低或提高金属的致密化程度，改善金属与陶瓷的共烧行为。

中低温或低温共烧陶瓷元器件一般选用贵金属为基的电子浆料体系。尤以含 Ag 的电子浆料为多。片式电感（MLCI）及相关的片式软磁元件、片式滤波器（MLCF）、片式天线等片式元器件向更小型化（如外形）、轻量化、多层化、复合化和集成化方向发展，是当今陶瓷基础元器件发展的趋势。多层功能组件是将片容、片感、片阻、片式传感器通过共烧集成，这些技术与 IC"电路集成"技术（即高密度封装和 MCM 技术）的结合，代表当今电子浆料、焊料、引线框架材料、陶瓷元器件技术、微电子技术和光电集成电路（OEIC）的发展已经进入了一个新的时期。

为了实现多层化和集成化等目标，降低各类功能陶瓷材料的烧结温度，研究和开发与之相适应的贵金属和贱金属电子浆料已经成为多层器件领域的技术焦点和热点。

MLCC 的端头电极如果仅仅是一层 Ag，那么在 SMT 工艺过程中经不起高温焊料的热侵蚀，会造成容量变化或开路，用纯 Pd 作端电极，化学稳定性和抗侵蚀能力得到增强，但成本太高。采用三层膜结构，即以银浆为端电极的底层（25～50μm），底层上再制作镍阻挡层（4～6μm），表层为锡铅层（4～6μm），就可以大大提高 MLCC 的可靠性。对于片式电阻，为了提高端头 Pd-Ag 电极的附着力、可焊性，通过镀 Ni、Sn 得到三层电极，使产品合格率得到大幅度提高。

多层压电陶瓷滤波器的多层结构中，内电极一般为 Pd、Ag-Pd 合金或其他高熔点合金，在 1200℃下 2h 内完成共烧后，在瓷体上下端表面施加极化电极。

片式压电陶瓷谐振器由陶瓷流通带，含贵金属 Au、Ag、Pt、Pd 中至少一种的导电浆料构成内电极，共烧完成后需制作外电极。内电极数目为 3 以上的奇数，压电陶瓷为偶数层。极化时，电压施加于外部电极之间，位于某对内电极之间的压电陶瓷基体膨胀，而邻近内电极的另一部分压电陶瓷基体收缩，片式谐振器作为一个整体却明显处于无振动状态。

13.4.6　多层陶瓷组件

多层陶瓷工艺已广泛用于集成电路、半导体器件的封装。从全球范围看，两大平行的工艺技术各具特色，各有其独特的优点。一种是以 Al_2O_3、AlN 陶瓷为基的高温共烧多层陶瓷（HTCC），主要用于 DIP（双列直插封装）、QFP（四边引出扁平封装）、PGA（针栅阵列封装）、BGA（环栅阵列封装）、MCM（多芯片组件）等，其特点是烧成温度高，需以难熔金属或合金为导体材料，通常为了保证其可焊性和可靠性，表层裸露导体要进行化学镀镍和电镀贵金属金。其明显的不足是导体金属方阻大，不利于高速信号传递，同时很难制作具有埋置电容、电阻和电感的多功能复合共烧基极。另一种为低温共烧陶瓷，简称 LTCC，其突出的特点是烧成温度低，可使用低介电常数的介质材料、高电导率的金属导体如 Ag、Pd-Ag 等，可埋入与之相容的电阻（主要是贵金属体系）、电容等无源元件。一般来说，内层导体以 Ag、Pd-Ag 为主，通孔导体有 Ag、Pd-Ag 和 Au，顶层导体则根据需要，可选用 Au、Pt-Ag 和 Cu。顶层导体要求电阻低、可焊性好、抗焊料侵蚀、与基板附着力好。共烧用埋入型电阻材料主要有 5921D、5931D、5941D，端头导体用 6144D Ag-Pd；顶层电阻常用 Birox1900 和 Birox6000 系列。其中 6000 系列也可作共烧电阻。可用 6001 铜导体作端头导体。休斯公司和西屋电气（Westinghouse）公司都致力于 LTCC 方面的研发和生产，IBM 公司则主要致力于 HTCC 技术的应用。

贵金属作为半导体器件集成电路制造、封装、组装的互连金属化材料、焊丝和焊料等已得到了广泛的应用，是微电子、光电子发展不可或缺的重要支撑材料。GeAs 激光器制作中溅射制作 TiAu 层、蒸发制作 AuGeSi 层是激光器的重要组成结构单元。对于半导体器件芯片金属化多用金属 Al，一般来说，金属失效的原因一是由于金属膜质量迁移引起的，它随电流增大而加剧，称为横向失效；二是纵向失效，即由于金属与金属或金属与半导体相互扩散或发生反应引起的失效，又称为电穿透。这一类失效随温度的提高而加剧。对于微波功率管，面临大电流和较高温度。因此含贵金属的金属化材料取代铝已成必然。在 Ti-Au、Ti-W-Pt-Au、Ti-W-Au、Ti-W-Pt-Au、Mo-Au 等磁控溅射淀积的金属化体系中，Ti-W-Pt-Au 综合性能较佳，在 GaN 微波电子学领域，Ti/Al/Ti/Au、Pt/Au 分别是重要的欧姆金属和栅金属。Au/Ge/Ni/Cu 则是 MESFET（金属-半导体场效应管）重要的接触电极。源漏金属、栅金属分别采用 Au/Ge/Ni/Ag/Au、Ti/Pt/Au。近年来，随着集成电路及半导体器件的发展，互连金属化已窄到近 $1\mu m$，电流密度已超过 $5\times10^5 A/cm^2$，在抗迁移的金属化系统中，贵金属发挥了重要的作用。如 Al-Pd、Ti-Pt-Au、Pt-Ti-Mo-Au 等。在芯片制作过程中，互连金属尤其是贵金属得到了广泛应用。芯片在进行键合、封装、组装时许多工艺如 WB(wire bonding)、TAB(带式自动键合)、FC(倒装芯片) 等及相关结构件表面或要镀覆贵金属或者要使用含贵金属的焊料等，其内容极为丰富。

13.4.7　陶瓷催化剂

氧化物的催化作用大致可分为两种，即氧化还原反应的催化作用和酸碱反应的催化作用。酸碱催化剂的化合价稳定，因而活性点的状态更明显。这些活性点与氧化物的化学结构有关，典型的固体酸催化剂有氧化物和沸石，大量用于接触分解反应、重整反应等。

用于氧化还原反应的过渡金属氧化物对于 H_2、CO、SO_3、NH_3、烯烃、芳香烃、乙醇等的完全氧化和部分氧化反应起催化作用。金属氧化物种类不同，其活性差别很大，但其氧化活性顺序几乎不受被氧化物(还原物) 种类的影响。其中氧化铂、氧化钯等贵金属氧化物在所有氧化反应中活性都很高，CoO、MnO_2、Fe_2O_3、NiO 活性居中，TiO_2、Al_2O_3 等几乎没有活性，氧化物的催化作用见表 13.18。

表 13.18　氧化物的催化作用

项目	氧化还原	酸碱
催化反应	加氧、氢化(加氢)作用、脱氢、氧化脱氢、脱氢环化	裂化、聚合、异构化、脱水、水合、烷基取代、歧化
催化作用	氧、氢原子迁移、电子传递	质子传递、电子对传递
催化剂	过渡金属氧化物	典型元素(Si、Al、Mg、Ca、Sr) 氧化物
特性	多化合价(化合价可变)、半导体、氧化物的组成随周围气氛而变化、吸附氧	单化合价(化合价稳定)、绝缘体、稳定的氧化物、表面羟基

对于催化剂，要重视 SIMI(strong metal-support interaction)，即金属与载体相互作用。如在 Ni-α-Al_2O_3 催化剂中加入少量 TiO_2，就加剧了镍与 Al_2O_3 的相互作用，抑制了金属粒子的移动，从而保持了高分散性。如加入 ZrO_2，那么相互作用减弱，分散状态恶化，不能保持高分散状态。尤其是在 TiO_2 上的金属，显示出强 SMSI 效应。在 TiO_2 上附载 Pt、Ag、Rh 等金属的催化剂，在室温下吸附氢和一氧化碳，催化剂经氢还原处理后发生很大变化。在 200℃下低温还原，H/M 和 CO/M 值为 0.5～1，金属粒子呈分散状态，而在 500℃下高温还原，吸附量就显著减少。如果再经 400℃氧化处理和 200℃氢还原处理就能恢复原

值。经低高温还原，铂粒子大小几乎不变，可以认为高温下氢和 CO 吸附量减少是金属粒子氧化物载体相互作用的结果。

在催化反应中，引人注目的单个碳原子化合物领域，也在研究 SMSI 效应。Ni-TiO$_2$ 和 Ru-TiO$_2$ 催化剂与 SiO$_2$、Al$_2$O$_3$ 为载体的催化剂相比，甲烷的生成量少，而是进行连锁成长，易于生成碳链长的烃类化合物。

表层附载金属催化剂具有许多优点。通常在表面反应速率快而可忽略反应物细孔内扩散和吸附平衡的影响时，可以认为在催化剂粒子外表面引起催化反应，细孔内部的催化剂成分对反应几乎没有影响。因此使活性成分附载于氧化物载体粒子的外表面的表层附载金属催化剂是经济的。用高活性的催化剂抑制不希望产生的副反应进行时，金属成分的回收量（从废催化剂中回收）也比较高。因此，对于氧化物载体，正在开发各种表层附载法。

在一般情况下，附载金属催化剂是在数毫米到 10mm 大小的陶瓷系载体上附载活性物质（金属）。采用浸渍法是控制活性物质分布、调制使用寿命长的催化剂的重要方法。在 Pt-Al$_2$O$_3$ 催化剂调制过程中，如改变氯铂酸浸渍液中柠檬酸的添加量，就可获得蛋壳型（A）、蛋白型（B）、蛋黄型（C）三种分布。在使用加氢汽油时，蛋白型耐久性最佳。为了防止因除去外表面层的中毒物质、振动磨损引起贵金属剥离而添加有机盐的方法即内层附载法，常用于汽车排气处理用催化剂的调制。

溴铂酸水溶液与氧化铝表面反应活性高，在 500℃ 下进行热分解，在 pH＝2.7 时使铂附载于载体，然后在氟酸共存的 PdCl$_2$ 水溶液中附载，这样就可获得铂附载于表层、钯附载于内层的催化剂。这种组合催化剂（Pt-Pd）的耐铅、硫、磷中毒特性、耐热性均比两组分表层附载催化剂（Pt-Pd）、逆层状附载催化剂（Pd-Pt）、铂或钯单一金属表层催化剂优越。

在防止大气污染中，正在使用氧化活性高的 Pt-Al$_2$O$_3$ 催化剂。在预热至 150～300℃ 的附载于粒状或蜂窝状载体的催化剂上，使恶臭的可燃有机物和空气中的氧气发生反应，产生水与 CO$_2$。同火焰直接燃烧法相比，此种接触氧化方式脱臭法，具有燃料消耗少的优点。可广泛应用于化工、印刷、喷涂、树脂加工、食品、养殖等。

在汽车催化装置中，排出的气体以 CO、HC 为主时，主要使用氧化催化剂。如果还有 NO$_x$，那么通常采用能同时净化三者的理论 A/F（空燃比）附近作用的三元催化剂。这种汽车排气用催化剂与以往化学装置中使用的催化剂不同，它是在非常严格的反应条件下进行的。它能适应时刻变化的很宽的温度范围，而且在反应成分的浓度变化时仍能保持高的活性、耐铅中毒、硫中毒、润滑油中毒等。活性金属不熔结，机械强度较高，耐热冲击，耐久性好，主活性成分在铂系金属上，具有氧化物系载体的性能。

氧化能力强的 Pd 催化剂（附载于载体）或再添加铂（对烃类化合物吸附力强）的 Pt-Pd 合金催化剂（附载于载体）可作氧化催化剂，Rh-Pt 催化剂（附载于载体）可用于三元催化剂。铑对 NO$_x$ 吸附力强，如再添加对烃类化合物吸附力强的铂，就可显著地提高对 NO$_x$ 的净化能力。此外，铑对 NO$_x$、N$_2$ 的选择性比钯、铂对 NO$_x$、N$_2$ 的选择性高，而且铑具有防止熔结的功能，因而使用寿命长。

贵金属氧化物催化剂通过接触燃烧法净化混合气体，是解决日益严重的污染问题重要途径之一。接触燃烧法是将燃料和空气的混合气体送入催化剂层，利用催化剂的氧化促进作用，在催化剂表面的无焰燃烧，具有如下特征。

（1）可在低温时进行完全燃烧。各种有机物的催化剂氧化开始温度比无催化剂的点火温度低很多，就可进行完全氧化反应。

（2）生成微量的热 NO$_x$。

（3）燃烧效率高，燃烧速率非常快，是几乎没有 CO 和未燃物质的完全燃烧，同时能够减小空气过剩率，因而可减少伴随排出气体的热量损耗。

（4）可在很宽的 A/F 比范围内实现完全燃烧，而且由于是无焰燃烧，因而不会引起局部高温。

（5）可以减小燃烧器的体积。

在国外一种称为铂克爱尔的小型便携式取暖设备就是一种使汽油气化后在 150～200℃低温时在铂催化剂上进行无焰燃烧的实例。在欧美，Pt-Al$_2$O$_3$ 纤维催化剂的接触燃烧方式的液化天然气炉，如果采用 Pd-Pt-Al$_2$O$_3$ 纤维则活性更高、使用寿命更长。

脱臭装置用的催化剂有 Pt-Al$_2$O$_3$、Pt-Ni-Al$_2$O$_3$、Fe$_2$O$_3$-Al$_2$O$_3$ 等。汽车排气处理用催化剂，是使 Pt、Pd 等贵金属附载于氧化铝等载体上形成的，其形状为球形（直径 2～6mm）、蜂窝状、交叉状等。

现在正在开发的耐 1500℃高温的催化剂，主要用于大型锅炉、飞机喷气发动机、汽车发电燃气轮机的催化剂。该催化剂仍由载体和活性成分构成。载体的作用有：增大附载于载体上的活性金属或金属氧化物的表面积；防止烧结降低活性表面积。载体陶瓷主要有氧化铝、莫来石、碳化硅、氮化硅、氧化锆等。在陶瓷载体上附载铂后，就可用于催化剂，根据燃料与空气的混合比及预热温度，能在 1000～1500℃范围内自由调节燃烧温度。

13.5 铂铑系热电偶材料

测温材料是指具有适用的计温特性，用于功能型温度传感器感温元件，进行温度测量的材料。虽然各种材料随温度而变化的任一特性（称为计温特性）都有可能用来制作温度计，但是，要成为一种能大量生产的实用化的工业温度计用的测温材料，不仅要求具有实用的优良计温特性，而且还应有适合的工艺性能，以及资源丰富、价格适中和无公害等特点。只有少数优秀者如热电偶丝、热电阻丝等才能成为大批量生产的、标准化的工业测温材料。已研究过的热电偶测温材料有 270 种，尚在采用的有 50 多种，测温范围从小于等于 4.2K 到大于等于 2773K，一般测量精度可达±0.4%～±10%，其中已列入 IEC 标准的有 7 种，我国及前苏联、美国尚有 4 种列入国家标准。

13.5.1 热电偶的选型与设计

我国贵金属测温材料在 0.2～2150℃的温域内已经系列化，主要类型有以下几种。

（1）低温热偶材料 金铁 0.03-镍铬 10 以及金铁 0.07-镍铬 10 两种，测温范围为 1～300K。

（2）高、中温热偶材料 主要有铂铑 10-铂、铂铑 13-铂、铂铑 30-铂铑 6、铂铑 40-铂等（测温范围为 0～1800℃）；金铂钯热偶（金铂钯 31-55-金钯 35、金铂钯 14-83-金钯 35），测温范围为 0～1300℃；铱铑热偶（铱铑 10-铱、铱铑 60-铱），测温范围达 0～2150℃。这些热电偶可分别在氧化性、中性和还原性气氛中测温。

（3）铂液薄膜温度计 特点是惰性小（即反应时间短），是一种极好的动态测温元件，可用于脉冲毫秒、微秒级的测温试验，瞬时温度变化的触发元件和动态测量传感器。

热电偶按结构形式不同可分为普通型、铠装型、高性能实体型和特种型。普通型热电偶应用最广，在一般情况下都要选用这种热电偶，其保护管材质的选择主要考虑被测介质的气氛、温度、流速、腐蚀性、摩擦力以及材质的化学适应性、可承受压力、可承受应力、响应速度和性价比等因素，之后再根据被测对象的结构和安装地点等实际情况确定保护套管的直径、壁厚、长度、气密性及固定方式等。此外，应注意兼顾壁厚（决定耐磨性）和热容量大小（决定反应时间），在满足耐磨性要求的情况下，应尽量减小保护管壁厚，以改善动态特性。如果是化学损伤严重的高温环境，也可考虑采用双保护管。铠装型热电偶因具有可弯曲、直径小、适应性广、热容小、响应速度快、使用寿命长以及可任意截取长度等优点而被广泛使用，尤其是测温点深（如锅炉炉顶的一些温度点）或需弯曲的场所。选型时主要考虑保护管材质、直径及长度等参数。高性能实体型热电偶兼有普通型和铠装型的优点，耐高温、响应快、使用寿命长，它的使用温度比同类普通型热电偶高100℃，响应速度比普通型快6～8倍。选用时应综合考虑，尤其是性价比。特种型热电偶应用于一些特殊场合，如一次性测量钢水温度的快速微型热电偶等。

热电偶的结构如图13.5所示，其工作原理是基于赛贝克效应，即：如果A、B是由两种不同成分的均质导体组成的闭合回路，当两端存在温度梯度$(T，T_0)$时，回路中就有电流通过，那么两端之间就存在赛贝克电势——热电势，记为$E_{AB}(T，T_0)$。其值与组成热电偶的金属材料性质、热端与冷端的温度差的大小有关，而与热电极的长短、直径大小无关。此不同导体的组合称为热电偶，T端称为工作端（热端），T_0称为参考端（冷端）。

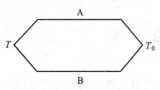

图13.5 热电偶的结构

热电偶测温时，沿其长度方向会产生热流，如果冷热端温差较大，就会有热损失产生，这将导致热电偶热端温度比被测实际温度偏低而产生测温误差。为了解决这种由热传导引起的误差，必须保证热电偶有足够的插入深度，插入深度至少应为保护管直径的8～10倍。目前，对于金属保护套管，因其导热性能好，插入深度应该深一些（应为其直径的15～20倍）；而对于非金属保护套管，如陶瓷材料，因其绝热性能好，可插入浅一些（可为其直径的10～15倍）。但是，具体插入深度还必须兼顾容器体积或管道内径等因素。对于实际工程测温，其插入深度还应考虑被测介质的静止或流动状态，如果是流动的液体或气体，可以不受上述条件限制，插入深度可适当浅一些，具体数值由实际情况分析确定。热电偶温度计测温系统如图13.6所示。

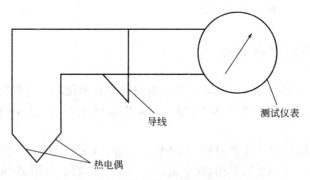

导线   测试仪表

热电偶

图13.6 热电偶温度计测温系统示意图

目前已有的产品，如测量11℃以下的镍铬-镍硅（镍铝）、镍铬-考铜套管热电偶，测温2000℃左右的铱铑-铱高温套管热电偶等，随着用户要求的不断提高，套管热电偶也朝着高质量、长期稳定、系列化方向发展。在工业生产中，热电偶是经常使用的一种测温元件，它的使用也比较频繁，那么适当地选用热电偶就显得很有必要。以下就以常用的S型、K型、E型热电偶的选用原则做简要说明。

（1）铂铑10-铂（S型）热电偶 属于贵金属中性能最稳定的一种，它的物理、化学性能稳定，复现性好，热电特性稳定，测温精确可靠，一般用于准确度要求较高的高温测量，它的测温上限较高，可用于一、二等标准。它的短期工作温度可达到 1600℃，长期工作温度为 1300℃，S 型热电偶具有良好的抗氧化性能，可在氧化性、中性介质及真空中使用。S 型热电偶的主要特点是测温精确，需要配用灵敏度较高的二次仪表，多用于精密测量，比如像实验室的化学分析、标准试样测定等。

（2）镍铬-镍硅（K 型）热电偶　它是贱金属热电偶，在工业中应用非常广泛。它的复现性较好，热电势大，测温范围为-50~1300℃，正好处于工业生产需要检测中最多的温度范围，短期工作温度为 1200℃，长期工作温度为 900℃，它的热电势比 S 型热电偶的热电势大4~5 倍，线性度好，误差较小，而且 K 型热电偶价格比较便宜，在实际中得到了广泛的应用。K 型热电偶只需要配用普通的仪表就可满足使用要求，它的热电特性稍差，热电极不易做得很均匀，不能在还原性气体和硫化物中使用，比如 SO_2、H_2S 等，否则会使热电偶腐蚀而变坏。适合在空气和氧化性气氛中长期使用，也可在真空及惰性气体介质中短期使用，工业中一般用于一次感温元件。E 型热电偶适合于氧化性和弱还原性气氛；T 型热电偶适合于氧化性、还原性及真空中性等气氛。实际中应综合考虑工作温度、上限温度和使用环境来确定热电偶分度号。

（3）镍铬-铜镍（E 型）热电偶　它的测温范围相当广，短期工作温度为 800℃，长期工作温度为 600℃。它是热电势最大的一种热电偶，测量准确度较高，适合在氧化性氛围中使用。这种热电偶均匀性好，热导率大，价格比 K 型热电偶要便宜一些。在药厂药材加工、铝塑包装等场所应用较广泛。

二等标准铂铑 10-铂热电偶测量结果主要用于检定、校准工作用热电偶，其测量结果的可靠性直接影响工业检测的准确性，直接关系到控制系统的控制可靠性。目前分度二等标准铂铑 10-铂热电偶采用双极比较法和同名极法。测量方法及依据是：依据 JJG 75—1995《标准铂铑 10-铂热电偶》检定规程，将 1 支一等标准铂铑 10-铂热电偶与被检的二等标准铂铑 10-铂热电偶捆扎成束，同轴置于管式检定炉温度最高处，在金属锌凝固点(419.527℃)、铝凝固点(660.323℃)和铜凝固点(1084.62℃)处分别用比较法进行测量。以两次测量结果的平均值作为最后的检定结果，而且两次测量结果的差值不超过 $4\mu V$。同时锌、铝、铜凝固点的热电势偏差应满足规程要求。

13.5.2　热电偶的安装

热电偶安装位置的选择是非常重要的，从生产工艺角度出发，测温点一定要具有典型性和代表性，必须能准确反映该工艺参数真值的大小，否则将失去测量与控制的意义。一般而言应注意以下几点：热电偶应安装在温度较均匀且能代表欲测工作温度的地方；热电偶不应装在离加热源或门太近的地方；热电偶的安装应尽可能避开强电场和强磁场，应远离仪表电源及动力电缆或采取相应的屏蔽措施，以防止由于外来因素干扰而造成测量误差；使热电偶热端与被测介质充分接触，不能装在被测介质很少流动的区域内（对流动介质而言），测量固体温度时，必须使热电偶热端与被测物体表面紧密接触，并尽可能减小接触点附近的温度梯度，以减小导热误差；热电偶冷端尽量避免温度过高(一般不应超过 100℃)。

热电偶安装方式有水平、垂直和倾斜三种。水平安装的热电偶较易附着灰分和氧化物，如果长时间运行而未及时清理，则会引起测量滞后并使示值偏低、动态性能变差；垂直安装的热电偶表面粘积物要比水平安装少得多，故测量准确度较高。测量管道中流体温度时，应使热电偶的热端处于管道中流速最大处。如为小直径管道，最好使热电偶逆着流速方向倾斜安装，倾斜角以 45° 为最佳，而且在条件允许的情况下，应尽量安装在管道的弯曲处；如为大直径管道，热电偶应垂直安装，以防保护管在高温下变形，而且保护套管末端应越过管道中心线 5~10mm。测量小体积容器或箱体内温度时，保护套管末端应尽可能靠近其中心位置，如果采用水平安装，则露出部分应采用耐热金属支架支撑，如条件允许，在使用一段时间之后，可将热电偶旋转 180°，以避免因高温变形而缩短使用寿命。对于炉膛温度测量，保护套管和炉壁孔间的空隙用石棉绳或耐火泥等绝热材料密封，以免因炉内、外空气对流而影响测量精度。

热电偶与补偿导线的连接应注意以下几点：补偿导线型号与热电偶的分度号必须对应，绝对不能用错；补偿导线与热电偶的两连接点的温度应相同，而且不得超过规定的使用温度（普通型低于 100℃，耐热型低于 200℃）；补偿导线和热电偶都有正负极之分（可根据电极硬度、电极颜色或绝缘层颜色来区分），连接时极性不能接反，否则将产生反补，使测量误差大大增加。热电偶补偿导线材料见表 13.19。

表 13.19　热电偶补偿导线材料

项目	铂铑 10-铂	镍铬-镍硅	项目	铂铑 10-铂	镍铬-镍硅
正极补偿导线	铜	铜	负极补偿导线	镍铜	康铜
补偿导线颜色	红色	红色	补偿导线颜色	白色	白色

13.5.3　铂铑系热电偶的劣化

贵金属热电偶与贱金属热电偶相比，具有抗氧化和化学性能稳定等优点，广泛用于高温领域。但是贵金属在高温下同样也发生劣化，当温度高于 1400℃ 时，铂将发生再结晶，不仅使热电偶丝抗拉强度下降，而且会增加气体沿晶粒间界污染的可能性。因此，对 S 型热电偶而言，长期使用的温度不宜超过 1400℃。一般而言，在清洁空气、N_2 及 CO_2 等场合，可安全使用；在高温真空条件下，S 型热电偶的铂极受铑蒸气污染会引起热电势降低，因此在高温真空条件下，不能以裸丝形式长期使用，必须加外保护管。

贵金属热电偶同劣质耐火材料接触，容易被污染。可污染 Pt 的金属有 Ni、Fe、Cu、Co、Cr、Mn 等，它们将影响贵金属热电偶的热电势，其方向随金属而各异。

此外，贵金属在航空航天材料中也有越来越多的用途。

航空航天材料可分为结构材料与功能材料。结构材料主要用于制造飞行器各种结构部件，如飞机的机体、航天器的承力筒、发动机壳体等，其作用主要是承受各种载荷，包括由自重造成的静态载荷和飞行中产生的各种动态载荷。功能材料主要是指在光、声、电、磁、热等方面具有特殊功能的材料，如飞行器测控系统所涉及的电子信息材料（包括用于微电子、光电子和传感器件的功能材料），飞行器隐身技术用的透波和吸波材料，航天飞机表面的热防护材料等。

在铂合金中加入 0.1%~5.0% 的 W、Mo、Rh、Re、Ru、Co、Fe、Mn 和 Ni 中之一，提高了合金的晶粒成长温度，防止晶粒粗大及晶界破坏，大幅度延长了火花塞电极的使用寿命。ZrO_2 或 ThO_2 弥散强化铂合金制作的火花塞电极使用寿命长，易点火，与基座 Ni 合金焊接容易。使用 Pt-Ir 及 Pt-Ni 合金制造的复合火花塞电极，减少了中心电极的龟裂。在 W、Mo、Ti、不锈钢等上镀铂族金属，根据需要再镀碳化物层或硼化物层，可用于航天器等重返大气层的涡轮机用叶片。贵金属的涂层用于人造卫星的部件，有效地反射太阳光及宇宙射线的辐照。用一定含量的铂合金作为宇宙火箭的喷嘴零件，能承受多种火箭推进燃料的侵蚀，使用寿命可以达 10 万小时。Hf-Pt 及 Hf-Pt-Zr 合金在宇宙空间技术中作为结构材料。用 $0.6\mu m$ 直径的银丝，可提高火箭固体推进器的燃烧速率。美国国家航空航天局（NASA）利用金属钇或锆弥散强化铂作为宇宙空间站用电阻加热电离式发动机的材料。

13.6 贵金属尾气净化催化剂

贵金属催化剂具有高的活性，良好的选择性、热稳定性、机械强度等，在世界汽车尾气净化催化剂市场上占有绝对优势。贵金属催化剂有 Pd、Pt-Pd、Pt-Rh、Pt-Rh-Pd、Pt-Rh-Pd-Ir 等。多数厂家采用 Pt-Pd-Rh 贵金属催化剂。贵金属作为汽车尾气净化用催化剂，前提是必须将其制备成可溶性盐或酸，以便陶瓷载体进行有效的表面浸涂。表 13.20 列出了汽车尾气净化催化剂中常用的贵金属可溶性无机盐。

表 13.20 汽车尾气净化催化剂中常用的贵金属可溶性无机盐

	四氯四铂（$PtCl_4$）
	氯铂酸（$H_2PtCl_6 \cdot 6H_2O$）
铂化物	氯铂酸钠（$Na_2PtCl_6 \cdot 6H_2O$）
	氯亚铂酸钾（K_2PtCl_4）
	氯化钯（$PdCl_2$）
	硝酸钯[$Pd(NO_3)_2 \cdot 2H_2O$]
钯化物	氯化钯酸钠（$Na_2PdCl_4 \cdot nH_2O$）
	氯亚钯酸钾（K_2PdCl_4）
	氯铑酸钠（$Na_3RhCl_6 \cdot 12H_2O$）
	三氯化铑（$RhCl_3 \cdot nH_2O$）
铑化物	氯铑酸铵[$(NH_4)_3RhCl_6$]
	氯铑酸钾（$K_3RhCl_6 \cdot H_2O$）

董青石粉压制的蜂窝陶瓷载体浸涂过活性氧化铝后，其比表面积增加了千倍以上，大大增加了废气通过时与载体表面接触的面积。因此，在活性氧化铝表面，通过浸涂形式把具有强烈催化转化效果的贵金属粒子沉积其上是一个十分重要的工艺过程。Pt 和 Pd 元素可单独或共同使用，它们的作用是使危害大的 HC 和 CO 气体通过催化燃烧变成危害小的 CO_2 和 H_2O，Rh 的作用是还原废气中产生的氮氧化物，也有使 CO 燃烧成 CO_2 的作用。

汽车尾气净化用贵金属催化剂也有一定的缺陷：一是高温性能不太理想，贵金属在 800℃ 以上会发生晶粒长大和结块现象，致使催化活性大大降低甚至完全丧失；二是易中毒，铅、硫、磷等元素易使贵金属催化剂中毒，尤其是铅对贵金属催化剂的催化活性影响较大；三是成本高，用量大；四是催化活性受空燃比的影响较大，贵金属催化剂只有在很小的空燃比范围内（14.5～14.7）才起作用，超出该范围之外，净化效果很差。

13.7 贵金属石油重整催化剂

在化工产品生产过程中，85% 以上的反应是在催化剂作用下进行的。贵金属催化剂由于其无可替代的催化活性和选择性，在炼油、石油化工中占有极其重要的地位。例如，石油精炼中的催化重整，烷烃、芳香烃的异构化反应、脱氢反应，烯烃生产中的选择性加氢反应，环氧乙烷、乙醛、乙酸乙烯等有机化工原料的生产均离不开贵金属催化剂。此外，在各类有机化学反应中如氢化、氧化脱氢、氢化裂解、加氢脱硫、还原胺化、偶联、歧化以及不对称合成等反应中，贵金属均是优良的催化剂。

从原油中分离出的汽油，其辛烷值一般只有 $30 \sim 50$，达不到内燃机燃油的要求，添加四乙铅可以提高辛烷值防止爆震，但造成空气污染，并且会使废气净化催化剂失效。1949年世界上建立了 Pt/Al_2O_3 为催化剂的铂重整工业，可用辛烷值低的粗汽油为原料，通过重整使原料中的成分发生异构化或环化等结构上的变化，来提高辛烷值。重整催化剂的作用不仅提高了辛烷值，而且还可以按照需要改变原料的结构，得到化学工业上所需的原料。石油重整催化剂一般为 Pt/Al_2O_3，又称为铂重整。为提高催化剂的稳定性，降低铂含量，改进催化性能，20 世纪 60 年代后期，铂重整催化剂从单金属铂催化剂发展到 $Pt\text{-}Re/\gamma\text{-}Al_2O_3$、$Pt\text{-}Ir/\gamma\text{-}Al_2O_3$ 等双金属催化剂。

13.8　含铂抗癌药物

铂类药物是 20 世纪 60 年代开发的新型无机抗癌药。经历了 50 多年的研究发展，已相继成功开发了顺铂(Cisplatin)、卡铂(Carboplatin)、奈达铂(Nedaplatin)、奥沙利铂(Oxaliplatin)、舒铂(Sunpla) 和洛铂(Lobaplatin)，用于临床治疗癌症。特别是顺铂和卡铂是目前临床上使用最广的抗癌药物之一，是治疗许多肿瘤的首选药物。据最新统计，现在临床使用的联合化疗方案中，有 85% 的方案是以顺铂或卡铂为主药，或有它们参与配伍。顺铂和卡铂在 1996 年就进入全球销售额领先的 10 大抗癌药物之列，分别排名第 8 位和第 5 位。1999年卡铂又进入全球最畅销的 150 种处方药排行榜，名列第 66 位。同时如奥沙利铂、奈达铂、舒铂和洛铂等铂类抗癌药正逐渐得到医生和患者的认识，也将成为治疗癌症的重要药物。

13.8.1　顺铂

顺铂是顺式-二氯二氨合铂(Ⅱ) 的简称，分子式是 cis-Pt(NH$_3$)$_2$Cl$_2$，相对分子质量为300。别名有顺氯氨铂、Cisplatin、Cis-Platinum、DDP、PDD、CDDP(Ⅱ)，属于难溶化合物。其结构式为：

作为药剂的顺铂为黄色粉末状结晶，无臭，可溶于水，在水中可逐渐转化成反式并水解。在体内能与 DNA 结合，形成交叉键，从而破坏 DNA 的功能，使其不能再复制，为一种细胞周期非特异性药物。抗瘤谱较广，可用于食道癌、肺癌、鼻咽癌、膀胱癌、宫颈癌、前列腺癌、恶性淋巴瘤、软组织肉瘤、头颈部肿瘤及睾丸肿瘤等。

13.8.2　卡铂

卡铂是 1,1-环丁二羧酸二氨合铂(Ⅱ) 的简称，分子式是 Pt(NH$_3$)$_2$CBDCA，别名有碳铂、卡波铂、Carboplatin、CBDCA、Paraplatin 等，是第二代铂族抗癌药物。其结构式是：

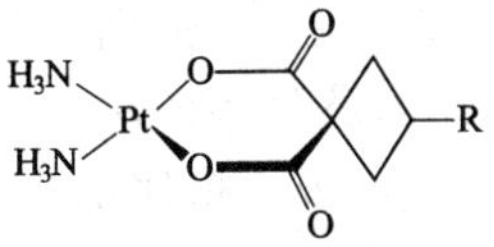

作为药剂的卡铂为白色粉末，易溶于水，对光敏感，易分解。为无机金属配合物，是顺氯氨铂的同类物，属于第二代铂类复合物。作用和机制与顺铂相同，抗肿瘤活性高于顺铂。临床主要用于卵巢癌、小细胞肺癌、头颈部癌、甲状腺癌、宫颈癌、膀胱癌及非小细胞肺癌等。卡铂的特点主要为化学稳定性好，溶解度为 16mg/mL，比顺铂高 16 倍；除造血系统外，其他毒副作用低于顺铂。

13.8.3 草酸铂

草酸铂(oxaliplatin)，全称是草酸-(反式-L-1,2-环己二胺）合铂，缩写为 L-OHP。其结构构式是：

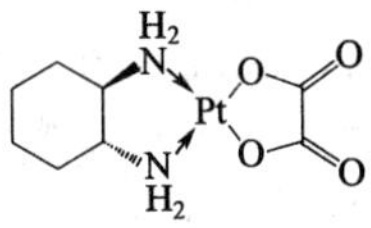

草酸铂是一个十分稳定的化合物，在水中溶解度为 8mg/mL，介于顺铂与卡铂之间。草酸铂又名奥沙利铂。草酸铂属于第三代铂类抗癌药，由于侧链被 DACH(二氨环己烷）基团取代，使之不论在 DNA 复合体的构成还是抗癌谱上都与顺铂大不相同。

13.8.4 奈达铂

奈达铂，全称是顺式-乙醇酸-二氨合铂(Ⅱ)，代号 254-S，缩写 CDGP。其结构式为：

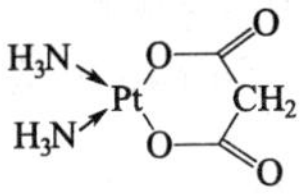

临床前生物学研究表明，该药对小鼠 P388 白血病、B16 黑色素瘤、Lewis 肺癌的抗肿瘤作用优于顺铂。

13.9　贵金属电镀材料

金、银及铂系金属因其优异的性能而在工业和日常生活中有广泛的应用。但由于价格昂贵，在许多方面限制了它们的使用。用电镀等方法使某些物体表面涂布一层贵金属，是满足人们在工业和日常生活中对贵金属大量需求的一种廉价方法。

我国古代在物体表面涂布的贵金属以金、银为主，传统的方法称为涂镀，也称为大镀。金、银涂镀多用于首饰、皇宫建筑、佛教庙宇及佛像神座等物体表面。这种传统方法已沿用了几千年。到 20 世纪初，我国开始引进电镀金、银的方法，但许多作坊仍然沿用我国传统的涂镀方法——火镀，并沿用古代涂镀工艺的现成名词，将电镀统称为"镀金"。对铂系金属的电镀则是到 20 世纪才发展起来。铂系金属镀层一般呈银白色，熔点很高，化学性质相似且稳定，在现代工业中越来越重要，但因价格比金、银要昂贵得多，所以铂系金属的电镀主要集中在以其他材料为底材的电子产品及少量其他产品的电镀上。1981 年以来，铂族金属在电子及电气工业中的用量占总用量的 25.2％以上，其中铑用于电子产品的量占其总用量的 53％以上。

13.9.1 电镀工业的发展概况和发展趋势

电镀是利用电解原理在某些金属表面镀上一层其他金属或合金的过程，是利用电解作用使金属或其他材料制件的表面附着一层金属膜的工艺，从而起到防止腐蚀、提高耐磨性、导电性、反光性及增进美观等作用。

电镀工业是我国重要的加工行业，据粗略估计，全国现有 15000 家电镀生产厂，行业职工总数超过 50 万人，现有 5000 多条生产线和 2.5 亿～3 亿平方米电镀面积生产能力，电镀行业年产值约为 100 亿元人民币。

电镀企业集中分布在一些工业部门，33.8％在机器制造工业，20.2％在轻工业，5％～10％在电子工业，其余主要分布在航空、航天及仪器仪表工业。我国电镀加工中涉及最广的是镀锌，占 45％～50％，镀铜、镍、铬占 30％，氧化铝和阳极化膜占 15％，电子产品镀铅、锡、金约占 5％。

13.9.1.1 电镀工业的发展概况

电镀是对基体表面进行装饰、防护以及获得某些特殊性能的一种表面工程技术。最先公布的电镀文献是 1800 年由意大利 Brug-natelli 教授提出的镀银工艺，1805 年，他又提出了镀金工艺。到 1840 年，英国 Elkington 提出了氰化镀银的第一个专利，并用于工业生产，这是电镀工业的开始，他提出的镀银电解液一直沿用至今。同年，Jacobi 获得了从酸性溶液中电镀铜的第一个专利。1843 年，酸性硫酸铜镀铜用于工业生产。同年，R. Bottger 提出了镀镍工艺。1915 年，实现了在钢带表面酸性硫酸盐镀锌。1917 年，Proctor 提出了氰化物镀锌。1923～1924 年，C. G. Fink 和 C. H. Eldridge 提出了镀铬的工业方法，从而使电镀逐步发展成为完整的电化学工程体系。

电镀合金开始于 19 世纪 40 年代的铜锌合金（黄铜）和贵金属合金电镀。由于合金镀层具有比单金属镀层更优越的性能，人们对合金电沉积的研究也越来越重视，已由最初的获得装饰性为目的的合金镀层发展到装饰性、防护性及功能性相结合的新合金镀层的研究上。到目前为止，电沉积能得到的合金镀层有 250 多种，但用于生产上的仅有 30 余种。其代表性的镀层有 Cu-Zn、Cu-Sn、Ni-Co、Pb-Sn、Sn-Ni、Cd-Ti、Zn-Ni、Zn-Sn、Ni-Fe、Au-Co、Au-Ni、Pb-Sn-Cu、Pb-In 等。

电镀行业的污染状况和电镀废弃物的再生利用现状令人担忧。目前，全国电镀行业每年排放约 4 亿吨含重金属的废水、5 万吨固体废弃物和 3000 万立方米酸性气体。随着科学技术和工业的迅速发展，人们对自身的生存环境提出了更高的要求。1989 年，联合国环境规划署工业与环境规划中心提出了"清洁生产"的概念，电镀作为一种重污染行业，急需改变落后的工艺，采用符合"清洁生产"的新工艺。美国学者 J. B. Kushner 提出了逆流清洗技术，大大节约了水资源，受到了各国电镀界和环境保护界的普遍重视。在电镀生产中研发各种低毒、无毒的电镀工艺，如无氰电镀，代六价铬电镀，代镉电镀，无氟、无铅电镀，从源头上削减了污染严重的电镀工艺。达克罗与交美特技术作为表面防腐的新技术在代替电镀Zn、热镀Zn等方面得到了应用，在实现对钢铁基体保护作用的同时，减少了电镀过程中产生的酸、碱、Zn、Cr等重金属废水及各种废气的排放。

我国电镀工业的发展是在新中国成立以后。首先，为解决氰化物污染问题，从20世纪70年代开始无氰电镀的研究工作，陆续使无氰镀锌、镀铜、镀镉、镀金等投入生产。大型制件镀硬铬、低浓度铬酸镀铬、低铬酸钝化、无氰镀银及防银变色、三价铬盐镀铬等相继应用于工业生产。并实现了直接从镀液中获得光亮镀层，如镀光亮铜、光亮镍等，不仅提高了产品质量，也改善了繁重的抛光劳动。在新工艺与设备的研究方面，出现了双极性电镀、换向电镀、脉冲电镀等。高耐腐蚀性的双层镍、三层镍、镍铁合金和减摩镀层也用于生产，刷镀、真空镀和离子镀也取得了可喜的成果。

改革开放之后，我国的电镀工业得到了突飞猛进的发展。尤其是在锌基合金电镀、复合镀、化学镀镍磷合金、电子电镀、纳米电镀、各种花色电镀、多功能性电镀及各种代氰、代铬工艺的开发上取得重大进展。

13.9.1.2　电镀材料的分类

电镀的目的是在基材上镀上金属镀层，改变基材表面性质或尺寸。电镀能增强金属的耐腐蚀性（镀层金属多采用耐腐蚀的金属）、增加硬度、防止磨耗、提高导电性、润滑性、耐热性和增进表面美观。电镀时，镀层金属或其他不溶性材料作为阳极，待镀的工件作为阴极，镀层金属的阳离子在待镀工件表面被还原形成镀层。为排除其他阳离子的干扰，而且使镀层均匀、牢固，需用含镀层金属阳离子的溶液作为电镀液，以保持镀层金属阳离子的浓度不变。镀层大多是单一金属或合金，如钛、钯、锌、镉、金或黄铜、青铜等；也有弥散层，如镍-碳化硅、镍-氟化石墨等；还有复合层，如钢上的铜-镍-铬层、钢上的银-铟层等。电镀的基体材料除铁基的铸铁、钢和不锈钢外，还有非铁金属，或ABS、聚丙烯、聚砜和酚醛塑料，但塑料电镀前，必须经过特殊的活化和敏化处理。

电镀废弃物中的有价值材料的类型和数量与电镀过程所用材料的种类和数量密切相关，除了镀件成品中的镀层金属和基底材料以外，在电镀过程中所用的其他材料都将进入电镀废弃物行列。此外，成品镀件在完成了它们的使用过程以后，最终也将进入电镀废弃物的行列。因此，从较长的时间段考虑，可以说电镀材料就是电镀废弃物的材料总和。电镀目的和电镀工艺是电镀过程所用材料的主要决定因素。

电镀材料按照功能可以分为基底材料、镀层材料和各类添加剂三大类型。

常见的电镀基底材料为钢铁、铜铝铅锌等有色金属、塑料和陶瓷。随着各类新型材料的出现和市场对电镀产品性能提出更高的要求，电镀基底材料的材质种类不断增加。

镀层材料主要是金属，根据价格和稀有程度通常分为贵金属和贱金属两大类型。包括金、银、铂、钯等在内的贵金属以其特有的化学稳定性以及在电、光、声和催化等方面的特殊功能，使其在电镀工业的应用越来越多，主要应用范围涉及民用产品（如钟表、眼镜、电池和各类装饰品）和工业产品（如电子元器件、集成电路芯片等）两大方面。贵金属作为镀层材料，主要用于贱金属和塑料等基底材料的电镀。近年来，在这些基底材料上电镀贵金属合金以及在某些贵金属上再镀上其他贵金属，使用面越来越宽，用量在稳步增加。贱金属镀层材料主要包括锌、铬、镉、镍、铜等有色金属及其合金，其中锌是使用量最大的贱金属镀层，主要用于钢铁表面的防护镀层。镀层材料的形态一般分为阳极金属和镀液主盐两大类型。作为阳极金属，镀层材料的纯度、表面状态和几何形状等都对电镀质量和电镀工艺产生影响。电镀工艺与各种镀层金属的主盐化合物的性质密切相关，电镀新工艺主要依赖于电镀主盐的开发和性质。目前，电镀主盐开发的主要方向是开发贵贱金属的各类非氰主盐以及可以电镀合金的复合主盐。

各类电镀添加剂是电镀配方中的核心组分之一，是在金属主盐确定后，决定电镀配方和工艺的关键材料。电镀添加剂的种类很多，一般可以根据添加剂在镀液中的功能分为润湿剂、光亮剂、配位剂、着色剂等多个类型，也可以根据添加剂的性质分为无机添加剂和有机添加剂两大类型。对于电镀废弃物的回收利用而言，对这些电镀添加剂的处置，主要是从环境保护角度将其处理到对环境无害为止，在处置过程中几乎没有经济效益或者是负效益。

13.9.1.3 国内外电镀废弃物的回收利用现状

电镀废弃物的分布很广，除了电镀生产企业在生产过程中会产生电镀废弃物以外，包括报废汽车、包装容器、化工设备、废旧家电等都含有电镀产品。因此，电镀废弃物的回收利用实际上是一个涉及电子、机械、化工等多个行业的废料再生利用的系统工程。

为了资源的有效和重复利用，日本在20世纪90年代以来进一步强化了包括电镀废弃物在内的各类废弃物的回收利用措施。1991年10月实施的"资源回收利用法"规定了资源回收利用的特定业种，规定了包括产品、副产物等在内的20余类废弃物必须依法回收处理。1993年6月实施了"省能源、资源回收利用支援法"，规定对能源、资源合理使用和资源回收利用事业活动给予资助，内容包括再生产品的市场开拓、再生企业的资金筹措、设备改进、技术开发等给予资金补助和利税优惠等多项措施。1995年10月实施的"容器包装分类收集及再商品化法"规定，消费者要控制废弃物产量和负责彻底分类排出，地方负责分类收集，生产企业要履行再商品化的义务。由于再商品化费用反映在商品价格中，再生利用费用高的容器包装，商品价格高，因此，企业必须减少不必要的容器包装物，而转向再商品化容易的容器包装。这些法律的实施，有力地推动了日本在包括电镀废弃物在内的各类废弃物回收利用工作的发展，再生资源的利用也取得较好成绩，促进了物质的循环利用，极大地减轻了环境负荷。

日本是汽车生产和报废大国，汽车零部件中的各类金属（包括基底金属和镀层金属）约占报废汽车总质量的90%（含钢材约83.7%，有色金属7.4%），经过拆解和火法熔炼后，99%以上得到了回收，其他材料的回收利用率也很高，总资源回收率达到75%以上。废旧家电中的镀件金属大部分也得到了很好的回收，贵金属等的回收率达到95%以上，使日本在2002年从黄金进口大国变成了出口国。

美国在废弃物再生利用方面的情况与日本相似，除了采用立法手段对电镀生产企业的排污进行严格限制外，对包括各类镀件在内的工业和民用产品的回收利用制定了严格的回收线路和政策。此外，对一般电镀产品，在鼓励进口的同时，鼓励有关废弃物以捐赠和废杂五金形式出口到欠发达地区，以保证美国的环境不被严重污染。这些发达国家的电镀废弃物处置技术与国内先进水平相当。

典型的电镀工业生产工艺由三部分组成：前处理——除去金属表面的污垢和活化金属表面。这些处理工序包括除油、清洗、酸浸、清洗、电解除油、清洗、中和等；电镀——利用电化过程将一层较薄的金属沉淀于导电的工件表面上；后处理——主要包括清洗及烘干等工序。前处理和电镀之后都需要用大量的水冲洗镀件。从典型的电镀工业生产工艺可见，电镀生产过程的废弃物及污染主要来源于镀前、镀后和镀中。表13.21列出了电镀废弃物的主要产生途径和主要成分。

表 13. 21　电镀废弃物的主要产生途径和主要成分

废弃物和污染的来源	主要成分或污染物
前处理(除油、清洗、酸浸、清洗、电解除油、清洗、中和等)	酸性气体、有机烟雾
	废酸碱(金属、氟化物、氰化物、酸碱等)
	报废溶剂(金属、氟化物、氰化物、有机清洗剂等)
电镀及清洗	报废的电镀液(金属、氟化物、氰化物、酸碱等)
	清洗废水(少量金属、氟化物、氰化物等)
	电镀污泥(金属、氟化物、氰化物、陶瓷等)
报废镀件和使用后的镀件	基底金属和镀层金属、其他基底材料

从污染源分析可知，报废或老化的电镀液及大量的清洗废水是电镀生产过程中产生的主要废弃物，也是电镀污染物的主要来源之一。电镀废水中含有重金属离子(如六价铬)和氰化物、有机清洗剂等化合物。值得注意的是，六价铬等重金属离子以及氰化物等物质均是毒性较大的物质，不妥善处置将对环境及操作员工造成严重的损害。含有不同金属离子的电镀废水有不同的处理方法，目前较为先进的处理技术有离子交换、电渗析、电解回收、膜分离、蒸发等。其作用原理及优缺点见表 13.22。

表 13. 22　电镀废水的处理技术现状

处理方法	作用原理	优点	缺点
离子交换	利用离子交换树脂将废水中的阴阳离子除去	能耗低，对低浓度废水也适用，节约原料和用水，可以回收金属及改善水质，不产生污泥	不能产生浓度较高的溶液返回电镀槽，不能除去清洗液中的有机物
电渗析	利用渗透膜使废水中的阴阳离子作定向迁移，浓缩电镀废水	稀溶液可以作清洗用水，浓溶液可以返回电镀槽以补充电镀液，能耗低，回收效率较高	不能用于镀铬液回收金属铬，过剩的稀溶液在排放前需要进一步处理
电解回收	利用电解将废水中有用的金属积聚到阴极上	积聚的金属可以循环再利用	不适用于稀电镀废水；电流太大，处理不彻底
蒸发	将电镀废水在蒸发器中蒸发，浓缩电镀液	蒸发出的水可以用于清洗，浓溶液可以补充电镀液，操作简单，维修方便	循环再利用的老化液难以处理，运行成本高

13.9.2　镀金材料

目前，国内外一般从资源化角度考虑电镀废弃物的再生利用，从环境保护角度考虑电镀废弃物的无害化处置，提出并正在实施的方案主要包括电镀清洁生产方案和电镀污染最小化技术。这两种技术代表了电镀废弃物处置的方向。所谓污染最小化就是从污染发生源出发，采用各种污染最小化技术，如改进操作工艺，减少原料消耗，回收和利用二次资源，变末端治理为全过程减少污染物的产生。电镀行业的污染最小化过程主要是通过选择低毒或无毒原料、减少清洗水的用量、提高回收再利用的效率、降低末端处理负荷，以达到提高经济效益的目的。电镀行业的污染最小化技术包括以下几个方面。

在保证产品质量的前提下，原料应选择低毒或无毒物质。如采用无氰电镀，可以避免剧毒物氰的污染；采用三价铬电镀工艺代替六价铬电镀工艺，可以减少铬对环境的污染；使用非螯合或低螯合的清洗剂，可以减少废水处理时化学药剂的使用量及减少污泥的产生量。

由于金具有很高的化学稳定性和良好的导电性，质地软，硬度低，有极好的延展性及可塑性,易抛光,因此将金涂布到有关物体的表面所得的金镀层具有很好的抗变色性能,导电性能良好,耐高温、易焊接。缺点是相应的金镀层的硬度较低,很容易划伤表面。但如果在普通镀金溶液中,加入少量锑、钴等金属离子,就可以获得硬度大于130HV的硬金镀层。含锑5%的金合金镀层,硬度可达200HV以上,金铜合金镀层的硬度可达300HV以上,而且具有一定的耐磨性能。目前,镀金的对象已经从过去的以首饰、艺术品为主,逐步转向以通信设备、宇航工业、电气设备和精密仪器仪表等为主。镀金的质量要求也从过去的以表面装饰效果为主,转向以各种特定要求的电、光性能和化学性能为主。镀金的方式则从单一的氰化物电镀金逐步向非氰化物镀金、化学镀金和氰化物镀金等多种方式转变。镀层的形式则从单纯的表面金镀层向复合镀层和去掉基底材料的电铸镀层等多种形式转变。由于以上特点,目前使用的镀金溶液配方较多,常见的有氰化物镀金、柠檬酸盐酸性镀金和亚硫酸盐碱性镀金三种配方。

13.9.2.1 氰化物镀金

氰化物虽然剧毒,但因氰化物与有关金属离子(如金、银、锌、铜等)形成的配合物的稳定常数大,在电镀过程中释放金属离子的速度均匀,所得镀层的表面光洁度和固牢度具有其他方式电镀所不可比拟的优势,因此氰化物电镀直至今天仍是最主要的电镀方式。氰化物镀金的工艺较为成熟,深镀能力和均镀能力良好。在镀液中还可以添加镍、钴等其他金属来提高镀层的耐磨性或改善其他性能。氰化物镀金溶液中金的存在形式为 $Au(CN)_2^-$,镀液中必须保持适度过量的氰化物,以使获得的镀层细致光亮。缺点是氰化物镀金溶液的配制较为复杂,溶液剧毒,所得镀层较软且孔隙较多。因而氰化物镀金在某些方面受到一定的限制。

由于镀金基底材料不同和对所得镀层的性能要求不同,氰化物镀金的配方和工艺条件很多。各电镀企业往往根据自身的实际情况逐步形成自己特定的镀金配方和镀金工艺。常见氰化物镀金的配方和工艺条件见表13.23。

表 13.23　氰化物镀金的配方和工艺条件

	项目	配方一	配方二	配方三	配方四	配方五	配方六
溶液成分/(g/L)	金[KAu(CN)₂ 形式]	4～5	3～5	4～12	4	12	1～5
	氰化钾(KCN 总量)	15～20	15～25	30		90	
	氰化钾(KCN 游离)		3～6		16		8～10
	氢氧化钠(NaOH)						1
	碳酸钾(K₂CO₃)	15		30	10		100
	钴氰化钾[K₃CO(CN)₆]				12		
	磷酸氢二钾(K₂HPO₄)			30			
	氰化银钾[KAg(CN)₂]					0.3	
	镍氰化钾[K₂Ni(CN)₄]					15	
	硫代硫酸钠(Na₂S₂O₃·5H₂O)					20	
工作条件	温度/℃	60～70 或室温	60～70	50～65	70	21	55～60
	pH 值	8～9		12			
	阴极电流密度/(A/dm²)	0.05～0.1	0.2～0.3	0.1～0.5	2	0.5	2～4
	阳极材料	金、铂	金	金	金	金	金

　　注:配方一、配方二为一般镀金,配方三由于腐蚀铜合金基体,故不宜用于印刷板的电镀,配方四为镀硬金,配方五为镀亮金,配方六为加厚镀金。

　　传统的镀金溶液配制时,一般直接将黄金或三氯化金作为起始原料,将金或三氯化金先制成氰化亚金钾,再进行配缸。这一过程实际上进行的是氰化亚金钾产品的生产。但对电镀企业而言,从黄金或三氯化金开始制备氰化亚金钾的随意性较大,一般人员难以掌握，毕竟电镀企业是贵金属深加工产品的用户而非生产者。这种局面促进了贵金属深加工行业的新产品开发，一个新的深加工产品由此而诞生，这就是氰化亚金钾。现在，贵金属深加工企业已经开始大量生产氰化亚金钾以满足镀金的需要，因此，电镀企业现在只需直接用市售的氰化亚金钾配缸，即将氰化亚金钾和其他组分分别用去离子水配成规定浓度的溶液，混合，搅拌均匀并调整溶液的 pH 值至规定范围即可。镀液成分及工艺条件对镀金的影响如下。

（1）金含量的影响　金是镀金的成膜物质，是镀液的主要成分。金含量偏低，所得金镀层的结晶细致，但颜色较浅，允许的阴极电流密度范围的上限值较小。镀液金含量过高，金镀层发红，颜色变暗，结晶较粗。

（2）氰化钾　氰化钾是主要配位剂，可以促进阳极正常溶解。氰化钾含量偏低时，阳极溶解不良，镀层颜色加深，结晶变粗。氰化钾含量偏高时，镀液中金的含量增加，镀层颜色较浅。

（3）碳酸钾　碳酸钾是导电盐。由于空气中二氧化碳的作用，镀液中的碳酸盐会逐渐增加，含量过高时，镀层会产生斑点。因此，在配缸时碳酸钾不能加得太多。

（4）磷酸氢二钾　磷酸氢二钾是一种导电盐，既有提高镀液导电能力的作用，又是一种缓冲剂，并能改善镀层光泽。

（5）镍氰化钾、钴氰化钾　这两种成分的加入量都很小，它们的作用主要是改变镀层的结构，从而提高镀层的硬度或光亮度。镍在电镀时只是微量析出或不析出，当镀层中含 1%～2% 的镍时，镀层硬度可提高到 180HV，为普通纯金镀层的 2 倍多。钴在电镀过程中基本上不共沉积，但它可以改变镀层结构，使镀层硬度增加 1 倍，提高耐磨性 1～2 倍。镀液中存在 Na^+ 时，会导致阳极钝化，溶液呈褐色。所以氰化物镀金溶液要避免使用氰化钠而采用氰化钾。

（6）阳极　采用含金 99.99% 的纯金板。但镀液中由于不含 Na^+，在电镀过程中镀液中金的浓度会逐渐升高。因此常将一部分金阳极改用不溶性阳极，如用铂、镀铂的钛或不锈钢作阳极。

（7）温度　温度对允许电流密度上限和镀层外观色泽有明显的影响。升高温度，能加大允许的阴极电流密度范围，但超过 70℃，镀层呈赤黄色发暗，结晶变粗。

（8）阴极电流密度　阴极电流密度对镀层的外观色泽有明显的影响，氰化镀金一般采用较低的阴极电流密度。阴极电流密度太高，阴极会大量析氢，镀层松软，带赤黄色甚至变粗，还可能有金属杂质的共析。

（9）杂质的影响　在氰化镀金溶液中，铜、银、砷、铅等金属离子会影响镀层的结构，降低镀层的外观色泽、导电性和焊接性，应注意避免混入。

13.9.2.2　柠檬酸盐酸性镀金

柠檬酸盐镀金与氰化物镀金相比，是一种低氰或微氰酸性镀金新工艺。镀液中金以 $Au(CN)_2^-$ 的形式存在。镀液稳定，毒性小，工作温度范围宽，镀层致密、平滑，孔隙率较小，耐腐蚀性和可焊性好。镀液对印制的黏合剂无溶解作用，因此更适合于印刷电路板电镀。当加入一定量的胺类等含氮有机物或含镍等金属盐时，可得到更加平滑、致密并带有光泽的镀层。尤其是加入微量锑、钴等的金属盐时，可得到硬金镀层，硬度可达 160～200HV，耐磨性非常好。柠檬酸盐酸性镀金电流效率比较低，一般只有 30%～60%，但由于可以使用较大电流密度，可达氰化镀金的 4 倍，因此沉积速率快。常见柠檬酸盐酸性镀金的配方和工艺条件见表 13.24。

表 13.24 柠檬酸盐酸性镀金的配方和工艺条件

	项目	配方一	配方二	配方三
溶液成分/(g/L)	金[以 KAu(CN)₂ 形式加入]	4~10	10~20	10~15
	柠檬酸铵[(NH₄)₃C₆H₅O₇]	110~120		
	酒石酸锑钾[KSb(C₄H₄O₆)₃]	0.05~0.3		
	柠檬酸钾(K₃C₆H₅O₇)		30~70	50~70
	氰化钴钾[K₃Co(CN)₆]			0.5~1
	柠檬酸(H₃C₆H₅O₇)		30~50	30~70
工作条件	温度/℃	20~45	30~50	20~40
	pH 值	5.2~5.8	4.5~5.0	3.5~4.5
	阴极电流密度/(A/dm²)	0.2~0.5	0.5~1.0	0.5~1
	阳极材料	铂、石墨、不锈钢	铂、石墨	铂、石墨

将所需量的氰化亚金钾用去离子水溶解后加到镀槽中，再将其他各组分溶解后加到镀槽中，搅拌均匀，补充去离子水至工作体积，用柠檬酸和氨水调整 pH 值至工艺范围，试镀合格后投产。镀液成分及工艺条件对镀金的影响如下。

（1）氰化亚金钾　镀液的主要成分之一。含量不足时，允许电流密度太低，镀层呈暗红色。含量过高，镀层发花。

（2）柠檬酸及其盐　主配位剂，兼有缓冲作用。与金形成配合物，可以提高阴极极化作用，使金镀层结晶细致、光亮。含量低时，溶液导电性和均镀能力差。含量过高时，阴极电流效率下降，并容易使镀液老化。

（3）酒石酸锑钾和氰化钴钾　增加镀层硬度的添加成分。它们在电镀过程中可以微量地与金共沉积为金合金，但并不与金共沉积进入镀层，而只是改变镀层结构。少量加入酒石酸锑钾和氰化钴钾可以大大提高镀层硬度，使镀层光亮、耐磨。但用量应适当。

（4）温度　主要影响电流密度范围，应注意控制。

（5）阳极材料　阳极材料最好采用不溶性阳极，如铂、钛，若采用不锈钢，使用前必须进行电解或机械抛光，否则会产生腐蚀、污染镀液。在一般情况下，不使用不锈钢和钢阳极。由于阳极为不溶性电极，故必须定期补充金含量。

（6）pH 值　应严格控制镀液的 pH 值，以获得满意的金镀层色泽。pH 值对金镀层色泽的影响见表 13.25。

表 13.25 柠檬酸镀金溶液 pH 值对金镀层色泽的影响

pH 值	>6	<0.85	3.5~4.5	4.5~5.8
金镀层颜色	无光泽	无光泽	光泽,带红色	光亮,金黄色

13.9.2.3 亚硫酸盐碱性镀金

亚硫酸盐镀金是一种无氰镀金新工艺。金以 KAu(SO₃)₂ 的形式加入镀液中，配位剂可用亚硫酸钠或亚硫酸铵。镀液的特点是不含剧毒的氰化物，无毒，比较稳定，均镀能力和深镀能力较好，镀层细致、光亮，与铜、镍、银等金属底层结合牢固，耐酸，抗盐雾性好，加入锑盐或钴盐，还可以镀硬金。常见亚硫酸盐碱性镀金的配方和工艺条件见表 13.26。

表 13.26 亚硫酸盐碱性镀金的配方和工艺条件

项目		配方一	配方二	配方三	配方四
镀液成分/(g/L)	金（以 $AuCl_3$ 形式加入，配方四以 $HAuCl_4$ 形式加入）	5～25	25～35	10～15	8～15
	亚硫酸铵 [$(NH_4)_2SO_3$]	150～250			
	亚硫酸钠（$Na_2SO_3 \cdot 7H_2O$）		120～150	140～180	150～180（无水）
	柠檬酸钾（$K_3C_6H_5O_7$）	80～120		80～100	
	柠檬酸铵 [$(NH_4)_3C_6H_5O_7$]		70～90		·
	EDTA		50～70	40	2～5
	硫酸钴（$CoSO_4 \cdot 7H_2O$）		0.5～1	0.5～1	0.5～1
	氯化钾（KCl）			60～100	
	磷酸氢二钾（K_2HPO_4）				20～35
	硫酸铜（$CuSO_4 \cdot 5H_2O$）				0.1～0.2
工作条件	pH 值	8.9～9.5	6.5～7.5	8～10	9.0～9.5
	温度/℃	45～65	室温	40～60	45～50
	搅拌方式	阴极移动	空气搅拌		阴极移动 20～30 次/min
	阴极电流密度/(A/dm^2)	0.1～0.8	0.2～0.3	0.3～0.8	0.1～0.4
	阳极材料	金	金	金	金板（99.99%）

将计算量的三氯化金用去离子水配成金含量为 20%～25% 的溶液，然后用 50% 的氢氧化钾溶液中和至 pH＝8～10。此时溶液为浅酱油色。中和反应为放热反应，所以中和要慢，必要时可适当降温（温度＜25℃）。中和过程是：溶液由透明浅黄色→不透明橙红色→透明橙红色（pH＝7 时透明）→浅酱油色。将计算量的亚硫酸铵溶解于 50～60℃ 的热去离子水中。在不断搅拌下将溶液 1 缓慢加入溶液 2，此时溶液为浅黄色透明溶液，继续加热到 55～60℃，溶液逐渐变成无色透明溶液。加入计算量的柠檬酸钾，加水至工作体积，调整 pH 值为 8.5。镀液成分及工艺条件对镀金的影响如下。

（1）金含量　金离子含量较高，允许电流密度较高。金含量过低，允许电流密度范围窄，镀层色泽差。

（2）亚硫酸铵　还原剂，把三价金还原成一价金。同时它又是一种配位剂，和金离子生成亚硫酸金铵配合物，从而提高阴极极化作用，改善镀液的均镀和深镀能力。

（3）柠檬酸钾　柠檬酸钾有配位和缓冲 pH 值两种作用，可以改善金镀层和基底金属的结合力。

（4）pH 值　应严格控制镀液 pH＞8。这是保证镀液稳定的根本因素。当 pH＜6.5 时，镀液将随时出现浑浊，这时可用氨水或氢氧化钾调整。当 pH＞10 时，镀层呈暗褐色，应立即加柠檬酸调整。

（5）温度　加温可以提高电流密度上限值，提高电流速度。但加温时要防止局部过热，使溶液分解而析出硫化金沉淀。

（6）搅拌　采用阴极移动或空气搅拌，以防止局部 pH 值下降，造成镀液不稳定。

（7）阳极　阳极用金板，不宜使用不锈钢板。阳极面积:阴极面积＝3:1，否则将引起阳极钝化，使镀液不稳定。由于阳极是不溶性的，故镀液中金含量将不断被消耗，因此要经常添加含金的补充液。为防止银、铜、镍等基底金属与镀液中的氨起作用，生成配离子污染镀液，电镀时要带电入槽，而且用于挂具的铜棒和挂钩均要求镀上一层金。

亚硫酸盐过热会分解析出 S^{2-}，并与 Au^+ 生成棕黑色 Au_2S 沉淀。因此，槽液加温最好使用水浴间接加温。定期分析金和 SO_3^{2-} 的含量，及时补充调整以保证镀液的稳定性。若镀液长期使用失效，则可加入适量的浓盐酸，使 pH=3~4，即可得土黄色金粉沉淀，过滤，用去离子水洗净，烘干，回收的金粉可配成雷酸金直接加入镀液中使用。

13.9.2.4　金合金电镀

由于金的价格昂贵，以及纯金硬度低，耐磨性差，使纯金镀层的应用受到一定限制。在实际应用中，常用电镀金合金（如金银合金、金铜合金、金铁合金、金镍合金、金钴合金、金锑合金以及金铜镉合金等）来代替镀纯金。电镀金合金不但能获得多种色泽瑰丽的装饰外观，提高镀层的硬度和耐磨性，而且也大大节约了纯金的用量。表 13.27~表 13.34 列出了常见金合金电镀的配方和工艺条件。

表 13.27　电镀金银合金的配方和工艺条件

项目		配方
溶液成分/(g/L)	金[$KAu(CN)_2$]	6~48
	银[$KAg(CN)_2$]	0.08~0.4
	氰化钾(KCN)	10~200
工作条件	pH 值	11~13
	温度	室温
	阴极电流密度/(A/dm^2)	0.27~0.5
	阳极材料	金板
	搅拌方式	阴极移动
	镀层色泽	光亮金黄色

表 13.28　电镀金铜合金的配方和工艺条件

项目		配方一	配方二
镀液成分/(g/L)	金[$KAu(CN)_2$]	50	3
	硫酸铜($CuSO_4 \cdot 5H_2O$)	10	
	EDTA	20	
	磷酸二氢钾(KH_2PO_4)	60	
	氰化亚铜(CuCN)		8~14
	氰化钾(KCN)		1~1.5
	亚硫酸钠(Na_2SO_3)		9~10
工作条件	pH 值	3.5~4.5	7~7.2
	温度/℃	35~38	75~85
	阴极电流密度/(A/dm^2)	0.5~1.0	0.1~0.25
	阳极材料	不锈钢板	不锈钢板
	搅拌方式	阴极移动	阴极移动
	色泽	光亮玫瑰金色	光亮玫瑰金色

表 13.29　电镀金铜银合金的配方和工艺条件

项目		配方
镀液成分/(g/L)	金[$KAu(CN)_2$]	4~6
	银[$KAg(CN)_2$]	0.05~0.1
	氰化钾(KCN)	10~100
工作条件	温度/℃	室温
	阴极电流密度/(A/dm^2)	0.7~0.8
	阳极材料	不锈钢板
	色泽	桃红色

表 13.30　电镀金钴合金的配方和工艺条件

	项目	配方
镀液成分/(g/L)	金[$KAu(CN)_2$]	5~10
	硫酸钴($CoSO_4 \cdot 7H_2O$)	15~20
	柠檬酸钾($K_3C_6H_5O_7$)	50~90
	柠檬酸($H_3C_6H_5O_7$)	40~50
	硫酸铟[$In_2(SO_4)_3$]	1~2
工作条件	pH 值	3.5~4.5
	温度/℃	35~38
	阴极电流密度/(A/dm²)	0.5~1.0
	阳极材料	不锈钢板或钛板
	搅拌方式	阴极移动
	色泽	光亮金黄色

表 13.31　电镀金锑合金的配方和工艺条件

	项目	配方一	配方二	配方三
镀液成分/(g/L)	金[$KAu(CN)_2$]	12~14		
	柠檬酸钾($K_3C_6H_5O_7$)	12~14	8~120	
	柠檬酸($H_3C_6H_5O_7$)	20~25		
	酒石酸锑钾($KSbC_4H_4O_7 \cdot 1/2H_2O$)	0.8~1	0.1~0.15	0.5~0.6
	金(以 $AuCl_3$ 形式加入)		5~20	
	亚硫酸铵[$(NH_4)_2SO_3$]		150~250	
	金[以 $KAu(CN)_2$ 形式加入]			5~10
	柠檬酸氢二铵[$(NH_4)_2HC_6H_5O_7$]			80~120
工作条件	pH 值	5.1~5.8	8~11	5.4~5.8
	温度/℃	40~60	40~60	30~40
	阴极电流密度/(A/dm²)	0.3~0.4	0.1~0.5	0.1~0.2
	搅拌方式			
	阳极材料	金板或钛板	金板或钛板	金板或钛板
	色泽	金黄色	金黄色	金黄色

表 13.32　电镀金镍合金的配方和工艺条件

	项目	配方
镀液成分/(g/L)	金[$KAu(CN)_2$]	3.5
	镍氰化钾[$K_2Ni(CN)_4$]	10
	氰化钾(KCN)	28
	氯化铵(NH_4Cl)	7
工作条件	温度/℃	80
	阴极电流密度/(A/dm²)	0.2
	色泽	浅白色

表 13.33　电镀金钯铜合金的配方和工艺条件

	项目	配方
镀液成分/(g/L)	金(以二亚硫酸金形式加入)	5
	钯(以乙二胺钯形式加入)	5
	铜(以硫酸铜形式加入)	0.2
	EDTA	100
	亚硫酸钠(Na_2SO_3)	50
	乙二胺	10

项目		配方
工作条件	pH 值	9.0
	温度/℃	50
	阴极电流密度/(A/dm²)	0.8
	色泽	粉红色

表 13.34 电镀金钯铜镍合金的配方和工艺条件

项目		配方
镀液成分/(g/L)	金($AuCl_3 \cdot 2H_2O$)	0.25
	钯($PdCl_2$)	3
	铜氰化钾$[K_2Cu(CN)_4]$	0.5
	镍氰化钾$[K_2Ni(CN)_4]$	3
	氰化钠($NaCN$)	3
	磷酸钠($Na_3PO_4 \cdot 12H_2O$)	60
工作条件	温度/℃	55～65
	阴极电流密度/(A/dm²)	0.2～0.5
	色泽	淡红色

金合金镀后一般要进行封闭处理或浸涂透明防护涂料处理。封闭处理是将镀件置于煮沸的去离子水中浸 10min，然后烘干。其目的一是彻底清除镀层孔隙中的残余镀液，二是使镀层的孔隙在沸水中封闭，以提高金合金镀层的抗腐蚀能力。

13.9.3 镀银

银镀层主要用于民用品(如餐具、家庭用具及各种工艺品等)和工业用品(如电子元器件、仪器、仪表及化工设备等)的表面装饰和改性。随着信息产业的飞速发展，用于计算机和通信工具等高档设备上的镀银件越来越多，使镀银对象从以民用品为主，逐渐转向了以工业产品(尤其是电子产品)为主，镀银的质量要求也从以表面装饰为主，转向了以镀银层的特定光、电和化学性能为主。根据镀银溶液是否含氰，通常将镀银工艺分为氰化物镀银和无氰镀银两种。氰化物镀银的优点和缺点与氰化物镀金相似，目前仍是国内镀银的主要工艺。

13.9.3.1 氰化物镀银

氰化物镀银的镀液的主要成分是氰化银钾配合物和游离氰化物。为了获得光亮镀层，可添加适当的光亮剂。该镀液均镀能力和深镀能力好，镀液稳定，镀层结晶细致，外观为银白色。但氰化物剧毒，生产时要求具备良好的通风和废水处理条件。

表 13.35 列出了常见的氰化物镀银的配方和工艺条件，各电镀企业根据所镀材料的不同和所得镀层的性能要求不同，所用镀银配方和工艺条件不尽相同。

表 13.35　氰化物镀银的配方和工艺条件

项目		配方一	配方二	配方三	配方四	配方五
镀液成分/(g/L)	氯化银(AgCl)	35~40	55~65			
	硝酸盐(AgNO₃)					
	氰化银(AgCN)				65~135	41
	氰化钾(总 KCN)	65~80	70~75		80~135	60
	游离氰化钾(KCN)	35~45			45	75
	碳酸钾(K₂CO₃)				15	60
	氢氧化钾(KOH)					11
	1,4-丁炔二醇(C₄H₆O₂)		0.5			
	M促进剂(2-巯基苯并噻唑)		0.5			
	氰化银钾[KAg(CN)₂]			55~80		
	硫氰酸钾(KSCN)			150~250		
	氯化钾(KCl)			25		
工作条件	温度/℃	10~35	15~35	10~50	20~30	30~45
	阴极电流密度/(A/dm²)	0.1~0.5	1~2	0.5~1.5	1.5~5	2~11
	搅拌方式				搅拌	搅拌

注：配方一为一般常用镀银，配方二为快速光亮镀银，配方三为低氰镀银，配方四为厚镀银，配方五为快速镀银。

与镀金一样，传统的氰化物镀银溶液配制时，一般是以硝酸银、氯化银或氰化银作为起始原料，使它们与氰化钾溶液反应而制成氰化银钾溶液，然后再进行配缸。对电镀企业而言，从以上三种物质开始配缸的随意性较大，一般人员难以掌握，而且在镀液中引入了大量的硝酸根和氯离子，对有些电子产品的镀银产生不良影响。现在，贵金属深加工企业已经开始大量生产氰化银钾以满足镀银的需要，因此，电镀企业只需直接用市售氰化银钾配缸，即把氰化银钾和其他组分分别用去离子水配成规定浓度的溶液，混合，搅拌均匀并调整溶液的pH值至规定范围即可。镀液成分及工艺条件对镀银的影响如下。

（1）银含量　银盐是溶液中的主盐。银含量高，可增加溶液的导电性。但银含量过高，会使银与氰化钾形成的配合物不稳定，阴极极化小，镀层粗糙发黄，阳极溶液钝化；银含量过低，则会使银层沉积速率慢，阳极溶解快。因此应对镀液中的银含量进行严格控制。

（2）游离氰化物　为了保证溶液中 $Ag(CN)_2^-$ 配离子有足够的稳定性，溶液中必须有一定的游离氰化物存在。游离氰化物的存在还能提高阴极极化性能，使镀层细致、均匀。

（3）碳酸盐　碳酸盐能增加溶液的导电性，其缺点是阳极极化作用增加，允许含量不大于 90g/L。溶液中碳酸盐的含量，随着工作时间的增长而增加，这是由于氰化物溶液从空气中吸收二氧化碳而逐渐积聚起来的。因此有许多配方中不加碳酸盐。

（4）光亮剂　可使镀层结晶细致、光亮，并能扩大阴极电流密度范围。但含量过多时，镀层表面产生条纹，降低镀层的抗变色性能，阳极容易钝化变黑。过高时，还会增大镀层的脆性，光亮剂在电镀过程中会分解出副产物，需定期用活性炭处理。

（5）工作条件　提高镀液温度，虽然可以增加阴极电流密度，提高生产效率，但是会加快溶液的挥发以及生成碳酸盐的速率，放出有毒气体，使溶液不稳定。所以镀液一般不加热。一般来说，阴极电流密度与银和添加剂的含量的高低有很大关系，如果银含量较高，添加剂的量适当，同时移动阴极，可允许使用的阴极电流密度较高。但阴极电流密度过高，会使镀层变得粗糙，失去光泽。

（6）氰化钾　在氰化镀银溶液中，宜用氰化钾而不宜用氰化钠。因为钾盐比钠盐的导电能力好，可以采用较高的电流密度，阴极极化作用稍高，镀层均匀、细致，钾盐本身硫含量少，并且生成的碳酸钾溶解度稍大，不易使阳极钝化。

（7）阳极　阳极应采用银含量为 99.97% 的银板。若银阳极纯度不高，阳极表面会形成黑膜并脱落，从而导致镀层粗糙。

镀银件在运输和储存过程中，遇到大气中的二氧化硫、硫化氢、卤化物等腐蚀介质时，银层表面很快生成氯化银、硫化银、硫酸银等难溶物质，使其光泽消失，并逐渐变成淡黄色、蓝紫色、黑褐色。银层变色不但影响其外观，而且严重地影响镀层的焊接性能和导电性能。为了使银层有光亮的表面，提高镀银层抗变色能力，零件镀银后通常要经过镀后处理。目前国内常用的防银变色主要方法有浸亮、铬酸盐化学钝化、电化学钝化、镀贵金属（及其合金）或涂覆有机覆盖层等。无论采用哪一种防银变色工艺，都必须达到以下要求：使银层具有一定的抗变色能力；易于焊接；具有较低的接触电阻；保持银的本色，即外观、颜色应保持不变或只稍有变色。

13.9.3.2　镀银基合金

（1）镀银锑合金　银锑合金俗称"硬银"，是一种耐磨性镀银层，银锑合金镀层主要用于电接点，其力学性能比纯银镀层好。例如，含 2% 锑的银锑合金镀层硬度比纯银高 1.5 倍，耐磨性比银高 10~12 倍，电导率约为纯银的一半。银锑合金能得到全光亮镀层，抗硫化物性能也有相当大的提高，而且沉积速率比较快。但高频性能低于纯银层。镀层中锑含量不能过高，否则镀层发脆，电性能恶化。电镀银锑合金的配方和工艺条件见表 13.36。

表 13.36　电镀银锑合金的配方和工艺条件

	项目	配方一	配方二
溶液成分/(g/L)	硝酸银（$AgNO_3$）	38~46	46~54
	氰化钾（KCN）	70~80	65~71
	碳酸钾（K_2CO_3）	30~40	25~30
	酒石酸锑钾（$KSbOC_4H_4O_7 \cdot 1/2H_2O$）	1.2~1.5	1.7~2.5
	酒石酸钾钠（$NaKC_4H_4O_7 \cdot 4H_2O$）		40~60
	氢氧化钾（KOH）		3~5
	硫代硫酸钠（$Na_2S_2O_3$）		1
	1,4-丁炔二醇（$C_4H_6O_2$）	0.5~0.7	
	M 促进剂（2-巯基苯并噻唑）	0.5~0.7	
工作条件	温度/℃	15~25	18~20
	阴极电流密度/(A/dm^2)	0.8~1.2	0.3~0.5

注：配方一为光亮镀银锑合金，配方二为常用镀银锑合金，需经电解钝化处理。

配制银锑合金溶液也同配制氰化镀银溶液一样，先制成氰化银，洗净或溶于氰化钾溶液中，然后用水分别溶解酒石酸锑钾、碳酸钾，1,4-丁炔二醇、M 促进剂用无水乙醇溶解，然后过滤入槽，电解试镀后投产。

（2）镀银镉合金　银镉合金的物理化学性能，随合金中镉含量的变化而有所不同。含镉 5% 的银镉合金镀层，抗海水腐蚀能力比纯银高 4 倍，含镉 15% 的银镉合金的抗硫性能比纯银高 2 倍。银镉合金镀层抗高温变色能力也比纯银高。当合金镀层中镉的含量低于 5% 时，其导电能力与纯银镀层并无明显差异。因此，在工业生产中，含镉为 15% 的银镉镀层，主要用于代替在含硫化物环境中使用的镀银层。而含镉 3%~5% 的银镉镀层，则用于海水及类似溶液中的仪器的防护。

电镀银镉合金的配方和工艺条件见表 13.37。

表 13.37 电镀银镉合金的配方和工艺条件

项目		配方一	配方二
溶液成分/(g/L)	氰化银(AgCN)	32	
	氰化银钠[NaAg(CN)$_2$]		10~25
	氰化镉[Cd(CN)$_2$]	20	
	氰化镉钠[Na$_2$Cd(CN)$_4$]		80~90
	游离氰化钠(NaCN)	20~25	17~18
	氢氧化钠(NaOH)	7~15	
工作条件	温度/℃	18~25	20~30
	阴极电流密度/(A/dm^2)	0.3~0.7	0.3~0.5
	阳极材料	不锈钢,银+镉板	不锈钢,银+镉板

(3)镀银钯合金 银钯合金镀层比纯银镀层硬 1.5 倍,耐磨性比纯银高 5~10 倍,而且在使用过程中镀层稳定,因而是很好的电接点镀层。在氰化镀银溶液中,把氰化银改为氰化银+氰化钯,两者比例为 1:6(摩尔比),能得到含 8%~10%Pd 的银钯合金。用氯化物溶液镀银钯合金效果较好。电镀银钯合金的配方和工艺条件见表 13.38。

表 13.38 电镀银钯合金的配方和工艺条件

项目		配方
溶液成分/(g/L)	银(以 AgCl 形式加入)	3.8
	钯(以 PdCl$_2$ 形式加入)	0.98
	盐酸(HCl)	9.7
	氯化锂(LiCl)	350~800
工作条件	温度/℃	70
	阴极电流密度/(A/dm^2)	0.15
	阳极材料	石墨

(4)镀银铂合金 与银钯合金相似,也是用氯化物电镀银铂合金。电镀银铂合金的配方和工艺条件见表 13.39。

表 13.39 电镀银铂合金的配方和工艺条件

项目		配方
溶液成分/(g/L)	银(以 AgCl 形式加入)	14
	铂(以 H$_2$PtCl$_4$ 形式加入)	3~16
	氯化锂(LiCl)	500
	盐酸[HCl(28%)]	400mL/L
工作条件	温度/℃	75
	阴极电流密度/(A/dm^2)	0.2

(5)镀银铂钯合金 电镀银铂钯合金的配方和工艺条件见表 13.40。

表 13.40 电镀银铂钯合金的配方和工艺条件

项目		配方
溶液成分/(g/L)	钯(PdCl$_2$)	2
	铂(H$_2$PtCl$_4$)	5
	银(AgCl)	14
	氯化锂(LiCl)	5000
工作条件	温度/℃	37
	阴极电流密度/(A/dm^2)	0.2
	镀层成分	Ag 20.4%,Pt 25%,Pd 53.4%

（6）镀银镍合金　银镍合金镀层是一种硬银合金镀层。电镀银镍合金的配方和工艺条件见表 13.41。

表 13.41　电镀银镍合金的配方和工艺条件

项目		配方
溶液成分/(g/L)	氰化银(AgCN)	6.7
	氰化镍[Ni(CN)$_2$]	1.1
	氰化钠(NaCN)	11.8
工作条件	温度/℃	20
	阴极电流密度/(A/dm^2)	0.2~0.8
	镀层成分(Ag∶Ni)	7.2∶4.6

（7）镀银钴合金　银钴合金与镍合金类似，硬度比纯银高。电镀银钴合金的配方和工艺条件见表 13.42。

表 13.42　电镀银钴合金的配方和工艺条件

项目		配方
溶液成分/(g/L)	氰化银钾[KAg(CN)$_2$]	30
	氰化钴钾[K$_3$Co(CN)$_6$]	1
	游离氰化钾(KCN)	20
	碳酸钾(K$_2$CO$_3$)	30
工作条件	温度/℃	15~25
	阴极电流密度/(A/dm^2)	0.8~1

（8）镀银铜合金　用不同的溶液和工艺条件，能得到铜含量不等的银铜合金镀层。其色泽也随铜含量的增加而由银白色经玫瑰红色到红色。银铜合金抗硫性能好，适用于电接点镀层。电镀银铜合金的配方和工艺条件见表 13.43。

表 13.43　电镀银铜合金的配方和工艺条件

项目		配方一	配方二	配方三
溶液成分/(g/L)	硝酸银(AgNO$_3$)	15		12
	硝酸铜[Cu(NO$_3$)$_2$]	30		
	银+铜		20	
	碘化亚铜(CuI)			10
	硫脲			0.5
	焦磷酸钾	82	100	500
	碘化钾			100
工作条件	温度/℃	45	20	25
	阴极电流密度/(A/dm^2)	1.5	0.5	0.3

（9）镀银铅合金　银铅合金主要用于抗磨镀层。电镀银铅合金的配方和工艺条件见表 13.44。

表 13.44　电镀银铅合金的配方和工艺条件

项目		配方
溶液成分/(g/L)	氰化银(AgCN)	30
	氰化钾(KCN)	22
	酒石酸钾	40
	氢氧化钾	0.5
	碱式乙酸铅	4

项目		配方
工作条件	温度/℃	20~30
	阴极电流密度/(A/dm²)	0.4
	搅拌方式	阴极移动
	阳极材料	Ag 96%，Pb 4%

（10）镀银锌合金 银锌合金镀层结合力好，镀层光亮。电镀银锌合金的配方和工艺条件见表13.45。

表13.45 电镀银锌合金的配方和工艺条件

项目		配方
溶液成分/(g/L)	氰化锌[Zn(CN)₂]	100
	氰化银	14
	氰化钠	100
	氢氧化钠	100
工作条件	温度/℃	20~30
	阴极电流密度/(A/dm²)	3.3

（11）镀银锡合金 电镀银锡合金的配方和工艺条件见表13.46。

表13.46 电镀银锡合金的配方和工艺条件

项目		配方
溶液成分/(g/L)	氰化银	5
	锡酸钾(K₂SnO₃·3H₂O)	80
	氢氧化钠	50
	氰化钠	80
工作条件	镀层成分	Ag 90%，Sn 10%

13.9.4 镀铂系金属

13.9.4.1 镀铂

铂镀层不但耐腐蚀性好，而且硬度高，电阻小，可以焊接。但由于铂镀层内应力大，镀层厚度达 $20\mu m$ 时就容易开裂脱落，镀铂电流效率低，价格昂贵，所以应用范围没有金镀层和银镀层广，一般只用于电气工业、化学工业以及制造钛基阳极等方面。镀铂常用的是亚硝酸盐镀铂，其配方和工艺条件见表13.47。

表13.47 亚硝酸盐镀铂的配方和工艺条件

项目		配方
溶液成分/(g/L)	亚硝酸二氨铂[Pt(NH₃)₂(NO₂)₂]	18~30
	硝酸铵(NH₄NO₃)	100
	亚硝酸钠(NaNO₂)	10
	氨水[NH₄OH(25%)]	加至 pH>9
工艺条件	温度/℃	90~100
	阴极电流密度/(A/dm²)	1~3
	阳极材料	铂板
	阴极电流效率/%	10~15

其他镀铂的配方和工艺条件见表 13.48。

表 13.48　其他镀铂的配方和工艺条件

项目		配方一	配方二	配方三	配方四
溶液成分/(g/L)	铂[$H_2Pt(NO_2)_2SO_4$ 形式]	5			
	铂(K_2PtCl_4 形式)		12		
	铂[$(NH_4)_2PtCl_6$ 形式]				24
	铂(H_2PtCl_4 形式)			20	
	$Na_2HPO_4 \cdot 12H_2O$				120
	H_2SO_4	至 pH＝2			
	KOH		15		
	HCl			250mL/L	
工艺条件	pH 值				4.8
	温度/℃	40	75	65	60
	阴极电流密度/(A/dm²)	0.5	0.75	2.5	0.4～0.5

将铂屑溶于王水，用水浴蒸干，再用浓盐酸润湿沉淀，蒸干，重复进行 3 次，最后溶于 10％的盐酸中，即生成氯铂酸(H_2PtCl_4)。

将氯铂酸 195g 配成 10％的溶液，在高温下搅拌，加入配成 10％的氯化钾溶液 170g，此时析出氯铂酸钾，放置 4h 后抽滤，用去离子水洗涤 3～4 次后抽干（洗液及母液可保留回收）。将上述沉淀移至烧杯中，用约 100mL 水拌成糊状，在砂浴上加热，同时加入 100g 亚硝酸钠（先溶于 150mL 水中），溶液温度达 90℃时，有气泡产生，析出二氧化氮气体，将温度控制在 105℃左右，直至反应完全，溶液呈黄绿色。将上述溶液冷却后注入瓶中，一次加入 3.5g 25％的氨水，并将瓶口塞紧，摇匀，很快即有沉淀析出，放置过夜后抽滤干，用冷水洗涤沉淀数次，然后在约 2L 的沸水中重新结晶，结晶母液可重复使用，将结晶抽干后，立即装瓶。

称取所需量的亚硝酸二氨铂，加热溶于 5％的氨水中，另将所需量的硝酸铵、亚硝酸钠混合溶解在去离子水中，过滤后加入亚硝酸二氨铂的稀氨水溶液中，补充去离子水至工作体积。加热煮沸 2h 后通电处理。试镀件镀层光亮，不脱皮后方可正式电镀。镀液成分及工艺条件对镀铂的影响如下。

（1）亚硝酸二氨铂　主盐，含量若小于 6g/L，镀层就会发灰，甚至发黑。

（2）硝酸铵　导电盐，配制时一次加入，平时不需补充。它的加入可以增加溶液的导电性，提高溶液的均镀能力。

（3）亚硝酸钠　同离子效应盐。配制时一次加入，平时不需补充。它可以防止主盐分解，稳定镀液。

（4）pH 值　用氨水调节 pH 值，电镀时 pH 值必须保持在 9 以上，否则镀层发灰或发黑。所以在电镀过程中，必须经常补充氨水。

（5）温度　温度必须控制在 90℃以上。若温度低，不但沉积速率慢，甚至造成镀层发黑。

（6）电流密度　电流密度最好控制在 1～3A/dm²。若电流密度小于 1A/dm²，不但沉积速率慢，并且镀层发灰、不亮；若电流密度大于 3A/dm²，则镀层粗糙，内应力大，严重时甚至镀层脱皮。可采用周期换向法改善电流效率，这样还可以使铂镀层光亮、致密。

（7）金属杂质的影响　镀铂溶液对铜杂质特别敏感，极易受铜离子污染，因此铜件不宜直接镀铂，可采用先镀镍后再进入镀铂溶液中镀铂。

对于不合格镀层，应该进行退除和废液回收。对于基体金属为镍、银、钢的零件，可用

1份盐酸和3份硫酸(按体积比),在室温下化学溶解基体金属,回收铂。对于基体金属为钼的零件,可在下述溶液中溶解基体金属,回收铂。溶液的体积比是 $HNO_3:H_2SO_4:H_2O=5:3:2$,温度为90℃。对于含铂废液,可用盐酸酸化,并通过硫化氢气体,将沉淀下的硫化铂过滤出来,干燥。在空气中加热还原成金属铂。

13.9.4.2 镀钯

钯化学性质稳定,不受高温、高湿或硫化氢含量较多的空气作用,不溶于冷硫酸和盐酸,只溶于硝酸、王水和熔融的碱中。钯镀层的硬度较高,十分耐磨。并且钯镀层的接触电阻小,可焊接。还可以直接镀在铜或银的抛光面上。由于钯镀层所具有的上述特性,因此很适于恶劣环境下使用;还可用于要求镀层具有耐磨、不变色、可焊和接触电阻低的电子工业产品上;$1\sim2\mu m$ 的钯镀层即可有效地防止银的变色;钯镀层还经常作为铑镀层的底层,以达到保护及装饰的目的。钯镀层的厚度一般在 $1\sim5\mu m$ 的范围内。由于镀钯的同时有较多的氢渗入阴极,因此薄壁零件镀钯时要注意防止零件发生氢脆而降低力学性能。

镀钯溶液的种类较多,但常用的主要是二氯四氨基钯镀钯溶液。该溶液可以在室温和较大的电流密度下进行电镀,沉积速率快,可以镀取镀层。电镀钯的配方和工艺条件见表13.49。

表 13.49 电镀钯的配方和工艺条件

项目		配方
溶液成分/(g/L)	二氯四氨基钯[$Pd(NH_3)_4Cl_2$]	20~40
	氯化铵(NH_4Cl)	10~20
	氨水(25%NH_4OH)	40~60
	游离氨水	4~6
工艺条件	pH 值	9
	温度/℃	15~30
	阴极电流密度/(A/dm²)	0.25~0.5
	槽压/V	4~6
	阳极材料	钯板或铂板
	阴极面积:阳极面积	1:2
	阴极电流效率/%	90

精确称取所需量的金属钯,在加热的条件下溶解于王水,然后将溶液浓缩到薄糊状的稠度,缓缓加入浓盐酸(按20g钯加入100mL密度为 $1.19g/cm^3$ 的浓盐酸),并使溶液蒸发至近干。该工序重复2次,使金属钯溶解完全,生成氯化钯。将上述蒸干的物质溶于10%的盐酸中,加热至 $60\sim70$℃,使其完全溶解成四氯合钯酸。其反应式如下:

$$PdCl_2 + 2HCl \longrightarrow H_2PdCl_4$$

将溶液加热至 $80\sim90$℃,在不断搅拌下,缓缓加入过量的氨水(以20g钯加25%的氨水26mL),起初生成玫瑰色的二氯二氨基钯盐沉淀,逐渐在过量的氨水中溶解为亮绿色的二氯四氨基钯溶液。其反应式如下:

$$H_2PdCl_4 + 4NH_4OH \longrightarrow Pd(NH_3)_2Cl_2 + 2NH_4Cl + 4H_2O$$
$$Pd(NH_3)_2Cl_2 + 2NH_4OH \longrightarrow Pd(NH_3)_4Cl_2 + 2H_2O$$

将溶液过滤,除去氢氧化铁等杂质,再加入10%的盐酸,直至形成黄色或橙红色沉淀,使钯盐完全沉淀为止。其反应式如下:

$$Pd(NH_3)_4Cl_2 + 2HCl \longrightarrow Pd(NH_3)_2Cl_2 \downarrow + 2NH_4Cl$$

用漏斗过滤沉淀,并用去离子水清洗沉淀,至滤液不呈酸性为止。将洗液与溶液收集在一起,加热蒸发,回收钯盐。

将清洗后的沉淀溶解于按配方计算所需量的氨水中，注入镀槽内，并加入已溶解好的计算所需量的氯化铵溶液，最后补充去离子水至工作体积，调整 pH＝9，即可试镀。镀液成分及工艺条件对镀钯的影响如下。

（1）二价钯含量　钯（Pd^{2+}）含量对允许的阴极电流密度影响较大，一般应控制在 $15\sim18g/L$。这时允许的阴极电流密度为 $0.3\sim0.4A/dm^2$，镀层外观光亮。二价钯在 $20g/L$ 时允许阴极电流密度可达 $0.2A/dm^2$；含量小于 $10g/L$ 时，镀层色泽不均匀，甚至产生发黑现象。当二价钯（Pd^{2+}）含量不足时，可以加入二氯二氨基钯盐。不能完全溶解时，可加入氨水使之溶解。当二价钯含量过高时，可用稀释的方法调整。

（2）氯化铵含量　氯化铵在镀液中起两个作用：一是起导电盐作用；二是与氨水一起形成缓冲溶液，起控制 pH 值作用。氯化铵含量在 $20\sim25g/L$ 时，镀层外观良好。当其他条件控制在工艺范围内，氯化铵含量较低时，镀层外表会发花或发蓝，产生白云状不均匀现象。氯化铵含量过高时，则镀层表面易生成一层红膜或产生暗黑色条纹。

（3）游离铵浓度　镀液中游离铵的含量应控制在 $5.5\sim6g/L$。含量高时，溶液的颜色为青绿色，镀层上呈现黑色的斑点或条纹。含量太少时，在阴极上产生黄色沉淀，致使镀层粗糙，颜色发花。

（4）pH 值　溶液 pH 值控制在 $8.9\sim9.3$，此时镀层外观光亮。pH 值过高，由于氨气太多，易在镀层表面上产生气流。pH 值若小于 8，钯盐易沉淀析出，阳极易钝化。

（5）温度　当其他工艺参数一定时，镀液在 $15\sim30℃$ 范围内均能获得良好的镀层，即在室温下，也可进行电镀。

（6）电流密度　电流密度一般控制在 $0.3\sim0.4A/dm^2$ 为宜。电流密度过高，零件尖端处发黑或发暗。电流密度过低，镀层外表易发花，甚至发黄。当镀取厚镀层时，需用鹿皮或橡皮轻微抛光。

（7）金属杂质　镀钯溶液对铜杂质敏感，当铜离子含量大于 $1g/L$ 时，溶液呈铜绿色，镀层变脆且易脱皮。这时，需用密度为 $1.1g/cm^3$ 的浓盐酸将二氯四氨基钯还原成二氯二氨基钯盐沉淀，进行过滤及清洗后，再配制成镀钯溶液。所以镀钯用的导电棒及挂具，均不能直接采用铜件。因镀液中含有氨，易与铜作用，生成铜离子并带入镀液中，污染镀液，应采用铜材镀镍或其他材料制作导电棒和挂具。

对于铜、黄铜或银基体零件上的不合格钯镀层，可用下列溶液电解退除。溶液组成：NaCl 52.5g/L，$NaNO_2$ 22.5g/L，pH 值（可用 HCl 调整）$4\sim5$。工艺条件：温度 70℃，阳极电流密度 $8\sim9\ A/dm^2$，不锈钢板作阴极。用上述溶液退除钯镀层，一般不腐蚀基体金属，但对高光亮度的底层略有损害。

13.9.4.3　镀铑

铑镀层呈银白色，有光泽，反光性能很好，对可见光的反射率在 80％ 以上。铑镀层的抗腐蚀性能非常好，在大气中不受硫化物及二氧化碳等腐蚀气体作用，长期置于大气或恶劣环境中表面永不变色，在环境温度达 400℃ 以上才开始氧化。铑镀层的硬度极高，比钯镀层高 2 倍，为银镀层的 $8\sim10$ 倍，介于镍镀层和铬镀层之间，一般可达 $600\sim1000HV$，因此其耐磨性能很好。铑镀层接触电阻小，导电性能良好，约为钯镀层的 2 倍以上。由于铑镀层具有上述优越性能，所以常作为抗腐蚀、耐磨、导电或装饰镀层，用于电子电气插拔零件、印刷电路板、光学仪器零件以及首饰、防银变色等方面，是铂系金属中应用最多的一种。镀铑前，一般先镀银、钯或镍作底层，再镀铑。

常用的镀铑工艺类型主要有硫酸型、磷酸型、氨基磺酸型等几种。硫酸型镀铑工艺简单，溶液容易维护，电流效率较高，达 $40\%\sim60\%$，因此沉积速率快，适用于工业用厚镀层。其缺点是镀层内应力大，易产生裂纹。一般在银层上镀铑，厚度可达 $0.5\sim2.5\mu m$。采用适当的工艺条件，铑镀层的厚度也可达 $10\mu m$ 以上。磷酸型铑镀层色泽洁白明亮，富有光泽，耐热性较好，适用于装饰性的首饰及镀层比较薄的光学仪器。例如，反射镜等零件的电镀，镀层厚度一般为 $0.025\sim0.05\mu m$。铑镀层的厚度根据用途而定。铑镀层的一般厚度见表 13.50。

表 13.50　铑镀层的一般厚度

用途	厚度/μm	用途	厚度/μm
装饰	$0.025\sim0.127$	低负载接触点	$0.75\sim2.5$
防变色	$0.127\sim0.25$	高负载接触点	2.5
防腐蚀	$\geqslant0.25$	强烈磨损接触点	0.50
防严重腐蚀	$\geqslant0.5$		

电镀铑的配方和工艺条件见表 13.51。

表 13.51　电镀铑的配方和工艺条件

项目		硫酸型				磷酸型	氨基磺酸型
		配方一	配方二	配方三	配方四	配方五	配方六
溶液成分 /(g/L)	铑(硫酸盐或磷酸盐)	$1.5\sim2.5$	$4\sim10$	$5\sim20$	$2\sim2.5$	$1\sim4$	2
	H_2SO_4	12～15mL/L	25～80mL/L	20～100mL/L	13～16mL/L		
	H_3PO_4(86%)					40～80mL/L	
	氨基磺酸($HSO_3\cdot NH_2$)						20
	$CuSO_4\cdot5H_2O$				0.6		0.3
	$MgSO_4\cdot7H_2O$				$10\sim15$		
	$Pb(NO_3)_2$				5		
	H_2SeO_4			$0.5\sim1$			
工艺条件	温度/℃	$40\sim50$	$50\sim70$	$20\sim70$	$25\sim75$	$40\sim50$	$40\sim45$
	阴极电流密度/(A/dm²)	$1\sim3$	$0.5\sim2$	$0.5\sim2$	$0.4\sim0.6$	$0.5\sim2$	$0.8\sim1$
	阳极材料	铂板(丝)或纯石墨(经热处理或用玻璃布包好)					

镀铑溶液所用的铑盐制作比较复杂，一般都采用高温反应。主要有合金法、氯化法和硫酸氢钾熔融法。其中，后两种方法应用较多。尤其是硫酸氢钾熔融法的铑盐转化率高，一般可达到 70% 以上，高的甚至达 99%。此外，也可用电解法制得，但此法效率低，需要的时间长。目前配制镀铑溶液，普遍采用贵金属精制厂家配制成的高浓度母液或市售的高浓度铑盐溶液，加入所需添加剂等，配制成所需要的镀铑溶液。

将所需量的铑粉与 $5\sim10$ 倍量的硫酸氢钾，放在洁净的高型瓷坩埚中，混合均匀，然后在表面上再盖上一层硫酸氢钾，注意坩埚内的硫酸氢钾、铑粉的混合物不能装得过满，以不超过 2/3 深度为宜，加盖，盖应留有较大的缝隙。将马弗炉(最好用立式马弗炉，以便加热到高温后搅拌)预热到 250℃，将盛有上述混合物的坩埚置于较大的蒸发器内，一起放入炉中，升温到 450℃ 时恒温 1h，再逐渐升温至 600℃ 恒温 3h。然后停止加热，随炉冷取至接近室温取出。在 450℃ 升温至 600℃ 及 600℃ 恒温期间，适时地搅拌坩埚内熔融物，以使铑粉与硫酸氢钾充分作用，这对提高铑粉的转化率非常重要。

将烧结物转移到烧杯内，加适量去离子水，加热至 $60\sim70$℃，充分搅拌，然后过滤，将沉淀渣用去离子水洗 $2\sim3$ 次，连同滤纸，放入坩埚中灰化，保存于下次烧融铑粉时再用。将滤液加热至 $50\sim60$℃，在搅拌下缓缓加入 10% 的氢氧化钠，控制 pH＝6.5～7.2，使硫酸铑完全生成谷黄色的氢氧化铑沉淀，至不再产生沉淀为止。注意氢氧化钠加入不宜过量，否则会使氢氧化铑重新溶解于其中。将沉淀物过滤，并用温水洗涤 $4\sim5$ 次后，将沉淀物连同滤纸一起放入烧杯内，加水润湿，再根据镀液类型滴加硫酸或磷酸，至沉淀物全部溶解。氨基磺酸型镀液也先用硫酸溶液沉淀，然后再加入已溶解好的氨基磺酸，即得到含量高的铑盐溶液，称为母液，将其直接或适当稀释后装瓶密封保存备用。

在配制槽中，加入所需体积 2/3 的水，再根据镀液类型加入所需量的硫酸、磷酸或氨基磺酸，搅匀。加入计算量的铑盐母液，搅拌均匀。根据需要，将其他所需材料各自溶解后，逐一加入上述溶液，补充去离子水至工作体积，即可试镀。镀液成分及工艺条件对镀铑的影响如下。

（1）铑　镀铑溶液中铑的浓度范围很广，在 1～4g/L 之间均能获得优质的铑镀层。在一定温度及电流密度下，随着铑含量的增加，电流效率也随之上升。铑含量过低时，镀层色暗不亮。铑含量过高，镀层粗糙，由于内应力大，边角易产生裂纹。

（2）硫酸　硫酸的加入，能增加镀液的导电能力和使镀液具有一定的酸度，起稳定镀液的作用。硫酸含量范围很广，在 15～100g/L 之间对镀层外观无太大影响。在同一电流密度下，硫酸浓度不同时，对电流效率影响不大。一般随着镀液中游离硫酸含量的增加，电流效率降低。所以应控制硫酸含量，尽可能低，不宜太高。

（3）硫酸镁　硫酸镁的加入能降低镀层内应力，防止裂纹，提高镀层的抗腐蚀性能。其最大用量不宜超过 30g/L，一般以 10～15g/L 为好。含量过高，易影响镀层外观。

（4）硫酸铜和硝酸铅　这两种盐必须兼用，它们可使镀层结晶细致，平滑光亮。实践表明，硝酸铅 5mg/L、硫酸铜 0.6g/L 配用最优。硫酸铜最大用量不超过 0.8g/L，否则镀层易发脆，产生裂纹。

（5）硒酸　硒酸的作用和镁盐一样，能降低镀层内应力，减少裂纹的产生。

（6）温度　温度允许范围比较宽，在 20～70℃ 之间都可以获得良好的铑镀层。一般来说，在其他参数一定时，适当提高溶液温度，可以降低镀层内应力，并可提高电流效率。一般采用 30～45℃ 之间电镀。这时，既可采用较大的电流密度，提高生产效率，又可防止溶液过多地被蒸发，逸出大量夹带硫酸的雾气，恶化操作条件。温度也不宜过低，当温度低于12℃时，镀层不亮，电流效率大大下降。

（7）电流密度　电流密度对镀层质量影响较大。电流密度过高，电流效率下降，阴极逸出的气泡增多，零件边缘处镀层易脆裂。因此，严格控制电流密度在工艺条件内，才能获得外观良好、内应力小的优质镀层。

13.9.4.4　镀钌

钌化学性质稳定，不溶于酸和王水，无氧时不溶于王水。与熔融的碱起作用。用于制作电接触合金、耐磨硬质合金等。钌和铑性质相似，但比铑便宜。钌镀层可用于防止高温电腐蚀，在核反应器中用来测定温度，在某些情况下可以代替铂镀层。

电镀钌的配方和工艺条件见表 13.52。

表 13.52　电镀钌的配方和工艺条件

项目		配方一	配方二	配方三
溶液成分/(g/L)	钌	12	10	3.5～4.5
	氨基磺酸铵($NH_2SO_3NH_4$)	10		
	盐酸[HCl(37%)]	调 pH=1	调 pH=1.3	
	甲酸铵(HCOONH$_4$)		10	
	氨基磺酸(NH_2SO_3H)			10～20
工艺条件	温度/℃	70	70	50～65
	阴极电流密度/(A/dm^2)	1	0.8	0.5～1.5
	阳极材料	铂或铂镀的钛	同配方一	铂

注：配方一中的钌以 $(NH_4)_3[Ru_2NCl_8(H_2O)_2]$ 形式加入，配方二中的钌以 $K_3[Ru_2NCl_8(H_2O)_2]$ 形式加入，配方三中的钌以 $Ru(NO)Cl_3·5H_2O$ 形式加入。

13.9.4.5 镀锇

锇是密度最大的金属。硬度高，化学稳定性好，不溶于酸和王水。可用于接点镀层。电镀锇的配方和工艺条件见表 13.53。

表 13.53 电镀锇的配方和工艺条件

项目		配方
溶液成分/(g/L)	锇(OsO_4 形式加入)	1～2
	氨基磺酸(NH_2SO_3H)	足以使 OsO_4 完全溶解
	氢氧化钾	调至 pH＝13.5～14
工艺条件	温度/℃	75～80
	阴极电流密度/(A/dm^2)	1～2

13.9.4.6 镀铱

铱的化学性质稳定，不溶于酸，仅微溶于王水、氯水和熔融的碱。镀铱的主要问题是电流效率低，厚镀层有裂纹。许多基体金属镀铱时要用金作中间层。电镀铱的配方和工艺条件见表 13.54。

表 13.54 电镀铱的配方和工艺条件

项目		配方一	配方二
溶液成分/(g/L)	铱(将水解的二氧化铱溶于氢溴酸中)	5	
	游离氢溴酸(HBr)	0.1	
	氯化铱铵(NH_4IrCl_4)		6～8
	硫酸(H_2SO_4)		0.6～0.8
工艺条件	温度/℃	75	18～25
	阴极电流密度/(A/dm^2)	0.15	0.1
	阴极电流效率/%	25～30	75

参 考 文 献

[1] 周俊. 废杂铜冶炼工艺及发展趋势 [J]. 中国有色冶金, 2010, A(4): 20-25.

[2] 赵喜太. 回收贵金属钌工艺技术的研究 [D]. 沈阳: 东北大学, 2010.

[3] 周全法, 熊洁羽, 傅江, 等. 贵金属深加工工程 [M]. 北京: 化学工业出版社, 2010.

[4] 王永录. 我国贵金属冶金工程技术的进展 [J]. 贵金属, 2011, 32(4): 59-71.

[5] 王琪, 周全法, 尚通明. 贵金属深加工实用分析技术 [M]. 北京: 化学工业出版社, 2011.

[6] 王少龙, 丁旭, 余秋雁. 银电解废液综合回收利用新工艺 [J]. 世界有色金属, 2013, (11): 33-35.

[7] 杨丙雨, 冯玉怀. 贵金属分析综览 [M]. 西安: 西安交通大学出版社, 2013.

[8] I 肖, 张兴仁, 肖力子. 铂族矿物性质研究和回收方法综述(Ⅱ) [J]. 国外金属矿选矿, 2005, 42(1): 5-12.

[9] 余建民. 贵金属萃取化学 [M]. 北京: 化学工业出版社, 2005.

[10] 储向峰, 汤丽娟, 董永平, 等. 铱在磷酸体系抛光液中化学机械抛光研究 [J]. 稀有金属材料与工程, 2013, 42 (8): 1669-1673.

[11] 卢宜源, 宾万达. 贵金属冶金学 [M]. 长沙: 中南大学出版社, 2004.

[12] 吴王平, 陈照峰, 丛湘娜, 等. 难熔金属高温抗氧化铱涂层的研究进展 [J]. 稀有金属材料与工程, 2013, 42(2): 435-440.

[13] 张爱敏, 宁平, 黄荣光. 低贵金属三效催化剂技术 [M]. 北京: 冶金工业出版社, 2007.

[14] 董海华, 汪云华, 李柏榆, 等. 稀贵金属铑物料溶解技术研究进展 [J]. 稀有金属, 2011, 35(6): 939-944.

[15] 余建民. 贵金属分离与精炼工艺学 [M]. 北京: 化学工业出版社, 2006.

[16] 董守安. 现代贵金属分析 [M]. 北京: 化学工业出版社, 2007.

[17] 贺小塘, 郭俊梅, 王欢, 等. 中国的铂族金属二次资源及其回收产业化实践 [J]. 贵金属, 2013, 34(2): 82-89.

[18] 余建民. 贵金属化合物及配合物合成手册 [M]. 北京: 化学工业出版社, 2009.

[19] 印万忠. 贵金属选矿及冶炼技术问答 [M]. 北京: 化学工业出版社, 2013.

[20] 张才学, 巨星, 张巍, 等. 云南某铜矿伴生金银的赋存状态及综合回收 [J]. 矿产综合利用, 2013, (5): 24-26.

[21] 赵燕生. 中国现代贵金属币市场分析 [M]. 成都: 西南财经大学出版社, 2012.

[22] 嵇永康. 贵金属和稀有金属电镀 [M]. 北京: 化学工业出版社, 2009.

[23] 蒋兴明. 稀贵金属产业发展 [M]. 北京: 冶金工业出版社, 2014.

[24] 余世磊, 王毓华, 王进明, 等. 从某金矿氰化渣中回收金银的试验研究 [J]. 有色金属(选矿部分), 2013, (6): 35-39.

[25] 戴永年. 金属及矿产品深加工 [M]. 北京: 冶金工业出版社, 2007.